传感器与MEMS设计制造技术

Design and Manufacturing Technology for Sensors and MEMS

朱 真 等编著

国防工业出版社

·北京·

内容简介

本书主要介绍了 MEMS 传感器的设计制造技术与应用,从 MEMS 的概念与典型 MEMS 传感器出发,阐述了硅基 MEMS 器件设计制造的技术原理与工艺流程,介绍了部分非硅基特殊材料传感器的制造技术,结合相关案例展望了 MEMS 设计制造领域设备和工艺的发展趋势。

全书将 MEMS 传感器的设计制造技术分为两大部分:第一部分为硅基 MEMS 设计制造技术(第 1 章~第 12 章),第二部分为特殊材料的 MEMS 设计制造技术(第 13 章~第 16 章)。其中,第一部分首先简介了 MEMS 的基本概念、所涉学科和 MEMS 器件的制造技术;然后详细介绍了 MEMS 传感器的设计和分析方法;在此基础上重点介绍了关键的制造工艺,包括光刻、介质层加工、金属层加工、干法刻蚀、湿法腐蚀、掺杂、表面处理、键合、封装等工艺的技术原理和制造流程,并展示了相应的工艺案例;最后介绍了 MEMS 与 IC 的集成工艺。第二部分介绍了非硅基特殊材料的 MEMS 器件制造技术,包括基于压电材料、二维材料、柔性材料、印刷电子材料等材料的器件传感机理与设计制造工艺技术,并列举了相关应用实例。

本书可供从事与 MEMS 传感器相关研究工作的工程技术人员参考阅读,也可作为电子信息、集成电路、微电子等专业方向的本科生和研究生的专业课教材与参考用书。

图书在版编目(CIP)数据

传感器与 MEMS 设计制造技术 / 朱真等编著. -- 北京:国防工业出版社, 2024.7. -- (传感器与 MEMS 技术丛书).
ISBN 978-7-118-13400-1

Ⅰ. TP212

中国国家版本馆 CIP 数据核字第 20240CQ893 号

※

国防工业出版社出版发行
(北京市海淀区紫竹院南路 23 号 邮政编码 100048)
雅迪云印(天津)科技有限公司印刷
新华书店经售

开本 710×1000 1/16 印张 42¾ 字数 758 千字
2024 年 7 月第 1 版第 1 次印刷 印数 1—3000 册 定价 268.00 元

(本书如有印装错误,我社负责调换)

国防书店:(010)88540777　　书店传真:(010)88540776
发行业务:(010)88540717　　发行传真:(010)88540762

《传感器与MEMS技术丛书》编写委员会

主　任：范茂军
副主任：刘晓为　戴保平　王　平
成　员（按姓氏笔画排序）：

卜雄洙	王　旭	王　鑫	王军波	王金泽	文　海
叶一舟	冯　杰	吕宝贵	朱　真	刘　欢	刘　沁
刘玉敏	刘青松	江辉军	关　威	吴　剑	吴健德
邹旭东	汪　飞	张　磊	张　德	张宇峰	张宗军
陈青松	武学忠	罗　亮	罗　毅	周　瑜	胡　隽
胡志新	郝一龙	郭宏伟	郭源生	赵晓峰	施云波
夏善红	高国伟	高麟鹏	唐　杰	黄庆安	蒋哲琪
樊尚春	戴　杨

总策划：欧阳黎明　王京涛　张冬晔

《传感器与MEMS设计制造技术》
编委会名单

编委会主任：朱　真

编　　　委：周再发　洪　华　叶一舟　国洪轩
　　　　　　万　树　杨卓青　张东煜

前言

微机电系统（MEMS）作为一种微型化的电子和机械系统，引领着当今科技创新的浪潮。通过融合传感、执行、控制和信号调理等多重功能，MEMS传感器不仅在微电子和微机械领域，还在生物、医学、化工、能源、通信等领域发挥着重要的作用，为现代科技和工作生活带来了革命性的变化，并朝着智能化、高效化和精确化的方向不断演进。经过近几十年的发展，MEMS技术虽然已相对成熟，形成了较为完备的产业链，但由于传感器应用场景的不断扩展和工艺技术的不断迭代，对MEMS传感器的设计制造技术仍需进行系统性的介绍、总结和展望。本书旨在梳理MEMS传感器设计制造技术所涉及的基础工艺、应用实例和发展趋势，推动MEMS传感器更广泛的应用。

本书编写团队长期从事MEMS传感器相关的前沿科学及应用技术研究，在MEMS传感器的基础技术原理、先进材料开发、集成制造工艺以及关键应用领域等方面积累了丰富的科研成果和教学经验。本书是"传感器与MEMS技术丛书"的一部分册，承担着丛书各类传感器的制造技术支撑，书中内容全面系统地阐述了MEMS传感器设计制造技术的发展历程、技术原理、工艺流程、应用实例和最新进展，旨在为领域内高年级本科生、研究生和从业人员提供一定的参考。通过本书的阅读，读者将获得MEMS传感器设计制造领域的相关工艺与设备的基础知识，了解不同材料与加工技术对MEMS器件性能的影响和调控，有助于读者在不同应用场景中选择合适的设计与制造方法，实现新型传感器的创新设计与制造。

本书主要内容围绕基于MEMS技术的传感器设计与制造展开，从总体的设计开发策略入手，将MEMS传感器的设计制造技术分为两个部分：第一部分介绍了硅基MEMS器件设计制造技术，主要包括设计方法、光刻、介质层加工、金属层加工、干湿法刻蚀、掺杂、表面处理、键合、封装，以及CMOS-MEMS集成等制造工艺技术；第二部分介绍了新兴非硅基传感器制造技术，主要包括特殊材料、二维材料、柔性材料、印刷电子材料的加工制造技术。

各章节在介绍设计制造技术时，展示了工艺设备原理与实施工艺流程，分析了不同工艺设备与工艺流程间的差异，结合典型案例阐述了具体实践方式，并总结了前沿研究动态和发展趋势。

本书由东南大学朱真统筹编写，全书共分 16 章。参编单位还包括重庆大学和上海交通大学的专家学者。其中，第 2 章、第 7 章由周再发编写，第 4 章由洪华编写，第 5 章由叶一舟编写，第 6 章由国洪轩编写，第 14 章由万树编写，第 15 章由杨卓青编写，第 16 章由张东煜编写，除以上章节外其他章节由朱真团队编写，参与编写的人员还包括方生恒、石岩泽、刘可、刘佳琪、许霜烨、吴浩然、何启江、汪志强、张小雨、张文君、张钧杰、陆鑫鑫、欧阳健为、罗宇成、耿玉露、黄潇羽、董柳笛、蒋旭鹏、蓝天聪、赖海荣。朱真对全书进行了策划、校核和统稿。

北京大学郝一龙教授和东南大学黄庆安教授担任了本书的顾问，我们表示衷心感谢。此外，本书在撰写过程中参考的相关文献已在每章后列出，我们对相关学者表示衷心感谢。由于作者水平有限，书中难免仍有疏漏和不当之处，希望广大读者、专家学者批评指正。

作　者

2023 年 12 月

目 录

第 1 章　传感器与 MEMS

1.1　微机电系统 ··· 1
1.1.1　简介 ··· 1
1.1.2　MEMS 技术涉及的学科 ··· 4
1.1.3　MEMS 制造技术概述 ·· 5
1.2　MEMS 传感器 ··· 8
1.2.1　传感器 ··· 8
1.2.2　MEMS 传感器简介 ··· 8
1.2.3　MEMS 传感器举例 ··· 10
1.3　MEMS 设计制造技术 ··· 15
1.3.1　MEMS 设计 EDA 技术 ··· 15
1.3.2　硅基 MEMS 加工制造技术 ·· 16
1.3.3　非硅基 MEMS 加工制造技术 ····································· 16
1.3.4　特殊材料的传感器加工制造技术 ······························· 17
1.4　本书结构 ·· 17
参考文献 ·· 19

第 2 章　MEMS 设计制造流程

2.1　MEMS 的设计方法和开发策略 ··· 23
2.1.1　设计流程 ··· 23
2.1.2　设计方法 ··· 25
2.2　加工工艺与材料选择 ·· 29
2.2.1　加工工艺选择 ··· 29
2.2.2　加工材料选择 ··· 33

2.3 MEMS 传感器的功能分析 … 35
2.3.1 MEMS 传感器建模仿真 … 35
2.3.2 MEMS CAD 软件 … 41
2.4 稳健设计和其他优化设计方法 … 45
2.4.1 稳健设计 … 45
2.4.2 失效模式及影响分析 … 48
2.5 案例 … 49
2.5.1 Avago 麦克风设计案例 … 49
2.5.2 MEMS 微镜的宏模型提取与仿真 … 59
2.6 本章小结 … 63
参考文献 … 64

第 3 章 光刻

3.1 紫外光刻 … 70
3.1.1 技术原理 … 70
3.1.2 光刻胶 … 73
3.1.3 掩膜版 … 79
3.1.4 紫外光刻工艺 … 81
3.1.5 分辨率增强技术 … 95
3.2 直写式光刻 … 105
3.2.1 电子束光刻 … 105
3.2.2 离子束光刻 … 105
3.2.3 激光直写 … 107
3.2.4 立体光刻 … 108
3.3 印刷光刻 … 111
3.3.1 纳米压印光刻 … 111
3.3.2 喷墨印刷 … 113
3.3.3 软光刻 … 114
3.4 本章小结 … 115
参考文献 … 115

第 4 章　介质层加工

- 4.1 外延 ·········· 120
  - 4.1.1 硅的化学气相外延 ·········· 121
  - 4.1.2 金属有机物气相外延 ·········· 125
  - 4.1.3 分子束外延 ·········· 128
  - 4.1.4 外延层中的晶体缺陷 ·········· 129
- 4.2 热氧化 ·········· 131
  - 4.2.1 热氧化工艺分类 ·········· 131
  - 4.2.2 热氧化层的生长速率 ·········· 132
  - 4.2.3 热氧化层的厚度预测 ·········· 133
  - 4.2.4 热氧化工艺设备 ·········· 135
  - 4.2.5 氧化层的用途 ·········· 138
  - 4.2.6 氧化层的质量检测 ·········· 139
- 4.3 化学气相沉积 ·········· 141
  - 4.3.1 化学气相沉积简介 ·········· 141
  - 4.3.2 低压化学气相沉积 LPCVD ·········· 143
  - 4.3.3 等离子体增强化学气相沉积 PECVD ·········· 144
  - 4.3.4 激光化学气相沉积 ·········· 147
- 4.4 原子层沉积技术 ·········· 149
  - 4.4.1 ALD 技术原理 ·········· 150
  - 4.4.2 ALD 技术分类 ·········· 151
- 4.5 溶胶凝胶工艺 ·········· 159
  - 4.5.1 溶胶的制备 ·········· 159
  - 4.5.2 溶胶-凝胶法制备薄膜工艺 ·········· 160
  - 4.5.3 干燥及热处理 ·········· 162
- 4.6 物理气相沉积 ·········· 162
- 4.7 本章小结 ·········· 163
- 参考文献 ·········· 164

第 5 章　金属层加工

5.1 金属材料的添加工艺 ········ 167
5.1.1 物理气相沉积 ········ 167
5.1.2 化学气相沉积 ········ 173
5.1.3 电化学沉积 ········ 175

5.2 金属材料的刻蚀工艺 ········ 179
5.2.1 金属湿法腐蚀 ········ 179
5.2.2 金属干法刻蚀 ········ 180

5.3 常见金属材料的性能 ········ 185
5.3.1 黏附性 ········ 185
5.3.2 电学特性 ········ 186
5.3.3 力学特性 ········ 187
5.3.4 热学特性 ········ 188
5.3.5 磁学特性 ········ 189

5.4 案例 ········ 189
5.4.1 硅通孔金属填充技术 ········ 189
5.4.2 高深宽比三维微结构制造技术 ········ 193

5.5 本章小结 ········ 195
参考文献 ········ 195

第 6 章　干法刻蚀

6.1 刻蚀的概念 ········ 198
6.2 等离子体刻蚀 ········ 201
6.3 反应离子刻蚀 ········ 203
6.3.1 反应离子刻蚀 RIE ········ 203
6.3.2 电感耦合等离子体反应离子刻蚀 ICP-RIE ········ 204
6.3.3 深反应离子刻蚀 DRIE ········ 206

6.4 气相刻蚀 ········ 208
6.4.1 气相 HF 刻蚀 ········ 208
6.4.2 气相 XeF_2 刻蚀 ········ 210

6.5 离子束刻蚀（离子铣） ········ 212

6.6 案例 ··· 214
    6.6.1 多晶硅栅极刻蚀 ··· 215
    6.6.2 二氧化硅刻蚀 ··· 217
    6.6.3 金属的刻蚀 ··· 220
6.7 本章小结 ··· 224
参考文献 ··· 224

第7章 湿法腐蚀

7.1 湿法腐蚀概述 ··· 226
    7.1.1 基本原理 ··· 226
    7.1.2 腐蚀剂 ··· 228
    7.1.3 掩膜 ··· 244
7.2 各向同性腐蚀 ··· 245
7.3 各向异性腐蚀 ··· 246
    7.3.1 硅各向异性湿法腐蚀 ··· 246
    7.3.2 硅各向异性腐蚀的凸角补偿方法 ··· 249
7.4 硅腐蚀自停止 ··· 251
    7.4.1 硅各向异性腐蚀重掺杂停止 ··· 251
    7.4.2 离子注入硅腐蚀停止 ··· 252
    7.4.3 电化学腐蚀自停止 ··· 253
    7.4.4 薄膜自停止腐蚀 ··· 254
7.5 牺牲层腐蚀 ··· 256
7.6 深槽深孔腐蚀 ··· 261
    7.6.1 (100)硅衬底的深槽深孔腐蚀 ··· 261
    7.6.2 (110)硅衬底的深槽腐蚀 ··· 262
    7.6.3 基于金属辅助化学腐蚀方法的深槽深孔腐蚀 ··· 263
7.7 案例 ··· 266
    7.7.1 MEMS静电驱动梳状谐振器 ··· 266
    7.7.2 热阻型热式流量传感器 ··· 267
7.8 本章小结 ··· 271
参考文献 ··· 271

第 8 章 掺杂

- 8.1 生长和外延 ·················· 276
  - 8.1.1 晶体生长 ·················· 276
  - 8.1.2 晶体外延 ·················· 279
- 8.2 扩散 ·················· 284
  - 8.2.1 菲克定律 ·················· 284
  - 8.2.2 扩散分布 ·················· 286
  - 8.2.3 基本扩散工艺 ·················· 289
- 8.3 离子注入 ·················· 291
  - 8.3.1 离子注入机 ·················· 292
  - 8.3.2 注入离子的分布 ·················· 301
  - 8.3.3 注入损伤与非晶层 ·················· 304
  - 8.3.4 案例一：SOI 硅片 ·················· 305
  - 8.3.5 案例二：$TiSi_2$/Si 欧姆接触 ·················· 307
- 8.4 等离子体掺杂 ·················· 308
  - 8.4.1 等离子体掺杂工艺 ·················· 308
  - 8.4.2 等离子体掺杂的应用 ·················· 309
- 8.5 杂质激活 ·················· 310
  - 8.5.1 传统热退火 ·················· 311
  - 8.5.2 快速热处理 ·················· 311
  - 8.5.3 激光退火 ·················· 312
- 8.6 掺杂质量的测量 ·················· 312
  - 8.6.1 四探针技术 ·················· 313
  - 8.6.2 扩展电阻技术 ·················· 314
  - 8.6.3 结染色技术 ·················· 315
  - 8.6.4 二次离子质谱分析技术 ·················· 315
- 8.7 本章小结 ·················· 316
- 参考文献 ·················· 317

第 9 章　表面处理

9.1　黏附与释放 ··· 321
9.1.1　释放工艺 ··· 321
9.1.2　黏附现象 ··· 322

9.2　表面改性 ··· 324
9.2.1　自组装单分子层表面改性 ··· 325
9.2.2　物理改性 ··· 327
9.2.3　BioMEMS 器件的表面改性 ··· 329
9.2.4　SU-8 与 PDMS 键合的表面处理 ··· 329

9.3　表面分析 ··· 332
9.3.1　表面化学组分的分析技术 ··· 332
9.3.2　表面结构和形貌分析技术 ··· 336

9.4　化学机械抛光 ··· 340
9.4.1　CMP 发展历程 ··· 340
9.4.2　CMP 工艺原理 ··· 342
9.4.3　抛光机 ··· 343
9.4.4　抛光垫 ··· 345
9.4.5　抛光液 ··· 349
9.4.6　表面平坦化 ··· 350
9.4.7　不同材料抛光因素考虑 ··· 354
9.4.8　CMP 清洗工艺 ··· 358

9.5　本章小结 ··· 360
参考文献 ··· 360

第 10 章　键合

10.1　玻璃料键合 ··· 364
10.1.1　玻璃料键合原理 ··· 365
10.1.2　玻璃料键合基本步骤 ··· 365
10.1.3　旋涂玻璃法键合 ··· 367
10.1.4　硅-可伐合金的玻璃料键合工艺举例 ··· 368

10.2　聚合物黏合剂键合 ··· 369

10.2.1　聚合物黏合剂键合原理 ………………………………………… 370
10.2.2　聚合物黏合剂晶圆键合基本步骤 ……………………………… 371
10.2.3　用于键合的聚合物黏合剂 ……………………………………… 373
10.2.4　局部聚合物黏合剂键合 ………………………………………… 374
10.2.5　BCB 聚合物黏合剂键合工艺举例 ……………………………… 375

10.3　阳极键合 …………………………………………………………… 377
10.3.1　阳极键合原理 …………………………………………………… 377
10.3.2　阳极键合基本步骤 ……………………………………………… 378
10.3.3　阳极键合影响因素 ……………………………………………… 379
10.3.4　硅-玻璃-硅阳极键合工艺举例 ………………………………… 379

10.4　直接键合 …………………………………………………………… 380
10.4.1　亲水性表面键合 ………………………………………………… 381
10.4.2　疏水性表面键合 ………………………………………………… 383
10.4.3　超高真空键合 …………………………………………………… 383
10.4.4　湿法表面活化处理 InP-SOI 键合的工艺流程举例 …………… 384

10.5　等离子体活化键合 ………………………………………………… 385
10.5.1　等离子体的定义 ………………………………………………… 385
10.5.2　等离子体活化键合原理 ………………………………………… 386
10.5.3　等离子体活化键合基本步骤 …………………………………… 386
10.5.4　等离子体活化键合分类 ………………………………………… 387
10.5.5　低温下硅表面等离子体提高键合强度的方法 ………………… 389
10.5.6　等离子体活化 Si-Si 键合的工艺流程举例 …………………… 390

10.6　金属键合 …………………………………………………………… 390
10.6.1　热压键合 ………………………………………………………… 391
10.6.2　共晶键合 ………………………………………………………… 395
10.6.3　固液互扩散键合 ………………………………………………… 398

10.7　金属/介质混合键合 ………………………………………………… 401
10.7.1　Cu-BCB 混合键合及其 3D 集成的基本步骤 …………………… 402
10.7.2　Cu-SiO_2 混合键合 ……………………………………………… 403
10.7.3　混合键合中的金属平坦化 ……………………………………… 404

10.8　本章小结 …………………………………………………………… 405
参考文献 …………………………………………………………………… 405

第 11 章　封装

11.1　MEMS 封装基本功能 ……………………………… 413
　　11.1.1　保护 ……………………………………………… 413
　　11.1.2　互连 ……………………………………………… 415
11.2　MEMS 芯片级封装 ………………………………… 416
　　11.2.1　释放 ……………………………………………… 417
　　11.2.2　晶圆划片 ………………………………………… 418
　　11.2.3　贴装互连 ………………………………………… 422
　　11.2.4　盖板密封 ………………………………………… 425
　　11.2.5　抗黏连处理 ……………………………………… 429
　　11.2.6　封装内添加剂 …………………………………… 430
　　11.2.7　封装的可靠性测试 ……………………………… 430
11.3　MEMS 晶圆级封装 ………………………………… 431
　　11.3.1　晶圆键合工艺 …………………………………… 432
　　11.3.2　薄膜封装工艺 …………………………………… 435
　　11.3.3　真空密封 ………………………………………… 437
11.4　MEMS 系统级封装 ………………………………… 437
　　11.4.1　TSV 技术 ………………………………………… 438
　　11.4.2　片上系统互连 …………………………………… 440
11.5　案例：全硅基三维晶圆级封装的 MEMS 加速度计 … 442
　　11.5.1　封装设计 ………………………………………… 442
　　11.5.2　封帽晶圆制造 …………………………………… 443
　　11.5.3　器件制造与 WLP 晶圆键合 …………………… 444
　　11.5.4　器件测试 ………………………………………… 444
11.6　本章小结 ……………………………………………… 445
　　参考文献 ………………………………………………… 446

第 12 章　CMOS-MEMS 集成技术

12.1　MEMS 和 CMOS 的异同 …………………………… 451
　　12.1.1　CMOS 工艺 ……………………………………… 452
　　12.1.2　MEMS 工艺 ……………………………………… 452
　　12.1.3　MEMS 和 CMOS 的集成方案 ………………… 453

XVII

12.2 CMOS 和 MEMS 的兼容设计 ········ 454
12.2.1 可容许的工艺修改 ········ 454
12.2.2 设计规则的修改 ········ 456
12.2.3 CMOS IC 和 MEMS 器件结构的仿真 ········ 457
12.3 CMOS-MEMS 集成工艺 ········ 458
12.3.1 Pre-CMOS-MEMS ········ 458
12.3.2 Intra-CMOS-MEMS ········ 459
12.3.3 Post-CMOS-MEMS ········ 460
12.3.4 SOI-CMOS-MEMS ········ 469
12.4 案例一：单片集成 CMOS-MEMS 三轴电容式加速度计 ········ 470
12.4.1 器件设计 ········ 470
12.4.2 器件制造 ········ 472
12.4.3 器件测试 ········ 473
12.5 案例二：单片集成 CMOS-MEMS 电容式麦克风 ········ 475
12.5.1 器件设计 ········ 475
12.5.2 器件制造 ········ 476
12.5.3 器件测试 ········ 477
12.6 MEMS 与 CMOS 的三维集成 ········ 479
12.7 本章小结 ········ 482
参考文献 ········ 482

第13章 特殊材料加工制造技术

13.1 压电材料 ········ 487
13.1.1 压电材料简介 ········ 488
13.1.2 压电 MEMS 器件的加工 ········ 491
13.1.3 压电材料的应用 ········ 494
13.2 形状记忆合金 ········ 497
13.2.1 形状记忆效应与"超弹性"行为 ········ 497
13.2.2 SMA 的材料特性 ········ 498
13.2.3 SMA MEMS 器件的加工 ········ 502
13.2.4 SMA 器件的应用 ········ 506

13.3 有机聚合物材料 ………………………………………………… 507
 13.3.1 SU-8 光刻胶 ………………………………………… 508
 13.3.2 聚二甲基硅氧烷 ……………………………………… 510
 13.3.3 聚酰亚胺 ……………………………………………… 515
 13.3.4 聚甲基丙烯酸甲酯 …………………………………… 517
 13.3.5 导电聚合物 …………………………………………… 519

13.4 磁性材料 ………………………………………………………… 525
 13.4.1 磁性材料简介 ………………………………………… 525
 13.4.2 磁性 MEMS 器件的加工 …………………………… 527
 13.4.3 磁性材料的应用 ……………………………………… 529

13.5 本章小结 ………………………………………………………… 533
参考文献 ………………………………………………………………… 533

第 14 章 二维材料传感器加工制造技术

14.1 二维材料 ………………………………………………………… 539
 14.1.1 单质二维材料 ………………………………………… 540
 14.1.2 化合物二维材料 ……………………………………… 542

14.2 二维材料的制备方法 …………………………………………… 544
 14.2.1 自顶而下 ……………………………………………… 544
 14.2.2 自底而上 ……………………………………………… 546

14.3 二维材料的表面工艺 …………………………………………… 548
 14.3.1 二维材料的转移技术 ………………………………… 548
 14.3.2 刻蚀技术 ……………………………………………… 549
 14.3.3 范德华异质结构 ……………………………………… 554

14.4 表面化学修饰 …………………………………………………… 556
 14.4.1 表面结合 ……………………………………………… 556
 14.4.2 缺陷工程 ……………………………………………… 557
 14.4.3 结构调制 ……………………………………………… 559

14.5 案例 ……………………………………………………………… 562
 14.5.1 MoS_2 晶体管阵列 …………………………………… 562

14.5.2　石墨烯单分子气体传感器 …………………………… 562
　14.6　本章小结 ………………………………………………………… 565
　参考文献 ………………………………………………………………… 566

第15章　柔性传感器加工制造技术

　15.1　平面柔性传感器加工材料 …………………………………… 569
　　　15.1.1　聚二甲基硅氧烷 …………………………………… 570
　　　15.1.2　聚酰亚胺 …………………………………………… 570
　　　15.1.3　聚对二甲苯 ………………………………………… 570
　　　15.1.4　聚氨酯 ……………………………………………… 571
　15.2　柔性压力传感器 ……………………………………………… 571
　　　15.2.1　柔性压力传感器简介 ……………………………… 571
　　　15.2.2　织物/PDMS 柔性压力传感器 …………………… 574
　　　15.2.3　基于裂纹结构的柔性压力传感器 ………………… 576
　15.3　柔性温湿度传感器 …………………………………………… 592
　　　15.3.1　温度传感器简介 …………………………………… 592
　　　15.3.2　湿度传感器简介 …………………………………… 593
　　　15.3.3　传感器的结构设计 ………………………………… 595
　　　15.3.4　柔性温湿度集成传感器的加工制造 ……………… 595
　　　15.3.5　传感器测试 ………………………………………… 598
　　　15.3.6　温度测试结果 ……………………………………… 600
　　　15.3.7　湿度测试结果 ……………………………………… 601
　15.4　本章小结 ………………………………………………………… 601
　参考文献 ………………………………………………………………… 602

第16章　印刷电子器件加工制造技术

　16.1　功能墨水准备 …………………………………………………… 606
　　　16.1.1　导电墨水 …………………………………………… 607
　　　16.1.2　半导体墨水 ………………………………………… 611
　　　16.1.3　介电墨水 …………………………………………… 614
　　　16.1.4　功能墨水制备常用设备与测试仪器 ……………… 616
　16.2　印刷设备与工艺 ………………………………………………… 625

16.2.1　接触式印刷设备、工艺特点及案例 …………………… 626
　　16.2.2　非接触式印刷设备、工艺特点及案例 ………………… 633
16.3　印后处理设备与工艺 …………………………………………… 648
16.4　印刷成膜性表征 ………………………………………………… 649
16.5　柔性混合印刷电子技术 ………………………………………… 651
16.6　本章小结 ………………………………………………………… 652
参考文献 ………………………………………………………………… 653

第1章

传感器与MEMS

1.1 微机电系统

1.1.1 简介

微机电系统（Micro Electro-Mechanical Systems，MEMS）是微电子与微机械系统的组合与延伸。最初的概念由 Feynman 在 1959 年提出[1]，他指出了制造超小型机电系统的可能性及潜在的应用场景，并认为小型机电系统的物理尺度有可能达到分子或原子水平。如今，MEMS 技术持续进步、市值不断增加，证明了这一构想极富远见。MEMS 是智能系统的硬件基础，这些精巧的微型组件将改变人们的生产方式。

最初的 MEMS 器件是指利用光刻技术制造的微米或纳米级的部件、元器件或简单机械结构。随着技术的发展进步，MEMS 微系统不再局限于简单部件或单一结构，而集光、电、机械于一体，发展成为了通过驱动完成特定功能的复杂智能系统[2]。现在的 MEMS 微系统一般是指由微机械加工技术制备的微传感器和微执行器，并集成微电子信号处理和控制电路的自动化和智能化的微系统，典型尺寸在微米到毫米范围，包括了从功能单一的简单结构到集成了多个运动部件的复杂机电控制系统[2]。

MEMS 微系统由微传感器、微执行器以及信号转换模块组成，彼此协同实现整体的既定功能（图 1.1）。其中，微传感器与微执行器在 MEMS 中起能量转换的关键功能，是 MEMS 领域的研究重点。MEMS 微传感器通常将测得的非电信号转换为电信号；微执行器则改变某一部件的物理状态。MEMS 微传感器从环境中采集各种物理、化学或生物信号，并将采集到的微弱信号传送到处理单元，经信号处理后由微执行器做出相应反应。尽管 MEMS 体积很小，但其功能不可小觑。根据不同场景需求定制的 MEMS 微系统形式各样，功能丰富，在各大领域得到广泛应用，如汽车电子、航空航天、生物医疗、消费电子、电信行业以及光学仪器等[3]。图 1.2 是 Lemkin 等提出的一种 MEMS 低功耗三轴加速度计结构，该 MEMS 传感器可应用于物体运动检测、VR 游戏输入、振动监测和补偿等场景[4]。

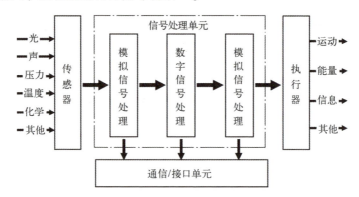

图 1.1　MEMS 微系统的一般组成

MEMS 微执行器近年来在各领域得到了广泛应用，如用于控制气液流动的微型阀、用于重定向或光束调制的光学开关和反射镜、用于数字投影的微透镜阵列、用于捕获光并在特定频率下谐振的微谐振器、用于医疗设备中产生正液压的微型泵、用于调节机翼上的气流的微型襟翼等[5]。图 1.3 是美国 Tessera 数码光子公司（现更名为 Xperi 公司）在 2012 年发布的一款适用于相机模块的 MEMS 自动对焦制动器，具有体积小、控制精确等优点[6]。

当微传感器、微执行器与集成电路（Integrated Circuit，IC）集成到同一个硅芯片时，MEMS 微系统的真正潜力才得以发挥。MEMS 器件的制备工艺是准三维（3D）工艺，会选择性地刻蚀掉部分硅衬底或增加新的结构层以形成机械和机电器件。具体来讲，三维结构的微纳加工可以通过平面工艺牺牲层技术与厚胶光刻工艺实现。采用牺牲层技术加工的典型结构器件是悬梁臂；采用厚胶光刻技术可实现各类电容式传感器、电阻式传感器、压电式传感器[7]。

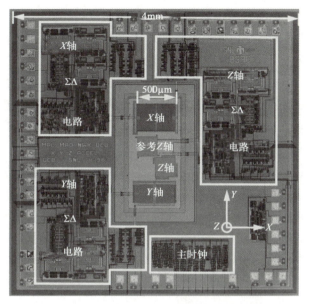

图 1.2　一种 MEMS 低功耗三轴加速度计[4]

图 1.3　MEMS 自动对焦制动器和相机模块
(a) MEMS 自动对焦制动器；(b) 集成 MEMS 自动对焦器的相机模块[6]。

MEMS 微纳加工工艺与集成电路的批量化制造工艺兼容，可以在单个硅晶圆上制造成百上千个元件，平摊到每个元件的成本极大地降低。现有的技术一般是将独立的微传感器或微执行器与独立的集成电路芯片封装在一起，而不是在同一个衬底上进行一体化制造。通常将 MEMS 器件黏附、焊接或熔合至集成电路（IC）芯片、板级电路或尺寸大于 MEMS 器件的其他组件[4]。根据 MEMS 行业国际机构 MEMSnet（MEMS 技术论坛和信息中心，USA）的说法，"将微传感器，微致动器和微电子技术及其他技术集成到单个微芯片中的 MEMS 将是未来最重要的技术突破之一。通过利用微传感器和微执行器的感知和执行能力来增强整个系统的计算处理能力，这将有助于开发新一代的智能电子产品"[4]。在不久的将来，嵌入式的智能设备将更加普及，集成电路是系统的"大脑"，MEMS器件是系统的"眼睛"和"手臂"，协同作业使微系统能够感知、分析、判断并调节环境状态。有些已投入使用的MEMS"芯片上实验室"（Lab on a Chip）系统能够执行测定程序并进行完整的医学诊断，避免了传统方法需要大量时间和复杂设备的缺点。未来这种技术可能通过植入体内来为护理人员提供即时信息，甚至自发地为患者提供治疗[4]。

此外，新兴的纳米技术发展也离不开MEMS技术的支持。纳米技术是指基于单个分子、原子来研究结构尺寸在1~100nm范围内材料的物性，通过这种在微观层面上的研究来实现宏观上独特的应用。例如，排列紧密的碳纳米管和纳米线阵列的间距小于水分子直径，使得水分子无法渗透整个材料表面，可以利用该材料制作防水防污织物。为了研究物质在纳米尺度下的效应，需要使用微米至毫米级尺度的MEMS"实验室"。纳米级结构的制造方法主要有自上而下和自下而上两种。自上而下法采用先进的图形化和刻蚀技术缩小器件尺寸，而自下而上法通常使用薄膜结构层沉积、生长和自组装技术。

纳米技术还可以改良已有的MEMS器件。例如，汽车SRS安全气囊使用了MEMS技术制造的加速度计，但由于质量块与下方衬底间的黏滞效应，长期使用会使其可靠性降低。现在常使用自组装单分子层（SAM）纳米涂层技术来处理MEMS元件的表面来防止黏滞效应。因此，MEMS和纳米技术是可以相互融合的两部分，在设计和制造器件时应该考虑结合各自的作用[4]。

1.1.2 MEMS技术涉及的学科

MEMS是一种先进的设计概念，符合器件小型化和集成化的发展趋势，已在精密仪器和设备中得到广泛应用。MEMS是多学科交叉的前沿领域，涉及电子、机械、材料、物理、化学、生物、医学等诸多学科。由于MEMS微系统的设计过程具有高复杂度、多物理场和跨学科的特点，要求研发人员对多学科、多方向的知识综合融通，并对相关子领域统筹理解。MEMS技术主要涉及微加工技术和IC设计制造技术两个子领域，微加工技术接近于微机械加工工艺，而IC设计制造技术接近于微电子设计与半导体制造技术。

此外，纳机电系统（Nano Electro-mechanical Systems，NEMS）与MEMS类似，但NEMS器件尺寸和质量更小，谐振频率更高，具有比MEMS器件更高的比表面积，可提高表面传感器的灵敏度，且可利用量子效应探索新型测量方法[8]。

1.1.3 MEMS 制造技术概述

MEMS 中的微传感器和微执行器的制造技术借鉴了半导体制造工艺，并在半导体制造工艺基础上进行了扩展。MEMS 微机械加工技术的核心思想是对图形化区域进行选择性增材或减材加工，同时为了工艺的稳定性与效果，增加了必要的前序或后序工艺。MEMS 器件的制造涉及氧化、光刻图形化、刻蚀、掺杂、沉积、键合等多种半导体工艺，这些工艺广泛用于硅基和非硅基的器件制造中。本节旨在引导读者简单了解 MEMS 微系统的制造工艺，具体工艺细节请参见后续章节。

（1）氧化。氧化工艺是为了在晶圆衬底表面产生绝缘层，在 MEMS 器件制造流程中可能多次使用。例如，高温下在硅晶圆表面生成厚度可达几微米的二氧化硅薄膜。

（2）光刻图形化。光刻是微纳加工工艺中实现图形化的核心步骤。过程大致如下：首先将光刻胶涂敷（旋涂、喷涂等方式）在晶圆上，并在垂直方向上覆盖设计有特定图形的掩膜版，然后使用紫外（UV）光源垂直照射掩膜版曝光光刻胶。光刻胶是一种光敏材料，经过特定波段光线照射（曝光）后在显影液中的溶解度会发生变化（根据被曝光光刻胶是否溶解于显影液分为正胶和负胶）。以正胶为例，受紫外光线曝光的光刻胶在显影液中的溶解度急剧增大，易溶于显影液。显影后，掩膜版上的图案被转移到光刻胶层上，通过高温烘烤固化坚膜。在不同的制造工艺中，曝光剂量和烘烤温度（包括时间、温度上升速度）都有严格的要求，在实际操作中需要严格按照工艺流程执行。图 1.4 举例说明了光刻图形化的基本步骤。根据光刻胶是否保留，光

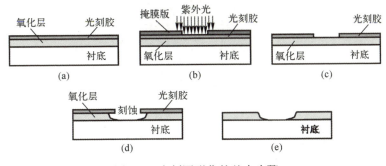

图 1.4 光刻图形化的基本步骤

(a) 氧化层生长与涂胶；(b) 对准与曝光；(c) 显影与坚膜；
(d) 刻蚀氧化层；(d) 去胶。

刻胶实现的图形转移分为两种：一种情况下，光刻胶用于牺牲层，图形化后的光刻胶仅作为刻蚀掩膜，最终会被去除；另一种情况下，光刻胶直接作为微纳结构保留，通常需要力学性能、侧壁垂直度更好的特殊光刻胶（如SU-8光刻胶）。

（3）刻蚀。刻蚀是常见的减材加工工艺，常用于处理无机层（如氮化硅、二氧化硅等）的去除。例如，利用刻蚀工艺来制造压力传感器中的压力承载块或加速度计中的质量块。湿法刻蚀是MEMS制造工艺中最早使用的刻蚀技术（图1.5），湿法刻蚀中的化学反应可以是各向同性的（图1.5（a）），也可以是各向异性的，即沿特定晶向进行刻蚀（图1.5（b）），还可以利用抗刻蚀层来满足特定的刻蚀要求（图1.5（c））。另外，等离子体干法刻蚀利用了等离子体轰击暴露区域实现刻蚀，方向性比较强（图1.6）。由于等离子体可同时轰击目标和非目标区域，因此干法刻蚀的选择性较弱。在MEMS器件制造工艺中，湿法刻蚀和干法刻蚀可以根据实际要求组合使用。

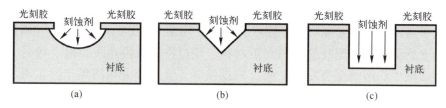

图1.5 湿法刻蚀的方向性
（a）均匀或各向同性刻蚀；（b）沿晶向进行各向异性刻蚀；
（c）在垂直侧壁处引入抗刻蚀层实现垂直刻蚀。

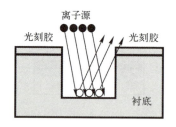

图1.6 等离子体干法刻蚀

（4）掺杂。实现掺杂的方法有多种，如扩散和离子注入。扩散中常使用磷（n型）或硼（p型），离子注入常使用硼（p型）或砷（n型）。离子注入后，须对材料进行退火，以修复晶格损伤，使杂质原子移动到晶格格点。此外，掺杂后的材料可以用来控制刻蚀速度，例如，刻蚀重掺杂硅的速度很慢，甚至无法刻蚀，因此掺杂后的硅层可作为抗刻蚀层。

（5）沉积。沉积是在晶圆表面形成具有特殊性能薄膜的工艺。在半导体和MEMS制造中，需要沉积各种材料薄层，如多晶硅层、氮化硅层、金属层等。沉积可分为物理沉积和化学沉积。物理沉积是指源材料（靶材）直接转移到衬底表面形成薄膜（通常为气相）。化学沉积是指源材料通过化学反应生成所需材料并沉积到衬底表面（气相和液相）。此外，还有生长法（外源材料与衬底或目标层表面物质发生反应生成薄膜）等其他沉积方法。

（6）键合。键合是将两个或多个器件通过表面处理后，形成稳定的化学键连接起来。键合工艺会分布在MEMS制造过程的各个阶段。硅片键合技术是指通过化学或物理作用将硅片与硅片、硅片与玻璃或其他材料紧密结合的方法。一般情况下，键合只将硅片结合到衬底或封装上，但有时也可以用于密封腔室以获得良好的密闭性。

（7）封装与测试。封装与测试简称封测，是MEMS制造工艺的下游环节。MEMS器件制造完成后，需要进行测试、切割并键合到封装基底上；还要进行电气连接，并装入封装中。根据具体需求，封装可以密封，也可以存在开放端口。

集成电路制造技术也使用上述工艺，但集成电路制造的是表面电子器件，工艺细节与MEMS制造存在区别。对于MEMS制造技术，还需用到微加工技术。微加工技术中包含许多结构部件或运动部件的制造方法，常见的微加工方法主要是体微机械加工和表面微机械加工。

（8）体微机械加工技术。体微机械加工是为了选择性地去除大量的衬底硅、"掏出"所需结构形状，以制造各种薄膜、沟槽、孔洞、空腔等结构。体微加工技术常使用硅片，偶尔也使用塑料或陶瓷。与表面微机械加工相比，体微机械加工是从完整的晶圆中逐渐去除部分材料直至形成最终结构。体微机械加工工艺包括刻蚀、镀膜、掺杂和键合。体微机械加工最常用的工艺技术是湿法刻蚀和干法刻蚀。干法刻蚀通常比湿法刻蚀更精确可控，但成本更高。

（9）表面微机械加工技术。表面微机械加工是在沉积了表面薄膜（如多晶硅、氮化硅等）的硅晶圆上制造MEMS器件中的运动或传感部件：首先通过牺牲层技术使其与硅晶圆分离，制造出可运动的微结构。牺牲层（Sacrifice Layer）技术即在硅衬底表面沉积一层薄膜（如SiO_2，可用HF刻蚀），该薄膜层最后要被刻蚀去除（牺牲）；然后在该薄膜上沉积用于制造运动结构的薄膜，接着通过光刻图形化定义出牺牲层刻蚀通道；最后将牺牺牲层刻蚀去除从而释放出微结构。表面微机械加工技术包括制膜工艺和薄膜刻蚀工艺。制膜工艺有湿法和干法。湿法制膜包括电镀（LIGA 工艺）、浇铸、旋涂、阳极氧化等工艺。LIGA 工艺利用 X 射线曝光特殊的 PMMA 感光胶来加工较大深宽比的铸型，然后通过电镀或化学镀的方法获得所需的金属结构。干法制膜包括化学气相沉积（Chemical Vapor Deposition，CVD）和物理气相沉积（Physical Vapor Deposition，PVD）。薄膜刻蚀工艺主要选择合适的刻蚀液进行湿法刻蚀。表面微机械加工技术包含了减材和增材制造工艺，可以用于制造独立的部件。此外，还有其他制造复杂结构的方法。例如，微立体光刻法使用聚焦紫外光束固化多层光刻胶以制备复杂结构，通常能制造出低至几微米的三维结构。

基于以上微纳加工制造技术的 MEMS 器件常与半导体集成电路集成在一起，以制造智能传感器和微执行器。

1.2 MEMS 传感器

1.2.1 传感器

传感器通常用来测量环境中的物理量及其动态变化信息，其核心元件是换能器。换能器是将温度、湿度、压力、流量、光强、磁场、振动等环境物理量的变化转换成可测量电信号的器件。微传感器中常用的换能原理有热电、光电和磁电转换。完整的传感器是附加信号调理电路的换能器。信号调理电路处理换能器的原始输出信号，以确保转换的电信号与温度，压力等环境物理量具有准确的对应关系。信号调节电路可以是独立的放大器、噪声消除器、失调补偿器、模数转换器，也可以是这些电路的组合。在伺服控制系统中，传感器用于提供反馈信号。决策逻辑有时也被集成到传感器中，必要时把决策传递到执行器，执行器通过移动、定位、调节、泵送、过滤等动作来响应决策指令。传感器的研制要考虑多种属性，如激励、响应、尺寸、物理量变化、转换机制、材料、坚固性、刚度、测量范围、测量物理量的能力以及应用领域等[1]。

1.2.2 MEMS 传感器简介

随着半导体制造与集成技术的不断进步与更新迭代，固态集成多模传感器[9]、MEMS 传感器[10-11]、智能传感器[12-13]和无线微传感器等被设计制造出来。片上传感系统（Sensing Systems-on-Chips，SSoC）被广泛研制，它是指将微机械传感结构和微电子器件集成在一个芯片上的传感系统。Brand 等对集成在片上系统的微传感器做了全面综述[14]。Nathan 等对微传感器的物理模型和数值模拟进行了全面综述[15]。万物互联是当下 MEMS 传感器发展的新兴趋势，当成百上千个低成本的无线微传感器节点联网时，用户能够准确地与远程环境非接触式交互。因此，无线微传感器的设计需要考虑能耗、通信带宽和特定网络协议架构[10]。此外，能量感知型无线微传感器广泛用于植入式医疗器械、如脑机接口、人工耳蜗和人工视网膜等[16]。

MEMS 技术可以显著提高器件的集成度，即在一个极小的空间内容纳更多的微传感器及信号调理电路。基于 MEMS 技术设计的传感器即为 MEMS 传感器或微系统传感器。MEMS 传感器由微机械加工技术制造，应用领域广泛，具有微型化、多样化、集成度高、功耗低、体积小、可批量生产等优点。表 1.1 列举了汽车中使用的典型 MEMS 传感器。

表 1.1 汽车上的主要 MEMS 传感器[17]

名　　称	作　　用
空气流量传感器	检测发动机进气量大小
节气门位置传感器	检测节气门开度的快慢
曲轴位置传感器	采集发动机的转速和曲轴旋转角度
氧传感器	检测发动机排出废气中氧含量
进气压力传感器	检测进气管空气的真空度
温度传感器	检测设备或车内温度
爆燃传感器	采集发动机的异常振动

依据测量对象的属性，MEMS 传感器可分为物理 MEMS 传感器、化学 MEMS 传感器和生物 MEMS 传感器[18]。每种 MEMS 传感器又有细分方法，如按照检测目标运动方式，微加速度计可分为角振动式和线振动式；按照支撑方式，可分为扭摆式、悬臂梁式和弹簧支撑式；按照信号检测方式，又可分为电容式、电阻式和隧道电流式；按照控制方式，还可分为开环式和闭环式[19]。

1.2.3 MEMS 传感器举例

1.2.3.1 压力传感器

压力传感器能够将感受的压力信号转换为电信号输出的器件或装置。MEMS 压力传感器是最早生产和销售的 MEMS 传感器之一,主要被汽车行业的需求所带动,有微型化、兼容性好、制造成本低与可靠性高的优点。典型 MEMS 压力传感器有电容式和压阻式。

1.2.3.2 空气流量传感器

空气流量传感器(Mass Air Flow,MAF)在汽车工业中被广泛使用,主要用于监测发动机的进气量,以控制燃烧过程。热线式空气流量传感器是基于热元件损失的热量与热元件上的空气流量成正比工作的。热线式空气流量传感器的基本模型如图 1.7(a)所示。热线(即可加热至一定温度的导线或金属线)置于气流中;通过恒定电流(或电压),可以维持热导线的温度,使其电阻不变;在热线上方流动的空气会使其降温,进而降低其电阻;通过直接测量电压(对于恒定电流),或者测量导线的电阻或耗散的功率,都可以对应到空气流量的变化。因为常用的铂或钨导线短且电导率高,热导线的电阻变化很小,直接测量电阻来获取空气流量可行性不高,所以热线式空气流量传感器往往直接或间接检测温度。例如,在空气带走热量的同时,通过改变热线中施加的电流来保持热线温度恒定;由于空气流量与热耗散功率成正比,通过测量恢复稳定温度状态(对于恒定电压)所需的电流进而计算出功率,即可获得空气流量。热线式空气流量传感器与气压和空气密度无关,响应速度快,在工业中得到了广泛应用。

相对来说,热式 MEMS 空气流量传感器的工作原理有所不同,它是在加热器上方和下方分别分布两个电阻器,加热器增高了两个电阻器的温度(图 1.7(b)),而空气流冷却了上游电阻器并把热量带到下游电阻器,测量得到的两个电阻的温差与空气流量成正比。这类传感器的差分特性让其测量结果不易受外部干扰的影响,在发动机工作温度变化范围大的车辆的气体流量检测中有着显著的优势。

1.2.3.3 惯性传感器

MEMS 传感器的又一个成功应用领域是以加速度传感器为代表的惯性传感器。汽车工业是惯性传感器最初发展的驱动力和受益者,特别是安全气囊、防抱死制动和主动悬架系统都需要安装加速度传感器。加速度传感器中的关键部件如悬臂梁、双端固支梁和可移动质量块都是通过 MEMS 技术制造的。

智能手机和全球定位系统（Global Positioning System，GPS）等移动终端的普及以及自动导航或辅助导航系统需求的增加，进一步推动了 MEMS 惯性传感器的发展。

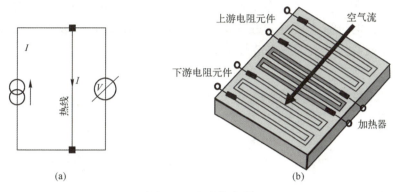

图 1.7　流量传感器
（a）热线式空气流量传感器基本模型；(b) 利用温差效应的热式 MEMS 空气流量传感器，在没有气流时，上下游电阻元件的温度相同[20]。

早期 MEMS 加速度传感器的开发过程中，质量块、压电薄膜或悬臂梁以及应变仪等机械元件是单独生产的，而电路等电子元件是后期组装的。随着微机械加工技术的发展，后来的 MEMS 加速度传感器实现了机械结构与电子元件的统一封装或片上集成。目前，MEMS 单轴、双轴和三轴加速度传感器已经实现量产。三轴加速度传感器可以直观理解为由 3 个质量块运动方向相互正交的单轴加速度传感器组成，或者也可以由 1 个双轴和 1 个单轴加速度传感器组成，且单轴加速度传感器的响应轴垂直于双轴的加速度传感器，不过目前依然很难实现一体化制造。构建三轴加速度传感器的方法更多利用了多个双轴加速度传感器的互联结构，并从中提取第三轴信号。典型的双轴加速度传感器如图 1.8（a）所示，利用双轴系统实现三轴加速度检测的方法如图 1.8（b）所示。由于图 1.8（a）中的结构只能通过弹簧长度的变化来反映其长度方向上的加速度变化，非长度方向上的加速度也会导致弹簧形变，但难以提取该加速度信息，因此，图 1.8（a）只是一个双轴加速度传感器的结构。图 1.8（b）中质量块连接着 4 个弹性梁，这种结构允许质量块水平、垂直和前后移动。每个弹性梁上对称分布着两个压阻传感器，如果质量块上下左右移动，则在示意图平面内的弹性梁上的压阻传感器产生应变，该系统作为双轴加速度传感器发挥作用；如果质量块还允许前后移动，传感信号则也包含了垂直于示意图平面的压阻传感器应变信息,可将此信号从双轴系统中提取并处理后作为第三轴信号,此时该系统即可作为三轴加速度传感器。例如,当质量块垂直于示意图平面向里运动时,平面内各个压阻传感器感知的应变信号可能是相同的,这种情况不可能出现在平行于示意图平面的运动中。当然,质量块可以以更复杂的方式运动,但也需要更复杂的算法来提取加速度,运算模块可以集成到传感器芯片或者另外一颗独立芯片上。

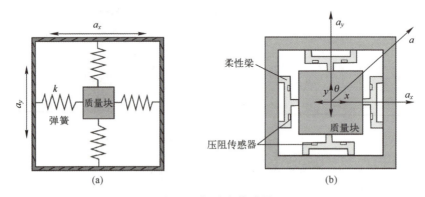

图 1.8 加速度传感器

(a) 双轴加速度传感器结构示意图;(b) 三轴加速度传感器结构示意图,质量块可在示意图平面内自由运动,也可在垂直于示意图平面的方向运动,第三轴信号从双轴系统的压阻传感器中提取[20]。

图 1.9(a)和图 1.9(b)是基于温差的单轴加速度传感器,密封腔室内的气体被加热到高于环境温度,且有两个与加热器等距的热电偶。在静止条件下,两个热电偶具有相同的温度,因此其温度差分别读数为零。在有加速度时,气体因为惯性会向与运动相反的方向移动,导致该侧温度升高,实现加速度的感知。图 1.9(c)是基于该原理所构建的三轴加速度传感器。气体腔室由硅制造,加热器位于腔室中心,将腔室内的气体加热到高于环境温度,4 个温度传感器(半导体热电偶或 p-n 结二极管)分别位于腔室的 4 个角落来测量温度。若该多轴加速度传感器不动,则 4 个温度传感器具有相同的温度;有加速度时,气体做惯性运动而改变腔室内温度场的分布,进而感知到温差,4 个温度传感器首先保证该加速度传感器为两轴加速度传感器。此类传感器还可用于检测静态倾斜。在特定轴上的倾斜会造成热气体向上移动,传感器之间会产生温差。MEMS 加速度传感器具有能耗低、尺寸小、响应速度快、易于集成等优势。

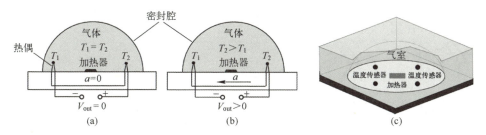

图 1.9 温差式加速度传感器

(a)、(b) 温差式单轴加速度传感器示意图；(c) MEMS 温差式双轴加速度传感器[20]。

1.2.3.4 角速度传感器

角速度传感器即陀螺仪，是最能体现 MEMS 传感器相较于传统传感器巨大优势的 MEMS 传感器。常规陀螺仪尺寸大、价格昂贵。即使我们抛开最初为飞机飞行和轮船航行而开发的经典机械陀螺仪，仅关注基于科里奥利力制造的陀螺仪，特别是光纤陀螺仪，其高昂的成本以及对精密光学组件的依赖性使它们难以得到普及。在导航、军事、智能终端等应用领域对微型惯性传感器的需求推动了基于科里奥利力的 MEMS 角速度传感器的开发。MEMS 角速度传感器可分为音叉式角速度传感器和振环式角速度传感器。

(1) 音叉式角速度传感器。音叉式角速度传感器的核心结构类似于音叉，其工作原理如图 1.10 所示。叉指上的压电模块激励叉指产生机械振动（图 1.10（a））。两个叉指相向振动时，若迫使叉指逆时针方向旋转，根据牛顿第一运动定律，左叉指的旋转力（即科里奥利力）增大，并作用到叉指柄上；同时，反向运动的右叉指的旋转力也增大且作用到柄上；两者合力在振动半周期内趋于增强旋转运动。反之，当叉指彼此反向振动时，叉指上旋转力和上述情况相反，由叉指传递到柄上的合力趋于削弱旋转运动。因此，叉指柄就以音叉振动周期进行交替的扭转，且柄所受扭转力的大小与旋转的角速度成正比[21]。MEMS 音叉式角速度传感器的叉指短而宽，而普通的音叉长而细。叉指柄上的压阻传感器用于感测角速度信息（图 1.10（b））。此外，音叉的振动也可以通过静电力驱动，但内置在叉指上的压电致动器需要提供更大的力。MEMS 音叉式角速度传感器结构如图 1.10（c）所示。角速度以度/秒（(°)/s）或度/小时（(°)/h）为单位，性能优异的传感器的角速度分辨率达到 0.001(°)/h。

(2) 振环式角速度传感器。1890 年，Brian 在玻璃杯中发现了玻璃杯振荡现象。如果玻璃杯旋转时，用刀轻敲环形玻璃杯，玻璃杯发出的音调相较于

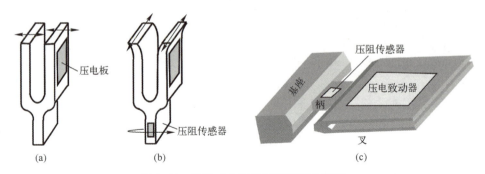

图 1.10 音叉式角速度传感器工作原理
（a）音叉的振动；（b）若音叉旋转，科里奥利力对音叉柄产生扭转力；
（c）采用压电致动器的 MEMS 音叉式角速度传感器[20]。

未旋转之前发生了改变。其原因是：敲击静止玻璃杯，杯口（环）将变形为椭圆形而振荡。杯环从圆形变为椭圆形，然后恢复到圆形，再变成一个旋转了 90°的椭圆形，再恢复到圆形，不断反复，直到振荡能量耗尽。由于视觉暂留效应，俯视观察时会看到一个四波腹图案。当玻璃杯旋转时，杯口振动的四波腹图案发生变化，振动状态随之改变，进而振动声音也发生改变。图 1.11（a）展示了两种基础振动模态，每种振动模式的波节彼此相差 90°，两种振动模式的波节和波腹是互补的，即第一种振动模式的波节和波腹分别对应于第二种振动模式的波腹和波节，两种振动模式相互独立且成 45°夹角。如果环不旋转，则只激发第一种模式；如果环旋转，则将激发第二种模式，且整体上产生两种模式线性组合的振荡，波节和波腹从其原始位置偏移。旋转引起的音调变化正比于旋转速度。振环式角速度传感器原理就是基于玻璃杯振荡现象，通过静电或电磁激励一个环发生振荡。图 1.11（b）使用了静电式激励和电容式感测，通过电极施加电压来吸引环，从而引发振荡。由于该环被轴固定且不与基板接触，所以环的振荡频率由尺寸、质量以及材料的力学性能决定。如果环旋转，科里奥利力将激发第二种振动模式，波节和波腹偏移。此时，利用电容电极测量环的形变程度（即电容大小随环表面与感应电极间距变化而变化），得到波节和波腹的偏移量以计算旋转角速度。

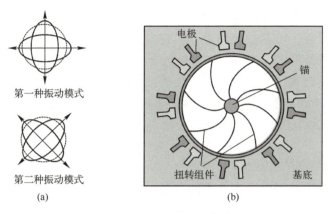

图 1.11　振环式角速度传感器

(a) 两种振动模式，虚线表示未受干扰的环，椭圆表示振荡模式，箭头表示该模式的波腹；(b) 传感器基本结构[20]。

1.3　MEMS 设计制造技术

　　MEMS 器件的工作涉及机械能、电能、磁能、热能、化学能等不同形式的能量及其之间的相互耦合，工作原理复杂。因此，为了理解工作过程并进行性能优化，需要有效的设计工具。MEMS 设计技术与工具的发展能够优化产品性能、降低产品研发成本、缩短产品研发周期。MEMS 设计主要包括器件级设计、系统级设计和工艺级设计，此外还有基于微观尺度效应的 NEMS 设计。后面将针对 MEMS 设计的完整流程及设计软件平台进行说明，介绍主流的 MEMS 建模设计如何与 IC 设计 EDA 相兼容。

　　MEMS 器件所用材料主要有半导体硅、玻璃、聚合物、金属和陶瓷等。由于 MEMS 和 IC 紧密联系，习惯上将 MEMS 制造分为 IC 兼容制造技术和非 IC 兼容制造技术。半导体硅不仅具备可控的电学性质，而且具有良好的机械性能，除了在 IC 产业，在 MEMS 材料中也占据主流地位。

1.3.1　MEMS 设计 EDA 技术

　　MEMS 结构与 IC 是完整微型 MEMS 功能器件的关键组件，考虑到产业协作和发展趋势，MEMS 设计需要与 IC 设计进行协同仿真。早期的 MEMS 建模由原理图驱动，具有速度快、参数化且能合并非线性模型的优势，但缺乏三维物理设计环境，也没有在信号流和电路仿真器之间实现行为模型转换方法的标准。后来，由 Conventor 公司研发的 MEMS+提供了一种 IC 与 MEMS 联合仿真的设计平台。MEMS+允许设计者在自己熟悉的三维环境中工作，并提供兼容性较好的参数化行为模型，非常适合设计和优化基于 MEMS 的组件（如加速度计、陀螺仪、麦克风等）。此外，MEMS+还可以与系统仿真器，如 MATLAB、Simulink，以及 EDA 工具，如 Cadence、Virtuoso 等联动，为 MEMS 器件的一体化设计奠定了软件基础[22]。

1.3.2 硅基 MEMS 加工制造技术

硅基 MEMS 是 MEMS 产业中的主流。硅基 MEMS 加工制造技术是以硅为衬底材料的 MEMS 器件制造技术，主要包括掩膜版制备、光刻图形化及转移（涂胶、曝光、显影）、薄膜沉积、刻蚀、外延生长、氧化、掺杂、键合和封装等工艺步骤。光刻工艺是硅基 MEMS 加工制造的核心技术，首先在衬底表面涂覆一层光刻胶，通过曝光把掩膜版图形投影到光刻胶上，并发生光化学反应，然后经过显影实现光刻胶的图形化。结合沉积、刻蚀等增材、减材制造工艺，形成复杂的微机械结构。

与 IC 制造业的规律相似，工艺技术的不断进步促进了 MEMS 器件集成度的提高和器件性能的革新。目前，硅基 MEMS 加工制造技术在微米至毫米级大规模自动化生产上具有不可替代的优势。

1.3.3 非硅基 MEMS 加工制造技术

非硅基 MEMS 加工制造技术利用了金属、聚合物等非硅材料来加工制造 MEMS 器件，主要有激光加工和增材制造技术。

激光加工技术以高能量脉冲激光产生的光热作用来移除多余材料，可实现金属和非金属材料的三维复杂微纳结构的加工。当高强度激光光束照射到材料表面时，被照射区域迅速气化，以此来塑造表面结构。此外，激光加工技术还能够实现疏水表面的加工、高透光结构等光学材料的构建，以及生物兼容性表面的制备。

增材制造技术，即 3D 打印技术，是近年来兴起的一项快速成型技术，能够控制材料及其化学组分来进行三维成型，可实现高复杂度和功能性的微结构加工，可用于 MEMS 器件与微系统传感器的制造。增材制造技术基于高精度操控系统和精确建模计算，把一层层材料依次沉积，并利用挤压打印、喷墨打印、立体光刻、激光熔化等技术制备各种形状的结构。增材制造具有材料多样性和较高的成型精度，在 MEMS 器件与微系统传感器加工制造方面有着巨大的应用潜力。

1.3.4 特殊材料的传感器加工制造技术

为了使传感器满足特定的应用场景或者功能，在传感器的设计和制造中有时需要用到特殊材料，如压电材料、形状记忆合金、磁致伸缩材料、二维（2D）材料、柔性材料等。

二维材料特别是二维半导体材料，由于其厚度处于原子级别、柔韧性好、带隙合适、极大的比表面、低成本等一系列性质，在传感器领域有着重要的应用前景[23-25]。二维材料传感器的制造通常涉及表面工艺与表面化学修饰。化学气相沉积（CVD）是生长二维材料的主要方法，石墨烯可以使用 CVD 制造。

压电陶瓷是指把混合氧化物（氧化锆、氧化铅、氧化钛等）高温烧结、固相反应后而成的多晶体，并通过直流高压极化处理使其具有压电效应的铁电陶瓷的统称，是一种能将机械能和电能互相转换的功能陶瓷材料[26]。厚膜压电材料 PZT（钛锆酸铅，化学式 $PbZr_xTi_{1-x}O_3$）被广泛应用在 MEMS 器件当中，如使用 PZT 压电材料制备悬臂梁式微驱动器，过程通常涉及切割、键合、减薄、激光烧蚀、硅湿法刻蚀等工艺。

柔性传感器是指采用柔性材料制成的传感器，柔韧性好、延展性强，甚至可自由弯曲和折叠，常用于环境监测和可穿戴设备等领域。柔性传感器可以部分使用柔性材料，也可以完全使用柔性材料。部分使用柔性材料的柔性传感器中，电子电路部分通常使用铜等常规材料，再通过跨接的方式与传感器主体实现电气连接，传感器主体使用柔性聚合物等材料制成，如 PDMS 柔性传感器可以使用光刻图形化的硅片或 3D 打印的模具来转印传感结构。完全使用柔性材料的柔性传感器所使用的电子电路也是柔性的，通常使用印刷柔性电路的方式实现。

1.4 本书结构

第 1 章~第 12 章是本书的第一部分，介绍了硅基 MEMS 设计制造技术，包括 MEMS 传感器设计制造流程和主要工艺技术，涵盖了设计、光刻、介质层加工、金属层加工、干法刻蚀、湿法腐蚀、掺杂、表面处理、键合、封装、MEMS 与 IC 集成等工艺，并展示了相关案例。

第 1 章首先概述了 MEMS 的概念、所涉及的学科、MEMS 器件的制造工艺，然后介绍了 MEMS 传感器的概念及典型的 MEMS 传感器案例，最后简述全书结构。

第 2 章围绕 MEMS 传感器的设计制造流程，按照设计方法、开发策略、工艺与材料选择、分级功能分析的工具和步骤、稳健设计的顺序，详细介绍了 MEMS 传感器的设计和分析方法。此外，结合实际的 Avago 麦克风与 MEMS 微镜的设计案例，展示了 QFD 法、构思筛选法以及有限元模型分析法 3 种常用的 MEMS 设计方法。

第 3 章介绍了 MEMS 加工制造常用的紫外光刻、直写式光刻以及印刷光刻 3 种光刻方法的概念、原理和工艺步骤，对主流的紫外光刻方式结合典型案例做了详细的介绍。此外，还穿插介绍了光刻胶等重要原材料和不同光刻工艺的光化学反应原理。

第 4 章介绍了介质层加工，介质层是硅器件与金属层之间及金属层与金属层的电绝缘层，介质层加工工艺包括热氧化、外延、化学和物理气相沉积、原子层沉积、溶胶凝胶等，本章介绍了这些工艺的原理、发展、步骤及应用领域。

第 5 章介绍了金属层加工，包括多种金属材料增材制造和刻蚀的工艺原理与步骤，总结了常见金属材料的性能以及选择金属材料时的参考原则，并给出了硅通孔金属填充技术与高深宽比三维微结构的金属层加工案例。

第 6 章介绍了干法刻蚀，包括等离子体刻蚀、反应离子刻蚀、气相刻蚀、离子束刻蚀等工艺原理与步骤，还展示了多晶硅、二氧化硅和金属刻蚀 3 种加工工艺案例。

第 7 章介绍了湿法腐蚀，包括各向同性腐蚀、各向异性腐蚀、硅腐蚀自停止、牺牲层腐蚀、深槽深孔腐蚀等工艺原理与步骤，还展示了 MEMS 静电驱动梳状谐振器和热阻型热式流量传感器的工艺案例。

第 8 章介绍了掺杂，包括生长、外延、扩散、离子注入、等离子体掺杂和杂质激活等掺杂工艺的原理与步骤，还给出了 4 种电阻率与结深相关的掺杂质量的测量表征技术。

第 9 章介绍了表面处理，包括 MEMS 器件制造中常用的黏附、释放、表面改性、表面分析和化学机械抛光等技术原理与工艺步骤，并给出了 SU-8 胶与 PDMS 键合的表面处理、大马士革工艺等案例。

第 10 章介绍了键合，包括玻璃料键合、聚合物黏合剂键合、阳极键合、直接键合、等离子体活化键合、金属键合以及混合金属/介质键合技术的原理与步骤,并给出了硅-可伐合金的玻璃料键合、BCB 聚合物黏合剂键合等案例。

第 11 章介绍了 MEMS 器件封装技术的基本概念、基本要求、基本功能、基本步骤,涵盖了 MEMS 芯片级、晶圆级、系统级 3 种封装工艺,并给出了基于全硅基 3D 晶圆级封装的 MEMS 加速度计案例。

第 12 章介绍了 MEMS 器件与 IC 的集成工艺,包括 CMOS 和 MEMS 技术的异同点、兼容设计、CMOS-MEMS 集成技术的分类,并给出了单片集成 CMOS-MEMS 三轴电容式加速度计与电容式麦克风两个设计加工案例。

第 13 章~第 16 章是本书的第二部分。MEMS 传感器的设计制造是应用导向的,针对不同应用的传感器,制造材料的选择、制造方案的制定以及新型工艺技术的研发至关重要,基于此,第二部分介绍了特殊材料的传感器加工制造技术,包括压电材料、二维材料、柔性材料、印刷电子材料等传感器的传感机理、材料特性和工艺技术,展示了非硅基 MEMS 设计制造技术在新型传感器中的应用与发展。

第 13 章介绍了压电材料、形状记忆合金、磁致伸缩材料、陶瓷材料、有机聚合物材料的基本概念、特性、加工制造技术和应用实例。

第 14 章介绍了二维材料传感器加工制造技术,包括二维材料的分类及制备方法、表面工艺和表面化学修饰,给出了 MoS_2 晶体管阵列和石墨烯单分子气体传感器两种典型二维材料传感器的构造和原理。

第 15 章介绍了柔性传感器的加工制造技术,首先介绍了 PDMS、PI 等柔性传感器常用的加工材料,接着结合案例介绍了柔性压力传感器、柔性温湿度传感器、柔性裂纹传感器的传感机理、设计方法和工艺流程。

第 16 章介绍了印刷电子器件加工制造技术,包括功能墨水准备、印刷设备及工艺、印后处理设备与工艺、印刷成膜性表征手段以及柔性混合印刷电子技术等,结合案例分析了各类设备和工艺的优劣。

参 考 文 献

[1] MAHALIK N P. Principle and applications of MEMS: a review [J]. International Journal of Manufacturing Technology and Management, 2008, 13 (2-4): 324-343.
[2] 郑志霞, 等. 硅微机械传感器 [M]. 杭州: 浙江大学出版社, 2012.
[3] BHATTACHARYYA B. Electrochemical micromachining for nanofabrication, MEMS and nanotechnology [M]. Norwich: William Andrew, 2015.

[4] LEMKIN M, BOSER B E. A three-axis micromachined accelerometer with a CMOS position-sense interface and digital offset-trim electronics [J]. IEEE Journal of Solid-State Circuits, 1999, 34 (4): 456-468.

[5] MUNRO D. DIY MEMS: Fabricating microelectromechanical systems in open use labs [M]. New York: Springer Nature, 2019.

[6] KOIFMAN V. Tessera DOC Publishes MEMS AF Actuator Flyer [EB/OL]. http://image-sensors-world.blogspot.com/2012/05/tessera-doc-publishes-mems-af-actuator.html.

[7] 阮勇, 尤政, 等. 硅 MEMS 工艺与设备基础 [M]. 北京: 国防工业出版社, 2018.

[8] LI T, LIU Z. Outlook and challenges of nano devices, sensors, and MEMS [M]. Cham: Springer International Publishing, 2017.

[9] MAJUMDER B D, ROY J K, PADHEE S. Recent advances in multifunctional sensing technology on a perspective of multi-sensor system: a review [J]. IEEE Sensors Journal, 2018, 19 (4): 1204-1214.

[10] KAL S. Microelectromechanical systems and microsensors [J]. Defence Science Journal, 2007, 57 (3): 209.

[11] GARDNER J W. Microsensors: principles and applications [M]. John Wiley & Sons, Inc., 2009.

[12] NAJAFI K. Smart sensors [J]. Journal of Micromechanics & Microengineering, 1991, 1 (2): 86.

[13] SCHMALZEL J, FIGUEROA F, MORRIS J, et al. An architecture for intelligent systems based on smart sensors [J]. IEEE Transactions on Instrumentation and Measurement, 2005, 54 (4): 1612-1616.

[14] BRAND O. Microsensor integration into Systems-on-Chip [J]. Proceedings of the IEEE, 2006, 94 (6): 1160-1176.

[15] NATHAN A, BALTES H, ALLEGRETTO W. Review of physical models for numerical simulation of semiconductor microsensors [J]. IEEE Transactions on Computer-Aided Design of Integrated Circuits and Systems, 1990, 9 (11): 1198-1208.

[16] RAHMANI H, BABAKHANI A. A wirelessly powered reconfigurable fdd radio with on-chip antennas for multi-site neural interfaces [J]. IEEE Journal of Solid-State Circuits, 2021, 56 (10): 3177-3190.

[17] 曹丽英. 汽车传感器的常见类型及具体应用 [J]. 造纸装备及材料, 2022, 51 (02): 33-35.

[18] 郝旭欢, 常博, 郝旭丽. MEMS 传感器的发展现状及应用综述 [J]. 无线互联科技, 2016, 3: 95-96.

[19] 何成奎. MEMS 传感器研究现状与发展趋势 [J]. 农业开发与装备, 2020, 8: 27-29.

[20] IDA N. Sensors, actuators, and their interfaces: a multidisciplinary introduction [M].

Stevenage: The Institution of Engineering and Technology, 2020.

[21] 胡爱民. 微声电子器件: 信息化武器装备的特种元件 [M]. 北京: 国防工业出版社, 2008.

[22] BECHTOLD T, SCHRAG G. MEMS 系统及建模 [M]. 周再发, 李伟华, 黄庆安, 译. 南京: 东南大学出版社, 2017.

[23] DUAN X, WANG C, PAN A, et al. Two-dimensional transition metal dichalcogenides as atomically thin semiconductors: Opportunities and challenges [J]. Chemical Society Reviews, 2015, 44 (24): 8859-8876.

[24] WANG Q H, KALANTAR-ZADEH K, KIS A, et al. Electronics and optoelectronics of two-dimensional transition metal dichalcogenides [J]. Nature Nanotechnology, 2012, 7 (11): 699-712.

[25] CAI Z, LAI Y, ZHAO S, et al. Dissolution-precipitation growth of uniform and clean two dimensional transition metal dichalcogenides [J]. National Science Review, 2021, 8 (3): nwaa115.

[26] 钟维烈. 铁电物理学 [M]. 北京: 科学出版社, 1996.

第2章
MEMS设计制造流程

在 MEMS 传感器研发过程中，设计者面临着纷繁复杂的设计问题，如概念设计、轮廓设计、工艺模拟、源自掩膜和工艺描述的固体几何结构透视图、几何结构和工艺次序优化、微组装设计、规划和模拟、整个系统设计。根据法国 Yole Development 公司分析一系列 MEMS 传感器的研发历程，大多数从原型器件到规模生产超过 15 年（图 2.1）。对于很多企业来说，这个产品入市时

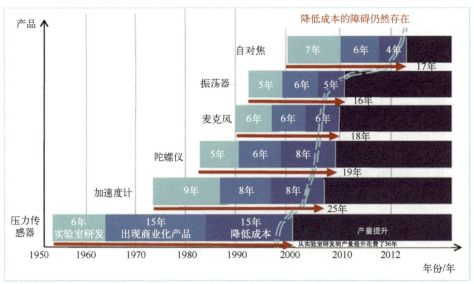

▶ 图 2.1　几种 MEMS 传感器产品从原型器件到规模生产所需研发周期的时间轴

间都太长，企业无法负担在 10~20 年内无法盈利的技术发展所需要的资金。因此，利用有效的设计方法，改善 MEMS 产品的定位，系统地缩短 MEMS 产品的开发周期，对于 MEMS 传感器的产业化成功具有重要意义。例如，如果设计人员充分利用现有的材料和工艺潜力来设计和优化新的传感器，那么 MEMS 传感器产品的研发周期将会有效地缩短。

设计过程是非线性的，涉及多个迭代循环过程，需要评估选择的工艺和材料，还需要结合传感器物理特性分析以及几何设计。结构化设计方法可以最大限度地减少设计过程所花费的时间和资源，严格采用和权衡众多的设计参数和设计目标是设计获得成功的重要保证。结构化设计方法可以帮助拥有专利、专有材料或者技术的公司评估新的市场和应用。该方法也可以帮助设计者和公司从一系列的技术与设计方案中筛选出最适合新市场或新产品的技术和设计方案。本章首先介绍 MEMS 传感器的设计过程，讲述基本的 MEMS 设计方法，并讨论加工工艺和材料的选择方法；然后重点讨论 MEMS 传感器结构和功能的评估方法，包括 MEMS 传感器的基本建模方法，以及重要的 MEMS 传感器设计软件；最后介绍稳健设计、不确定性分析、失效模式及影响分析等其他方法。

2.1 MEMS 的设计方法和开发策略

2.1.1 设计流程

设计流程的开端是确定 MEMS 产品的设计要求，这些要求可以通过访问和调查客户来确定，也可以根据客户要求定义，通过比较相关竞争产品获得。最终规格的定量指标要用来衡量和比较产品的性能和设计要求。描述客户需求和界定市场要求是设计的第一步，对 MEMS 设计者来说具有挑战性。设计过程流程图的第一步是产品定义阶段，需要具备对客户以及市场的了解，如图 2.2 所示[1-2]。各种不同的要求会被提出来，根据 MEMS 器件是作为消费类产品的一个组成部分（如智能手机的加速度计或麦克风），或者是集成在一个较大系统中用以提供一个集成的、便携式的材料检测工具（如结合了软件、硬件及定制芯片的便携式近红外光谱仪系统）。

产品定义阶段往往是由直接与客户打交道的市场营销和销售队伍来完成的。然而，设计、工艺和测试工程师最好能了解企业内部供应能力，能明确

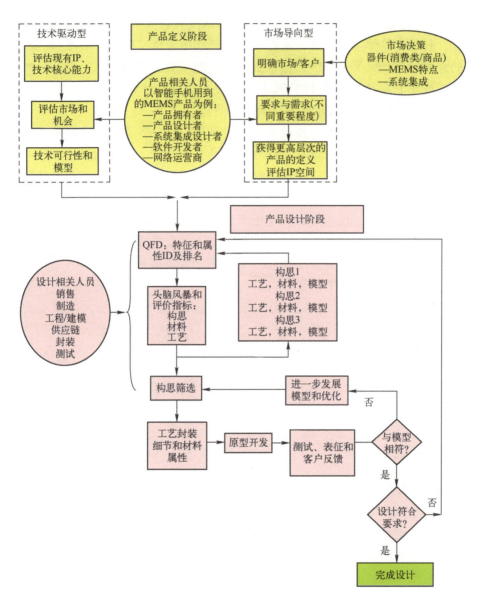

▼ 图2.2 MEMS产品的设计流程图[1-2]

量化过程以及性能指标，同时考虑这些指标与客户的需求之间如何协调。因此，产品定义阶段需要所有相关者都参与进来，也会涉及客户/市场的定义阶段。一旦设计者与客户/市场达成共识，那么所谓的"软性"的客户要求以及"硬性"的性能指标就可以彼此联系，并按照重要性排序。这样，设计团队就知道应该重视哪些方面,从而最大限度地满足大多数客户的要求,这个过程通常需要折中考虑成本与复杂性。质量功能展开(Quality Function Development,QFD)法是一种可以让这个过程正规化的工具[3-6]。

针对每个客户和市场的需求及其相对权重需要进行独立分析。根据这些客户需求,设计团队可以集思广益,同时考虑材料,加工和封装等因素,详细分析几何和材料特性可以预测产品的性能。同时,基于内部数据或参考文献中提供的数据,通过解析模型、数值模型和有限元模型的分析结果完成设计优化。设计者应该在制作流程中建立相应的测试结构以及检查点,从而更准确地评估工艺尺寸的容差和实际加工得到的结构的材料参数。器件或系统的整体性能应该同信号调理电路和系统集成一同考虑。有些 MEMS 商业化产品会在同一块芯片上集成 CMOS 电路来完成信号调理功能,而有些 MEMS 商业化产品则会采用 MEMS 结构和 ASIC 的多芯片组装技术来实现信号调理功能。采用哪一种技术,通常取决于整体可靠性和成品率以及产品成本要求等方面的综合考虑。设计过程中在大批量的流片之前,需要利用合适的测试圆片和测试结构,通过循环的方法来优化关键的设计参数(材料、尺寸、表面粗糙度、工艺流程)。这样,设计团队在掩膜版生产和整个流片过程开始之前可以重新审视设计的各个方面。

2.1.2 设计方法

2.1.2.1 质量功能展开法

在产品开发过程中用到的一种重要设计方法是质量功能展开(QFD)法。QFD 法是一种将客户认为重要的因素和设计与生产过程中的方案选择联系起来的工具。它的思想基础是:在产品设计或开发过程中,所有的活动都由"顾客的声音"(Voice of Customer)驱动并把顾客的需求体现到产品设计中去。在满足顾客需求前提下,全面考虑开发时间、质量、成本、服务、环境的关系,实现最优化。QFD 法通过将客户的要求映射为设计团队采用的准则和规范,有助于设计出满足客户需求的产品,从而实现更集中的发展和更高的销售量。

最早于 1971 年 QFD 法便在 Mitsubishi Heavy Industries 公司的 Kobe shipyard 厂开始使用[3]。1972 年,Akao 博士发表了一篇称为质量展开法(即现在的 QFD 法)的文章[7]。之后,Nishimura 也发表了关于 Kobe shipyard 厂的工作成果[8]。随着时间的推移,QFD 法取得的令人信服的成果促使更多企业使用该方法,进而在全日本得到广泛应用。Toyota 公司及其供应商不遗余力地持续发展 QFD 法，以帮助他们专注于实现客户价值。20 世纪 70 年代和 80 年代早期，一些日本企业利用 QFD 法来提高产品开发的效率[3,9]。20 世纪 80 年代中期，Xerox 公司和一些其他美国企业开始使用 QFD 法以及可装配性设计（Design For Assembly，DFA）等技术，以作为他们恢复美国制造业竞争力的重要手段。最初一些重工业企业，如汽车制造厂商开始使用 QFD 法，而半导体制造业等高科技产业则很少使用该方法，QFD 法通常被用于产品设计而不是制造工艺。麻省理工学院的 Clausing 教授帮助 QFD 法在美国获得了成功[9]，而一些公司，如 ITI 公司，甚至开发出了相应的 QFD 软件[3]。

QFD 法原本是在产品开发阶段提供指导的一个工具。正因为如此，它需要与其他管理和技术方面的工具一同使用，如战略规划、快速原型开发、实验设计、可装配性设计等工具，以完成一个高效的开发项目。QFD 法的输出结果仍需要个人的判断，这就意味着设计过程并没有完全自动化[10]。

在过去的 30 多年，各种实例证明了 QFD 法的有效性。例如，一家巴西钢铁企业在 1993 年至 1998 年，由于在汽车悬架弹簧零部件的开发过程中引入了 QFD 法，该产品的市场份额增加了 120%，在顾客投诉率下降 90% 的同时生产成本降低了 23%。在超过 7 年的时间里，日本 Toyota 公司的汽车车身制造厂将推出 4 个车身模型的启动成本减少了 61%，同时将产品的开发周期缩短了 1/3。

QFD 法是一个多阶段的工具，只有一个或两个部分经常被用于产品的开发过程。QFD 法的不同阶段通常称为"房子"。"房子"被形象地表示在图 2.3（a）中。阶段Ⅰ有时称为质量房，将"软"的客户需求转化为可测量的工程属性或规格。然后，阶段Ⅱ获得这些工程属性并将它们映射为部件特点或产品的部件属性。阶段Ⅲ将各部分的属性与具体的工艺步骤相匹配，阶段Ⅳ将工艺步骤与产品要求结合在一起。

2.1.2.2 MEMS 的结构化设计方法

现有的设计方法并不总是适合 MEMS 产品结构或开发过程。在 MEMS 设计时使用 QFD 法会在该方法的阶段Ⅱ出现困难，即工程属性与零部件关联的阶段。大多数 MEMS 器件并不是由"物理"上的零部件最终组装成一个器件的，而是根据一些产品规格和制造工艺创造出来的产品。制造工艺决定的外形，表明 MEMS 产品与工艺之间有着紧密的联系。相较于许多其他类型的产品，MEMS 产品中材料的属性与工艺过程及工艺规范之间联系更紧密。例如，硅材料存在着无定形、多晶、单晶等几种晶体状态。在不同晶体状态下，硅的材料特性有明显不同。选择不同的制造工艺或材料，对最终的产品指标和物理属性有较大的影响，反之亦然。产品与工艺之间的紧密联系被发展为构思筛选（Concept Selection，CS）法，其为一种将工程指标与设计构思相结合的工具，内容包括产品的构思和制造过程。CS 法是一个简化设计思想到原型开发过程的工具。CS 法也是一个简单的矩阵工具，可以让设计者评估重要工程指标和设计构思。这个工具将 QFD 法的阶段Ⅱ和阶段Ⅲ结合为一个阶段，使该方法更适用于 MEMS 行业。它也包含 Pugh 概念选择，与典型的 QFD 法最主要不同的是在产品定义的早期阶段，将产品理念和制造工艺放在一起考虑[12]。图 2.3（b）给出了一些适用于 MEMS 的设计方法。

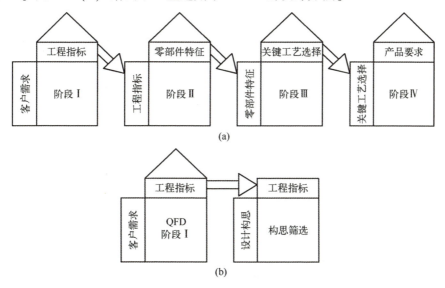

图 2.3　QFD 法的"房子"形像

（a）Hauser 和 Clausing 之后的 QFD 法的房屋类比示意图；（b）加上构思筛选之后的 QFD 法的阶段Ⅰ，可同时考虑 MEMS 工艺与器件的设计[11]。

QFD 法的阶段Ⅰ和 CS 法非常适合 MEMS 产品开发。其他的一些方法，如头脑风暴法和材料选择法，常和 QFD 法以及 CS 法一起使用。采用更符合 MEMS 独特要求的设计方法可以改进 MEMS 产品的开发过程。可通过缩短入市的时间，减少开发循环优化次数，降低开发或产品的成本，或增加产品利润等方面，衡量改进 MEMS 产品开发过程的效果。

2.1.2.3　MEMS 的开发策略

到目前为止，在传感器产品设计过程中，并未经常采用上述设计方法学，但仍然有不少例子表明使用以上设计方法的好处[11,13]。当然，如果不能系统性地采用以上设计方法学来进行我们的 MEMS 产品开发，学习和了解一些

MEMS 产品设计与开发的基本策略还是非常有裨益的，Leondes 给出了一些 MEMS 产品设计和开发策略，如表 2.1 所列[14]。

表 2.1　MEMS 产品设计和开发策略[4]

1	技术指标		确定用户的需求
2	概念设计阶段		同时开发并评估多种设计概念，为产品开发提供多种选择
	(1) 开发多种设计和概念来满足工程要求		
	(2) 使用诸如集思广益法、联合结构化创新思维法、类比法等方法		
	(3) 评价这些概念设计，选择最好的概念设计进入详细设计阶段		
3	详细设计阶段		又称验证设计阶段，使用解析法、有限元（Finite Element Method, FEM）法、边界元（Boundary Element Method, BEM）法或宏模型（Macro Modeling, MM）等来验证这种设计；完成所选设计概念的详细工程分析
	(1) 使用设计实验（Design Of Experiment, DOE）来定义实验模拟空间		
	(2) 模拟与分析		
		A	解析，FEM，BEM，MM，系统动力学
		B	优化
		C	容限设计
		D	概率设计
		E	设计规则
	封装设计		
	(1) 确定产品封装要求		
	(2) 确定关键特性（气密性，成本，工艺（陶瓷、塑料、QFP、CSP、BGA 等))		
	(3) MEMS-封装协同设计		
		A	选择芯片黏接和模压材料
		B	选择晶圆级盖封方法
	封装-器件协同设计		
	(1) 确定关键特性（气密性，成本，工艺（陶瓷、塑料、QFP、CSP、BGA 等))		
	(2) MEMS-封装协同设计		
		A	选择芯片黏接和模压材料以及晶圆级盖封方法
		B	封装体-芯片-MEMS 热机械行为
4	MEMS 标准制造工艺		
	(1) 开发工艺要求：确定产品要求，确定关键工艺特征		
	(2) 确定并评估现有工艺：使用现有工艺，改进现有工艺，开发新工艺		

续表

4	MEMS 标准制造工艺	
	A	标准工艺：设计规则，材料特性，工艺能力，多用户成本低
	B	改进标准工艺：类似或修改的设计规则，一些材料特性，一些工艺开发，用户承担整个晶圆成本
	C	新工艺：开发设计规则，验证材料特性，确定工艺能力，用户成本较大
5	材料特性表征	
	(1) 确定产品-工艺要求	
	(2) 确定关键材料特性	
	A	弹性模量、应力、断裂强度等力学特性
	B	电阻率、压阻系数等电学特性
	C	热导率、热扩散率、热膨胀系数等热学特性
	(3) 设计测试结构来评价关键材料特性	
	(4) 开发提取模型	
	(5) 确定材料特性	

2.2　加工工艺与材料选择

2.2.1　加工工艺选择

MEMS 器件包括主要材料（结构材料）和辅助材料（介质材料、互联材料等）[15]。MEMS 工艺经常利用辅助材料（对结构没有贡献）作为制造工艺流程中的牺牲层。设计流程中需要关注的属性包括材料特性、表面粗糙度、器件尺寸容差、压力和温度等工艺限制以及材料界面和兼容性。例如，许多 MEMS 器件与 CMOS 电路集成在一起，这样加工过程就受到材料、设备以及温度的共同制约。一旦 CMOS 集成电路已经加工完成，那么后续制造过程中要将温度控制在 300℃ 以下。选择满足给定几何尺寸和材料要求的最佳工艺需要筛选可用的工艺，从尺寸控制、表面粗糙度、应力、温度等方面详细地比较各种工艺的优缺点，并给它们排名。Quinn 等提供了一个对标准化工艺和材料属性（表 2.2）进行系统分类的方法[15]。从他们提出的流程属性图，可以体现出梁和槽的尺寸与加工工艺能力之间的函数关系。

表 2.2 工艺流程和性能[15]

工艺流程类别		工艺流程名称	制造流程总结	首选材料	辅助材料
体微机械加工技术	湿法腐蚀	各向异性湿法腐蚀（100）晶向硅（Si）-KOH	淀积掩膜材料；光刻；腐蚀；去除掩膜材料（如果需要）	Si	SiO_2，SiN
		各向异性湿法腐蚀（110）晶向 Si-KOH	淀积掩膜材料；光刻；腐蚀；去除掩膜材料（如果需要）	Si	SiO_2，SiN
		各向异性湿法腐蚀（100）晶向硅（Si）-TMAH	淀积掩膜材料；光刻；腐蚀；去除掩膜材料（如果需要）	Si	SiO_2，SiN
		各向异性湿法腐蚀（100）晶向硅衬底制作梁结构-KOH	淀积掩膜材料；光刻；腐蚀/释放梁结构	SiN	Si
		各向异性湿法腐蚀（100）晶向硅（Si）-EDP 浓硼掺杂自停止	衬底浓硼扩散掺杂；推进；淀积掩膜材料；光刻；腐蚀	Si	SiO_2，SiN
	干法刻蚀	各向异性干法刻蚀硅（Si）-金属掩膜	淀积（电镀）金属掩膜和光刻；反应离子刻蚀（RIE）；去除掩膜	Si	金属（Ni）
		深刻蚀浅扩散工艺	淀积掩膜材料；深反应离子刻蚀；硼扩散；短时间 RIE；释放或者与玻璃键合；减薄或释放	Si	金属（Ni）
		溶硅工艺	刻蚀锚区；硼注入与扩散；光刻结构；在玻璃上刻蚀空腔；硅玻璃键合；硅片减薄；EDP 腐蚀	Si	玻璃
		SCREAM-Si（热氧化层掩膜）	快速热氧化和光刻；RIE；厚氧层生长；RIE；侧壁热氧化；淀积金属；涂光刻胶；各向同性腐蚀释放	Si	SiO_2
		SCREAM-Si（淀积氧化层掩膜）	淀积氧化层掩膜；深 RIE；淀积侧壁氧化层；淀积金属；短时间 RIE；深 RIE；各向同性腐蚀释放；淀积金属层	Si	SiO_2
		SCREAM II -GaAs	淀积氮化硅掩膜和光刻；RIE；淀积氮化硅层；淀积金属层；光刻胶旋涂、后烘和光刻；RIE 暴露的金属层；RIE 氮化硅；各向同性刻蚀释放	GaAs	SiN
		深反应离子刻蚀工艺（DRIE - Bosch 工艺）	淀积掩膜与光刻；快速各向同性刻蚀（SF_6）；侧壁钝化（C_4F_8），重复刻蚀、钝化过程直至达到需要的刻蚀深度	Si	C_4F_8

续表

工艺流程类别		工艺流程名称	制造流程总结	首选材料	辅助材料
体微机械加工技术	干法刻蚀	以热氧化结束的3层掩膜干法刻蚀工艺	淀积#1掩膜材料（金属）；淀积#2掩膜材料（光刻胶）；淀积#3掩膜材料（金属）；3层掩膜的光刻（RIE）；侧壁热氧化；侧壁各向同性湿法腐蚀	Si	Ni，SiO_2
表面微机械加工技术		多晶硅表面微机械加工技术	淀积隔离层（如果必要）；淀积牺牲层（加热致密如果必要）；在牺牲层刻蚀锚区；淀积结构材料（多晶硅层）和退火（如果需要）；各向同性湿法腐蚀释放牺牲层	多晶硅	PSG，SiO_2
		碳化硅（SiC）表面微机械加工技术	淀积隔离层（如果必要）；淀积牺牲层；在牺牲层刻蚀锚区；淀积结构材料（碳化硅）；光刻（RIE）；各向同性湿法腐蚀释放牺牲层	SiC	Si，PSG，SiO_2
		聚合物表面微机械加工技术	淀积隔离层；淀积牺牲层；旋涂高分子聚合物薄膜和部分固化；淀积导电层（如果需要）；交替旋转、烘烤获得结构的深度；最后固化；淀积金属掩膜及光刻；等离子刻蚀；各向同性湿法腐蚀释放	聚合物	PSG，SiO_2
		多层多晶硅表面微机械加工技术（Sandia SUMMIT/SUMMIT V）	淀积缓冲层/隔离层；淀积牺牲层；淀积结构层（多晶硅）；使用化学机械抛光；重复上述步骤直至达到5层结构；各向同性湿法腐蚀释放结构	Si，SiO_2	SiO_2
"软光刻"加工技术		电子束光刻的硬主模制造技术（纳米级铸模）	热氧化和光刻（电子束）；RIE	Si，SiO_2	SiO_2
		微接触式打印技术（μCP）	光刻材料打印到主模；图形转移到特定材料（压印）；转移图形作为刻蚀和淀积的掩膜（如果必要）	SAMS等聚合物	PDMS（主模材料）
		毛细级别的微铸模技术（MMIC）	将PDMS掩膜版压在目标衬底上；利用毛细力作用注入液态聚合物；固化；去除掩膜版	聚合物	SiO_2，PDMS
		毛细级别的微铸模技术（MMIC）-真空辅助	将PDMS掩膜版压在目标衬底上；通过真空作用注入液态聚合物；固化；去除掩膜版	聚合物	SiO_2，PDMS
		微复制铸模技术（REM）	在Si、SiO_2、SU-8等材料制作的硬主模填充PDMS并固化；去除硬主模	PDMS	PDMS，SU-8，Si（主模材料）

续表

工艺流程类别	工艺流程名称	制造流程总结	首选材料	辅助材料
"软光刻"加工技术	微转移成型技术（μTM）	用液态聚合物填充 PDMS 主模；图形转移到衬底；去除多余的聚合物和固化；去除主模	聚合物	PDMS
	硬主模凸印技术/纳米压印光刻技术（NIL）	淀积聚合物；采用压印技术转移图形到淀积的聚合物和固化；RIE 方法完全的图形转移；在聚合物上淀积金属层并剥离	聚合物	SiO_2
	LIGA	淀积厚的光刻胶（PMMA）；X 射线曝光和显影；电镀金属并释放	金属（Ni）	PMMA

Quinn 等根据 2006 年的工艺能力进一步提出了工艺容差的工艺属性图[15]。这种工艺选择图对指导一个工程师从文献报道的加工工艺中选择合适的工艺是特别有帮助的，但是材料和工艺选择图都假设设计构思的具体表征量是已知的。对于进入新市场的公司或者进入新研究领域的学生来说，产生并选择最好的设计构思来满足客户要求这个完整的设计循环会让他们受益匪浅。构思选择方法可以用来指导选择设计构思的过程，包括实施方案和加工过程。设计过程应该进一步确定一个 MEMS 构思，与当前宏观尺寸的解决方案在性能指标方面相比，是否是最好的或者至少是极具竞争力的方法。另外，如果不画出上面提到的比较复杂的工艺属性图，那么多掌握一些典型微纳加工工艺的技术特点也会对工艺选择和优化设计发挥重要作用（表 2.3）[14]。

表 2.3　几种典型微加工工艺的技术特点比较[14]

加工方法	加工类别	加工材料	最小/最大特征尺寸	误差	加工深宽比
各向异性湿法腐蚀	S, Ba	硅、砷化镓、碳化硅、磷化铟、石英	数微米~晶圆尺寸	$1\mu m$	100
干法刻蚀	S, Ba	大部分固体材料	亚微米~晶圆尺寸	$0.1\mu m$	10~25
多晶硅表面加工	S/A, Ba	多晶硅、氮化硅、铝、钛等	亚微米~晶圆尺寸	$0.25\mu m$	—
SOI 工艺	S, Ba	单晶硅	亚微米~晶圆尺寸	$0.1\mu m$	—
LIGA	S/A, Ba	镍、金、陶瓷、PMMA	最大尺寸>10cm×10cm；最小尺寸 $0.2\mu m$	$0.3\mu m$	>100

续表

加工方法	加工类别	加工材料	最小/最大特征尺寸	误差	加工深宽比
UV-光刻胶	S/A, Ba	聚酰亚胺、SU-8	最大晶圆尺寸	0.25μm	25
微立体光刻	A, Se	聚合物光敏	最大尺寸（x×y×z）10mm×10mm×10mm	$x=5\mu m$；$y=5\mu m$；$z=3\mu m$	—
化学铣蚀	S, Ba	几乎所有金属	亚毫米~数米	横向误差 0.25~5mm	~1
电化学机械加工	S/A, Ba	硬金属/软金属	最小尺寸大于化学铣蚀	横向误差 <10μm	100
电火花机械加工（EDM）	S, Se	硬或易碎导电材料	20mm 厚材料上的最小孔直径 0.3mm	横向误差 5~20μm	100
电火花线切割（EDWC）	S, Se	硬或易碎材料	棒材直径最小 20μm、长 3mm	横向误差 1μm	>100
电子束机械加工（EBM）	S/A, Se	硬材料	减法工艺中，孔直径<0.1mm	减法工艺中，误差≈10%的加工尺寸	减法工艺 10~100
聚焦离子束（FIB）	S/A, Se	IC 材料	亚微米~数毫米	减法工艺中，5~100nm	—
激光束机械加工（LBM）	S/A, Se	硬材料，复杂三维图形	减法工艺中，孔直径 10~1.5mm	1μm	减法工艺 50
等离子束机械加工（PBM）	S/A, Se/Ba	高温材料	加法工艺>25μm；减法工艺>2.5mm	减法工艺，0.8~3mm	—

注：S-减法工艺；A-加法工艺；Ba-批量制造；Se-串行制造。

2.2.2 加工材料选择

MEMS 器件可采用的材料不断增多，Srikar 和 Spearing 为了方便材料筛选将材料分为五大类[16]。以谐振器为例，它们基于质量、刚度、惯性负载、形变、频率等属性将有关材料特性联系起来。随着设计过程的不断发展，需要更详细和准确的数据来预测器件的性能。要获得详细的材料数据，应该采用根据需要评估的器件工艺流程来制造相同的测试结构，并且将测试结果信息反馈回设计的循环优化过程。

材料的选择往往需要综合考虑材料的力学性能（弹性模量、泊松比、强度、硬度等）、热学性能（热导率、热扩散系数等）、电学性能（电阻率、电阻温度系数)、其他物理性能（熔点、密度等）、价格和可加工性等因素，这对设计者来说是一项复杂而又繁重的工作。如果材料的选择主要依据设计者的知识和经验，或者是照搬已有设计来决定，这种经验选材法可能会导致产品的使用寿命短、合格率低及材料利用率不高。为了使设计者能迅速、准确地完成材料的选择，Ashby 等提出以二维图（称为 Ashby 图，分别以材料的两种性能作为横轴和纵轴）的形式展示各种材料的性能，设计者可以根据需求方便地对各种材料进行比较、评估和遴选[17-18]。Ashby 图已被用于力传感器、陀螺仪、微机械滤波器等器件的材料初选[16,19-20]。

基于悬臂梁的力传感器的关键性能参数是其灵敏度（最小可检测力），它是$(E\rho)^{\frac{1}{4}}$和χ（损耗系数）的函数。为了获得更高的灵敏度，需要$(E\rho)^{\frac{1}{4}}$和χ最小化。如图 2.4 所示，力传感器的悬臂梁材料的初始选择为氧化硅、石英、硅、镓、砷化物和氮化硅。然而，受环境因素影响，损耗系数在很大程度上取决于外部损耗。因而，使得损耗系数独立于材料属性。在这种情况下，有效的材料要求其指数$(E\rho)^{\frac{1}{4}}$的值尽量为最小值。因此，由图 2.4 可以看出聚合物也是一种有吸引力的材料选择，扫描力显微镜用聚合物探针的制备研究结果也证明了这个结论[21]。必须指出，材料的性能也可能受到工艺流程和工艺条件的影响，如压力、温度、淀积方式和刻蚀等。

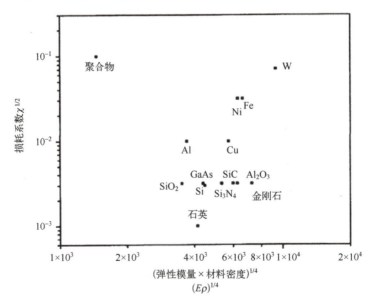

图 2.4　悬臂梁式力传感器的材料选择图[16]

2.3 MEMS 传感器的功能分析

2.3.1 MEMS 传感器建模仿真

随着设计由构思到原型开发，MEMS 性能建模的水平和详细程度也必须提高。对于设计者而言，设计过程包括器件构思、版图编辑、工艺及流程编辑、工艺仿真、三维结构可视化、网格划分、器件性能分析、封装作用、器件宏模型生成、系统级仿真等。MEMS 的建模和分析是综合性的问题，可以在许多层次上建模并且采用各种建模策略。

总体上，可以将建模分为 4 个层次：系统级、器件行为级、器件物理级和工艺级，每个层次与相邻层次采用双向箭头符号连接，表示不同层次间信息的相互交换（图 2.5）[22]。从单个 MEMS 器件再构成整个系统的方法称为自底向上（Bottom-up）的设计方法；从整个系统性能出发，将系统分解成所要求的 MEMS 器件和电路性能的方法称为自顶向下（Top-down）的设计方法。显然，要优化系统性能，Bottom-up 和 Top-down 的设计方法需反复迭代。必须指出，设计者在建立模型之前必须收集关于工艺的必要信息，同时还要具备材料、几何尺寸和工艺流程等方面的资源。一个大公司可以建立公司内部设备能力和工艺规范的数据库。

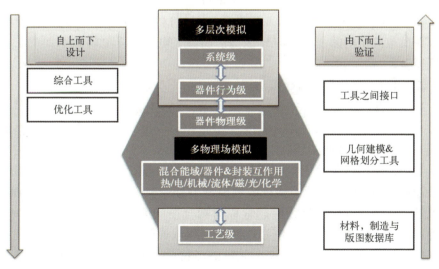

图 2.5 MEMS 建模层次[22]

2.3.1.1 工艺级建模仿真

工艺级建模位于底部,这一级设计完成工艺次序和制造器件的掩膜。工艺建模是复杂的数值处理过程,即工艺计算机辅助设计(Technology Computer Aided Design,TCAD)。工艺级建模仿真可根据给出的工艺参数、二维版图信息和工艺流程得到精确的、可视的几何模拟结构,实现 MEMS 器件的虚拟制造,使得 MEMS 设计者或工艺工程师能够在实际的制造过程前观察设计及工艺过程效果。同时,实现模拟数据输出格式与已有有限元分析软件接口,这样就能利用有限元分析工具对工艺级建模结果进行诸如机械、热和电等器件物理级建模分析;还可以优化制造工艺和 MEMS 结构,通过改进版图设计与制造工艺就能得到性能良好的 MEMS 器件和结构,可以有效地缩短 MEMS 产品的设计周期,降低 MEMS 产品的开发成本。对于 MEMS 设计者而言,TCAD 的重要性在于它能够根据掩膜和工艺顺序预测器件的几何形状。同时,由于材料特性可能和具体的工艺顺序有关,在进行器件建模的时候,设计者也必须知道所使用的工艺,以便模拟时赋予正确的材料特性。另外,工艺建模仿真有助于理解工艺机理,优化工艺参数。

TACD 工具开发最重要的内容就是建立精确的工艺模型,提出快速有效的模拟算法,从而可以实现"所见即所得"的仿真,如图 2.6 所示。目前,用于加工工艺仿真的算法主要有线算法(String Algorithm)[23-24]、元胞自动机算法(Cellular Automata Algorithm)[25-34]、水平集算法(Level-set Algorithm)[35-41]、快速推进算法(Fast Marching Algorithm)[42-43]、射线追踪算法(Ray-tracing Algorithm)[44]等。工艺模型包括薄膜淀积、薄膜刻蚀、光学光刻、深反应离子刻蚀、硅各向异性湿法腐蚀、电子束光刻等微纳加工工艺的物理模型。

2.3.1.2 器件物理级建模仿真

MEMS 器件可交互的环境信号包含电、力、热、流体、电磁、光等各种信号,涵盖了经典物理的各个领域。MEMS 器件很多情况下在工作中都需要实现不同能域信号的相互转化。例如,利用电热原理,可以给微小结构加热使其变形;利用压阻效应,可将结构应变转化为电阻变化等。因此,与电子器件设计不同,MEMS 器件物理级建模从一开始就必须考虑多个能域信号共存及相互作用的问题。这种问题常称为耦合场问题或多场耦合问题。MEMS 器件物理级建模的基本方程包括这些物理能域最经典的基本方程,以及描述不同能域信号耦合规律的方程,一般来说这些方程都是典型的偏微分方程(PDE)。对于理想的几何图形结构,可以有多种解析方法得到连续形式的解。

但是，对于实际器件模型，通常需要 PDE 的近似解或者网格化的数值解。经过实践后发展起来的比较成熟的数值求解方法主要有有限元、边界元、有限差分方法等。目前，这些数值求解方法已经被引入并形成了功能强大的商业化软件，如 ANSYS、COMSOL 等，这些软件可以较好地满足很多器件物理级建模仿真分析。

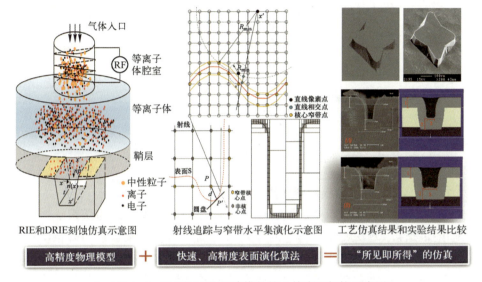

▶ 图 2.6　MEMS 工艺级建模的核心技术和架构示意图

由于 MEMS 的复杂性，多场耦合求解仍然面临着很多问题。例如，随着物联网、人工智能、工业 4.0 等迅猛发展，对多传感器集成技术提出了巨大需求[45]。对于多传感器集成设计的多场耦合分析，需要对微系统厘米级和毫米级的网格划分，对芯片纳米级的局部网格加密，同时需要有效地耦合伴随方程求解方法，实现多个物理场之间强耦合求解。柔性 MEMS 器件由于制备于柔性基板上[46]，因此存在弯曲条件下基板与 MEMS 器件结构之间的相互耦合效应，如图 2.7 所示。柔性 MEMS 器件需要考虑弯曲条件下的电/热/微波-应力-应变等多物理域耦合效应，但其本身的复杂性导致缺乏有效的仿真手段。弯曲条件下柔性基板会与 MEMS 器件结构发生相互形变耦合，同时耦合形变会导致 MEMS 器件力学/电学/微波性能的漂移和迭代耦合效应。当前多物理场仿真采用独立模块仿真，无法联立实现这个复杂耦合物理过程的全物理域仿真，严重影响仿真精度，导致设计对器件制备测试的指导性下降，增加了柔性 MEMS 器件的设计迭代时间和经济成本，影响了柔性 MEMS 器件的开发应用。

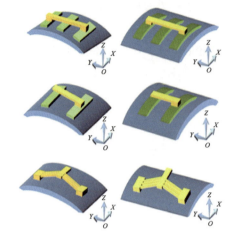

图 2.7 柔性 MEMS 器件弯曲分析示意图

2.3.1.3 器件行为级建模仿真

随着微系统技术的不断成熟，更加多样化、集成度更高的微系统产品不断地由探索性原型发展为市场化的系列新产品，而且越来越多的微系统产品含有与接口电路集成的器件。在设计和仿真以上具有复杂结构和包含接口电路的 MEMS 时，需要对耦合物理场作用下的功能结构和接口电路的行为进行协同仿真，即进行所谓的系统级仿真，以支持集成微系统技术的快速、高效发展。

MEMS 系统级仿真最精确的做法是直接将接口电路与完整微器件物理级模型（如有限元模型）放在一起仿真。现有的集成电路仿真工具主要是基于代数微分方程组求解算法来建立的，无法与现有成熟的器件级建模仿真工具（ANSYS，COMSOL Multiphysics 等）直接集成。因此，传统的器件级建模仿真工具以及集成电路仿真工具只能分别应用于 MEMS 器件结构和电路部分的仿真设计，无法对整个非电域的功能器件与微电子电路组成的 MEMS 整体性能进行有效的系统级分析。为此，我们需要创建宏模型或降阶模型来近似但相对简单地描述系统中 MEMS 器件的基本物理行为，并且它的描述形式与系统级描述是直接兼容的。宏模型应该能够以尽可能快的计算方法反映器件的所有基本行为，并且能够直接插入到系统级仿真器中。它应该与材料特性和器件的几何形状有正确的对应关系，它也应该能够表示在小信号（线性的）激励和大信号（通常是非线性的）激励下器件的静态和动态行为。最后，宏模型应该与对应的物理级三维仿真结果相一致，也应与测试结构的实验结果相一致。总体来说，宏模型一般应满足以下条件[47]。

（1）模型中的自由度数量少。

（2）具有清晰的解析表达式，可直接反应参数变化带来的系统响应。

（3）支持器件几何边界条件和材料特性等变参数设计。

（4）可以模拟器件的准静态特性和动态特性。

（5）表达形式简单，一般为一组常微分方程和代数方程，可写成状态空间方程形式。

（6）模型的输入输出结果符合器件的三维模拟结果。

建立 MEMS 器件宏模型的方法主要有解析法和数值法两大类[48]。解析法直接推导描述器件行为的解析表达式，常利用代数微分方程组描述未知变量与输入变量和参数的物理关系，揭示器件遵循的客观物理规律。此方法建立的宏模型物理概念清晰且精度较高，也称为集约模型（Compact Model）。数值方法则通过变分原理建立原数学模型的等效积分形式并离散化求解区域，建立出求解基本未知量的代数微分方程组，并表示成规范化的矩阵形式，对得到的大规模有限元求解方程进行子空间投影，通过缩聚自由度数目来建立描述原器件行为的数值宏模型，通常也称为降阶宏模型（Reduced-order Model）。它可以大幅度降低未知方程个数，同时保证系统的输入个数不变，输出满足精度要求，节约计算时间，此方法以目前常用的成熟且强大的有限元工具为基础。因此，可以针对各种复杂的 MEMS 器件建立宏模型，应用范围更为广泛。

大部分的 MEMS 器件具有不规则的几何结构，同时工作在复杂的边界和载荷条件之下，直接建立器件的精确解析宏模型难度较大，一般是通过简化、近似参数设置、数据拟合集总参数、理想化边界条件等将描述器件行为的复杂偏微分方程转换为低阶的代数微分方程来描述。目前，国际上比较有代表性的解析法宏模型建模方法有等效电路法、节点单元法等[48-49]。等效电路宏模型物理意义较清楚，可以表达不同能量领域之间的耦合情况，但它只能进行小信号交流分析，且等效电路元件的选择也受所用电路模拟软件器件库的限制。当器件的结构和耦合情况复杂时，建立等效电路宏模型往往十分困难。另外，并不是所有的非电子系统都能找到其等效电路。数值宏模型建模方法在经过了如模态分析、实验数据处理、求解域离散化等相关的数值仿真后，通过模型降阶理论（Model Order Reduction，MOR）来建立复杂 MEMS 器件的宏模型，主要有基于伽辽金思想的基函数叠加法和矩阵子空间投影法等[1-2]。

2.3.1.4 系统级建模仿真

对 MEMS 中非电能量域各个功能部件分别建立宏模型后，常用的宏模型如等效电路宏模型和硬件描述语言宏模型都可以在封装后和已有的集成电路元件宏模型一起放入系统级设计工具中，如 Saber、SPICE 等。宏模型可以与这些专门的电路仿真器无缝连接，实现由结构、驱动与检测电路等形成的 MEMS 整体特性的仿真分析。

目前，有几种模拟硬件描述语言（AHDL）可以满足微分和代数方程组的物理系统的模型设定，对表达 MEMS 非电域子系统的动力学特性的微分方程组进行描述，建立"伪"电路模型。目前，一些商业化电路设计仿真器支持 AHDL，包括具有开源标准的 OpenMAST[50]、Verilog-AMS[51]、VHDL-AMS[52] 和 SystemC-AMS[53]。"AMS"是"Analog Mixed Signal"的缩写，表示数/模混合。AHDL 模型与仿真软件脱钩，使得用户可以通过自己编写模型代码直接触及当前仿真器的算法能力。

为了应对给定的 MEMS+IC 设计、仿真和产品开发带来的挑战，Coventor 公司开发了一个称为 MEMS+的新设计平台[54]。Coventor 的 MEMS+ 方法允许 MEMS 设计者在符合自身需求的三维环境中工作，而且能够非常容易地提供兼容集成电路设计和系统仿真环境的参数化的行为模型。同时，对于集成电路或系统设计者来说，MEMS 器件将和任何其他模拟或数字组件没有什么区别。MEMS 行为模型中的参数可能包括制造偏差，如材料特性和尺寸变化，以及设计时的几何属性。已经证明这些模型的复杂性和准确性将使系统以及 MEMS+IC 协同设计达到性能与成品率最优化。图 2.8 为 CoventorMEMS+与 Cadence 软件接口完成系统级建模仿真框架示意图。IC 工程师通常使用工具（如 Cadence Virtuoso）来设计和 MEMS 器件连接的模拟混合信号电路[54]。为了成功，IC 工程师要求在 Cadence 模型库中使用快速且准确的 MEMS 器件模型。为了促进所需的模型更新，MEMS+提供了一种简单的方法将 MEMS+模型导入 Cadence 模型库。MEMS+创建的每个器件以网表和示意图符号的形式导入到集成电路设计环境中。示意图上符号引脚的数量和名称由 MEMS 工程师决定，这些引脚代表与 MEMS 器件的电气连接。MEMS 符号可以被放到集成电路原理图编辑器中并被完整的集成电路包围。

总体来说，通过建立传感器宏模型进行系统级仿真有其特有的优势，如可以将 MEMS 器件与处理电路、控制电路等一起进行仿真，仿真速度远远快于有限元仿真，可以与传感器物理级分析设计的研究互补，形成微型传感器

Top-down 的整个设计流程，通过宏模型的系统级仿真分析与物理级分析来共同优化传感器设计。

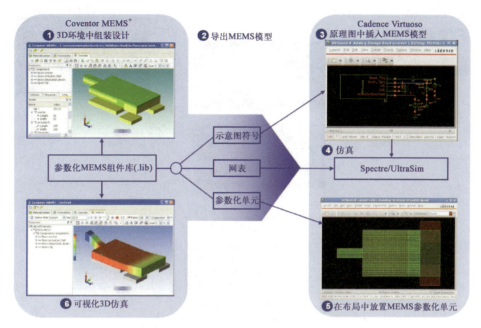

▼ 图 2.8　MEMS+软件与 Cadence 软件接口完成系统级建模仿真框架示意图

2.3.2　MEMS CAD 软件

MEMS 设计的目的是最终制造出性能满足设计者要求的器件或系统，MEMS CAD（计算机辅助设计）软件分析框架如图 2.9 所示。在理想的 MEMS 设计环境中，用户首先模拟制造工艺来产生三维几何模型，该模型包括工艺相关的材料特性和初始条件（如制造诱致的应力），这种模拟的输入包括掩膜版图（如以 CIF 或 GDS II 格式）和工艺描述文件（如 PFR）。为了计算与制造相关的初始场，将初始的几何模型进行网格划分，基于物理的工艺模型（如沉积、刻蚀、键合、退火等）生成用于模拟的虚拟模型。这种模型包括材料特性、边界条件和物理数值参数，可用于场求解。所有模型参数应该固定到几何结构中而不是网格中，从而可以使用多种分辨率（与网格无关）以及网格自适应。最终的目的在于器件及相关系统能够制造，并且系统性能与设计的一样。

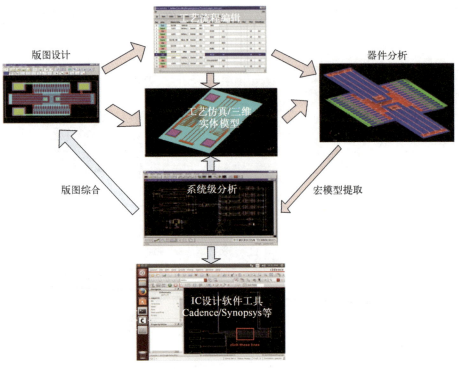

▼ 图 2.9　MEMS 设计软件分析框架

　　从 20 世纪 90 年代开始，国际上一些大学、研究机构和高科技公司投入大量人力、物力、财力开始进行 MEMS 软件设计工具的研究开发[54-56]。20 世纪 90 年代中期，美国 IntelliSense 公司和美国 Microcosm Technologies 公司（现更名为 Coventer 公司）已开始提供专业的 MEMS 商业软件 IntelliSuite 和 Coventerware 应用于 MEMS 工艺与器件设计。由于 MEMS 处理的问题仍然是基于固体、流体的连续性假设，遵从相同的物理规律，因此很多有限元分析软件也逐步进入 MEMS 设计工具领域，如 ANSYS、Fluent、ANSOFT 等商业化软件都提供了部分 MEMS 设计功能。此外，一些集成电路的商业软件也推出 MEMS 设计和模拟器，如 Tanner 提供版图设计软件 L-Edit；美国 Synopsys 公司提供了用于混合系统设计的 Saber 分析器等。

　　相对而言，目前 MEMS 专用设计软件对多物理场的分析功能较强，而在系统级、工艺级分析较弱，尤其是与电路的协同设计更弱，因此随着 MEMS 不断发展，MEMS 专用设计软件与大型 IC EDA 软件（Candence、Synopsys）的深度融合是必然趋势。表 2.4 给出了可用于 MEMS 设计的常用软件的功能特点。

表 2.4 几个代表性 MEMS CAD 软件的功能特点

软件名称	开发单位	功　能
CoventorWare	美国 Coventor 公司	功能强、拥有几十个专业模块，功能包含 MEMS 器件级分析、工艺级仿真和系统级仿真，是一种综合仿真分析工具
IntelliSuite	美国 IntelliSense 公司	功能强、拥有几十个专业模块，功能包含 MEMS 器件级分析、工艺级仿真和系统级仿真，是一种综合仿真分析工具
ANSYS（HFSS）	美国 ANSYS 公司	融结构、流体、电场、磁场、声场等分析于一体的大型通用有限元分析软件，可用于器件级仿真分析
COMSOL Multiphysics	瑞典 COMSOL 公司	多物理场耦合分析软件，可用于器件级仿真分析
MEMSCAP	法国 MEMSCAP 公司	多物理场耦合分析软件，可用于器件级仿真分析
FLUENT	美国 FLUENT 公司	用于进行流体模拟计算的求解器，可用于器件级仿真分析
Ansoft（HFSS）	美国 Ansoft 公司	领先的电磁场仿真分析软件，可用于器件级仿真分析
SOLIDIS	Swiss Federal Institute of Technology 公司	较灵活的网络划分，善于进行热变形和热致动的分析，可用于器件级仿真分析
FLOW-3D	Flow Science 公司	计算流体动力学和传热学领域，生物医学的电泳进行新模型的开发及验证，可用于器件级仿真分析
Sentaurus Process	美国 Synopsys 公司	集成电路加工工艺仿真，但是不包括典型 MEMS 加工工艺的仿真，仿真精度较高
SABER	美国 Synopsys 公司经营	可以兼容模拟、数字、控制量的混合仿真，便于在不同层面上分析和解决问题，可用于系统级仿真分析

MEMS 设计的一个重要方面是面向器件结构与性能的器件级设计。由于 MEMS 器件多数情况下都存在多能域耦合的情况，以及 MEMS 器件行为大多是采用偏微分（或是常微分）方程表达，因此 MEMS 器件级分析软件常采用数值的方法（有限元、边界元或有限差分）来分析器件的性能。目前，已有一些比较成熟的商业软件可以用于 MEMS 器件级设计时的耦合场分析问题。表 2.5 简要总结了部分耦合场分析软件的特点。

表 2.5　几种可用于 MEMS 多物理场分析软件的特点

软件名称	开发单位	多物理分析软件的特点
CoventorWare	美国 Coventor 公司	功能最强、规模最大的 MEMS 专用软件，拥有几十个专业模块
IntelliSuite	美国 IntelliSense 公司	器件级多物理场水平与 CoventorWare 相当，系统级仿真能力较 CoventorWare 弱
ANSYS	美国 ANSYS 公司	融结构、流体、电场、磁场、声场分析于一体的大型通用有限元分析软件，工程应用能力强，市场规模大能力多物理场分析功能强于美国 IntelliSense 公司的 MEMS 设计软件和 CoventorWare
SOLIDIS	Swiss Federal Institute of Technology 公司	较灵活的网络划分，善于进行热变形和热致动的分析
FLOW-3D	Flow Science 公司	计算流体动力学和传热学领域，生物医学的电泳进行新模型的开发及验证
FLUENT	美国 FLUENT 公司	用于进行流体模拟计算的求解器，在流体仿真分析能力方面全球领先
Ansoft（HFSS）	美国 Ansoft 公司	全球领先的电磁场仿真分析软件
COMSOL Multiphysics	瑞典 COMSOL 公司	多物理场耦合分析软件，偏重于学术研究。多物理场分析功能强于英特神斯 MEMS 设计软件 CoventorWare
ABAQUS	ABAQUS 软件公司	专用于非线性有限元分析软件
SABER	美国 Analogy 公司开发、现由美国 Synopsys 公司经营	现已成为混合信号、混合技术设计和验证工具的业界标准，可用于电子、电力电子、机电一体化、机械、光电、光学、控制等不同类型系统构成的混合系统仿真。SABER 作为混合仿真系统，可以兼容模拟、数字、控制量的混合仿真，便于在不同层面上分析和解决问题
FELAC 2.0	元计算科技发展有限公司	提供 8 种公式库模块，基本覆盖了固体、结构、流体、传热、电磁学及多物理场耦合等领域研究的主要问题
INTESIM-Multisim	英特工程仿真技术（大连）有限公司	具备世界水平的耦合方法体系，能够仿真结构、流体、电磁、热、声学等物理场问题，同时能够实现上述物理场之间的耦合问题

2.4 稳健设计和其他优化设计方法

2.4.1 稳健设计

与宏观机械制造工艺相比，MEMS 制造过程步骤多、工艺复杂，加工尺寸相对误差较大，材料参数与加工工艺过程密切相关。一般而言，MEMS 工艺相对偏差远大于宏观机械工艺存在的相对误差[1]。例如，在机械车间中很容易定制一个圆柱形驱动轴，而且机械工程师可以采用标准加工工具和工艺加工得到精度较高的驱动轴。如图 2.10（a）所示，假设设计需要驱动轴的直径为 4in（约 100mm），那么，机械工程师可以轻易将驱动轴直径加工偏差控制在 ±1mil（±25.4μm）左右或者更小，换算成相对误差，就是 0.0254%。作为比较，分析 MEMS 器件加工的工艺偏差。以表面微加工双端固支梁的宽度为例，双端固支梁悬浮于衬底表面两块锚区之间，如图 2.10（b）所示。假如双端固支梁需要的设计宽度为 4.00μm，利用标准微加工方法加工产生的典型偏差约为 ±0.25μm，该 MEMS 器件的相对误差为 6.25%，是宏观加工工艺产生误差的 250 倍。因此，MEMS 制造工艺的尺寸相对误差较大，宏观机械制造工艺尺寸相对误差较小。此外，MEMS 加工工艺中的大多数薄膜材料受到不同工艺条件的影响，相同的薄膜材料往往在弹性模量、残余应力等材料参数方面呈现出差异性[57-58]。如图 2.11 所示，多晶硅薄膜材料的残余应力随工艺条件和工艺流程发生偏移，因而同样的器件结构却会发生不同的翘曲现象。

MEMS 工艺偏差主要包括以下几方面。

（1）几何加工误差，主要来源于光刻、刻蚀和材料沉积。几何尺寸偏差主要影响器件的阈值（如开关的吸合电压）、谐振频率（可能对谐振器件产生影响）、振动幅度（对振动式器件产生幅度影响）等。几何形貌（如陡直度、锐角钝化）偏差主要影响器件的运动稳定性，如静电驱动水平运动结构产生离面运动或摆动，工作模态有效幅度减小等。

（2）掺杂浓度误差，来源于材料生长（原位掺杂）和热扩散、离子注入掺杂。掺杂浓度误差直接导致器件的导电特性变化，对于电流驱动的器件以及热驱动的器件产生控制误差以及控制的离散性。同时，掺杂还将对于材料的刚度（主要是对弹性模量）产生影响，引入残余应力。

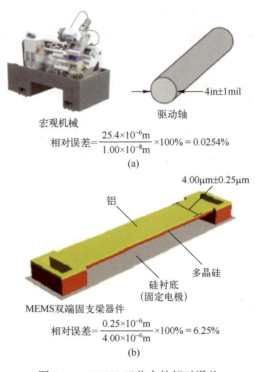

图 2.10　MEMS 工艺中的相对误差

(a) 利用宏观机械加工方法产生的工艺相对误差示意图；(b) 利用微加工工艺制备 MEMS 双端固支梁的工艺相对误差示意图。

图 2.11　采用不同的工艺条件和工艺流程制备的多晶硅器件，结果表明多晶硅材料参数随工艺条件和工艺流程发生偏移

(3) 材料物理参数误差，来源于热过程（如生长、退火过程），主要是弹性模量和残余应力。该两项参数对 MEMS 可动结构的性能和参数导致直接

的影响，如杨氏模量对位移和谐振频率产生影响，残余应力导致结构的初始形变等。

从宏观考察，MEMS 器件的材料属性、几何尺寸的不确定性，以及在制造过程中产生的工艺波动和引入的其他误差，都会造成器件性能的一致性问题，导致生产成品率下降。不确定性分析是研究各种系统参数（包括产品的可控的设计变量和不可控的设计参数）影响产品的系统性能的规律。系统参数输入不确定性到系统输出不确定性，有时又称为不确定性传递（Uncertainty Propagation）。不确定性分析回答当系统参数的分布已知时，系统性能的分布是什么的问题。不确定性分析最著名分析方法是蒙特卡罗模拟（Montel Carlo Simulation，MCS）法，但 MCS 法较费时[59]。传统稳健设计通常认为源自于日本 Taguchi 博士在第二次世界大战后提出的产品质量管理思想[60]。虽然可靠性设计和稳健设计都是以不确定性为基础的设计方法，但两者有着明显的区别。稳健设计是使设计产品对不确定性变化不敏感或减小设计性能的波动，而可靠性设计是使设计可靠或保证其正常工作的概率不低于要求的水平。前者涉及经常性变化的因素而偏重于避免产品质量损失，而后者偏重于安全考虑而避免非常事件发生。稳健设计在产品设计阶段考虑误差因素对产品性能的影响并将其降至最小，从而确保产品质量，其主要思想是在不消除、不减少不确定因素的前提下，使产品的性能对不确定因素不敏感，并且保证产品性能最大化，最终实现产品性能的稳健性。

目前，国内外已经开始对 MEMS 工艺、材料、封装等工艺波动的不确定性进行分析[61-71]。Engesser 等采用 Sigma 点法来替代蒙特卡罗方法，Sigma 点法与蒙特卡罗方法的速度及精度对比如图 2.12 所示，可见在相同精度下此方法速度是蒙特卡罗的 10000 倍，可以有效适应可靠性设计优化的需求，减少复杂模型模拟时长[61]；Liu 等采用蒙特卡罗混合编译的方法从静电执行角度对微梁谐振器进行了灵敏度分析与稳键优化分析[62]；Agarwa 等运用光谱式随机边界法和光谱式随机有限元，结合拉格朗日型静态分析对 MEMS 器件与工艺波动关系进行分析与优化[66]；Martwicz 等考虑技术不确定性和多场耦合效应，从可靠性及执行行为相关的稳健性优化角度出发，对 MEMS 器件优化流程进行了分析[67]；Shavezipur 等对于工艺加工中不确定因素，综合运用改进的一阶二次距 AFOSM 法和蒙特卡罗方法，从宏模型角度阐述了工艺偏差对 MEMS 器件的影响[68]；Vudathu 等针对多数 MEMS 器件分析量的非线性行为，以及器件设计对初始设计和边界条件的依赖性，运用最坏情形分析（Worst Case Analysis）方法，以参数方式论证了单一几何尺寸偏差对 MEMS 器件性能的影响[69];Choi 等选取变量降维的统计方法,对特定工艺偏差下加速度传感器的成品率及生产成本进行了预测,得到了与蒙特卡罗方法相一致的结果[70]。

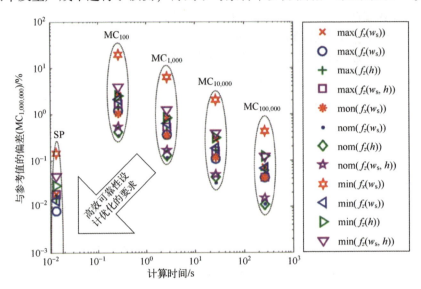

图 2.12　Sigma 点法(SP)与不同样本量蒙特卡罗方法(MC)计算误差及计算时间的对比[61]

现有的稳健设计方法诸多,基本上可归为两类:一类为传统的设计方法,主要有损失模型法、田口方法等,这些是主要根据经验或半经验设计出来的;另一类以现有的技术和实际中的工程为依据组合而成研究出的,主要有容差模型法、随机模型法、模糊模型法等现代稳健设计方法。目前,已有不少研究者采用现代稳健设计方法分析压力传感器、陀螺仪等 MEMS 器件的稳健性[72-75]。

2.4.2　失效模式及影响分析

失效模式及影响分析(Failure Mode and Effect Analysis,FMEA)法是一种用于在开发过程中确定设计或工艺的薄弱环节的典型方法[76]。这些薄弱环节将被针对性地改进。FMEA 法也能用在已投入生产的产品上,用于评估有问题、可重新设计的部分。根据一些文献的报道,FMEA 法和其他各种优化方法是 MEMS 领域中最常用的设计方法。在一些案例中,FMEA 法已在 MEMS 项目中取得了实质性的成果。Agilent 科技公司在他们的 FBAR 产品开发过程中利用了 FMEA 法以提高产品的成品率。利用 FMEA 法获得的技术发展,圆片级成品率从不足50%增长到远高于50%，显著地降低了产品成本[77]。

Texas Instruments 公司在数字微镜器件（Digtial Micromirror Devices，DMD）开发过程中使用 FMEA 法，是该方法在 MEMS 领域得到应用的一个突出例子。大约从 1992 年开始，Texas Instruments 公司在每个新的 DMD 设计以及每个主要设计改变过程中都采用 FMEA 法[78-79]。使用 FMEA 法帮助 Texas Instruments 公司在缩短产品开发周期的同时，保持了良好的可靠性和产品性能。因此，产品的上市时间加快，公司获得的利润增加但承担的风险降低了。通过在单元测试前确定测试和工艺开发的需求，可以简化开发过程。通过预测可能出现高风险的地方并在产品开发初期对这些方面投入大量精力，FMEA 法使开发团队避免了后续开发过程和产品出现问题。一旦确定有高风险问题，开发团队就需要想出办法进行测试，以尽量发挥 DMD 器件的极限性能。这种方法利用远远超过产品规格的应力水平来确定产品设计的某些弱点[79]。

当发生单元失效的情况时，通过调查确定工艺或设计的某些改变是否合理。在某些情况下，必须完成一些改变，不管是否需要这些改变来满足产品可靠性要求。根据 Douglass 理论，"这些决定使得 DMD 的稳定性得到进一步改善，因而带来了大量的利润，并为将来开发过程的评估方案选择提供了很大的灵活性。"对于提议的每一项变化，产品工程师为 FMEA 法整合收集到的输入信息，然后进行表征测试。

2.5 案　　例

2.5.1　Avago 麦克风设计案例

随着 MEMS 技术的引入，过去 50 年已经相当成熟的麦克风技术发生了巨大的变化。驻极体电容式麦克风（Electret Condenser Microphone，ECM）是消费类电子产品（如手机）中最常用的麦克风类型。ECM 以较低的成本获得了较为理想的音质，它们通常含有一个金属外壳包围的高分子聚合物薄膜。由于含有低熔点的材料，ECM 不能采用回流焊接工艺。因此，需要采用昂贵的手工安装方法将 ECM 安装到面包板上。这种限制为其他麦克风技术渗透到蜂窝手机和其他大型音频市场提供了良好的机会。电容式硅麦克风技术就是这样的一个替代技术，它目前以每年超过 100% 的速率增长，并贡献了新式麦克风技术的几乎全部的增长。电容式硅麦克风由于其双电极板设计而具有一定的局限性,如在潮湿的环境中容易发生故障,并且需要一个电荷泵来偏置薄膜。压电式麦克风只含有单层薄膜很好地避免了以上问题,尽管对于 MEMS 级别的麦克风来说它的灵敏度较低[1-2]。

Avago Technologies 公司已经生产了超过 10 亿只主要用于手机的薄膜体声波谐振(Film Bulk Acoustic Resonator,FBAR)压电带通滤波器。为了让 FBAR 技术在手机带通滤波器市场占据主导地位,并尽量多地占据市场份额,该公司决定寻找扩展其技术应用的新方法。他们开始尝试将 FBAR 和其他核心技术用于声学传感器等新领域与新市场[1-2]。大批量的 FBAR 生产技术使得压电式 MEMS 麦克风的快速原型开发成为可能。使用 FBAR 制造一个声学传感器涉及许多方面的设计分析,包括基本的平板弯曲理论、更复杂的有限元分析、器件版图设计和制造加工。同时,还必须完成表征、声学建模、封装以及测试方法等研发工作。在各单元的设计过程中必须了解其他单元的要求,以优化产品的整体性能,降低成本并满足市场要求[80]。QFD 法的阶段 I 和 CS 法可以帮助工作人员在设计过程中将开发精力放在客户认为重要的方面,平衡投入各个设计单元的精力,并找出一种可以折中考虑的方法。可制造性设计方法可以帮助项目团队走出产品开发的困境并且获得技术上和经济上成功的产品。Avago Technologies 公司的声学传感器项目这个案例说明了产品开发过程中如何使用 QFD 法的阶段 I 和 CS 法这些工具。虽然 Avago Technologies 公司的声学传感器仍在不断发展,但这个案例中提到的方法为我们提供了一种快速开发产品、了解潜在市场的影响的手段,这有益于更好地完成其他产品的开发。

将一个标准的 FBAR 加工流程作为开始麦克风加工流程的基础,以完成快速的产品原型开发。平板的力学模型和有限元分析将指导开始阶段的设计以及工艺选择[50]。当初始阶段的实验开始时,QFD 法的阶段 I 和 CS 法可以用于声学传感器的设计,并与分析潜在市场的工具结合使用。这些方法的分析结果有 3 个主要用途:第一,用来判断需要侧重于设计的哪一方面;第二,用来判断哪些设计构思切实可行;第三,CS 法用来判断哪些市场最适合这项技术的应用。

2.5.1.1 QFD 法的阶段 I

对于 Avago Technologies 公司的麦克风项目,斯坦福大学制造工程模型实验室的标准格式用到了 QFD 法的阶段 I,把客户需求和工程指标关联起来。在此格式中,研究人员建立了一个矩阵,它的行元素对应于客户定性的需求,如尺寸大小或者使用方便程度。客户的要求列在矩阵最左边的一列,当然,定义用户要求是 QFD 法阶段 I 的第一步。然后，客户需求被排名 1、3、9，"1"代表某种程度上重要，"3"代表重要，"9"代表非常重要。客户的要求及其相应的权重可通过客户访问、小组讨论、竞争产品、销售或营销投入等因素决定。

列对应于具体的、可定量测定的工程指标，如线性尺寸小于 1mm。工程指标是产品或工艺规范的代名词，在矩阵的最上面一行列出。如果可能，对应于这些指标的量化目标在矩阵底部附近标有"技术目标"的行列处。接下来，在矩阵行列的交叉单元处填写每个客户要求和工程指标之间的相对联系。利用 0、1、3、9 来表示相对联系的权重，其中"0"代表没有联系，"1"代表有些许联系，"3"代表有着明显的联系，"9"代表有着很强的联系。将客户要求的重要程度，以及客户要求同工程指标之间的关联权重按列求和成为新的一行，每行对应一个工程指标。然后，将每列的得分换算为百分比形式，得分最高的那行所对应的工程指标最重要。工程指标的相对重要性百分比可以指导我们合理分配精力以达成各项工程指标。

图 2.13~图 2.15 分别给出了用 QFD 法设计应用于手机、笔记本电脑、汽车传感器等领域的压电式麦克风的结果[80]。通过相关领域的研究以及业内人士的会谈来收集和确定客户的要求及其权重。例如，在以上 3 个应用领域，客户都会有与尺寸相关的要求。蜂窝式电话需要尺寸"适合手机的大小"，笔记本计算机需要尺寸"适合计算机模具或者扬声器大小"，汽车需要尺寸"适合发动机舱或车身"。尽管尺寸对于上述 3 个应用领域都十分重要，它们的权重都是 9，但是尺寸的具体要求仍然取决于应用本身。由于汽车发动机舱的尺寸远大于手机的尺寸，可以为设计者提供更自由的解决方案。

工程指标和目标取决于现有产品的数据以及该项目技术团队的知识（Knowles，Akustica，Hosiden，Panasonic）。客户需求同工程指标之间的关联权重也取决于技术团队的成员。客户的反馈以及与竞争对手产品的比较，可被用来验证 QFO 法阶段 I 的结果，并用于提高结果的可靠性。有许多工程指标都出现在上面 3 种应用中，虽然它们的目标值由于每个应用具有特定的要求而不同。图 2.13~图 2.15 突显了获得最高权重的工程指标。非常有趣的是"动态范围"和"总的封装尺寸"在 3 个应用里面都是权重最高的工程指标，而其他的重要工程指标则由于应用不同而互不相同。例如，"灵敏度"在手机和笔记本电脑方面的应用中都是最高权重的指标，但在汽车传感器的应用中却不是权重最高的指标。

客户需求		客户以为的优先级	工程指标												
			灵敏度	动态范围	噪声水平	当前消费量	工艺步聚	耐冲击性	耐湿性	总封装尺寸	线性度/失真	预期寿命	适合ECM的布局	工作温度范围	生产制造能力
1	容易听清(声音清晰)	9	9	1	3	0	0	1	1	0	9	0	0	1	0
2	适合手机	9	3	0	0	3	1	0	0	9	1	0	0	0	3
3	没有声音失真	3	9	9	9	0	0	1	3	0	9	0	0	1	0
4	便宜	9	9	3	3	3	9	0	0	9	3	1	1	0	0
5	耐用	3	0	0	0	0	0	3	3	0	0	9	0	0	0
6	适用于恶劣的使用环境	3	0	3	0	0	0	9	9	0	0	3	0	3	0
7	不会损害电池寿命	1	0	0	0	0	0	0	0	0	0	0	0	1	0
8	涵盖人类声波频段	3	1	9	3	0	0	0	0	1	0	0	0	0	0
9	可直接替换ECM	3	9	3	3	3	3	3	3	3	3	3	9	3	1
10	供应充足	3	0	0	0	0	0	0	0	0	0	1	0	0	9
技术目标			5mV/Pa	40~110dB	40dB	200μA@1.5~5.5V	<70步	>1000g每IEC 68-2-27	>192Hr@85/85	10mm	1%THD(总谐波失真)	>25月	垫圈兼容	-40~100°C	>10百万/月
得分			246	108	99	72	90	57	63	174	156	75	36	40	57
相对权重			19%	8%	8%	6%	7%	4%	5%	14%	12%	6%	3%	3%	4%

图 2.13　应用于手机的压电式声学传感器的 QFD 法的阶段 I[80]

2.5.1.2　构思筛选法

QFD 法阶段 I 的输出结果作为构思筛选（CS）法的输入量。CS 法的目的是筛选设计思路，为开发团队发现值得执行的构思。CS 法也是一个矩阵，设计构思填充矩阵的行，从 QFD 法中得到的最关键的工程指标填充矩阵的列。每一种设计构思的评价都要和最重要的工程指标进行对比。

#	客户需求	客户以为的优先级	灵敏度	动态范围	噪声水平	当前消费量	工艺步骤	耐冲击性	耐湿性	总封装尺寸	线性度/失真	预期寿命	适合ECM的布局	工作温度范围	生产制造能力
1	容易听清(声音清晰)	9	9	3	3	0	0	1	1	0	1	0	0	1	0
2	适合计算机外壳或扬声器	9	3	0	0	3	0	0	0	9	0	0	0	0	3
3	没有声音失真	3	3	9	9	0	0	3	3	0	9	0	0	3	0
4	便宜	9	9	3	3	3	9	0	0	3	0	1	1	1	0
5	耐用	3	0	3	0	0	0	3	3	0	0	9	0	3	0
6	适用于恶劣的使用环境	3	0	3	0	0	0	9	9	0	0	9	0	9	0
7	能耗小	1	0	0	0	9	0	0	0	0	0	1	0	0	0
8	涵盖人类声波频段	3	3	9	3	0	0	0	0	0	3	0	0	0	0
9	可直接替换ECM	3	9	3	1	9	0	3	3	9	3	9	3	0	0
10	供应充足	3	0	0	0	0	1	0	0	1	0	1	0	0	9
	技术目标		5mV/Pa	40~110dB	30dB	500μA@1.5~5.5V	<70步	>10000g每IEC 68-2-27	>192Hr@85/85	25mm	1%THD(总谐波失真)	>48月	垫圈兼容	-40~100℃	>2百万/月
	得分		234	135	93	90	84	63	63	192	82	75	36	72	27
	相对权重		19%	11%	7%	7%	7%	5%	5%	15%	7%	6%	3%	6%	2%

图 2.14　应用于笔记本电脑的压电式声学传感器的 QFD 法的阶段 I [80]

构思筛选法可以具体地运用到读者的项目中，可参考图 2.16~图 2.18 所示的 Avago Technologies 公司关于 CS 法矩阵格式的例子。CS 法包括以下几个步骤。

客户需求	客户以为的优先级	工程指标													
		灵敏度	动态范围	噪声水平	当前消费量	工艺步骤	耐冲击性	耐湿性	总封装尺寸	线性度	预期寿命	标准界面	工作温度范围	生产制造能力	工艺寿命
1 自动纠错	9	3	3	0	0	0	9	9	0	0	0	1	0	0	0
2 适合发动机舱或车身空腔	9	3	0	0	3	1	0	0	9	1	0	0	3	0	0
3 大的输入范围内的精确响应	9	3	9	9	0	0	3	3	0	3	0	0	3	0	0
4 便宜	3	9	3	3	3	9	0	0	0	9	1	1	1	0	0
5 耐用	3	0	3	0	0	0	3	3	0	0	9	0	3	0	0
6 适用于恶劣的使用环境	3	0	3	0	0	0	9	9	0	0	9	0	9	0	0
7 能耗小	1	0	0	0	9	0	0	0	0	1	0	1	0	0	0
8 整个汽车不需或需一套系统	3	9	3	0	0	0	0	0	0	0	1	0	0	0	0
9 易于集成到汽车内部	3	0	1	3	9	0	1	1	9	1	0	3	0	0	0
10 供应充足	3	0	0	0	0	0	0	0	0	0	0	1	0	0	0
11 多年时间内可以根据需要购买	3	0	0	0	0	0	0	0	0	0	1	0	0	0	9
技术目标		18mV/Pa	0~200dB	30dB	100μA@1.5~5.5V	<70步	>10000g每IEC 68-2-27	>380Hr@85/85	12mm	总量程的0.2%	>10年	垫圈兼容	−65~150℃	>1百万/月	>7年
得分		135	144	126	126	39	153	153	189	58	63	84	103	54	27
相对权重		9%	10%	9%	9%	3%	11%	11%	13%	4%	4%	6%	7%	4%	2%

▼ 图 2.15 应用于汽车的压电式声学传感器的 QFD 法的阶段 I [80]

(1) 分析 QFD 法阶段 I 的结果并选择 3~5 个具有最高权重的工程指标。只有当利用 3~5 个最重要的工程指标时，CS 法才会变得快速和方便，最终使用 3 个、4 个还是 5 个指标取决于工程指标重要性。设置权重的自然断点位置，如权重最高的 5 个工程指标降序排列：19%、15%、13%、12%和 8%，那么在第 4 个和第 5 个之间就会有一个天然的断点。在这种情况下，CS 法会使用权重最高的 4 个工程指标。如果没有断点,就使用前 5 个工程指标。将选中的工程指标置于 CS 矩阵的第一行。

手机应用	高相对权重的工程指标						
设计构思	灵敏度	动态范围	噪声水平	总封装尺寸	线性度	总分	排名
压电式麦克风/深反应离子刻蚀背面空腔和环形电极	−1	0	0	1	0	0	1
压电式麦克风/KOH 腐蚀背面空腔和环形电极	−1	0	0	0	0	−1	2
压电式麦克风/深反应离子刻蚀背面空腔和连续电极	−1	0	0	1	−1	−1	2
压电式麦克风/KOH 腐蚀背面空腔和连续电极	−1	0	0	0	−1	−2	4
压电式麦克风/浅腔和环形电极	−1	−1	−1	1	−1	−3	5
压电式麦克风/浅腔和连续电极	−1	−1	−1	1	−1	−3	5

图 2.16 应用于手机领域的压电式声学传感器的 CS 法表格[80]

笔记本电脑应用	高相对权重的工程指标				
设计构思	灵敏度	动态范围	总封装尺寸	总分	排名
压电式麦克风/深反应离子刻蚀背面空腔和环形电极	−1	0	1	0	1
压电式麦克风/KOH 腐蚀背面空腔和环形电极	−1	0	0	−1	3
压电式麦克风/深反应离子刻蚀背面空腔和连续电极	−1	0	1	0	1
压电式麦克风/KOH 腐蚀背面空腔和连续电极	−1	0	0	−1	3
压电式麦克风/浅腔和环形电极	−1	−1	1	−1	3
压电式麦克风/浅腔和连续电极	−1	−1	1	−1	3

图 2.17 应用于笔记本电脑的压电式声学传感器的 CS 法表格[80]

(2) 使用设计及制造团队的头脑风暴、竞争对手的产品信息、文献、加工能力知识或者任何其他可以产生新设计构思的手段。构思应包括外观、材料、制造工艺等方面,但不应该达到具体的设计细节。从这个方面来说,这里的构思与 Pugh 概念选择中的构思内容有相似之处[48]。5~7 个设计构思是一个理想的目标。将每一个设计构思的名字写在矩阵最左侧的列。

汽车传感器应用 设计构思	动态范围	耐冲击性	耐湿性	总封装尺寸	总分	排名
压电式麦克风/深反应离子刻蚀背面空腔和环形电极	1	1	1	1	4	1
压电式麦克风/KOH腐蚀背面空腔和环形电极	1	1	1	0	3	3
压电式麦克风/深反应离子刻蚀背面空腔和连续电极	1	1	1	1	4	1
压电式麦克风/KOH腐蚀背面空腔和连续电极	1	1	1	0	3	3
压电式麦克风/浅腔和环形电极	−1	−1	−1	1	−2	5
压电式麦克风/浅腔和连续电极	−1	−1	−1	1	−2	5

图 2.18 应用于汽车领域的压电式声学传感器的 CS 法表格[80]

（3）将每一种设计构思与 CS 矩阵顶端的工程指标进行比较并评估分数，在构思行与工程指标列交叉处的单元记录该分数。得分为"−1"的构思表示它并不能满足指标，得分为"0"表示它有可能满足指标，而得分为"1"表示它可能超额完成指标。

（4）将设计构思与工程指标交叉处单元的得分相加，并将每行的结果记录在矩阵右侧。根据最终得分对构思排名。

（5）分析结果。排名最高的构思往往就是最可行和最值得完成的原型开发的构思。总体来说，得分体现了设计构思与目标应用的切合程度，得分在"0"以上的设计构思比负分的设计构思更适合应用。

（6）如果有不止一个的潜在应用，则对每一个应用都要重复 QFD 法的阶段Ⅰ和 CS 法，同时保持设计构思不变。比较对应于不同应用之间的总得分，可以突显出技术与设计构思和各个应用的切合程度。

（7）利用 CS 法的结果，确定该项目的可行性和发展方向。

CS 法应用于手机、笔记本电脑和汽车传感器的压电传感器设计方面的结果，如图 2.16~图 2.18 所示。每种应用的设计都用到了相同的 6 种设计构思，如下所述。

（1）采用深反应离子刻蚀（DRIE）完成背面空腔和环形电极的压电式麦克风。

（2）采用氢氧化钾腐蚀（KOH）完成背面空腔和环形电极压的电式麦克风。

（3）采用深反应离子刻蚀（DRIE）完成背面空腔和连续电极的压电式麦克风。

（4）采用氢氧化钾腐蚀（KOH）完成背面空腔和连续电极的压电式麦克风。

（5）浅腔式环形电极压电式麦克风。

（6）浅腔式连续电极压电式麦克风。

这些设计构思是经过项目开发小组综合考虑多方面的因数提出来的。考虑的主要因素包括：可以方便地利用当前 FBAR 技术的工艺制造能力，可以进行内部处理进程选项，同类器件的文献报道结果以及当前获得成功的一些产品结构。

QFD 法和 CS 法在第一轮原型开发之后进行，因此开发团队可以根据初步测试结果提出潜在可行的设计构思。制造工艺的不同方面需要的设计构思也不同，如使用深反应离子刻蚀和 KOH 腐蚀以及反应离子刻蚀（RIE）来加工一个麦克风薄膜下的空腔。设计构思也会因为物理结构的不同而发生改变，如使用连续电极和环形电极。用这种方式，这些构思就可以完整地包含物理版图设计、功能以及关键制造工艺等重要方面。评判一个设计构思是否满足特定的工程指标有赖于技术团队成员的判断、初始的测试数据以及其他机构发布的结果。分析 CS 法的结果，在设计构思 1 中提过的"采用深反应离子刻蚀（DRIE）完成背面空腔和环形电极的压电式麦克风"在 3 种应用中都排名第一，虽然在笔记本电脑及汽车应用领域，它与设计构思 3 "采用深反应离子刻蚀（DRIE）完成背面空腔和连续电极的压电式麦克风"是并列第一。其他构思的相对排名变化取决于不同的具体应用领域。这一结果表明，CS 法可以有效地用来评估设计构思在不同应用领域里的可行性。通过考察设计构思获得的总分可以得到更进一步的结果。总分和工程指标以及开发目标一样会因不同的应用领域而不同。例如，"灵敏度"对手机来说很重要，但是对汽车来说就不是那么重要。所有压电式设备的设计构思，都在努力满足灵敏度要求，这就使得手机和笔记本电脑领域的总成绩比较低。汽车领域往往得分较高，说明压阻式传感器更适用于汽车领域的应用。对于技术是否适合市场需求方面的洞察能力是很重要的。

QFD 法的阶段 I 和 CS 法的分析结果让我们清晰地认识到哪种设计构思可以获得成功,从而使资源得到合理分配利用。审查每一个设计的分数是一项必要的工作,它可以评估哪些设计构思有可能成功。得分大于或等于零表示设计构思基本符合设计要求,得分为负说明该设计构思不值得继续或者需要进一步改进。

2.5.1.3 结果

Avago Technologies 公司在这个项目的前 8 个月时间里,数以百计的设计方案完成了原型开发。其中包括具有电极覆盖整个薄膜表面的圆形膜,具有环形电极的圆形膜,薄膜中心有电极的圆形膜,具有串联及并联组合的环形电极和中心电极的圆形膜,以及其他各种各样的悬臂结构。

图 2.19 给出几个具有代表性的器件图片,用来说明这些器件的结构形貌。其他与现有技术本质上区别很小的项目需要 6~24 个月来不断重复设计优化过程,而对于这种更复杂的产品设计项目,通过采用并行设计和产品定义设计方法学只需要 8 个月就可以完成。

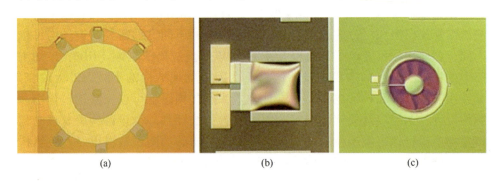

图 2.19　具有代表性的麦克风设计选择
(a) 环形电极;(b) 悬臂结构;(c) 网状电极[80]。

FBAR 技术和设备的广泛应用使得快速原型开发成为可能,并且使得人们可以在短时间内完成多次原型开发。在工程的前 8 个月时间里,完成了 5 次制版和 17 次不同的实验及测试。当器件完成一次加工后,就测试其灵敏度。灵敏度测试的结果用来优化下一次实验和版图设计。QFD 法的阶段 I 为开发团队提供技术目标并且帮助他们确定最关键的工程指标。"动态范围"和"总封装尺寸"在 3 种应用中都是非常重要的,而"噪声水平""耐冲击性""湿度容限"和"灵敏度"等指标至少在某一个应用领域是关键参数。

CS 法可以帮助设计团队明确哪一种设计构思在给定的应用领域内最有可能满足技术需求。在以上 3 个例子中，采用深反应离子刻蚀完成衬底背面掏空的环形电极压电式麦克风的设计方法获得了最高的排名。这种设计构思完成原型开发后的测试结果验证了 CS 法得到的分析结果。相对于可以明确何种设计构思更可行，CS 法在通过分析总分确定某一技术更适用于哪种应用领域方面的作用更加突出。在手机和笔记本电脑应用领域，设计构思的总得分为零或者负分，表明压电式麦克风的设计构思可能难以符合某些关键的技术要求。在汽车传感器应用领域，该设计构思的总得分为 -2~4 分。得到正分的设计构思表明它最有可能符合技术要求。这一结果表明，这项技术更适用于汽车传感器而不是手机或者笔记本电脑领域。前期的原型开发测试结果也与 CS 法的分析结果一致。CS 法的分析结果促使项目调整到适合该项技术能力的市场。当然，在压电式麦克风开发领域仍存在着巨大的技术挑战，随着技术的进步，人们不断重复 QFD 法的阶段 I 和 CS 法以使客户需求、工程指标以及设计构思得到优化。这样看来，这些工具将在整个项目的进程中一直提供指导。

QFD 法的阶段 I 和 CS 法的基本方法被广泛用于其他产品或者技术的快速开发过程。QFD 法的阶段 I 可以作为一种标准格式应用在 MEMS 领域，并且告诉研发者应该在哪些关键工程指标中投入最多的精力。通过客户的反馈信息以及和竞争产品的比较，确认客户的需求以及工程指标，从而使得阶段 I 的分析结果更可靠。使用工程标准来评价工具的分析结果也是十分重要的。用来判断设计构思与关键工程指标是否吻合的 CS 工具可以方便地用于 MEMS 器件的设计过程。CS 法为选择最可行的设计构思提供了一套筛选机制，并且给出了技术与设计构思适用性的初步概况。利用 CS 法开发 MEMS 压电式麦克风，可以快速地评估技术和设计构思与不同应用领域之间的适用性。与并行工程技术相结合，CS 法可以加快 MEMS 产品的开发速度，并且通过开发最适合某种技术与设计构思的产品来增加盈利。

2.5.2　MEMS 微镜的宏模型提取与仿真

以 MEMS 微镜为例，介绍利用 Intellisuite 软件从建立器件的有限元模型开始，对物理模型进行处理，完成模态分析、应变能分析、电容分析，提取出宏模型最终完成系统级仿真的过程[55]。

2.5.2.1　有限元模型建模和分析

MEMS 微镜是把微光反射镜与 MEMS 驱动器集成在一起的一种典型光学

MEMS 器件，其运动方式包括平动和扭转两种机械运动[81]。使用 Intellisuite 软件建立的 MEMS 微镜有限元模型，典型器件结构如图 2.20 所示。

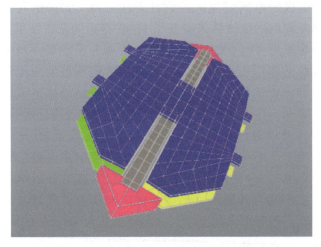

图 2.20　MEMS 微镜有限元模型与网格划分

在绿色的实体（电极）上施加 20V 的电压，在黄色的实体（另一个电极）上施加 30V 的电压，在蓝色的实体（镜子）上施加 0 的电压，完成边界条件的设置。以 Z 方向的位移为例，有限元仿真的结果如图 2.21 所示。

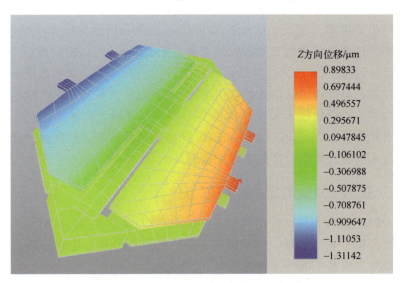

图 2.21　微镜在 Z 方向的位移仿真结果

2.5.2.2　宏模型提取和仿真

Intellisuite 软件在提取宏模型时，会对多个模态进行分析。它驱动每个模态，并且确定储存在每个模态不同点的应变能与电容。最后，宏模型被导入到系统级求解器中，该求解器将能量与模态结合起来，确定器件在外加载荷时的工作情况，如图 2.22 所示。

因此，首先需要进行频率分析，确定器件的工作模态，并且选取关键的模态。

图 2.22　模态贡献

图 2.22 中软件共提取了该器件的 5 个模态，其中模态 1 是微镜的扭转运动，模态 2 是微镜的上下平移运动，模态 3、4 和 5 则是不规则运动，贡献的能量很小，微镜的运动可以看作这 5 个模态的线性叠加。

下一步进行应变能的提取。目的是确定每一种模态对运动的阻力，以及每一种模态在被驱动时存储的能量。图 2.23 所示为一阶模态的应变能与比例因数的关系曲线。

最后需要分析器件中的静电效应，进行实体间的电容分析，结果如图 2.24 所示。

在有限元模型中设定参考点之后，将提取出来的宏模型导入电路仿真模块 Synple 中，并搭建驱动电路，如图 2.25（a）所示。

图 2.25（b）为 MEMS 宏模型的参数，其中，xi#参数是每个模态的阻尼比，qmax#、alpha#、beta#是用于接触建模的每个参数，末尾的数字对应该参数的模态。

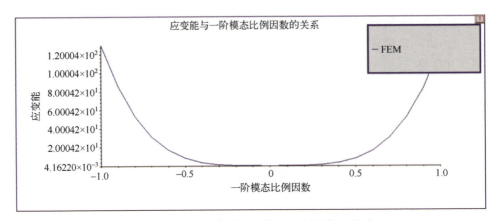

图 2.23　一阶模态应变能与比例因数的关系

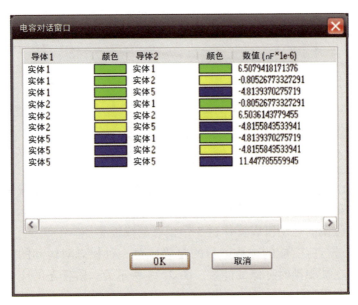

图 2.24　实体间的电容矩阵

图 2.26 是对系统的动态仿真结果。由此看出,使用降阶宏模型进行系统级仿真,在不影响精度的情况下,大大提高了仿真速度,同时,整个过程可以利用软件基本实现自动化,连接了 MEMS 器件的物理级仿真与系统级仿真工具,可以有效地提高设计效率,降低设计成本,缩短研发周期。

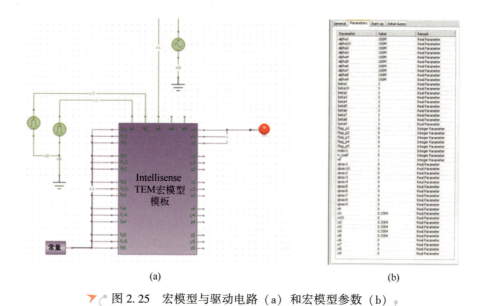

图 2.25 宏模型与驱动电路（a）和宏模型参数（b）

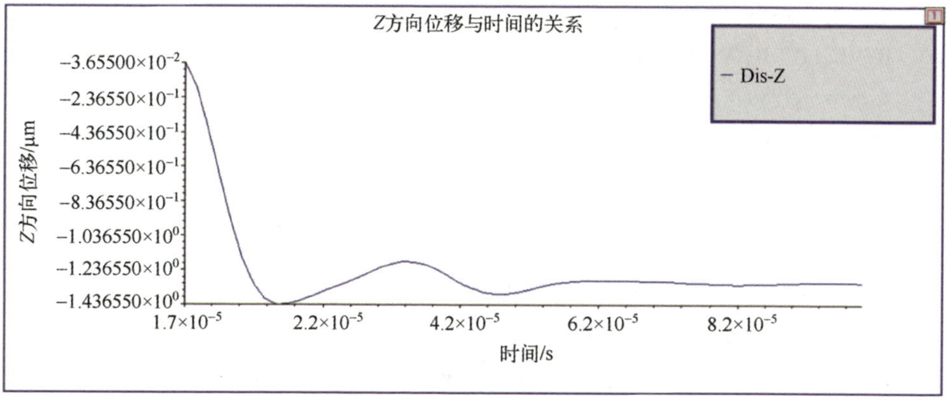

图 2.26 系统级动态仿真结果

2.6 本章小结

本章主要围绕 MEMS 传感器的设计方法学，讨论了基本的设计方法和设计流程中的工艺材料选择，以及 MEMS 传感器的结构功能评估方法。在设计阶段，采用质量功能展开法和构思筛选法，可以将客户需求和产品设计相结合，将设计构思和工程指标相结合，改进 MEMS 产品的开发过程，减少开发循环优化次数。在工艺选择阶段，微纳加工工艺的技术特点对工艺和材料选择以及优化设计也发挥了重要作用。随着设计由构思到原型开发，设计人员需要系统级、器件行为级、器件物理级和工艺级的多层次建模，综合各层次信息和资源，反复迭代形成建模策略。由于 MEMS 工艺相对偏差较大，产品设计阶段就需要考虑误差因素对产品性能的影响，进行一定的失效模式及影响分析，实现稳健性。总之，MEMS 传感器的产业化要求设计人员权衡设计目标和设计参数，考虑多种加工误差，形成有效的设计方法和建模策略，从而缩短 MEMS 产品的开发周期，降低开发成本，推动 MEMS 传感器产业化的成功。

参 考 文 献

[1] GHODSSI R, LIN P. MEMS materials and processes handbook［M］. Berlin：Springer Science & Business Media, 2011.

[2] 黄庆安. MEMS 材料与工艺手册［M］. 南京：东南大学出版社, 2014.

[3] REVELLE J B, MORAN J W, COX C A. The QFD handbook［M］. New York：John Wiley & Sons, 1998.

[4] ISHII K, MARTIN M V. QFD template［EB/OL］. Stanford University Manufacturing Modeling Lab Course Website, 2000.

[5] DOUGLASS M. DMD reliability：A MEMS success story［C］. Reliability, Testing, and Characterization of Mems/Moems II. San Jose, CA, USA：2003：1-11.

[6] MARKANDEY V, GOVE R J. Digital display systems based on the digital micromirror device［J］. SMPTE Journal, 1995, 104（10）：680-685.

[7] AKAO Y. New product development and quality assurance-quality deployment system［J］. Standardization and Quality Control, 1972, 25（4）：9-14.

[8] NISHIMURA H. Ship design and quality table［J］. Quality Control, 1972, 23：16-20.

[9] HAUSER J R, CLAUSING D. The House of Quality［J］. The House of Quality, 1988, 3：63-73.

[10] ORSHANSKY M, NASSIF S, BONING D. Design for manufacturability and statistical design：a constructive approach［M］. Berlin：Springer Science & Business Media, 2007.

[11] LAMERS K L. Components of an improved design process for micro-electro-mechanical systems［M］. California：Stanford University, 2009.

[12] PUGH S, CLAUSING D. Creating innovtive products using total design：the living legacy of Stuart Pugh［M］. Massachusetts：Addison-Wesley Longman Publishing, 1996.

[13] DA SILVA MG, GIASOLLI R, CUNNINGHAM S, et al. MEMS design for manufacturability (DFM)[C]. Sensors Expo & Conference. BosTon, MA, VSA: UIDeM, 2002: 1-8.

[14] LEONDES C T. MEMS/NEMS Handbook: techniques and applications[M]. Berlin: Springer, 2006.

[15] QUINN D J, SPEARING S M, ASHBY M F, et al. A systematic approach to process selection in MEMS[J]. Journal of Microelectromechanical Systems, 2006, 15(5): 1039-1050.

[16] SRIKAR V T, SPEARING S M. Materials selection in micromechanical design: an application of the Ashby approach[J]. Journal of Microelectromechanical Systems, 2003, 12(1): 3-10.

[17] ASHBY M F, SHECLIFF H, CEBON D. Materials: Engineering, science, processing and design[M]. Oxford: Butterworth-Heinemann, 2007.

[18] ASHBY M F, JOHNSON K. Materials and design: The art and science of material selection in product design[M]. Oxford: Butterworth-Heinemann, 2009.

[19] PRATAP R, ARUNKUMAR A. Material selection for MEMS devices[J]. Indian Journal of Pure and Applied Physics, 2007, 45(4): 358-367.

[20] MEHMOOD Z, HANEEF I, UDREA F. Material selection for Micro-Electro-Mechanical-Systems(MEMS) using Ashby's approach[J]. Materials & Design, 2018, 157: 412-430.

[21] GENOLET G, BRUGGER J, DESPONT M, et al. Soft, entirely photoplastic probes for scanning force microscopy[J]. Review of Scientific Instruments, 1999, 70(5): 2398-2401.

[22] LEONDES C T. MEMS/NEMS handbook: techniques and applications[M]. Berlin: Springer, 2006.

[23] JEWETT R E, HAGOUEL P I, Neureuther A R, et al. Line - Profile resist development simulation techniques[J]. Polymer Engineering & Science, 1977, 17(6): 381-384.

[24] TOH K K H, NEUREUTHER A R, SCHECKLER E W. Algorithms for simulation of three-dimensional etching[J]. IEEE Transactions on Computer-aided Design of Integrated Circuits and Systems, 1994, 13(5): 616-624.

[25] SCHECKLER E W, NEUREUTHER A R. Models and algorithms for three-dimensional topography simulation with SAMPLE-3D[J]. IEEE Transactions on Computer-Aided Design of Integrated Circuits and Systems, 1994, 13(2): 219-230.

[26] STRASSER E, SELBERHERR S. Algorithms and models for cellular based topography simulation[J]. IEEE Transactions on Computer-Aided Design of Integrated Circuits and Systems, 1995, 14(9): 1104-1114.

[27] KARAFYLLIDIS I. A three-dimensional photoresist etching simulator for TCAD [J]. Modelling and Simulation in Materials Science and Engineering, 1999, 7 (1): 157-167.

[28] KARAFYLLIDIS I, THANAILAKIS A. Simulation of two-dimensional photoresist etching process in integrated circuit fabrication using cellular automata [J]. Modelling and Simulation in Materials Science and Engineering, 1995, 3 (5): 629-642.

[29] ZHOU Z F, HUANG Q A, LI W H, et al. Numerical study on photoresist etching processes based on a cellular automata model [J]. Science in China Series E: Technological Sciences, 2007, 50 (1): 57-68.

[30] ZHOU Z F, HUANG Q A, LI W H, et al. A novel 2D dynamic cellular automata model for photoresist etching process simulation [J]. Journal of Micromechanics and Microengineering, 2005, 15 (3): 652-662.

[31] HUANG Q A, ZHOU Z F, LI W H, et al. A modified cellular automata algorithm for the simulation of boundary advancement in deposition topography simulation [J]. Journal of Micromechanics and Microengineering, 2005, 16 (1): 1-8.

[32] ZHOU Z F, HUANG Q A, LI W H, et al. A novel 3-D dynamic cellular automata model for photoresist-etching process simulation [J]. IEEE Transactions on Computer-Aided Design of Integrated Circuits and Systems, 2006, 26 (1): 100-114.

[33] 周再发. 基于元胞自动机方法的 MEMS 加工工艺模拟研究 [D]. 南京: 东南大学, 2009.

[34] OSHER S, SETHIAN J A. Fronts propagating with curvature-dependent speed: algorithms based on Hamilton-Jacobi formulations [J]. Journal of Computational Physics, 1988, 79 (1): 12-49.

[35] ADALSTEINSSON D, SETHIAN J A. A level set approach to a unified model for etching, deposition, and lithography [J]. Journal of Computational Physics, 1995, 122 (2): 348-366.

[36] SETHIAN J A. Level sets methods and fast marching methods [M]. Cambridge: Cambridge university Press, 1999.

[37] SETHIAN J A. Evolution, implementation, and application of level set and fast marching methods for advancing fronts [J]. Journal of Computational Physics, 2001, 169 (2): 503-555.

[38] 黄庆安, 周再发, 宋竞. 微米纳米器件设计 [M]. 北京: 国防工业出版社, 2014.

[39] SHEIKHOLESLAMI A, HEITZINGER C, BADRIEH F, et al. Three-dimensional topography simulation based on a level set method (deposition and etching processes) [C]. 27th International Spring Seminar on Electronics Technology: Meeting the Challenges of Electronics Technology Progress. Bankya: IEEE, 2004: 263-265.

[40] MONTOLIU C, FERRANDO N, GOSÁLVEZ M A, et al. Level set implementation for the simulation of anisotropic etching: application to complex MEMS micromachining [J].

Journal of Micromechanics & Microengineering, 2013, 23 (7): 075017.

[41] MONTOLIU C, FERRANDO N, GOSÁLVEZ M A, et al. Implementation and evaluation of the level set method: towards efficient and accurate simulation of wet etching for microengineering applications [J]. Computer Physics Communications, 2013, 184 (10): 2299-2309.

[42] CRISTIANI E. A fast marching method for Hamilton-Jacobi equations modeling monotone front propagations [J]. Journal of Scientific Computing, 2009, 39 (2): 189-205.

[43] GREMAUD P A, KUSTER C M. Computational study of fast methods for the eikonal equation [J]. SIAM Journal on Scientific Computing, 2006, 27 (6): 1803-1816.

[44] HAGOUEL P I. X-ray lithographic fabrication of blazed diffraction gratings [D]. University of California, 1976.

[45] DENG W J, WANG L F, DONG L, et al. Symmetric LC circuit configurations for passive wireless multifunctional sensors [J]. Journal of Microelectromechanical Systems, 2019, 28 (3): 1-7.

[46] XIAO S Y, CHE L F, LI X X, et al. A novel fabrication process of MEMS devices on polyimide flexible substrates [J]. Microelectronic Engineering, 2008, 85 (2): 452-457.

[47] 关乐. 基于宏模型技术的MEMS系统级仿真研究 [D]. 大连：大连理工大学, 2011.

[48] 闫子健. MEMS CAD器件级宏模型获取技术 [D]. 西安：西北工业大学, 2008.

[49] 张家振. CMOS二维风速计宏模型及其测控电路研究 [D]. 南京：东南大学, 2020.

[50] Synopsys Open MAST Language reference manual, version 1.0 [Z/OL]. http://www.openmast.org/home.html, 2004.

[51] Accelera. Verilog-AMS Language reference manual: Analog and mixed-signal extensions to Verilog HDL, Version 2.3.1. [Z/OL]. http://www.eda.org/verilog-ams/htmlpages/public-docs/lrm/2.3.1/VAMS-LRM-2-3-1.pdf, 2009.

[52] IEEE Standard 1076.1.1-2011. IEEE Standard for VHDL Analog and Mixed-Signal Extensions [S/OL]. http://ieeexplore.ieee.org/servlet/opac?punumber=5752647, 2011.

[53] Accelera and Open SystemC Initiative. SystemC analog/mixed-signal extensions, release 1.0 [Z/OL]. http://www.accellera.org/downloads/standards/systemc/ams, 2005.

[54] COVENTOR. Product introduction of MEMS+ [EB/OL]. (2021-10-15) [2024-01-13] http://www.coventor.cn/14157/33795.html.

[55] IntelliSense. Product introduction of IntelliSuite [EB/OL]. [2024-01-13] https://intellisense.com/intellisuite.heml.

[56] 塔玛拉·贝克唐德, 加布里尔·施拉格, 冯丽红, 等. MEMS系统级建模 [M]. 周再发, 李伟华, 黄庆安, 译. 南京：东南大学出版社, 2020.

[57] LIU H Y, LI W H, ZHOU Z F, et al. In situ test structures for the thermal expansion coefficient and residual stress of polysilicon thin films [J]. Journal of Micromechanics and Mi-

croengineering, 2013, 23 (7): 075019.

[58] DONG J, DU P, ZHANG X. Characterization of the young's modulus and residual stresses for a sputtered silicon oxynitride film using micro-structures [J]. Thin Solid Films, 2013, 545: 414-418.

[59] LAW A M, KELTON W D. Simulation modeling and analysis [M]. New York: McGraw-Hill Company, 1982.

[60] TAGUCHI G. Robust technology development [J]. Mechanical Engineering-CIME, 1993, 115 (3): 60-63.

[61] ENGESSER M, BUHMANN A, FRANKE A R, et al. Efficient reliability-based design optimization for microelectromechanical systems [J]. IEEE Sensors Journal, 2010, 10 (8): 1383-1390.

[62] LIU M, MAUTE K, FRANGOPOL D M. Multi-objective design optimization of electrostatically actuated microbeam resonators with and without parameter uncertainty [J]. Reliability Engineering & System Safety, 2007, 92 (10): 1333-1343.

[63] ALLEN M, RAULLI M, MAUTE K, et al. Reliability-based analysis and design optimization of electrostatically actuated MEMS [J]. Computers & Structures, 2004, 82 (10): 1007-1020.

[64] BADRELDIN T, SAAD T, KHALIL D. Yield analysis of optical MEMS assembly process using a Monte Carlo simulation technique [J]. Journal of Lightwave Technology, 2005, 23 (2): 510-516.

[65] DEWEY A, REN H, ZHANG T. Behavioral modeling of microelectromechanical systems (MEMS) with statistical performance–variability reduction and sensitivity analysis [J]. IEEE Transactions on Circuits and Systems II: Analog and Digital Signal Processing, 2000, 47 (2): 105-113.

[66] AGARWAL N, ALURU N R. Stochastic modeling of coupled electromechanical interaction for uncertainty quantification in electrostatically actuated MEMS [J]. Computer Methods in Applied Mechanics and Engineering, 2008, 197 (43-44): 3456-3471.

[67] MARTOWICZ A, UHL T. Reliability-and performance-based robust design optimization of MEMSstructures considering technological uncertainties [J]. Mechanical Systems and Signal Processing, 2012, 32: 44-58.

[68] SHAVEZIPUR M, PONNAMBALAM K, KHAJEPOUR A, et al. Fabrication uncertainties and yield optimization in MEMS tunable capacitors [J]. Sensors and Actuators A: Physical, 2008, 147 (2): 613-622.

[69] VUDATHU S P, DUGANAPALLI K K, LAUR R, et al. Yield analysis via induction of process statistics into the design of MEMS and other microsystems [J]. Microsystem Technologies, 2007, 13 (11-12): 1545-1551.

[70] CHOI C K, KIM Y I, YOO H H. Manufacturing yield and cost estimation of a MEMS accelerometer based on statistical uncertainty analysis [J]. Journal of Mechanical Science and Technology, 2014, 28 (2): 429-435.

[71] GAO L, ZHOU Z F, HUANG Q A. A generalized polynomial chaos-based approach to analyze the impacts of process deviations on MEMS beams [J]. Sensors, 2017, 17 (11): 2561.

[72] MARTOWICZ A, UHL T. Reliability- and performance-based robust design optimization of MEMS structures considering technological uncertainties [J]. Mechanical Systems & Signal Processing, 2012, 32: 44-58.

[73] 鲍娜娜, 谭晓兰, 刘扬, 等. PZT 纳米纤维 MEMS 压电式传感器的稳健优化设计 [J]. 机械工程师, 2019 (10): 25-27.

[74] RANJBAR E, SURATGAR A A, MENHAJ M B, et al. Design of a fuzzy adaptive sliding mode control system for MEMS tunable capacitors involtage reference applications [J]. IEEE Transactions on Fuzzy Systems, 2021, 30 (6): 1838-1852.

[75] HE C H, ZHAO Q C, HUANG Q W, et al. A novel robust design method for the sense mode of a MEMS vibratory gyroscope based on fuzzy reliability and Taguchi design [J]. Science China Technological Sciences, 2017, 60 (2): 317-324.

[76] STAMATIS D H. Failure mode and effect analysis [M]. Mexico: Quality Press, 2003.

[77] LAMERS K L. Components of an improved design process for micro-electro-mechanical systems [M]. California: Stanford University, 2008.

[78] MARKANDEY V, GOVE R J. Digital display systems based on the digital micromirror device [J]. SMPTE Journal, 1995, 104 (10): 680-685.

[79] SCHROPFER G, MCNIE M, DA SILVA M, et al. Designing manufacturable MEMS in CMOS-compatible processes: methodology and case studies [C]. MEMS, MOEMS, and Micromachining, Strabonrg, France. 2004: 116-127.

[80] LAMERS T L, FAZZIO R S. Accelerating development of a MEMS piezoelectric microphone [C]. International Design Engineering Technical Conferences and Computers and Information in Engineering Conference. Nevada: ASME, 2007: 593-601.

[81] GONG C, MEHRL D. Characterization of the digital micromirror devices [J]. IEEE Transactions on Electron Devices, 2014, 61 (12): 4210-4215.

第 3 章

光 刻

光刻是实现集成电路芯片、MEMS 传感器等微纳结构图形化的核心工艺,即把版图设计转移到晶圆的关键环节。随着器件结构、芯片关键尺寸越来越小,对光刻工艺与设备的要求越来越高,因此,光刻技术的进步推动着集成电路和 MEMS 传感器制造业的整体发展[1]。

3.1 节介绍紫外光刻技术的原理与工艺步骤,以及光刻胶与掩膜版的制造和分类。3.2 节介绍电子束光刻、离子束光刻、激光直写与立体光刻这 4 种直写式光刻工艺,直写式光刻直接把图形信息转移到晶圆上,往往不需要掩膜。3.3 节介绍纳米压印光刻、喷墨光刻与软光刻这 3 种印刷光刻工艺,印刷光刻与紫外光刻、直写式光刻的差异在于图形化信息不依靠光源传递,而依靠印刷复制转移。

3.1 紫外光刻

3.1.1 技术原理

3.1.1.1 光刻基本原理

图形化工艺就是将 MEMS 微纳结构、集成电路的版图设计转移到晶圆上的工艺,它确定了器件的形状、尺寸和位置。一般的图形化工艺指的就是光刻工艺,这是集成电路和 MEMS 传感器制造领域应用最广泛也是最重要的技术。

光刻工艺首先要将版图设计转移到光刻胶上，再经过后续工艺（离子注入、沉积、刻蚀等）将所需的图形永久固定在晶圆上。第一步的图形转移包括匀胶、前烘、曝光、显影等工艺过程（图3.1）。

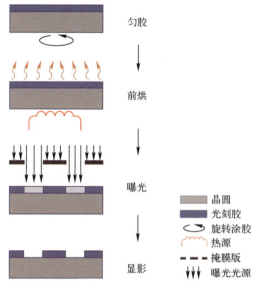

图3.1 基本图形化工艺步骤

图形的正确转移直接关系到器件结构分布。形成一个器件往往需要多层材料，每一层图形的光刻要求严格对准，才能保证多层器件具备正确的功能。以一个五层光刻硅栅三极管为例（图3.2），每一步光刻都需要一个独立的掩膜版。每次光刻前，如果某两个掩膜版之间未对准，图形层的相对位置就会发生偏移而形成错误。例如，通孔位置的偏移会造成两个原本连接的结构层之间断开。每一个微小的错误都有可能造成整个芯片的失败。

准确放置图形位置的关键技术就是对准（Alignment）。对准的最大误差一般为关键尺寸（Critical Dimension，CD）的10%~20%，对于25nm工艺，其对准误差要控制在2.5~5nm。对于一个12in（300mm）的晶圆而言，每1℃温差会造成晶圆0.75μm的直径变化，因此，精确的对准技术是光刻工艺的一个巨大挑战。另外，考虑到先进的集成电路制造需要光刻工艺达40次以上，如果每次光刻都造成微小的晶圆缺陷，经过后续注入和刻蚀等多步工艺后，缺陷将被转移到器件上，将对最终的电路造成极大的影响。因此，需要尽可能地减少光刻工艺带来的晶圆密度缺陷。

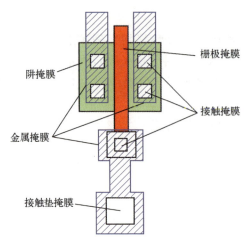

图 3.2　五层光刻的三极管版图

3.1.1.2　光刻的十步流程

光刻可以将版图图形转移到晶圆上，但需要多步操作，也需要基本的材料和设备，包括光源、光学投影设备、掩膜版和光刻胶。根据不同的工艺，操作步骤在顺序和次数上有所区别，但基本上包括以下 10 个步骤。

（1）晶圆表面预处理。晶圆表面预处理主要分 3 个步骤：晶圆清洗、晶圆预烘烤和底漆层涂敷。晶圆清洗是为了去除晶圆经过一些工艺所带来的污染物（如残余刻蚀剂、灰尘和颗粒污染等），以避免污染物对后续光刻工艺的影响。晶圆预烘烤是为了蒸发晶圆表面的水分，避免引起光刻胶黏附能力的降低，造成图形化失败。晶圆表面在光刻胶涂敷前要先涂覆底漆层，目的是为了改善光刻胶在晶圆表面的黏附能力。最常见的底漆层材料是六甲基二硅氮烷（Hexamethyldisilazane，HMDS）。

（2）光刻胶涂敷。光刻胶是用于图形转移的关键材料。光刻胶均匀涂敷在晶圆表面后才可进行曝光，多采用旋涂方式。旋涂时，晶圆高速自转，在晶圆中央添加光刻胶并在离心力作用下均匀扩散到整个晶圆表面，形成液态光刻胶层。

（3）软烘。晶圆的软烘可以不断蒸发液态光刻胶层中的溶剂直到变成固态光刻胶层。软烘也可以提高光刻胶在晶圆表面的黏附能力。但是，软烘过程中溶剂的蒸发会导致光刻胶层厚度的收缩。

（4）对准和曝光。对准与曝光是光刻工艺中最重要的步骤，也是 MEMS 传感器、集成电路和微纳器件制造工艺中的核心步骤，需要极高的控制精度，因此，对准和曝光设备通常复杂且昂贵。简单来说，对准和曝光过程类似于照相，将光对准穿过掩膜版照射，再投射到需要曝光的晶圆区域，使光刻胶发生化学反应，被照射的光刻胶与未被照射的光刻胶在后续工艺过程中可被选择性地去除，从而实现图形到光刻胶的转移。

（5）显影。显影就是去除不需要的光刻胶，将需要的光刻胶图形显示在晶圆表面。曝光的正胶会被显影剂去除，留下未曝光的光刻胶；反之，曝光的负胶会留下而未曝光的负胶被显影剂去除。显影工艺一般包括显影、冲洗和甩干3个过程。

（6）硬烘。显影后的晶圆要经历硬烘烤。硬烘可进一步蒸发光刻胶中的溶剂，提高光刻胶的强度和黏附能力。

（7）显影后检查。显影后检查是工艺流程中的第一个质量检查，可以提供前序工艺的表现信息、工艺控制参数以及辨别晶圆是否可以被重新利用。

（8）刻蚀。光刻胶层可用于保护晶圆表面不被刻蚀剂腐蚀，而未被光刻胶覆盖的区域则会被刻蚀剂去除，从而实现图形从光刻胶到晶圆表面的转移。

（9）去除光刻胶。使用有机酸磺酸和氯代烃混合溶剂等有机溶剂去除晶圆表面的所有光刻胶层，之后进行冲洗和干燥。

（10）最终检查。最终检查是基础光刻工艺的最后一个步骤，与显影后检查类似。但此时晶圆上检查出的问题大多无法被修正，除了晶圆污染可以被重新清洗和检查。常用的检查有表面污染物检查、显微镜检查或者自动化检查。

3.1.2 光刻胶

光刻胶是在光刻工艺中用于涂敷在晶圆表面的感光材料，对光线照射产生相应的光化学反应。集成电路和 MEMS 传感器制造工艺中使用的光刻胶是紫外光敏感光刻胶，对可见光尤其是黄光并不敏感。因此，光刻工艺不需要黑暗环境，使用黄光照明即可。

3.1.2.1 光刻胶基本成分

光刻胶的基本成分有聚合物、溶剂、感光剂和添加剂，并根据曝光光源和光波波长调整。不同光刻胶可适应不同的加热过程，也可配成具有黏附在特定晶圆表面的特殊性能。这些特殊光刻胶都是通过光刻胶成分的种类、数量、混合方式来调配。下面阐述4种基本成分对光刻胶性能的影响。

（1）聚合物。光刻胶的工作原理利用了聚合物的两种状态，一种是可溶解于光刻胶溶剂的状态，另一种则是交联状的聚合物状态，且会留在晶圆表面。正性光刻胶就是指光刻胶在曝光前处于交联状聚合物状态，光照后聚合物之间的化学键断裂，光刻胶可溶解于显影液而被去除。反之，负性光刻胶原本是可溶性的物质，光照后发生光化学反应生成交联状的聚合物薄膜，从而留在晶圆表面。无论正胶、负胶，留在晶圆表面的光刻胶都是交联状的聚合物结构，可在刻蚀剂腐蚀、离子注入等工艺过程中担任保护层作用。

（2）溶剂。溶剂用于溶解聚合物和感光剂，让光刻胶表现为液态，使光刻胶经过旋涂得到薄层光刻胶。正是由于溶剂，光刻胶层才能达到微米甚至纳米级厚度。溶剂在光刻胶中约占75%的体积。正胶的溶剂一般为芳香烃化合物的组合，如二甲苯；负胶的溶剂多为乙酸乙氧乙酯或2-甲氧乙酯[2]。

（3）感光剂。感光剂用于控制光刻胶曝光后的光化学反应，如拓宽光化学反应范围或者控制光化学反应发生在某个特定波长范围。在正胶中添加萘醌二叠胺感光剂可与聚合物分子交联，从而抑制聚合物的溶解，但在光照后会分解，使聚合物结构破碎，因而使得光刻胶溶解在显影液中。在负胶中添加双芳基二叠氮化物为主的感光剂，紫外光照后生成氮气促进光刻胶分子的聚合反应，形成高交联强度的聚合物。

（4）添加剂。光刻胶添加剂也具有调控光化学反应的作用，目的是提高光刻胶的光学分辨率。负胶中常加入染料，可吸收特定波长的光波。正胶中常加入溶解抑制剂，从而抑制未曝光光刻胶在显影液中的溶解。

3.1.2.2 化学放大胶

由于高压汞灯在248nm波长处的发光强度降低（图3.3），迫使在光刻技术向248nm节点过渡的过程中寻求提高光刻胶对光线灵敏度的方法。

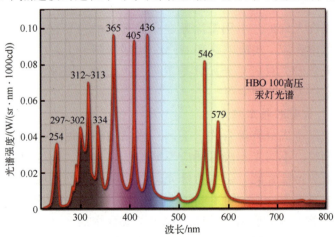

图3.3　HBO 100高压汞灯光谱[3]

化学放大方案可以显著提高光刻胶材料的光敏性（图3.4）。化学放大的优点在于一个光子触发数百个酸催化的脱保护反应。与 DNQ/Novolak 系统中一个光子分解一个光活性化合物分子相比，敏感性更高[4]。

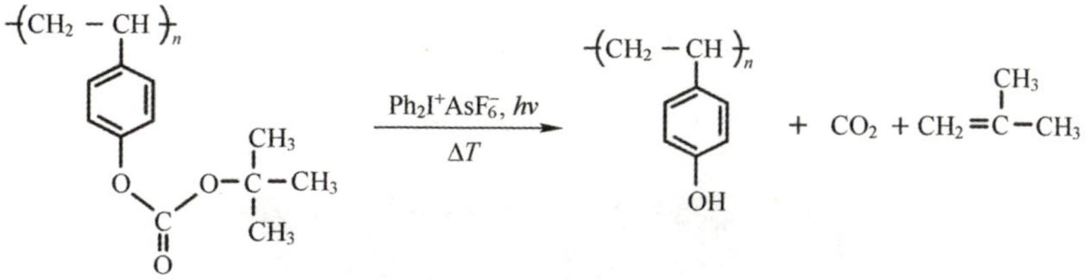

图 3.4 t-BOC-PHS 化学放大胶化学反应[5]

化学放大光刻胶（Chemically-amplified resist，CAR）包含以下主要成分：提供光刻胶主要特性的聚合物树脂，提供对紫外光敏感的光致产酸剂，以及提供曝光前后溶解度变化的溶解抑制剂。溶解抑制剂是酸不稳定的保护基。在未曝光时，酸不稳定的保护基通过不溶性基团代替碱溶性氢氧化物，从而完全抑制光刻胶的溶解速率。在紫外曝光后，光致产酸剂分解，光刻胶内产生少量的酸，并攻击酸不稳定的保护基，引起酸催化脱保护反应。

旧的光刻胶体系和光学材料在新的曝光波长下具有较低的透光度。在 248nm 处，酚醛树脂表现出高吸光度，因此 KrF 光刻工艺须有新的光刻胶材料匹配。酚醛清漆单体除去苯甲基后可显著提高光刻胶材料的透光性。聚 4-羟基苯乙烯（PHOST）具有与酚醛清漆相似的耐蚀性、成膜性，但在深紫外波段的吸收率低于酚醛清漆。同时，在此类材料中发现了较强的分子间氢键，其溶解速率达不到需求，从而受到光刻胶添加剂的抑制[6]。通过以 PHOST 为树脂材料，加入 t-叔丁氧基羰基（t-BOC）保护 PHOST 的羟基形成新的聚合物 PBOCST（图 3.5），从而使得 PBOCST 光刻胶体系成为第一个商业化的化学放大光刻胶。在 1995 年左右，PBOCST 深紫外光刻胶体系取代酚醛树脂体系，成为高端光刻工艺主要的光刻胶。通过与卤代烷的反应，可以保护光刻胶树脂；通过简单修饰该烷基卤，容易操纵所添加的保护基[7-8]。

最初，248nm 光刻胶图形存在严重的不溶 T 形顶部（图 3.6）。研究发现，在光刻胶暴露于紫外光期间，室内空气中的碱性污染物中和光酸分子，造成光刻胶的顶部在水性显影液中溶解度的降低。随着碱性物质量的减少，开始出现预期的特征轮廓。因此，T 形顶部可通过过滤室内空气中的碱性物质、在光刻胶中加载碱淬灭剂两种方式来控制。

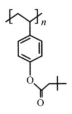

图 3.5　PBOSCT 深紫外光刻胶体系

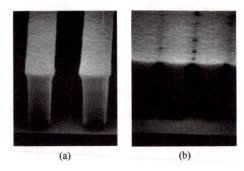

图 3.6　T 形顶部现象的 SEM 照片
(a) 轻微状况；(b) 严重状况[9]。

针对 193nm 光刻技术，目前已开发了两种主要的光刻胶体系（图 3.7 和图 3.8）：聚（甲基）丙烯酸酯体系和环烯烃-马拉酸酐共聚物（MA-NB Co-polymers）体系[10-12]。这两种体系在 193nm 处具有良好的光学透明性。最初，丙烯酸酯光刻胶虽有较高的分辨率，但耐蚀刻性较弱。后来，使用富含碳的对酸不稳定的保护基，大大提高了丙烯酸酯基光刻胶的耐蚀性。当前，这些光刻胶体系的抗蚀刻性已达到 248nm 光刻胶的 1.2~1.3 倍[13]。此外，由于马来酸酐基团容易水解，降冰片烯-马拉酸酐共聚物光刻胶体系常存在保质期问题。尽管充氮气保存能解决此问题，但与丙烯酸酯类光刻胶相比，其保质期仍然较短[14]。

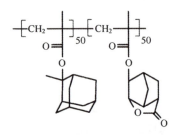

图 3.7　丙烯酸酯类聚合物的化学结构[11]

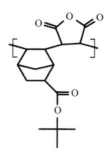

图 3.8　环烯烃-马拉酸酐共聚物[11]

3.1.2.3　光刻胶的主要性能指标

（1）分辨率（Resolution）。光刻胶分辨率是指光刻胶所能转移的最小图形或间距。晶圆上器件的最小工艺尺寸一般称为关键尺寸（CD）。光刻工艺得到的图形关键尺寸越小，光刻胶的分辨率越高。光刻胶的分辨率还受到曝光光源、显影等工艺参数的影响。为了实现更小的关键尺寸，一般需要更薄的光刻胶层。然而，光刻胶层必须要有足够的厚度才能阻挡蚀刻，且不产生针孔。因此，光刻胶层的厚度需要兼顾关键尺寸和抗蚀刻性两个因素。

（2）深宽比（Aspect Ratio）。深宽比是衡量与光刻分辨率和光刻胶层厚度有关的光刻胶图形化能力的一个指标，是光刻胶层厚度与图形尺寸的比值。与负胶相比，正胶具有更高的深宽比，即对于给定的图形尺寸，在同等分辨率下可以图形化更厚的正胶。因此，对于先进的高密度超大规模集成电路制造工艺，正胶更为适用。

（3）黏附能力（Adhesion Capability）。光刻胶在晶圆上的黏附能力是影响光刻胶性能的一个关键因素。只有先将光刻胶层紧密黏附于晶圆表面，才能把光刻胶层的图形准确转移到晶圆。较弱的光刻胶黏附能力将造成图形畸变。此外，光刻胶在不同表面的黏附能力存在差异。因此，光刻工艺的很多步骤是为了增强光刻胶在晶圆表面的黏附能力，通常，负胶的黏附能力优于正胶。

（4）光刻胶灵敏度。光刻胶曝光时将发生物理或化学反应，其反应速度也是衡量光刻胶性能的一个主要指标，即光刻胶灵敏度。光刻胶的灵敏度与聚合反应或光致溶解所需能量正相关，该能量又和光源波长有关。对于不同波长的光波（可见光、长无线电波、短无线电波、X 射线等），波长越短，能量越高。一般情况下，正胶和负胶对光谱中紫外线（UV）和深紫外线

（DUV）敏感，还有些光刻胶对 X 射线或电子束（E-Beam）敏感。光刻胶灵敏度可以用反应所需总能量来衡量，单位是毫焦/厘米^2（mJ/cm^2）。光刻胶的光谱响应特性是指促使光刻胶发生反应的特定波长。图 3.9 是一种光刻胶的光谱响应特性曲线，波峰指出其携带高能量的波段。

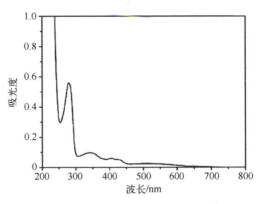

图 3.9　光刻胶吸收光谱[15]

（5）光刻胶物理属性。光刻胶的物理属性与化学性质相关，影响着光刻结果，需要生产商严格控制。曝光前，液态光刻胶以旋涂方式均匀分布于晶圆表面，其固体含量和黏度决定了晶圆表面形成的光刻胶层的厚度。固体含量指光刻胶中固体物质的质量分数，通常为 20%~40%。固体含量越高的光刻胶，黏度也越高，从而决定了光刻胶层的厚度。

在光刻胶生产时，以黏度的力相关性测量光刻胶黏度，所得黏度称为绝对黏度（Absolute Viscosity，AV），以厘泊（Centipoise，cp）为单位。具体测量方法如下：在光刻胶中转动叶片，黏度越高，恒定速度下转动叶片所需驱动力越大。另一种黏度是运动黏度（Kinematic Viscosity，KV），等于绝对黏度（厘泊）除以液体密度，以厘斯（Centistoke，cs）为单位。黏度随温度变化，常给出室温 25℃ 下的黏度。除了这些影响光刻胶厚度的物理因素，其光学性质也会在曝光中发生变化。例如，折射现象，光刻胶的折射率大约为 1.45，与玻璃接近。

3.1.2.4　针孔效应

光刻胶层中会出现类似于针孔的小空隙，造成刻蚀剂的渗入，使其丧失部分保护作用，进而在晶圆表面刻蚀出针孔缺陷。针孔的来源如下：环境对晶圆的污染、旋涂带来或光刻胶层自身的结构性孔洞。随着工艺尺寸的减小，光刻胶层越来越薄，孔洞缺陷也越来越多。因此，在选择光刻胶层厚度时，需要权衡工艺尺寸和针孔效应。由于正胶具有更大的深宽比，在给定图形尺寸下，允许更厚的光刻胶层，从而减少了孔洞数量，成为大部分先进制程的光刻胶选择[16]。

3.1.2.5　正胶和负胶对比

光在经过掩膜版边缘时，存在透光区域向遮蔽区域的光衍射。因此，使用明场掩膜版的负胶所形成的光刻胶图形尺寸比掩膜版上的图形尺寸略小。反之，正性光刻胶层上形成的图形略为变大。在光刻中，掩膜版玻璃表面的裂纹称为玻璃损伤（Glass Damage）。在透光的明场掩膜版上，玻璃损伤与污垢会阻挡光线穿透，导致光刻胶表面产生针孔缺陷。相比之下，暗场掩膜版的大部分区域被铬覆盖，是不透光的，所以不容易产生针孔缺陷。此外，正胶比负胶更容易去除，受环境影响较小。因此，精细图形化一般使用正胶，而 $2\mu m$ 以上图形的制造工艺仍然可使用负胶[16]。

纵观光刻胶的发展，20世纪70年代中期主流光刻工艺使用的是负胶。此时，正胶虽有20多年的发展，但其黏附能力较差，并未成为主流。此后，随着大规模集成电路和其他 $2\sim 5\mu m$ 图形制造工艺的发展，负胶的分辨率已难以满足需求。因此，20世纪80年代，正胶被主流制造工艺所接纳。

3.1.3　掩膜版

掩膜版一般是沉积有特定图形的铬层石英/玻璃平板，铬层也可以由其他不透光金属层替代。掩膜版含有需要转移到晶圆的图形信息，其透光区域用于曝光光刻胶，其余区域由铬覆盖，不透光。

3.1.3.1　掩膜版的制造

大多数光刻工艺使用覆盖铬层的石英/玻璃板作为掩膜版，其制造过程与晶圆图形化工艺相似，目标就是把特定图形转移到石英/玻璃板的铬层上（图3.10）。

由于硼硅酸玻璃和石英在曝光波段具有良好的光学传输性能，且有着优异的形状稳定性，是制造掩膜版的主要基材。通常采用溅镀工艺加工玻璃板的铬层，厚度在1000Å（$1Å=10^{-10}m$）以内。先进的掩膜版制造工艺还采用氧化铬和氮化铬[17]。铬层能够有效阻挡波长为365nm、248nm和193nm的光波传输。更短波长的光源（EUV、X-ray、电子射线和离子射线）则需要全新的材料。高质量掩膜版能容忍的误差很小，常用激光或电子束直写方式制造。激光直写采用365nm波长的I线在标准光刻胶上直接曝光，加工速度优于电子束直写。

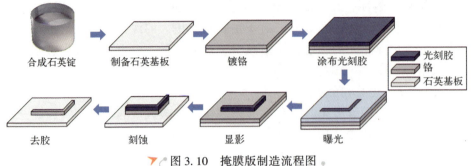

▼ 图 3.10　掩膜版制造流程图

3.1.3.2　掩膜版分类

（1）接触式与接近式掩膜版。

接触式与接近式掩膜版相似，直接或近距离（离光刻胶表面 10~20μm）接触光刻胶层，并以 1∶1 比例将图形转移到光刻胶层。因此，两者易发生污染和耗损。

① 接触式掩膜版。由于近距离接触光刻胶，接触式掩膜版需要定期清洗，导致掩膜版易损、寿命短、成本高。此外，晶圆表面并不是理想平面，掩膜版与其真正接触之处仅为是少数点状区域，多数区域为空气间隙（间距为 1~2μm）。由于两者间距极小，接触式掩膜版的分辨率可达亚微米级。因此，大多数接触式掩膜版都用于科研和原型制作。

② 接近式掩膜版。接近式掩膜版放置于离光刻胶表面 10~20μm 的高度，以避免因直接接触光刻胶带来的掩膜版损耗和微粒污染，从而提高掩膜版使用寿命。但是，在掩膜版与光刻胶之间引入了间隙，增强了光线的折射，导致接近式掩膜版分辨率不高，最高 2μm 左右。对于超大规模集成电路及其他先进工艺，接触式和接近式掩膜版均不适用。

（2）投影式掩膜版。

① 倍缩掩膜版。投影式倍缩掩膜版可以提高掩膜版使用寿命和图形分辨率。通过复杂的光学投影系统，倍缩掩膜版可在光刻胶上形成 4∶1、5∶1 或 10∶1 缩小的图形。更大的掩膜版可以提高缩放比例，同时提高分辨率，但也带来了曝光时间增加、曝光系统复杂等问题。掩膜版的增大需要更长的曝光时间，导致生产效率的下降，同时也增加了移动对准的次数，对曝光系统的精度增加了一个巨大的挑战。因此，掩膜版尺寸及缩放比例的选择需要权衡生产效率、分辨率和设备精度。

② 灰度掩膜版。普通掩膜版要么透光，要么不透光。灰度掩膜版可以部

分透光，并利用掩膜版透光度的差异，在光刻胶表面形成不同垂直深度的形貌（图 3.11）。灰度掩膜版的制造可以利用对能量束高度敏感的玻璃，当光线照射时，玻璃表面银卤化物中的银离子减少并转化为银原子，然后对银原子颗粒着色就能使掩膜版透光度降低变暗。这个制造方法能够实现掩膜版透光度的灵活连贯调制，可达 500 多灰度等级。此类灰度掩膜版常用于制造具有光滑表面的三维 MEMS 器件结构，如高密度透镜阵列的制造。

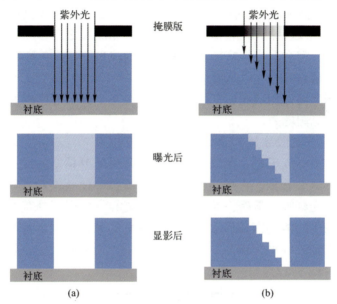

图 3.11 普通掩膜版与灰度掩膜版的区别
（a）普通掩膜版；（b）灰度掩膜版。

3.1.4 紫外光刻工艺

3.1.4.1 表面预处理

晶圆表面预处理包括清洗、脱水、底漆层沉积等工艺步骤。首先，晶圆经历的氧化、掺杂或者化学气相沉积等工艺流程，以及装卸、转移等过程，都会带来污染。因此，为了防止光刻时把缺陷带入器件，光刻前需要对晶圆进行清洗来除去污染物，同时也可以增强光刻胶在晶圆表面的黏附能力并减少针孔效应。

化学湿法清洗是最常用的清洗方法，包括化学酸液清洗、去离子水冲洗、干燥等步骤。化学酸液能够溶解晶圆上的污染微粒，去离子水再将晶圆上的残留化学酸液冲洗。去离子水（Deionized Water, DI Water）是去除了离子杂质后的纯水，几乎只含氢、氧两元素，电阻率为 18MΩ·cm（25℃），而超纯水（Ultrapure Water，UPW）的电阻率达到 18.2MΩ·cm（25℃）。在去离子水冲洗后，可利用晶圆自旋来甩干表面残余水滴，最后在 150~200℃ 的热板上烘烤 1~2min 以加热脱水。

晶圆清洗脱水之后，进行底漆层沉积，一般有气相沉积法和旋涂法。气相沉积时，反应室内充入的 HMDS 底漆蒸汽在晶圆表面形成一层 HMDS 薄膜。但是，因为 HMDS 在高温下分解且发生水合作用，所以需要合理控制通入 HMDS 蒸汽的时间和温度，并且底漆层沉积后要尽快旋涂光刻胶。旋涂法沉积底漆层与光刻胶旋涂方式相似，优点是旋涂底漆层之后可以快速将光刻胶旋涂在其上面，但会造成价格昂贵的 HMDS 的浪费。HMDS 最早由 IBM 公司开发用作底漆层，其与二甲苯溶剂（含量10%~100%）混合，并根据不同晶圆表面和使用环境做相应调整，最终获得仅有几个分子厚度的底漆层便足以改善光刻胶的黏附能力。

3.1.4.2 光刻胶涂敷

在晶圆表面形成平整、无缺陷的光刻胶薄膜需要精密的设备和操控，主要采用旋涂方式。首先，将晶圆固定于真空吸盘并使其旋转；其次，在晶圆表面滴加液态光刻胶；最后，液态光刻胶在离心力作用下分布到整个晶圆表面。当光刻胶中的溶剂蒸发后，形成一定厚度的光刻胶层，其厚度可以通过自旋速度和光刻胶性质来调节。晶圆转速增加，光刻胶层的厚度减薄，且均匀性会提高（图 3.12）。

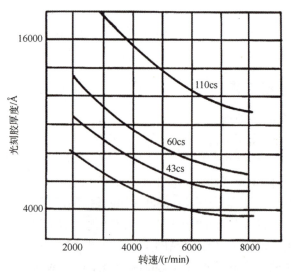

▼ 图 3.12　晶圆转速与某光刻胶厚度的关系[16]

在静态旋涂光刻胶的过程中，起初晶圆并不转动，光刻胶直接输送到晶圆表面并且向外散布到某个范围，此时晶圆开始高速自转，光刻胶就会均匀分布在晶圆表面（图 3.13）。

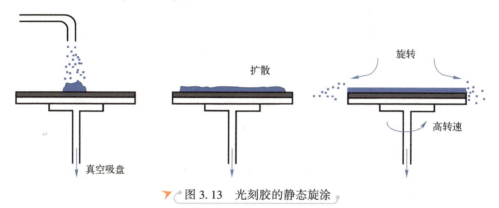

图 3.13　光刻胶的静态旋涂

在动态旋涂光刻胶的过程中，晶圆的自转速度并非维持在某个转速。首先，在光刻胶不断滴加到晶圆中心的过程中，晶圆以大约 500r/min 的低速转动。当光刻胶输送完毕，晶圆立即开始高速自转，从而使光刻胶向外散布，最后覆盖整个晶圆表面（图 3.14）。

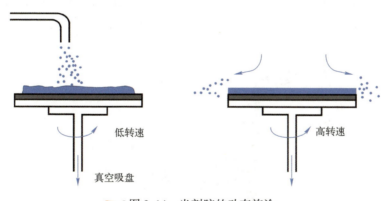

图 3.14　光刻胶的动态旋涂

静态旋涂产生的光刻胶层较为平整、均匀性更好，而动态旋涂具有节约光刻胶的优点。因此，改进后动态旋涂法增加了一个可移动的光刻胶喷管，在晶圆低速转动时从圆心向边缘缓慢移动，促使低速自转时光刻胶层散布更均匀，以获得更佳的光刻胶动态旋涂结果，其效果在大尺寸晶圆中更为显著（图 3.15）。

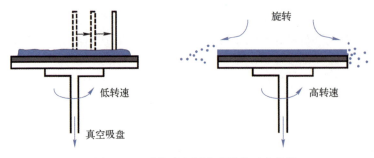

▼ 图 3.15　可移动光刻胶喷管的动态旋涂

光刻胶的旋涂会在晶圆边缘异常堆积，造成边珠效应（边缘球状凸起）。原因如下：晶圆的高速自旋使得光刻胶向晶圆外缘散布并甩出，由于晶圆边缘运动速度快，边缘周围的气流相对速度也快，光刻胶内溶剂就会很快蒸发固化，在边缘形成凸起。边缘的光刻胶在夹钳移动晶圆时易发生剥离，从而破坏其他区域的光刻胶图形，所以在旋涂后要尽快除去晶圆边缘的异常光刻胶。

光刻胶去边方法主要有化学方法（图 3.16）和光学方法（图 3.17）两种。在化学方法中，匀胶机的去边液输送管将该溶剂喷向晶圆边缘，去边液溶解边缘光刻胶并被冲走。在光学方法中，直接利用激光曝光晶圆边缘的光刻胶，曝光后的正胶可溶于显影液，从而在显影过程中除去边缘的异常光刻胶。

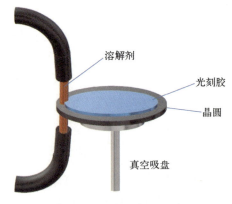

▼ 图 3.16　化学去边法原理

3.1.4.3　软烘

软烘（Soft Baking）是旋涂光刻胶之后的加热工艺，是为了进一步蒸发溶剂，促使光刻胶进一步固化形成固态薄膜。软烘之后，光刻胶厚度会略有减少，但其强度更高，在晶圆表面的黏附力更强。我们知道，光刻胶中添加溶剂之后就成了液态，以便旋涂。但是，溶剂也吸收曝光光波，对聚合物的化学反应存在一定的阻碍作用，所以曝光前光刻胶必须烘烤以减少溶剂[18]。

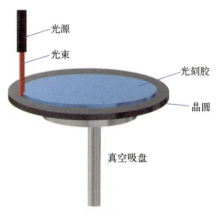

图 3.17　光学去边法原理

软烘时，为了得到最佳的图形分辨率和光刻胶黏附能力，需要控制软烘温度和烘烤时间。如果软烘不足（软烘温度低或烘烤时间短），光刻胶会呈现胶体状态，黏附力不强，易脱落，且曝光分辨率不足。如果软烘过度，光刻胶内溶剂过少，那么，聚合物在曝光前就会开始聚合反应，后续曝光过程中光刻胶就不再对曝光光波敏感，造成曝光失败。特别地，对于化学放大胶而言，光刻胶内的溶剂助力于光酸的扩散与增强，是其光化学反应的重要一环。光刻胶的软烘主要有热板热传导加热、热对流加热和辐射加热 3 种加热方式。热板（Hotplate）是最常用的软烘设备，可处理单个晶圆，从加热器直接向晶圆传导热量，加热过程平稳均匀（图 3.18）。热对流加热可以批量处理晶圆，先加热气体（氮气）并使其产生对流，从而加热晶圆和光刻胶。但是，热对流方式自外向内加热光刻胶，光刻胶表层可能会快速蒸发溶剂而形成硬的外表壳（图 3.19）。辐射加热有微波辐射和红外辐射，加热速度快。红外辐射可以穿透光刻胶而先加热晶圆，成为另一种自内向外的加热方式（图 3.20）。热膨胀会使 12in（300mm）的硅晶圆产生 $0.75\mu m/℃$ 的尺寸变化。因此，软烘后的晶圆需要冷却，且对准和曝光工艺都需要严格控制晶圆的温度。

图 3.18　热板加热原理

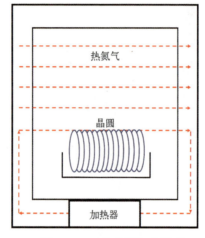

图 3.19　对流烘箱加热原理

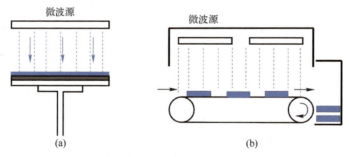

图 3.20　微波辐射加热原理
(a) 单晶圆处理；(b) 批量处理流水线。

3.1.4.4　对准和曝光

对准（Alignment）和曝光（Exposure）虽然是两个独立的工艺过程，但又在同一台设备中实现，是传感器、集成电路、半导体制造过程中最关键的工艺步骤。晶圆的整个工艺流程中，光刻约占 60% 的工艺时间。曝光可类比于照相，相机将物像曝光于底片，而光刻把掩膜版上的图形信息转移到光刻胶。如前文所述，在对准过程中，为了提高光刻分辨率而采用倍缩掩膜版，其图形面积远大于聚焦在光刻胶上的图形，缩放比例系数通常为4:1、5:1或10:1，面积关系则是缩放比例系数的平方。因此，每次曝光仅仅是晶圆的一小部分区域。为了利用整个晶圆，就需要多次曝光。这就需要精准控制曝光区域的移动，且在误差范围内对准到图形设计的位置。随着晶圆上结构层数的增加，对准的难度也越来越高。对于 $0.35\mu m$ 工艺的器件，允许的对准误差约 $0.1\mu m$[19]。

（1）接触式与接近式曝光。20世纪70年代以前，光刻工艺只有接触式与接近式对准曝光系统，且都需要铬掩膜版。接触式曝光直接将接触式掩膜版置于光刻胶层上方，光源光线穿过掩膜版的透明区域从而曝光光刻胶层。接触式光刻机多用于制造分立器件、传感器、小规模和中规模集成电路以及 $5\mu m$ 以上特征尺寸的微结构，或平板显示、器件封装和多芯片封装等领域[20]。接近式曝光的掩膜版距离光刻胶层有一定距离，为 $10\sim20\mu m$，也称为"软接触"（图3.21），是接触式曝光的改进。接近式曝光系统提高了掩膜版的使用寿命，降低了光刻胶表面缺陷的密度，但也受到光线散射衍射的影响，降低了图形分辨率。

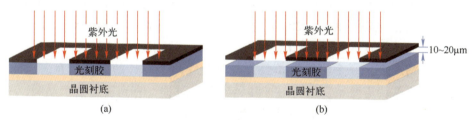

图 3.21　接触式与接近式曝光
(a) 接触式掩膜版；(b) 接近式掩膜版。

（2）投影式曝光。投影式曝光系统将掩膜版上的图形等比例（1:1）投射到晶圆表面，其掩膜版与晶圆是分开的，中间有复杂的光学透镜系统，因此大大降低了掩膜版的污染可能性。投影式曝光系统的精度可达到深亚微米量级，广泛用于超大规模集成电路的制造。

扫描投影式曝光系统更为先进，通过在光源和透镜系统中增加狭缝，减少了光散射，提高了分辨率。同时，在掩膜版和晶圆之间增加了透镜，使得每次曝光区域减小，只能将掩膜版的小部分图形投影到晶圆上。因此扫描投影式曝光系统需要多次曝光，且同步移动掩膜版和晶圆，直到光线扫描投影整个掩膜版到晶圆上为止（图3.22）。投影式曝光系统仍然具有一些局限性：

掩膜版对准和覆盖问题、图形失真和掩膜版污染问题。

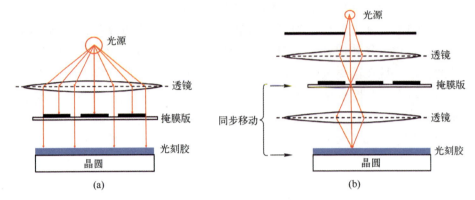

图 3.22　投影式曝光系统与扫描投影式曝光系统
（a）投影式曝光系统；（b）扫描投影式曝光系统。

（3）步进式曝光（Stepper）。步进式曝光系统的原理与扫描投影式相似，不同之处在于步进式系统采用倍缩掩膜版，而不是等比例投影掩膜版。目的是为了在深亚微米量级时进一步提高光刻分辨率。由于掩膜版的图形尺寸大，在光刻胶上的成像质量更好，光刻缺陷也更少。通常选择缩放系数 5∶1 的掩膜版，可投影到最大 20mm×20mm 的区域，保证了较高的光刻效率。1998 年，国际半导体技术发展路线图提出了 25mm×50mm 的掩膜版[21]。

一般情况下，一个倍缩掩膜版只有单个或几个芯片的图形信息。因此，步进式曝光系统需要重复进行对准和曝光两个过程，直到覆盖整个晶圆，一般需要 20~100 次曝光。每个芯片是分别对准的，留有一定的误差空间，因此倍缩掩膜版可以提高对准精度，大尺寸晶圆的对准效果尤佳。

步进式曝光系统主要包括光源、倍缩掩膜版和晶圆平台 3 个部分。软烘后，晶圆置于平台上，利用自动控制系统可将晶圆与对位标记对准。对准时，首先发射低能量激光穿过对准标记，并反射激光束，根据晶圆上不同的对准标记，反射光也是不同的，分析反射光的信息就可以精确移动晶圆平台实现精密对准。晶圆的第一次光刻，是通过晶圆刻痕或平边等标记实现对准，这些标记也能指示晶圆的晶向。为了避免离轴对准导致的误差，对准时可以采用通过镜头（Through The Lens，TTL）系统[22]。对于更大的晶圆，曝光系统的光学透镜尺寸也要增大，才能提供足够大的视野。然而，增大光学透镜尺寸非常困难且代价昂贵。为此，现代光刻机采用移动小透镜以扫描大晶圆，达到大透镜的近似效果（图 3.23）。集成电路工艺中最昂贵的设备就是步进式光刻机，对光学、机械和电子系统的精密度都有极高的要求。例如，12in 193nm 的扫描步进式光刻机售价为 3000 万～4000 万美元。

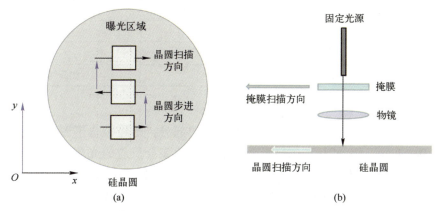

图 3.23　步进扫描曝光系统的俯视图与侧视图[23]
(a) 俯视图；(b) 侧视图。

（4）曝光光源。光刻胶只对紫外波段的光波敏感，因此，紫外光源是曝光系统的关键部件。根据光刻胶的感光度和芯片的关键图形尺寸，可以选择不同波长的紫外光源，波长越短，图形分辨率越高。曝光光源还要有高稳定性和高可靠性。光刻工艺主要使用的光源是汞（Hg）灯和准分子激光。

汞灯是宽光谱光源，主要有 I 线、H 线和 G 线 3 个峰值强度的波段。图形尺寸在 2μm 以下时，宽光谱的汞灯就不再适用了，需要采用单一波长的光源。G 线常用于 0.5μm 的图形，I 线常用于 0.35μm 的图形。

图形尺寸在 0.25～0.18μm 时，需要更短波长的光源。对于步进式光刻机，氟化氪（KrF）准分子深紫外（DUV）激光常作为 0.25μm 关键尺寸的曝光光源，其波长为 248nm，可以实现最小 0.13μm 的图形。波长为 193nm 的氟化氩（ArF）准分子激光步进式光刻机可以实现 22～180nm 的图形。表 3.1 列出了常用的曝光光源与波长信息。

表 3.1　曝光光源与波长

技　术　代	波长/nm	曝　光　源
DUV G 线	436	汞灯
DUV H 线	405	汞灯
DUV I 线	365	汞灯

技术代	波长/nm	曝光源
准分子激光	248	KrF
准分子激光	193	ArF
准分子激光	157	F_2
极紫外（EUV）	135	锡蒸气

3.1.4.5 显影

曝光后的光刻胶存在已曝光和未曝光的部分，已经包含了图形信息。显影（Development）就是利用显影液溶解未发生聚合反应的光刻胶，从而去除一部分光刻胶。显影后的光刻胶层就能呈现出掩膜版定义的图形。

对于正胶，曝光区域内未发生聚合反应，而未曝光区域内发生了聚合反应，两者在显影液中的溶解速率约为4:1。因此，无论是否发生聚合反应，光刻胶都能够溶解于显影液，只是溶解速率有差别。这就要求精确控制显影时间：过短的显影时间会造成原本要被去除的区域存在残胶；过长的显影时间会造成原本需保留区域的光刻胶被部分溶解（图3.24）。

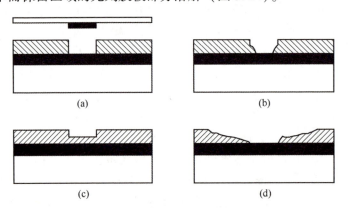

图3.24 显影时间差异造成的问题
(a) 正确显影；(b) 显影不充分；(c) 不完全显影；(d) 严重过显影。

正胶相比于负胶对显影时间更为敏感[24]。正胶常用显影液的主要成分是氢氧化钠（NaOH）、氢氧化钾（KOH）和四甲基氢氧化铵（TMAH，$(CH_3)_4$NOH），溶剂是水（H_2O），呈现弱碱性。由于前两者引入了钠、钾离子污染，因此大多数正胶显影液采用非离子性溶液TMAH。为了使溶剂更容易浸透光刻胶以加快显影，还需要添加表面活性剂来破坏光刻胶的表面张力[25-26]。显影液浸泡后，需要立即冲洗晶圆，除去表面残余显影液，以防止过度显影。正胶显影液的冲洗主要采用去离子水，过程简单、成本低且环保。

负胶的曝光部分发生了聚合反应，不易溶于显影液而被留下，并且发生聚合反应的负胶区域几乎不会溶解。负胶显影液主要成分是二甲苯，也是负胶自身的成分之一，冲洗液主要是乙酸丁酯。

影响显影效果的因素很多，主要是温度、曝光时间、软烘时间、显影液浓度、显影时间等。这些因素的精确控制严重影响显影后得到的图形尺寸。尤其是温度，直接影响了显影中化学反应速度，温度过高会造成过度显影，温度过低会造成显影不足。

(1) 湿法显影。湿法显影有浸泡式、喷洒式和泥浆式3种方式。

浸泡式是最传统的显影方式，晶圆浸泡在显影液中一定时间后，再放入冲洗液中冲洗，最后甩干。这个方式存在一些问题。例如，部分溶解的光刻胶碎片会附着在结构表面，批量显影的药液槽内晶圆会相互污染等。此外，可以用超声、兆声波对晶圆进行清洗。

喷洒式显影法与光刻胶旋涂系统类似。首先，晶圆固定于真空吸盘并高速自旋；其次，显影液喷洒到晶圆上，并借助离心力散布于晶圆表面；再次，喷洒去离子水冲洗晶圆；最后，提高自旋速度以甩干晶圆。这个方式具有不少优点，使得喷洒式显影法最为常用。例如，节省显影液用量，喷淋可冲走光刻胶碎片，处理单片晶圆不易受污染等。

泥浆式显影法与喷洒式类似，也需要自旋系统。显影液首先被输送到静止的晶圆上，显影液的表面张力使其呈现泥浆状，并逐渐向外扩散，直到覆盖整个晶圆。泥浆状的显影液在晶圆表面持续发生反应，并且通过加热真空吸盘加速显影。此后，启动晶圆自旋，同时喷洒显影液以保证充分显影，随即喷洒冲洗液，最后甩干。无论哪种湿法显影方式，显影液必须对溶解聚合与未聚合的光刻胶有较高的选择性，才能达到足够高的分辨率。最后，未溶解的光刻胶和凝固的显影液构成的浮渣可以在等离子清洗设备中去除。

(2) 干法显影。干法显影利用了等离子刻蚀技术。正如显影液对聚合与未聚合光刻胶的选择性，等离子体刻蚀两种状态光刻胶的速率是有差别的。在等离子刻蚀设备中，氧等离子把未聚合的光刻胶氧化去除，以实现图形化。有一种称为"DESIRE"的工艺用了甲硅烷基化物和氧等离子体进行干法显影。

湿法显影需要使用大量化学试剂，其存储、控制、处理和使用过程非常复杂、耗费成本高、环境危害大。干法显影避免了大量液态试剂的使用，是半导体制造工艺的长远目标。

3.1.4.6 硬烘

硬烘（Hard Baking）是光刻胶的第二次加热过程，目的是为了进一步去除光刻胶内的溶剂和增强光刻胶的强度。硬烘过程中，光刻胶也会进一步发生聚合反应，加强其对后续离子注入、刻蚀等工艺的抗蚀能力。同时，由于溶剂的进一步减少，光刻胶在晶圆表面的黏附力也得到进一步提高。硬烘与软烘相似，常采用平板加热方式，对于同种光刻胶，硬烘温度往往比软烘更高。

硬烘的控制方式也与软烘相似，主要控制烘烤时间和温度。如果烘烤时间过短、温度不足，残留在光刻胶内的溶剂过多，光刻胶黏附能力会较差，后续工艺中作为阻挡层的能力也会较差。硬烘温度之所以比软烘高，是为了在高温下驱使光刻胶发生轻微流动，从而填充光刻胶表面的针孔。当然，如果烘烤温度过高、时间过长，光刻胶的流动反而会降低图形分辨率（图 3.25）。一般来说，对流恒温烘箱中的硬烘温度在 100~130℃，烘烤时间为 30min。根据光刻胶的选择和加热方式的不同，硬烘温度和时间需要调整。最低硬烘温度的选取要保证光刻胶有较好的黏附力；最高硬烘温度的选取则要考虑光刻胶的流动点，在保证不损失图形分辨率的情况下光刻胶发生些微流动。

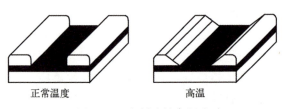

图 3.25　光刻胶的高温流动

3.1.4.7 显影后检查

显影后检查（After Develop Inspection，ADI）发生在显影和硬烘之后，是光刻工艺中的第一个质量检查步骤。显影后检查是为了寻找、分离、判定、处理有缺陷的晶圆。光刻胶图形化之后，需要检查的参数有重叠、关键尺寸和缺陷密度等。如果这些参数超出了工艺容许范围，晶圆上的光刻胶就需要被去除，重新送到之前的工艺线上，其流程如图 3.26 所示。

显影后检查有自动化和人工两种检查方式，以自动化检查为主、人工检查为辅。自动检测系统用来在线或者离线检测晶圆表面的图形失真，提供大量的反馈数据给工程师分析，从而控制工艺过程。当图形线宽不断减小，图形密度增加，微小缺陷的影响也日趋严重。因此，引入了扫描电子显微镜（SEM）来检测关键尺寸、微粒以及表面缺陷，引入了原子力显微镜（AFM）来检测晶圆表面的平整度，引入了 X 射线光谱仪检测晶圆污染。

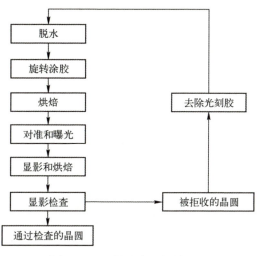

图 3.26　显影后检查的循环流程

人工检测步骤如表 3.2 所列。首先是在平行白光或紫外光下裸眼观察晶圆表面，观察光刻胶薄膜的平整度、整体的显影质量、划痕以及污渍。随着芯片密度的提高，人工检查逐渐减少，需要更高倍数的显微镜才能观察到晶圆表面的结构问题。不过，由于显微镜的视场较小，完整检测一个大尺寸晶圆需要耗费大量时间和人力成本。因此，人工检测用显微镜都配有电动或可编程载物台，方便将晶圆自动移动到相应的检查区域。

表 3.2　显影后的人工检测步骤

步　　骤	检查内容	方　　法
1	污渍/大的污染	裸眼/UV 灯
2	污渍/污染	100~400 倍显微镜
	图形不规则	扫描电镜/原子力显微镜
	对位不准	自动检查系统
3	关键尺寸	显微镜/扫描电镜/原子力显微镜

一般情况下，显影后检查会反馈如下晶圆拒收问题：晶圆破损、晶圆

表面划痕、晶圆污渍、光刻胶针孔现象、图形对准错误、桥接现象、光刻胶翘起、曝光不足、不完全显影、无光刻胶、光刻胶流动、使用错误掩膜版和关键尺寸问题。此处，补充说明桥接现象。桥接现象是指原本不应该连接的图形被光刻胶连接起来了，常发生于金属层。如果进入下一步刻蚀工艺中，就会发生电气短路。桥接现象的发生一般是因为过度曝光、掩膜版清晰度不足和光刻胶层太厚。随着工艺尺寸的缩小，桥接现象已成为了一个棘手问题。

3.1.4.8 去光刻胶

经过离子注入、刻蚀等工艺之后，掩膜版的图形永久转移到晶圆，就不再需要光刻胶保护层，而需要去除光刻胶。传统的去胶方法是湿法化学工艺，虽然存在一些问题，但被广泛用于前端工艺。湿法去胶的优点包括历史久且方案成熟、成本低且有效性高、可有效去除金属离子、可在低温下操作且不存在辐射损伤的风险。

根据不同的晶圆表层、光刻胶类型、温度需求和前道工艺，湿法去胶工艺使用不同的化学品（表3.3）。根据应用对象，光刻胶去除剂分为综合去除剂和专用于正胶或负胶的去除剂；根据晶圆表层类型，分为金属化层或非金属化层去除剂。

表 3.3 湿法光刻胶去除剂

化学去胶剂	去胶温度/℃	表面氧化膜	金 属 化	光刻胶的极性
酸：				
硫酸+氧化剂	125	×		+/-
有机酸	90~110	×	×	+/-
铬酸/硫酸溶剂	20	×		+/-
溶液：				
NMP/链烷醇胺	95		×	+
DMSO/二乙醇胺	95		×	+
DMAC/乙醇胺	100		×	+
羟胺（HDA）	65		×	+

另一种方法是氧等离子体去胶。由于敏感器件在前端工艺中器件表面和栅极易受等离子体损伤，而在后端工艺中有介质和金属层覆盖，因此，氧等离子去胶主要用于后端工艺，去胶方法与干法显影、干法刻蚀相似。先将晶圆置于反应室中，并通入氧气，等离子体场把氧气激发到高能状态，从而将

光刻胶中的化学成分氧化为气体，并由真空泵从反应室抽走。去胶机的等离子体由微波、射频和紫外-臭氧源共同作用产生。光刻胶主要由碳、氢元素构成的有机物，在等离子体中被氧化为气体和水，从而被去除。

随着工艺的发展和图形关键尺寸的减小，去胶工艺面临诸多挑战。更大更密的晶圆、Ⅲ~Ⅴ族和SiGe衬底、浅结、深通孔多层堆叠、铜双大马士革等工艺发展正在推动去胶工艺的改进。

3.1.4.9 最终检查

最终检查是光刻工艺流程的最后一个步骤，与显影后检查基本一致。因为图形已经永久存在于晶圆上了，这时的错误大多已无法挽救，只有受污染的晶圆可在清洗后重新检查。最终检查是检测特定图形层的关键尺寸，反映出刻蚀后的图形情况。最终检查的数据可用于检验显影后检查的有效性。最终检查时，首先在白光或紫外光下裸眼检查晶圆表面的污点和大微粒，然后采用人工检查或自动检查发现晶圆的缺陷和图形的失真。

3.1.5 分辨率增强技术

上述9步光刻工艺是单层光刻胶图形化的基本工艺，适用于MEMS传感器、中规模、某些简单的大规模和超大规模集成电路。实际上，当图形关键尺寸达到 $2\sim3\mu m$ 时，基础光刻技术已出现局限性。当关键尺寸进步减小到亚微米量级时，基础紫外光刻技术存在光学曝光设备的物理限制、光刻胶分辨率的限制、晶圆表面的反射现象和多层形貌等问题[16]。随着超大规模和特大规模集成电路所要求的图形关键尺寸越来越小，并减小到纳米量级，芯片密度随之增大，对缺陷的要求也更为严格。因此，半导体行业内已经开展延伸光学光刻和下一代光刻技术的研究，包括光刻胶、掩膜材料与掩膜版设计、曝光光源、对准和曝光系统、反射控制等。

20世纪70年代中期，业界普遍认为紫外光学光刻所能达到的最小分辨率为 $1.5\mu m$，因此，开展了X射线和电子束曝光系统的研究。但是，紫外光学光刻的最小分辨率极限在之后数十年期间被持续攻破。随着紫外光学光刻工艺的改进与优化，光学光刻所能实现的关键尺寸已达 $0.2\mu m$，后又将半导体制造业带入了100nm工艺节点[27]。分辨率是光学成像系统表现物体细节的指标，在光刻工艺中，分辨率公式如下：

$$R = k\frac{\lambda}{NA} \tag{3-1}$$

式中：R 为分辨率，表示光学系统能达到的最小特征尺寸；λ 为曝光光源的波长；NA 为透镜的数值孔径，表示透镜折射光的能力；$NA \approx n\dfrac{D}{2f}$，$n$ 为透镜外物质（通常为空气）的折射率，D 为透镜直径，f 为焦距；k 是与透镜相关的常数，也称瑞利（Rayleigh）常数，表示透镜或整个光学系统分辨两个相邻图形的能力。随着图形间距减小，光衍射会影响透镜成像。一般来说，k 值约为 0.5。

从上述公式看出，可采用多种方式获得更好的分辨率。首先，可采用波长更短的曝光光源（表 3.1），但是，当光波长缩小到 X 射线范围内时，用于紫外光范围的光学公式已不再适用。其次，上述公式还启发我们增大透镜的数值孔径 NA 以提高分辨率，理论上可以通过减小透镜焦距和增大透镜直径的方式实现。可行的方案是增大透镜直径，但是这个方案代价昂贵，且受限于时下技术无法制作直径很大的高精密透镜。

相机为了拍清某个物体通常，物体要在焦距附近，这就需要调节焦距。景深（Depth of Focus，DOF）就是焦距附近能清晰成像的范围（图 3.27）。景深越大，物体能在更大范围内变化，也就越容易对焦晶圆表面的光刻胶。

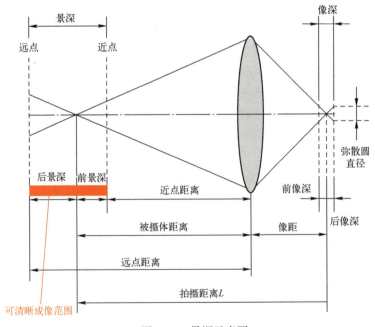

图 3.27　景深示意图

景深是光学系统的第二个重要特性,在景深范围内,光线穿过透镜后聚焦于透镜的焦距上。光学投影范围如果在景深范围内,就可以获得高分辨率。景深的计算公式如下:

$$DOF = \frac{k \cdot \lambda}{2(NA)^2} \quad (3-2)$$

根据式(3-2)可知,大景深需要小 NA,对应于更小的透镜直径。但是,根据分辨率公式(3-1),这个做法与获得高分辨率目标相矛盾。所以,景深和分辨率是无法兼顾的,需要权衡两者。在先进的集成电路制造工艺中,往往为了追求高分辨率,景深都非常小,因此需要精密对焦[18]。

3.1.5.1 深紫外光刻

曝光光源是影响光刻系统分辨率的一个重要因素。在光刻工艺中,需要根据图形尺寸选择合适的光源。早期工艺常用高压汞灯,其光谱有 3 个峰值波长,分别是 436nm、405nm 和 365nm,对应了 G 线、H 线和 I 线(表 3.4)。其中,H 线常被滤除,而用 G 线和 I 线来曝光,特别地,I 线是亚微米时代的首选光源。I 线的波长与 0.35μm 器件的关键尺寸接近。

图形尺寸的进一步缩小就必须使用波长更短的光线,即波长 200~350nm 的深紫外光(表 3.4)。准分子激光器是另一种光源,利用了准分子物质作为工作物质的激光器。基本原理是:工作物质的分子在高能电子束激发下变得不稳定,其分子键在断裂解离成基态原子时以激光辐射的形式释放出能量。现有的准分子激光器有 XeF(351nm)、XeCl(308nm)、KrF(248nm)、ArF(193nm)。其中,248nm(KrF)准分子激光器是深紫外光刻(DUV)步进式光刻机的光源,这种 DUV 光刻机用于 0.25μm、0.18μm 和 0.13μm 关键尺寸的集成电路制造。193nm(ArF)准分子激光器主要用于 65~130nm 工艺节点。由于 193nm 浸入式光刻技术的发展,原本已经在研发的 157nm 深紫外氟(F_2)激光器以及 157nm 扫描式光刻机的发展逐渐停滞。浸入式光刻技术提高了 45nm 工艺节点 ArF 系统的分辨率,结合双重或多图形化技术,ArF 系统将集成电路光刻技术推进到 22nm 工艺节点。

表 3.4 光学系统的发展[9]

波长/nm	NA	第一次使用年份/年	光 源
436	0.3	1982	水银弧光灯(G-line)
365	0.45	1990	水银弧光灯(I-line)
365	0.60	1994	水银弧光灯(I-line)

续表

波长/nm	NA	第一次使用年份/年	光源
248	0.50	1994	水银弧光灯或氪氟准分子激光
248	0.60	1997	氪氟准分子激光
248	0.70	1999	氪氟准分子激光
193	0.60	1999	氩氟准分子激光
193	0.75	2001	氩氟准分子激光

3.1.5.2 极紫外光刻

光刻机的发展共经历了 5 代产品（表 3.5），最新一代是极紫外光刻（Extreme Ultra-Violet，EUV）。EUV 光刻技术通过大幅降低光源波长 λ（13.5nm）、适度降低数值孔径，从而提高光刻分辨率。由于波长介于 1~50nm 的电磁辐射处在紫外线和 X 射线的重叠区域，因此称为极紫外光或者软 X 射线。EUV 光刻机的研发过程颇为坎坷，ASML 从 1999 年开始 EUV 光刻机的研发，并计划在 2004 年推出产品。但 ASML 研发出第一台 EUV 原型机时已是 2010 年，2016 年才实现供货，2019 年才生产出第一批采用 EUV 技术的 7nm 芯片。整个流程比预计时间晚数年至十数年。

表 3.5 光刻机发展历史

光源		波长/nm	设备	最小工艺节点/nm
第一代	G-line	436	接触式光刻机 接近式光刻机	800~250
第二代	I-line	365	接触式光刻机 接近式光刻机	800~250
第三代	KrF	248	扫描投影式光刻机	160~130
第四代	ArF	193	步进扫描投影光刻机 浸入式步进扫描投影光刻机	130~65 45~22
第五代	EUV	13.5	氪氟准分子激光	22~7

EUV 光源是将高能二氧化碳激光照射到锡靶材从而激发出 13.5nm 的极紫外光，也称为激光激发等离子体（Laser-Produced Plasma，LPP）光源。锡的选择是因为锡在高能红外辐射脉冲撞击后会在数纳秒内烧蚀，立刻气化为锡等离子体，且含有多种不同电荷状态的离子。虽然其他金属也可以达到类似效果，但是锡等离子体放射在 10nm 波长附近比较强烈，而

且放射峰值接近 13.5nm，是 EUV 光刻的最佳波长。EUV 光源的工作原理如图 3.28 所示。

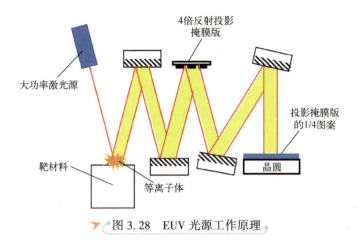

图 3.28　EUV 光源工作原理

液态锡首先被载入液滴生成器，生成直径约 $30\mu m$ 的液滴，并以约 70m/s 的速度射入真空腔室。液滴生成器每秒发射几万个液滴，在空间形成锡液滴序列。当液滴进入真空腔室前会经过高速追踪相机，相机将液滴信息传送到 CO_2 激光器，使其发射激光脉冲轰击液滴。第一次发射前脉冲，第二次发射主脉冲。前脉冲将球状液滴扁平化，而主脉冲将液滴转化为等离子体并发射极紫外光。腔室内的多层椭球状收集镜用于收集发射的极紫外光，并将其导向中间聚焦单元（Intermediate Focus, IF），然后再进入扫描单元。在扫描单元中，其他精密光学部件和多层布拉格堆叠镜使光线成型并反射以供光刻使用。

除了极紫外光，EUV 光刻设备还需要大量镜面系统处理光波。极紫外光很容易被透镜玻璃材料吸收，所以要用反射镜来代替透镜。因此，EUV 光刻所用的掩膜版不是传统的透射掩膜版，而是反射掩膜版。此外，气体会吸收极紫外光并影响折射率，所以腔体必须是真空。所有的光学元件，包括掩膜版，都必须用无缺陷的钼/硅（Mo/Si）多层膜（由 40 个 Mo/Si 双层膜组成），通过层间干涉来反射光。每一个反射镜都吸收约 30% 的入射光。EUV 光刻系统至少包含 2 个聚光器多层镜、6 个投影多层镜和 1 个多层掩膜。当光从光源传导至晶圆，只剩下不到 2% 的光，这就是 EUV 耗电的原因之一。表 3.6 展示了 EUV 与 DUV 在功耗及物资消耗上的巨大差异。

表 3.6　EUV 与 DUV 消耗资源差距

资源类型	200W EUV 光刻机	90W ArF 光刻机
电力/kW	532	49
冷却水流量/(L/min)	1600	75
气体管线	6	3

相比于 193nm 浸入式光刻机，EUV 光刻机需要更多的资源。Hynix 在 2009 年 EUV 研讨会上报道 EUV 的电光转化效率仅为 0.02%，即在每小时 100 个晶圆的中间聚焦条件下获得 200W 需要 1MW 的输入功率，而 ArF 浸入式扫描光刻机仅需 165kW。在相同吞吐量下，EUV 光刻机的占地约为 ArF 浸入式扫描光刻机的 3 倍，且典型的 EUV 设备重达 180t。此外，冷却设备的运转需要耗费大量电力。可以看到，为了继续推进摩尔定律，成本越来越高[28]。

3.1.5.3　浸入式光刻

光在不同介质中传播速度不同，折射率可由真空光速与介质中光速的比值得到，即

$$n = \frac{c}{v} \tag{3-3}$$

光波长表示为

$$\lambda = \frac{v}{f} \tag{3-4}$$

相同频率的光在折射率不同的介质中传播，波长发生改变。根据分辨率公式，有

$$R = k\frac{\lambda}{NA} \tag{3-5}$$

如果使光在折射率更大的介质中传播，并使其波长变短，然后进行曝光，则可以得到更高的分辨率，式（3-5）可以做如下修改：

$$R = k\frac{\lambda}{n \cdot NA} \tag{3-6}$$

浸入式光刻技术就是采用以上基础理论，在物镜和晶圆之间空隙中，加入液体（水或油）来提高光刻机的分辨率（图 3.29）。

对于浸入式光刻，还可以从数值孔径（NA）角度提高分辨率，NA 的定义式如下：

$$NA = n \cdot \sin\alpha \tag{3-7}$$

其中，α 如图 3.29 所示。

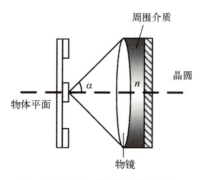

图 3.29 数值孔径定义

从式（3-7）中看出，加入高折射率液体，NA 增大，从而提高系统的分辨率。

光学系统的两个重要参数是分辨率和景深，因此也需要考虑加入液体后景深的变化，如下式所示[29]：

$$\eta = \frac{\mathrm{DOF_{immersion}}}{\mathrm{DOF_{dry}}} = \frac{1-\sqrt{1-\left(\frac{\lambda}{p}\right)^2}}{n_{\mathrm{fluid}} - \sqrt{n_{\mathrm{fluid}}^2 - \left(\frac{\lambda}{p}\right)^2}} \tag{3-8}$$

式中：η 为浸入式光刻系统的景深改善因子；p 为掩膜版图形间距。物镜和晶圆之间加入液体将提高景深。

浸入式光刻的基本原理是把高折射率的介质填充在最后一个透镜和晶圆之间，而水对 193nm 紫外光的吸收系数低，折射率较高（1.437），是比较理想的介质[30]。此外，填充液还得具备以下特性：填充液不能对光刻胶、透镜、抗反射图层等接触表面造成物理、化学损伤；填充液内部要具备较强气体溶解能力，以防气泡影响曝光；填充液的流体黏度要小，以保证不影响曝光时的扫描速度。脱气的超纯水因为具备以上特性而被选用为填充液。此外，还有饱和烷烃化合物、多环饱和烷烃类物质等填充液。浸入式光刻系统的大部分部件都保持原样未变，仅在透镜和晶圆之间增加了液体处理系统，因此无须研发新的掩膜版和光刻胶，设备更新设计和制造成本也较小。

最后，简单说明浸入式光刻技术的发展历史。1982 年，Taberrelli 和 Loebach 的专利首次提出了浸入光刻技术。1989 年，Kawata 等提出了以油为浸入液的投影式曝光系统（曝光波长为 453nm，数值孔径为 1.4）。1999 年，

Hoffnagle 等引入了提出了折射率匹配液,利用干涉式光刻系统在深紫外光刻胶上实现了密集线条的图形化[31-33]。当时,干法光刻系统还未触及分辨率瓶颈,并且曝光系统中设置液体处理系统也存在诸多不便,因此,浸入式光刻技术未引起重视。直到 2002 年,当 193nm ArF 干法光刻的分辨率接近极限,且下一代 EUV 光刻机的研发遇到困难时,浸入式光刻才成为突破光刻技术瓶颈的焦点。此后浸入式光刻技术发展迅速,2004 年就已推出大批量生产用光刻机,并顺利将 65nm 工艺节点推进到 45nm。在 EUV 光刻设备面世前,193nm ArF 浸入式光刻机一直是集成电路制造领域最先进、最成熟的光刻设备。

3.1.5.4 相移掩膜版

障碍物边缘或小孔会发生光衍射现象,因此,也被认为是一处光源。随着掩膜版上图形密度的增加,光衍射已不可忽视,对曝光有重要影响。光线穿过掩膜版的两个相邻透光孔时会发生衍射,传输到小孔正下方以及周边区域。如图 3.30 所示,先分别画出两个光强分布图,再进行叠加,可以得到光刻胶上的光强分布。两个衍射光同相位时发生光强叠加,而相位不同时光强相互抵消,从而无法得到掩膜版上所定义的图形。

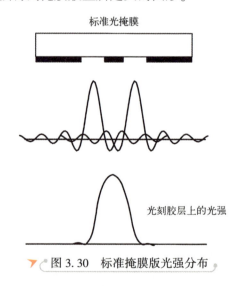

▶ 图 3.30 标准掩膜版光强分布

为了解决该问题,可以人为在掩膜版上增加或刻蚀结构,改变其中一个透光孔衍射光线的相位,进而改变光线的叠加效果,即相移掩膜版(PSM),如图 3.31 所示。在交替的相移掩膜版中,某些透光区域被减薄或增厚,导致穿过这些区域的光线发生相移。只要减薄或增加的厚度合适,相移光与未相移光的干涉可以改善晶圆上某些图形的对比度，从而提高光刻分辨率。衰减相移掩膜修改了掩膜版上某些遮光结构，从而允许极少量光线透过。这些光的强度不足以在晶圆上实现图形化，但会干扰透过掩膜版透明区域的光线，从而再次提高晶圆上某些图形的对比度。常规光学掩膜版、交替相移掩膜版、衰减相移掩膜版的结构如图 3.32 所示。

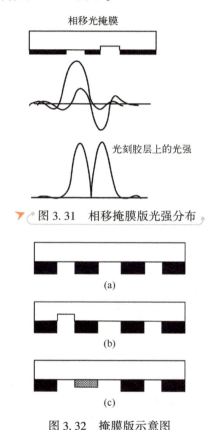

图 3.31　相移掩膜版光强分布

图 3.32　掩膜版示意图
（a）常规光学掩膜版；（b）交替相移掩膜版；（c）衰减相移掩膜版。

由于衰减相移掩膜版的结构和操作更为简单，已被广泛应用于存储器的光刻。相比之下，交替相移掩膜版较难制造，但其应用也在变广。例如，Intel 65nm 及后续工艺节点的晶体管栅极的光刻使用了交替相移掩膜版[34-35]。

3.1.5.5　光学邻近效应修正

光学邻近效应修正（Optical Proximity Correction，OPC）是一种光刻分辨率增强技术，用于纠正光学衍射效应引起的光刻胶图形误差。在光刻工艺中，由于光学衍射效应，曝光后光刻胶上的图形和掩膜版上的设计图形不能完全一致。这些失真和误差如果不纠正，可能会影响最终电路的电气性能。光学邻近效应修正可以通过在掩膜版图案上增补额外多边形（凸角补偿）在来纠正这些错误。光学邻近效应修正方案的益处有：修正了不同密度区域的特征线宽差异，修正了线条末端的缩短。图 3.33 中蓝色"Γ"图形是工程师期望在晶圆上实现的光刻图形，绿色图形是光学邻近效应修正后的掩膜版设计图形，红色图形是实际光刻后的图形，接近于理想情况下的蓝色图形。

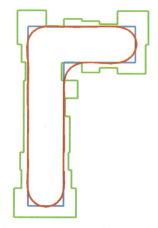

图 3.33　光学邻近效应修正示例

3.1.5.6　抗反射涂层

曝光时，光刻胶/晶圆衬底界面会发生光反射，并在光刻胶的不同深度处发生干涉，与入射光形成驻波效应，并在光刻胶中形成曝光过度和曝光不足的条纹区域。当图形特征尺寸较大时，驻波效应影响较小。然而，随着特征尺寸的缩小，必须减小驻波效应。金属和介电层作为抗反射涂层（Antireflective Coating，ARC）沉积在晶圆表面，可以削弱反射。在旋涂光刻胶之前也可以旋涂有机抗反射层。此外，抗反射涂层也能作为中间层旋涂在 3 层光刻胶之间。在光刻工艺中，抗反射涂层应具有以下材料特性：易于黏附在晶圆表面和光刻胶；与光刻胶有相似光学特性（透光性与反射系数）；抗化学腐蚀，与光刻胶使用相同显影液和去胶液。抗反射涂层涂在晶圆表面以后先要先经过烘焙，再经过光刻胶的喷涂。抗反射涂层在应用时，需要增加旋涂和烘烤步骤，导致工艺时间增加 30%~50%。此外，抗反射涂层也会影响光刻胶层厚度，干扰显影[18]。

抗反射涂层可以增强曝光效果：第一，均匀分布的抗反射涂层可以使光刻胶层更平坦；第二，抗反射涂层显著降低了晶圆表面的反射，提高了光刻精度和图形分辨率；第三，抗反射涂层削弱了光刻胶中的驻波效应；第四，合适的抗反射涂层可增加曝光裕度[16]。

3.2 直写式光刻

直写式光刻与紫外光刻的不同之处在于无须把图形信息先转移到掩膜版上，而直接把图形信息转移到晶圆上，也称无掩膜光刻。直写式光刻主要使用光束直接在晶圆表面进行扫描，按照像素点曝光光刻胶层，显影等工艺和紫外光刻一致。常用的直写式光刻有电子束光刻、离子束光刻、激光光刻等。

3.2.1 电子束光刻

根据德布罗意物质波的理论，电子既是微粒也是波，其波长与电子能量相关。电子的能量如果高达 10~100keV，则其波长比紫外线波长还短，具有更高的分辨率[36]。电子束光刻常用于掩膜版的制造。电子束光刻利用了电子对光刻胶曝光，光刻胶吸收电子并发生溶解度变化。电子束光刻一般要求真空环境曝光，以避免气体分子对电子束的干扰。按照设计图形在光刻胶层表面进行电子束扫描，从而在光刻胶层写上图形信息。电子束光刻设备类似于扫描电子显微镜（Scanning Electron Microscope，SEM）。在科研实验应用中，一般采用 SEM 光刻软件来控制安装在 SEM 的遮挡装置以实现电子束光刻[37]。图 3.34 是电子束光刻设备的简化示意图，通过控制偏转电子束的静电板来调整电子束在 x-y 轴位置[38]。

利用磁透镜聚焦高斯分布电子束的电子束光刻可实现 10nm 光刻分辨率。电子束光刻吞吐量较小，无法用于高效率的大规模生产，通常用于掩膜版制作、原型设计以及科研开发。例如，光学掩膜版和纳米压印掩膜版通常使用高分辨率电子束光刻来制造。电子束光刻不使用掩膜版，因此不用考虑光衍射等问题。

3.2.2 离子束光刻

离子束光刻甚至不需要光刻胶，直接使用离子束轰击晶圆表面，形成图形。紫外光刻和电子光刻主要用于软材料，而离子束光刻可用于金属、陶瓷和无机半导体等较硬材料。

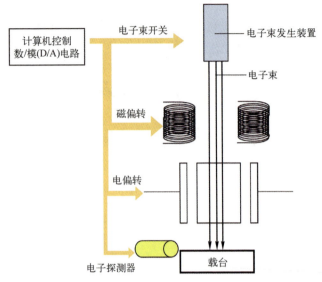

图 3.34　电子束光刻原理

聚焦离子束（Focus Ion Beam，FIB）系统主要由离子源、离子光学系统、离子偏转器和衬底平台组成，与扫描电子显微镜（SEM）具有类似的构造，且通常安装在真空腔中。图 3.35 展示了一种 SEM/FIB 双束系统架构，主要组

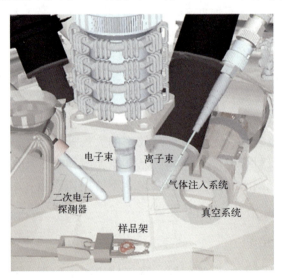

图 3.35　SEM/FIB 双束系统结构图[39]

成部分有二次电子探测器（SE Detector）、电子束（Electron Beam）、离子束（Ion Beam）、气体注入系统（GIS）、真空系统（Vacuum System）和样品架（Sample Holder）。离子束光刻所用离子束能量为1~50keV，离子束斑尺寸约为50nm。扫描时往往保证离子束能量和离子束斑直径相同，对于曝光的一点，离子束在该点停留时间和像素点的间隔是决定了去除量。通过缩短像素点的间隔，可以降低表面粗糙度。

离子束扫描可以得到V形槽结构（图3.36）。垂直剖面的宽度比离子束直径略大，原因是散射离子能量产生了溅射。离子溅射增大了剖面宽度，也把这部分材料散布到了槽两侧，这种现象也称为材料的再淀积现象[38]。要形成精确图形，必须控制离子溅射。

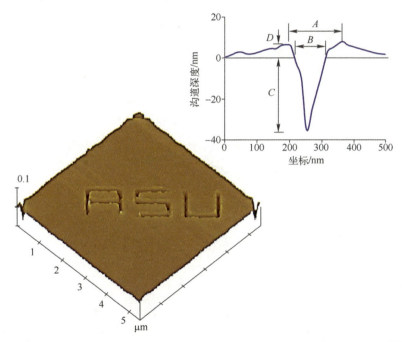

图3.36 FIB单线扫描和相应高度剖面扫描的原子力显微镜（AFM）图[40]

3.2.3 激光直写

激光直写也是一种灵活、便捷、高性价比的无掩膜光刻技术，可快速制造亚微米级图形。激光直写光刻是一种使用激光改变、增加或去除衬底材料的工艺，用激光进行逐点扫描，故无须遮挡。激光直写是单步工艺，无须光刻胶、保护层、刻蚀等。激光直写设备的激光束和衬底可以在三维方向上移动，因此可制作3D结构，且衬底也无须平整晶圆，可用任意3D形状。激光直写系统有以下主要部件：激光源、激光光学系统、衬底固定装置、激光器与衬底的相对位移台。激光直写光刻主要有删减法、添加法和改性法[38]。

（1）删减法。通过激光删减基材，原理有光物理作用、光热作用或光化学作用等，可用于磨削、铣削、表面清洗和钻孔等工艺。

（2）添加法。通过激光向基材添加其他材料，通常利用激光加热把材料从一个衬底上剥离，并附加在另一个衬底（图3.37）。

（3）改性法。通过激光加热基材改变其物理化学性质或结构，如激光诱导化学气相淀积。衬底置于初始化合物气氛中，激光束照射位置的气体转化为固态物质并依附在衬底，从而制作3D结构。

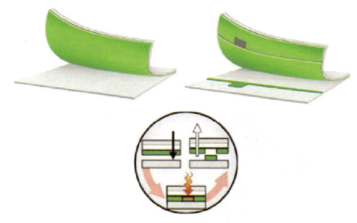

图3.37　激光直写添加法示例[41]

3.2.4　立体光刻

立体光刻（Stereolithography，SL）于20世纪80年代初被提出，由激光源及其光路系统、激光束位移装置、光固化聚合物及其容器、Z轴可移动样品架等部件构成，用于样本的快速成型[42-44]。立体光刻也是一种3D打印增材制造（Additive Manufacturing）技术。工艺步骤如下：首先把样品架浸没于光固化溶液中；由计算机辅助设计（CAD）图形文件生成控制激光束的程序；移动的激光束在溶液表面发生光固化；当某一层图形成型后，样品架下移，在已成型结构上就有一层光固化溶液；再次进行激光束照射，光刻形成新一层的图形；不断叠加图形层形成3D结构[45]，如图3.38所示。

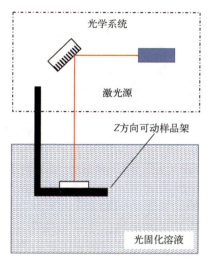

▶ 图 3.38 立体光刻示意图

微米级立体光刻称为微立体光刻（Microstereolithography，MSL）。普通立体光刻工艺所用激光束直径约为 200μm，每一层光固化结构厚度为 100μm；微立体光刻工艺使用的激光束直径为 1~2μm，每一层光固化结构厚度在微米量级。因此，微立体光刻所制造的样品相对较小，可以自行支持而不再需要样品支架，且每一层光固化都在样品自行下沉之后进行[38]。

目前，扫描式与投影式微立体光刻技术较为常用（图 3.39）。扫描式微立体光刻所制造的样品结构、形状和尺寸受限于聚焦光束物理参数，且只在光固化溶液表面发生聚合反应。投影式微立体光刻与紫外光刻、电子束光刻相似，需要掩膜，每曝光一次形成一个图形层，再下沉样品位置，接着进行下一层光固化溶液的曝光。当然，投影式微立体光刻所制造的样品结构、形状和尺寸受限于掩膜数量和对准精度。而动态液晶掩膜和微镜阵列投影是克服上述技术限制的两种方法。

立体光刻工艺中，通常光固化溶液吸收一个光子就发生聚合反应，且在溶液表面发生反应，也称为单光子加工。相对而言，发生双光子聚合（Two-photon Polymerization，TPP/2PP）反应的光刻加工称为双光子光刻（Two-photon Lithography，TPL/2PL），是多光子光刻（Multi-photon Lithography，MPL）的一种。在双光子聚合时，光固化溶液中的聚合物必须吸收两个光子才发生聚合反应，称为双光子吸收（Two-photon Absorb，TPA）现象。双光子光刻中，在一束激光束的焦点处，光子密度高，光固化溶液中的聚合物同

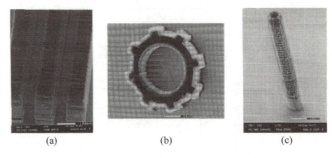

图 3.39 微立体光刻的样品实例[46]

时吸收两个光子,发生聚合反应。双光子光刻可在光固化溶液的任意指定空间位置发生聚合反应,所加工的结构尺寸可突破单光束的衍射极限,并且不再使用逐层曝光形式。双光子光刻所用的光固化材料吸收光子的过程除了有同时吸收,还有共振激发。共振激发过程中,光固化材料吸收第一个光子后先转化为激发态,处于激发态的材料再吸收第二个光子后就发生聚合反应,停留在激发态的时间为 $10^{-4} \sim 10^{-9}$ s。同时吸收不存中间激发态,光固化材料在 10^{-15} s 连续吸收两个光子并发生聚合反应。由于双光子光刻的聚合反应速率与光子密度的平方成正比,所以光子吸收仅在波长相关一个小范围内,其光刻分辨率优于受衍射极限限制的单光子光刻。图 3.40 是双光子光刻加工的 3D 微结构实例,微米级结构的光刻分辨率已达亚微米级。

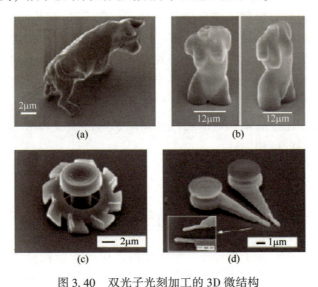

图 3.40 双光子光刻加工的 3D 微结构

(a) 微牛模型[47];(b) 维纳斯模型[48];(c) 微涡轮[49];(d) 纳米镊[50]。

3.3 印刷光刻

伴随着紫外光刻技术的发展，其他光刻技术也在进步，新的微纳制造技术不断涌现并获得快速发展。印刷光刻技术采用类似印刷的方法进行光刻图形化，往往无须掩膜和光源，而采用印章、喷墨等方式打印微纳结构。印刷光刻又有压印和喷墨打印两类。压印光刻类似于印章或活字印刷术，直接将模具压入待成型材料（衬底上的光刻胶），即可实现图形化。喷墨打印直接将墨水从喷头喷射出，即可实现图形打印。

3.3.1 纳米压印光刻

过去的几十年间，紫外光刻和直写式光刻技术通过各种优化改进手段把受限于光学系统的图形分辨率大大提升，然而随之带来的光刻设备也越来越复杂和昂贵。纳米压印光刻（Nanoimprint Lithography，NIL）既能够提升图形分辨率，又降低了光刻设备的复杂度和价格，因而获得了快速的发展。纳米压印光刻的技术原理是通过图形化的刚性模板表面压入衬底上的结构/光刻胶层，从而实现图形化信息的转移[38]。常见的纳米压印光刻主要有两类：基于热塑性结构层的热纳米压印（TNIL）和基于紫外光固化液层的纳米压印（UVNIL），如图 3.41 所示[51]。

热纳米压印过程如下：首先，热塑性结构层加热到玻璃化温度 T_g 以上；其次，图形化模板压入热塑性结构层中；再次，保持结构层温度、压力一定时间之后，冷却热塑性结构层到玻璃化温度 T_g 以下并释放压力；最后，移开模板就在结构层表面复制出模板表面的图形化信息。

紫外纳米压印是一种步进-闪光压印光刻（Step and Flash Imprint Lithography，SFIL）技术，类似于步进扫描光刻技术均采用分步曝光。其工艺过程与热纳米压印的差别在于热塑性结构层被紫外光固化液层所替代，模板压入紫外光固化液层之后需要紫外光曝光以实现微纳结构的固化。在紫外纳米压印过程中，模板和衬底必须对紫外光透明。

纳米压印还可以与其他光刻技术相结合，利用一个复合模板既作为光学掩膜版又作为压印模板，可同时实现大、小尺寸结构的图形化。大体积卷轴式纳米压印光刻（R2RNIL）则能够实现微纳结构的高速批量化制造。经过多年的发展，纳米压印光刻技术可以压印各种活性材料，分辨力已达 10nm 级，

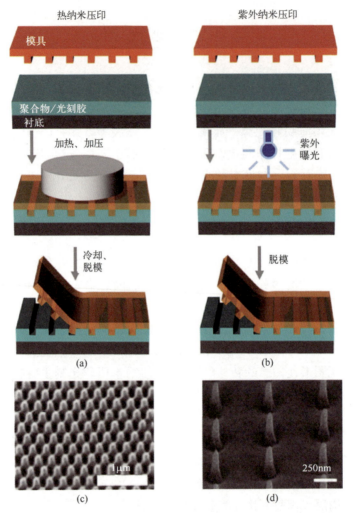

图 3.41 热纳米压印工艺流程（a）、紫外纳米压印工艺流程（b）、使用热纳米压印制备的蛾眼抗反射涂层的 SEM 图像（c）和使用紫外纳米压印制备的 PEGDMA 纳米针阵列的 SEM 图像（d）[51]

并且在 MEMS 传感器制造领域得到广泛应用，如微流控芯片、纳流控器件上微纳流道结构的制造，DNA 测序芯片、蛋白质分离芯片、药物运输芯片上纳米孔、纳米图形结构的制造。此外，纳米压印光刻工艺也能将图形层（可印刷层）从一个衬底（转移衬底）转移到另一衬底（器件衬底）上，称为转印。转印工艺要求可印刷层在器件衬底的黏附力高于在转移衬底的黏附力。基于这个黏附力差，转印过程无须温度控制，可印刷层可如同贴纸一样贴在器件衬底上[38]。

3.3.2 喷墨印刷

喷墨印刷有连续滴墨和按需滴墨两种工作方式。连续滴墨过程中,喷嘴连续喷射液滴,液滴首先穿过一组电极,接收到电脉冲信号的电极会使相应的液滴脱离喷射轨迹从而滴向衬底,未脱离轨迹的液滴将流向墨水盒回收。按需滴墨过程时,喷嘴只在接收到脉冲电信号才会喷出墨滴。应用于印刷光刻的喷墨打印中,喷嘴的直径为 20~30μm,液滴体积为 10~20pL。按需滴墨比连续滴墨的印刷质量更佳,其特征尺寸分辨力可达 20~50μm[38]。

喷墨印刷一般只能印刷一些光滑且分子量小的聚合物,包括悬浮纳米颗粒、溶胶凝胶、导电聚合物、陶瓷粉末、焊料、DNA 和蛋白质等能够悬浮或溶解在墨水中的材料[52]。一些有机半导体材料不溶解于墨水的(如并五苯),需要采用特殊的溶解形式[53];另一些有机半导体材料又对干燥条件敏感(如聚乙烯(3-己基噻吩)、P3HT)[54],但目前这些材料的喷墨印刷都是些低质量薄膜。此外,在不吸水衬底上印刷时,液滴会串联且存在针孔效应。由于液滴在衬底会发生扩展,图形分辨率和边缘粗糙度很难得到控制。这些问题的解决方法主要是在墨水中增加添加剂,如紫外光固化聚合物。

提高喷墨印刷分辨率主要有以下两种方法:使用防泄漏喷墨头可用超精细喷墨印刷系统实现 3μm 的线宽;利用互不相容的滴上滴(Droplet on Droplet)技术在印刷结构中产生小于 100nm 的间隙,可用于制作 OTFT 器件的源极或漏极[55]。目前,适用于微纳结构制造的喷墨打印法是紫外光固化喷墨打印(PolyJet)。其基本原理是通过选择性地喷射沉积可紫外光固化的墨水,经过紫外光照后逐层形成薄层[56]。

PolyJet 的工作方式与标准二维打印系统相似,只是以紫外光固化材料代替传统墨水,因此,需要用于构建 3D 图形的建模材料和用于支撑光固化后薄层的支撑材料。PolyJet 技术通过选择性地沉积紫外光固化墨水并使用廉价的泛光紫外灯照射沉积的墨水来构建 3D 图形。在完成整个 3D 对象构建过程后,所有墨水都被固化,从而降低了暴露于未固化或潜在危险材料的风险,这是 PolyJet 技术的优势。相比之下,快速原型技术(如立体光固化成型,Stereo Lithography Apparatus,SLA)使用了非选择性散布的紫外光固化液并使用紫外激光束对液体进行选择性固化来构建 3D 图形,导致图形浸没在未固化的液体材料中,带来了暴露于未固化材料的风险。此外,PolyJet 至少使用两种材料,而 SLA 仅使用一种。这样可以使物体表面更光滑,并可以轻松移除支撑物[57]。

3.3.3 软光刻

软光刻（Soft Lithography）技术也是压印光刻的一种形式，但与纳米压印光刻的差异在于软光刻使用可形变的弹性模具或印章，因此，称为软光刻。软光刻技术包含以下几种方法：微接触印刷（Micro Contact Printing，μCP）、复制模塑（Replica Molding，REM）、微转移模塑（Micro Transfer Molding，μTM）、毛细微模塑（Micromolding in Capillary，MIMIC）以及溶剂辅助微模塑（Solvent-assisted Micromolding，SAMIM）[53,58-63]。其图形化弹性模具或印章一般由聚二甲基硅氧烷（Polydimethylsiloxane，PDMS）制作。由于 PDMS 模具具有弹性，因此软光刻可用于非平整表面的印刷。软光刻技术可直接在很多材料上印制图形，如聚合物、溶胶凝胶、生物材料、有机薄膜以及胶体材料等。与传统光学光刻技术相比，软光刻技术的不同之处在于通过模具直接复制图形，且模具可以重复使用。因此，软光刻比传统光学光刻更为简单、成本更低[38]。典型的软光刻工艺流程如图 3.42 所示。另外，软光刻技术也可把 PDMS 印章的图形层印刷到衬底上。例如，PDMS 印章表面的图形化金层在用饱和巯基自组装单分子层处理之后，可以印刷到 GaAs 衬底上[64]。

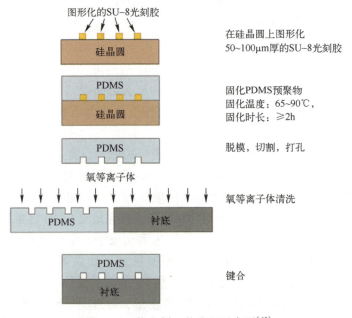

▼ 图 3.42 软光刻工艺流程示意图[65]

3.4 本章小结

本章围绕集成电路、MEMS 传感器加工制造领域常用的图形化工艺展开，以目前主流的紫外光刻为例介绍了光刻的基本原理以及工艺流程，并穿插介绍了光刻胶、掩膜版、分辨率增强技术等内容。接着介绍了直写式光刻与印刷式光刻的原理与工艺步骤，并给出了对应的加工案例。直写式光刻无须掩膜，可分为电子束光刻、离子束光刻、激光直写与立体光刻 4 种；印刷式光刻的图形化信息的转移不依赖于光源，可分为纳米压印光刻、喷墨光刻与软光刻。总之，光刻技术是 MEMS 加工制造过程中极其重要的环节，通过了解不同光刻工艺的特性与步骤流程，读者在加工 MEMS 传感器时可根据实际情况来选择最合适的光刻工艺。

参 考 文 献

［1］ 王恺．集成电路光刻工艺研究［J］．山东工业技术，2016，(24)：12-12.

［2］ MOREAU W M. Semiconductor lithography: principles, practices, and materials［M］. Boston: Plenum Press, 1988.

［3］ DAVIDSON M W. Education in microscopy and digital imaging［EB/OL］. https://zeiss-campus. magnet. fsu. edu/articles/lightsources/mercuryarc. html.

［4］ HANRAHAN M J, HOLLIS K S. A comparison of the dissolution behavior of poly (p-hydroxystyrene) with novolac［C］. Advances in Resist Technology and Processing IV. Santa Clara, California: SPIE, 1987, 771: 128-135.

［5］ SHIRAI M, TSUNOOKA M. Photoacid and photobase generators: chemistry and applications to polymeric materials［J］. Progress in Polymer Science, 1996, 21(1): 1-45.

［6］ MOSKALA E J, HOWE S E, PAINTER P C, et al. On the role of intermolecular hydrogen bonding in miscible polymer blends［J］. Macromolecules, 1984, 17(9): 1671-1678.

［7］ COLEMAN M M, LICHKUS A M, PAINTER P C. Thermodynamics of hydrogen bonding in polymer blends. 3. Experimental studies of blends involving poly (4-vinylphenol)［J］. Macromolecules, 1989, 22(2): 586-595.

［8］ CONLON D, CRIVELLO J, LEE J, et al. The synthesis, characterization, and deblocking of poly (4-tert-butoxystyrene) and poly (4-tert-butoxy-. alpha. -methylstyrene)［J］. Macromolecules, 1989, 22(2): 509-516.

［9］ LEVINSON H J. Principles of lithography［M］. Bellingham, Washington: SPIE

Press, 2005.

[10] KINKEAD D A, ERCKEN M. Progress in qualifying and quantifying the airborne base sensitivity of modern chemically amplified DUV photoresists [C]//Advances in Resist Technology and Processing XVII. Santa Clara, CA, USA: SPIE, 2000: 750-758.

[11] YAMANA M, HIRANO M, NAGAHARA S, et al. Investigation of the polymer systems for ArF resists [C]. Advances in Resist Technology and Processing XX. Santa Clara, CA, USA: SPIE, 2003, 5039: 752-760.

[12] ALLEN R D, SOORIYAKUMARAN R, OPITZ J, et al. Protecting groups for 193-nm photoresists [C]. Advances in Resist Technology and Processing XIII, Santa Clara, CA, USA: SPIE, 1996, 2724: 334-343.

[13] RONSE K. Resist and process implementation issues in future lithography processes for ULSI applications [J]. Microelectronic Engineering, 2003, 67: 300-305.

[14] PRZYBILLA K J, KINOSHITA Y, KUDO T, et al. Delay-time stable chemically amplified deep-UV resist [C]//Advances in Resist Technology and Processing X, Santa Clara, CA, USA: SPIE, 1993, 1925: 76-91.

[15] DU Y D, HAN W H, YAN W, et al. Femtosecond laser lithography technique for submicron T-gate fabrication on positive photoresist [J]. Optical Engineering, 2012, 51(5): 054303.

[16] VAN ZANT P. 芯片制造: 半导体工艺制程实用教程 [M]. 韩郑生, 译. 北京: 电子工业出版社, 2015.

[17] DEJULE R. Managing etch and implant residue [J]. Semiconductor International, 1997, 20(9): 56-61.

[18] XIAO H. Introduction to Semiconductor Manufacturing Technology [M]. Second Edition. Bellingham, Washington: SPIE Press, 2012.

[19] SIMON K, SCHEUNEMANN H U, HUBER H L, et al. Alignment accuracy improvement by consideration of wafer processing impacts [C]//Electron-Beam, X-Ray, and Ion-Beam Submicrometer Lithographies for Manufacturing IV, Santa Clara, CA, USA: SPIE, 1994, 2194: 63-72.

[20] CROMER JR E G. Mask aligners and steppers for precision microlithography [J]. Solid State Technology, 1993, 36(4): 23-27.

[21] SINGH R R, VU S, SOUZA J R. Nine-inch reticles: an analysis [J]. Solid State Technology, 1998, 41 (10): 83-87.

[22] FULLER G. Optical lithography, handbook of semiconductor manufacturing technology [M]. Hoboken, NJ: CRC Press, 2008.

[23] ZHENG L, CHEN Y. Analysis of flowing in the immersion fluid field under the oscillatory motion of the silicon wafer [J]. Journal of Physics: Conference Series, 2019, 1213(5): 052108.

[24] ELLIOTT D J. Integrated circuit fabrication technology [M]. New York: McGraw-Hill, 1989.

[25] LIU Y, SHENG P. Modeling of X-ray fabrication of macromechanical structures [J]. Journal of Manufacturing Processes, 2002, 4(2): 109-121.

[26] GUCKEL H, CHRISTENSON T, SKROBIS K, et al. Deep X-ray and UV lithographies for micromechanics [C]//IEEE 4th Technical Digest on Solid-State Sensor and Actuator Workshop. Hilton Head, SC, USA: IEEE, 1990: 118-122.

[27] GESLEY M. Mask patterning challenges beyond 150 nm [J]. Japanese Journal of Applied Physics, 1998, 37(12S): 6675.

[28] DOBISZ E A, BANDIC Z Z, WU T W, et al. Patterned media: nanofabrication challenges of future disk drives [J]. Proceedings of the IEEE, 2008, 96(11): 1836-1846.

[29] MACK C A. Field guide to optical lithography [M]. Bellingham, Washington: SPIE Press, 2006.

[30] 袁琼雁, 王向朝, 施伟杰, 等. 浸没式光刻技术的研究进展 [J]. 激光与光电子学进展, 2006, 43(8): 13-20.

[31] MULKENS J, FLAGELLO D G, STREEFKERK B, et al. Benefits and limitations of immersion lithography [J]. Journal of Micro/Nanolithography, MEMS, and MOEMS, 2004, 3(1): 104-114.

[32] KAWATA H, CARTER J M, YEN A, et al. Optical projection lithography using lenses with numerical apertures greater than unity [J]. Microelectronic Engineering, 1989, 9(1-4): 31-36.

[33] HOFFNAGLE J, HINSBERG W, SANCHEZ M, et al. Liquid immersion deep-ultraviolet interferometric lithography [J]. Journal of Vacuum Science & Technology B: Microelectronics and Nanometer Structures Processing, Measurement, and Phenomena, 1999, 17(6): 3306-3309.

[34] TRITCHKOV A, JEONG S, KENYON C. Lithography enabling for the 65 nm node gate layer patterning with alternating PSM [C]//Optical Microlithography XVIII San Jose, CA, USA: SPIE, 2005: 215-225.

[35] PERLITZ S, BUTTGEREIT U, SCHERÜBL T, et al. Novel solution for in-die phase control under scanner equivalent optical settings for 45-nm node and below [C]// Photomask and Next-Generation Lithography Mask Technology XIV Yokohama, Japan: SPIE, 2007: 301-311.

[36] WHEATON B R. Louis de Broglie and the origins of wave mechanics [J]. The Physics Teacher, 1984, 22(5): 297-301.

[37] PFEIFFER H C, BUTSCH R, GROVES T R. EL-3+ electron beam direct write system [J]. Microelectronic Engineering, 1992, 17(1-4): 7-10.

[38] GHODSSI R, LIN P. MEMS 材料与工艺手册 [M]. 黄庆安, 等译. 南京: 东南大学出版社, 2014.

[39] JANECEK M, KRAL R. Modern electron microscopy in physical and life sciences [M]. Bevlin: BoD-Books on Demand, 2016.

[40] TSENG A A. Recent developments in micromilling using focused ion beam technology [J]. Journal of Micromechanics and Microengineering, 2004, 14(4): R15.

[41] BLANCHET G B, LOO Y L, ROGERS J, et al. Large area, high resolution, dry printing of conducting polymers for organic electronics [J]. Applied Physics Letters, 2003, 82(3): 463-465.

[42] HINES D R, SIWAK N P, MOSHER L A, et al. MEMS lithography and micromachining techniques [M]. Bevlin: Springer, 2011.

[43] HULL C W. Apparatus for production of three-dimensional objects by stereolithography: US4575330 [P]. 1986-3-11.

[44] KODAMA H. Automatic method for fabricating a three-dimensional plastic model with photo-hardening polymer [J]. Review of Scientific Instruments, 1981, 52(11): 1770-1773.

[45] WOOD D. Microstereolithography and other fabrication techniques for 3D MEMS [J]. Engineering Science and Education Journal, 2002(2): 65-65.

[46] ZHANG X, JIANG X, SUN C. Micro-stereolithography of polymeric and ceramic microstructures [J]. Sensors and Actuators A: Physical, 1999, 77(2): 149-156.

[47] KAWATA S, SUN H B, TANAKA T, et al. Finer features for functional microdevices [J]. Nature, 2001, 412(6848): 697-698.

[48] SERBIN J, EGBERT A, OSTENDORF A, et al. Femtosecond laser-induced two-photon polymerization of inorganic-organic hybrid materials for applications in photonics [J]. Optics Letters, 2003, 28(5): 301-303.

[49] MARUO S, IKUTA K, KOROGI H. Force-controllable, optically driven micromachines fabricated by single-step two-photon microstereolithography [J]. Journal of Microelectromechanical Systems, 2003, 12(5): 533-539.

[50] MARUO S, IKUTA K, KOROGI H. Submicron manipulation tools driven by light in a liquid [J]. Applied Physics Letters, 2003, 82(1): 133-135.

[51] HANDREA DRAGAN M, BOTIZ I. Multifunctional structured platforms: from patterning of polymer-based films to their subsequent filling with various nanomaterials [J]. Polymers, 2021, 13(3): 445.

[52] HINES D, MEZHENNY S, BREBAN M, et al. Nanotransfer printing of organic and carbon nanotube thin-film transistors on plastic substrates [J]. Applied Physics Letters, 2005, 86(16): 163101.

[53] AFZALI A, DIMITRAKOPOULOS C D, BREEN T L. High-performance, solution-pro-

cessed organic thin film transistors from a novel pentacene precursor [J]. Journal of the American Chemical Society, 2002, 124(30): 8812-8813.

[54] CHANG J F, SUN B, BREIBY D W, et al. Enhanced mobility of poly (3-hexylthiophene) transistors by spin-coating from high-boiling-point solvents [J]. Chemistry of Materials, 2004, 16(23): 4772-4776.

[55] SELE C W, VON WERNE T, FRIEND R H, et al. Lithography-free, self-aligned inkjet printing with sub-hundred-nanometer resolution [J]. Advanced Materials, 2005, 17(8): 997-1001.

[56] VAUPOTIČ B, BREZOČNIK M, BALIČ J. Use of PolyJet technology in manufacture of new product [J]. Journal of Achievements in Materials and Manufacturing Engineering, 2006, 18(1-2): 319-322.

[57] MAGDASSI S. The chemistry of inkjet inks [M]. Singwpove: World Scientific Press, 2009.

[58] BIEBUYCK H A, LARSEN N B, DELAMARCHE E, et al. Lithography beyond light: microcontact printing with monolayer resists [J]. IBM Journal of Research and Development, 1997, 41(1-2): 159-170.

[59] KUMAR A, WHITESIDES G M. Features of gold having micrometer to centimeter dimensions can be formed through a combination of stamping with an elastomeric stamp and an alkanethiol "ink" followed by chemical etching [J]. Applied Physics Letters, 1993, 63(14): 2002-2004.

[60] XIA Y, KIM E, ZHAO X M, et al. Complex optical surfaces formed by replica molding against elastomeric masters [J]. Science, 1996, 273(5273): 347-349.

[61] ZHAO X M, XIA Y, WHITESIDES G M. Fabrication of three-dimensional micro-structures: microtransfer molding [J]. Advanced Materials, 1996, 8(10): 837-840.

[62] KIM E, XIA Y, WHITESIDES G M. Polymer microstructures formed by moulding in capillaries [J]. Nature, 1995, 376(6541): 581-584.

[63] KING E, XIA Y, ZHAO X M, et al. Solvent-assisted microcontact molding: a convenient method for fabricating three-dimensional structures on surfaces of polymers [J]. Advanced Materials, 1997, 9(8): 651-654.

[64] LOO Y L, HSU J W, WILLETT R L, et al. High-resolution transfer printing on GaAs surfaces using alkane dithiol monolayers [J]. Journal of Vacuum Science & Technology B: Microelectronics and Nanometer Structures Processing, Measurement, and Phenomena, 2002, 20(6): 2853-2856.

[65] Introduction of Soft Lithography [EB/OL]. https://www.seas.upenn.edu/~nanosop/Intro_SoftLitho.htm.

第 4 章

介质层加工

MEMS 传感器常用的薄膜材料主要分为半导体、介质、金属三大类。4.1 节介绍常用于半导体薄膜制造的外延工艺，4.2~4.6 节介绍常用于介质薄膜制造的工艺技术，主要包括热氧化、化学气相沉积 CVD、原子层沉积 ALD、溶胶-凝胶法和物理气相沉积 PVD，金属薄膜制造技术将在第 5 章介绍。MEMS 器件中的半导体材料主要包括单晶、多晶和非晶态的硅、锗、Ⅲ~Ⅴ族化合物等，介质层材料主要包括硅的氧化物、氮化物和碳化物的衍生物、金刚石和类金刚石、Al_2O_3、ZnO 等。这些半导体和介质层材料在 MEMS 器件中分别作为结构层、牺牲层和钝化层，起支撑、传感、保护等作用。

4.1 外　　延

外延本质上是化学气相沉积的特殊形式，用于在单晶衬底上生长单晶薄膜。相比于化学气相沉积技术，外延在硅基 MEMS 器件制造过程中使用不多，所以本章首先介绍外延工艺，然后再介绍化学气相沉积技术。外延过程是在衬底上沉积一层具有特定厚度、电阻率和导电类型的单晶。在将含有硅原子的气体通过衬底后，反应剂分子会释放出硅原子，这些原子在衬底上运动并最终成为生长源的一部分。在适当条件下，这些原子能够形成单一的晶体结构。硅外延的重要性在于，在具有一定晶向的单晶硅衬底上生长一层具有相同晶向、不同电阻率和厚度，并具备完好晶格结构的晶体，以满足半导体分立元器件和集成电路制造工艺的需求。

外延技术的关键是在衬底表面提供适当的生长条件，使材料以晶格匹配的方式从衬底上生长。如果衬底表面的温度足够高，表面原子有足够的能量进行迁移，则会形成单晶外延层。若衬底表面温度较低，表面迁移受阻，则会形成多晶或非晶外延层。例如，外延单晶硅的温度通常高于1000℃，温度降低至600℃左右则会形成多晶硅薄膜；外延单晶SiC的温度通常高于1200℃，温度降低至800~900℃则会形成多晶SiC薄膜。单晶衬底的表面并不需要完全平整，阶梯状结构反而有利于促进外延生长。常用的外延材料包括硅、锗、氮化物、碳化物、磷化物等。通过在硅衬底或Ⅲ~Ⅴ族衬底上进行外延，可以在制造过程中引入不同的材料，如硅-锗异质结、多晶硅、应变硅等，以实现更高的性能和功能要求。外延技术还可用于各种传感器、激光器、光电器件和其他特殊用途半导体器件的制造工艺。

在外延过程中，常用的生长方法包括化学气相外延、分子束外延和金属有机物气相外延等。这些方法通过控制气相中的化学反应，使材料以单晶形式沉积在衬底表面，同时确保材料的纯度和结晶质量。对于双极型晶体管，为了将上层的器件与下层的埋层对准，需在外延生长前在衬底上刻蚀对准标记。外延生长后，图形对准中心会发生移动，这是因为外延层的生长方向与衬底的晶向有关，<100>晶向上的图形漂移要比<111>晶向小很多[1]。

4.1.1　硅的化学气相外延

硅的化学气相外延是向高温衬底上输送硅的化合物（如$SiHCl_3$、$SiCl_4$、SiH_2Cl_2等），在适当的温度和压力条件下，通过还原反应形成单晶硅层。外延生长的优势在于可以在生长过程中进行不同浓度和导电类型的掺杂，以满足各种器件的需求。硅的气相外延生长过程如下。

（1）将反应剂（$SiCl_4$或$SiHCl_3+H_2$）气体混合物输送到衬底表面。

（2）反应剂分子吸附到衬底表面。

（3）在衬底表面上进行一系列反应，释放出目标原子和副产物分子。

（4）目标原子加接到生长阶梯上，副产物分子随气流排出。

硅的化学气相外延工艺在集成电路制造中应用广泛，主要包括硅衬体外延、异质结双极晶体管（Heterojunction Bipolar Transistor，HBT）基区外延、CMOS源漏区选择性外延和应变硅外延。硅衬体外延的主要目的是增加硅片的纯净度。在硅片制造过程中，为了防止器件的闩锁（Latch-Up）效应，需要在硅片上外延一层纯净度更高的本征硅。这层本征硅可以降低器件的电阻和漏电流,从而提高器件的性能和可靠性。异质结双极晶体管基区外延通过在基区外延过程中掺入锗组分,可以减小基区的能带宽度,降低发射区到基区的势垒高度,从而提高发射效率。这样可以大幅提高电流放大系数,增强 HBT 器件的放大能力。同时,增大外延过程中的掺杂浓度,可以在放大能力不变的前提下减小基区的厚度,缩短载流子在基区的传输时间,从而提高截止频率。

CMOS 源漏区选择性外延(Selective Epitaxy Growth,SEG)用于制造 CMOS 集成电路中的源漏区域。随着集成电路器件尺寸的减小,源漏极的结深越来越浅,需要采用选择性外延生长来增厚源漏区,作为后续的硅化反应的牺牲层。这样可以降低源漏电极的串联电阻,增加饱和电流,提高器件的性能。应变硅外延用于在其他材料的衬底(如 SiGe)上生长应变硅层,通过硅与衬底的晶格错配在硅单晶层引入拉应力(Tensile Stress),从而提高载流子的迁移率,增大饱和电流,提高器件的响应速度[2]。

4.1.1.1 硅外延生长的影响因素

$SiCl_4$ 是一种常用于硅外延生长的前驱体气体。$SiCl_4$ 浓度(即其在反应体系中的摩尔分数)对硅外延生长速率有着重要的影响。随着 $SiCl_4$ 浓度的增加,硅的生长速率逐渐增大到极值。但由于 $SiCl_4$ 的腐蚀作用,继续增大 $SiCl_4$ 浓度会导致生长速率降低。当 $SiCl_4$ 浓度足够大时,硅的腐蚀速度会超过生长速率,使生长速率下降(图 4.1)。

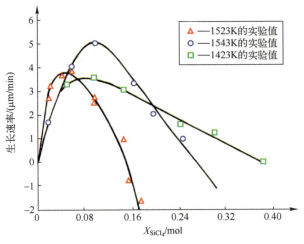

图 4.1 硅的生长速率与 $SiCl_4$ 浓度的关系[2]

温度较低时，硅的生长速率与温度之间呈指数增长关系。当温度升至较高时，生长速率随温度的变化趋于平缓，并保持较好的晶体完整性。当温度过高时，硅外延层可能出现结构缺陷、界面扩散等问题，从而降低晶体质量。

增加气流速度可以提高硅外延生长速率。较高的气流速度可以增加气相传质效率，促进反应体系中前驱物的输运和扩散，从而增加硅原子的供应和沉积速率。生长速率基本与气流速度的平方根成正比，但流速超过一定值之后，生长速率会达到极限而不再增加。

硅外延生长速率在衬底不同的晶向上有明显差异。在其他条件相同的情况下（前驱物浓度、温度和流速），生长速率从高到低分别为<100>、<110>和<111>，对于不同晶向的衬底都有相应的临界生长速率，超过此速率会导致外延层中的缺陷增加[2]。

4.1.1.2 硅外延生长的自掺杂

外延层中的部分杂质来源是由衬底挥发进入气相中的杂质再掺入外延层，称为外延生长的自掺杂。外延之前的预热过程中，衬底中的杂质从衬底正面和背面逸出至气相中。在硅外延过程中，为了保证晶格的完整性和均匀性，通常在层流状态下生长。这种情况的滞留层有几个微米厚，预热时会将大量的衬底杂质留在相对静止的滞留层中，在外延生长时重新进入外延层，这是造成自掺杂的主要原因。当衬底正面生长出一定厚度的外延层之后，正面的杂质逸出会受到抑制，随后的自掺杂杂质主要来源于衬底背面的逸出。自掺杂还包括由固相衬底扩散进入外延层的杂质和临片逸出并进入外延层中的杂质。

除了来自混合气体中的杂质和自掺杂杂质，外延层的杂质来源还包括以下两个方面。其一，反应室和基座的污染：晶体生长过程中，如果反应室和基座不够洁净，其杂质原子可能会被掺入晶体。其二，卤素的腐蚀作用：在制备半导体材料时，常用卤化物作为原材料，但卤素对衬底和晶体表面有腐蚀作用，可能导致衬底中杂质原子重新梳理合并。总之，外延层的杂质来源可以总结为6个方面：混合气体、衬底挥发、临片挥发、衬底扩散、反应室和基座、卤素腐蚀。当然，人为控制的混合气体中的掺杂剂对外延层掺杂起决定性作用。

为了抑制自掺杂，可以采取一些措施，如背封法、低温生长和两步生长法等。在背封法中，在外延生长之前，利用高纯SiO_2或多晶硅将衬底背面封住，以减缓背面杂质的挥发。在两步生长法中，首先在低温下外延生长一薄层，然后用氢气驱除滞留层中的杂质，最后再进行第二次生长以达到预定外延层厚度，这样可以使外延层-衬底界面的杂质浓度梯度变陡[2]。

4.1.1.3 气相外延设备

气相外延系统主要由气体控制系统、电气及电力控制系统、反应炉主体和排气系统 4 个部分组成。气体控制系统用于管理外延过程的各种气体，包括气体供应和调节设备，用于提供所需的反应气体和稀释气体，并确保气体流量和压力的稳定性。电气及电力控制系统用于控制和监测外延过程中的各种参数和操作，包括温度控制、压力控制、气体流量控制以及其他与反应条件相关的控制和监测设备。反应炉主体是进行气相外延过程的核心设备，提供了一个受控的薄膜生长环境，通常由高温炉体、石英管道和加热元件组成。排气系统包含真空控制系统，用于排除反应炉中的废气和副产物。

化学气相外延中的反应室主要有两种类型：立式平放反应室和立式桶式反应室（图 4.2）。立式平放反应室的炉壁是一个倒扣的高纯石英钟罩，硅片平放在包覆 SiC 或多晶硅膜的高纯石墨基座上，加热装置位于基座下方。气体从反应室的底部进入，经过衬底表面反应形成薄膜。这种设计的优点是易于操作，适用于较大尺寸的衬底和大批量的薄膜生长。立式桶式反应室的外形类似于一个立式圆筒，硅片垂直放置在基座的夹持装置上。气体从反应室的顶部进入，并通过衬底表面进行反应。其优点是能够在较小的体积内实现较高的气体压力和浓度，有利于某些特殊薄膜的生长。此外，立式桶式反应室可以更好地控制气体流动，有助于提高薄膜的均匀性和质量。某型号的气相外延炉反应室如图 4.3 所示，载片器自旋有助于提高外延层的均匀性，反应室内壁和基座上的石墨涂层需要定期清洁[2]。

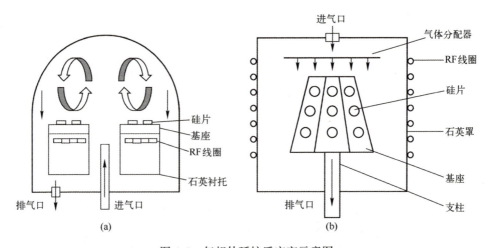

图 4.2　气相外延炉反应室示意图
（a）立式平放反应室；（b）立式桶式反应室[2]

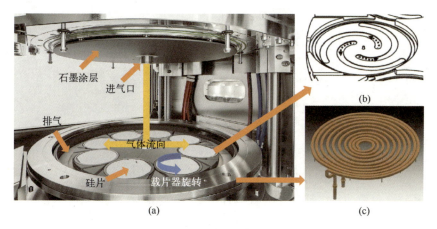

图 4.3　某型号气相外延炉
(a) 反应室；(b) 载片器；(c) 射频加热线圈[3]。

4.1.2　金属有机物气相外延

金属有机物化学气相沉积（Metal-organic Chemical Vapor Deposition，MOCVD）以金属有机物（如 TMGa、TMAl、TMIn 等）和烷类（如 AsH_3、PH_3、NH_3 等）为原料，以热分解的方式形成金属元素和有机基团，在衬底上反应形成所需的薄膜结构。该工艺常用于在 GaAs 和 InP 衬底上外延二元、三元和四元 Ⅲ~Ⅴ 族化合物。以 MOCVD 法生长 Ga_2O_3 外延层为例，反应室结构如图 4.4 所示。为了实现前驱体在整个反应腔室中均匀分布到衬底上，设计了一种特殊的淋喷头。该淋喷头位于距离衬底顶部约 15cm 处，旨在促使气体分子快速而均匀地输送到旋转的加热衬底表面。衬底被放置在一个转速为 1000r/min 的载体上，并且电阻加热器被隔离在载体底部，用于把衬底从室温升至 1000℃。氮气作为吹扫气体，氩气则作为金属有机前驱体的气体载体。为了实现所需的真空度，系统配备了涡轮分子泵，可在反应室内产生从中等真空（约 10^{-2}Pa）到超高真空（10^{-8}Pa）的环境。此外，反应室壁表面被高速水流冷却，以防止过热。为了避免管路内的前驱体沉积和最小化交叉污染，前驱体的输送管路经过加热带包裹处理[4]。

MOCVD 的工艺流程如下。

（1）利用载气（如 N_2）将气相的金属有机物和烷类注入反应器。

（2）源混合物在反应器中充分混合，并输送到沉积层区域。

（3）反应物分子穿过滞流层扩散到衬底表面。

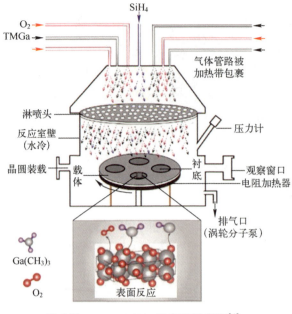

图 4.4　MOCVD 反应室示意图[4]

（4）在沉积层区域，金属源在高温下分解并和其他气体反应，产生Ⅲ族和Ⅴ族元素，并被衬底吸附。

（5）Ⅲ族和Ⅴ族元素在衬底表面运动到合适的晶格位置并开始生长。

（6）副产物分子解吸附、穿过滞流层并被排出系统。

相比于其他生长技术，MOCVD 能够保持较高生长速率，实现良好的晶体质量和界面质量，并减少外延层的缺陷。在生长过程中通过计算机预先设计的程序，可以精确控制薄膜的组分、厚度和掺杂浓度，使得 MOCVD 非常适用于制备复杂的多层结构、异质结构和纳米结构。因此，MOCVD 是大批量制备 GaAs、InGaP、GaN 等材料的重要方法。

MOCVD 系统如图 4.5 所示。纯化器用于净化和处理进入反应室的气体，以确保高质量的薄膜生长。鼓泡器是一种含有金属有机前体液体的密封容器，通常是一个玻璃瓶或金属容器。金属有机前体通常是在惰性载气（如 N_2 或 H_2）帮助下通过温度控制和/或超声波激励的作用，使其蒸发成为蒸汽相。通过调节鼓泡器中金属有机前体的温度、液位和气体流量，可以控制蒸汽相金属有机前体的输送速率和浓度，从而控制薄膜沉积速率和质量。MOCVD 设备一般包括以下系统：源供给系统、气体输运和流量控制系统、加热及温度控制系统、废气处理及安全防护系统、自动控制系统等。因为该工艺涉及的原材料是易燃易爆且有毒物质,并常用于生长大面积、多组分的超薄异质结构,所以对设备系统的要求是气密性好,气流组分、流量变换迅速,温度控制精确。

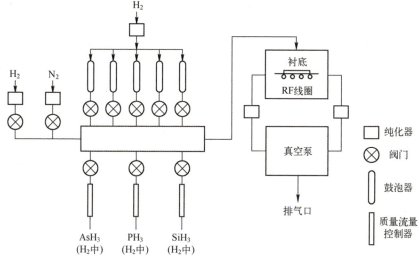

图 4.5 MOCVD 系统简图[4]

生长 GaAs 的原材料之间的化学反应式可简化表示为

$$Ga(CH_3)(气)+AsH_3(气)=GaAs(固)+3CH_4(气) \qquad (4-1)$$

上式其实是以下几个化学反应式的综合:

$$Ga(CH_3)_3(气)+1.5H_2(气)=Ga(气)+3CH_4(气) \qquad (4-2)$$

$$AsH_3(气)=0.25As_4(气)+1.5H_2(气) \qquad (4-3)$$

$$Ga(气)+0.25As_4(气)=GaAs \qquad (4-4)$$

MOCVD 生长中需重点优化的参数包括外延缓冲层、温度、压力、流量、V/Ⅲ族比、金属有机物和烷类的纯度。外延缓冲层位于衬底和所需生长材料之间,用于减少晶体缺陷和匹配衬底和待生长材料之间的晶格差异,阻止缺陷从衬底传播到待生长材料,从而提高薄膜的质量。生长温度对于晶体生长速率、晶体质量、界面质量和掺杂浓度等都有重要影响。气体的压力流量可以影响物质分布、薄膜的组分和掺杂浓度,以及薄膜的生长速率和均匀性。V/Ⅲ族比是注入反应器的V族原材料与Ⅲ族原材料的摩尔比,改变V/Ⅲ族比可以改变晶格参数,从而影响晶体结构类型,晶体结构的不同可能导致不同的电学、光学和力学性质[4]。

4.1.3　分子束外延

分子束外延（Molecular Beam Epitaxy，MBE）是一种用于制备单晶薄膜的技术，通过在超高真空条件下将分子束蒸发源中的原子或分子束直接沉积在衬底上来实现。该工艺可以制造复杂的多层堆叠超薄薄膜结构，称为超晶格结构，可以外延的材料包括硅、SiGe、SiC、Ⅲ~Ⅴ族化合物等。MBE设备的工作原理如图4.6所示：将衬底置于超高真空腔室中，使用加热线圈加热待沉积材料、蒸发并形成分子束；分子束经过校准和聚焦，成为一个高度定向的、能量较低的束流；分子束达到衬底表面发生扩散和沉积，逐渐形成单晶薄膜。

反射高能电子衍射（ReflectionHigh-energyElectronDiffraction，RHEED）和质谱仪用于表征外延过程中晶体材料表面的信息。冷冻面板的主要作用是提供低温环境，用于控制薄膜的生长过程。束流流量监测器基于衬底与入射束流相互作用时的光学响应，通过测量光的吸收或发射特性，可以推断出束流的流量密度和强度。离子规基于气体分子的碰撞电离效应，用于真空系统中测量气体压力。机械装载装置是一个重要的组件，它把外部样品或组件引入到MBE系统的真空环境中，且不破坏真空密封。放置待生长衬底的平台可以旋转和倾斜，以控制样品的生长方向和晶面取向。缓冲腔是样品运输过程中的过渡区域，以避免外部杂质污染表面[5]。

MBE与MOCVD相比，有以下优点。

（1）MBE在超高真空环境下进行，可以减少杂质污染，生长出的外延层纯度高。

（2）MBE可以在相对较低的温度下进行生长，减少生长过程中产生的热缺陷，并避免衬底和外延层杂质的互扩散，因此可在界面处形成陡峭的杂质分布。

（3）MBE可以实现非常精确的生长速率控制，使得薄膜厚度的精度和重复性较高。

（4）在生长过程中可以利用附加设备进行即时观测。

但是，MBE也存在以下缺点。

（1）MBE通过分子束逐层沉积生长薄膜，生长速率相对较慢，生长较厚的薄膜需要较长时间。

（2）MBE设备昂贵。

（3）MBE系统通常一次只能生长一片或几片外延材料，不适合大规模生产[5]。

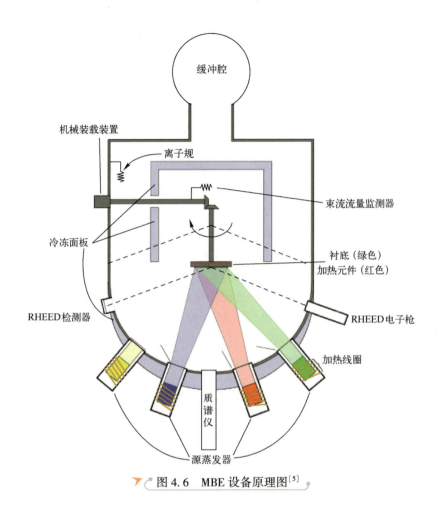

图 4.6 MBE 设备原理图[5]

4.1.4 外延层中的晶体缺陷

在外延生长过程中，外延层的表面和内部会出现许多缺陷，包括点缺陷、线缺陷或面缺陷。缺陷的存在直接影响半导体的电学、热学和光学性能，甚至导致器件失效。外延层中的各种缺陷由多种因素引起，与衬底表面情况和外延生长过程均有着密切的关系。

点缺陷主要分为空位缺陷、插入缺陷和替位缺陷。空位缺陷是晶体中原子缺失所形成的空位点；插入缺陷是指在晶体结构中额外插入一个主原子或外来原子；替位缺陷是指晶体结构中一个主原子被另一种主原子或外来原子取代。点缺陷的浓度可以通过控制材料的外延条件调控，获得特定的材料性能。线缺陷是晶体中的一维缺陷，也称位错，代表晶体中某一行原子的位置发生了偏移或错位，主要是由原衬底的位错延伸而来。衬底因温度分布不均而产生翘曲，或因衬底与外延层的晶格参数差异过大而产生应力，也可能引入位错。面缺陷是晶体中的二维缺陷，也称为层错，表示相邻晶面之间发生错位或偏移，主要源于衬底表面的机械损伤和杂质污染。

根据外延层表面缺陷的形貌，各种缺陷可命名为角锥体、微管、凹坑、胡萝卜、堆积断层、梯形、三角形、雾状表面等，现介绍其中的几种缺陷。微管源于衬底的晶体缺陷，直径通常在几微米左右，在外延层中的密度较低，通常从外延层的底部穿透到顶部表面（图4.7（a））。V形凹坑源于衬底表面的螺纹位错，其特征是两个倾斜的壁相遇在一个尖锐的点上，凹坑的大小和深度与生长温度和气体流速有关（图4.7（b））。胡萝卜形缺陷源于杂质或应力引起的堆垛层错，在外延层生长过程中逐渐放大并终止（图4.7（c））。梯形和三角形缺陷源于位错和层错的末端位置，但不是所有的位错和层错都会导致这种表面缺陷（图4.7（d））。这些缺陷会改变局部的电学特性，因此在外延生长过程中应尽量减少缺陷，以确保外延层的质量和器件的可靠性[6]。

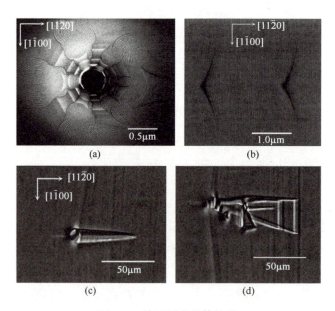

图4.7 外延层中晶体缺陷
(a) 微管缺陷；(b) V形凹坑；(c) 胡萝卜形缺陷；(d) 梯形和三角形缺陷[6]。

4.2 热氧化

硅的热氧化是半导体器件中最常见的介质层加工方法。受益于 IC 产业的发展，硅的热氧化是研究最深入、理解最透彻的薄膜生长工艺。本节将分别介绍热氧化工艺的原理、氧化层的生长速率和厚度预测、热氧化设备的原理、氧化层的用途和质量检测方法。

4.2.1 热氧化工艺分类

硅的热氧化工艺通常在高温下进行，通过将硅晶圆暴露在氧气或氧气与水蒸气的混合物中，使硅表面与氧气反应，形成一层氧化硅。有 3 种常用的热氧化工艺，分别为干氧氧化、湿氧氧化和水汽氧化。

（1）干氧氧化是在无水环境下，在纯氧气中对硅进行加热氧化。得到的氧化膜致密性好、缺陷少、遮蔽能力强，但其生长速率最慢。化学反应方程式为

$$O_2 + Si \xrightarrow{900\sim1200\,℃} SiO_2 \tag{4-5}$$

（2）湿氧氧化是在湿润环境中对硅进行氧化，通常是在氧气中混入一定量的水蒸气。与干氧氧化相比，湿氧氧化得到的氧化硅质地疏松、缺陷多，生长出的表面含有水蒸气，处理后才能进行后续光刻，否则会产生浮胶现象。这种方法的优势是生长速率快，其反应方程式为

$$H_2O + O_2 + Si \xrightarrow{900\sim1200\,℃} SiO_2 + H_2 \tag{4-6}$$

（3）水汽氧化是以高纯水蒸气为氧化气氛，生长速率最快，但氧化层致密性最差、缺陷最多，所以不用于集成电路制造工艺。反应方程式为

$$H_2O + Si \xrightarrow{900\sim1200\,℃} SiO_2 + H_2 \tag{4-7}$$

制造具有一定厚度的高质量氧化层时，通常采用干氧-湿氧-干氧交替氧化法，在保证了氧化层质量的同时提高了生产效率。氧化气氛中可能含有少许 HCl，用于去除氧化层中可能存在的金属离子。每消耗单位厚度的 Si，将生成 2.17 单位厚度的氧化物。46% 的氧化物位于原始表面下方，54% 位于原始表面上方。表 4.1 和表 4.2 分别给出了 3 种热氧化方法在不同温度下的生长速率和所生长的 SiO_2 薄膜的主要物理性质[7]。

表 4.1　3 种热氧化方法生长速率的比较[7]

氧化方法	氧化温度/℃	生长速率常数/(μm/min)	生长 0.5μmSiO$_2$ 所需时间/min	备注
干氧	1000	1.48×10^{-4}	1800	
	1200	7.64×10^{-4}	320	
湿氧	1000	38.5×10^{-4}	70	水浴温度 95℃
	1200	117.5×10^{-4}	22	
水汽	1000	54.5×10^{-4}	55	水汽发生器水温 102℃
	1200	159×10^{-4}	16	

表 4.2　3 种热氧化方法生长的 SiO$_2$ 的主要物理性质[7]

氧化方法	密度/(g/cm^3)	折射率(λ=5460Å)	电阻率/(Ω·cm)	相对介电常数	介电强度/(×10^{6}V/cm)
干氧	2.15~2.27	1.460~1.466	10^{15}~10^{16}	3.4	10
湿氧	2.18~2.21	1.435~1.458	10^{12}~10^{13}	3.82	9
水汽	2.00~2.20	1.452~1.462	10^{12}~10^{13}	3.2	6.8~9

4.2.2　热氧化层的生长速率

硅在室温下空气中会自然氧化，一旦存在初始氧化层，硅原子必须穿越氧化层才能和氧化层外表面的氧原子发生反应，或者说，氧原子必须穿越氧化层才能和氧化层内表面的硅原子发生反应。硅在 SiO$_2$ 中的扩散系数比氧的扩散系数小几个数量级，因此氧化反应发生在 SiO$_2$-Si 界面。这个现象具有非常重要的意义，热氧化生长的界面接触不到外界气氛，降低了新生长氧化层被杂质污染的可能性。

为了保持扩散炉管内的压力平衡，确保氧气在炉管内均匀分布，需要在氧化阶段引入保护气体（如 N$_2$）。在热氧化过程中，氧原子穿过氧化膜层，向 SiO$_2$-Si 界面运动，并与硅原子发生反应。具体过程如下：首先，氧原子与硅片外表面的硅原子发生反应，形成初始氧化层；其次，初始氧化层会阻止氧原子与硅表面进一步接触，氧原子通过扩散的方式穿过氧化层，到达 SiO$_2$-Si 界面，并形成新的氧化层。然而，随着氧化层厚度的增加，氧原子扩散到 SiO$_2$-Si 界面所需时间越来越长。因此，在氧化条件不变的情况下，随着氧化时间的增加，氧化层的生长速率将逐渐降低。

SiO$_2$ 层的生长速率受两种速率的限制：第一种是氧原子在 SiO$_2$ 中的扩散

速率；第二种是 SiO_2-Si 界面处氧原子与硅原子的反应速率。通过对氧化过程进行理论分析和数学求解，可以得到热氧化生长规律的普遍表达式：

$$X^2 + DX = C(t+\tau) \quad (4-8)$$

式中：X 为氧化层厚度；D 为扩散速率常数；C 为抛物线氧化速率常数；t 为氧化时间；τ 为考虑硅片表面存在 $10\sim 20nm$ 的天然氧化层，对氧化时间所做的修正量。由式（4-8）可得氧化层厚度 X 和氧化时间 t 的关系：

$$\frac{X}{D/2} = \sqrt{1 + \frac{t+\tau}{D^2/4C}} - 1 \quad (4-9)$$

对于较长的氧化时间，即 $t \gg D^2/4C$，式（4-9）趋近于抛物线关系：

$$X^2 = Ct \quad (4-10)$$

对于较短的氧化时间，即 $(t+\tau) \ll D^2/4C$，式（4-9）趋近于线性关系：

$$X = (C/D)(t+\tau) \quad (4-11)$$

在式（4-11）中，C/D 为线性氧化速率常数。热氧化温度在 1000℃ 以上时，SiO_2-Si 界面处的化学反应速率较快，可以及时消耗掉扩散至生长界面的氧原子，氧化层的生长速率主要受限于氧原子的扩散速率。如果热氧化温度在 700℃ 以下，氧化层生长速率主要受限于 SiO_2-Si 界面处的反应速率[8]。

4.2.3　热氧化层的厚度预测

热氧化层的目标厚度大于 300Å 时，用迪尔格罗夫氧化模型（Deal-Grove Model）可以较准确地预测氧化层厚度[9]。在室温下，硅和氧分子的运动能力不足以穿过自然氧化层进行扩散，因此在一定时间后有效反应将停止，氧化层的最终厚度不超过 25Å。为了实现连续反应，须在氧化气氛中加热硅片。当氧气流经硅片表面时，硅片表面附近形成界面层（也称滞流层），在该界面层中，气体流速几乎为零。氧分子无法通过气流输运的方式跨越界面层，只能通过菲克第一定律所描述的扩散过程进行传递：

$$J_1 = D_{O_2} \frac{C_g - C_s}{t_{s_1}} \quad (4-12)$$

式中：J_1 是扩散通量（单位时间内穿过单位面积横截面的分子的量）；D_{O_2} 是氧气在界面层中的扩散系数；C_s 是氧化层表面外气体中的氧浓度；t_{s_1} 是滞流层厚度；C_g 是离硅片较远处的气流中的氧浓度，可用理想气体定律计算：

$$C_g = \frac{n}{V} = \frac{P_g}{kT} \quad (4-13)$$

式中：n 是氧的物质的量；V 是气体总体积；P_g 是氧化炉中氧气的分压强；k

是玻耳兹曼常数。因此，式（4-12）可改写为

$$J_1 = h_g(C_g - C_s) \tag{4-14}$$

式中：h_g是质量输运系数。第二个扩散通量J_2是氧气穿过已生长的氧化层的流量，氧化层外的气体环境提供氧，氧化层内的反应表面消耗氧，建立了氧扩散所需的浓度梯度为

$$J_2 = D_{O_2}\frac{C_O - C_i}{t_{ox}} \tag{4-15}$$

式中：扩散系数D_{O_2}是氧在SiO_2中的扩散系数；C_O是氧化层表面吸附的氧浓度；C_i是SiO_2-Si界面的氧浓度；t_{ox}是氧化层厚度。第三个扩散通量J_3是氧与硅反应生成SiO_2时的氧流量。SiO_2-Si界面的硅供应是过剩的，所以通量J_3与SiO_2-Si界面的氧浓度成正比：

$$J_3 = k_s C_i \tag{4-16}$$

式中：比例常数k_s是式（4-1）描述的全反应中的化学反应速率常数。在平衡态下，这3个通量大小必须相等：

$$J_1 = J_2 = J_3 \tag{4-17}$$

联立式（4-14）~式（4-16），得到2个方程和3个未知的浓度：C_s、C_O和C_i。因此，求解氧化层的生长速率还需要一个方程，称为亨利定律（Henry's Law），该定律描述了固体表面吸附某气体元素的浓度与固体表面外气体中该元素的分压成正比[10]：

$$C_O = HP_s = HkTC_s \tag{4-18}$$

式中：H是亨利气体常数；P_s是硅片表面氧气的分压强，并用理想气体定律代替P_s，就有3个方程和3个未知浓度。经过代数运算后，C_i可表示为

$$C_i = \frac{HP_g}{1+\dfrac{k_s}{h}+\dfrac{k_s t_{ox}}{D}} \tag{4-19}$$

式中：k_s是化学反应速率常数，$h = h_g/HkT$。最后，只要将通量J_3除以单位体积SiO_2中的氧分子数N_1，就可以得到生长速率R，结果为

$$R = \frac{J_3}{N_1} = \frac{dt_{ox}}{d_t} = \frac{Hk_g P_g}{N_1\left[1+\dfrac{k_s}{h}+\dfrac{k_s t_{ox}}{D}\right]} \tag{4-20}$$

假如热氧化前的初始氧化层厚度为t_0，则式（4-20）的解为

$$t_{ox}^2 + At_{ox} = B(t+\tau) \tag{4-21}$$

其中

$$A = 2D\left(\frac{1}{k_s}+\frac{1}{h_g}\right) \quad (4-22)$$

$$B = \frac{2DHP_g}{N_1} \quad (4-23)$$

$$\tau = \frac{\tau_0^2 + At_0}{B} \quad (4-24)$$

参数 A 和 B 在各种工艺条件下是已知的。此外，大多数硅氧化是在常压下进行的，氧气供应充足，因此 $k_s \ll h_g$，生长速率 R 几乎与气相质量输运系数 h_g 无关，与反应器的几何形状也无关。当氧化剂是 H_2O 而不是 O_2 时，同样使用这些方程，但要使用不同的参数值，包括扩散系数、质量输运系数、反应速率常数、气体分压和单位体积分子数。最后，需要指出 τ 的重要性，因其可能会引起错误，这是由微分方程在零时刻的边界条件决定的。当氧化层逐渐变厚时，氧化速率会随着氧化层厚度的变化而改变。如果初始氧化层的厚度为 t_0，用氧化时间 t 计算得出的氧化层热生长厚度直接加上初始厚度 t_0 是不准确的，必须先用初始厚度 t_0 计算出 τ，再将 τ 与 t 相加得到有效氧化时间。就好像热氧化过程在 $-\tau$ 时刻开始，在 $t=0$ 时的氧化厚度为 t_0。

4.2.4 热氧化工艺设备

图 4.8 展示了典型卧式氧化炉中的干法和湿法氧化工艺系统，该系统的主体是一个石英管，周围有电阻加热元件以产生多个加热区，还包括质量流量控制器（MFC）。通常在石英管上形成 3~7 个对称的热区，以在炉管中间附近获得温度平坦的热区。载片舟上平行放置 10~50 个硅片，由装载系统运送到热区的中心区域。晶片通常在中等温度（600~800℃）下装载，以防止晶片上的温度梯度引起晶体缺陷，还可以节省该过程的热预算。氧化炉系统通常在大气压下运行，根据需要可增大炉管压力以提高氧化膜的生长速率[11]。

在干法氧化工艺中，通常使用高纯氧气来氧化硅片。因为在高温下氮气不与硅反应，氮气作为系统空闲、温度上升、晶片装载步骤和腔室吹扫期间的工艺气体。工艺气体通常与微量氯化氢气体一起引入炉管，在氧化过程中氯离子的存在是非常重要的，具体有以下 3 个原因：氯离子能与可移动的金属离子（如钠离子）反应形成固定的氯化合物；可使一些氯原子可整合到氧化膜中，在 Si/SiO_2 界面与硅结合，最大限度地减少了悬空键的数量，提高了 IC 器件的可靠性；可使氧化生长速率提高 10%~15%。但是，氯离子的浓度不应过高（通常小于3%），否则器件的电特性（如偏置电压）将变得不稳定。

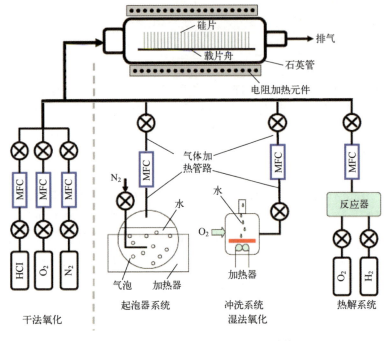

图4.8 卧式氧化炉系统示意图[11]

湿法氧化工艺使用水分子代替氧气作为氧源，水分子进入炉管后在高温下离解，并在到达硅表面之前形成氢氧化物，氢氧化物在二氧化硅中的扩散速率比氧气更快，这解释了为什么湿法氧化比干法氧化具有更高的生长速率。湿法氧化炉一般有3种水蒸气输送系统（图4.8）。

（1）起泡器系统。该系统使氮气流入热水浴，产生湿的氮气气泡并将水蒸气带入炉管。其结构简单，流量控制比较精确，因此起泡器系统是最常用的方案。

（2）冲洗系统。该系统使用石英热板蒸发小水滴，水蒸气通过流动的氧气输送到炉管中。该方法的问题是蒸汽产生不是一个稳定的过程。

（3）热解系统。该系统通过燃烧氢气产生水蒸气。因为该系统不需要处理液体和蒸汽，蒸汽的流量可以被精确控制。热解反应温度约为400℃，在该温度下氢气自动与氧气反应并形成水蒸气。氢气和氧气的典型混合摩尔比为1.8:1~1.9:1，以完全消耗氢气，否则氢气可能会积聚在工艺管道内并引发爆炸[11]。

计算机控制着扩散炉中的所有操作，对每个工艺步骤设置特定的工艺菜单。例如，一个栅氧化步骤可能包括以下几个。

（1）在 O_2 和 HCl 的混合气体中，1100℃下预氧化 60min。

（2）N_2 吹扫，并冷却到 800℃。

（3）在 O_2 和 N_2 的混合气体中装载晶圆，控制炉温上升到 1000℃，并在 O_2 和 HCl 的混合气体中进行氧化。

（4）控制炉温上升到 1050℃，进行短时 N_2 退火，以减少氧化层固定电荷。

（5）控制炉温冷却到 800℃，取出晶圆。

为获得可高度重复的结果，允许计算机单键控制上述所有步骤，还可以编制程序预测热负载。例如，对于悬臂装载系统，在装载之前用炉温斜坡的方法将温度波动降到最小。扩散炉控制器与设备管理计算机连接，已实现扩散炉的完全自动化。

一个出色的热氧化系统应当具备以下特征：炉温控制精度高且稳定，能够维持宽广的恒温区域，并快速响应温度变化，使温度偏差保持在±0.5℃以内；装载系统应提供洁净环境，减少粉尘污染；气路系统应具备高可靠性、高控制精度、快响应速度，并确保气流状况良好（气密性佳）。此外，该系统还需具备高度安全性。图 4.9 展示了卧式氧化炉和立式氧化炉以及立式氧化炉晶圆装载系统的实物示意图。立式氧化炉管类似于将卧式炉管竖起来的形式。相较于卧式炉管，立式氧化炉管具备多个优点：装载和卸载样品更简单，易于实现自动化；硅片水平放置，样品周围的温度分布更加均匀，确保了更

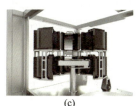

(a)   (b)   (c)

图 4.9 氧化炉实物示意图

（a）卧式氧化炉；（b）立式氧化炉；（c）立式氧化炉晶圆装载系统[12]。

好的热氧化一致性；具备高清洁度和低粉尘密度；设备体积小，在超净间中占空间少。因此，在大尺寸硅片氧化工艺的工业化设备中，立式炉管已取代卧式炉管[12]。

4.2.5 氧化层的用途

较薄的氧化层（100Å 以下）常用作 MOS 晶体管的栅极氧化层，通常使用干法氧化工艺。栅氧化工艺是在硅衬底上生长一层薄薄的 SiO_2 绝缘层，用作栅极和衬底之间的电介质。其基本要求为厚度足够薄，有利于提高集成度；缺陷密度足够低，降低漏电流。在氧气中掺入 HCl 可显著减少氧化层的缺陷密度，但 1000℃ 以下时 HCl 的钝化效果比较差。一般的栅氧化工艺采取两步氧化法。

（1）800~900℃，O_2+HCl 氧化。

（2）升温到 1000~1100℃，N_2+HCl 退火。

制作 100Å 及更薄的氧化层，通常采用的氧化工艺包括：混合惰性气体（如氩气）与氧气（稀释氧化）；采用化学气相沉积 CVD 设备（低压氧化）；采用快速热处理设备（快速热氧化）。当栅氧化层厚度在 20Å 以下时，需要采用等离子体增强化学气相沉积（PECVD）和原子层沉积（ALD）技术，这些技术可以更精确地控制氧化物厚度，并可用于沉积除 SiO_2 以外的其他介电材料，如 SiN_xO_y、高 k 介质等[13]。

较厚的氧化层（0.5~2μm）的用途包括选择性区域掺杂的掩膜（硅基 IC 和 MEMS 器件）、体硅微加工的刻蚀掩膜（MEMS 器件）以及多晶硅和 SiC 表面微加工的牺牲层（MEMS 器件），通常使用湿法氧化工艺制备。局部硅氧化（Local Oxidation of Si，LOCOS）是以氮化硅为掩膜，在有源晶体管区域以外的硅区上生长一层厚的氧化层，场氧化层的厚度在数千埃量级，用于特征尺寸为深亚微米级（0.25μm）以上的器件隔离。氧分子的横向扩散会造成氮化物掩膜边缘下方的侧向氧化生长，由于生成的氧化层比消耗的硅更厚，所以氮化硅边缘会被抬高，边缘下方的氧化层呈现"鸟喙"状，称为"鸟喙效应"，限制了局部硅氧化在深亚微米级（0.25μm）以下的应用（图 4.10）。一般的氧化工艺在常压下进行，高压氧化是一种在高压环境下进行的氧化工艺，适用于生长厚的氧化层。其优点包括：显著提高了氧化速率，在更短的时间内达到所需的氧化层厚度；氧化层的缺陷较少，密度较高，改善了其电学特性，降低了漏电流；局部硅氧化时 Si_3N_4 转化成 SiO_2 的速度随压力上升而下降，因此可采用更薄的 Si_3N_4 及消应力氧化层，有利于减小"鸟喙效应"[13]。

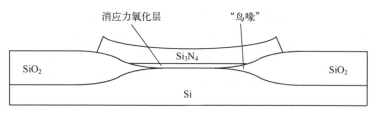

图 4.10　LOCOS 工艺示意图

4.2.6　氧化层的质量检测

质量检测是氧化工艺的重要步骤，需要检测的参数包括厚度、密度、折射率、介电常数、介电强度、缺陷密度等。质量检测需要测量上述各项指标的绝对值和这些参数在片内及片间的均匀性。检测方法可分为 3 类，包括化学测量、光学测量和电学测量。

（1）化学测量方法主要包括台阶法和比色法。台阶法的原理是：用氢氟酸在样品表面腐蚀出一系列平行或环状的台阶结构，探针扫描过台阶，取得硅片表面轮廓，确定台阶的高度、宽度和数量，即可得到氧化层的厚度。这种方法还可以检验氧化层的密度特性，当氧化层的密度改变时，刻蚀速率也对应改变，膜密度越高，刻蚀速率越低。氧化层的密度主要取决于氧化温度、气氛等工艺条件，低温、高压氧化的 SiO_2 层具有更高的密度和更低的 HF 腐蚀速率；比色法是一种简单易行的检测方法，其原理是将待测样品和标准样品置于同样的条件下进行染色或化学反应，然后比较两者颜色。标准样品是一个已知氧化层质量参数的样品，用作比较和参考[14]。

（2）光学测量方法主要包括椭圆偏振光法和干涉法，可以实现高精度的测量，并且不会对被检测物体造成破坏。椭圆偏振光法的原理如下：当光线穿过氧化层时发生折射和反射。由于折射率和厚度不同，反射光产生相位差，从而改变偏振状态；通过测量反射光的偏振状态和相位差，可以确定氧化层的厚度和折射率等参数。干涉法的原理如下：光线从一侧射入材料表面，并在氧化层和金属表面之间发生多次反射；当反射光线在材料表面重合时会相互干涉，形成明暗相间的干涉条纹；通过测量干涉条纹的间距和形态，可以确定氧化层的厚度和折射率等参数。氧化层密度的大小可以通过折射率来反映，通常情况下，氧化层的折射率为 1.47，折射率越高，则表明膜密度越高[14]。

（3）电学测量方法包括击穿电压测量、电荷击穿特性测量和电容电压

（C-V）测试。氧化层的击穿电压是指在给定电压下，氧化层中的电场强度达到使氧化层发生电击穿的临界值时所对应的电压值。测量氧化层的击穿电压是一种重要的表征氧化层质量的方法，常见的击穿电压测量方法包括直流电场击穿法和脉冲电场击穿法两种。直流电场击穿法是将待测样品置于两个电极之间，通过增加电压，使样品中的电场逐渐增强，直至氧化层发生击穿。通过记录氧化层击穿前后的电压值，可以计算出氧化层的击穿电压。脉冲电场击穿法是在待测样品中施加一个由脉冲信号构成的电场，在脉冲电场作用下，氧化层中的电荷被激发，进而引起氧化层的电击穿。通过改变脉冲信号的幅值和频率等参数，可以探究不同条件下的氧化层击穿电压。

电荷击穿特性测量是指给氧化层施加刚好低于击穿电压的电压，电荷在氧化层中随时间逐渐积累并最终造成击穿，测量这个过程中电流随时间的变化关系，电流最终的急剧上升表明发生了不可恢复的介质击穿。测量氧化层电荷击穿特性是评估氧化层电学性能的一种重要方法，因为氧化层电荷击穿特性与氧化层密度、厚度以及缺陷密度等参数密切相关。

C-V 测试是根据 C-V 曲线及其温偏特性来判断氧化层厚度、氧化层中的固定电荷密度、可动电荷密度和界面态密度等，用于评估氧化层电学性能的稳定性和可靠性。具体过程如下：首先，将待测样品制备成电容器形式，将两个电极分别连接到电容测量仪上，并通过控制电容测量仪的输入电压来测量氧化层的电容；然后，需要通过温度控制设备来控制待测样品的温度，并记录不同温度下的电容值和电压值；通过数据处理可得到氧化层电容电压和温偏特性曲线（图 4.11）[15]。

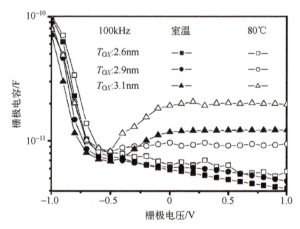

图 4.11　在低温和高温下测量不同厚度栅极氧化物的 C-V 特性[15]

4.3 化学气相沉积

化学气相沉积（Chemical Vapor Deposition，CVD）是 MEMS 传感器制造技术中最常用的沉积介质薄膜的工艺，本节主要介绍 CVD 技术在 MEMS 器件制造中的应用。CVD 主要包括低压化学气相沉积（LPCVD）、等离子体增强化学气相沉积（PECVD）和激光化学气相沉积（LCVD）。低压化学气相沉积常用于制备多晶硅、SiO_2、Si_3N_4、多晶 SiGe、多晶 SiC、金刚石等；等离子体增强化学气相沉积常用于制备单晶硅、SiO_2、Si_3N_4、SiGe、SiC、碳基薄膜等；激光化学气相沉积常用于制备多晶硅、SiO_2、Si_3N_4、SiC、复合薄膜（如光学复合薄膜、磁性复合薄膜、金属-非金属复合薄膜）等。

4.3.1 化学气相沉积简介

CVD 是一种常用的薄膜生长技术，用于在固体表面上制备薄膜或涂层。它通过将一种或多种气体（称为前驱体）输送到反应室中，在适当的条件下，使气体发生化学反应并沉积在衬底表面上，形成所需的薄膜。除了在表面制备固体薄膜涂层之外，一些 CVD 的变种和衍生技术可用于生产高纯度的块状材料和粉末。在集成电路制造领域，CVD 用于在硅衬底上沉积 SiO_2、多晶硅、Si_3N_4 等薄膜，用于制造晶体管、电容器和金属互连等结构。在 MEMS 领域，CVD 常用于制备 SiO_2、Si_3N_4、多晶硅、AlN 等薄膜，硅薄膜可用于制造传感器、执行器、微结构和微机械部件等；SiO_2 薄膜常用作电气绝缘层和结构保护层；Si_3N_4 薄膜在 MEMS 器件中常用作电气绝缘层、机械支撑结构和薄膜传感器；多晶硅薄膜用于制造微型电阻、微型电容和其他电子器件，也用于一些微机械执行器；AlN 薄膜在 MEMS 压电传感器和滤波器中应用广泛。除此之外，CVD 还可用于制备光电器件中的薄膜材料，如 GaN 和 InGaP 等；制备陶瓷涂层，为刀具、航空发动机部件等提供耐磨性和耐高温性能；在玻璃衬底上沉积透明导电氧化物层、光吸收层、突变层和反射层等，实现太阳能电池的光电转换功能。

CVD 利用气态物质在固体表面制备薄膜一般有 3 个步骤。

（1）将前驱体气体输入反应室，前驱体可以是单一气体，也可以是多种气体的混合物。

（2）将环境和衬底加热到适当的温度，把前驱体输送到衬底表面。

（3）前驱体在衬底表面发生吸附和热化学反应，生成固态薄膜。

最简单的 CVD 装置包括一种或多种前驱物气体入口和装有一个或多个待沉积衬底的反应室。衬底附近的气体会在高温表面发生化学反应，进而沉积在衬底表面。这一过程伴随着化学副产物的产生，这些化学副产物与未反应的前驱物气体一起通过排气口排出反应室。水起泡器是用于将水蒸气引入工艺腔室的常用组件，四极杆质谱仪用于监测和分析薄膜沉积过程中反应室中存在的气体成分（图 4.12）[16]。

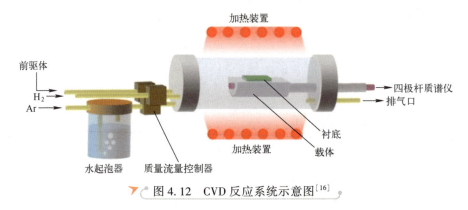

图 4.12　CVD 反应系统示意图[16]

CVD 作为沉积薄膜的方法具有许多优点，主要优点是 CVD 沉积的薄膜通常非常保形，即特征结构侧壁上的膜厚与顶部的膜厚相近。这意味着可以将薄膜应用到特征结构的内部，并且可以填充高纵横比的孔或其他特征结构。CVD 的另一个优点是可以以非常高的纯度沉积，这得益于利用蒸馏技术可较容易地去除气态前驱物中的杂质。其他优点还包括相对较高的沉积速率，以及通常不需要物理气相沉积（Physical Vapor Deposition，PVD）所需的高真空条件。

CVD 的主要缺点是前驱物的性质：每个前驱物都有其特定的挥发温度，不利于复杂的多层沉积或多组分薄膜的制备，需要同时使用多个前驱物时，若其挥发温度范围不匹配，控制多组分沉积会比较困难；CVD 前驱物可能具有毒性（如 $Ni(CO)_4$）、腐蚀性（如 $SiCl_4$）或易燃性（如 B_2H_6），反应的副产物也可能有害（如 CO、H_2、HF）。另一个主要缺点是薄膜通常在高温下沉积，这不仅限制了衬底材料的选择，还会导致沉积在具有不同热膨胀系数的材料上的薄膜产生应力，从而造成薄膜质量的不稳定[16]。

本节将介绍常见的 3 种 CVD 工艺，包括低压化学气相沉积（Low-Pressure Chemical Vapor Deposition，LPCVD）、等离子体增强化学气相沉积

(Plasma-Enhanced Chemical Vapor Deposition，PECVD)、激光化学气相沉积 (Laser Chemical Vapor Deposition，LCVD)。

4.3.2 低压化学气相沉积 LPCVD

CVD 技术早期以常压气流系统为主，即常压化学气相沉积 (Atmosphere Pressure Chemical Vapor Deposition，APCVD)。为了沉积出更致密、覆盖性能更好的薄膜，LPCVD 技术得到飞速的发展。LPCVD 可以沉积多种薄膜，包括多晶硅、SiO_2、Si_3N_4、硼磷硅玻璃、WSi_2 等，在半导体器件、MEMS 传感器中具有多种用途。

LPCVD 设备原理图如图 4.13 所示，实物设备如图 4.14 所示。LPCVD 通过旋转真空泵系统抽气，在沉积反应前把装置内的压强降低至 1Pa，沉积时反应气体的压强一般为 10kPa 到数千帕。由于绝大多数反应源气体及废气或有毒，或易燃易爆，或有腐蚀性，有时余气中还有粉末、颗粒或碎片状的固态物质，因此必须采取适当的措施，如在反应室和真空泵之间使用捕集阱过滤固态微粒，以延长真空泵的寿命，并使用附加泵油的过滤循环装置，周期性地将余气污染的泵油抽取到过滤器中过滤，然后再将过滤后的清洁油液送回泵体，以保持真空泵的正常运行。也可以和普通 CVD 装置一样，易燃、易爆的余气可在排放前用非活性气体（如氮气）稀释。另外，有毒或有腐蚀性的余气可在排放前通过洗涤器。

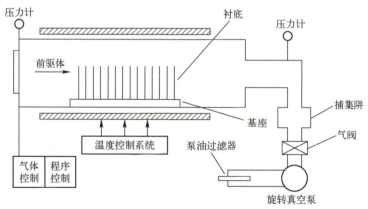

图 4.13 LPCVD 设备原理图[17]

LPCVD 的一般工艺流程如下。

（1）选择适当的衬底材料，并清洁和处理其表面，以去除杂质和提高表面质量。

▼ 图 4.14　LPCVD 设备实物图[18]

（2）将衬底放入反应室中，通过抽气系统抽走反应室内的空气和杂质气体，确保后续沉积过程的纯净度。

（3）在反应室中用 N_2 吹扫衬底表面并加热到适当的温度，提高薄膜的附着性和质量。

（4）引入所需的气体混合物，保持压力稳定后开始沉积，通过控制沉积温度、气体流量和反应时间来调节沉积速率和薄膜的性质。

（5）关闭所有工艺气体，停止加热并冷却衬底，排出余气并回充 N_2 到常压，将衬底取出反应炉[17]。

LPCVD 具有以下优点。首先，在低气压条件下，气态分子的平均自由程度增大，从而在反应装置内能够更快速地实现均一的浓度，消除了由气相浓度梯度引起的薄膜沉积不均匀性问题。此外，LPCVD 沉积的薄膜具有较好的台阶覆盖特性和结构完整性，针孔数量较少。在 LPCVD 的卧式装置中，衬底是竖直放置的，不仅避免了沉积物微粒从管壁上落下污染薄膜的问题，还有可能实现较高的装片密度，从而降低生产成本。相比于 APCVD，LPCVD 的缺点是需要较高的工艺温度，并且沉积速率较慢[18]。

4.3.3　等离子体增强化学气相沉积 PECVD

PECVD 通过将反应气体转化为等离子体，可在比 LPCVD 更低的温度下沉积薄膜。等离子体用作输入能量的手段，而不是传统的加热手段，有效降低了用于膜沉积的活化能垒，在较低的活化能垒下，反应可以在较低的衬底温度下更快地进行。PECVD 在 MEMS 器件中常用于制备单晶硅、SiO_2、Si_3N_4、SiN_xO_y、SiGe、SiC、碳基薄膜等材料。

4.3.3.1 PECVD 工艺流程

生成等离子体的方式有很多种，对于 PECVD，最常见的做法是在两个平行电极之间引入反应气体，通过高频电场引起气体分子的电离和激发，形成等离子体，称为电容耦合等离子体激发（Capacitively Coupled Plasma，CCP）。上电极（动力电极）施加高频电源，该上电极还用作气体引入的喷头。下电极接地，用作晶圆的加热台。典型的 PECVD 工艺温度在 250~350℃ 范围内。尽管大多数 PECVD 系统适用于单晶圆，但可以缩放以容纳多个晶圆或大玻璃面板，如用于显示和光伏的面板。从本质上讲，等离子体沉积与等离子体刻蚀相似，不同之处在于，PECVD 是沉积薄膜而不是去除薄膜。PECVD 工艺包括以下 5 个基本步骤。

(1) 引入适当的气体。

(2) 高频电场激发等离子体，等离子体中的电子和离子之间不断碰撞，并且在碰撞中能量重新分布，从而维持等离子体的存在。

(3) 将等离子体均匀地传输到目标晶圆的表面。

(4) 等离子体在目标晶圆表面发生反应，薄膜性质（如折射率、氢含量等）由表面反应决定，反应副产物被释放并且在稳定状态下从晶圆表面抽出。

(5) 持续监测薄膜的厚度，获得所需厚度的薄膜后终止工艺[19]。

4.3.3.2 PECVD 设备

PECVD 反应器的原理图如图 4.15 所示。与 LPCVD 一样，气体处理必须谨慎，因为常见的反应前驱物（如 SiH_4）具有高反应性和易燃性。当工艺气流的流速和压力处于黏性流态时，必须谨慎设计喷头和分布式泵送抽气管，进而将反应物均匀地输送到衬底。气体压力由压力计和节流阀进行反馈控制。PECVD 和刻蚀工艺之间的区别之一是泵送。等离子体刻蚀通常在小于 1586Pa 下运行，工艺气体流速小于 100sccm①，而 PECVD 的工艺条件约为 15860Pa 的压力和几千厘米每秒的流速。因此，PECVD 系统需要使用称为鼓风机泵的高容量泵。上电极（喷头）接有质量流量控制器 MFC，并连接到 RF 电源和 RF 匹配网络。多数 PECVD 系统单独使用某一 RF 频率，也可以将不同频率结合使用。平行板激发的等离子体属于低密度等离子体，如果没有磁场迫使电子与离子分离，路径中的电子会与离子不断发生相互作用，离子密度就会保

---

① sccm，体积流量单位，1sccm＝mL/min。

持在低于磁场所能维持的最大密度。一旦将晶圆引入反应器中，其温度就迅速稳定在下电极的温度上。在短暂的稳定步骤（小于 2min）之后，引入气体并激发等离子体。在 PECVD 中，由于反应腔室中的压力足够大，衬底可以位于下电极的顶部并与电阻加热的电极进行热"连通"，从而无须提升反应腔室中的温度即可促进沉积过程[19]。

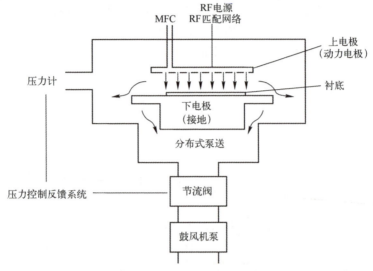

图 4.15　PECVD 设备原理图[19]

对设备进行维护时，与 LPCVD 相比，PECVD 可以使用原位等离子体定期清除腔室表面的沉积物。通过在等离子体条件下引入合适的氟基气体（如混有 N_2O 的 SF_6），可以有效地去除腔室内表面的沉积物。清洁的频率取决于腔室设计和沉积的薄膜，通常每两到几微米执行一次清洁。与 LPCVD 相比，PECVD 的温度更低，沉积速率更快。较低的温度还防止了多晶硅、多晶 SiGe 以及多晶 SiC 的沉积，因为它们沉积并结晶需要较高的温度。

PECVD 生成等离子体的方式除了电容耦合等离子体激发（CCP），还有电感耦合等离子体激发（Inductively Coupled Plasma，ICP）。ICP 系统包含多个用于产生强磁场的线圈，称为感应线圈。使用射频电源在感应线圈中产生高频电流。高频电流在感应线圈中产生变化的磁场，导致位于感应线圈周围的气体区域产生感应电流。感应电流激发气体分子并形成等离子体。与 CCP 相比，ICP 通常具有更高的离化率，产生的等离子体密度更高、电子温度更低，但 ICP 产生的等离子体均一性较差。这两种等离子体激发方法各有优势，具体选择取决于具体应用和所需薄膜的性质[19]。

4.3.4 激光化学气相沉积

LCVD 是通过激光源的光或热诱导前驱体以固体的形式沉积在衬底上的过程。沉积可以通过光解或热解机制发生,也可以结合两种机制。这种技术具有许多优点。

(1) LCVD 能够在较低温度下沉积,大多数材料在 500℃ 以下甚至在室温下形成薄膜。相比传统 CVD 方法,LCVD 避免了高温引起温度敏感型衬底(如聚合物、陶瓷)的熔化、开裂或分解。通过降低衬底温度,LCVD 还减少了由温度升高引起的衬底形变、内应力、自扩散等问题。

(2) LCVD 可以实现精确的定位沉积。通过高度聚焦激光束可在微米级定位精度上选择特定区域进行点或线状的沉积。这种定位沉积能力提高了制造的精度和效率,非常适用于微电子和 MEMS 微机械结构制造领域。

(3) LCVD 无须掩膜,提高了激光能量的利用率。它可以通过直写方式沉积出设计的图案,激光光斑扫描的轨迹上都会形成沉积薄膜。因此,LCVD 具有较高的适应性,便于快速样机改型,并适用于制造形状不规则的微结构以及微电子器件的修复。

自 LCVD 出现以来,LCVD 已经从最初的金属膜沉积发展到各种薄膜材料的沉积,包括半导体膜(如多晶硅)、介质膜(如 SiO_2、Si_3N_4、SiC 等)、非晶态膜(非晶硅)等。如今,LCVD 广泛应用于微电子工业,如集成电路的互连和封装、欧姆接触的制备、扩散屏障层、电路修复以及非平面三维图案制造等。LCVD 在这些应用中能够完成其他技术难以处理的加工任务,如制造高度为几毫米而宽度仅几微米的图案、填充深而窄的沟槽和小孔等[20]。

4.3.4.1 LCVD 工艺流程

一般的 LCVD 的工艺流程包括以下几方面。

(1) 选择合适的衬底和前驱物,清洗并预处理衬底,增强衬底的黏附性。

(2) 反应室净化处理,抽真空后充入高纯惰性气体。

(3) 将前驱物蒸发,并使用惰性气体来稀释前驱物,然后输送到反应室。

(4) 根据反应需要调节激光器的输出功率,调整激光束半径以及经过聚焦后的光斑尺寸,并预先调整好激光束光斑在反应区域中的最佳位置。

(5) 在激光辐照下,前驱物分子与衬底表面发生化学反应,形成所需的沉积物[20]。

4.3.4.2 LCVD 设备

LCVD 分为激光热解 LCVD 和激光光解 LCVD。在热解 LCVD 中,激光束诱导衬底局部升温，热流区域附近的反应气体分子受热碰撞，发生局部化学反应，生成大量的活性基团，随后这些活性基团在加热区域吸附、凝结、结晶、生长成薄膜。常见的热解 LCVD 设备如图 4.16 所示，主要包括前驱体供给系统、激光直写系统、反应真空腔和控制系统。热解 LCVD 的激光源通常使用连续波输出的激光器，如 CO_2 激光器。激光直写系统利用扩束镜、衰减器、半透镜等组成的光路传输系统，将激光束引导入反应真空腔并聚焦在衬底表面，从而局部加热辐照区域。激光束在衬底表面的扫描路径可通过物镜和图像传感器反馈到控制器，从而精准控制基座的 3D 移动，在衬底表面实现选区沉积，制造具有复杂图案结构的微结构[21]。

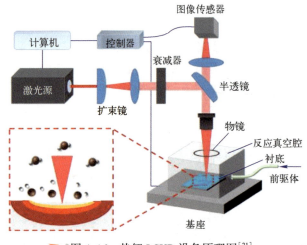

图 4.16 热解 LCVD 设备原理图[21]

光解 LCVD 依赖于激光束与反应物的光化学作用。在光解 LCVD 中，前驱体气体分子被高能量激光激发，并发生光解离，即气体分子在吸收激光光子能量后跃迁到高能级电子态，然后进一步解离和碎片化，活性解离基团在衬底表面重新聚合为薄膜沉积物。不同于热解 LCVD，光解 LCVD 中的激光通常采用平行于衬底的水平辐照形式，光解 LCVD 设备及其光解机制如图 4.17 所示。光解 LCVD 设备主要包括激光源、前驱体供给系统、加热系统、反应真空腔以及自动控制系统。激光光解的效率取决于气体对激光的吸收能力，为提高光解效率，所选激光的光子能量要足够高。因此，光解 LCVD 常用短波长紫外激光光源，如准分子激光器。单光子光解反应可分为直接光解和间接光解，直接光解是指分子在吸收一个光子后从基态跃迁到激发态并直接发生解离。间接光解（也称预解离）是指分子吸收光子后自身不能直接解离，而是跃迁到一个束缚型电子激发态,然后通过无辐射跃迁到另一个能够引发解离的激发态,从而实现解离[21]。

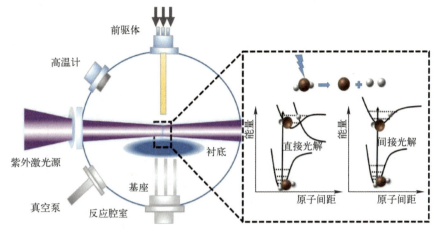

图 4.17 光解 LCVD 设备以及光解机制示意图[21]

4.4 原子层沉积技术

近年来,基于微纳结构的半导体器件、MEMS 传感器在微型化和集成化的趋势下取得了显著发展,某些器件的特征尺寸已经缩小到深亚微米乃至纳米量级。然而,随着微纳器件中复杂高深宽比和多孔纳米结构的应用,传统的介质薄膜制备工艺已经难以满足需求。因此,为了在微纳尺寸下实现精确、可控的薄膜沉积,原子层沉积技术(Atomic Layer Deposition,ALD)逐渐得到广泛应用,并在不同领域展现出巨大的潜力。

ALD 技术通过精确控制反应时间和前体分子的引入量,可以实现原子级别的控制,确保每一层薄膜的厚度和组成的一致性。ALD 技术可以在具有复杂形状和高纵深纹理的表面(如微机械结构中的多晶硅悬臂梁)上实现均匀的薄膜沉积,避免了传统 CVD 方法中的缺陷和不均匀性,能够制备出超均匀厚度、高精度、高保形的纳米级介质薄膜。

目前,ALD 技术在半导体制造方面的应用已非常成熟,用于制备高质量绝缘层(如 SiO_2)、金属电极(如 Pt、Ti)和金属氧化物薄膜(如 Al_2O_3、ZnO、HfO_2)等。在 MEMS 领域中,ALD 最常制备的薄膜材料是 Al_2O_3,因为 Al_2O_3 的金属有机物前驱体($Al_2(CH_3)_6$,TMA)可在低温下与水蒸气反应并

生成 Al_2O_3 薄膜[22]。

4.4.1 ALD 技术原理

ALD 技术的基本原理是交替引入两种或多种气体前体分子来生长薄膜，每次引入前体分子后，前体分子通过表面反应和体相扩散与表面发生反应，形成一层单原子或多原子的薄膜。

一个完整的 ALD 薄膜沉积周期有 4 个基本步骤，如图 4.18 所示。

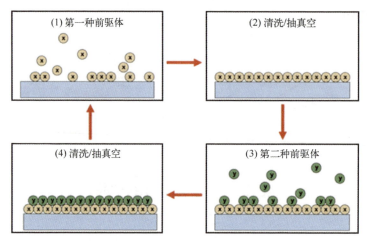

图 4.18　ALD 利用两种不同的前驱体（X，Y）顺序投放到衬底上产生化学反应[22]

(1) 以脉冲形式把第一种气相反应前驱体 X 通入反应腔，在衬底表面发生化学吸附。

(2) 待表面吸附饱和后，通入惰性气体去除反应腔内剩余的反应前驱体和副产物。

(3) 以脉冲形式把第二种气相反应前驱体 Y 通入反应室，并与第一次化学吸附在衬底表面上的反应前驱体 X 发生反应。

(4) 待反应完成后，再次通入惰性气体去除反应腔内多余的反应前驱体和副产物。

通常，一个周期需要 0.5s 到几秒，生长的介质薄膜厚度为 0.01~0.3nm，不断重复循环图 4.18 中的步骤即可完成整个 XLD 薄膜沉积过程。XLD 设备如图 4.19 所示，需要加热的前驱体从进气口通入，被线圈加热后引入反应室，不需加热的前驱体可直接从前驱体入口引入反应室。转台用于加热衬底，并通过旋转确保均匀的沉积[22]。

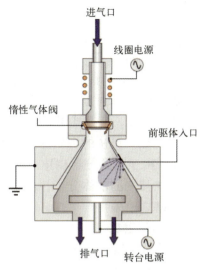

图 4.19　ALD 设备原理图[23]

ALD 介质薄膜的生长是通过交替饱和的气相-固相表面反应实现的。在每个循环周期中，一旦表面化学吸附达到饱和，表面反应前驱体的供应停止增加，每个周期就只能生长一个单原子层的介质薄膜。这种薄膜生长机制具有以下特点：介质薄膜的厚度仅取决于反应周期数，因此可以精确控制膜的厚度；减少了对前驱体供应控制的不确定性，只需确保前驱体达到饱和，就能获得具有良好台阶覆盖率的薄膜；避免了两种前驱体之间的反应导致生成其他杂质，从而保证了薄膜层的高纯度。

ALD 技术的独特性能使其能够实现传统技术难以经济高效实现或无法实现的介质薄膜和材料层沉积。其优势包括：能够在真正的纳米尺度上精确控制介质薄膜的厚度；介质层不存在针孔；可以在大批量、大面积的衬底材料和复杂的 3D 微纳结构表面制备高保形的介质薄膜；工艺过程重复性高、可扩展性强[23]。

4.4.2　ALD 技术分类

传统 ALD 沉积效率较低，限制了其在工业大规模生产上的应用。为此，研发人员提出了一些改良方法并产生了一系列新的 ALD 技术，如热原子层沉积（T-ALD）、等离子增强原子层沉积（PE-ALD）、电化学原子层沉积（EC-ALD）、空间原子层沉积（SALD）、流化床原子层沉积（F-ALD）、大气压原子层沉积（AP-ALD）以及在此基础发展而来的沉积技术，如大气压等离子体增强空间原子层沉积（AP-PE-SALD）。

4.4.2.1 热原子层沉积

热原子层沉积（Thermal Atomic LaBer Deposition，T-ALD）与传统 ALD 的主要区别在于沉积前体的提供方式。传统 ALD 的前体分子通常以气体形式输送到反应室。T-ALD 的前体分子以固态或液态形式提供，并通过热能转化为蒸汽或气体进入反应室进行反应。该方式可以实现更快的前体输送速率和沉积速度。T-ALD 具有以下优点：更快的沉积速度、更高的前体利用率以及更好的薄膜均匀性和致密性。由于前体分子以固态或液态形式提供，T-ALD 还可以使用一些传统 ALD 无法使用的前体分子，从而扩展了可沉积的材料范围，如 HfO_2，前驱体为四甲基二甲酰胺铪（TDMAHf）[24]。

4.4.2.2 等离子体增强原子层沉积

等离子体增强原子层沉积（Plasma-Enhanced Atomic LaBer Deposition，PE-ALD）结合了等离子体技术和 ALD 的沉积过程。PE-ALD 与传统 ALD 的区别是：PE-ALD 在图 4.18 的第（3）步中使用等离子体态的 B 前驱体代替了普通的 B 前驱体来与 A 前驱体进行反应；利用等离子体的激活能量和化学反应性，对沉积过程进行增强和控制。根据不同的等离子体引入方式，市场上已有多种 PE-ALD 设备（图 4.20）[25]。

PE-ALD 设备结构来源于 PECVD。产生等离子体的方法包括射频平行电极板（图 4.20（a））、射频螺线管（图 4.20（b））和微波谐振腔（图 4.20（c））。PE-ALD 与传统 ALD 相比具有如下优点：等离子体的激活作用可以降低沉积温度，从而减少衬底热应力；等离子体的引入增加了反应活性，促进更快的反应速率和更均匀的薄膜生长；可实现传统 ALD 无法实现的材料沉积，如有机物（如环己烯薄膜）和非晶态材料（如非晶硅）；可生长出优异的金属薄膜和金属氮化物，如 Ti、Ta 和 TaN 等[25]。

4.4.2.3 电化学原子层沉积

电化学原子层沉积（Electro-Chemical Atomic LaBer Deposition，EC-ALD）是一种将电化学技术和原子层沉积技术相结合的方法，通过控制电位来控制表面反应。在电化学中，表面限制反应也称为欠电位沉积，其原理如下：在电解质溶液中，通过调节衬底电位，使沉积了一层原子的衬底对同种原子的进一步沉积具有屏蔽作用，只能沉积另一种原子。EC-ALD 将欠电位沉积应用在化合物中不同元素的单原子层沉积。EC-ALD 首先通过欠电位沉积形成化合物中某一组分的单原子层，然后欠电位沉积另一组分的单原子层，每个循环周期由各组分单原子层的相继交替沉积组成，每完成一次循环，就形成

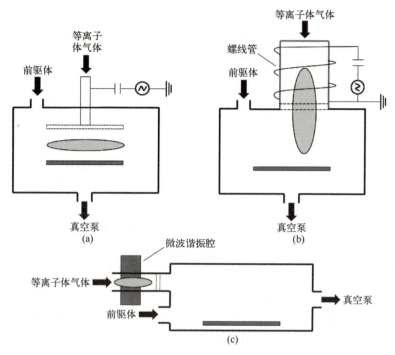

图 4.20　3 种 PE-ALD 设备原理示意图
(a) 射频平行电极板式 PE-ALD；(b) 射频螺线管式 PE-ALD；(c) 微波谐振腔式 PE-ALD[25]。

一个化合物单层，从而逐步形成化合物薄膜。沉积物的厚度由循环次数（化合物单层的层数）决定。

EC-ALD 技术结合了欠电位沉积和原子层沉积技术，具有以下优点：技术成本低，设备投入小；可实现单原子层的沉积，该原子级的沉积控制有助于制备高质量、均匀且可重复的薄膜；可用于结构复杂的衬底；沉积温度较低，降低了不同元素间的互扩散，并且避免了由热膨胀系数差异而引起的内应力；反应物选择范围广，只要求是含有目标元素的可溶物，且通常在较低浓度下就能成功制备出超晶格结构；每种反应溶液可进行单独的配方优化，包括电解质、pH 值、添加剂等，以最大限度满足元素的制备需求。

可用 EC-ALD 制备的材料包括：大多数 II~VI 族化合物，如 ZnSe、CdTe 和 CdS；III~V 族化合物，如 InAs；红外探测器材料 InSb 和 HgCdTe；热电材料，如 IV~VI 族化合物 PbS、PbSe 和 PbTe；相变材料，如 GeSbTe；光伏材料，如 CdTe、CIS 和 CIGS[26]。

4.4.2.4 空间原子层沉积

传统 ALD 工艺采用了交替脉冲通入不同的前驱体和惰性气体,但长时间的惰性气体清洗限制了沉积速率和生产能力。为了解决该问题,空间原子层沉积(Space Atomic LaBer Deposition,SALD)采用了空间尺度调控模式,将不同前驱体和惰性气体分隔到不同的区域,并连续通入相应气体,通过惰性气体将前驱体区域隔离。衬底在第一个半反应区停留足够长时间,使前驱体 A 达到单分子层的饱和吸附,然后通过惰性气体吹扫区移动到第二个半反应区,与前驱体 B 发生界面反应,形成 ALD 单分子层,完成一个 ALD 循环。这种空间尺度调控模式极大地提高了介质薄膜的沉积效率和生产能力,同时保持了薄膜的质量,沉积速率可达约 1nm/s。

Lotus 公司开发了一种适用于柔性衬底的 SALD 系统,采用 Roll-to-roll 模式(图 4.21)。该系统的腔室分为 3 个区域,中间是惰性气体吹扫区域,上下分别是不同前驱体通入区。聚合物衬底通过区域间的狭缝完成放卷和收卷,卷绕速度可达 0.2~5m/s。最初,该系统用于制备 Al_2O_3($C_3H_9Al+H_2O$)和 TiO_2($TiCl+H_2O$)薄膜。为了克服基底表面过量吸附水蒸气导致反应速率和薄膜制备速度的降低,可用等离子体替代气体前驱体 B[27]。

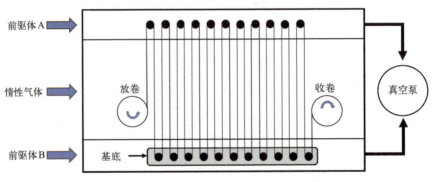

图 4.21 Roll-to-roll 空间原子层沉积[27]

此外,Maydannik 等提出了一种针对连续移动柔性基底的改进型 ALD 系统,旨在提高镀膜效率并降低设备和生产成本(图 4.22)。该系统将衬底固定在一个圆柱形圆桶上,通过旋转圆桶使衬底交替经过不同的前驱体反应区,不同的前驱体反应区之间设置了惰性气体吹扫区域。该系统在低温(100℃)下可实现高达 1Å/周期的沉积效率。该系统具有以下优势:衬底的连续移动能够减少装载、卸载以及加热和冷却过程中的停机时间;通过在前驱体反应区之间引入惰性气体吹扫区,能够更好地实现前驱气体的均匀分布,提高薄膜的质量[28]。

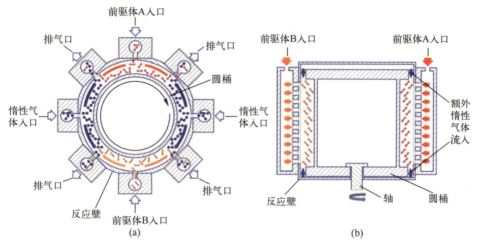

图 4.22 改进型 ALD 系统
(a) 连续 ALD 系统径向断面示意图;(b) 连续 ALD 系统轴向断面示意图[28]。

4.4.2.5 流化床原子层沉积

流化床原子层沉积(Fluidized Bed Atomic Layer Deposition,F-ALD)结合了流化床反应器和原子层沉积的原理,可实现高效均匀的材料沉积。F-ALD 中,床层通常由固体颗粒(如细粉末)组成,通过气流或惰性气体使其在床内保持悬浮状态。沉积前,床层中的固体颗粒需由表面活性剂处理,以提高表面反应性。然后,通过交替地引入前驱体和表面处理气体,可在床层上的固体颗粒表面形成薄膜。旋转式流化床原子层沉积(Rotary Fluidized Bed Atomic Layer Deposition,RF-ALD)引入了旋转运动,通过调节气体的流速和反应室旋转的速度,使固体颗粒受力平衡,从而在床内保持悬浮状态,以进一步提高薄膜的均匀性和沉积效率(图 4.23)。床层沿水平轴的旋转运动有助于增加颗粒与气体之间的混合程度,使得前驱体在床层中更均匀地分布,从而获得更均匀的薄膜。质谱仪位于反应器的出口,用于监测 ALD 过程中的气相组分和反应产物。气体入口与出口之间的压降 ΔP 最初随着气体速度增加而增加,然后在短振荡周期后趋于稳定,不再增加,压降逐渐增加并趋于稳定的过程代表床层膨胀并从固定状态转变为流化状态的过程[29]。

RF-ALD 沉积 TiN 薄膜包覆 ZnO 粉末的工艺流程如下。

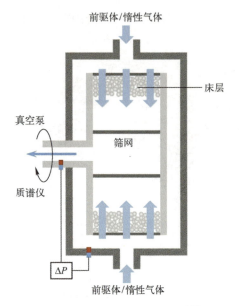

图 4.23　RF-ALD 示意图[29]

（1）准备 ZnO 粉末，进行表面清洗和干燥。

（2）将 ZnO 粉末放入旋转式流化床反应器，通过惰性气体使粉末保持悬浮状态，并用表面活性剂预处理，以提高其表面活性。

（3）将 TiN 前体气体引入反应器中，如四甲基铪酰胺（TMAH）或五甲基二氮基合钛（TDMAT），前体气体与衬底表面发生反应并生成一层 TiN 原子层。

（4）引入表面处理气体，如氨气（NH_3）。表面处理的作用是清除未反应的前体气体和副产物，使衬底表面准备好进行下一个沉积周期。

（5）重复步骤（3）和步骤（4），直到达到所需的 TiN 包覆层厚度。

（6）在完成 TiN 的沉积后，将气流和温度恢复到适当条件后取出粉末，并进行退火等后处理，以稳定和固化沉积的 TiN 薄膜。沉积完成的 ZnO 粉末颗粒的 TEM 图像如图 4.24 所示[30]。

4.4.2.6　大气压原子层沉积

ALD 工艺在低压条件下进行时需使用真空设备，以去除多余的反应物和副产物，确保腔室环境的清洁度并保证沉积薄膜的高纯度。大气压原子层沉积（Atmospheric Pressure Atomic Layer Deposition，AP-ALD）则可以避免使用真空系统和抽真空步骤，从而节约设备成本和生产时间。

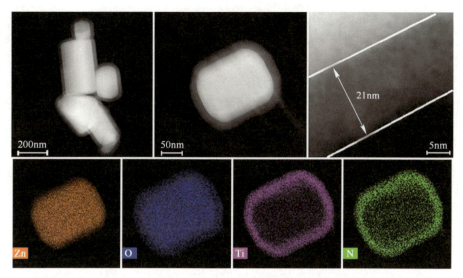

图 4.24　TiN 薄膜包覆 ZnO 粉末颗粒的 TEM 图像以及图像中锌、氧、钛和氮的 X 射线能谱映射[30]

此处以硅衬底上原子层沉积 Al_2O_3（$C_3H_9Al+O_3$）为例，介绍 AP-ALD 工艺和低压 ALD 工艺中温度、气压和气体流速对沉积速率的影响（图 4.25）。低温条件下反应物分子的平均动能较低，有利于在衬底上形成稳定的吸附状态，进而提高沉积速率；气体分子的浓度与气体的压力成正比，在大气压下，反应物分子的浓度更高，高浓度的气体分子增加了在表面上发生化学反应的

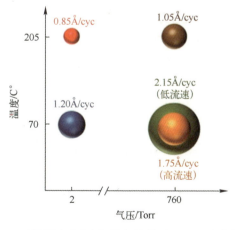

图 4.25　不同温度和气压对原子层沉积 Al_2O_3 速率的影响[31]

概率,从而提高沉积速率;随着气流速度的增加,气流边界层的厚度减小,反应物吸附和解吸的速率提高,但解吸速率相比于吸附速率提高得更多,导致反应物在表面反应位点的占据率降低,从而降低沉积速率。但在较高气压下,气体分子与表面反应时的动力学和输运过程与低压条件下不同,可能导致薄膜质量的降低。此外,AP-ALD 可能会引入一些额外的污染。因此,AP-ALD 更适用于大面积、对薄膜质量要求较低的应用,如 Si_3N_4 和 Al_2O_3,作为基础电子元件的耐腐蚀层和保护层[31]。

需要说明的是图 4.25 中使用了部分非国家标准单位,其中 Å 为粒子长度单位,$1Å = 10^{-10}m$;cyc 为时间单位,表示周波,$1cyc = 0.02s$;Torr 为压强单位,$1Torr = 1mmHg$。

4.4.2.7 大气压等离子体增强空间原子层沉积

大气压等离子体增强空间原子层沉积(AP-PE-SALD)是一种结合了 AP-ALD、PE-ALD 和 SALD 的新型沉积技术。Poodt 等开发了一种适用于大气压条件下的等离子体增强空间原子层沉积设备(图 4.26),并利用该设备在直径为 150mm 的硅晶圆上沉积了厚度为 100nm 的二维图案化 Al_2O_3 薄膜,采用三甲基铝($Al_2(CH_3)_6$,TMA)加 He/O_2 等离子体。在大气压下,前驱体和等离子体半反应区被含气平面所包围和分隔。衬底通过基座的旋转交替移动到两个半反应区的下方,在多个周期的重复沉积后形成 Al_2O_3 薄膜。等离子体源通过高压交流电源供电,基座接地,在等离子体源和基座之间施加高压交流电以产生等离子体。等离子体源的优势在于较低的沉积温度可实现温度敏感基板上的高通量 ALD。此外,局部等离子体的实现对于图案化沉积来说相对容易,而图案化沉积在数据存储、MEMS 传感器和显示器等多个应用领域具有重要的作用,也可作为制备三维纳米结构的有力工具[32]。

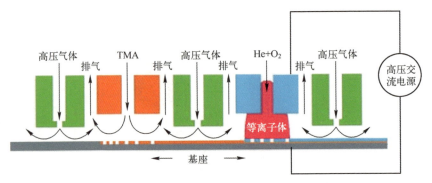

▼ 图 4.26 AP-PE-SALD 反应器示意图[32]

4.5 溶胶凝胶工艺

溶胶-凝胶法（Sol-Gel 法）基于金属醇盐或其他盐类的溶解、水解和缩聚反应，也是一种经济、方便且高效的介质薄膜制备方法。首先，把金属醇盐或其他盐类溶解于醇、醚等有机溶剂中，形成均匀的溶液；其次，溶液中发生水解和缩聚反应，逐渐生成溶胶，经过进一步缩聚反应，转变为凝胶形态；最后，通过热处理过程，除去凝胶中的有机残留物和水分，最终形成所需的介质薄膜。溶胶-凝胶法常用于制造金属氧化物，特别是 Ti 的氧化物，作为电子元件的保护层和隔热层。此外，该方法可用于制备光学涂层、光波导和光学传感器。例如，可以使用 SiO_2 Sol-Gel 薄膜制备光波导。溶胶-凝胶法还可用于制备气敏材料，用于气体传感器，如 SnO_2 和 ZnO。

相对于其他方法，溶胶-凝胶法具有以下几个显著特点：生产设备和制备过程简单且成本低廉；便于调控介质薄膜的成分、结构和性质；能够在温和条件下制备多种功能性薄膜材料，满足不同应用需求；还能在各种形状和材料的衬底上制备大面积薄膜，且可规模化生产[33]。

4.5.1 溶胶的制备

有机醇盐水解法是溶胶-凝胶技术中应用最广的方法。此法通常采用金属醇盐作为前驱体，将其溶解于溶剂中（水或有机溶剂），形成均匀的溶液。随后，溶质与溶剂之间发生水解或醇解反应，反应产物聚集形成直径介于几纳米到几十纳米的粒子，并形成溶胶状态。整个溶胶-凝胶过程包括水解和缩聚两个主要阶段。

（1）水解反应是指金属醇盐 $M(OR)_n$ 与水发生反应，氢氧根替代一部分醇基，并释放出相应的醇，反应方程式为

$$M(OR)_n + xH_2O \rightarrow M(OH)_x(OR)_{n-x} + xROH \quad (4-25)$$

式中：M 表示金属离子；R 表示有机基团。

（2）缩聚反应通常有两种方式，包括失水缩聚和失醇缩聚。失水缩聚是指两个含氢氧根的基团通过脱水反应结合，释放出一个水分子，反应方程式为

$$2\text{-M-OH} \rightarrow \text{-M-O-M-} + H_2O \quad (4-26)$$

失醇缩聚是指一个含氢氧根的基团和一个含醇基的基团通过脱醇反应结

合,释放出一个醇分子,反应方程式为

$$-M-OR+OH-M- \rightarrow -M-O-M-+ROH \tag{4-27}$$

反应生成物是各种尺寸和结构的胶体粒子[33]。

4.5.2 溶胶-凝胶法制备薄膜工艺

溶胶-凝胶法广泛用于制备介质薄膜,通过涂布、干燥和热处理,可以形成具有特殊性质的致密陶瓷(如 Fe_3O_4、$Ni(OH)_2$、SnO_2、NiO、In_2O_3 等)或玻璃,作为保护或装饰性的薄膜,这是其他方法无法实现的。涂布方法包括浸渍法、转盘法、毛细管涂镀法、滚动/照相凹版涂镀法等。

(1)浸渍法。将清洗后的衬底浸入预先制备的溶胶中,以精确控制的均匀速度提拉衬底,在溶胶的黏度和重力作用下,在衬底表面形成厚度均匀的液膜。随后,快速蒸发溶剂,使附着在衬底表面的溶胶迅速凝胶化。凝胶膜的厚度受溶胶浓度、黏度和提拉速度共同控制。浸渍法的缺点是溶胶在空气中难以保持稳定。为此,可向溶胶中添加稳定剂并在惰性气氛下进行提拉和挥发步骤(图 4.27)[34]。

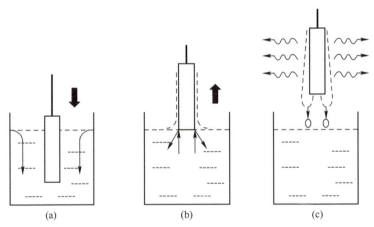

图 4.27 浸渍法溶胶-凝胶工艺流程
(a)浸渍;(b)形成液膜;(c)蒸发溶剂[34]

(2)转盘法。类似于光刻胶的旋涂工艺,首先将衬底水平固定在匀胶机上,利用滴管将溶胶滴在匀速旋转的衬底上,在匀胶机自旋离心力作用下,溶胶迅速而均匀地铺展在衬底表面。随着溶剂的挥发,溶胶逐渐形成凝胶膜。转盘法的关键参数是匀胶机的旋转速度,它决定了衬底上的溶胶分布是否均匀,该速度主要取决于衬底的尺寸和溶胶在衬底表面的流动性能,即其黏度。

这种技术具有很强的适应性，即使衬底表面不平整，也能得到非常均匀的薄膜（图4.28）[34]。

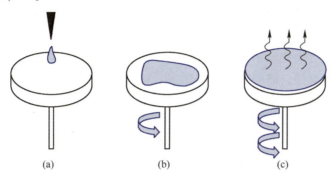

图4.28 转盘法溶胶-凝胶工艺流程
(a) 滴胶；(b) 旋涂；(c) 蒸发溶剂[34]。

（3）毛细管涂镀法。转盘法的缺点是溶胶不能完全保留在衬底上，材料的利用率低。为此，Floch等研发了毛细管涂镀工艺。该方法中，衬底水平放置，滴管的出口替换为毛细管，并使溶胶充满毛细管。充满溶胶的毛细管口靠近衬底表面，使管口的溶胶液滴接触衬底表面形成液体桥，随着毛细管和衬底的相对移动（V表示相对移动速度），溶胶在表面张力作用下润湿并扩散到整个衬底。毛细管涂镀法能够精确控制溶胶的铺展，从而在衬底上形成均匀连续的薄膜，而多余的涂液又会通过毛细作用流回毛细管中重新利用。该过程中比较重要的参数是毛细管口与衬底表面之间的距离（图4.29）[35]。

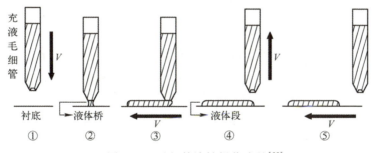

图4.29 毛细管涂镀操作步骤[35]

（4）滚动/照相凹版涂镀法。滚动涂镀法是指利用一个或多个滚轴将液膜涂镀在运动的衬底上。其中一种滚动涂镀技术是照相凹版涂镀法，它起源于印刷技术，可在高速旋转下使用低黏度溶胶制备具有图案的薄膜层。照相凹版涂镀机的结构如图4.30所示，支撑滚轴是其中最重要的部件，可以通过机械雕刻、化学刻蚀或机电雕刻在其表面上制作出网格或凹槽图案。在涂镀过程中，涂液在限流刮片和涂料量控制器的限制下，由提取器注入提拉滚轴和支撑滚轴之间的辊隙中，在两个滚轴表面的同向运动下形成薄膜。照相凹版涂镀法的主要优势是可以实现高速涂镀，并且可以通过单元体（凹陷图案）的体积和均匀度来控制薄膜的厚度和均匀性。该方法的缺点是：支撑滚轴上的图案会逐渐磨损，需要定期更换滚轴；薄膜厚度主要取决于支撑滚轴上单元体的体积，所以改变薄膜厚度需要使用不同的支撑滚轴；若薄膜中的溶剂没有及时蒸发，薄膜会在衬底表面发生流动[36]。

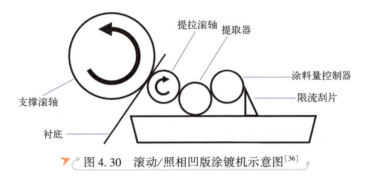

图 4.30　滚动/照相凹版涂镀机示意图[36]

4.5.3　干燥及热处理

凝胶干燥是凝胶转化为固体薄膜的关键步骤，其速度控制对于薄膜的稳定性至关重要。在干燥初期，宜采取逐步干燥的方法，以避免过快的溶剂蒸发导致凝胶膨胀和应力集中，从而引发薄膜破碎。为了有效去除凝胶内部孔隙中残留的液体，常用红外和微波干燥技术。干燥过程中，水和醇等溶剂首先蒸发，随后是有机物分解，最终凝胶转化为无机材料。为了防止薄膜开裂，超临界干燥、冰冻升华干燥等方法可以用来抵消或减少表面张力的作用。此外，经过干燥处理后的凝胶通常含有大量气孔，需要进行热处理以获得所需的薄膜性能。热处理能够引起凝胶的相变，如晶化、结晶或玻璃化，从而改变其力学、光学和电学等性质[33]。

4.6　物理气相沉积

物理气相沉积（Physical Vapor Deposition，PVD）是一种常用的薄膜制备技术，它基于物质的蒸发和凝华过程，通过在真空环境中将固体材料转化为蒸汽相，然后将蒸汽沉积在目标基底上形成薄膜。相比于 CVD，PVD 有以下特点：需要使用固态或者熔融态的物质作为沉积过程的源物质；源物质通过物理过程进入气相；需要相对较低的气体压力环境；在气相与衬底表面均不发生化学反应。

在 PVD 中，真空蒸镀和溅射是两种最常用的技术。最初，蒸镀法相较溅射法具有一些优势，如其具有较高的沉积速率和较好的成膜质量。然而，蒸镀法的缺点限制了其在高端工艺中的应用。首先，蒸镀法覆盖台阶等结构的能力较差。其次，在沉积多组分合金薄膜时，难以准确控制化学成分。溅射法在许多方面优于蒸镀法，尤其是在沉积多组分合金薄膜时，能够更容易地控制化学成分，并且薄膜与基底之间具有更好的附着性。此外，随着高纯靶材、高纯气体和制备技术的不断发展，溅射法进一步改善了薄膜质量，提高了制备过程的可控性[37]。

PVD 在 MEMS 器件中主要用于沉积金属薄膜，如 Al、Cu、Ti、Cr、Au、Pt 等，作为电极、导体、连接线等结构，详见第 5 章。PVD 并不常用于在 MEMS 中沉积半导体和介质层薄膜，当衬底材料不耐高温或对薄膜的残余应力要求较高时，可用 PVD 中的溅射工艺代替 LPCVD 和 PECVD 工艺，制备硅、SiO_2、SiC 等薄膜，所用的设备和工艺流程与金属溅射相似，因此在本章不再做详细讲述。

4.7 本章小结

本章主要介绍了半导体器件、MEMS 传感器的介质薄膜层加工制造技术。介质层是 MEMS 器件的重要组成部分，可以用于保护器件、提高信噪比等。本章依次介绍了外延、热氧化、CVD、ALD、溶胶凝胶工艺和 PVD 等介质层加工技术，涵盖了 MEMS 微系统制造中常用的各种介质层加工技术。本章详细介绍了这些技术的原理、工艺流程、设备和应用，包括硅和半导体化合物外延的工艺流程和晶体缺陷、热氧化的工艺流程和设备、不同类型的 CVD 设备及其工艺流程、ALD 工艺发展概述、溶胶凝胶工艺的制备、涂覆和热处理等。这些介质层加工技术在 MEMS 微系统的制造中具有重要的应用价值，可以满足不同的器件和应用需求。总之，介质层加工是 MEMS 微系统制造过程中的重要环节，本章有助于读者了解 MEMS 微系统中不同介质层加工技术的原理和工艺流程，以便选择适合的材料和加工技术来应对不同的需求。

参 考 文 献

[1] POHL U W. Epitaxy of semiconductors [M]. Cham, Switzerland: Springer International Publishing, 2020.

[2] MORGAN D V, BOARD K. An introduction to semiconductor microtechnology [M]. New York: Wiley, 1990.

[3] Epiluvac USA. Silicon carbide epitaxy for beginners power america short course [EB/OL]. [2021-11-04]. https://poweramericainstitute.org/wp-content/uploads/2021/11/4.-Silicon-Carbide-Epitaxy-for-Beginners-McMillan-v2-share.pdf.

[4] HERNANDEZ A, ISLAM M M, SADDATKIA P, et al. MOCVD growth and characterization of conductive homoepitaxial Si-dopedGa_2O_3 [J]. Results in Physics, 2021, 25: 104167.

[5] CHO A Y. GROWTH of III-V semiconductors by molecular beam epitaxy and their properties [J]. Thin Solid Films, 1983, 100(4): 291-317.

[6] MATSUHATA H, SUGIYAMA N, CHEN B, et al. Surface defects generated by intrinsic origins on 4H-SiC epitaxial wafers observed by scanning electron microscopy [J]. Microscopy, 2017, 66(2): 95-102.

[7] DEAL B E. The oxidation of silicon in dry oxygen, wet oxygen, and steam [J]. Journal of The Electrochemical Society, 1963, 110(6): 527.

[8] IRENE E A. Silicon oxidation studies: a revised model for thermal oxidation [J]. Journal of Applied Physics, 1983, 54(9): 5416-5420.

[9] DEAL B E, GROVE A S. General relationship for the thermal oxidation of silicon [J]. Journal of Applied Physics, 1965, 36(12): 3770-3778.

[10] HENRY W III. Experiments on the quantity of gases absorbed by water, at different temperatures, and under different pressures [J]. Philosophical Transactions of the Royal Society of London, 1803, 93: 29-274.

[11] DONGQING L. Encyclopedia of microfluidics and nanofluidics [M]. Berlin: Springer Science & Business Media, 2008.

[12] SVCS. Product introduction of vertical furnaces [EB/OL]. https://www.svcs.com/products/vtr/.

[13] SAH C T. Fundamentals of solid-state electronics [M]. Singapore: World Scientific, 1991.

[14] IRENE E A. Applications of spectroscopic ellipsometry to microelectronics [J]. Thin Solid Films, 1993, 233(1-2): 96-111.

[15] WANG T M, HWU J G. Temperature-induced voltage drop rearrangement and its effect on oxide breakdown in metal-oxide-semiconductor capacitor structure [J]. Journal of Applied

Physics, 2005, 97(4): 044504.

[16] BINTI HAMZAN N, NG C Y B, SADRI R, et al. Controlled physical properties and growth mechanism of manganese silicide nanorods [J]. Journal of Alloys and Compounds, 2021, 851: 156693.

[17] HU X. Production technology and application of thin film materials in micro fabrication [C]. 2016 6th International Conference on Machinery, Materials, Environment, Biotechnology and Computer. Amstevdam: Atlantis Press, 2016: 1193-1199.

[18] S. C. Horizontal furnaces series [EB/OL]. http://www.chinasc.com.cn/en/cate-919-953.html.

[19] BATEY J, TIERNEY E. Low-temperature deposition of high-quality silicon dioxide by plasma-enhanced chemical vapor deposition [J]. Journal of Applied Physics, 1986, 60(9): 3136-3145.

[20] ALLEN S D. Laser chemical vapor deposition: a technique for selective area deposition [J]. Journal of Applied Physics, 1981, 52(11): 6501-6505.

[21] FAN L S, LIU F, WU G L, et al. Research progress of laser-assisted chemical vapor deposition [J]. Opto-Electron Eng, 2022, 49(2): 210333.

[22] LESKELÄ M, RITALA M. Atomic layer deposition (ALD): from precursors to thin film structures [J]. Thin Solid Films, 2002, 409(1): 138-146.

[23] OVIROH P O, AKBARZADEH R, PAN D, et al. New development of atomic laber deposition: processes, methods and applications [J]. Science and Technology of Advanced Materials, 2019, 20(1): 465-496.

[24] GEORGE S M. Atomic layer deposition: an overview [J]. Chemical Reviews, 2010, 110(1): 111-31.

[25] PROFIJT H B, POTTS S E, VAN DE SANDEN M C M, et al. Plasma-assisted atomic layer deposition: basics, opportunities, and challenges [J]. Journal of Vacuum Science & Technology A, 2011, 29(5): 050801.

[26] SWITZER J A. Atomic layer electrodeposition [J]. Science, 2012, 338(6112): 1300-1301.

[27] DICKEY E R, BARROW W A. Atomiclayer deposition system utilizing multiple precursor zones for coating flexible substrates: US8202366 [P]. 2012.

[28] MAYDANNIK P S, CAMERON D C. Anatomic layer deposition process for moving flexible substrates [J]. Chemical Engineering Journal, 2011, 171(1): 345-349.

[29] DUAN C L, DENG Z, CAO K, et al. Surface passivation of Fe_3O_4 nanoparticles with Al_2O_3 via atomic layer deposition in a rotating fluidized bed reactor [J]. Journal of Vacuum Science & Technology A, 2016, 34(4): 103.

[30] LONGRIE D, DEDUYTSCHE D, HAEMERS J, et al. Thermal and plasma-enhanced

atomic layer deposition of TiN using TDMAT and NH$_3$ on particles agitated in a rotary reactor [J]. ACS Applied Materials &Interfaces, 2014, 6(10): 7316-7324.

[31] MOUSA M B, OLDHAM C J, PARSONS G N. Atmosphericpressure atomic layer deposition of Al$_2$O$_3$ using trimethyl aluminum and ozone [J]. Langmuir the Acs Journal of Surfaces & Colloids, 2014, 30(13): 3741.

[32] POODT P, KNIKNIE B, BRANCA A, et al. Patterneddeposition by plasma enhanced spatial atomic layer deposition [J]. Physica Status Solidi (RRL) -Rapid Research Letters, 2011, 5(4): 165-167.

[33] BRINKER C J, SCHERER G W. Sol-gel science: the physics and chemistry of sol-gel processing [M]. Cambridge: Academic Press, 2013.

[34] 李宁, 卢迪芬, 陈森凤. 溶胶-凝胶法制备薄膜介质层的研究进展 [J]. 玻璃与搪瓷, 2004, 6: 50-55.

[35] PAN P T, HSIEH M C, LIU C Y, et al. A precision capillary coating system and applications [J]. Smart Science, 2016, 4(3): 151-159.

[36] MOKRUSHIN A S, FISENKO N A, GOROBTSOV P Y, et al. Pen plotter printing of ITO thin film as a highly CO sensitive component of a resistive gas sensor [J]. Talanta, 2021, 221: 121455.

[37] WANG Z, LI Y, HUANG S, et al. PVD customized 2D porous amorphous silicon nanoflakes percolated with carbon nanotubes for high areal capacity lithium ion batteries [J]. Journal of Materials Chemistry A, 2020, 8(9): 4836-4843.

第5章

金属层加工

金属材料,包括金属单质和金属合金,广泛应用于 MEMS 传感器中。微纳尺度下的金属加工主要是在平面衬底上选择性地添加或去除金属材料层,其工艺方法和条件显著影响制成金属材料的性质。

5.1 节介绍金属添加工艺,主要涉及基于蒸发或溅射的物理气相沉积、基于化学反应的化学气相沉积和采用电镀或者化学镀的电化学沉积。5.2 节介绍金属材料的去除工艺,在精度要求不高的场景,可采用湿法腐蚀;在精度要求较高的场景,多采用物理和化学反应相结合的干法刻蚀。5.3 节介绍金属材料的关键性能,包括金属与衬底材料结合的黏附性、与电气互联可靠性相关的电学特性等,金属的性能与器件功能和应用密切相关。5.4 节介绍两种技术案例,其中,硅通孔金属填充技术对高密度封装、异质集成具有重要意义;微电铸技术可用于制备具有高深宽比的三维微结构。

5.1 金属材料的添加工艺

5.1.1 物理气相沉积

物理气相沉积是一种采用物理手段实现金属沉积的工艺方法。它的基本原理是利用真空条件下金属的蒸发或金属靶材受到粒子轰击时表面原子的溅射,在分子、原子尺度上实现从源物质到金属薄膜的可控物理沉积。目前,物理气相沉积的主要方法有蒸发和溅射两种。

5.1.1.1 蒸发

蒸发的基本原理是在真空环境下,为待蒸发金属提供足够的热量,达到金属蒸发时所需的蒸气压,蒸发的金属粒子发生扩散并凝结至晶圆表面,形成固态薄膜。金属真空蒸发沉积主要包括3个步骤:首先,待蒸发金属由凝聚相转化为气相;然后,金属粒子由蒸发源运动至待蒸镀的晶圆表面;最后,蒸发粒子到达晶圆表面后凝结成膜。在蒸发过程中,蒸发源处金属温度较高,而待沉积金属的晶圆通常情况下为室温,并可通过加热或冷却进行调整。由于蒸发腔内真空度高,具有较强方向性的金属蒸气会直线运动至晶圆表面,故蒸发沉积方式难以对晶圆的垂直侧壁形成良好覆盖。

固态或液态物质放置于密闭容器中时,容器中会存在这些物质的蒸气。同一种物质在密闭容器中的蒸发和沉积是一对相逆的过程,该相逆过程在足够长的时间后会达到动态平衡,此时的蒸发速度与沉积速度相等。达到动态平衡时容器内的压强,称为饱和蒸气压。当容器中存在多种物质时,每种物质具有饱和蒸气压的分压强。根据动态平衡原理,当压强高于饱和蒸气压时,表现为净沉积,而压强低于饱和蒸气压时,表现为净蒸发。饱和蒸气压 p 与温度 T 相关,可通过以下经验公式进行估算[1]:

$$\lg p = A - B/T \tag{5-1}$$

式中:A、B 是与材料性质相关的常数。

式(5-1)表明,饱和蒸气压随温度升高基本成指数上升。

典型的蒸发装置如图5.1所示,其主要包括蒸发腔、真空系统和金属加热器。为提高金属沉积的均匀性,晶圆通常放置在旋转支架上。该旋转支架倒挂于密闭蒸发腔的半球形顶部,并在沉积过程中不停旋转。待蒸发的金属材料则放置于陶瓷坩埚加热器中。真空系统在蒸发流程中首先启动,待蒸发腔内的真空度降至 10^{-6} Torr(1Torr = 133.3Pa)后,加热待蒸发金属,使其温度满足蒸发要求,此时金属蒸气朝着晶圆运动,并最终沉积在晶圆表面,完成沉积。

根据所采用的加热方式的不同,蒸发可以分为电阻式热蒸发和电子束蒸发两类。

(1)电阻式热蒸发。待蒸发的金属材料放置于电阻加热容器中,原理是通过电流流过电阻产生的热量来气化待蒸发金属。显然,该蒸发方式要防止蒸发容器所用材料在蒸发温度下与待蒸发金属互溶或发生化学反应。同时,蒸发容器所用材料与待蒸发材料应容易被湿润,以确保蒸发过程的稳定。目

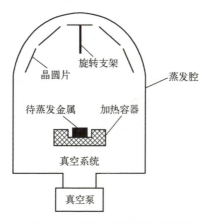

图 5.1 典型的蒸发装置原理图

前,蒸发容器制备材料主要是具有高熔点和低蒸气压的金属材料钨、钼和铊等,还可以采用石墨和陶瓷等非金属材料。在实际使用过程中,由于长时间不断在真空中加热与降温,这些材料制成的蒸发舟会逐渐变脆,操作不当时可能会发生折断。因此,蒸发舟是电阻式热蒸发过程中的易损件。为了延长使用寿命,蒸发舟在使用前通常都需要退火处理,并且在使用过程中需要合理控制升降温的梯度。电阻式热蒸发方式虽然原理简单、易操作。但是,在蒸发过程中,待蒸发金属直接放置于蒸发舟中,可能与蒸发舟材料混合继而发生化学反应,降低蒸发金属的纯度。此外,对于高熔点金属,尽管目前已经采用涡流感应的方式提高蒸发舟的加热温度,但蒸发速率仍然较低,限制了热蒸发的应用。

(2)电子束蒸发。与电阻式热蒸发相比,电子束蒸发可以使蒸发装置温度更高,同时避免待蒸发金属与蒸发容器的直接接触。电子束蒸发是用电子束轰击待蒸发金属来实现材料蒸发的一种方法。电子束蒸发源通常由电子发射源、电子加速区、坩埚、磁场线圈、水冷系统等部分组成。在进行电子束蒸发时,待蒸发金属放置于坩埚中,电子束从发射源发出,经过 5~10keV 的电场加速,再由磁场线圈完成聚焦和偏转并轰击到目标待蒸发金属。电子束在轰击过程中迅速将能量传递给待蒸发金属,从而使其熔化并蒸发。由于电子束只对待蒸发金属表面的电子束束斑区域进行局部加热,且坩埚用水冷系统进行保护,避免了坩埚与待蒸发金属发生反应。故相对于电阻式热蒸发,电子束蒸发蒸镀的金属薄膜纯度更高。目前,电子束蒸发方式几乎可以蒸镀所有金属材料,蒸发速率也可在较宽范围内实现精确控制,因此在微系统制造领域应用非常广泛。

在金属合金蒸发工艺中，精确控制各种合金成分的难度较大。这主要是由于合金金属在蒸发时需要通过加热来提高蒸气压，从而控制沉积速度，而金属材料的蒸气压和沉积速度对温度非常敏感，不同金属材料对蒸发温度的要求不同。合金材料放置在单蒸发源系统内部时，特定温度下，合金中的各类金属会以不同的速度蒸发，导致最终沉积的合金比例与蒸发料的原始合金比例存在差异。为了弥补这一缺陷，一种方法是将不同的合金材料放置于不同的加热坩埚中，独立控制不同金属的蒸发速度，但在蒸发过程中独立监控每种金属的蒸发速率难度较大；另一种方法是先后交替沉积金属合金的不同成分，生成多层材料的叠层，待沉积完成后统一热处理，各金属层之间相互扩散形成最终所需的合金。然而，这种方法较为复杂，加工效率低，可控性差，并且要求衬底能够经受热处理时的高温环境。总体来说，合金的控制目前仍存在一定的难度，蒸发工艺更适用于纯金属和对组分无精确要求合金的沉积。

5.1.1.2 溅射

溅射是指利用高速离子（通常为氩离子）轰击金属靶材，使金属原子从靶材表面脱离，并附着于晶圆表面的工艺。在溅射工艺中，阳极、阴极、靶材和晶圆均放置于真空腔体内，如图 5.2 所示。真空泵先将腔内气压降低至 10^{-6} Torr 以下，然后引入氩气使腔内真空度处于 1~10mTorr。阳极和阴极之间施加直流或交流电压电离氩气，产生氩离子和电子。新产生的氩离子和电子又继续加速并撞击氩原子产生离子和电子，形成雪崩效应。同时，随着腔室内氩离子数量的增加，自由电子也会与氩离子碰撞复合恢复为氩原子，并放出光子产生辉光。稳定状态下，氩原子的电离与复合将达到动态平衡，在腔室内形成稳定的等离子体，并保持发光状态，这个过程即辉光放电过程。此时，带正电的氩离子在电场作用下高速轰击位于阴极的金属靶材，溅出的靶材原子飞向晶圆表面沉积成膜。溅射过程中，放置晶圆的支架可进行旋转，使激发的金属原子能够较为均匀地沉积至晶圆表面。

与蒸发沉积相比，溅射沉积的优点主要包括以下五点。

（1）溅射出的原子、分子的运动能量可达 10~50eV，几乎是蒸发出的原子运动能量的 100 倍，故形成的薄膜在晶圆表面的附着力大，且粒子沉积时伴有对晶圆表面的加热和清洁作用。

（2）溅射出的高能原子具有较高的表面迁移率，这将显著改善金属薄膜对台阶的覆盖效果。

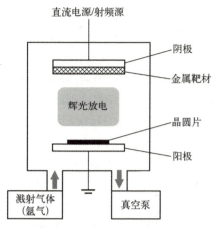

图 5.2 典型的溅射装置原理图

(3) 溅射工艺不需高温加热,故不存在蒸发中的物质相变、合金分馏和化合物成分变化等问题,有利于精确控制复合材料和合金配比。

(4) 材料适用范围广,几乎所有的固体材料都可以用溅射的方式进行沉积,特别是对高熔点材料和用蒸发方式难以沉积的材料。

(5) 降低溅射气体的气压,可以使溅射沉积形成的粒子尺寸小于蒸发沉积方法,对于某些有特定要求的薄膜制备适用性更强。

相应地,溅射沉积的缺点主要包括以下两点。

(1) 与蒸发相比,其金属沉积速率低,沉积的方向性不足。

(2) 衬底会受到等离子体轰击而升温。

根据采用的溅射装置的不同,溅射可以分为直流溅射、射频溅射、磁控溅射、金属合金溅射、反溅射等。

(1) 直流溅射。直流溅射通常只能用于导电材料(如金属和半导体)的溅射。所采用的溅射系统主要包括直流电源、阴极、固定在阴极上的金属靶材、阳极、放置晶圆的阳极托盘和氩离子发生装置等(图 5.2)。在溅射过程中,氩离子在偏置电压作用下轰击金属靶材,使金属原子从靶材表面溅出,沉积至晶圆表面。直流溅射的溅射速率高,利用溅射工艺制备金属薄膜时,应优先考虑这种方式。但是,直流溅射方式无法用于沉积绝缘材料,这是由于当使用绝缘靶材时,轰击靶材的正离子会在靶材表面积累,位于阴极的靶材电位上升,电极之间的电场将变小,进而阻碍溅射过程。

(2) 射频溅射。与直流溅射不同,射频溅射方法不仅可以用于金属、半导体等导电材料的沉积,也可以用于二氧化硅、氮化硅、玻璃、石英和金刚石等绝缘材料的沉积。射频溅射系统整体结构如图 5.2 所示,其同样需要直流偏置电压来产生氩等离子体,但生成的氩离子通过交流电源来驱动,交流电源频率通常为 13.56MHz。在绝缘材料溅射过程中,射频交流电源的正负性不断发生周期交替。当靶材侧阴极处于正半周时,电子向靶材表面聚集,中和掉负半周时表面积累的正电荷,并使其表面呈现负偏压;当射频电压的负半周期到来时,正离子继续轰击靶材,从而保证溅射过程的持续进行。

(3) 磁控溅射。对于直流溅射和射频溅射,金属沉积速率与溅射功率直接相关。为了获得更高的沉积速率,需要加载更高的功率:一方面使更多的氩离子被电离;另一方面则要提高氩离子对金属靶材的轰击强度。但是,过高的轰击强度又可能会对靶材甚至晶圆造成损坏。因此,提出了磁控溅射金属沉积方法,既保证金属的沉积速度,又防止靶材和晶圆遭到破坏。在这种沉积方式中,金属靶材背后放置有磁铁,磁铁产生的磁场可以改变电子的运动方向,从而将电子束缚在靶材附近,降低了产生同样数量的离子所需的电子密度,辉光放电也显著减小。相比普通直流和射频溅射方式,磁控溅射的工作压强更低,更有利于实现高速沉积;对晶圆的轰击作用更小,引起的基片发热量更低;溅射功率的效率也更高。目前的磁控溅射装置中,通常同时配有直流、射频和多靶溅射,这对实现不同靶材和不同特性薄膜的制备非常有利。

(4) 金属合金溅射。金属合金溅射工艺需要参照沉积薄膜的成分确定金属靶材。但在实际溅射过程中,不同靶合金元素可能会出现不同的溅射量,使最终沉积的薄膜组分发生变化。为了更加精确地控制合金成分,目前常使用多靶材系统。每个靶材的功率能够单独控制,从而对最终合金的组分进行调控。此外,在溅射工艺中,加入气态沉积源可以制得与溅射靶组分不同的薄膜。反应溅射就是放电气体与溅射出来的靶原子化学反应生成新物质并沉积的溅射方法。例如,在压电氮化铝材料的制备中,就可以通过控制溅射系统中的氮气实现对氮化铝组分和形态的控制。

(5) 反溅射。将溅射系统的电气连接倒置,可使系统具备"清洁"晶圆的能力。在金属沉积之前,将溅射系统的阴极和阳极电气连接倒置,即在晶圆所在电极侧加载负向偏置电压,可实现对晶圆表面的等离子轰击。该轰击作用可对晶圆表面进行清洗,提高待溅射金属对晶圆表面的黏附力。该过程也可去除晶圆放置于空气中形成的表面氧化层,更利于金属与半导体的金半接触。较大的反溅射功率可以生成更多氩离子,清洗三维结构的侧壁及底部,提高金属对深槽的台阶的覆盖能力。但是,过大的反溅射功率可能会对晶圆衬底造成损伤。因此，具体的工艺条件需要根据晶圆的实际情况进行折中考虑。

值得说明的是，与蒸发工艺相比，溅射能更好地覆盖不平整表面，这对 MEMS 结构的三维制造乃至集成电路的多层互联具有重要意义。例如，对于通孔结构，金属沉积会使侧壁厚度越往下越薄。当通孔深宽比较大时，通孔的入口会收缩，底部可能无法沉积到金属。此时，加热晶圆衬底增强表面扩散，或对衬底施加射频偏置以引入表面轰击而使侧壁重新沉积，都可改善台阶覆盖效果。其中，加热增强表面扩散的方法在集成电路中应用广泛，这是由于集成电路中的材料大都具备一定的温度承受能力。但是，三维 MEMS 结构可能含有无法承受高温的聚合物，难以直接应用此加热方法。

此外，应力状态也会显著影响沉积薄膜的性能。应力可以分为张应力和压应力，工艺条件和衬底性质共同决定了衬底表面薄膜的应力类型。应力包含本征应力和外应力两部分。本征应力主要受沉积速度、薄膜厚度等参数的影响，而外应力则主要是由金属薄膜材料与衬底材料的热膨胀系数失配引起的。本征应力和外应力共同决定了薄膜的性能。在 MEMS 工艺中：一方面，应力的存在可能会造成悬浮结构的翘曲或塌陷，需要通过退火等后续工艺减小应力；另一方面，合理利用应力也可使 MEMS 结构的功能和形态更为多样化，为面向特殊应用的 MEMS 结构制造提供有效的手段。

5.1.2 化学气相沉积

在微电子技术中，大多数金属薄膜均采用蒸发和溅射工艺进行制备。但是，这两种工艺在面对具有高深宽比结构的衬底时，难以实现良好的台阶覆盖。不同于上述两种采用物理原理的金属沉积方式，化学气相沉积是基于化学反应的金属薄膜沉积方法，其利用加热、等离子激励或光辐射等外加手段，使位于反应腔室内的气态或蒸气状态的化学物质在气相或气固界面上发生化学反应，完成金属的沉积。化学气相沉积纯度高、成膜均一致密、保形性好、厚度可控，在难熔金属材料的制备中，表现出了极大的优势。难熔金属是指元素周期表中熔点高于铂的所有金属的统称，包括钨（W）、钼（Mo）、钽（Ta）、铌（Nb）和铼（Re）等。

化学气相沉积金属的工艺流程如下（图 5.3）：①气相反应生成前驱物；②前驱生成物输运至晶圆表面附近，向薄膜生长区域表面扩散并黏附在晶圆表面；③附着在晶圆表面的前驱物与反应气体发生表面反应，沉积成膜；④反应副产物从衬底表面脱附并随气流排出反应腔室。

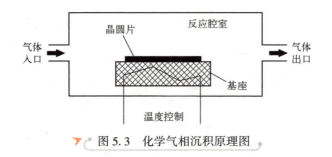

图 5.3 化学气相沉积原理图

在化学气相沉积工艺中，需要重点关注以下问题：①在沉积反应中，反应化合物需要有足够高的分压强，若化合物在常温下不是气态或蒸气压过低，则需要进行加热处理；②薄膜沉积化学反应的生成物除了最终的沉积金属外，只能是气体；③反应生成的沉积金属在沉积温度下的蒸气压应足够低，才能保证沉积物有效附着于晶圆表面。

（1）化学气相沉积金属单质。在采用化学气相沉积方法制备金属材料时，金属源前驱体一般采用金属卤化物或金属有机化合物。金属卤化物在沉积温度下通常为气相或对应的蒸气压较高，因此更适合作为化学气相沉积的原材料。金属有机化合物多采用羰基化合物体系，在制备钨、钼和铼 3 种元素时应用较多。下面以钨为例，说明采用金属卤化物和金属有机化合物分别作为前驱体的制备工艺过程。

钨是最先采用化学气相沉积法制备的难熔金属。最初采用的金属源前驱体就是卤化物，其中，利用氟化物体系进行沉积是目前最为成熟的工艺体系。该体系以六氟化钨（WF_6）为原料，在一定条件下通过氢气（H_2）还原可制得单质金属钨（W），所用的化学反应原理为[2]

$$WF_6(g) + 3H_2(g) \longrightarrow W(s) + 6HF(g) \tag{5-2}$$

除卤化物外，金属有机化合物也可作为制备钨的金属源前驱体，常用的金属有机化合物为六羰基钨（$W(CO)_6$）。六羰基钨由氩气或氢气等气体运送到晶圆表面，吸热分解形成单质金属钨，所用的化学反应原理为[3]

$$W(CO)_6(g) \longrightarrow W(s) + 6CO(g) \tag{5-3}$$

采用金属卤化物和金属有机化合物作为前驱体沉积金属材料的工艺条件差别较大。例如，对于同种金属材料的沉积，羰基化合物体系的沉积温度低于卤化物体系，而卤化物体系中氟化物体系的沉积温度又低于氯化物体系。由此可见，金属有机物化学气相沉积（Metal Organic Chemical Vapor Deposition，MOCVD）的前驱体反应活性较高，分解温度较低，因而工艺温度较低。但是，较高反应活性的前驱体也增大了其制备及提纯的难度。而卤化物化学气相沉积（Halide Chemical Vapor Deposition，HCVD）虽然工艺温度比 MOCVD 高，但原料与设备更为简单，沉积速度也更快，并且其制备的薄膜力学性能更为优良，保形性更好。上述两种金属化学气相沉积方法各有优劣，应用时需要根据需求和加工条件进行适应性选择，从而制备出满足性能要求的金属薄膜。

（2）化学气相沉积金属合金。在化学气相沉积制备单质金属的基础上，选择不同金属源前驱体种类和比例，并对沉积工艺进行调整，可以实现金属合金的制备。对于金属卤化物体系，一方面可以调控金属源气体配比，采用同时沉积的方式制备合金。例如，反应腔室中除通入 WF_6 与 H_2 之外，以一定比例通入钼、钽、铼等金属卤化物，可以相应获得成分连续的钨-钼、钨-钽和钨-铼合金。另一方面，通过控制沉积顺序，制备多层金属复合的金属薄层，再经热处理可形成合金。此外，金属有机化合物体系也可用于金属合金的制备。例如，$W(CO)_6$、六羰基钼（$Mo(CO)_6$）成分的前驱体可以制备钨-钼复合金属薄膜[4]，$W(CO)_6$、羰基铼（$Re_2(CO)_{10}$）成分的前驱体可合成钨-铼复合薄膜[5]。

目前，利用化学气相沉积法制备介电材料和半导体化合物材料的相关工艺已经非常成熟，但用于沉积难熔金属的研究还停留在实验室阶段。

5.1.3　电化学沉积

除了物理气相沉积和化学气相沉积以外，金属薄膜还可以采用电化学沉积法进行制备。电化学金属沉积本质上是将金属离子从水溶液、有机或盐类电解质中还原出来的过程。对于还原反应，有两种方法可以提供电子：一种是通过外界电源来提供电子，称为电镀（图 5.4）；另一种则由电解液中的还原剂提供电子，不需要外接电源，称为化学镀。相比物理和化学气相沉积方法，电化学金属薄膜制备方法的优点在于设备简单、工艺成本低，在室温下即可完成。

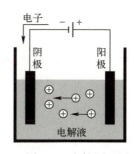

图 5.4　电镀原理图

电镀是有外加电场作用的化学体系中发生的一种氧化-还原反应。电镀工艺过程主要包含两个步骤：①一种或多种离子从阴极获得电子，生成还原物；②还原物沉积于特定位置，形成所需的金属结构。工艺过程中，阳极提供电子，发生氧化反应；③阴极获得电子，发生还原反应。

下面以在目标衬底上沉积金属铜薄膜为例来说明电镀的工艺过程。首先，将目标衬底连接至电路的阴极，对应的阳极为惰性金属，如铂等，并将电极放入含有金属铜离子的硫酸铜（$CuSO_4$）电解液中。电场施加于电解液，铜离子将向阴极移动，并发生如下反应：

$$Cu^{2+} + 2e^{-1} \longrightarrow Cu \tag{5-4}$$

此时，金属铜将从电解液中析出，并沉积至位于阴极的目标衬底表面。在电镀过程中，以下两个因素会对物质的运输过程产生重要影响：①随着电镀反应的发生，会消耗电极周围的离子，产生电解液离子浓度梯度，该浓度梯度会增强离子的扩散效应；②在电解液中，金属离子的运动存在3种不同的机制：漂移、对流和扩散。大多数情况下，电解质的导电性较好，电势能较低，电场作用下的漂移作用较小。因此，体溶液中主要的金属离子传导机制是对流。但在电极附近，扩散占主导地位。此外，电解液中宏观的电流密度分布是由电解液中的电极、目标衬底的排列形式以及电解槽的导电分布决定的，而局部电流密度分布取决于电极上目标衬底的形状与结构细节。

在电镀工艺中，电解质的化学性质（如离子类型和浓度、pH 值、添加剂类型等）、工艺过程的物理参数（如温度、电流等）甚至目标衬底的特征（如表面质量、形状等），均会对电化学制备的金属单质及合金产生重要影响。若将待电镀金属作为阳极，则随着电镀的进行，阳极金属失去电子后变为离子进入电解液，可以不断补充电解液中用于电镀而失去的金属离子。若采用铂等惰性金属作为阳极，则只能人为地添加金属盐，以维持电解液中的金属离子浓度。此外，电解液中除了含有电解质和为控制电导率而添加的盐类之外，还会加入保证薄膜均匀性的改良剂和改善形貌的表面活性剂。这些添加剂的引入将影响成核结构和颗粒生长，从而改善薄膜质量。

法拉第定律可以对沉积的金属质量 m 进行计算[6]：

$$m = \frac{MIt}{zF} \tag{5-5}$$

式中：M 为待沉积金属的摩尔质量；I 为电流；t 为时间；z 为化合价；F 为法拉第常数。

需要说明的是，在电镀工艺中，阳极处水氧化将产生氧气，阴极处水还原会析出氢气，而电解液的其他成分也会在电极处发生反应，故式（5-5）中的总电流将分配给不同的反应。和金属沉积直接相关的电流与总电流的比称为阴极电流效率。根据式（5-5）的相关关系，阴极电流效率也可由有效沉积质量和理论沉积质量之比表示。电化学反应需要抑制阴极处氢的产生，从而提高电流效率。另外，随着沉积反应的进行，电极表面的 pH 值会逐渐上升，沉积层中将混入金属氢氧化物，导致沉积层变脆。氢气溢出造成的气泡也会积累并附着在样品表面，使沉积层变得疏松。

（1）电镀铜。在微电子技术中，铜常用于制备微器件、辅助结构或牺牲层。电镀铜工艺的电解液主要成分为硫酸铜溶液，并含有多种添加剂。此外，为获得高质量沉积层，还需向电解液中加入有机整平剂。电解液中铜离子的补充则由铜氟硼酸来完成[7]。

（2）电镀金。因具有电导率高、延展性强、耐腐蚀性和生物兼容性好等优良特性，金常被用于制备微光学、微流体和微机械结构的金属部件。电镀金的工艺主要包括软金（纯金）电镀和硬金（金合金）电镀。软金主要用于制备金属焊盘、硅集成电路芯片和陶瓷封装的微凸点；硬金是金与钴、镍或钨等金属的合金，常作为电连接器、印制电路板（Printed Circuit Board，PCB）和机械式继电器的接触材料。常用的电镀金溶液包括 3 类：具有中性或碱性 pH 值的亚硫酸体系，呈弱酸性的硫代硫酸钠体系，以及 pH 值范围从弱酸性到强碱性的氰化物体系。其中，应用最为广泛的是无毒且与正性光刻胶兼容的无氰电解液[8]。

（3）电镀镍合金。与单质金属镍相比，镍合金硬度更大且脆性较低，承受静态和动态应变的能力也更强。故用镍合金制备的微型齿轮和开关等机械结构具备更强的抗疲劳性能。相比金属单质，合金材料的电镀更为复杂。这是因为在合金电镀过程中，各种金属的还原反应同时进行。各种反应之间可能会发生相互作用，引发更为复杂的电化学过程。在镍-铁合金的电镀工艺中，电化学反应中的多个变量，如电解液中镍-铁离子的配比、添加剂、溶液的 pH 值、温度、搅拌方式和所施加电流的波形，都会对制成合金材料的残余应力、延展性、表面粗糙度、耐磨损强度及磁特性造成影响[9]。

与电镀工艺相比，化学镀无须外加电源。化学镀是指在一定 pH 值、温度环境下，借助金属离子溶液的氧化还原反应，利用强还原剂将金属离子还原成金属而沉积在目标衬底表面，形成致密镀层的方法。化学镀一般通过 3 种方法实现：浸镀、接触镀和自催化镀。浸镀又称置换镀，它是一种利用置换反应将金属盐溶液中的金属置换出来，并沉积于目标衬底表面的薄膜沉积技术。在接触镀过程中，将待镀目标衬底与辅助金属接触后，浸入大量存在待镀金属的盐溶液中，性质活泼的辅助金属可以为待镀金属离子提供电子，进而使待镀金属沉积至目标衬底上。在浸镀和接触镀中，当镀层金属将目标衬底完全覆盖后，电镀反应就会停止，故形成的镀层通常较薄。自催化镀采用催化剂使金属盐和还原剂在水溶液中连续反应，更适合用于沉积厚金属层。

事实上，很多金属都具有催化作用，故在大多数情况下，可认为化学镀就是自催化镀。在采用化学镀沉积具有催化作用的金属材料时，一旦沉积开始，沉积的金属必然自催化并连续沉积。然而，并非所有的金属都具有自催化功能，因此自催化镀使用的金属类型是有限的。目前，已经确定能实现自催化镀的金属包括镍、钴、钯、铂、铜、金、银和一些合金。自催化镀沉积金属的目标衬底表面无须导电，故可采用聚合物和无机材料作为目标衬底。但是，由于金属与聚合物和无机材料的物理化学性质差异较大，故两种材料之间的黏合强度较差，沉积的金属很容易发生剥离。因此，为提高金属附着力，需要在工艺开始前对待镀目标衬底进行物理/化学刻蚀及表面催化等表面处理。

典型的化学镀工艺流程如图 5.5 所示[6]。首先，对待镀目标衬底进行表面改性，表面改性指的是利用化学湿/干法刻蚀在目标衬底上形成纳米级的粗糙表面，以增加界面的表面积，提高待镀金属的附着力；其次，对目标衬底表面进行催化，方法是先用机械顺应较好的锡，再用催化化合物进行表面处理；最后，在金属盐、还原剂以及络合物的作用下，完成化学镀工艺。为了在目标衬底表面形成均匀的催化位点，并为发生的还原过程提供动能，催化和化学镀工艺常在超声环境下开展。

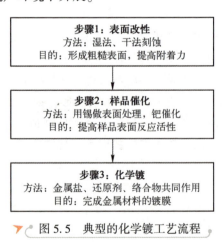

图 5.5 典型的化学镀工艺流程

（1）化学镀镍。化学镀镍是目前使用最为广泛的催化化学镀工艺之一。其不仅广泛应用于制备工程中的耐磨和耐腐蚀涂层，还广泛应用于印制电路板，可作为铜层与金层之间的阻隔层，阻止金和铜的相互扩散。化学镀镍的镀液主要由镍离子盐、还原剂、络合剂和一些添加剂组成。硫酸镍因腐蚀性小且成本低，常被用作镍的离子源。还原剂主要采用磷酸钠、硼氢化钠、二甲胺硼烷等。络合剂的加入一方面可以减弱 pH 值的变化，另一方面也可以阻止镍盐发生沉淀，提高金属还原的稳定性。然而，多种添加剂的应用常使化学镀形成的镀镍层不纯净，含有磷或硼等杂质[6]。

（2）化学镀铜。化学镀铜工艺常用的还原剂为甲醛和次磷酸钠。其中，含有甲醛的镀液在反应过程中会产生有毒的甲醛蒸气，并且要求镀液的 pH 值保持在 12.5 左右。由次磷酸钠制成的镀液则不会产生有毒气体，并且较低的 pH 值即可完成铜的化学镀。然而，次磷酸钠作为还原剂生成的金属铜无法进一步催化次磷酸钠的氧化反应。因此，需要在镀液中加入少量的镍粉末以保证沉积过程的连续性，而镍粉末的加入也会在一定程度上影响沉积金属的纯度[10]。

电镀和化学镀的比较如下。

电镀和化学镀均可用于制备镍、铜和金等金属的微结构，并且制备成本都不高。与电镀相比，化学镀具有以下优点：①不需要提供外加电源；②能够在不导电材料表面沉积金属；③不受电场影响，可以在三维复杂结构表面实现更为均匀的沉积；④形成的沉积层更为致密，孔隙更少。

相应地，化学镀具有以下缺点：①沉积温度偏高；②沉积的金属材料与衬底的黏附力不够强；③沉积速度较慢；④难以实现特定区域的选择性沉积。

5.2　金属材料的刻蚀工艺

金属材料在微系统制造中具有重要作用，而金属材料的图形化是传感器与 MEMS 微系统制造的核心技术，刻蚀则是实现金属图形化的关键。目前，金属材料刻蚀技术可以分为湿法腐蚀和干法刻蚀两类，下面分别进行介绍。

5.2.1　金属湿法腐蚀

金属湿法腐蚀是利用含有化学腐蚀剂的溶液，通过腐蚀和溶解作用，去除暴露在掩膜窗口区域内的金属材料的方法。金属腐蚀工艺需要对腐蚀过程进行多方面的考虑。①需要根据待腐蚀金属材料的类型和掩膜类型，选取高选择性的腐蚀液，以保证在掩膜材料损伤最小的情况下，完成掩膜窗口区域内金属薄膜的去除。②腐蚀液的选择和配比应使腐蚀工艺在 2~10min 内完成。

一方面，腐蚀时间过短，腐蚀速率过快，样品的放入方式、表面浸润性等因素会对腐蚀结果产生重要影响；另一方面，腐蚀时间过长，腐蚀速率过慢，则会增加工艺的时间成本。③必须保证腐蚀系统具有一定的过腐蚀承受能力。为保证金属材料的完全去除，通常需要进行过腐蚀，因此需要保证腐蚀系统具有5%~15%及以上的过腐蚀余量。④化学反应生成物应当能够被溶液溶解，或可以直接逸出的气态物质。此时，腐蚀生成物不会附着于待腐蚀区域表面，形成腐蚀屏障，减缓甚至停止腐蚀。⑤通过施加超声或搅拌的方式促进溶液在局部区域的流通。当腐蚀形成的结构包含很细的线条，甚至沟槽和空腔时，某些局部区域内的溶液可能无法流通，降低腐蚀速率。同时，超声的引入也可以促进反应生成的气泡快速逸出，避免气泡附着在待腐蚀样品表面，影响腐蚀速度。

对于金属腐蚀，所采用的腐蚀剂通常呈酸性，并且每种金属的腐蚀液都有多种选择配方。在腐蚀过程中，腐蚀液浓度、金属沉积方式、反应温度、搅拌速度等多因素会综合影响腐蚀速度。若腐蚀液中含有易挥发物质，则腐蚀液的存放时间也会对腐蚀速度造成影响。目前，各种商业腐蚀剂，如Transene公司提供的铝、金、钛、镍、铬、铜等金属腐蚀剂[11]，乃至利用实验室的基本化学品配置而成的腐蚀剂，几乎可以实现任意金属的湿法腐蚀。在腐蚀过程中：首先采用聚四氟乙烯或聚丙烯制作的容器来盛装待腐蚀样品；然后将其放入腐蚀槽中并加热腐蚀槽以保持腐蚀所需的最佳温度；腐蚀完成后，用去离子水对样品进行冲洗，并用氮气吹干。大多数情况下，可以采用光刻胶作为金属腐蚀的掩膜层。肉眼可以初步确定腐蚀是否完成，金属腐蚀完成后，底层区域的反射率会发生明显的变化，此时，选择适当的过腐蚀时间可以确保金属的完全去除。当然，更为严谨的判断方法是用轮廓测定法测量完成后的台阶高度，或是采用光学方式测量底层材料的厚度。

湿法腐蚀的优点是：选择性好、重复性佳、效率高、设备简单、成本低廉。但是，由于该过程中的化学反应与方向无关，故湿法腐蚀各向同性，位于掩膜下方的金属容易发生钻蚀，因此，湿法腐蚀形成的图形分辨率有限。目前，在精度要求不高的微米以上尺度的结构腐蚀中，湿法腐蚀仍然有着广泛的应用。而在纳米尺度的微结构加工中，主要采用的是干法刻蚀技术。

5.2.2 金属干法刻蚀

半导体刻蚀技术的迅速发展，也使金属的干法刻蚀手段不断丰富。对于金属干法刻蚀，目前应用最为广泛的方法是离子束刻蚀（Ion Beam Etching，

IBE）和反应离子刻蚀（Reactive Ion Etching，RIE）。

5.2.2.1 离子束刻蚀

离子束刻蚀的基本原理是：在高真空环境下，将惰性气体离子（如氩离子）聚焦成离子束，高速轰击待刻蚀金属表面。若离子束传递给金属原子的能量超过其结合能，则金属原子将脱离其晶格位置，从样品表面脱落。在离子束刻蚀工艺中，用于刻蚀的离子束由离子源和加速-聚焦系统产生，而待刻蚀样品则放置于高真空环境下，如图 5.6 所示。其中，提供离子源的装置称为卡夫曼离子源[12]，由形成等离子体的放电室和离子引出结构组成。放电室中设有热丝制成的阴极和中空形式的阳极，当加热阴极时，阴极热电子发射成为自由电子，这些自由电子经过电场加速获得较高的能量，并与放电室中的气体原子发生碰撞，形成等离子体。在放电室外部设有螺旋形线圈，线圈中有电流通过时将产生磁场，延长电子的运动轨迹，提高电子碰撞电离效率，从而能够在较低的压强下产生较高密度的等离子体。该高密度等离子体经加速、聚焦后进入高真空样品区域，实现对样品的高效刻蚀。需要说明的是，生成等离子体的电离室和真空工作室之间需要设置压差结构，以保证刻蚀区内较高的真空度。高真空度使样品区域附近离子的平均自由程远大于容器的尺寸，离子的运动为直线运动，同时，加速装置能够将电离室中生成的离子能量加速至 500~1000eV，确保离子束良好的刻蚀效果。显然，离子束刻蚀是一种纯物理过程，有高度的各向异性，易于获得较小的特征尺寸和良好的纵横比。

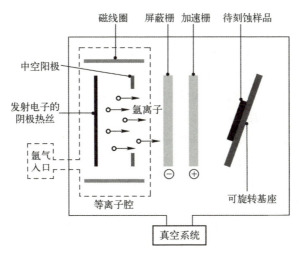

图 5.6 离子束刻蚀原理图

在离子束刻蚀装置中，除了采用卡夫曼离子源外，还可以采用电子回旋共振离子源、液态金属离子源等其他形式的离子源。刻蚀装置中离子的能量、离子束的束斑尺寸和轰击区域可以通过电子光学聚焦和偏转实现精确调控。

由于离子束刻蚀是一种纯物理刻蚀方法，对任何材料都能进行刻蚀，因此，离子束刻蚀的掩膜和衬底选择比相对较差，难以实现较深的刻蚀。此外，由于入射至样品表面的离子能量很高，在刻蚀金属的同时可能穿过材料表面进入材料内部，形成离子注入，损伤样品晶格。离子束刻蚀的生成物通常为不具挥发性的固体颗粒，可能在样品表面的其他位置二次沉积，影响刻蚀效果。为了克服离子束刻蚀中存在的问题，可在离子束刻蚀系统中引入化学反应机制。这类的刻蚀方法主要包括反应离子束刻蚀（Reactive Ion Beam Etching, RIBE）和化学辅助离子束刻蚀（Chemically Assisted Ion Beam Etching, CAIBE）。

与离子束刻蚀不同，反应离子束刻蚀方法将惰性气体离子束变为化学反应气体离子束。因此，反应离子束刻蚀不仅具有离子束的物理刻蚀能力，还具有腐蚀性气体离子化后对样品的化学腐蚀能力。在自然状态下，工艺中采用的气体或混合气体，不一定会与待刻蚀金属发生化学反应。但是，当这些气体被离子源系统电离成离子束，并轰击至待刻蚀金属表面时，不仅会对样品表面产生物理轰击，还会与表面原子发生化学反应。反应生成的挥发性气体将被真空系统抽除。反应离子束刻蚀中，采用的气体通常为氟基或氯基气体，电离后形成的卤族基离子化学活性高，容易形成具有挥发性的产物。定向轰击的离子束：一方面，保证了离子与目标金属原子之间的化学反应良好的方向性，使该技术具备了各向异性加工能力；另一方面，也增强了反应气体离子与表面金属材料的化学反应，成倍地提高刻蚀速度。因此，反应离子束刻蚀技术将离子轰击与化学反应相结合，不仅可以实现更高的刻蚀速度与刻蚀选择比，也使大深宽比结构的刻蚀成为可能。

化学辅助离子束刻蚀也是在离子束刻蚀基础上进一步发展而来的刻蚀技术。该刻蚀技术在保留惰性气体离子束的同时，将另一路反应气体直接喷向待刻蚀金属表面，实现了惰性气体离子束与反应气体的分别调控。这种刻蚀方法能够既实现类似反应离子束刻蚀的效果，也降低对样品表面的损伤。此外，化学辅助离子束刻蚀技术还可以在离子源中加入一种反应气体，在旁路的气体中通入另一种反应气体，灵活性与可控性更好。

在离子束刻蚀中，刻蚀速度由入射离子能量、离子束密度、离子入射角度、金属成分及温度、气体与金属化学反应状态及速率、刻蚀生成物等因素共同决定。改变过程中离子束的入射角度，可以将刻蚀图形的轮廓设置为陡直或缓坡形状。需要注意的是，刻蚀速度与刻蚀结构的质量是一对矛盾。一般情况下，需要牺牲一定的刻蚀速度来保证刻蚀质量。当刻蚀结构的深度较小时，离子束刻蚀过程中物理轰击溅射出的粒子几乎不会再次沉积至结构表面。此时，可以获得较高的图形分辨率和陡直的轮廓，并且表面几乎没有污染。但是，当刻蚀深度较大时，溅射出的粒子会再次沉积至结构和掩膜的侧壁，形成二次沉积。这时适当倾斜样品台，增加入射角，不仅可以提高轮廓的陡直度，还能在一定程度上消除二次效应。在所有类型的材料中，离子束对碳的刻蚀速度最小，氧化铝和铝次之，而对金、银、Ⅲ~Ⅴ族化合物的刻蚀速度是铝的 10 倍以上[12]。因此，除光刻胶外，也可以采用碳、氧化铝和铝作为金、银、Ⅲ~Ⅴ族化合物的刻蚀掩膜。离子束刻蚀技术目前已广泛应用于各类微纳结构的制备，并已成为高精度金属结构刻蚀的首选方法。

5.2.2.2 反应离子刻蚀

基于离子束的金属刻蚀方法具有良好的方向性。但是，由于离子束刻蚀是纯物理性质的刻蚀，故其对不同材料的刻蚀速率相差不大，选择性较差。相对来说，采用化学反应的等离子体刻蚀技术具有更好的选择性，在某些情况下，反应离子刻蚀甚至可以获得更快的刻蚀速率。

反应离子刻蚀本质上利用了轰击离子对等离子体化学刻蚀效应的增强作用。其基本原理是：真空环境下的反应气体由于射频电场的作用辉光放电产生等离子体，等离子体形成直流自偏压，轰击位于阴极的样品金属，实现离子的物理轰击和活性粒子的化学反应，从而完成高精度的金属图形化刻蚀。

典型的反应离子刻蚀系统如图 5.7 所示，其主要由接地的金属外壳、位于射频源一侧的阴极基板和反应气体的气路组成。正常工作状态下，金属薄膜表面的待刻蚀样品放置于阴极基板上。待系统达到一定真空度后，通入反应气体。辉光放电过程中，腔室内开始时的反应气体本身是电中性的，腔室内的电子和正离子数目应当相同，整个等离子体区域应该是等电位区。但由于电子的质量轻、速度快，一部分会被接地金属外壳吸收，使整个等离子区域表现出微小的正电势；另一部分电子则被未接地的射频源端阴极基板吸附，使基板表现出负电势。此时，从基板表面到等离子体区域将形成一个能够对正离子进行加速的偏置电压，加速后的正离子轰击到待刻蚀的金属材料表面，形成刻蚀。反应离子刻蚀工艺不仅存在离子的物理轰击作用，还可以选择反应气体使离子、自由基或化学活性气体与待刻蚀金属发生化学反应并生成挥发性产物。反应离子刻蚀的效果与气体流速、射频功率、腔内真空度、样品表面温度、电极材料、辅助气体等因素直接相关。相比离子束刻蚀，反应离子刻蚀中的物理轰击作用要弱得多，金属刻蚀主要通过化学反应来实现。因此，对于化学性质较为活泼的金属，采用反应离子刻蚀方法可以得到较好的刻蚀效果。但对于惰性金属，离子束刻蚀仍然是更好的选择。

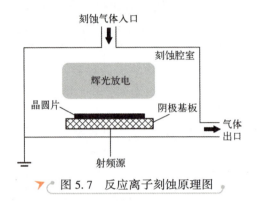

图 5.7 反应离子刻蚀原理图

表 5.1 对金属湿法腐蚀和干法刻蚀工艺的关键特征进行了对比总结。相对来说，金属湿法腐蚀的速率更快，材料选择性更高，工艺与设备成本更低。干法刻蚀形成的图形分辨率更高，不存在侧向钻蚀现象，能够实现对任意金属材料的高精度刻蚀。

表 5.1 湿法腐蚀和干法刻蚀特征对比

特征因素	湿法腐蚀	干法刻蚀
腐蚀速率	快，可调	适中，可调
腐蚀均匀性	适中，可调	适中，可调
材料选择性	高	低
侧向钻蚀	存在	无
掩膜选择性	高	低
光刻胶掩膜	有时可以	可以
图形分辨率	适中	高
工艺成本	低	高
设备成本	低	高

5.3 常见金属材料的性能

本节内容将对常见金属材料的关键性能特征进行对比,为 MEMS 传感器中金属材料的优选提供参考。

5.3.1 黏附性

金属与各类衬底材料之间的黏附性对微系统的可靠性具有重要影响。影响黏附性的因素主要包括金属材料的制备方式和厚度、衬底材料类型及表面粗糙度等。事实上,金属与衬底材料之间的黏附性主要由界面能量决定。当金属薄膜的内应力或外应力足以克服界面能量时,沉积于衬底表面的金属薄膜将出现分层甚至脱落。其中,金属薄膜的内应力主要由晶格缺陷引起,而外应力则主要来源于金属薄膜与衬底材料之间热膨胀系数的差异。在绝大多数情况下,占主导地位的都是外应力,内应力的作用仅在金属厚度较大时才会显现。表 5.2 给出了常见金属与衬底材料的热膨胀系数[13]。表 5.3 给出了文献中部分金属与不同衬底材料之间的黏附情况[14-17]。其中,惰性金属材料,如金、铂等,与硅、氧化硅、玻璃、聚酰亚胺(Polyimide,PI)、聚二甲基硅氧烷(Polydimethylsiloxane,PDMS)和聚甲基丙烯酸甲酯(Polymethylmethacrylate,PMMA)等微系统常用衬底材料之间的黏附性均较差。因此,在沉积惰性金属材料时,需要在衬底表面沉积 5~30nm 的增黏层。常见的增黏层材

表 5.2 微系统常用金属与衬底材料的热膨胀系数[13]

常见衬底材料	热膨胀系数/(×10^{-6}/K)	常见金属材料	热膨胀系数/(×10^{-6}/K)
硅	2.6	钛	8.6
锗	5.9	铬	4.9
二氧化硅	0.5	镍	13.4
氮化硅	2.3	铝	23.1
碳化硅	4.3	铜	16.5
氧化铝	6.5	金	14.2
硼硅酸盐玻璃	3.3	铂	8.8
PI	22	银	18.9
PDMS	900	钨	4.5
PMMA	70		

表 5.3 微系统常用金属薄膜与不同衬底黏附性的定性描述[14-17]

金属/衬底	硅	二氧化硅	玻璃	聚酰亚胺	PDMS	PMMA
钛	好	好	好	好	好	好
铬	好	好	好	好	好	好
镍	一般	好	好	差	差	差
铝	一般	好	好	一般	一般	一般
铜	一般	一般	一般	差	差	差
金	差	差	差	差	差	差
铂	差	差	差	差	差	差
银	差	差	差	差	差	差
钨	好	好	好	好	好	好

料主要是钛和铬。增黏层能够增强惰性金属与衬底间的黏附力，本质上是因为增黏层材料比惰性金属更容易氧化。当增黏层金属沉积至硅、氧化硅和玻璃等衬底表面时，金属与衬底之间的界面层将发生部分氧化，使增黏层与衬底之间形成共价键合；另外，沉积于增黏层上方的惰性金属能够与增黏层金属相互扩散，两者之间产生很强的黏结力。因此，在沉积惰性金属之前，不能将增黏层暴露在空气中。若增黏层暴露在空气中，增黏层表面发生氧化，该氧化层会阻止惰性金属和增黏层金属之间的扩散，使两层金属之间的黏附力变弱。

此外，在柔性传感器与微系统制造中，金属也常被沉积于 PI、PDMS、PMMA 等聚合物表面。金属与聚合物表面的黏附力取决于聚合物表面的官能团浓度、金属原子与这些官能团之间的键合强度等因素。通常情况下，金属在聚合物中的扩散程度越高，黏附性能就越差，反之，黏附性能越强。沉积金属前对聚合物表面进行等离子处理可以增强金属与聚合物之间的黏附性。

5.3.2 电学特性

大多数金属都具有较高的电导率，因而被广泛应用于微系统的电气互联。电导率随温度而变化（表 5.4）。标准温度下，温度每变化 1℃ 时所对应的电阻变化百分比称为电阻温度系数（Temperature Coefficient of Resistor，TCR）。大多数金属都具有正温度系数，即电阻随温度的升高而增大。对于工作环境温度会发生变化的金属结构，必须考虑温度变化带来的影响。尤其是电阻式传感器，温度变化时的电阻变化会影响传感器的输出结果，故在设计传感器时需要考虑对温度效应进行补偿。另一方面，金属的电阻温度效应也可用于制备温度传感器，监测环境温度。其中，铂电阻由于较宽的温度范围、较高的温度线性度和良好的化学稳定性，被广泛应用于制备温度传感器。

表 5.4 微系统常用金属材料电学性能总结[18-22]

材料类型	电阻率 /(m$\Omega \cdot$cm)	电阻温度系数 /($\times 10^{-3}$K^{-1})	能否进行引线键合	能否形成钝化层
钛	42	4.1	否	能
铬	12.9	3.0	否	能
镍	6.84	6.9	否	能
铝	2.65	4.3	能	能
铜	1.68	3.9	能	否
金	2.4	3.2	能	/
铂	10.6	3.7	能	/
银	1.62	3.8	能	否
钨	5.65	4.5	否	/

金属的热稳定性和化学稳定性对金属互连线的使用寿命具有重要影响。大部分金属长时间暴露于空气环境中会发生氧化现象（表 5.4）。其中，铝、钛和铬等金属表面会形成一层致密的氧化层，阻止金属的进一步氧化；铜等金属的氧化物则难以对铜进行保护，若要将这类金属长时间放置在空气中，必须对其进行钝化处理。另外，在堆叠多层金属材料时，必须保证沉积下一层金属前已经去除了上一层金属表面的氧化物薄层，以确保层与层之间的良好接触。氧化物薄层的去除既可以借助溶液浸泡的方式，也可以采用反溅射工艺。

除了作为互连线外，金属还常被用于制作引线焊盘，实现微系统不同模块之间、微系统与外部电路之间的封装连接。目前，应用最为广泛的金属焊盘材料为金、铂、铝和铜（表 5.4）。

5.3.3 力学特性

在传感器与 MEMS 系统中，金属可被用于制备弦、膜、梁、弹簧、铰链等可动结构。这些可动结构的机械性能取决于所采用的金属材料的力学特性。由于金属微结构与宏观结构的制造方式不同，故制成的微结构力学性能与宏观结构力学性能存在较大差异。采用不同的工艺条件制成的金属微结构力学性能也不相同。因此，严格的工艺控制对实现可重复的材料特性非常重要。表 5.5 汇总了文献 [13] 给出的部分常用金属材料的力学性能参数。需要指出的是，以上参数在提取过程中采用了某些特定假设，并且参数提取方法可能存在局限性。不同的参数提取方式所测算的结果可能存在较大差距。因此，对于实际工况下制备的微结构，其力学性能参数需要根据所采用的金属薄膜沉积系统特性和具体工艺参数进行适当修正。

表 5.5 MEMS 常用金属材料的力学性能[13]

材料类型	弹性模量/GPa	泊松比
钛	116	0.32
铬	279	0.21
镍	200	0.31
铝	70	0.35
铜	130	0.34
金	78	0.44
铂	168	0.38
银	83	0.37
钨	411	0.28

5.3.4 热学特性

由于金属具有很高的热导率，故其也常用于微系统的导热与散热。不仅如此，金属在温度升高时的膨胀效应，也使其可以作为微系统的执行机构。最为典型的金属热膨胀应用案例是双金属层热执行器。该执行器由两层具有不同热膨胀系数的金属制成。当温度升高时，热膨胀系数的差异会使两层金属的膨胀量不同，热膨胀系数高的金属层膨胀量更大，热膨胀系数低的则膨胀量较小，从而使双金属结构出现弯曲。表 5.6 给出了微系统中常用金属材料的热性能参数。大多数金属材料的热膨胀系数相比硅、氧化硅等衬底材料更高，导致金属材料与衬底之间存在应力。加热衬底表面的金属材料会使应力加剧。因此，在设计金属结构时，需要充分考虑其热效应。此外，在高温情况下，金属更容易发生扩散和氧化。实际应用中，常在界面处制备扩散阻挡层，在表面制造钝化层，以阻止金属的扩散和氧化。

表 5.6　MEMS 常用金属材料的热学性能[13]

材料类型	热膨胀系数 /($10^{-6}K^{-1}$)	热导率 /($W \cdot m^{-1} \cdot K^{-1}$)	熔点 /K
钛	8.6	21.9	1941
铬	4.9	93.7	2180
镍	13.4	90.7	1728
铝	23.1	237	933
铜	16.5	401	1358
金	14.2	317	1337
铂	8.8	71.6	2041
银	19.5	429	1235
钨	4.5	174	3695

5.3.5　磁学特性

多种金属合金都具有铁磁性，磁性材料常分为硬磁性材料和软磁性材料两类。其中，硬磁性材料在没有外加磁场的情况下即可表现出较高的磁化强度。因此，其可以作为外加磁场源。软磁性材料只在外加磁场条件下被激活，从而表现出磁性。在对特定区域的磁场进行精确调控时，常将软磁性材料和硬磁性材料配合使用[23]。

5.4　案　例

5.4.1　硅通孔金属填充技术

随着摩尔定律不断逼近物理极限，三维集成技术迅速发展。该技术通过将芯片进行三维堆叠，相比传统平面集成技术，显著提升了系统组装效率。不仅如此，三维堆叠方式的采用还可以实现芯片之间的垂直互连，大大缩短电互连长度，提高信号传输速度和抗干扰能力。

硅通孔（Through Silicon Via，TSV）技术是三维集成中的关键核心技术，其通过在芯片与芯片之间、晶圆与晶圆之间制作垂直电互联线，实现芯片信号间的高效传输。不同于传统集成电路封装键合使用的倒装焊工艺，TSV 技术使芯片在垂直方向上的堆叠密度更大、外形尺寸更小、芯片速度更快、功耗更低。在 TSV 技术中，通孔的制作可以集成至制造工艺的不同阶段，即可以分为"先通孔"技术、"后通孔"技术和"中间通孔"技术。其中，"先通孔"技术就是在硅衬底上先制备通孔，然后再制备其他功能层；所有器件工艺完成之后再制作通孔的技术称为"后通孔"技术。

典型的 TSV 工艺流程如下：①利用深反应离子刻蚀（Deep Reactive Ion Etching，DRIE）或激光刻蚀的方法，在硅衬底表面刻蚀形成通孔，通孔下端不刻穿，称为盲孔；②利用等离子体增强化学气相沉积（Plasma Enhanced Chemical Vapor Deposition，PECVD）在通孔侧壁沉积一层绝缘二氧化硅，阻断 TSV 金属引线与硅衬底之间的电通路，并采用 MOCVD、PVD 和 PECVD 的方法在绝缘二氧化硅表面沉积金属黏附层、阻挡层和种子层；③在通孔中电镀金属铜，形成垂直引线；④利用化学机械抛光（Chemical Mechanical Polishing，CMP）的方法减薄硅片，露出上下两端的金属铜。在整套 TSV 工艺中，通孔内金属的填充是关键和难点，通孔填充的成品率也是 TSV 工艺实现大规模应用的瓶颈之一。一般情况下，金属填充的成本大致会占到整个 TSV 工艺成本的 40%[24]。填充质量直接关系到封装芯片的性能，空洞、缝隙等缺陷均会导致严重的可靠性问题。

目前，通孔内金属的填充工艺主要是电镀铜或溅射钨。尽管钨与硅的热膨胀系数更为匹配，但与铜相比，其电导率和热导率都相对较低。另外，电镀铜的成本也更低，有利于批量生产。因此，TSV 填充的主流技术为电镀铜。根据填充方式的不同，可以分为等壁填充、自底向上填充和 V 形填充等，如图 5.8 所示。

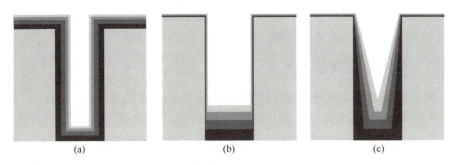

图 5.8　TSV 金属填充的 3 种主要形式
（a）等壁填充；（b）自底向上填充；（c）V 形填充。

（1）等壁填充。在通孔内电镀金属铜时，为防止空洞的出现，必须保证通孔内铜的沉积速率大于或等于硅衬底表面铜的沉积速率。等壁填充法就是采用多种添加剂,使通孔内与硅衬底表面铜的沉积速率相当的通孔填充方式。在沉积过程中,加速剂和抑制剂分别吸附于 TSV 通孔内和硅衬底表面。加速剂加速通孔内低电流密度区铜的沉积;抑制剂在一定程度上抑制孔口处及硅衬底表面高电流密度区铜的沉积,避免因孔口处铜沉积过快导致的填充空洞(图 5.9)。在电镀工艺过程中,孔口处的尖端效应会使尖端处的电力线较为集中,尖端处电流密度远高于通孔内部,如果没有抑制剂的作用,孔口处的沉积速率将远远大于通孔内,短时间内将通孔封闭。另外,通孔内的铜离子供应不及时、与外界交换速度较慢,加速剂的引入可以加快铜离子在通孔内的移动,提高沉积速率。需要说明的是,由于等臂填充方式中的抑制剂浓度较低,对特定区域铜沉积的抑制作用仍有所欠缺,故采用等壁填充方式制成的硅衬底表面通常具有较厚的金属层,这对后续加工工艺提出了更高的要求。

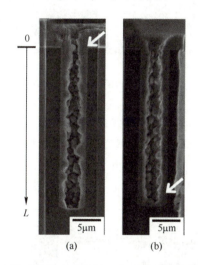

图 5.9　等壁填充方式电镀 10min 后的通孔截面效果
(a) 抑制剂浓度较低;(b) 抑制剂浓度适中[25]。

(2) 自底向上填充。在自底向上填充方式中,高浓度的抑制剂吸附于硅衬底表面及通孔侧壁,以抑制该区域铜的沉积;低浓度的加速剂则主要聚集在通孔的底部区域,以加速底部铜的沉积。与等壁填充相比,自底向上电镀方法抑制了硅衬底表面的金属沉积,减小了电镀后硅衬底表面的金属厚度;另一方面,需要电镀的区域仅为通孔内部,沉积区域大幅度减小,故电镀时间也大幅缩短。更重要的是,自底向上的电镀方式能够从根本上避免空洞和孔隙(图 5.10)。此外,在自底向上电镀过程中,电流密度不宜过高,因为过高的电流密度会增大硅衬底表面和孔口处的电流,导致硅衬底表面的铜瘤、铜颗粒、通孔漏填甚至封口等缺陷。

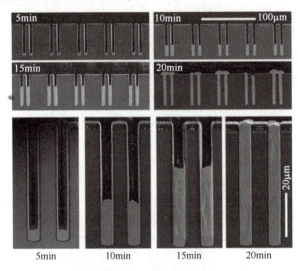

图 5.10　自底向上填充中,不同时间段的电镀效果图[26]

（3）V 形填充。自底向上填充方式中,当加速剂浓度上升时,加速剂会逐渐取代通孔侧壁处的抑制剂,使侧壁处铜的沉积速度显著增大。此时,自底向上填充方式将演变为 V 形填充方式。在该状态下,铜在通孔侧壁和底部的沉积速度均较快,完成通孔填充的时间也将明显缩短（图 5.11）。

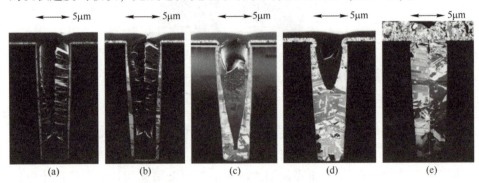

图 5.11　V 形填充不同时间段的电镀效果
（a）100s；(b) 200s；(c) 300s；(d) 900s；(e) 2800s[27]。

TSV 是实现晶圆级三维集成、异质集成及高密度封装的关键技术,而金属填充技术是 TSV 的核心技术之一。因此,深入研究各类金属沉积方法,开发出高效的通孔金属填充方法,对传感器与 MEMS 微系统的三维集成化具有重要意义。

5.4.2 高深宽比三维微结构制造技术

在微系统制造中,有时需要制备厚度较大且深宽比较高的三维微结构。目前,高深宽比的三维微结构主要采用微电铸(Lithographie Galvanoformung und Abformung,LIGA)技术进行制备。LIGA 技术是 1986 年德国卡尔斯鲁原子核研究中心开发的一种微机械加工技术,其工艺过程主要包括 3 个步骤[28]:①光刻,由于深宽比较高,故在制造这类结构时通常需要采用 X 射线或紫外光进行光刻,才能形成所需的高深宽比光刻胶模具;②电铸,即将金属填充至制成的光刻胶模具中;③铸塑,即向电铸成型的金属模具中填入塑料并脱模。通过以上 3 个步骤,可以获得所需的微尺度塑料模具,大量复制金属或陶瓷等材料制成的微结构元件。相比其他微机械制造技术,LIGA 技术最为显著的优势是可以制造高深宽比的三维微结构,所制成的微结构宽度可以小至亚微米量级,而深度可达数百微米甚至毫米量级。此外,LIGA 技术制成的微结构侧壁陡直性好,图形精度高。因此,LIGA 技术已广泛用于制造微传感器、微电机、微制动器、微流体组件等。在 LIGA 工艺发展过程中,SU-8 光刻胶的出现,显著提高了其制造效率。对于高深宽比金属结构的电铸工艺步骤,其金属沉积高度、表面轮廓以及厚度分布的均匀性将受到多种因素的综合影响。

在电铸工艺中,常采用电镀的方式来实现金属对光刻胶模具的填充。电镀工艺的金属沉积速率与电流密度成正比。在电流密度较高的区域,电镀形成的金属层较厚。电流密度的分布与电场线的分布直接有关。金属电极区域的电场线垂直于电极表面。若电镀装置中的阳极面积比阴极大,则在沉积区域边缘附近的电场线密度和电流密度会更高。此时,沉积区域边缘处将出现较厚的金属沉积层。若在阴极表面设置光刻胶图形,电场线弯曲,光刻胶边缘处将出现电流集中效应。因此,在金属电镀填充过程中,图形边缘处的金属较厚,而中间区域较薄,这就是电镀工艺中的"浴缸效应"[29]。

此外,在电镀过程中,金属离子的输运机制也与微结构的几何特征密切相关,电镀速率会随着时间阶段性发生变化。图 5.12 给出了利用电镀工艺填充高深宽比模具结构时的 3 个不同阶段[30]。在初始阶段,高深宽比压制了结构中的扩散作用,电镀的速率很慢,并且横向尺寸越小的区域速率越慢。随着电镀层的生长,沟槽逐渐被填充,扩散作用逐渐增强。当到达第二阶段时,对流的影响开始显现,它会抑制扩散层的扩展。而对流作用出现的时间取决于结构本身的横向尺寸。由此可见,金属离子输运机制的变化也会使电镀结构的厚度存在差异。

图 5.12　电镀填充模具结构时的 3 个阶段示意图[30]

上述多种因素的综合作用将导致电镀区域内金属沉积速率不均匀。为减弱上述因素的影响,提高电镀的均匀性,在电镀过程中需要遵循以下规则:①使用屏蔽罩或样品夹持器,使电场达到宏观尺度上的均匀;②将待电镀区域作为整体进行考虑,设置虚拟电镀区域,实现电流的均匀分布;③设置局部虚拟电镀区域,以保证关键功能区域的电镀质量;④控制流量,使各电镀区域的等效扩散层高度基本保持一致;⑤使用合适的电流密度,避免在电镀区域底部出现离子供应不足的情况;⑥将电镀高度限制为模具高度的 2/3 左右。

图 5.13 给出了采用 SU-8 光刻胶作为电镀模具的应用实例[31]。其中,图 5.13(a)为 SU-8 光刻胶制成的电镀模具,图 5.13(b)为制成的金属电镀结构。电镀工艺制备的外形结构、侧壁粗糙度等细节情况与光刻胶模具基本吻合。

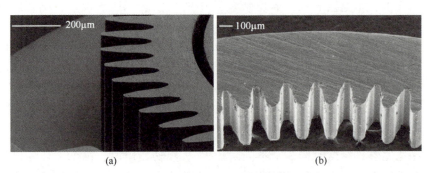

图 5.13　SU-8 光刻胶电镀模具应用实例[31]

5.5 本章小结

本章主要围绕传感器与 MEMS 微系统结构中所用金属材料的加工制造技术的理论基础、设备原理、工艺流程等展开，讨论了金属材料在衬底上的添加和去除的工艺以及金属的材料特性，详细解释了金属添加工艺，即物理气相沉积、化学气相沉积、电化学沉积，以及金属去除工艺，即湿法腐蚀和干法刻蚀。研究人员在设计 MEMS 器件时，需要结合金属材料重要的特性，如黏附性、电学、力学特性等。随着摩尔定律不断接近物理极限，先进工艺将引领新的微纳制造技术革命。硅通孔金属填充是一种垂直电互联技术，结合了通孔的刻蚀、氧化物沉积和金属沉积等工艺，可以实现 IC 芯片、MEMS 器件之间的三维堆叠电气连接，大大缩短了电互联长度。微电铸技术结合了光刻、电铸和铸塑 3 种工艺，用于制造高深宽比的金属微结构。总之，在 MEMS 传感器结构设计与制造时，需综合考虑各种添加或去除金属材料的工艺。

参考文献

[1] SMITH D L, HOFFMAN D W. Thin-film deposition: principles and practice [J]. Physics Today, 1996, 49(4): 60-62.

[2] NAKAJIMA T, WATANABE K, WATANABE N. Preparation of tungsten nitride film by CVD method using WF 6 [J]. Journal of The Electrochemical Society, 1987, 134(12): 3175.

[3] HAIGH J, BURKHARDT G, BLAKE K. Thermal decomposition of tungsten hexacarbonyl in hydrogen, the production of thin tungsten-rich layers, and their modification by plasma treatment [J]. Journal of Crystal Growth, 1995, 155(3-4): 266-271.

[4] GESHEVA K A, STOYANOV G I, STEFANOV R, et al. Microsrtuctures and electrical characterization of CVD-W and MO films as contacts in photocells [J]. MRS Online Proceedings Library, 1994, 363(1): 119-124.

[5] ISOBE Y, YAZAWA Y, SON P, et al. Chemically vapour-deposited Mo/Re double-layer coating on graphite at elevated temperatures [J]. Journal of the Less Common Metals, 1989, 152(2): 239-250.

[6] SCHLESINGER M, PAUNOVIC M. Modern electroplating [M]. New York: John Wiley & Sons, 2014.

[7] VEREECKEN P M, BINSTEAD R A, DELIGIANNI H, et al. The chemistry of additives in damascene copper plating [J]. IBM Journal of Research and Development, 2005, 49(1):

3-18.

[8] OSAKA T, OKINAKA Y, SASANO J, et al. Development of new electrolytic and electroless gold plating processes for electronics applications [J]. Science and Technology of Advanced Materials, 2006, 7(5): 425-437.

[9] LANDOLT D, MARLOT A. Microstructure and composition of pulse-plated metals and alloys [J]. Surface and Coatings Technology, 2003, 169: 8-13.

[10] HUNG A, CHEN K M. Mechanism of hypophosphite-reduced electroless copper plating [J]. Journal of the Electrochemical Society, 1989, 136(1): 72.

[11] TRANSENE. Semiconductor and thin film etchants for microelectronic circuits [EB/OL]. [2024-01-10]. https://www.transene.com/etchants/.

[12] LEE R E. Ion-beam etching (milling) [J]. VLSI Electronics Microstructure Science, 1984, 8: 341-364.

[13] ARNOLD D N, LOGG A. Periodic table of the finite elements [J]. Siam News, 2014, 47(9): 212.

[14] THORNTON J A, HOFFMAN D W. Stress-related effects in thin films [J]. Thin Solid Films, 1989, 171(1): 5-31.

[15] GHOSH M. Polyimides: fundamentals and applications [M]. Florida: CRC Press, 2018.

[16] LE GOUES F K, SILVERMAN B D, Ho P S. The microstructure of metal-polyimide interfaces [J]. Journal of Vacuum Science & Technology A: Vacuum, Surfaces, and Films, 1988, 6(4): 2200-2204.

[17] BOWDEN N, BRITTAIN S, EVANS A G, et al. Spontaneous formation of ordered structures in thin films of metals supported on an elastomeric polymer [J]. Nature, 1998, 393(6681): 146-149.

[18] LIDE D R. CRC handbook of chemistry and physics [J]. The American Journal of the Medical Sciences, 1969, 257(6): 423.

[19] KOVACS G T A. Micromachined transducers sourcebook [M]. New York: WCB/McGraw-Hill, 1998.

[20] DAVIS J R. Metals handbook: desk edition [M]. Ohio: ASM International, 1998.

[21] PRASAD S K. Advanced wirebond interconnection technology [M]. Berlin: Springer Science & Business Media, 2004.

[22] HARMAN G G. Wire bonding in microelectronics [J]. Assembly Automation, 2010, 31(4): 426.

[23] ARNOLD D P, WANG N. Permanent magnets for MEMS [J]. Journal of Microelectromechanical Systems, 2009, 18(6): 1255-1266.

[24] KONDO K, SUZUKI Y, SAITO T, et al. High speed through silicon via filling by copper electrodeposition [J]. Electrochemical and Solid-State Letters, 2010, 13(5): D26.

[25] HAYASHI T, YOKOI M, OKAMOTO N, et al. The produced Cu^+ ionic concentration distribution simulation inside the via with PR pulse current waveform [J]. Journal of the Electrochemical Society, 2014, 161(12): D681-D686.

[26] MOFFAT T P, JOSELL D. Extreme bottom-up superfilling of through-silicon-vias by damascene processing: suppressor disruption, positive feedback and turing patterns [J]. Journal of the Electrochemical Society, 2012, 159(4): D208.

[27] LÜHN O, VAN HOOF C, RUYTHOOREN W, et al. Filling of microvia with an aspect ratio of 5 by copper electrodeposition [J]. Electrochimica Acta, 2009, 54(9): 2504-2508.

[28] BECKER E W, EHRFELD W, HAGMANN P, et al. Fabrication of microstructures with high aspect ratios and great structural heights by synchrotron radiation lithography, galvanoforming, and plastic moulding (LIGA process) [J]. Microelectronic Engineering, 1986, 4(1): 35-56.

[29] LUO J K, CHU D P, FLEWITT A J, et al. Uniformity control of Ni thin film microstructures deposited by through-mask plating [J]. Journal of the Electrochemical Society, 2005, 152(1): 36-41.

[30] LEYENDECKER K. Untersuchungen zum Stofftransport bei der Galvanoformung von LIGA-Mikrostrukturen [J]. Galvanotechnik, 1998, 89(2): 382-391.

[31] GIRO F, BEDNER K, DHUM C, et al. Pulsed electrodeposition of high aspect-ratio NiFe assemblies and its influence onspatial alloy composition [J]. Microsystem Technologies, 2008, 14(8): 1111-1115.

第6章
干法刻蚀

干法刻蚀是指借助气体等离子体与刻蚀窗口表面发生物理或者化学反应的一种材料去除工艺，通常在光刻工艺步骤之后进行，用于完成图形转移。相较于仅通过化学反应去除材料的湿法腐蚀，干法刻蚀具备各向同性和各向异性两种刻蚀特性，制造的图形更加精细，应用更加广泛，已成为亚微米以下芯片和器件结构刻蚀的主要工艺方法。

6.1 节介绍刻蚀的概念，如各向同性刻蚀、各向异性刻蚀、刻蚀选择比、负载效应、刻蚀损伤等。6.2 节介绍等离子体刻蚀，从电离方式、刻蚀工艺步骤、刻蚀系统等方面说明了等离子体刻蚀的原理及过程。6.3 节介绍反应离子刻蚀的概念以及常见的 3 种工艺方式的异同和优缺点，包括最基本的带电离子作用的反应离子刻蚀、加入电磁感应的电感耦合等离子体反应离子刻蚀、采用刻蚀钝化交替进行的 Bosch 工艺且能制作高深宽比结构的深反应离子刻蚀。6.4 节介绍气相刻蚀，其无须等离子体设备辅助，不损伤晶格结构。6.5 节介绍离子束刻蚀，其方向性好，但选择性较差。最后，以集成电路栅极刻蚀为应用案例，阐述了在干法刻蚀工艺中，需理解基本原理，根据实际需求综合考虑材料、技术方法的选择以及工艺参数的设置。

6.1 刻蚀的概念

刻蚀是用化学或者物理的方法有选择性地从样品表面去除部分不需要材

料的过程。刻蚀的基本目标是将掩膜图形正确地复制到表面涂有光刻胶或者其他掩膜层的样品上,掩膜层或者光刻胶层可以阻止样品在刻蚀过程中受到侵蚀。刻蚀主要分为干法刻蚀和湿法腐蚀两种。干法刻蚀中,硅片表面暴露于气态中产生的等离子体,等离子体通过光刻胶中的窗口与硅片发生物理或化学反应(或者两者都有),从而去除没有光刻胶阻挡层的表面材料[1]。相对于湿法腐蚀,干法刻蚀的不足之处是其掩膜层和底层材料的刻蚀选择比不高,甚至可能在不同程度上损伤底层材料,引起晶格损伤,造成器件工作失灵的情况。干法刻蚀工艺提供了高深宽比精密结构的加工方法,这些结构构成了MEMS微系统的基本构件。干法刻蚀工艺按照运用的原理可以分为纯化学(自发气相刻蚀)、纯物理(离子束刻蚀或离子研磨)、化学物理相组合(反应离子或等离子刻蚀)。早在20世纪70年代和80年代就在该领域开展了一些开创性的工作,高密度等离子体源、高通量真空泵以及过程控制和仪器仪表等方面技术的发展丰富了干法刻蚀领域。本节首先引入干法刻蚀的相关概念。

(1)各向同性刻蚀和各向异性刻蚀。化学刻蚀通常没有方向选择性,其上下左右的刻蚀速度相同,刻蚀后将形成圆弧形的轮廓,这种刻蚀被称为各向同性刻蚀。各向同性刻蚀通常对下层物质具有很好的选择比,但线宽定义不易控制,因此精度不高。各向异性刻蚀则是借助具有方向性的离子进行撞击并刻蚀特定的方向,形成垂直轮廓。因此,各向异性的刻蚀精度较高,垂直度更佳。对于精密器件以及小尺寸图形的刻蚀往往使用各向异性的干法刻蚀。各向同性刻蚀简单来说就是以相同的刻蚀速度沿着晶体的不同方向刻蚀,因此,刻蚀之后一般会形成底切,也就是在刻蚀的底部区域形成一个圆弧;各向异性刻蚀沿着晶体不同方向的刻蚀速率不同,因此刻蚀之后得到的图形垂直度较好。化学刻蚀一般属于各向同性刻蚀,物理刻蚀属于各向异性刻蚀。使用氢氧化钾刻蚀硅属于化学刻蚀,因为沿着<100>晶向的刻蚀速率大于<110>和<111>晶向[4],所以氢氧化钾湿法刻蚀硅是一种各向异性的化学刻蚀。

(2)刻蚀选择比。在刻蚀过程中,除了被刻蚀物质外,上层的掩膜(如光刻胶)这些受保护的膜层也会同时遭到刻蚀。刻蚀选择比表示为被刻蚀材料的刻蚀速率除以受掩膜保护的材料的刻蚀速率[3],高刻蚀选择比往往意味着刻蚀过程中需要更少的光刻胶或者更薄的掩膜层。

(3)负载效应。负载效应就是当被刻蚀材质裸露在反应电浆或者溶液中时,面积较大者的刻蚀速率比面积较小的速率慢的情形。这是由于反应物质在面积较大的区域中被消耗掉的程度较为严重,消耗大于供给导致反应物质浓度变低,而刻蚀速率又与反应物质浓度成正比,因此,刻蚀速率降低。大部分的等向性刻蚀都有负载效应。

(4) 刻蚀参数。射频(Radio Frequency,RF)功率,即 RF 对腔体内等离子体输入的功率,它影响着等离子体中离子的能量、直流偏压、刻蚀速率、选择比和物理刻蚀的程度等刻蚀参数,影响趋势如表 6.1 所列。

表 6.1 RF 功率对一些刻蚀参数的影响

RF 功率	离子能量	刻蚀速率	直流偏压	选择比	物理刻蚀
↑	↑	↑	↑	↓	↓
↓	↓	↓	↓	↑	↑

工艺腔内的压力即工艺压力越小,气体分子的密度越小,那么等离子体的物理刻蚀就越强,相比而言,其刻蚀选择比越小。对于气体流量而言,一般气体流量越大,意味着单位时间内工艺腔中参与刻蚀的等离子体越多,那么刻蚀的速率越大。

(5) 干法刻蚀损伤。前文所介绍的干法刻蚀虽然具有诸般优势,但是由于该过程使用等离子体,设备容易受到由高能带电粒子引起的各种类型的损坏,大量的损坏可能会降低大规模集成电路的产量和可靠性[3]。硅表面层中诱发的损伤主要有晶格缺陷、晶格排布乱序等。为了有效减少过程中的损伤,需要避免重金属和降低等离子体的能量。如果在刻蚀腔中含有重金属,可能会造成动态随机存取存储器的电荷存储失败和结漏电流增加,引发器件失效等问题。随着器件规模的扩大,接触电阻的增加成为一个更重要的问题。氢键过去被认为是导致电阻增加的主要因素。目前,表面附近形成的硅碳键和硅氧键则被认为是问题的关键,而等离子体损伤会加剧硅碳键和硅氧键的形成。因此减小等离子体的能量也是减少损伤的必要方法,但与此同时也会限制刻蚀的速率。

(6) 化学刻蚀、物理刻蚀以及物理化学刻蚀。化学刻蚀,顾名思义就是采用化学的方法——使用等离子体或气相物质,与被刻蚀物质发生化学反应,从而去除生成物以达到刻蚀的效果。物理刻蚀本质是一种物理溅射(Sputter)方式。它是利用辉光放电,将气体如氩气(Ar),解离成带正电的离子,通过自偏压将离子加速,溅击在被刻蚀物的表面,轰击出被刻蚀物质原子。此过程完全是物理上能量的转移,故谓之物理性刻蚀。物理化学刻蚀是将上述两种方法相互结合,从而达到更好的刻蚀效果。

6.2 等离子体刻蚀

等离子体是一种中性的、高能量、离子化的气体，包含中性原子或分子、带电离子和自由电子。一般来说，利用较强的直流电或交流电磁场或者是电子源轰击气体原子（分子）都会导致气体原子（分子）的离子化，从而形成等离子体。

等离子体刻蚀是通过化学和物理的共同作用来实现对样品的刻蚀。反应腔室内的气体辉光放电产生等离子体，然后通过扩散作用吸附到介质表面，与介质表面原子发生化学反应，形成挥发性物质或解吸附的物质。同时，高能离子在一定压力下对介质表面进行物理轰击和刻蚀，然后去除再沉积的反应产物和聚合物，即通过化学和物理的共同作用来完成对样品的刻蚀[1]。

等离子体产生的过程主要分为以下几种电离方式（以几种典型物质作为说明，实际使用过程不一定是以下的物质）。

（1）简单电离：

$$Ar+e^- \rightarrow Ar^+ +2e^-, \quad O_2+e^- \rightarrow O_2^{2+}+2e^- \tag{6-1}$$

（2）离解电离：

$$CF_4+e^- \rightarrow CF_3^+ +F+2e^- \tag{6-2}$$

（3）有吸附的离解电离：

$$CF_4+e^- \rightarrow CF_3^+ +F^- +e^- \tag{6-3}$$

除了通过电离产生等离子体之外，电子碰撞也可能引起分子离解（分裂）而无电离。这种分子离解一般要求能量最小的电子，大多数原子、原子团以及某种情况下的负离子都是由这种碰撞而产生的。干法刻蚀运用这种方法要合理地提供能量，防止产生不了等离子体的情况。对于非弹性碰撞而言，可以产生能量较大的粒子，从而活性更强，发生物理化学刻蚀反应能得到更好的物理刻蚀效果和形貌。在刻蚀过程中等离子体中加入惰性气体（如氩、氦）的几个原因。①氩可以稳定等离子体。因为它们很容易向等离子体提供电子与化学反应物质，它们的高电负性也极易捕获维持辉光放电所需的可用电子。②氩离子的高溅射产量提高了离子辅助刻蚀速率。③穿过鞘层的离子轰击改善了刻蚀的各向异性。④氦的高热导率可以改善从衬底晶片到支撑卡盘及等离子体室的热传递。当然，大量惰性气体的加入会稀释反应气体成分，刻蚀过程将转向物理溅射刻蚀，因此，要合理控制等离子体源中通入的各气体比例。

等离子体刻蚀过程如图 6.1 所示。

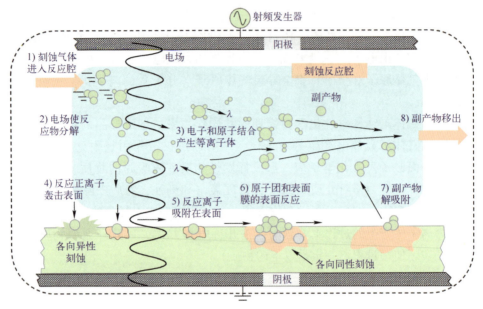

图 6.1　等离子体刻蚀的原理图[5]

首先，刻蚀气体（不同的刻蚀样品所用的气体不同）进入反应腔，在射频电源的作用下辉光放电形成等离子体。等离子体中的反应正离子轰击样品表面形成物理性的各向异性刻蚀，反应离子则吸附于样品表面。然后，反应元素（主要是自由基和反应原子团）和表面样品发生化学反应，形成各向同性的刻蚀。所以一般来说，等离子体刻蚀包含物理刻蚀和化学刻蚀。刻蚀的最后一步是副产物解吸附并且从反应腔内去除。以上就是一个完整的等离子体刻蚀的全貌。

等离子体干法刻蚀系统通常包含以下几个部分：用来发生反应（包括化学反应和物理反应）的反应腔；用来产生等离子体的射频电源；用来控制气体的气体流量控制系统；用来去除刻蚀生成物和气体的真空系统。在半导体芯片制造早期，大部分等离子体刻蚀设备被设计成可以批量处理的圆桶式刻蚀机。虽然可以一次处理更多的芯片，但是其刻蚀效果不好。随着半导体制造行业的深入发展，单片处理硅片逐渐成为行业的趋势。单片刻蚀的物理形貌和精度都更好，因此圆桶式刻蚀机逐渐被平板反应器、三极平面反应器以及高密度等离子体刻蚀机等取代。等离子体刻蚀过程中的气体流量、压强、射频功率等都会影响到刻蚀速率。一般来说，刻蚀速率与以上参量成正比。但是，并不是增大以上参量就可以无限提高刻蚀速率，必须要合理设置参数。

6.3 反应离子刻蚀

反应离子刻蚀是一种采用化学反应和物理性等离子体轰击去除硅片（样品）表面材料的技术。其主要包含反应离子刻蚀（Reactive Ion Etching，RIE）、深反应离子刻蚀（Deep Reactive Ion Etching，DRIE）和电感耦合等离子体反应离子刻蚀（Inductively Coupled Plasma-Reactive Ion Etching，ICP-RIE）等。本节主要介绍以上几个刻蚀的异同点和优缺点。

6.3.1 反应离子刻蚀 RIE

反应离子刻蚀（RIE）是在一定压力下，刻蚀气体受高频电场的作用而产生等离子体，对被刻蚀物进行离子轰击并发生化学反应，生成挥发性气体或者易于解吸附的产物，从而形成图形化的一种刻蚀方法[6]。平行板反应离子刻蚀是反应离子刻蚀中最常用的，在效率上来说也是最高的。待刻蚀的样品放置于加 RF 源的阴极上，阴极的尺寸比一般的接地电极小。除了这点之外，RIE 与标准的平行板等离子体刻蚀机在结构上是类似的。因此，RIE 刻蚀效果和平行板等离子体很相似只是因为射频电源的不同，产生的反应离子活性不同。在这种方式下，RIE 在阴极上会产生一个直流偏置电压，使得样品和等离子体之间有一个电压差，等离子体朝样品的运动具有方向性。因而，RIE 可以获得较好的各向异性侧壁图形，刻蚀的物理形貌较好，刻蚀精度比等离子体刻蚀的精度要高。各向异性刻蚀是通过定向物质轰击并以某种方式控制气化反应的结果。在平行板反应器中，定向物质通常是正离子。电子和光子也可以参与这种反应，但在大多数应用中，参与程度远远小于离子。从反应效果上来看，部分等离子体刻蚀和离子束刻蚀的结合就是反应离子刻蚀。

平行板 RIE 反应原理如图 6.2 所示。要刻蚀的硅片（样品）放在阴极上，通入反应腔室中的气体在高频电场的作用下辉光放电，产生等离子体；然后，在电场的作用下，电子加速与气体分子或原子发生碰撞，刚开始的电子能量不大，发生的是弹性碰撞，当电子能量增大到一定程度时，它们之间的碰撞变成非弹性碰撞，产生二次电子；二次电子又进一步与气体分子碰撞，不断使气体分子电离产生等离子体。放电的中心是等离子体，它是一个高导电的区域，既包含电子又包含离子。由于电子相对于离子的高迁移率，射频放电中的等离子体区域的电势略高于与等离子体接触的任何表面的。任何迫使等离子体电势低于其周围环境电势的偏离都会引发等离子体中的电子流，留下净正离子积累。由于离子的迁移率低得多，它们对电场的响应不如电子快[6]。积累的离子产生的净正电荷提高了等离子体电势，平衡了电子电流和离子电流。

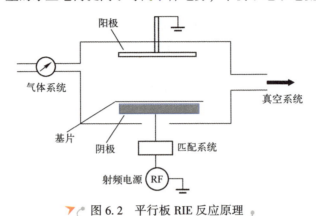

▼ 图 6.2 平行板 RIE 反应原理

因此，RIE 产生的等离子体密度远远大于等离子刻蚀所产生的等离子体密度。样品表面与刻蚀气体发生化学反应，形成挥发性物质或者易被解吸附的产物，从真空系统去除以达到刻蚀的目的。同时，高能离子在电场作用下对样品表面进行物理轰击，离子轰击大大加快了表面的化学反应及反应生成物的脱附。物理刻蚀加速了化学刻蚀，因此整个 RIE 的刻蚀速率加快，使得反应离子刻蚀具有较好的各向异性，刻蚀物理形貌比较好。RIE 刻蚀过程中遇到的问题包括对敏感器件的辐射损伤的可能性，以及刻蚀在一些重要的材料系统中附着的残留物。与离子束方法相比，RIE 对影响刻蚀再现性的关键工艺参数（离子能量和电流）的控制更少。即使存在这些问题，RIE 也提供了目前基于等离子体的干法刻蚀技术的各向异性、选择性和工艺控制的最佳组合。RIE 刻蚀的效果随着刻蚀深度的增加逐渐降低，因此人们设计出了一种新的刻蚀方法——电感耦合等离子体反应离子刻蚀来实现深刻蚀。

6.3.2 电感耦合等离子体反应离子刻蚀 ICP-RIE

电感耦合等离子体反应离子刻蚀（ICP-RIE）用绝缘板或石英管与隔开的螺旋线圈（连接一个射频电源）产生等离子体。其中电感线圈和电容一起构成了复杂的谐振网络的一部分，线圈和电容器装置的谐振部分由射频功率驱动。在大多数情况下，用于驱动电感耦合等离子体的射频频率是13.56MHz，但在某些情况下，也可以达到2MHz甚至更低的频率。在电感耦合等离子体配置中，根据所选择的频率，决定在电介质容器周围缠绕一圈或几圈的线圈。由于硅片是放在远离线圈的地方，因而它几乎不受电磁场的影响。硅片能通过加电压偏置来获得化学和物理刻蚀，这种反应器一般应用在高深宽比窗口的器件中，而且可以获得各向异性的侧壁剖面。如图6.3所示，ICP-RIE刻蚀设备结构包含上下两套自动匹配网络控制的射频源。其中，上面的ICP射频源连接一个螺旋线圈控制等离子体的产生以及密度，原理主要是通过磁场改变粒子的运动方向从而调节密度；感应线圈将电场与磁场集中，等离子体中电子受磁力作用做螺旋运动。电子平均自由程的增加可使之获得较高的加速电压，这使得有效碰撞频率和离子解离率增加。ICP模式下的离子密度可比一般解离等离子体高10~100倍。下部的ICP-RIE射频源可以提供不同的偏置以改变离子轰击刻蚀表面的能量，从而获得不同的刻蚀效果。

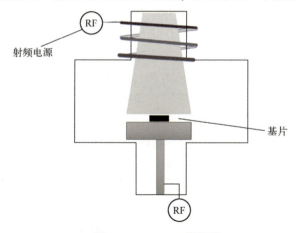

图6.3 ICP-RIE原理图

ICP-RIE包括复杂的物理和化学刻蚀过程，两者相互作用，共同达到刻蚀的目的。物理过程是加速的等离子体对样品表面进行轰击，打断化学键、引起晶格损伤，促进表面化学反应的发生并使反应生成物能从表面脱落。化学作用包括两部分：一是刻蚀气体通过电感耦合辉光放电，产生游离态的各种粒子；二是这些粒子与表面相互作用，发生化学反应并生成挥发性气体和易被解吸附的副产物，从刻蚀腔体析出[7]。

化学和物理刻蚀两种机制在刻蚀中所占的比例以及作用主要由反应气体和惰性气体的分压比、气体的流量、反应室的压力、衬底偏置和ICP线圈功率等因素决定，反应气体和惰性气体的主要作用是保证刻蚀腔体内有合适的压强。例如，当功率增大和气体流量减小时，主要以物理刻蚀占主导；相反地，当功率减小、气体的流量和反应室压力增大时，则以化学刻蚀为主。不同的刻蚀材料需要不同的刻蚀气体以及掩膜材料。硅（Si）的刻蚀一般以六氟化硫（SF_6）等氟基化合物作为刻蚀气体。对砷化镓（GaAs）或砷镓铝（AlGaAs）的刻蚀一般采用以四氯化硅（$SiCl_4$）为主的混合气体。氮化硅（SiN）的刻蚀可以是 SF_6+O_2，SF_6+He 或 SF_6+O_2+He。氧化铟锡（ITO）的刻蚀主要采用 ICP 模式，因为 ITO 由铟（In）、锡（Sn）和氧元素构成，所以可以用 Cl_2 或氢溴酸（HBr）或碘化氢（HI）进行刻蚀[7]。

ICP-RIE 与 RIE 相比，结构上多了一个带线圈的 RF。感应线圈（TCP 线圈）放置在刻蚀室顶部，用于产生等离子体的 13.56MHz 射频电源并连接到线圈。当高频电流流过传输线圈时，就会产生磁场。这个磁场又在室内产生电场，产生高密度等离子体。用于控制离子能量（底部功率）的 13.56MHz 射频电源连接到晶片台，离子能量独立于等离子体而被控制。工作压力约为 1Pa，在此压力范围内可获得 $10\sim11/cm^3$ 及以上的高密度等离子体。感应线圈将电场与磁场集中，等离子体中电子受磁力作用而做螺旋运动。电子平均自由程的增加可使之获得较高的加速电压，这使得有效碰撞频率和离子解离率增加，使其腔体内的等离子体密度要比 RIE 中的高很多，而且产生的物质种类（以能量为划分依据）也更多，如活性游离基、亚稳态粒子、原子、分子、离子、电子、二次电子等。RIE 中少量电离粒子（以原子、离子、电子为主）的能量不高，与基底（样品）反应能力差，因为 ICP-RIE 能够提供高密度等离子体，而不像电子回旋共振等离子体刻蚀机那样需要大的电磁线圈。它已经成为处理诸如栅极、硅（浅沟槽隔离）和铝线等导电材料的主流刻蚀设备。ICP-RIE 的刻蚀速率优于 RIE，因此采用 ICP-RIE 刻蚀相对于 RIE 刻蚀来说，其控制精度更高、刻蚀选择比更好、刻蚀均匀性更好、深宽比更好、污染更少且刻蚀的垂直度和光洁度更高。但 ICP-RIE 也有其固有的缺点，如它造成的晶格损伤远多于 RIE，而且所需的能量也远远大于 RIE。从长远角度来说，RIE 需要花费更多的能量以及资源，未来需要提升与之配套的能量供应系统。

6.3.3　深反应离子刻蚀 DRIE

深反应离子刻蚀（Deep Reactive Ion Etching，DRIE）技术是 MEMS 加工制造工艺中一种非常重要的技术。DRIE 普遍采用 Bosch 工艺刻蚀钝化交替的加工技术来获得高侧壁垂直度和高深宽比的刻蚀图形。

Bosch DRIE 工艺如图 6.4 所示。以深硅刻蚀为例，图 6.4（a）是经过光刻显影之后的硅衬底；图 6.4（b）中，首先利用 SF_6 对硅衬底进行一次刻蚀；然后钝化，利用 C_4F_8 气体在硅衬底上产生一层均匀保护层，如图 6.4（c）所示；最后，刻蚀钝化层，并且刻蚀与钝化交替进行，从而产生高深宽比结构。一般来说，一个 Bosch 工艺的循环时间会随着刻蚀材料和刻蚀气体的不同而发生变化，5~10s 的刻蚀循环是最常见的。这个循环过程首先是刻蚀硅，然后在刻蚀的表面生长一层钝化层，接下来进行钝化层刻蚀。尽管单步刻蚀的操作与反应是各向同性的，但将单步刻蚀和钝化结合起来后，却得到了很好的各向异性刻蚀结果。Bosch 工艺实现了高刻蚀速率、高刻蚀选择比、良好的各向异性的完美结合。但是对于一些小直径、深孔的刻蚀，可能其结果不是很理想。例如，在刻蚀的深度大于 200μm 之后，刻蚀的速率会明显下降，而且刻蚀结束后，孔洞中还有部分聚合物残留，无法立即进行后续的操作，需要加一步去聚合物的操作，一般使用氧气消除[8]。这里提供一种合理的解决方法，需要在标准的 Bosch 工艺基础上稍作修改。在标准工艺钝化的步骤之后，添加了一个去钝化的步骤，将钝化遗留的聚合物刻蚀完全之后的各向异性和精度会更好。目前，该种 DRIE 方法已经逐渐在很多工艺上被采用。

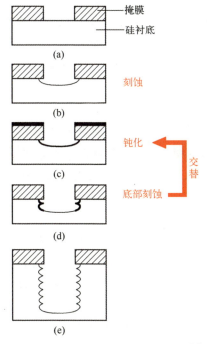

图 6.4　DRIE 的 Bosch 工艺步骤[9]

Bosch 工艺过程中生长聚合物的钝化可以看作是一个聚合物的沉积过程。基于侧墙保护原理,把刻蚀和钝化分成 3 步,用 SF_6 作为刻蚀气体,C_4F_8 作为聚合物产生气体,刻蚀与钝化交替进行直到达到所要求的刻蚀深度为止。刻蚀与钝化步骤每 5~10 s 转换一个周期。在短时间的各向同性刻蚀(化学刻蚀)之后,立刻钝化刚刚刻蚀过的硅表面。由于深度方向有离子的物理溅射轰击,钝化膜被打破而侧面的钝化膜保留下来,这样下一个周期的刻蚀就不会发生侧向刻蚀。这种周期性的"刻蚀-钝化-刻蚀",使得刻蚀只沿着深度方向进行,因此刻蚀的物理形貌和各向异性好。此外,刻蚀的深度良好,能达到之前的刻蚀方法都达不到的刻蚀深度[3]。前文已经讨论过以上几种刻蚀方法的不同之处,而相同点主要是它们都采用了等离子体辅助设备进行刻蚀,且都包含物理性的各向异性刻蚀。

以上几种方法都是采用等离子辅助设备来进行刻蚀,易造成晶格损伤,因此接下来介绍几种不采用等离子辅助设备的刻蚀方法,如气相刻蚀方法。

6.4 气相刻蚀

气相刻蚀是指利用气体与样品之间发生反应生成挥发性物质的过程,一般来说,不需要等离子体设备辅助,因此不会损伤器件的晶格结构。气相刻蚀主要包括气相氟化氢(HF)刻蚀和气相二氟化氙(XeF_2)刻蚀。

6.4.1 气相 HF 刻蚀

表面微加工工艺是制造 MEMS 微系统的基础。本节主要介绍 HF 刻蚀硅表面的氧化物和氮化物的原理。对于硅片表面的 SiO_2 可以用 HF 来刻蚀,这是自发的反应。气相 HF 与 SiO_2 反应生成挥发性 SiF_4 气体,F^- 完成牺牲层 SiO_2 腐蚀,其反应式如下式所示[10]:

$$4HF+SiO_2 \rightarrow SiF_4+2H_2O \tag{6-4}$$

常规的 HF 腐蚀牺牲层 SiO_2,微孔之间可能存在毛细管力,导致梳齿可能会在释放的时候黏连到一起,即使是烘干后也很难将其分开。有人提出了一种解决方法:对硅表面进行氟化铵 NH_4F 处理以使其具有疏水性,并引入凹坑或增加表面粗糙度以减轻表面张力能量,减小相邻表面之间的接触面积。然而,由于化学反应和水的凝结,偶尔会有残留物残留在薄膜之间的界面和微结构的边缘。因此,提供另一种基于 HF/H_2O(水是由反应生成的)和 HF/

乙醇 EtOH 溶液的气相刻蚀，该方法能有效地避免梳齿变形的问题。气相刻蚀系统主要由刻蚀室、气体输送系统、真空排气、质谱仪和主控制器组成，其中，刻蚀室由铝制成氧化层。首先在表面吸附 EtOH 分子，HF 在 EtOH 中电离生成 HF_2^-，此时发生界面反应。生成的一部分 H_2O 继续参与 HF 的电离反应，从而促进反应速率，另一部分 H_2O 则被 EtOH 挥发及时带走，防止水汽积聚发生梳齿黏连异常等情况。涉及的化学反应如下：

$$2HF+EtOH \rightarrow HF_2^- + EtH^+ \tag{6-5}$$

$$SiO_2 + 2HF_2^- + 2EtH^+ \rightarrow SiF_4 + 2H_2O + 2EtOH \tag{6-6}$$

$$2HF + H_2O \rightarrow HF_2^- + H_3O^+ \tag{6-7}$$

由于气态 HF 与固态 SiO_2 的反应是以乙醇的吸附作为媒介，表面温度会直接影响 SiO_2 对乙醇分子的吸附性能，因此温度对反应速率以及水汽的挥发有较大影响。对于副产物（SiF_4、EtOH 等）的解吸附，只需要加热即可，如果温度过高会导致刻蚀速率降低，可能的原因有氧化物表面吸收的反应物种类及含量随温度的升高而减少。因此，在基于乙醇的气相 HF 刻蚀过程中，控制温度是有挑战性的。在没有特殊要求的情况下，温度设置在 50℃ 左右[1]。

图 6.5 为两种常见的基于乙醇的 HF 气相刻蚀系统的原理结构图。从图 6.5（a）可以看出，进气系统包含 HF 和 N_2。其中，一路 N_2 和 HF 直接进入刻蚀腔用来满足刻蚀腔内压强的条件，另一路 N_2 进入 EtOH 罐，以鼓泡的方式携带 EtOH 进入刻蚀腔，最后通过干泵或隔膜泵将尾气抽走。系统中的管路、乙醇罐、腔体等部件均需加热。鼓泡携带乙醇的含量主要取决于乙醇罐内乙醇的含量以及进入 EtOH 罐内 N_2 的量，因此反应的条件会更苛刻。此外，反应的时间和速率很难控制，可能会造成刻蚀过程中的误差，带来不必要的损失。基于以上考虑，我们介绍第二种刻蚀方法。图 6.5（b）中的第二种气相 HF 刻蚀系统与第一种最大的区别在于乙醇进入反应腔的方式不同，且乙醇的含量无需太多，以免造成浪费。由于第二种方案中，乙醇管路有液体质量流量计，可以精确控制乙醇进入刻蚀腔的含量，从而控制反应速率和时间，其效果更好。

同理，也可以使用气相 HF 来刻蚀氮化硅，其原理如下所示：

$$Si_3N_4 + 16HF \rightarrow 2(NH_4)_2SiF_6 + SiF_4$$

但是，对于硅的刻蚀无法使用 HF，因此 6.4.2 节介绍一种对 Si 的气相刻蚀方法——XeF_2 刻蚀。

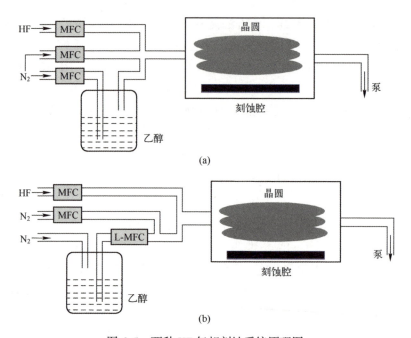

图 6.5 两种 HF 气相刻蚀系统原理图
(a) 基于乙醇的 HF 气相刻蚀系统；(b) 带有乙醇流量计的 HF 气相刻蚀系统。

6.4.2 气相 XeF_2 刻蚀

XeF_2 固态晶体遇水会产生氢氟酸（HF），因此 XeF_2 在含水的条件下可以作为与二氧化硅反应的反应物。XeF_2 是在没有等离子体激活的情况下对 Si 进行各向同性刻蚀的少数分子之一。除 XeF_2 外，其他的气体如三氟化溴（BrF_3）、三氟化氯（ClF_3）和氟（F_2）是可以作为等离子体源的硅刻蚀剂。XeF_2 对硅的刻蚀具有高选择性、各向同性并且易于操作等独特的优势。从整体上来看，气相刻蚀就是利用了某些气体能与待刻蚀的样品之间发生自发的反应，生成的反应副产物最好为气体或者是易挥发的液体，容易从刻蚀腔中去除，从而达到刻蚀的效果。本节主要介绍气相 XeF_2 刻蚀技术。

如果采用 XeF_2 作为刻蚀气体，XeF_2 气体首先会吸附在硅片表面，即使在没有外加能量的条件下，XeF_2 也会自发分解产生氙气和氟，而氟可以对硅片进行较高速率的刻蚀[11]。刻蚀过程无须加热，因此 XeF_2 常被用作刻蚀硅。除此之外，XeF_2 还可用作刻蚀 GaN、Al 以及 SiN 等。另外，刻蚀气体 XeF_2 与硅的反应也可以用来研究 F 基与 Si 之间的相互作用，从而了解 F 基气体对 Si 进

行刻蚀的物理和化学反应机理。其反应的化学方程式为

$$2XeF_2 + Si \rightarrow 2Xe + SiF_4$$

XeF_2 的硅刻蚀被广泛应用于 MEMS 器件制造，主要优点在于它是一种干法刻蚀，其刻蚀反应产物均可由真空系统抽除，基本没有刻蚀污染。其次是这种刻蚀对许多材料具有很高的选择比，如 SiO_2、Al、Si_3N_4 及光刻胶等，其中 XeF_2 对 SiO_2 和 Si_3N_4 的刻蚀选择比都可高达 1000∶1。此外，由于 XeF_2 是纯化学腐蚀，没有等离子等设备辅助，使得 XeF_2 对硅的腐蚀不会造成 MOS 器件的晶格损伤[11]。

XeF_2 刻蚀 Si 的反应流程如图 6.6 所示。首先，将 V1 阀门开启，其他阀门都关闭，此时 XeF_2 气体由于扩散作用首先进入扩散腔体；当扩散腔体中气体压强达到预定值时（这个值一般来说与刻蚀工艺有关），关闭 V1 阀门后开启 V2 阀，此时其他阀门仍处于关闭状态；由于硅腐蚀腔体的气体大气压为标准大气压，XeF_2 气体会从扩散腔体进入到腐蚀腔体内，并立即对腐蚀腔体中的硅进行腐蚀，与此同时，计时器也开始计时；当 XeF_2 和硅的反应时间达到预定值时，在之前的步骤上将 V3 阀门开启，使腐蚀腔和扩散腔中的气体被真空泵抽走，直到腐蚀腔中压强达到真空预设值。然后，只将 V4 阀门开启，其他阀门都关闭，真空泵对扩散腔进行二次抽气，直到扩散腔中压强达到真空预设值；至此，一个 XeF_2 脉冲腐蚀周期结束，脉冲 XeF_2 硅腐蚀就是按照预设的脉冲值重复上述 XeF_2 脉冲腐蚀。在脉冲重复时，要注意合理控制气体的流量和压强，在不同的脉冲阶段应尽量合理调节，保证刻蚀的速率大致相同，从而达到想要的刻蚀图形。但是 HF 气相刻蚀和 XeF_2 气相刻蚀都为各向同性的化学刻蚀，刻蚀的物理形貌比较差，刻蚀的精度也存在瑕疵，而且在刻蚀底部会存在一个不希望的底切。因此，需要优化刻蚀方法，将不同刻蚀方法相互结合，共同使用，以达到最佳的效果。

随着刻蚀的脉冲周期的增加，刻蚀速率会随之下降，这是因为 XeF_2 刻蚀是在没有外部能源的情况下进行的。XeF_2 分子的吸附受 XeF_2 气体扩散的调节，随着刻蚀的深度增加，XeF_2 的吸附将减少。因此，长时间刻蚀会降低刻蚀速率。此外，由于横向刻蚀长度和垂直刻蚀深度均与刻蚀周期数成正比，因此，随着刻蚀周期的增加，XeF_2 气体扩散到硅表面的难度将增加，横向刻蚀长度和垂直刻蚀深度的增加步骤将变慢。因此，随着刻蚀时间的增加，横向刻蚀长度和垂直刻蚀深度对 XeF_2 分子吸附将减小。

XeF_2 刻蚀硅也有其固有的缺点。一方面，刻蚀的终止不易控制，只能由时间等参数确定，可能存在误差。XeF_2 刻蚀速率与晶向或者硅的类型（n 型

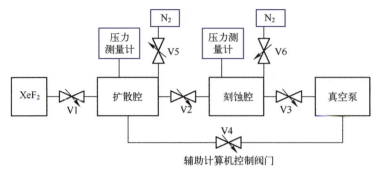

图 6.6　XeF_2 刻蚀原理图

或者 p 型）无关，不能用来做晶向有关的各向异性刻蚀，因此不能在芯片设计中大规模使用。另一方面，XeF_2 刻蚀过程有一定危险性，如果吸入太多的 XeF_2 或者 SiF_2 会对呼吸道造成化学烧灼。刻蚀产物中不仅有 SiF_4 及相关副产物（SiF_3、SiF_2、Si_2F_6），也含有少量的 F_2，需要做严格的尾气处理，通常采用安全排气管道将尾气直接导入弱酸溶液并加以中和。因此，工艺操作人员在进行 XeF_2 刻蚀时，需要注意自身安全以及可能造成的环境污染问题。

综上所述，XeF_2 对 Si 进行的刻蚀是一种各向同性的刻蚀，各方向的刻蚀速率与晶向或者硅掺杂物无关，而且反应不需要气体电离，在室温下即可进行。刻蚀使用的系统结构简单，条件易于控制，刻蚀后的硅表面粗糙度与刻蚀时的 XeF_2 气体压强有直接的关系。因此，可以通过控制通入 XeF_2 气体的密度来控制刻蚀的速率、形貌。

6.5　离子束刻蚀（离子铣）

离子束是指以近似一致的速度沿着几乎同一方向运动的一群离子，它们具有相同的性质。离子束刻蚀（Ion Beam Etching，IBE）也称为离子铣，是具有方向性的等离子体的一种物理刻蚀机理。它能对小尺寸图形产生各向异性刻蚀，属于物理刻蚀，物理形貌优异，但其选择性差，特别是对于光刻胶层[12]。与化学等离子体刻蚀系统不同，离子束刻蚀是一个物理过程。在传统的溅射和离子束研磨工艺中，化学惰性气体离子被加速到高能（大于 100eV）并撞击到衬底表面。当这些离子撞击表面时，它们将动量传递给物质。如果离子能量高于特定的阈值，则衬底原子、分子和离子被喷射；在离子束刻蚀中，一个封闭的等离子体源用来产生离子，约束过程中使用的一组栅格被偏置，使得离子束可以从源中提取并被引导到衬底表面上，因此实现了刻蚀。

离子束刻蚀的基本原理是当定向高能离子向样品撞击时，能量从入射离子转移到样品表面原子上，如果样品表面原子间结合所需的能量低于入射离子能量时，样品表面原子就会被移开或从表面上被除掉，达到刻蚀的目的，其原理如图6.7所示。简单来说，这是一个物理溅射过程，所以离子束刻蚀通常所用的等离子体来自惰性气体，最常见的为Ar[13]。离子束所能达到的最小直径约10nm。目前，聚焦离子束刻蚀的束斑可以达到80nm以下，最少的达到10nm，工艺上能获得最小线宽12nm的加工结果。相比电子与固体相互碰撞以及其他作用，离子在固体中的散射效应很小，并能以较快的速度进行小尺寸的刻蚀，故而聚焦离子束刻蚀是微纳米加工MEMS器件的一种理想方法。不幸的是，离子束铣削有许多缺点。由于使用纯物理工艺来去除衬底或薄膜材料，它的选择性通常较差。在很大程度上，这些刻蚀系统中的选择性取决于材料之间的溅射产量差异，大多数材料的溅射产量在彼此的3倍之内，所以选择性通常是不够的（刻蚀选择比在3左右）。此外，由于喷出的物质本身不易挥发，可能会再沉积。最后，如上所述的物理工艺的刻蚀速率本来就很低。原则上，所有上述问题可以通过在纯物理刻蚀模式中添加化学成分来避免（也就是前文提到的反应离子刻蚀）。除此之外，离子束加工过程也存在一些目前尚未解决的问题，如器件的晶格损伤问题比较突出，离子束加工精

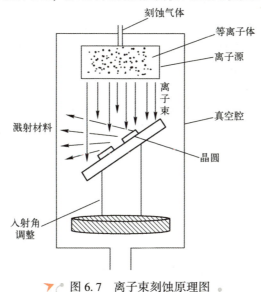

▶ 图6.7 离子束刻蚀原理图

度还不容易控制。所以目前除了对特殊结构的离子束刻蚀以外，最常用的方法还是 RIE。

离子束刻蚀过程：具有一定能量的惰性气体先充入离子源放电室并使其电离形成等离子体，然后由栅极将离子呈束状引出并加速，离子束经加速、中和后，纯物理性地轰击基片表面，去掉一部分的表面原子，达到刻蚀的目的。离子源的实际工作过程如下：首先把惰性气体氩气引入真空室中，采用放电的方法对氩气进行电离形成等离子体。在磁场的作用下，等离子体被聚焦成一细束并在电场的作用下加速获得高能量，高能量正性氩离子细束经过灯丝中和后，物理性地轰击高真空室里的基片表面。当发生碰撞时，中和后的氩离子束会将本身的动量和能量传递给基片表面原子，促使一部分原子剥离表面，从而形成对基片表面材料的刻蚀与去除。

离子束刻蚀具有较多优点，方向性好，各向异性陡直度高，分辨率高，可以达到 $0.01\mu m$ 且不受刻蚀材料的影响（待刻蚀物可以为金属和氧化物，无机物和有机物，半导体和绝缘体），刻蚀过程中可以改变离子束的入射角度以控制物理形貌。离子束刻蚀的缺点主要有刻蚀速率慢，效率比反应离子刻蚀低，很难完成晶片的深刻蚀，又因为是纯物理刻蚀，常常存在过刻现象。但是由于离子束刻蚀对材料无选择性，对于那些无法或者难以通过化学研磨、电介质研磨减薄的材料，可以通过离子束刻蚀来减薄，达到化学机械平坦化的效果。另外，由于离子束能逐层剥离原子层，所以还可以用于精密加工。

以上就是各种干法刻蚀方法的内容，在半导体集成电路制造以及 MEMS 器件制造的过程中，会使用不同的干法刻蚀手段，实现图形化的目的，因此，要合理设计具体的使用过程，以达到最佳的使用效果。

6.6 案　　例

干法刻蚀在集成电路设计过程中扮演重要的角色，其重要性不亚于光刻。但干法刻蚀过程中涉及许多化学物理作用，即便是资深的干法刻蚀工程师也不可能精通其背后的原理。因此，本节就干法刻蚀在集成电路设计和 MEMS 设计中的应用做简要的说明，并将前几节所作说明的刻蚀原理做简要归纳，以便读者在实际操作时，不仅能够理解刻蚀工艺的关键参数及如何控制这些参数，还可以理解其底层的基本原理。本节主要对半导体设计过程中所使用的刻蚀材料做简要介绍，主要可分为硅以及硅化物的刻蚀、绝缘材料的刻蚀、金属材料的刻蚀。以集成电路制造过程刻蚀栅极为案例，其涵括了干法刻蚀的多种材料以及方法。刻蚀过程反复使用了前文介绍的 RIE、DRIE 等刻蚀方法。

6.6.1 多晶硅栅极刻蚀

在集成电路设计以及 MEMS 器件设计的早期，用于栅极刻蚀的气体主要是含氟或基于氯氟的有机物。但是使用基于氯氟的有机物刻蚀很难获得对栅氧化膜的高选择性，因为气体中的碳提升了刻蚀二氧化硅的速率[3]。另外，考虑环境影响的问题，氟利昂等将不再使用，而氯气和溴化氢等气体被广泛使用。主要的原因是其刻蚀的各向异性的形貌较好，且对二氧化硅以及氮化硅等硅化物的刻蚀选择比很高。其原理主要是由于硅-氯键和硅-溴键的结合强度小于硅-氧键的结合强度，所以二氧化硅的腐蚀速率在氯和溴的作用下变得极低。

在刻蚀过程中，临界尺寸均匀性是很重要的控制参数。反应副产物在图案上的再沉积影响整个晶圆的均匀性，而在副产物沉积时主要有两个重要的参数，第一个参数是刻蚀副产物的空间分布，如图 6.8（a）所示，当反应副产物四氯化硅（在氯化硅基气体中刻蚀多晶硅产生）的浓度在晶片中心较高而在周围较低时，晶片中心的临界尺寸较大，而晶片外围的临界尺寸较小。另一个关键参数是晶片上的温度分布，如图 6.8（b）所示，当晶片中心温度低而外围温度高时，四氯化硅在晶片中心的黏附概率较高，而在外围的黏附概率较低。

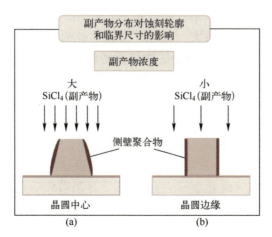

图 6.8 副产物和晶片温度分布对刻蚀深度和临界尺寸的影响

临界尺寸在晶片中心变大，在晶片外围变小。在等离子体中，由较低反应性的卤素（如氯和溴）产生的自由基与硅反应，产生黏附在表面的挥发性反应产物。因此，离子碰撞既根据吸附的卤素自由基激活情况并诱导硅形成氯化硅或溴化物，也取决于去除反应产物的非挥发性（抑制剂）膜。特别是溴化硅的挥发性非常低，需要高能离子轰击来帮助它们从硅表面清除。刻蚀特征的侧壁通常会经历非常小的离子轰击通量，因此氯和溴化学刻蚀会导致能量驱动的各向异性刻蚀。氟刻蚀倾向于具有更大的各向同性刻蚀倾向，并且导致最小的表面损伤。

卤素化学中的各向异性具体实现为：氟刻蚀中的各向异性通常是抑制剂驱动的，在碳氟化合物化学中添加含氢气体会耗尽氟自由基，从而降低氟碳比。有效的抑制剂驱动的各向异性刻蚀工艺开发需要 2~3 的氟碳比，通过向等离子体中添加少量氧气或氮气，借助未钝化硅表面的氧化或氮化来增强侧壁的钝化。侧壁保护也可以通过沉积氯碳或溴碳的薄膜、向等离子体中加入氯碳或溴碳气体来改善，这些气体在等离子体活化时容易聚合。离子轰击破坏了在这些表面上形成的钝化或保护膜，即结构底部，导致定向和垂直刻蚀。

为了减弱副产物再沉积和温度变化对刻蚀造成的影响，必须使用能够在特定方向上注入气体的刻蚀机，以及能够调节晶圆上温度分布的静电卡盘，并优化这两个参数来合理控制晶圆临界尺寸变化以获得更好的均匀性。下面介绍一个在二氧化氯中加入氧气刻蚀硅的方法，其掩膜是由化学气相沉积生长的二氧化硅薄膜，使用的刻蚀设备是电子回旋共振等离子刻蚀机（其结构与 ICP-RIE 类似，只是线圈的匝数远超过 ICP-RIE）。刻蚀过程中，硅的刻蚀速率随着氧浓度的增加而增大，此外，二氧化硅的刻蚀速率随着氧浓度的增加而缓慢增加，多晶硅/二氧化硅的选择性增加。从反应速率上来看，在较低的射频功率下（80W），二氧化硅的刻蚀速率急剧下降，多晶硅刻蚀速率没有明显下降；当射频功率为 80W 时，多晶硅/二氧化硅的选择性急剧增加，其刻蚀选择性可达到 100，多晶硅的刻蚀速率为 400nm/min。当射频功率为 0 时，薄膜的沉积速率为 4nm/min。这一结果表明，在用氯气和氧气刻蚀的二氧化硅/多晶硅的侧壁上，射频功率为 0 时的刻蚀速率近似等于很少离子撞击的侧壁处的刻蚀速率（纯化学反应）。表 6.2 是当射频功率为 80W、通入 10% 氧气和无氧气混合的条件下的不同气体的、形状、刻蚀速率、选择比的对比[3]。

表 6.2　不同气体刻蚀的 SEM 截面图

射频功率/W	80	80
刻蚀气体	氯气	氯气和氧气（10%）
形状		
刻蚀速率/(nm/min)	350	400
选择比	9	51

比较可以发现，在有氧气参与的刻蚀过程中，其侧壁没有被刻蚀，具有很好的垂直刻蚀深度，这是因为添加氧气产生的副产物会沉积在侧壁上并保护它们。对该侧壁薄膜进行表面分析并得到了俄歇电子能谱，检测到氧和硅的强峰，表明膜由氧和硅[15]组成。由于硅氧键的结合强度大于硅氯键的结合强度，氯自由基几乎不会腐蚀侧壁保护膜。因此，侧壁保护膜有效地保护了侧壁免受氯离子的侵蚀，实现了各向异性刻蚀。换句话说，二氧化硅刻蚀速率的降低是由加入氧气后生成的二氧化硅在沉积导致的。该实例也为读者的实际刻蚀操作过程中提供了一个理论支撑，对于二氧化硅薄膜比较薄但硅衬底很厚的情况，可以考虑加入部分氧气。

硅衬底上刻蚀工艺的代表例子是浅沟槽隔离和硅通孔，浅槽隔离主要用于逻辑器件和存储器件之间的隔离，而上面介绍的多晶硅刻蚀工艺可以直接应用于浅槽隔离。

6.6.2　二氧化硅刻蚀

与导体材料刻蚀（如硅、多晶硅和铝）相比，二氧化硅刻蚀具有复杂的刻蚀机理，并且需要不同类型的等离子体源（主要是基于含氟和碳的气体），为了提高刻蚀选择比，主要做法是向氟化碳气体中加入部分氢气[14]。其刻蚀机理可简单理解为：碳氧键强度大于硅氧键强度，碳与二氧化硅中的氧反应生成一氧化碳；一氧化碳从二氧化硅表面解吸附，随后硅与氟反应形成四氟化硅，四氟化硅从二氧化硅表面解吸，二氧化硅的刻蚀由此进行。因为二氧化硅含有氧原子，所以与氧反应并形成挥发性物质的碳必须始终包含在刻蚀气体中。这就是含氟和碳的氟碳化合物被用作基础气体的原因。氢自由基从吸附在硅表面的 CF_3^+ 中提取氟,结果形成氟碳化合物聚合物,由于硅表面覆盖有聚合物,因而抑制了氟自由基对硅的刻蚀。此外,氢自由基与氟自由基在气相中反应形成氟化氢,减少了氟自由基的数量,这种现象称为"清除效应"。氟自由基是硅的刻蚀剂,导致硅的刻蚀速率下降,并且实现了具有高二氧化硅/硅选择性的刻蚀,这也就是刻蚀过程中需要氢气的原因。随着氢浓度的增加,硅的腐蚀速率急剧下降,而二氧化硅刻蚀速率仅略微降低,所以二氧化硅/硅选择性随着氢浓度的增加而急剧增加。在氢气浓度在40%的时候,其刻蚀选择比在10左右。因此,含有碳、氟、氢的三氯甲烷常被用作二氧化硅的刻蚀气体。此外,在碳比较大的气体中,选择性往往会增加,所以近年也使用了碳氟化合物(如 C_4F_8、C_2F_6 等气体)作为刻蚀气体。在二氧化硅刻蚀中,更短的停留时间和更低的等离子体密度可以获得更高的选择性。因此,高密度等离子体不适合二氧化硅刻蚀,二氧化硅的刻蚀往往使用中密度等离子体。粒子的停留时间 t 由下式表示,即

$$t = pV/Q \tag{6-8}$$

式中:p 代表压力;Q 代表气体的流速;V 代表等离子体体积。为了减小 t,等离子体的体积应该小,压力应该低,气体流速应该更大。因此,使用窄间隙平行板刻蚀机,刻蚀室中的电极之间具有小间隙,导致等离子体体积较小,因此可以用该设备来刻蚀二氧化硅。

  同样的刻蚀选择比可由 CF_2/F 的比值来调节。一般来说,刻蚀选择比会随着比值的增大而增大,在平行板刻蚀机的靠近上电极区域会逐渐消耗 F,释放 CF_2,同样的反应也发生在晶圆表面。当电极间隙较窄时,这些区域会重叠,并且 CF_2 浓度会进一步增加,因此刻蚀选择比会上升。平行板刻蚀机的两个电极之间的间隙通常设置为 20~30mm。当加热上电极或在上电极上施加偏压时,二氧化硅/硅选择性和二氧化硅/抗蚀剂选择比提高。过去产业界努力使用高密度等离子体,如电感耦合等离子体和电子回旋共振来刻蚀二氧化硅。然而,它们不能实现高选择比,最终窄间隙平行板刻蚀机开始广泛使用。

  下面介绍一个刻蚀栅极接触孔的案例。在逻辑器件中,栅极接触孔很浅,衬底接触孔很深,并且需要同时刻蚀具有不同深度的接触孔。由于栅极接触孔中的下层材料暴露于等离子体辐射的时间长,所以需要对下层多晶硅具有大的选择性。前面已经介绍过,高二氧化硅/硅选择性是通过在硅表面形成聚合物来获得的,因为它们降低了硅的刻蚀速率。为了在硅表面上形成聚合物,除了添加气体的浓度之外,控制离子加速电压也很重要。本实验使用 C_4F_8

（氧气、氩气等）作为离子源，其中 C_4F_8 为主要反应物质，并加入 30%的甲醇（富含氢），氢和氟反应会生成氟化氢减少了氟自由基，可以降低硅的刻蚀速率，从而增大了二氧化硅/硅的刻蚀选择比。同时增大电压时，二氧化硅的刻蚀速率会增大，硅的刻蚀速率也会增大，其刻蚀选择比会减小。当最大电压降低时，硅的表面会被聚合物覆盖，刻蚀选择比可能会存在无限大的情况，但同时会降低二氧化硅的刻蚀速率。因此，实际工艺通过平衡刻蚀速率和刻蚀选择比来选择最佳的离子能量，这种平衡也是集成电路设计过程中最常见的情况。栅极接触孔的刻蚀在动态随机存取存储器的设计过程中非常重要。合理优化参数，如改变气体含量占比和刻蚀电压的大小可以设计出高深宽比（孔深与孔径的比值）的图案，平行板刻蚀机也能达到 DRIE 刻蚀的效果，DRIE 刻蚀的效果在垂直度上与优化的 RIE 刻蚀相当[14]，但其深宽比更好。这给我们实际工艺操作过程中提供了多种选择。图 6.9 为刻蚀的效果图。

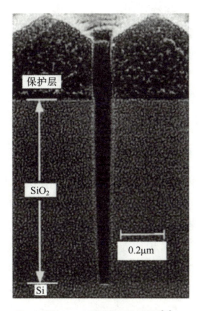

图 6.9　孔刻蚀效果图[3]

自对准接触是在栅电极之间打开接触孔的一个重要的技术。随着技术的发展，在栅极上长一层 SiN 薄膜作为刻蚀停止层。因此，即使存在未对准，接触孔和栅极也不会短路，这样就可以增大对准的裕量并缩小芯片的尺寸。自对准刻蚀的关键是二氧化硅/氮化硅选择比的最大化，C_4F_8 和 CO 气体常用于自对准刻蚀。栅极刻蚀中最后一个重点是隔离物的刻蚀，隔离物的作用是防止器件之间相互接触从而影响性能,隔离物刻蚀是一种利用各向异性刻蚀特性的工艺,刻蚀的具体流程如下:形成栅极;然后用化学气相沉积法沉积一层电介质膜,如二氧化硅或氮化硅;随后进行各向异性刻蚀时,化学气相沉积电介质膜的厚度在垂直方向上更大,从而形成间隔物,保留在栅极侧壁上而不被刻蚀。总之,由于硅与氟基的自发反应形成 SiF_4,硅比二氧化硅更容易刻蚀,二氧化硅需要通过离子轰击诱导刻蚀过程,在反应离子刻蚀工艺中添加氧会增加硅和二氧化硅的刻蚀速率,并增大刻蚀选择比。氢的添加可用于形成碳氟化合物膜并附着在硅上,从而进行选择性刻蚀二氧化硅。氮化硅的刻蚀速率介于硅和二氧化硅之间,氮化硅在二氧化硅层上的高选择性刻蚀可以在 1:2 的 NF_3/Cl_2 等离子体刻蚀源下进行。

6.6.3 金属的刻蚀

6.6.3.1 堆叠金属的刻蚀

在集成电路设计或者 MEMS 设计的早期,一般使用金属铝作为互连线。近年来也常使用铜作为互连线,铜的刻蚀一般使用双大马士革的方法(6.6.3.2 节介绍),其中涉及的刻蚀手段与通孔刻蚀手段相似,本节主要介绍铝的刻蚀方法。

氯离子以非常高的速度腐蚀铝,但是因为铝易于氧化,表面通常被氧化膜(Al_2O_3)覆盖,这阻碍了刻蚀。为了去除表面的这层氧化物,通常会混入强还原剂 BCl_3,因此用于铝刻蚀的基本气体系统是 Cl_2+BCl_3。铝刻蚀可能存在的问题主要是微负载效应,其刻蚀过程中的侧刻蚀量会随着图案的变化而变化。因此,需要侧壁保护工艺,一种方法是减小气体压强,另一种是用气体添加剂增加侧壁保护膜的强度。使用平行板反应离子刻蚀机(使用 ICP - RIE 也能达到相同的效果)的压强在 47Pa,使用的等离子体刻蚀源主要是 $F_2+Cl_2+BCl_3$,在抗蚀剂掩膜的面积比要被刻蚀的面积小的实际器件图案上观察到了这种微负载现象。其中侧面刻蚀是由来自抗刻蚀剂的聚合物减少引起的。这种现象在高压状态下变得很重要,为了防止侧面刻蚀,应降低操作压力,以便更多的离子沿直线方向移动。在这种情况下,即使侧壁保护膜较薄,各向异性刻蚀也是可能的,因此使用 ICP 等离子体刻蚀[16]和回旋共振等离子体刻蚀效果会更好,因为它们的操作压力低。图 6.10 显示了平行板反应离子刻蚀机刻蚀堆叠金属层结构的例子,实现了各层之间没有台阶的各向异性刻蚀。在阻挡金属中,氮化钛用氯气刻蚀即可。另外,钨化钛需要用氟基气体进行刻蚀,因为其 80%~90% 的成分是钨,并且这种材料的刻蚀特性类似于钨。刻蚀的效果如图 6.10 所示。

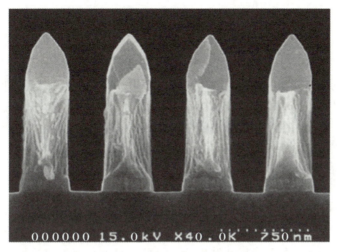

图 6.10　堆叠金属层刻蚀效果[3]

在铝的刻蚀过程中需要注意的另一个问题是防腐蚀。铝腐蚀后，如果将晶片放入有大量残留氯的大气中，会导致大量腐蚀。这是因为氯化氢是由大气中的水分和残留的氯反应生成的。在含铜铝合金中，氯离子很容易破坏氧化铜膜。腐蚀是由电偶效应引起的，为了防止腐蚀，完全去除晶片上的残留氯是必要的。当抗蚀剂被灰化器剥离时，超过 99% 的残留氯可以被去除，该步骤之后是湿法清洗，氯浓度几乎回到预刻蚀水平。当刻蚀系统配备能够在不破坏真空的前提下剥离抗蚀剂的在线灰化器时，只要铝合金中的铜含量在 1% 左右，就可以仅通过抗蚀剂剥离来防止腐蚀。在具有阻挡金属功能的堆叠结构上的有效方法是增加去离子水的清洗步骤。

其他常用金属的刻蚀与铝的刻蚀方法相同，需要找到合适的等离子体刻蚀源。本章的讨论集中在栅极刻蚀、二氧化硅孔刻蚀、间隔物刻蚀和铝合金堆叠金属层结构的刻蚀，这些是半导体芯片和 MEMS 器件制造中的关键技术[15]。讨论深入研究了刻蚀工艺的关键参数和控制这些参数的方法。随着半导体以及 MEMS 制造技术的不断进步，未来将引入新材料，因此，在考虑如何刻蚀新材料时，最重要的是回到基础原理并找出如何处理这些材料。

6.6.3.2　铜的刻蚀

大规模逻辑集成电路器件的工作速度主要通过晶体管关键尺寸的减小来提高。然而，从关键节点为 0.25μm 开始，金属线成为大规模集成电路器件速度的限制因素。当金属线的横截面变小、金属线变得更长时，其电阻 R 上升，同时金属线之间的距离也会变短，金属之间的电容 C 也随之上升从而导致延时增加，降低了大规模集成电路的速度。因此，近几年开始，已经用电阻率更低的铜来代替铝，并引入高介电常数的介质来代替氧化硅。

铜的镶嵌工艺是指将铜沉积到已经刻蚀的绝缘层孔中，并通过化学机械平坦化（Chemical Mechanical Polishing，CMP）进行抛光以形成金属线的技术。CMP常用晶圆减薄工艺，镶嵌工艺可以是单独形成金属线和通孔的单镶嵌工艺，或者是用铜同时填充金属线沟槽和通孔的双镶嵌工艺。双镶嵌技术比单镶嵌工艺需要更少的工艺步骤，并且成本更低。下面介绍一下目前已经成为主流技术的双镶嵌第一通路方案，其步骤如下。

（1）在薄膜上先沉积第一层铜。

（2）用于防止铜扩散的阻挡膜（SiN）沉积在铜的顶部，然后在顶部沉积低介电常数膜，一般是SiN，并形成通孔，再沉积一层氮化硅薄膜和低介电常数的氮化硅薄膜，作用是刻蚀停止层，最外层的SiN要形成沟槽。

（3）涂胶并进行光刻，形成掩膜。

（4）氧化物刻蚀形成通孔。

（5）用灰化器剥离抗蚀剂。

（6）形成用于沟槽的抗蚀剂掩膜。

（7）用氧化物刻蚀机刻蚀沟槽。

（8）剥离抗蚀剂以产生几何形状，其中用于金属线的沟槽和通孔彼此连接。

（9）移除氮化硅以暴露出介层洞底部的铜。

（10）铜通过电镀填充到通孔和沟槽中。

（11）化学机械抛光去除部分上的铜，并形成第二层铜金属线。

镶嵌工艺的引入减少了金属刻蚀剂的使用，增加了氧化物刻蚀剂。图6.11为铜镶嵌（双大马士革）工艺效果。

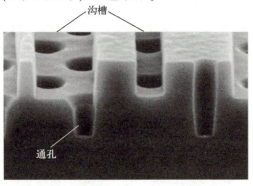

▼ 图6.11　铜双大马士革工艺效果图[3]

铜的刻蚀方法给其他难以通过物理化学方法刻蚀的物质提供了一种新型的刻蚀想法以及手段。我们可以通过填充或者沉积合适的易于刻蚀的氧化物来进行研磨，通过化学机械平坦化的方法来得到我们想要的图形。

以上的案例大多都是以 RIE 刻蚀为母体，并修改了部分参数以达到不同的刻蚀效果，接下来介绍 DRIE 刻蚀的案例。硅 DRIE 基于等离子体的化学活性，化学活性需要足够高浓度的钝化自由基和氟自由基来获得高刻蚀速率[17]。对于高密度的化学活性物质，通常在 1~10Pa 的工艺压力范围是最合适的。轰击晶片表面离子流的能量必须由射频或低频偏置发生器的衬底电极独立于等离子体激发来进行控制。为了良好地控制独立于等离子体激发的离子加速，等离子体电势应该保持在尽可能低的地电势附近。

如上所述，侧壁钝化是获得各向异性硅刻蚀所必需的。一种方法是在等离子体放电中，使用氟自由基产生的六氟化硫（SF_6）作为主要的刻蚀物质，这种刻蚀物质可以容易且各向同性地去除未受保护的硅。氧自由基是由氧气（O_2）在等离子体中产生的，用于硅表面氧化。氧化使硅表面的悬挂键饱和，并形成钝化氧化硅膜，抑制氟对硅的侵蚀[18]。在找到合适的 SF_6 与 O_2 流量比后，可以加入三氟甲烷等氧化物清除气体，以改善结果。如上所述的方法是早期刻蚀高深宽比结构的方法，近年一般使用 Bosch 工艺作为深刻蚀的方法。采用 Bosch 工艺来刻蚀沟槽结构，等离子体刻蚀源为 SF_6 和 C_4F_6，按照循环（每个周期设置 5~10s）的顺序，先通入 SF_6 进行刻蚀，经过几秒之后立马通过 C_4F_6，进行聚合物沉积以保护侧壁。本次实验设置聚合时间为 2s，SF_6 刻蚀时间为 3s，随后 1s 在对刚刚生成的聚合物进行一次刻蚀，侧面聚合物得以保留，总循环数为 50，刻蚀结束分析了 SEM 的侧面剖图。如图 6.12 所示，刻

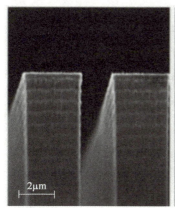
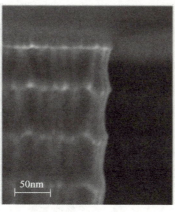

图 6.12　DRIE 刻蚀效果图[2]

蚀深度为 30μm，刻蚀速率为 6μm/min，本次实验选用的掩膜为光刻胶，其厚度在 1.5μm 左右（根据光刻胶的种类，以及涂胶的转速可以计算出其厚度），由此估算其刻蚀选择比大于 20，比之前介绍的 RIE 刻蚀的效果要好一些，刻蚀速率也更佳。

6.7　本章小结

干法刻蚀是 MEMS 传感器加工制造的关键技术之一。等离子体的使用提供了一种反应性气体环境，各种衬底材料可作为挥发性反应产物被去除。大多数刻蚀工艺基于各种卤素化学物质，总体刻蚀效果取决于特定材料、刻蚀化学反应、刻蚀设备、掩膜材料和其他工艺参数，因此几乎不可能给出能够在各种实验室或设备中可靠复制的特定工艺配方。本章最重要的是要认识到给定工艺中整体刻蚀特性的决定因素。高真空技术的最新发展，包括高通量涡轮分子泵、高密度和稳定的电感耦合等离子体源、快速开关、精密质量流量控制器和过程控制仪器，使得下一代刻蚀设备的设计和制造成为可能。然而，高通量、高清晰度刻蚀工艺的发展仍然存在挑战，特别是对陶瓷材料、压电和磁性材料中的复合氧化物以及宽带隙半导体材料的刻蚀。对于从事刻蚀技术开发的工程师，除了了解必要的干法刻蚀知识，还必须了解其他工艺技术，加深对器件结构和特性的理解。

参 考 文 献

［1］QUIRK M, SERDA J. 半导体制造工艺 ［M］. 韩郑生，等译. 北京：电子工业出版社，2006.

［2］GHODSSI R, LIN P. MEMS materials and processes handbook ［M］. Berlin：Springer Science & Business Media, 2011.

［3］NOJIRI K. Dry etching technology for semiconductors ［M］. Cham：Springer International Publishing, 2015.

［4］施敏. 现代半导体器件物理 ［M］. 北京：科学出版社，2001.

［5］VAN ZANT P. 芯片制造：半导体工艺制程实用教程 ［M］. 韩郑生，等译. 北京：电子工业出版社，2015.

［6］来五星，廖广兰，史铁林. 反应离子刻蚀加工工艺技术的研究 ［J］. 半导体技术，2006，31(6)：414-417.

[7] OSIPOV A A, ALEKSANDROV S E, OSIPOV A A, et al. Development of process for fast plasma-chemical through etching of single-crystal quartz in SF_6/O_2 gas mixture [J]. Russian Journal of Applied Chemistry, 2018, 91: 1255-1261.

[8] 周荣春. 高深宽比硅刻蚀工艺技术的模型分析与仿真及实验验证[D]. 北京：北京大学, 2005.

[9] 崔铮. 微纳米加工技术及其应用[M]. 北京：高等教育出版社, 2005.

[10] JANG W I, CHOI C A, LEE M L, et al. Fabrication of MEMS devices by using anhydrous HF gas-phase etching with alcoholic vapor [J]. Journal of Micromechanics and Microengineering, 2002, 12(3): 297.

[11] ARANA L R, DE MAS N, SCHMIDT R, et al. Isotropic etching of silicon in fluorine gas for MEMS micromachining [J]. Journal of Micromechanics and Microengineering, 2007, 17(2): 384.

[12] MORGAN J, NOTTE J, HILL R, et al. An introduction to the helium ion microscope [J]. Microscopy Today, 2006, 14(4): 24-31.

[13] BAI Y, LI L, XUE D, et al. Rapid fabrication of a silicon modification layer on silicon carbide substrate [J]. Applied Optics, 2016, 55(22): 5814-5820.

[14] CHEN K S, AYÓN A A, ZHANG X, et al. Effect of process parameters on the surface morphology and mechanical performance of silicon structures after deep reactive ion etching (DRIE)[J]. Journal of Microelectromechanical Systems, 2002, 11(3): 264-275.

[15] DE BOER M J, GARDENIERS J G E, JANSEN H V, et al. Guidelines for etching silicon MEMS structures using fluorine high-density plasmas at cryogenic temperatures [J]. Journal of Microelectromechanical Systems, 2002, 11(4): 385-401.

[16] RACKA SZMIDT K, STONIO B, ŻELAZKO J, et al. A review: inductively coupled plasma reactive ion etching of silicon carbide [J]. Materials, 2021, 15(1): 123.

[17] HAOBING L, CHOLLET F. Layout controlled one-step dry etch and release of MEMS using deep RIE on SOI wafer [J]. Journal of Microelectromechanical Systems, 2006, 15(3): 541-547.

[18] MONK D J, SOANE D S, HOWE R T. Hydrofluoric acid etching of silicon dioxide sacrificial layers: I. experimental observations [J]. Journal of the Electrochemical Society, 1994, 141(1): 270.

第 7 章

湿法腐蚀

湿法腐蚀是指利用化学腐蚀液与待腐蚀物的化学反应去除材料的一种工艺方法。根据它在各个晶向的反应速率是否一致,可以分为各向同性和各向异性湿法腐蚀。虽然湿法腐蚀的精度和可控性不及干法刻蚀,但它工艺简单、速率快、成本低。湿法腐蚀工艺与硅晶圆的加工制造紧密相关,极大地推动了半导体制造业的发展。

7.1 节介绍湿法腐蚀的基本原理,以及不同腐蚀过程相应化学反应所用的腐蚀剂;7.2 节和 7.3 节分别介绍硅各向同性和各向异性湿法腐蚀;7.4 节介绍硅腐蚀自停止方法,包括重掺杂停止、高剂量硼离子注入自停止、电化学腐蚀自停止、薄膜自停止;7.5 节介绍牺牲层腐蚀,可用于移除结构层下方的牺牲层,使结构层独立支撑;7.6 节介绍深槽深孔腐蚀,利用基于硅衬底不同晶面的腐蚀速率差异和以金属为催化剂的辅助腐蚀的两种方法制备高深宽比微纳结构;7.7 节以 MEMS 静电驱动梳状谐振器和热阻型热式流量传感器为例,详细介绍湿法腐蚀工艺在 MEMS 器件加工过程中的应用。

7.1 湿法腐蚀概述

7.1.1 基本原理

湿法化学腐蚀是最早用于微机械结构加工制造的方法之一。所谓湿法腐蚀，就是将硅晶圆置于液态的化学腐蚀液中进行腐蚀，在腐蚀过程中，腐蚀液会通过化学反应逐步侵蚀并溶掉它所接触的材料。湿法腐蚀工艺是在高选择比掩蔽膜的保护下对介质膜或半导体材料进行腐蚀而得到所需图案的技术。湿法刻蚀的优点是程序单一，设备简单，而且成本低，产量高，具有良好的刻蚀选择比。根据所选腐蚀剂和腐蚀加工效果的不同，湿法腐蚀可分为各向同性湿法腐蚀和各向异性湿法腐蚀（图7.1）[1]。各向同性湿法腐蚀在各个晶向上的腐蚀速率相同。各向异性湿法腐蚀的腐蚀剂对某一晶向的腐蚀速率高于其他方向。各向同性腐蚀加工技术是20世纪50年代开发的一项半导体加工技术，而各向异性湿法腐蚀技术则可以追溯到20世纪60年代中期，那时贝尔实验室用氢氧化钾（KOH）、水和乙醇溶液进行硅的各向异性湿法腐蚀，后来改用KOH和水的混合溶液。可以说，从半导体制造业一开始，湿法腐蚀就与硅晶圆制造联系在一起。

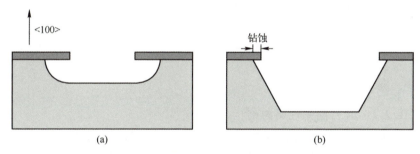

图7.1 各向同性与各向异性湿法腐蚀工艺截面示意图
（a）各向同性湿法腐蚀；（b）各向异性湿法腐蚀。

湿法腐蚀常利用氧化剂（如腐蚀硅、铝的硝酸）氧化被腐蚀材料，形成氧化物（如二氧化硅（SiO_2）、氧化铝（Al_2O_3）），再利用另一溶剂（如硅刻蚀中的氢氟酸（HF）、铝刻蚀中的磷酸（H_3PO_4））将此氧化物溶解，并随溶液去除，然后新的氧化层再度形成，如此便可达到刻蚀的效果。经过几十年的发展，国内外对湿法腐蚀工艺开展了大量研究，在基本的腐蚀机理和腐蚀特性方面都已经取得了较丰富的研究成果，包括不同腐蚀剂、腐蚀剂浓度、添加剂、温度、腐蚀时间等因素对腐蚀速率、腐蚀选择性、粗糙度等结果的影响等[2-3]。例如，对于单晶硅的湿法腐蚀工艺来说，各向同性腐蚀的基本机理是：首先硅表面的Si原子得到空穴后由原来的状态升至较高的氧化态Si^{2+}，Si^{2+}与OH^-结合为络合物，络合物分解形成SiO_2，由于腐蚀液中存在HF，所以SiO_2立即与HF发生反应，完成腐蚀过程。由于很难找到能够承受这种腐蚀液长时间腐蚀的材料,因此用这种腐蚀液实现选择性腐蚀相当困难。虽然对于利用碱性溶液对硅进行各向异性腐蚀的完备机理,至今还没有完全研究清楚,但几十年来众多学者进行了大量研究。早在 1967 年,Finne 和 Klein 就根据反应产物以及在反应过程中放出的 H_2 与 Si 的近似化学计量比的分析,第一次提出了由 OH^-、H_2O 与硅反应的各向异性腐蚀过程的氧化还原方程式[2]:

$$Si+2OH^-+4H_2O=Si(OH)_6^{2-}+2H_2 \qquad (7-1)$$

式(7-1)并不能对硅在腐蚀过程中的各向异性做出很充分的解释。为此,1973 年,Price 提出硅的不同晶面的悬挂键密度可能在各向异性腐蚀中起主要作用[3]。随后,Palik 在其论文中论述了硅的各向异性腐蚀与各晶面的激活能和背键结构两种因素相关,并在其后的试验中发现 OH^- 是该过程的主要反应物[4]。在前面一系列研究成果的基础上,Seidel 于 1990 年提出了目前最具说服力的电化学模型[5-6]。电化学模型认为各向异性腐蚀是由于硅表面悬挂键密度和背键结构、能级不同而引起的;并认同 Palik 关于 OH^- 是主要反应物的观点,也详细给出了各主要晶面的基元反应[7]。

7.1.2 腐蚀剂

7.1.2.1 硅各向同性腐蚀剂

硅的去除可以使用硝酸与氢氟酸的混合溶液来进行,其原理是首先利用硝酸将材质表层的硅氧化成二氧化硅,然后用氢氟酸把生成的二氧化硅层溶解并除去,其反应方程式为

$$Si+HNO_3+6HF=H_2SiF_6+HNO_3+H_2+H_2O \qquad (7-2)$$

随着当前技术的发展,对于腐蚀深度和腐蚀宽度的要求越来越精确。除了寻找更好的新腐蚀溶液之外,还常采取加入缓冲剂来抑制组分解离的方法。其中,比较常用的缓冲溶剂就是 CH_3COOH。在 HNO_3 和 HF 的混合溶液中加入 CH_3COOH 之后,混合溶液实际上成了 HNO_3、HF、CH_3COOH 和水的四组分体系,而这种四组分体系各种配比的腐蚀溶液都比单纯的 HNO_3、HF 溶液腐蚀出的硅片表面光滑平整。因此,常用的硅的各向同性化学腐蚀剂是 HF、HNO_3 和 CH_3COOH 的混合溶液,这种混合物称为 HNA,其中 H、N 和 A 分别表示 HF、HNO_3 和 CH_3COOH。反应首先是 HNO_3 在硅上形成一层二氧化硅,然后 HF 去除这层二氧化硅。

改变混合物的组分可以得到不同的刻蚀速率。由图 7.2 看出,在 HF 浓度高、HNO_3 浓度低时,刻蚀速率由 HNO_3 的浓度来控制,因为 HF 过量导致反应

中产生的二氧化硅都被 HF 去除了。另一方面，当 HF 浓度低而 HNO₃ 浓度高时，刻蚀速率被 HF 去除二氧化硅的能力所限制。HNA 溶液的刻蚀是各向同性的，经常被用作抛光试剂。常用的 HNA 腐蚀液对硅的腐蚀速率在 15μm/min 左右。HNA 腐蚀液对二氧化硅具有较强的腐蚀性，其腐蚀速率为 30~70nm/min，因此二氧化硅通常不用来作为 HNA 各向同性湿法腐蚀的掩膜板[8-10]。

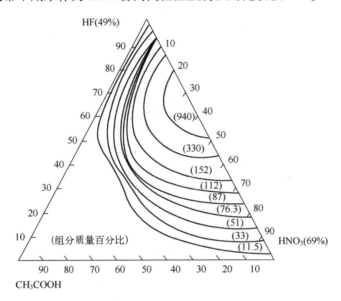

图 7.2　HNA 溶液对硅的腐蚀速率三角关系图[8]

7.1.2.2　硅各向异性湿法腐蚀剂

传统的硅各向异性湿法腐蚀剂一般分为两类[11]。一类是有机腐蚀剂，包括乙二胺邻苯二酚（EDP）、四甲基氢氧化铵（TMAH，分子式为（CH₃)₄NOH）和联胺（N₂H₄）等。另一类是无机腐蚀剂，包括碱性腐蚀液，如 KOH、NaOH、NH₄OH 等。两类腐蚀剂具有非常类似的腐蚀现象。当硼掺杂浓度小于 $1\times10^{19}cm^{-3}$ 时，腐蚀速率为常数；超过该浓度时，腐蚀速率与硼浓度的 4 次方成反比。实验表明，重掺杂硼的硅比重掺磷的硅腐蚀停止效应更明显，因此常采用重掺硼的硅作腐蚀自停止，来制备单晶硅薄膜。表 7.1 给出了几种典型硅各向异性腐蚀剂的腐蚀特性。在选择腐蚀剂时，通常需要考虑以下几个因素：操作的方便性、无毒性、腐蚀速率适当、能得到希望的腐蚀底面拓扑结构、IC 兼容性、能实现腐蚀自停止、一定的腐蚀选择比、掩膜材料和厚度容易得到[12-13]。

表 7.1　几种典型硅各向异性腐蚀剂的腐蚀特性[14-15]

腐蚀剂	腐蚀温度/℃	腐蚀速率/(Å/s)	重掺杂腐蚀特性	备　注
乙二胺:邻苯二酚碱:H_2O 680ml:120g:320ml	110	140	在掺杂浓度小于 $1 \times 10^{19} cm^{-3}$ 时基本为常数,超过该浓度时,腐蚀速率与掺杂硼浓度的4次方成反比	掩膜用 Si_3N_4、SiO_2
$KOH:H_2O$ 250g:1000ml	80	240	在掺杂浓度小于 $1 \times 10^{19} cm^{-3}$ 时基本为常数,超过该浓度时,腐蚀速率与掺杂硼浓度的4次方成反比	掩膜用 Si_3N_4、SiO_2（用于浅腐蚀）；腐蚀 Si(110)(370Å/s),Si(111)(5Å/s),SiO_2(0.7Å/s)
$KOH:IPA:H_2O$ 250g:200ml:800ml	100	480	在掺杂浓度小于 $1 \times 10^{19} cm^{-3}$ 时基本为常数,超过该浓度时,腐蚀速率与掺杂硼浓度的4次方成反比	掩膜用 Si_3N_4、SiO_2（用于浅腐蚀）；腐蚀 SiO_2(3.3Å/s);腐蚀表面光滑
TMAH（4%质量分数水溶液）	90	185	掺杂浓度大于 $4 \times 10^{20} cm^{-3}$ 时,刻蚀速率降低到大约1/40	掩膜用 SiO_2、Si_3N_4；腐蚀 SiO_2(0.06Å/s);腐蚀表面粗糙
TMAH（22%质量分数水溶液）	90	165	掺杂浓度大于 $4 \times 10^{20} cm^{-3}$ 时,刻蚀速率降低到大约1/40,浓硼自停止效应需要更高的硼掺杂浓度	掩膜用 SiO_2、Si_3N_4；腐蚀 Al(160Å/s),Si(110)(240Å/s),Si(111)(8Å/s),SiO_2(0.03Å/s);表面相对光滑

(1) KOH 腐蚀系统。KOH 腐蚀液的价格低廉、溶液配制简单、对硅(100)腐蚀速率相对其他的腐蚀更快,更重要的是操作时稳定、无毒性、无色,可以观察腐蚀反应的情况,是目前最常使用的硅各向异性腐蚀液之一。KOH 腐蚀系统的基本反应方程式为

$$Si + 2KOH + H_2O = K_2SiO_3 + 2H_2 \qquad (7-3)$$

KOH 腐蚀液的常用的质量分数为 20%~50%,通常情况下的质量分数为 30%,质量分数低于 20%会产生比较粗糙的表面。腐蚀温度一般在 50~95℃,温度高于 80℃时,腐蚀速率的不一致性变得显著。KOH 腐蚀硅时,在硅表面会产生大量的气泡。使用近似饱和的 KOH 水溶液（质量比1:1）在 80℃ 的情况下仍可以得到平整光滑的硅腐蚀表面,(100)晶面的硅腐蚀速率可达到 1.4μm/min[16]。在 KOH 溶液中,<100>和<111>方向的腐蚀速率比高于 EDP 溶液中的速率比[17]。

KOH 腐蚀剂的缺点主要是：腐蚀硅的过程中也会对铝线造成腐蚀；由于

腐蚀剂中含有非常多的 K^+ 离子,碱性离子对敏感的电子元器件的制造具有致命的影响,因此与集成电路工艺不兼容;KOH 对硅和二氧化硅的选择比不佳。二氧化硅在 KOH 腐蚀液中的腐蚀速率比在 EDP 溶液中的腐蚀速率大得多,达到 1.4nm/min,而且随着温度升高,二氧化硅的腐蚀速率会继续增加[17]。为了改善 KOH 溶液的各向异性和腐蚀面粗糙度,通常会在溶液中加入异丙醇 IPA、次氯酸盐、硫酸铵等添加剂。已有研究结果表明,添加异丙醇可以将 {100} 与 {111} 面的腐蚀速率比提高到大约 400:1[18]。一般来说,添加剂会降低腐蚀液对硅的绝对腐蚀速率。

(2) EDP。EDP(乙二胺($NH_2(CH_2)_2NH_2$)和邻苯二酚($C_6H_4(OH)_2$)),有时也称 EPW(乙二胺、邻苯二酚和水溶液),它也是一种常用的硅各向异性腐蚀剂[1]。EDP 溶液中的反应过程如下:

$$2NH_2(CH_2)_2NH_2 + Si + C_6H_4(OH)_2 = 2NH_2(CH_2)_2NH_3^+ + Si(C_6H_4O_2)_3^{2-} + 2H_2 \tag{7-4}$$

硅在 EDP 溶液中的各向异性腐蚀的温度一般在 90~100℃。在 EDP 溶液中,<100>和<111>方向的腐蚀速率比可达 35:1 以上,<100>方向的腐蚀速率为 0.5~1.5μm/min。它对二氧化硅的腐蚀速率远远小于 KOH,几乎可以忽略,为 0.1~0.2nm/min[4];对硅和二氧化硅的选择比可达 5000:1,远大于在 KOH 中的腐蚀速率比[19]。正因为 EDP 腐蚀液的高腐蚀速率比,二氧化硅可作为硅各向异性湿法腐蚀的良好掩膜;另一方面,由于 EDP 对二氧化硅的极低的腐蚀速率,即使硅表面的本征氧化层非常薄,腐蚀也将难以进行。EDP 腐蚀剂不会造成钾离子或钠离子的污染。盛装 EDP 的瓶必须很好地密封,如果与氧接触,液体将变成红褐色,腐蚀液将失效。此外,EDP 有毒,且具有挥发性。乙二胺会引起呼吸道过敏,而邻苯二酚是有毒的腐蚀剂。

(3) TMAH。TMAH(Tetramethyl Ammonium Hydroxide,四甲基氢氧化铵,分子式为 $(CH_3)_4NOH$)是一种性能优异的各向异性腐蚀液。它无毒、易操作且与 CMOS 工艺相兼容;低于 130℃不分解[20-21]。现在研究人员普遍认为 TMAH 溶液中的总的反应方程式为

$$Si + 2OH^- + 2H_2O = Si(OH)_2^{2-} + 2H_2 \tag{7-5}$$

TMAH 溶液对二氧化硅和氮化硅掩膜都表现出较好的选择性,它对二氧化硅的腐蚀速率为 0.05~0.25nm/min[17]。TMAH 溶液的<100>和<111>方向的腐蚀速率比不如在 KOH 和 EDP 腐蚀液中的高,为 12.5~50nm/min[21-22]。有研究表明,在 2%的 TMAH 溶液中,腐蚀速率达到最大值。随着浓度升高、pH 值增大,腐蚀速率降低。在质量分数为 10%的溶液中,腐蚀速率为 1.5μm/min;在质量

分数为40%的溶液中，腐蚀速率为 0.5μm/min。二者温度均为90℃，同时腐蚀表面质量也会提高。当质量分数高于20%时，可获得平滑的腐蚀侧壁和底面；质量分数低于15%时，腐蚀表面粗糙；当质量分数在5%～40%时，<100>和<111>方向的腐蚀速率比从35降至10[21]。质量分数在22%的TMAH在90℃的温度下对（100）晶面的腐蚀速率为1.0μm/min，对（110）晶面的腐蚀速率为1.4μm/min，其腐蚀速率高于EDP、联胺等，但低于KOH。TMAH腐蚀液的浓度高于22%是理想的，因为浓度过低会导致腐蚀表面粗糙。然而，浓度过高也会导致腐蚀速率降低以及<100>和<111>晶向的选择性下降。

TMAH对于Ti和Al有明显的腐蚀。在腐蚀加工器件前，需加入适当的硅粉末，降低对铝的腐蚀率；亦可加入酸来降低腐蚀液的pH值，如酸与铝会发生化学反应生成硅铝酸盐，硅铝酸盐对腐蚀液有较好的抵抗能力，可以保护铝材的电路。

7.1.2.3 金属辅助化学腐蚀剂

金属辅助化学腐蚀法（MacEtch）最早由Li提出[23]，是近年来快速发展的一种大面积高深宽比微纳结构制备方法，具有可制备大面积结构、工艺简单可控、无明显尺寸限制、设备简单、可在常温常压下进行等诸多优点，引起了国内外微纳加工研究者的广泛关注[24-25]。

金属辅助化学腐蚀是使用金、银、铂等贵金属作为催化剂的湿法刻蚀，部分被贵金属覆盖的硅基底被HF和氧化剂组成的腐蚀剂腐蚀，之后金属催化剂进入刻蚀腔，以协助进一步腐蚀，如图7.3所示。

代表性的腐蚀剂是由HF和氧化剂组成的混合液[27-28]。目前，MacEtch中最常用的氧化剂为H_2O_2，用于溶解Si的腐蚀成分为HF。除此之外，常用的氧化剂还有$AgNO_3$、$KAuCl_4$或$HAuCl_4$、K_2PtCl_6或H_2PtCl_6、$Fe(NO_3)_3$、$Ni(NO_3)_2$、$Mg(NO_3)_2$、$Na_2S_2O_8$、$KMnO_4$等。硅晶圆表面的贵金属与硅在腐蚀剂溶液中形成原电池，贵金属中的空穴不断转移到硅中，促使贵金属薄膜表面覆盖下的硅原子与腐蚀液中的氟离子形成易溶解的六氟酸根离子，从而诱发与贵金属接触的硅在垂直于金硅接触面的方向不断被溶解。相应地，贵金属薄膜不断下沉，而未被贵金属薄膜覆盖的硅原子腐蚀速度很低，逐步形成高深宽比微纳结构。腐蚀过程中，贵金属阴极结构处的化学反应为

$$H_2O_2+2H^+\rightarrow 2H_2O+2h^+ \tag{7-6}$$

$$2H^+\rightarrow H_2\uparrow +2h^+ \tag{7-7}$$

硅阳极结构处的化学反应为

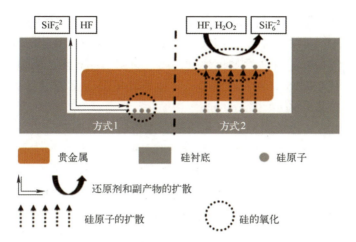

图 7.3 金属辅助化学腐蚀示意图（H_2O_2 和 HF 作为反应物，金属层作为催化剂；消耗 H_2O_2 产生空穴，使硅衬底发生氧化反应）[26]

$$Si+6HF+4h^+ \rightarrow SiF_4+4H^+ \tag{7-8}$$

$$SiF_4+2HF \rightarrow H_2SiF_6 \tag{7-9}$$

腐蚀过程的总化学反应方程式为

$$Si+6HF+H_2O_2 \xrightarrow{金属} H_2SiF_6+2H_2O+H_2\uparrow \tag{7-10}$$

H_2O_2 和 HF 的浓度不仅影响腐蚀速率，还会影响腐蚀结构的形貌[24]。反应过程中 H_2O_2 在贵金属处是被还原的，生成的空穴 h^+ 到达 Si 与金属表面发生硅的氧化反应。整个反应过程中空穴 h^+ 浓度十分关键，因为 H_2O_2 的电化学电位比 Si 的价带要正得多，H_2O_2 可以向 Si 的价带中注入空穴，当 N-Si 表面沉积一层金属时，视为肖特基结模型。Si 表面的能带发生弯曲，导带和价带向上弯曲，使得空穴 h^+ 向 Si 中移动，从而氧化了 Si 表面，并被 HF 溶液溶解。p^-硅表面的能级可以看作为反向弯曲，使得 h^+ 空穴不容易进入 Si 中。因此，H_2O_2 和 HF 的浓度配比（$\rho=[HF]/([HF]+[H_2O_2])$）不仅影响腐蚀速率，而且还影响腐蚀结构的形态。对于 p-(100)的硅衬底，使用贵金属银（Ag）作为催化剂时，浓度配比满足 100%>ρ>70%（即高比例的 HF），腐蚀速率几乎完全由 H_2O_2 的浓度决定。此时，因为有足够的 HF 可溶解硅，几乎所有空穴 h^+ 在金属与硅界面被消耗，形成直柱状孔隙，其孔隙直径与金属颗粒的直径吻合较好[24]。当 30%<ρ<70%时，由 HF 的浓度决定腐蚀速率。在这种情况下，孔隙尖 h^+ 的消耗率小于生成速率。因此，未消耗的多余 h^+ 可以从尖端扩散到孔隙的侧壁，形成微孔硅。对于更小的 ρ（ρ<30%，即高比例的 H_2O_2），

空穴 h^+ 会显著扩散到 Si 衬底的各个暴露表面。Si 的氧化和溶解到处发生，腐蚀更趋向于各向同性。对于 p-(100) 的 Si 衬底，H_2O_2 和 HF 的浓度配比为 ρ = 0.37，使用金（Au）作为金属催化剂、腐蚀时间 10min 内、腐蚀液温度 23℃ 时，腐蚀速率为 0.95~0.67μm/min。其他条件不变，腐蚀液温度变为 100℃ 时，腐蚀速率为 5.50~4.37μm/min。

  影响金属辅助化学腐蚀速率和结构形貌等特性的因素还有很多，包括腐蚀温度、衬底掺杂类型和掺杂浓度、腐蚀时间、衬底晶向等[29-30]。图 7.4 给出了 n 掺杂和 p 掺杂衬底在不同温度下腐蚀 10min 后的腐蚀深度与对应的 Arrhenius 图。不同的掺杂类型或掺杂水平也会影响金属辅助化学腐蚀的速率，(100) 和 (111) 的 n 型衬底刻蚀速率比 p 型衬底快。对于重掺杂的衬底，由于肖特基金半接触，空穴 h^+ 更容易进入 Si 衬底发生氧化反应，大大加快 Si 的腐蚀速率，因而容易产生粗糙多孔的腐蚀结构。

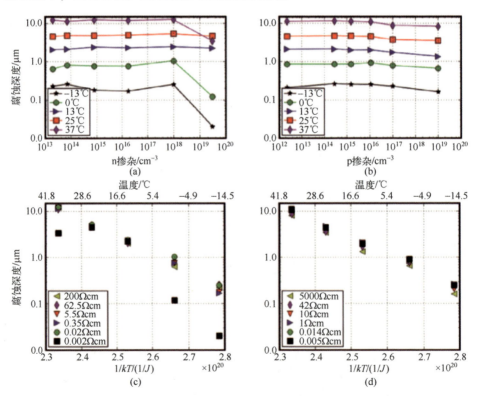

图 7.4 两种掺杂类型衬底在不同温度下腐蚀 10min 后的腐蚀深度及对应的 Arrhenius 图
（a）n 掺杂衬底；（b）p 掺杂衬底；（c）n 掺杂衬底；（d）p 掺杂衬底[30]

7.1.2.4 薄膜腐蚀的腐蚀剂

MEMS 和 IC 器件的加工过程一般会进行多次半导体薄膜的刻蚀。目前，对要求精细线条的 IC 工艺来说，湿法腐蚀大部分被干法刻蚀代替。然而，对于 MEMS 加工工艺来说，很多情况还是会采用湿法腐蚀，用于腐蚀大量不重要的结构，如引线孔和横向过腐蚀以去除牺牲层。MEMS 加工工艺中涉及的半导体薄膜种类很多，表 7.2 总结了一些常用的半导体薄膜的腐蚀剂及相应的一些腐蚀特性。

在此，以 SiO_2 薄膜为例，简单讨论一下半导体薄膜的腐蚀特性和腐蚀剂选择。SiO_2 的湿法腐蚀可以使用 HF 作为腐蚀剂[14-15]，其反应方程式为

$$SiO_2 + 6HF = SiF_4 + 2H_2O + H_2 \tag{7-11}$$

在上述的反应过程中，HF 不断被消耗，因此反应速率随时间的增加而降低。为了避免这种现象的发生，通常在腐蚀液中加入一定的缓冲剂，如氟化铵（NH_4F），来调节腐蚀剂中离子浓度，确保长时间使用时均匀的刻蚀速率[31]。另外，加入乙酸和乙二醇的 NH_4F 腐蚀剂用来腐蚀沉积在金属层上的氧化物钝化层，可以减少对金属（如铝）的腐蚀，NH_4F 分解可以产生 HF 并维持 HF 的浓度[32]。NH_4F 分解反应方程式为

$$NH_4F = NH_3 + HF \tag{7-12}$$

分解反应产生的 NH_3 以气态被去除。在 MEMS 加工工艺中，除了需要对热氧化和 CVD 等工艺得到的 SiO_2 进行腐蚀外，还需要对重掺杂 P^+ 和 B^+ 的磷硅玻璃（简称 PSG）和硼磷硅玻璃（简称 BPSG）等进行腐蚀。因为这些 SiO_2 的组成成分并不完全相同，所以 HF 对这些 SiO_2 的腐蚀速率不完全一样。总体来说，热氧化方式生成的 SiO_2 薄膜的腐蚀速率最慢。

7.1.2.5 金属薄膜的腐蚀剂

薄膜金属层可以形成衬底接触、电互连、电极、反射结构和底层硬掩膜，在集成电路和 MEMS 的加工中起重要作用。金属刻蚀一般是酸性的，有多种浓度和配方可选。金属腐蚀速率主要取决于薄膜材料、沉积技术、类型、腐蚀浓度和腐蚀剂温度。在更小的范围里，腐蚀速率取决于搅拌、材料已经被腐蚀剂腐蚀的量和掩膜的预处理条件，如在腐蚀前立即退火或去除天然氧化层等。

虽然沉积氧化物、氮化物及其他金属也能用作合适的掩膜，但光刻胶掩膜在金属光刻工序中更常用。表 7.3 列出了一些金属与金属合金的常用腐蚀剂与相应的腐蚀速率。

表 7.2 常用半导体薄膜的腐蚀剂及相应腐蚀速率[14-15]

材料	腐蚀剂	腐蚀温度	腐蚀速率/(Å/s)	备注
二氧化硅(SiO_2) 热生长	HF(49%):H_2O 1:10	20℃	4	稀氢氟酸腐蚀液(10:1);掩膜用光刻胶,Si(多晶),Si_3N_4(20:1)、Si_3N_4(低压)(75:1)、W(>200:1)
二氧化硅(SiO_2) 热生长	HF(49%):H_2O 1:50	室温	1	稀氢氟酸腐蚀剂(50:1);用光刻胶,Si_3N_4(>5:1)、Si_3N_4(低压)(>5:1)做掩膜
二氧化硅(SiO_2) 淀积的PSG	HF(49%) 未稀释	室温	1100~1900	PSG腐蚀剂;退火的SiO_2(PSG),3%~5%(质量分数)
二氧化硅(SiO_2) 淀积的PSG	HF(49%):HNO_3(70%):H_2O 3:2:100	室温	550	磷硅玻璃腐蚀液;优先腐蚀掺杂磷玻璃,对热生长SiO_2刻蚀速率为2Å/s
二氧化硅(SiO_2) 沉积	HF(49%):H_2O 1:10	20℃	5~250	稀氢氟酸腐蚀剂(10:1);未掺杂退火膜腐蚀速率低,掺杂未退火膜腐蚀速率高
二氧化硅(SiO_2) 热生长	HF(49%):NH_4F(40%) 1:6	室温	15	BHF腐蚀剂(6:1);掩膜用光刻胶,Si(多晶),Si_3N_4(>90:1)、Si_3N_4(低压)(>90:1)
锗(Ge)LPVCD多晶	H_2O_2(30%) 未稀释	50℃	77	掩膜用光刻胶,Si_3N_4、SiO_2(LTO)
锗(Ge)LPVCD多晶	HNO_3(70%):NH_4F(40%):H_2O 126:5:60	20℃	150	氮化硅掩膜;腐蚀热氧化硅(1.5Å/s),淀积氧化硅(2~65Å/s)
硅(Si)LPVCD多晶	HNO_3(70%):NH_4F(40%):H_2O 126:5:60	20℃	15~50	与掺杂有关
硅(Si) 无定形沉积	NH_4OH(29%):H_2O 1:10	60℃	1.2	与掺杂有关

续表

材　料	腐　蚀　剂	腐蚀温度	腐蚀速率/(Å/s)	备　注
硅锗(SiGe) LPCVD 多晶	HNO_3(70%):NH_4F(40%):H_2O 126:5:60	20℃	90	去除或掩膜用 Si(多晶)、SiO_2(LTO)(>13:1); SiO_2(PSG)(1:1)
氮化硅(Si_3N_4) LPCVD 低应力	H_3PO_4(85%)	160℃	0.45	180℃下腐蚀速率为1.6Å/s;掩膜用 SiO_2(CVD)(>4:1)
氮化硅(Si_3N_4) LPCVD	H_3PO_4(85%)	140~200℃	0.4~3	去除或掩膜用 Si(多晶)、SiO_2(LTO)(>13:1);SiO_2(PSG)(1:1)
氮化硅(Si_3N_4) PECVD	H_3PO_4(85%)	160℃	3.3	HF 刻蚀(49%质量分数);掩膜用 Si(多晶)或短时同用光刻胶;刻蚀 SiO_2(>300Å/s),W(1Å/s)
氮化硅(Si_3N_4) LPCVD	HF(49%) 稀释	20℃	2.3	HF 溶液(49%质量分数);掩膜用 Si(多晶)或短时同用光刻胶
氮化硅(Si_3N_4) LPCVD 低应力	HF(49%) 未稀释	20℃	1	缓冲 HF 溶液(10:1);掩膜采用光刻胶,Si(多晶)或 W
氮化硅(Si_3N_4) LPCVD	HF(49%):H_2O 1:10	20℃	0.2	缓冲 HF 溶液(5:1);掩膜用光刻胶或 Si(多晶)
氮化硅(Si_3N_4) PECVD 低折射率	HF(49%):FH_4F(40%) 1:5	20℃	10	缓冲 HF 溶液(5:1);掩膜用光刻胶或 Si(多晶)
氮化硅(Si_3N_4) PECVD 高折射率	HF(49%):NH_4F(40%) 1:5	20℃	1.3	晶向相关;轻微腐蚀 AlGaP(1.3Å/s)
氮化铝(AlN) 溅射	H_3PO_4(85%) 未稀释	80~100℃	300~1000	

续表

材 料	腐 蚀 剂	腐蚀温度	腐蚀速率/(Å/s)	备 注
氮化铝(AlN) 热压	HF(49%):H₂O 1:1	57℃	1.7	DHF 腐蚀剂
氮化铝(AlN) 热压	HF(49%):HNO₃(70%) 1:1	57℃	1.3	
氮化铝(AlN) CVD	HNO₃(70%) 未稀释	100℃	120	900℃淀积；75℃下腐蚀速率30Å/s 和 150℃下腐蚀速率1100Å/s
氧化铝(Al₂O₃) 蓝宝石	H₂SO₄(96%):H₃PO₄(85%) 1:1	285℃	25	(0001)晶向；退火的 Cr-Pt-Cr 做掩膜
氧化铝(Al₂O₃) 溅射	H₃PO₄(85%) 未稀释	50℃	3.8	溅射态薄膜
砷化镓(GaAs)	H₂SO₄(96%):H₂O 5:1	室温	70	考虑柠檬酸和丁二酸腐蚀剂
砷化镓(GaAs)	H₂SO₄(96%):H₂O₂(30%):H₂O 4:1	21℃	150	(001)表面；优先腐蚀剂；速率随 H₂O₂浓度增加
砷化镓(GaAs)	H₂SO₄(96%):H₂O₂(30%):H₂O 8:1:1	室温	200	(100)面；(111)面腐蚀更慢；H₂SO₄浓度越高各向异性越低
氮化镓(GaN) CVD	H₃PO₄(85%) 未稀释	180℃	160	50℃时腐蚀速率为 30Å/s
氮化镓(GaN) 淀积	正磷酸	180℃	1.3	Transetch-N 腐蚀液；SiO₂掩膜(80:1)；硅选择性(80:1)；Pyrex 玻璃或石英槽；加水未补充蒸发的水

续表

材　料	腐　蚀　剂	腐蚀温度	腐蚀速率/(Å/s)	备　注
氧化铪(HfO_2) CVD	HF(49%)：H_2O 1：3	25℃	1	DHF 腐蚀剂（3：1）；更高的 HF 浓度可能会产生开裂；腐蚀速率随着退火而降低；考虑 CP-4A 腐蚀
铟铝砷(InAlAs) MBE	HCl(38%)：H_2O 3：1	室温	110	开始可能会有腐蚀延迟；更低浓度的 HCl 不会腐蚀 InAlAs 或 InGaAlAs
锑化铟(InSb)	HF(49%)：H_2O_2(30%)：H_2O 1：1：8	25℃	3200	用于 In (111) 面的腐蚀速率；优先腐蚀剂；4800Å/s 的速率对 Sb (111) 面
锑化铟(InSb)	HF(49%)：HNO_3(70%)：乙酸 1：2：1	25℃	2800	HNA 腐蚀剂；用于 In (111) 面的腐蚀速率，只有在这个温度下对 Sb (111) 面的腐蚀速率相同
氮化钛(TiN) 溅射	NH_4OH(29%)：H_2O_2(30%)：H_2O 1：1：5	75℃	4.5	轻微腐蚀 CoSi (<0.1Å/s)
氮化钛(TiN) 溅射	HF(49%)：HNO_3(70%)：乙酸 1：20：20	30℃	9	HNA 腐蚀剂
氧化锌(ZnO) 溅射	H_3PO_4(85%)：乙酸：H_2O 1：100：100	20℃	130	在高浓度的 HCl 和 HNO_3 中快速腐蚀

表 7.3 常用金属薄膜的腐蚀剂及相应腐蚀速率[14-15]

材 料	腐 蚀 剂	腐蚀温度	腐蚀速率/(Å/s)	备 注
铝(Al),淀积	$H_2SO_4(96\%):H_2O_2(30\%)$ 56:1	120℃	870	
铝(Al),淀积	$H_3PO_4(85\%)$ 稀释	50℃	33	轻微刻蚀 Si,SiO_2
铝(Al),淀积	$H_3PO_4(85\%):H_2O_2(30\%):H_2O$ 8:1:1	35℃	100	Krumm 腐蚀剂;后烘光刻胶以提高抗蚀;50℃时腐蚀速率增加到120Å/s,80℃时300Å/s;也腐蚀 GaAs
铝(Al),蒸发	$H_3PO_4(85\%):HNO_3(70\%):H_2O$ 16:1:4	室温	15	
铝(Al),蒸发	$H_3PO_4(85\%):HNO_3(70\%):醋酸:H_2O$ 4:1:4:1	24℃	6	PAN 腐蚀剂(磷-醋-硝酸),腐蚀速率随温度的增加而增加
铝(Al),沉积	$H_3PO_4(85\%):HNO_3(70\%):醋酸:H_2O$ 16:1:1:2	35~45℃	15~50	PAN 腐蚀剂;温度越高刻蚀速度越快;蚀速率随 Al 合金中 Cu 和 Si 而变
铝(Al),溅射	$HCl(38\%):H_2O_2(30\%):H_2O$ 8:1:1	30℃	1400	50℃时腐蚀速度增加到1700Å/s,后烘光刻胶可提高抗蚀性
铝(Al),沉积	$HCl(38\%):HNO_3(70\%):H_2O$ 3:1:2	30℃	100	用光刻胶做掩膜
钛(Ti),沉积	$HF(49\%):H_2O$ 1:9	32℃	2000	DHF 腐蚀液(9:1);光刻胶掩膜

续表

材　料	腐　蚀　剂	腐蚀温度	腐蚀速率/(Å/s)	备　注
钛(Ti)，沉积	HF(49%)∶H_2O_2(30%)∶H_2O 1∶1∶20	20℃	180	光刻胶掩膜；刻蚀速度随着 HF 浓度的增加而增加
钛(Ti)，沉积	HF(49%)∶HNO_3(70%)∶H_2O 1∶2∶7	32℃	3000	HNW 腐蚀液；光刻胶掩膜
钛(Ti)，沉积	盐酸，没有氢氟酸	85℃	50	在 70℃时刻蚀速度是 10Å/s；氯氮卓二钾钛腐蚀液 TFTN；光刻胶掩膜
钛钨(TiW)(90/10)，溅射	H_2O_2(30%) 未稀释	20℃	1	光刻胶掩膜
钨(W)，沉积	H_2O_2(30%) 未稀释	20℃	3	光刻胶掩膜；采用 Al 掩膜时 Ti 终点检测困难
钨(W)，沉积	H_2O_2(30%) 未稀释	50℃	25	光刻胶掩膜
钴(Co)，溅射	H_2SO_4(96%)∶H_3PO_4(85%)∶HNO_3(70%)∶乙酸 1∶1∶3∶5	40℃	40	不显著腐蚀 $CoSi_2$
钴(Co)，沉积	HCl(38%)∶H_2O 1∶3	35℃	1.5	腐蚀速率随时间下降；不显著腐蚀 TiN
钴(Co)，沉积	HCl(38%)∶H_2O_2(30%)∶H_2O 1∶1∶100	30℃	13	不显著腐蚀 TiN<(0.02Å/s)
铜(Cu)，沉积	HCl(38%)∶HNO_3(70%)∶H_2O 3∶1∶2	30℃	100	稀释的王水；掩膜用光刻胶；加水未减少对光刻胶的腐蚀；自加热

续表

材 料	腐 蚀 剂	腐蚀温度	腐蚀速率/(Å/s)	备 注
铜(Cu), 沉积	$H_3PO_4(85\%):HNO_3(70\%):$乙酸$:H_2O$ 16:1:1:2	50℃	480	Transene 的 A 型铝腐蚀剂; 掩膜用光刻胶; $Si_3N_4(>1000:1)$、Si_3N_4(低压)(>1000:1)、SiO_2(LTO)(>1000:1)、Ti(>1000:1); 去离子水漂洗
金(Au), 淀积	$HCl(38\%):HNO_3(70\%)$ 3:1	室温	1600~2500	
金(Au), 淀积	$HCl(38\%):HNO_3(70\%)$ 3:1	32~38℃	4000~8000	
金(Au), 淀积	$HCl(38\%):HNO_3(70\%):H_2O$ 3:1:2	30℃	115	掩膜用光刻胶; 加水减少对光刻胶的腐蚀
金(Au), 淀积	$KI:I_2:H_2O$ 4g:1g:40mL	室温	165	不显著腐蚀 Al
金(Au), 淀积	$KI:I_2:H_2O$ 1g:4g:4mL	55℃	1270	
金(Au), 淀积	$KI:I_2$	25~60℃	28~150	掩膜用光刻胶
铪(Hf)	$H_2SO_4(96\%):HNO_3(70\%)$ 1:1	35℃	1.5	
铪(Hf)	$HCl(38\%):HNO_3(70\%)$ 1:1	35℃	1	

续表

材 料	腐 蚀 剂	腐蚀温度	腐蚀速率 /(Å/s)	备 注
钼(Mo),淀积	$H_3PO_4(85\%):HNO_3(70\%):乙酸:H_2O$ 5:2:4:150	室温	80	PAN 腐蚀剂;掩膜用光刻胶
钼(Mo),淀积	$H_3PO_4(85\%):HNO_3(70\%):乙酸:H_2O$ 180:11:11:150	20℃	115	PAN 腐蚀剂;掩膜用光刻胶(3:1);腐蚀 Al(3Å/s);不显著腐蚀 Cr、TiW
钼(Mo),淀积	$HCl(38\%):HNO_3(70\%):H_2O$ 3:1:2	30℃	110	
镍(Ni),淀积	$H_2SO_4(96\%):H_2O_2(30\%)$ 56:1	120℃	65	
镍(Ni),淀积	$HCl(38\%):HNO_3(70\%):H_2O$ 3:1:2	30℃	17	掩膜用光刻胶
镍(Ni),淀积	$HNO_3(70\%):H_2O$ 1:20	45℃	17	
铂(Pt),CVD	$HCl(38\%):HNO_3(70\%):H_2O$ 7:1:8	85℃	8	

7.1.3 掩膜

对湿法腐蚀工艺的选择和评估的一个主要考虑是腐蚀的选择性，选择性定义为要腐蚀材料的腐蚀速率与掩膜或底层材料的腐蚀速率的比值。图 7.5 是光刻胶做掩膜时 SiO_2 的腐蚀过程示意图，其中

$$SiO_2\text{对光刻胶的选择比} = (\Delta T_{SiO_2}/t_1) \div (\Delta T_{胶}/t_1) = \Delta T_{SiO_2}/\Delta T_{胶} \qquad (7-13)$$

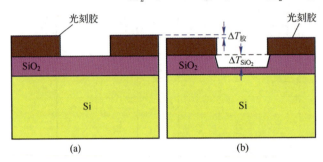

图 7.5　光刻胶做掩膜时 SiO_2 的腐蚀过程
（a）t_0 时刻；（b）t_1 时刻。

虽然选择比较低的掩膜材料也可用于薄膜腐蚀，但通常情况下都会采用选择比更高的掩膜材料，因为这样工艺容差性更好。尽管底层材料在过腐蚀阶段通常只暴露在溶液中很短的时间，针对停止层或其他暴露层的腐蚀选择比也有其重要性。更高的腐蚀选择比意味着允许更薄的掩膜层、更深的腐蚀、更薄的腐蚀停止层以及更好的过腐蚀能力。

腐蚀剂的选择要通过掩膜层来决定，反之亦然。掩膜层阻止腐蚀剂到达其覆盖区域表面并且必须在腐蚀过程中保持住。虽然厚的掩膜层可以支撑更长的腐蚀时间，但掩膜层在腐蚀过程中不可避免地会产生一定程度的横向腐蚀。这种掩膜图形的变化可以通过对亮场或暗场掩膜图形进行补偿来解决[14-15]。必须指出，随着腐蚀时间的推移，掩蔽层可能会吸收湿法腐蚀剂，从而发生膨胀、开裂或可能的抬升，导致被腐蚀层材料暴露在意想不到的区域。另外，还需注意衬底背面薄膜的状态，因为这部分薄膜以及衬底的边沿一般都直接暴露在腐蚀液中。有时候会通过将光刻胶涂在衬底背面、在衬底背面沉积抗腐蚀保护层或使用能限制背面暴露于腐蚀液的专用装置来提供额外的保护。

选择抗腐蚀掩膜层时需要考虑许多因素，主要考虑是现有的或标准的工艺对器件来说是否适当。如果可以直接采用光刻胶作为掩膜，那是最合适的

选择。一般光刻胶工艺提供更低的工艺单元成本，整个工艺时间较短，在大多数情况下能提供更好的台阶覆盖，而且在硅晶圆上旋涂比在硅晶圆上淀积薄膜作为硬掩膜层更快。必要时的光刻胶工艺可以按 MEMS 器件的要求进行修改。通过增大后烘时间或加强负性光刻胶的 UV 曝光等方法可以增强光刻胶掩膜的抗腐蚀特性。最后，必须指出，虽然光刻胶是很好的掩膜，但它在很多腐蚀过程中选择比较低，并且光刻胶在腐蚀液中浸泡时间过长会变软，进而发生"漂胶"，破坏所设计结构图形。因此，在很多情况下，会采用其他材料作为硬掩膜来完成腐蚀工艺[14-15]，如表 7.2 和表 7.3 所列。

7.2 各向同性腐蚀

各向同性腐蚀，即在所有方向上均相等的腐蚀，该腐蚀的基材方向不影响腐蚀剂去除材料的方式。当腐蚀剂施加到被掩膜的硅晶圆上时，在未被掩膜覆盖区域的所有方向上，腐蚀会以相同的速率发生，从而产生倒圆的边缘。如果允许腐蚀剂反应足够长的时间，腐蚀剂将腐蚀掉称为掩膜底切的掩膜下的基板材料。通过添加缓冲液改变浓度或通过调整温度，可以容易地控制腐蚀速率。当然，必须指出，当需要微细加工精确特征时，各向同性腐蚀并不是理想的，因为它的方向性差且难以控制。一般来说，7.1.2.3 节和 7.1.2.4 节所述的半导体薄膜和金属薄膜的湿法腐蚀工艺都属于各向同性腐蚀。由于腐蚀过程中多种因素的影响，腐蚀结果很难达到理想的各向同性效果。对于图 7.6 所示的 MEMS 基本表面微机械加工工艺流程来说，如果所有的薄膜刻蚀和牺牲层释放都采用湿法腐蚀工艺，那么整体工艺就属于各向同性腐蚀工艺。

大多数时候讨论的各向同性腐蚀工艺，可能特指硅的各向同性湿法腐蚀。如前面 7.1.2 节所述，目前硅各向同性湿法腐蚀广泛采用硝酸和氢氟酸（HF-HNO$_3$）腐蚀系统，主要是 HF、HNO$_3$ 和 H$_2$O 混合物腐蚀剂，或者由 HF、HNO$_3$ 和 CH$_3$COOH 组成的 HNA 腐蚀剂。HNA 溶液对单晶硅的腐蚀速率高度依赖于掩膜材料溶液配比、温度和搅拌方式等条件[1]。采用 HNA 溶液可以加工出用于制备微镜的硅模具、半球谐振陀螺仪的三维对称半球谐振子等结构[8-10]，如图 7.7 所示。其中，制作微半球模具的技术关键点在于半球模具的整体结构对称性以及表面光洁度。为了进一步解决相关器件的实用化问题，国内外不少研究团队都在开展 HNA 溶液的硅腐蚀工艺研究[8-10]。

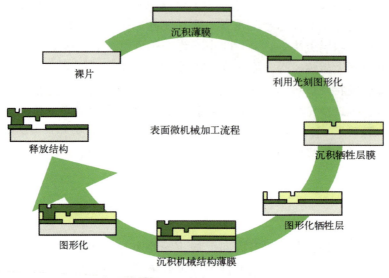

图 7.6 表面微机械加工工艺流程示意图

图 7.7 基于硅的各向同性湿法腐蚀工艺加工得到的用于制备微镜的硅模板[10]

7.3 各向异性腐蚀

7.3.1 硅各向异性湿法腐蚀

各向湿法化学腐蚀液对硅不同晶面方向的腐蚀速率有相当大的差异，以常见的（100）（110）和（111）晶面为例，他们在 KOH 腐蚀液中的腐蚀速率之比会达到（110）:（100）:（111）= 150:150:1 以上。相对（110）（100）等其他硅晶面的腐蚀，（111）晶面可以近乎认为不腐蚀。由于晶面的夹角不同，依赖于晶面的腐蚀速率差异会产生不同的腐蚀剖面结构。硅的各向异性腐蚀强烈依赖于硅晶圆晶向和光刻图形特征，如形状、大小、方向和角位置等。为了论述更加方便、形象、便于理解，我们借助课题组开发的硅各向异性腐蚀仿真软件 SEAES[33-34] 仿真出的一些典型腐蚀实例来介绍相关内容。

（100）晶面的硅晶圆有 4 个（111）面与（100）面相交呈 54.74°夹角，且这 4 个（111）面彼此垂直。因此，用一个矩形掩膜腐蚀总是可以得到一个矩形开口，尽管矩形槽的边壁不是垂直的。图 7.8 为采用与<110>方向对齐的正方形掩膜得到的硅各向异性腐蚀得到的结构，图 7.8（a）和（b）唯一的不同是腐蚀时间不同。由于 {111} 面腐蚀速率极慢，经过一段时间腐蚀后，得到 {111} 面的空腔边界。由于硅晶格 {111} 面与（100）面的交线沿<110>方向，交角为 54.74°，所以得到的窗口边缘平行于<110>方向。随着腐蚀时间延长，腐蚀得到的空腔深度不断增加，但是腐蚀窗口的大小基本保持不变。

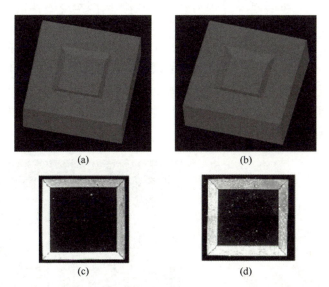

图 7.8　采用与<110>晶向对准的正方形窗口掩膜得到的硅各向异性腐蚀结构
(a)、(b) 对应不同腐蚀时间的模拟结果；(c)、(d) 相应的实验结果。

然而，如果掩膜图形的边缘不与<110>晶向对准，则腐蚀所得到的图形会偏离原来的掩膜的图形。对于掩膜为与<110>方向成 45°角的正方形掩膜，不同腐蚀时间得到的腐蚀结构如图 7.9 所示。腐蚀开始后，在掩膜的 4 个顶点

处逐渐腐蚀出 {111} 面，由于 {111} 面腐蚀速率极慢，{111} 面逐渐增大，其他晶面，主要是 {101} 晶面，逐渐变小直至消失。经过长时间的腐蚀后，4 个 {111} 面相交于最底部的一点，这与有关理论和已有实验一致。

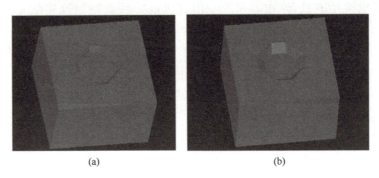

图 7.9 采用与<110>方向成 45°角的正方形掩膜得到的硅各向异性腐蚀结构
(a)、(b) 对应不同腐蚀时间的模拟结果。

图 7.10（a）所示的与<110>方向成不同角度的矩形腐蚀窗口阵列有助于深入地讨论这个腐蚀现象。矩形腐蚀窗口与<110>方向所成角度逆时针方向以 5°增长，各矩形的尺寸相同，为 $45\mu m \times 15\mu m$，模拟得到的硅各向异性腐蚀结构如图 7.10（b）所示。由模拟结果可以清楚地看到，未与<110>方向对准的掩膜在腐蚀开始后，由于 {111} 面腐蚀速率极慢，4 个顶点处逐渐腐蚀出 {111} 面并且 {111} 面逐渐增大，其他晶面逐渐变小直至消失，模拟结果与已有试验结果及理论分析相符[35]。

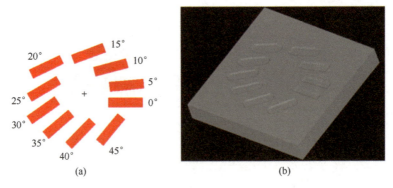

图 7.10 采用与<110>晶向成不同角度的矩形腐蚀窗口阵列得到的硅各向异性腐蚀结构
(a) 掩膜图形；(b) 模拟结果。

对于腐蚀（100）晶面硅片上的一个十字形掩膜，随着腐蚀时间的增加，腐蚀结构越来越偏离原来的掩膜。在外角（凸角）处会产生严重的削角现象，即"凸角腐蚀"，凸角处会不断腐蚀出现（311）等高密勒指数晶面，如图 7.11 所示。模拟结果也与已有文献中的实验结果符合[36]。在此，我们只讨论了硅的基本各向异性腐蚀过程和特性。实际上，几十年来，研究人员对于硅各向异性腐蚀的研究非常丰富，包括不同晶向硅衬底的腐蚀特性[37-38]、利用各种腐蚀添加剂获得某些独特的腐蚀特性[39-40]等。

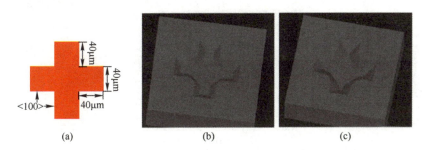

图 7.11 采用十字形掩膜时得到的硅各向异性腐蚀结构
(a) 掩膜图形；(b)、(c) 不同腐蚀时间的腐蚀结构。

7.3.2 硅各向异性腐蚀的凸角补偿方法

7.3.1 节已经提到，在硅的腐蚀过程中，凸角处会出现严重的"凸角腐蚀"现象，导致台面结构发生某些规律性的变化。为了得到方形台面等比较规则的台面结构，必须对台面凸角加以补偿，如图 7.12 所示。根据各个晶向的腐蚀快慢特性和腐蚀深度的要求，腐蚀开始前设计好补偿的掩膜图形，使之在特定的腐蚀时间后显现出理想的凸角形状[1, 37]。目前，针对这种削角补偿的研究越来越多，如在凸角上补偿方形、三角形及（110）条形掩膜。研究的目的都是为了得到完整的凸角结构，基本方法都是利用硅片各向腐蚀速率的快慢特性和一定的几何知识，计算出各种凸角补偿方式最佳的补偿几何尺寸模型[41-42]。在设计加速度计制造工艺时，可以直接利用这些尺寸模型，得到最佳的结构。

目前，已有很多研究者提出了大量的补偿理论，并做了较详尽的理论推导和实验，获得了表面平整和凸角完整的腐蚀结果[41-42]。图 7.13 总结出了一些最常用的补偿结构，这些补偿结构对一些微结构的设计和加工起着重要作用。表 7.4 总结出了这些补偿结构的优缺点，器件设计者可以根据器件加工

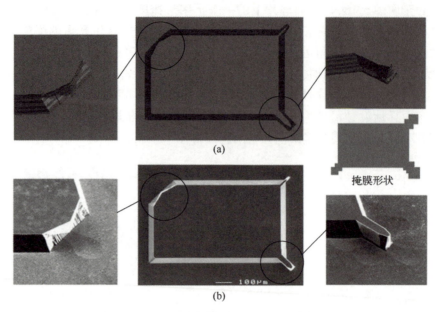

图 7.12 采用不同尺寸凸角补偿结构时，硅各向异性腐蚀得到的腐蚀结构
(a) 模拟结果；(b) 实验结果。

的要求，选择合适的补偿结构[43]。文献［43］中详细介绍了补偿结构的具体尺寸设计与需要腐蚀深度的关系。

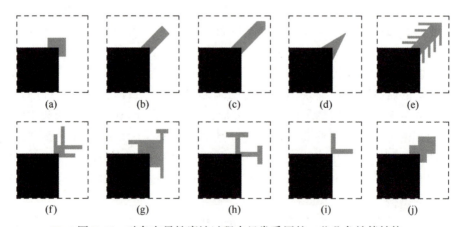

图 7.13 硅各向异性腐蚀过程中经常采用的一些凸角补偿结构

表 7.4 图 7.13 中不同凸角补偿结构的优缺点

补偿结构	补偿结构迷名称	凸角（台面）结构的棱线形态		凸角周围的腐蚀表面
		顶部	底部	
（a）	方形补偿	清晰	扭曲	平整
（b）和（c）	<100>条形补偿	清晰	清晰	平整
（d）	三角形补偿	清晰	扭曲	平整
（e）	有<110>窄条的<100>条形补偿	清晰	清晰	可能不平整
（f）和（g）	叠加<110>条的方形补偿	扭曲	扭曲	平整
（h）	弯折的<110>条形补偿	扭曲	扭曲	平整
（i）	叠加的矩形补偿	清晰	清晰	平整
（j）	叠加的方形补偿	清晰	塌陷扭曲	平整

7.4　硅腐蚀自停止

7.4.1　硅各向异性腐蚀重掺杂停止

各向异性腐蚀具有方向依赖性，它们受被腐蚀材料的晶体特性或是腐蚀过程中诱导的各向异性限制。各向异性腐蚀的主要用途是形成隔膜、空腔或者去除衬底的顶部或底部大量材料的沟槽，这些结构可应用于各种 MEMS 器件中，包括压力传感器、加速度传感器、角速度传感器、麦克风、微流体器件、喷墨喷嘴、晶圆通孔和晶圆帽。如果直接采用各向异性腐蚀去除衬底的顶部或底部的大量材料，会导致有些特殊结构不能重复生产，如采用定时腐蚀制造的隔膜等腐蚀结构。尤其是在隔膜厚度是硅晶圆总厚度的很小部分时更难重复，因此需要开发各种腐蚀自停止方法。

硅重掺杂自停止腐蚀工艺是在大规模集成电路工艺基础上发展起来的一项腐蚀工艺。它利用了一定浓度的腐蚀剂对不同掺杂浓度的硅片腐蚀速率的差异，达到加工一定形状器件的目的，如图 7.14 所示。腐蚀液种类、浓度和腐蚀温度均会影响此掺杂阈值浓度。总体来说，KOH、CsOH、LiOH、NaOH 等碱性各向异性腐蚀剂，在硼掺杂浓度超过 $2\times10^{19}\mathrm{cm}^{-3}$ 时硅腐蚀速率有很大的减少。有机各向异性腐蚀剂如 EDP 和 TMAH，氢氧化铵腐蚀剂和联氨腐蚀剂等也有类似的效应。硼浓度超过 $1\times10^{20}\,cm^{-3}$ 能使腐蚀速率减少 100 倍或更多[44-45]。随着 KOH 浓度的增加，腐蚀速率降低的趋势变慢。

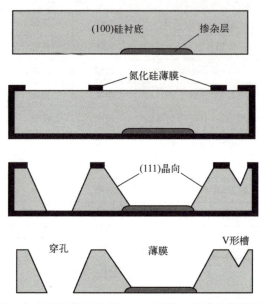

▼ 图 7.14　采用硅各向同性腐蚀技术加工 V 形槽、重掺杂薄膜结构的加工流程图

在硅上形成高掺杂的 p++硅的工艺方法是：使用氮化硼在高温下进行固态源扩散，经过气态淀积和硼原子扩散，在外延硅时混入高浓度硼，在拉单晶时再次混入高浓度的硼，或进行高剂量的硼离子注入。重掺硼的硅具有高的张应力，会导致肉眼可见的像格子型图案的滑移晶面。掺杂硼的同时掺杂锗可提供应变补偿和减少滑移。

7.4.2　离子注入硅腐蚀停止

离子注入常用于局部掺杂，注入样品的高剂量可以形成合适的掺杂硅或硅化合物，掺杂后的材料可以作为某些各向同性和各向异性腐蚀剂的有效停止层[14-15]。举例来说，高剂量的硼（$>5\times10^{15}\,cm^{-3}$）注入硅或多晶硅中并退火后，可以作为有效的腐蚀停止层。根据各种腐蚀剂的自停止腐蚀特性，可以决定峰值浓度和腐蚀速率比。另外，也可以注入氧、氮或碳离子到硅衬底上，退火以形成二氧化硅、氮化硅和碳化硅来实现腐蚀停止层。二氧化硅、氮化硅和碳化硅相对大多数硅腐蚀剂都有很高的腐蚀选择比。尽管离子注入样品的深度有限，但注入层上的厚度可以通过额外的硅外延增加。在外延生长温度下注入的离子不会扩散，注入层上的薄硅层可以作为一个较理想的外延种子层。

7.4.3 电化学腐蚀自停止

硅的电化学腐蚀自停止是指由于硅上所加偏置电压不同而产生的选择性腐蚀现象[46]。该技术的基本原理是硅电极表面不同的区域具有不同的电势，根据硅在不同电势下的腐蚀行为的差异，产生理想的腐蚀选择比，形成所需要的结构。利用 p-n 结的单向导通性可以将硅电极电学隔离为两个部分，从而实现不同区域的电势，达到硅电极的电化学自停止。如图 7.15 所示，在 p 型衬底上外延或者扩散 n 型硅层，将整个硅片用腐蚀阻挡层保护起来，如 SiO_2、Si_3N_4 等，并开出腐蚀窗口与引线窗口。恒压源在 n 型硅和铂（Pt）对电极之间提供偏置电压，使它们的电势差大于钝化电压，由于 p-n 结反偏，从 n 区流入 p 区的电流很微弱，仅为 p-n 结反向饱和电流，因此，p-n 结起到电学隔离 p 区和 n 区的作用，n 区被偏置后大于钝化电压，p 区电势则在开路电压附近浮动。p 区正常腐蚀，腐蚀至 n 区时，由于电源将 n 区限定在一个大于钝化电压的电势处，并提供足够的电流，使得 n 区暴露的腐蚀面钝化，腐蚀停止，形成 n 型硅膜结构。

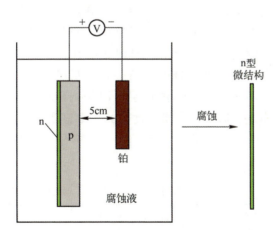

图 7.15 电化学腐蚀自停止两电极系统示意图

必须说明，对电化学腐蚀自停止技术来说，除了两电极系统，还可以利用三电极、四电极和带有内部电耦合的无电极系统进行腐蚀[47-48]。

7.4.4 薄膜自停止腐蚀

薄膜自停止腐蚀是将一层淀积的或预先选择的耐腐蚀层和所选腐蚀液结合以部分去除衬底或相邻的薄膜，并自动停止在耐腐蚀层上。这层耐腐蚀薄膜在腐蚀液中的腐蚀缓慢或可以忽略不计，因此既能作为钝化层也能作为硬掩膜，如图 7.16 所示。当衬底腐蚀掉后，如果该薄膜不是张应力的，可能自由悬浮、极为脆弱且易屈曲，需要在清洗等后续操作中小心处理。

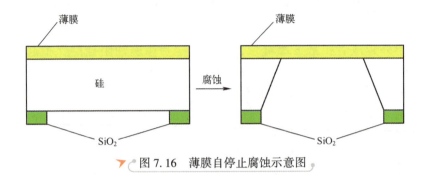

图 7.16 薄膜自停止腐蚀示意图

如果腐蚀自停止材料是透明的，腐蚀终点肉眼可测。二氧化硅和氮化硅是透明的，对许多各向异性硅腐蚀液具有高选择性。需要注意的是，氧化硅通常存在严重的压应力，当腐蚀释放后会明显扭曲。某些金属在硅腐蚀液中能够长时间耐腐蚀，绝缘薄膜自停止层在保护器件不被腐蚀的同时还能对隐埋引线和有源器件实现电隔离。采用双层自停止层薄膜可以降低一些缺陷如针孔的不利影响。自停止层可以是内建的，如 SOI 硅片中的氧化埋层。薄膜自停止层通常允许同一批次的多个硅晶圆同时进行化学腐蚀。表 7.5 给出了一些薄膜自停止层和它们在一些常用各向异性硅腐蚀液中的腐蚀率。

表 7.5 用于硅各向异性腐蚀的薄膜腐蚀停止[14-15]

序号	材料	腐蚀速率选择比	腐蚀剂	备注
1	铝（Al）	1:12 3:2 好 1:1 3300:1	KOH（30%质量分数） NH$_4$OH（3.7%质量分数） NH$_4$OH（掺杂的） TMAH（22%质量分数） TMAH（掺杂的）	80℃：腐蚀Si（100）~180Å/s 75℃：腐蚀Si（100）~65Å/s 75℃：加Si 0.1g/l[460] 90℃：腐蚀Si（100）~165Å/s 90℃：加Si 75g/l

续表

序号	材 料	腐蚀速率选择比	腐 蚀 剂	备 注
2	铬（Cr）	260∶1 好	KOH（30%质量分数） NH₄OH（掺杂的）	80℃：腐蚀 Si（100）～180Å/s 75℃：腐蚀 Si（100）～65Å/s
3	铜（Cu）	可以	KOH（30%质量分数）	80℃：腐蚀 Si（100）～180Å/s；增厚
4	金（Au）	好 好 好	EDP（EPW） KOH（30%质量分数） NH₄OH（3.7%质量分数）	110℃：腐蚀 Si（100）～140Å/s 80℃：腐蚀 Si（100）～180Å/s；Au/Cr 75℃：腐蚀 Si（100）～65Å/s
5	钼（Mo）	好	KOH（30%质量分数）	80℃：腐蚀 Si（100）～180Å/s
6	镍（Ni）	好	KOH（30%质量分数）	80℃：腐蚀 Si（100）～180Å/s
7	铌（Nb）	340∶1	KOH（30%质量分数）	80℃：腐蚀 Si（100）～180Å/s
8	钯（Pd）	好	KOH（30%质量分数）	80℃：腐蚀 Si（100）～180Å/s
9	聚对二甲苯 C 型	2600∶1	KOH（30%质量分数）	80℃：腐蚀 Si（100）～180Å/s
10	光刻胶（PR）	1∶16	KOH（30%质量分数）	80℃：腐蚀 Si（100）～180Å/s
11	铂（Pt）	好	KOH（30%质量分数）	80℃：腐蚀 Si（100）～180Å/s
12	聚酰亚胺（PI）	可以	KOH（30%质量分数）	80℃：腐蚀 Si（100）～180Å/s；加厚
13	硅（多晶），硼注入 $4\times10^{20}\,\mathrm{cm}^{-3}$	100∶1	TMAH（22%质量分数）	90℃：腐蚀 Si（100）～165Å/s
14	硅锗（SiGe）（100）	650∶1 1200∶1 240∶1 155∶1	EDP（EPW） KOH（11.3%质量分数） TMAH（2%质量分数） TMAH（25%质量分数）	95℃：腐蚀 Si（100）～180Å/s 85℃：腐蚀 Si（100）～165Å/s 85℃：腐蚀 Si（100）～180Å/s 85℃：腐蚀 Si（100）～70Å/s
15	二氧化硅（SiO₂），热生长	2500∶1 140∶1 9600∶1 5000∶1	EDP（EPW） KOH（30%质量分数） NH₄OH（3.7%质量分数） TMAH（22%质量分数）	110℃：腐蚀 Si（100）～140Å/s 80℃：腐蚀 Si（100）～180Å/s 75℃：腐蚀 Si（100）～65Å/s 90℃：腐蚀 Si（100）～165Å/s
16	二氧化硅（SiO₂），LTO	可以 115∶1 8300∶1	EDP（EPW） KOH（30%质量分数） NH₄OH（3.7%质量分数）	110℃：腐蚀 Si（100）～140Å/s 80℃：腐蚀 Si（100）～180Å/s 75℃：腐蚀 Si（100）～65Å/s

续表

序号	材料	腐蚀速率选择比	腐蚀剂	备注
17	氮化硅 (Si_3N_4)	好 好 21000:1 好	EDP（EPW） KOH（30%质量分数） NH_4OH（3.7%质量分数） TMAH（22%质量分数）	110℃：腐蚀 Si（100）~140Å/s 80℃：腐蚀 Si（100）~180Å/s 75℃：腐蚀 Si（100）~65Å/s 90℃：腐蚀 Si（100）~165Å/s
18	银（Ag）	可以	KOH（30%质量分数）	80℃：腐蚀 Si（100）~180Å/s（加厚）
19	钽（Ta）	好 390:1 好	EDP（EPW） KOH（30%质量分数） NH_4OH（3.7%质量分数）	110℃：腐蚀 Si（100）~140Å/s 80℃：腐蚀 Si（100）~180Å/s 75℃：腐蚀 Si（100）~65Å/s
20	钛（Ti）	可以 好	KOH NH_4OH（3.7%质量分数）	80℃：腐蚀 Si（100）~180Å/s（软化）； 75℃：腐蚀 Si（100）~65Å/s
21	钛钨（TiW）	7:2	KOH（30%质量分数）	80℃：腐蚀 Si（100）~180Å/s
22	钨（W）	好	KOH（30%质量分数）	80℃：腐蚀 Si（100）~180Å/s
23	钒	90:1	KOH（30%质量分数）	80℃：腐蚀 Si（100）~180Å/s

7.5　牺牲层腐蚀

　　牺牲层、结构层和一种高选择比的湿法腐蚀相结合可以形成很多悬空、可运动的微结构，这些微结构广泛用于谐振器、压力传感器、加速度计、陀螺仪、流量传感器、红外探测器、喷墨头、麦克风、光开关、微流体器件、微型燃料电池和能量收集器件等[14-15]。牺牲层腐蚀是选择性地移除薄膜或者结构层下的部分衬底，从而使得结构层变得独立支撑，仅在预先定义的位置上与衬底相连接。例如，悬臂梁可以通过选择性的钻蚀使梁在除了和衬底接触外的部分都悬空。双端固支梁仅在两端与衬底相连，其他部分都是悬空的，悬空薄膜、板和外壳与衬底都是一边或者多边相连接的。图 7.17 给出了可动微结构的两种制备方案，其中图 7.17（a）和（b）是采用定时腐蚀方法形成的悬臂式几何结构，图 7.17（c）和（d）是采用牺牲层腐蚀方法形成的结构。这种自停止工艺方法允许在相同的时间里、在同一硅晶圆上制造不同长度的器件，为工艺工程师提供一个不太苛刻的工艺流程[14-15]。

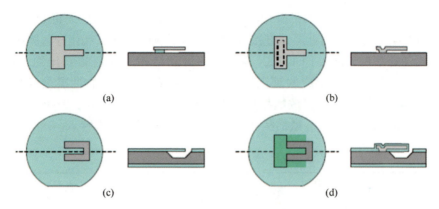

图 7.17　由某种选择性的湿法腐蚀剂，通过一般性横向钻蚀将下面的牺牲层
或者部分衬底移除形成悬空的表面微机械结构

（a）悬臂梁，通过支撑的锚区与衬底接触，这种悬臂梁结构可由一种定时腐蚀方法释放得到，仅需要单层的掩膜版；（b）悬臂梁，通过牺牲层上光刻的窗口在锚区与衬底接触，它是用两层掩膜版采用一种自停止腐蚀方法释放得到；（c）由钝化层形成的悬臂梁，仅用单层掩膜版，由一种定时或自限制的各向异性衬底腐蚀释放得到；（d）悬臂梁，通过钝化层上光刻窗口在底部与衬底接触，总共使用 3 层掩膜版，采用一种选择性的衬底腐蚀剂释放得到。

　　采用液体或者气体腐蚀剂的横向腐蚀移除牺牲层而将结构层完整地保留下来。一般来说，横向腐蚀很难通过干式等离子刻蚀或者反应离子刻蚀来实现，一般选择液体腐蚀剂。因为它具有相对小的平均自由程可以进入窄而曲折的缝隙中，以有效地去除牺牲层。结构层通常是几微米厚，牺牲层是几百埃到 $100\mu m$ 甚至更厚。腐蚀剂必须有较高的选择性将牺牲层有效除去，而将结构层完好无损地保留下来。高腐蚀选择比意味着牺牲层的腐蚀速率比结构层和结构层的支持层的腐蚀速率高得多。

　　刻蚀的速率、刻蚀的选择比和结构层的厚度决定了芯片或者硅晶圆在腐蚀剂中的耐受时间。具有高选择比的腐蚀剂使器件能够在腐蚀剂中放较长的时间，有显著的过腐蚀能力。在腐蚀时间被过分限制的情况下，用户一般通过调整工艺流程或者器件的设计来改进，包括选择一种更具选择性的腐蚀工艺、使用选择比更高的材料或者结合一个腐蚀加速层来调整工艺。设计的变更可以改进器件在腐蚀剂中的时间，如对较窄结构特征的腐蚀距离做限制或者有意地在这种结构特征上设计小孔以便这种腐蚀液能够达到相应的牺牲层。某些器件需要在牺牲层和衬底之间做一层隔离层，如用作电隔离的可以是经低压化学气相淀积形成的氮化硅层。该腐蚀剂对任何隔离层或者钝化层应具有类似的选择性。

目前，很多 MEMS 器件采用淀积的多晶硅薄膜作为结构层而将 PSG、BSG 或者 BPSG 薄膜作为牺牲层。直接采用热生长形成的普通二氧化硅薄膜做牺牲层的腐蚀速率慢，腐蚀时间长，容易破坏可动结构。掺杂的氧化物（BSG、PSG 和 BPSG）、溅射形成的氧化物和旋涂玻璃（SOG）做牺牲层很有效，且腐蚀的速率很快，每次释放牺牲层的时间更短。表 7.6 给出了采用不同的氧化类型和腐蚀剂的多晶硅微结构和氧化层牺牲层的释放技术特点。

表 7.6 用于多晶硅微结构的牺牲层去除

	材 料	腐蚀温度	腐蚀剂	腐蚀速率/(Å/s)	备 注
1	多晶硅（Si，多晶）/氧化硅（SiO$_2$，PSG）	室温	HF（49%质量分数）未稀释	5400	HF 腐蚀剂（49%质量分数）；PSG 牺牲层在 950℃ 退火；PSG（8%质量分数）的横向腐蚀速率；在约 280μm 横向钻蚀厚腐蚀速率减慢；HF 稀释或磷浓度降低则腐蚀速率减少
2	多晶硅（Si，多晶）/氧化硅（SiO$_2$，热生长）	室温	HF（73%质量分数）未稀释	250	HF 腐蚀剂（49%质量分数）；轻微腐蚀 Al（0.35Å/s），选择比为 680:1（对压焊盘的选择比 40:1）；加甘油后对 Al 的选择比为 170:1；在 HF（73%）:IPA 2:1 中腐蚀 SiO$_2$（300Å/s）；避免水漂洗
4	多晶硅（Si，多晶）/氧化硅（SiO$_2$，PSG）	35℃	HF（49%质量分数）未稀释，气态	48	蒸气 HF 腐蚀剂；通过 HF 进行 N$_2$ 鼓泡；轻微负压；腐蚀 Al（0.5%Cu）（0.005Å/s）、SiO$_2$-热生长（2.5Å/s）、Ti（0.03Å/s）、TiN（0.01Å/s）

淀积工艺形成的多晶硅，无论是低压化学气相淀积、等离子体增强化学气相沉积、溅射或者外延多晶硅，都可替代氧化硅作为牺牲层，或替代氮化硅作为悬空结构，像铝一样容易腐蚀的金属可以作为牺牲层。聚合物包括光刻胶等，可在其上用电子束或溅射覆盖一层金属作为结构层，聚合物本身可用作牺牲层。MEMS 器件中的很多牺牲层和结构层的选择已经被提出或者探索过了，其中包括用于结构层的铬、铜、金、钼、镍-铬、铌、钯、铂、聚酰亚胺、硅氮化物、银、钽、钛-钨、钨和钒，用于牺牲层的如淀积未退火的磷硅玻璃（PSG），它可用 HF 腐蚀剂释放。很多研究者提出了各种硅衬底和非硅系统的实际与潜在的结构层及牺牲层的组合。表 7.7 列出了许多牺牲层和结构层的组合，以及相应的工艺技术特点，可供读者参考。

表 7.7 可替换结构和牺牲层组合中的牺牲层去除

	结构层/牺牲层	腐蚀温度	腐蚀剂	腐蚀速率/(Å/s)	备 注
1	铝（Al）/硅（Si）	室温	XeF_2（气态）4 Torr	165~500	XeF_2 气态腐蚀剂；铝引线和氧化硅包封的多晶硅；不明显腐蚀 Al，光刻胶，Si_3N_4，SiO_2；负载和表面准备效应
2	铝（Al）/氧化硅（SiO_2，SOG）	室温	氟化铵，乙酸	70	焊盘腐蚀剂；腐蚀 Al（0.5Å/s）；去离子水漂洗
3	铝镓砷（AlGaAs）/砷化镓（GaAs）	25℃	NH_4OH（29%质量分数）：H_2O_2（30%质量分数）1:30	650	$Al_xGa_{1-x}As$ 结构层（$x=0.4$）；在 $x=0.6$ 时选择比为 650:1
4	氮化铝（AlN）/氧化硅（SiO_2，PSG）	室温	NH4F（40%质量分数）：乙酸：H_2O 2:2:1	165	结构层包括 Al 和 Pt/Ta 电极；去离子水漂洗
5	镍（Ni）/铬（Cr）	室温	HCl（38%质量分数）：H_2O 1:1	350	用 Cu 种子层电镀 Ni；不明显腐蚀 Cu 或 Ni
6	镍（Ni）/氧化硅（SiO_2，PSG）	室温	HF（49%质量分数）未稀释	3300	HF 腐蚀液（49%质量分数）；1000℃ PSG 退火；高深宽比结构，化学镀镍三明治结构，用掺杂和不掺杂的多晶包裹；溶液中添加 Triton X-100 表面活性剂
7	镍（Ni）/锌（Zn）	60~70℃	NH_4OH（29%质量分数）：NaOH：H_2O 10mL:10mL:3g:100mL	28	牺牲 LIGA（SLIGA）工艺；溅射 Ti/Cu 种子层；电镀镍后用 NH_4OH（29%）：H_2O_2（30%）：H_2O 100mL:100mL:500mL 去除种子层
8	镍铁（NiFe，铁少）/镍铁（NiFe，富铁）	40℃	乙酸：H_2O 1:9	1.4~220	脉冲电催化用于原位组分控制；优先腐蚀富铁层；无偏置时低腐蚀速率，阳极偏置时高腐蚀速率
9	氧化硅（SiO_2）/硅（Si），(100)	120℃	TMAH（25%质量分数：硅酸：H_2O 80mL:16g:150mL	~12	带有 Cr/Au 金属化和隐埋 p^{++} 腐蚀停止的热氧化硅悬臂梁

续表

	结构层/牺牲层	腐蚀温度	腐蚀剂	腐蚀速率/(Å/s)	备注
10	氧化硅（SiO$_2$）/多晶硅（Si，多晶）	室温	XeF$_2$（气态）3 Torr	1900	XeF$_2$气态腐蚀剂；对PECVD和热氧化硅的选择性为1000:1；不明显腐蚀SiC
11	聚对二甲苯C型/光刻胶（PR）	室温	丙酮未稀释	550	聚对二甲苯C型微通道；正性光刻胶；腐蚀30min约1mm；结果与时间的平方根成正比；对烘后胶减慢适中
12	聚酰亚胺（PI）/铝（Al）	室温	H$_3$PO$_4$（85%质量分数）:HNO$_3$（70%）:乙酸:H$_2$O	350	PAN腐蚀剂；对旋涂聚酰亚胺在400℃固化；蒸发的铝牺牲层
13	锗硅（SiGe，多晶）/锗（Ge，多晶）	90℃	H$_2$O$_2$（30%质量分数）未稀释	50~85	腐蚀速率随掺杂浓度变化；不明显腐蚀Si或Si$_x$Ge$_{1-x}$（$x>0.4$）
14	氮化硅（Si$_3$N$_4$）/铝（Al）	50℃	H$_3$PO$_4$（85%质量分数）:HNO$_3$（70%）:乙酸:H$_2$O 16:1:1:2	~35	PAN腐蚀剂；PECVD氮化硅；蒸发的铝牺牲层；通过KOH腐蚀背面腔
15	SU-8（PR）/SU-8（PR）	室温	PGMEA	330	110℃后烘SU-8；未曝光的下层SU-8溶解掉；SU-8两层之间有Mg掩膜；用HCl光刻Mg；不明显腐蚀Cr/Au；SOG或SiO$_2$（PECVD）也作为牺牲层

7.6 深槽深孔腐蚀

7.6.1 (100)硅衬底的深槽深孔腐蚀

(100)硅衬底上的深槽深孔结构在 MEMS 器件中应用广泛[49]。由于(100)晶面的腐蚀速率比(111)晶面的腐蚀速率大很多，导致{111}晶面在沟槽中逐渐暴露。人们利用这种晶面腐蚀速率的差异，在硅面上腐蚀出需要的图形，如梯形槽、梯形通孔、V 形槽等。以简单的<110>方向对齐的矩形掩膜窗口为例，如果腐蚀时间短，腐蚀出的沟槽侧壁上 {111} 晶面不会相交。此时，在沟槽底部形成平坦面，即得到倒梯形的沟槽，倒口坡面斜坡角度理论值为 54.74°，如图 7.18 所示。假设腐蚀窗口宽度为 w，那么，腐蚀深度 d 与 w 的关系为

$$d = \frac{w}{2}\tan 54.74° \quad (7-12)$$

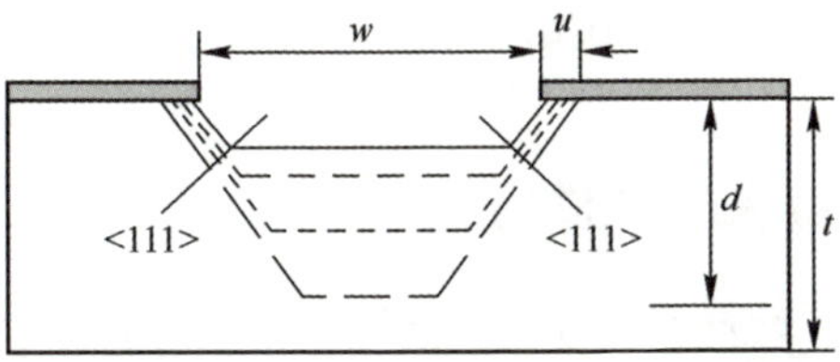

图 7.18 <110>方向对齐的矩形掩膜窗口的腐蚀过程示意图

因为(111)晶面的腐蚀速率非常小，方的钻蚀距离 u 相对腐蚀深度 d 来说非常小，式(7-12)未考虑钻蚀距离 u 的影响。当硅片厚度 t 远大于刻蚀窗口尺寸 w，且腐蚀时间足够长，{111} 晶面在沟槽底部会相交于一点或一条线。这可以用于加工制备梯形槽、V 形槽等结构，如图 7.19（a）和图 7.19（c）所示。反之，当硅片厚度和腐蚀窗口尺寸满足 $t > \frac{w}{2}/\tan 54.74°$，腐蚀时间足够长，就可以在衬底上腐蚀出梯形通孔等结构，如图 7.19（b）所示。另外，结合凸角腐蚀和腐蚀液对掩膜材料（如二氧化硅、氮化硅等）的选择比，可以利用深槽深孔腐蚀方法制备悬臂梁等各种悬空结构，如图 7.20 所示。

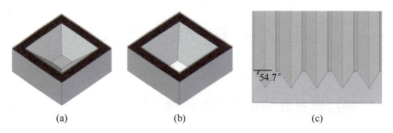

图 7.19　利用（100）硅衬底腐蚀加工
(a) 梯形槽；(b) 梯形通孔；(c) V 形槽的结构。

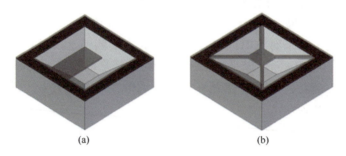

图 7.20　利用（100）硅衬底空腔腐蚀方法制备 MEMS 悬空结构
(a) 悬臂梁；(b) 四梁固支悬空质量块。

7.6.2　（110）硅衬底的深槽腐蚀

湿法腐蚀（110）硅片时，由于（111）晶面的腐蚀速率远远小于（110）面，随着刻蚀的进行，（111）晶面会暴露出来，形成了以（111）晶面包围住的腐蚀图形[50]。这点与（100）硅片类似，但具体表现出的特性和腐蚀结构形貌与（100）硅片非常不同。（110）硅片上存在 {111} 面方位及其各向异性掩膜腐蚀截面，如图 7.21 所示。图中（1）、（2）、（3）表示（110）硅片中存在 {111} 面的 3 个方位，沿这 3 个方位做定向掩膜腐蚀，方位（1）和方位（2）形成 U 形沟槽，而（3）方位则形成 V 形沟槽。U 形沟槽的侧壁是 4 个与表面（110）面相垂直的 {111} 面，它们两两平行，彼此间夹角为 70.53°。V 形沟槽的两侧壁为（111）面和（11$\bar{1}$）面，与（110）面的夹角为 35.26°。

（110）衬底的深槽深孔腐蚀常常选择 KOH 腐蚀液，研究中发现腐蚀过程中 KOH 等碱性刻蚀液中的 OH^- 虽然起着重要作用，但反应过程会有 H_2 产生。在小的间隙或狭窄的沟槽中，H_2 的影响较大，使得腐蚀速率随着沟槽深度的

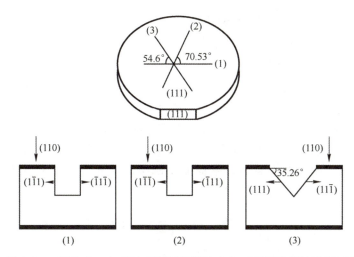

图 7.21 利用 (110) 面上不同的掩膜方向加工不同沟槽结构的示意图

增加而减小,并且常常导致不同位置相同尺寸的腐蚀窗口对应的腐蚀深度不一致[51]。为了减小这个效应,一般在刻蚀过程中采取超声处理,去除沟槽中的 H_2。超声波的持续搅拌,也有助于实现腐蚀液温度和浓度均质化,使得腐蚀沟槽更均匀,如图 7.22 所示。

图 7.22 使用 20%(质量分数)腐蚀液在 (110) 硅衬底上加工得到的高深宽比 U 形槽[51]

7.6.3 基于金属辅助化学腐蚀方法的深槽深孔腐蚀

金属辅助化学腐蚀是近年来快速发展的一种大面积大深宽比微纳结构制备方法,引起了国内外微纳加工研究者的广泛关注。金属辅助化学腐蚀方法可以加工出深宽比高于干法刻蚀的硅基微结构阵列,已经成为当前大深宽比微纳结构制备技术的前沿研究方向之一。

目前，虽然金属辅助化学腐蚀已在微纳制造领域（如纳米线）取得了一些成功，但对于其在硅（Si）的深槽深孔加工领域方面的探索仍在继续[24-25]。金属辅助化学刻蚀过程中主要考虑以下几个影响因素：①贵金属的类型选择、贵金属的沉积方式、Si表面贵金属的沉积厚度、硅基板上贵金属图案密度；②腐蚀剂中的氧化剂类型选择；③刻蚀剂中各组分浓度配比；④刻蚀温度；⑤刻蚀剂中的质量输运；⑥Si掺杂类型和掺杂水平。以采用金（Au）作为催化剂的金属辅助化学刻蚀深孔深槽工艺过程为例，其基本工艺流程如图7.23所示[28]。

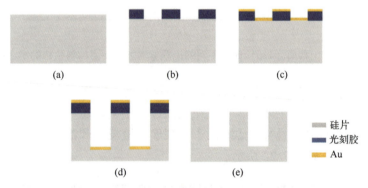

图7.23　金属辅助化学腐蚀深孔深槽基本工艺流程
(a) 硅片清洗；(b) 涂胶曝光；(c) 沉积Au层；(d) 金属辅助化学腐蚀（预刻蚀和正式刻蚀）；(e) 去除光刻胶和Au层[28]。

对n-Si、p-Si以及未掺杂Si进行的研究表明，均匀的腐蚀条件下，金属催化剂伴随的硅和深槽侧壁上都会发生腐蚀。在n型Si上，侧壁腐蚀本质上是凹陷的，可形成高度垂直的高深宽比结构；在p型Si和未掺杂Si上，深槽侧壁弯曲显著，发生了过度腐蚀；重掺杂（n+，p+）Si上腐蚀产生的沟槽是不均匀的，且沟槽之间可以观察到多孔区域[52]。针对上述的p型Si的侧壁和上顶面发生的过度刻蚀现象，研究人员在传统的金属辅助化学腐蚀工艺的基础上又提出了一种外接负压偏置的金属辅助化学腐蚀（Electric Bias-attenuated Metal-assisted Chemical Etching, EMaCE）[52]。在负偏压下，静电力使过量的空穴h+远离侧壁和顶部表面，极大抑制了p型Si深槽深孔腐蚀时侧壁和顶表处的过度腐蚀，增强了垂直方向的腐蚀，如图7.24所示。在100℃，(100)p-Si衬底上使用-1.75V偏置电压腐蚀得到的29μm

宽的深槽如图 7.24（d）所示。

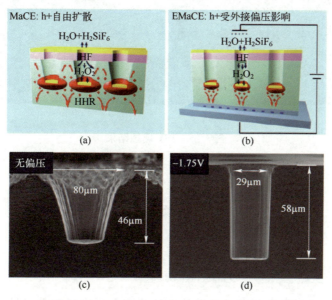

图 7.24　普通金属辅助化学腐蚀和外接负压偏置的金属辅助化学腐蚀深孔深槽的比较
（a）、(b) 有无外接负压偏置的电荷输运机理示意图；
（c）、(d) 有无外接负压偏置时金属辅助化学腐蚀的实验结果[52]。

金属辅助化学腐蚀工艺为 MEMS 等相关领域提供了一种低成本晶圆级的硅通孔（TSV）腐蚀技术。研究表明，Au 层的沉积方式会影响深槽的腐蚀形貌，蒸发沉积得到的深孔侧壁比交溅射沉积的更加光滑[28]。通过优化 Au 沉积方式，在 n 型（100）4in 硅晶圆上沉积得到大约 11.9nm 厚度的 Au 层。用 240.0g 去离子水、200.0mL 过氧化氢（30%质量分数）和 200.0mL HF（10%质量分数）混合制备腐蚀液，在室温条件下腐蚀 2h 得到腐蚀窗口直径为 28μm、深度为 85.5μm 的垂直硅通孔，其侧壁粗糙度小于 50nm，如图 7.25 所示。在此，为了保证晶圆级的刻蚀均匀性，腐蚀过程采用了中心搅拌的方式。在整个 4in 硅晶圆上得到的 TSV 深孔比较均匀，这也说明腐蚀均匀性受到搅拌即腐蚀剂质量输运的影响。研究人员在单侧抛光（100）取向的 n 型单晶硅晶圆上借助电子束蒸发 Au 催化剂薄膜，利用金属辅助化学腐蚀实现了宽度为 3.0μm、深度为 365μm 的均匀深沟槽，深宽比达到了 120∶1，整个过程腐蚀速率为 1～5μm/min，并随着腐蚀时间的推移而逐渐降低[53]。

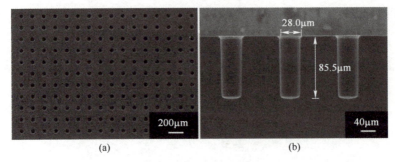

图 7.25　TSV 腐蚀结果
（a）顶视图；（b）截面图。

7.7　案　例

7.7.1　MEMS 静电驱动梳状谐振器

MEMS 梳状谐振器目前主要以静电驱动为主，该驱动方式具有容易实现、响应速度快、功耗低、方便与数字电路连接并且体积小等优势，被大量运用于滤波器、加速度传感器、陀螺仪、和能量采集器等产品[54-56]。梳状谐振器主要分为四部分，即固定梳齿、可动梳齿、弹性支撑梁和活动质量块。可动梳齿部分与活动质量块组成了发生振动位移部分，通过支撑梁与锚点连接，固定于基面上。可动梳齿与固定梳齿形成叉指电容。工作时，在平行梳齿之间输入直流偏置电压，然后在驱动电极端口输入交变电压，振动位移部分在静电力和支撑梁的弹性力作用下沿驱动方向往复振动。当驱动电压产生的静电力的频率和谐振器的固有频率接近时，整个谐振器发生谐振运动，导致输出端电容变化，得到交变电流。本节以经典 MEMS 静电驱动梳状谐振器为例，介绍湿法腐蚀工艺在该器件加工过程中的应用，如图 7.26 所示[55]。

结合工艺流程过程中结构的截面示意图，该静电驱动梳状谐振器的基本工艺流程（图 7.27）如下：

（1）450℃，1h40min 的低压化学气相沉积（LPCVD），沉积一层 2μm 的二氧化硅绝缘层；950℃、退火 30min 致密化绝缘层；800℃、22min 的 LPCVD，沉积一层 100nm 的 Si_3N_4；650℃，1h30min 的 LPCVD，沉积一层原位磷掺杂的 300nm 多晶硅。

（2）光刻多晶硅层 1。

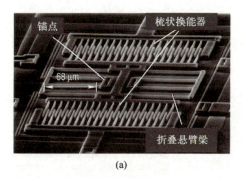
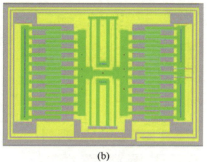

图 7.26 MEMS 静电驱动梳状谐振器的实验结果（a）和谐振器的版图（b）[55]

（3）在 $CCl_4/He/O_2$ 氛围下，300 W，280 mTorr① 使用 RIE 刻蚀多晶硅层；PRS2000 去除光刻胶。

（4）450℃，1h40min 的 LPCVD，沉积一层 2μm 磷硅玻璃（PSG），作为牺牲层；950℃，退火 30min 致密化牺牲层；光刻为锚点做准备。

（5）在 $CHF_3/CF_4/He$ 氛围下，350 W，2.8 Torr 使用 RIE 刻蚀牺牲层形成锚点；PRS2000 去除光刻胶；在 10∶1 的 HF 中快速湿浸去除氧化层。

（6）650℃，11h 的 LPCVD，沉积一层 2μm 的原位磷掺杂多晶硅，作为结构层。

（7）450℃，25min 的 LPCVD，沉积一层 500nm 的磷硅玻璃（PSG），作为氧化物硬掩膜；1050℃，应力退火 1h 或在 50sccm② N_2 氛围下，1100℃，快速热退火（RTA）1min。

（8）光刻多晶硅层 2。

（9）在 $CHF_3/CF_4/He$ 氛围下，350 W，2.8Torr 使用 RIE 刻蚀氧化物掩膜；在 $CCl_4/He/O_2$ 氛围下，300 W，280 mTorr 使用 RIE 刻蚀多晶硅结构层。

（10）等离子灰洗，PRS2000 去除光刻胶。

（11）利用氢氟酸溶液，腐蚀掉 PSG 牺牲层，释放出微谐振器的悬空结构。

（12）超临界 CO_2 干燥释放结构。

7.7.2　热阻型热式流量传感器

流量传感器作为测量流量的关键器件，在工业生产、航空航天、汽车电子和医疗健康等领域都发挥着至关重要的作用。热式流量传感器因其结构简

---

① Torr，托，压弹单位，1Torr=1mmHg≈133.32Pa。

② sccm，体积流量单位，1sscm=1cm^3/min。

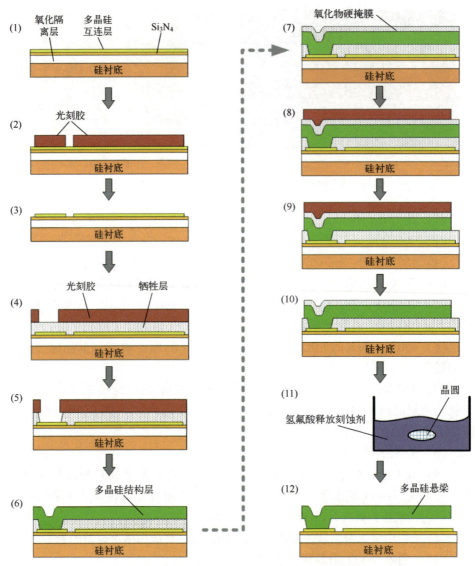

图 7.27 静电驱动梳状谐振器的工艺流程图

单、测量灵敏度高、功耗低、可以测量流体的质量和流量等优势,受到了科研人员的广泛关注[57-58]。随着 MEMS 工艺的不断成熟,以它为基础的热式流量传感器因为尺寸小、功耗低、精度高等优势,逐渐应用到各行各业。根据热式微流量传感器上热敏电阻的制作工艺的不同,可分为热阻型和热电偶型。热阻型即传感器上热敏电阻是通过金属溅射形成,而热电偶型则是通过 COMS 工艺加工成的热电偶作为热敏材料制成的。本节将以一个典型的热阻型热式流量传感器的加工工艺为例[58]，介绍湿法腐蚀工艺在该器件加工过程中的应用。

该热阻型热式流量传感器的芯片结构如图 7.28 所示。芯片整体尺寸为 3mm×6mm。传感器薄膜采用 SiO_2、Si_3N_4 和 SiN_x 夹层结构，厚度分别为 250nm、70nm 和 1250nm。膜的整体尺寸约为 0.5mm×1mm，悬浮在 350μm 厚的微加工硅框架上。传感器有源元件是 4 个薄膜热敏电阻 $R_{th,1-4}$，它们被对称放置在膜中点两侧，中央热源记为 H。

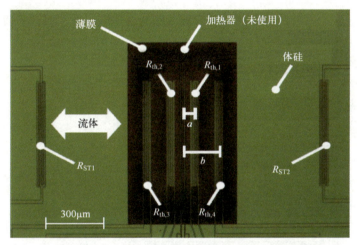

▶ 图 7.28 热阻型热式流量传感器芯片俯视图[58]

该流量传感器的截面示意图和热敏电阻的位置如图 7.29 所示。薄膜热敏电阻是在晶圆片的 SiO_2-Si_3N_4 涂层上制造的。热敏电阻的平面尺寸为 35μm×600μm。每个热敏电阻由一个 260nm 厚的锗薄膜组成，它们通过 4 个总厚度约 270nm 的金属条（Ti-Au-Cr 夹层）相连。热敏电阻的温度相关性可以用一个指数函数来拟合：

$$R_{th} = R_0 e^{\alpha T_{th}} \tag{7-13}$$

式中：R_{th} 是热敏电阻在温度为 T_{th} 时的阻值；α 是电阻的温度系数；R_0 是热敏电阻温度为 0 时的阻值。对于这里所制备的锗热敏电阻，$\alpha \approx -2\%/℃$，$R_0 = 125Ω$，R_{th} 在室温下典型值为 80kΩ。非晶锗的温度系数（为负值）几乎比铂高一个数量级，具有很高的灵敏度。在所设计的微传感器中，两个额外的锗热敏电阻 R_{ST1} 和 R_{ST2} 被放置在膜外的硅衬底上，它们与放置在薄膜上的热敏电阻具有相同的特性。但是由于它们的位置在硅传感器块边缘，温度不取决于流体流动，因此可以被用于测量工作温度，从而为输出信号提供温度矫正。

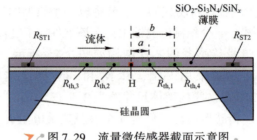

图 7.29 流量微传感器截面示意图

热阻型热式流量传感器的加工步骤如图 7.30 所示[58]，具体步骤如下。

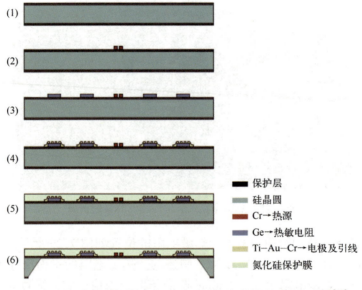

图 7.30 微传感器制造中所描述的传感器制造过程的步骤[58]

（1）衬底采用双面抛光（100）的 4in、厚度为 350μm 的硅晶圆。硅晶圆出厂时采用热生长被 250nm 的 SiO_2 和 70nm 的 Si_3N_4 包裹。

（2）传感器的制造从光刻工艺开始，蒸镀 150nm 厚的铬层，然后利用 Lift-off 工艺形成位于中央的热源。

（3）第二次光刻，并使用电子束蒸发沉积 260nm 厚的锗层，然后通过 Lift-off 工艺制作热敏电阻的主体部分。

（4）第三次光刻，依次气相沉积 Ti-Au-Cr 层（显示厚度为 70nm、150nm 和 50nm），并利用 Lift-off 工艺形成金属图形，用于获得热敏电阻的指间电极以及从热源和热敏电阻到焊盘的连接引线。

（5）采用低温 PECVD 工艺制备厚度约为 1250nm 的低应力氮化硅 SiN_x 保护膜。大约 100℃ 的低沉积温度可以保护脆弱的非晶锗薄膜不再发生结晶。由二氧化硅和两个氮化硅层组成的薄膜整体厚度约 1.6μm。为了获得焊盘的开口，使用光刻和 RIE 工艺从正面形成了 SiN_x 保护膜，然后通过湿法腐蚀将铬层从焊盘上除去。

（6）通过光刻和 RIE 工艺在硅晶圆背面刻蚀一个方形的腐蚀窗口，利用 KOH 各向异性湿法腐蚀工艺来去除体硅，构建薄膜。

7.8 本章小结

本章主要介绍了湿法腐蚀。首先，介绍了湿法腐蚀的基本原理、典型的腐蚀剂、掩膜的选择，并比较分析了不同腐蚀剂的腐蚀特性。其次，介绍了各向同性和各向异性腐蚀的原理和腐蚀效果，重点介绍了硅的各向异性腐蚀和凸角补偿方法。接着，介绍了硅腐蚀自停止的四种工艺及其原理，并结合实例进行分析。然后，介绍了牺牲层腐蚀和深槽深孔腐蚀，重点介绍了基于金属辅助化学腐蚀方法的深槽深孔腐蚀。最后，介绍了湿法腐蚀工艺在两个案例中的应用以及工艺流程。总之，作为最早用于微机械结构加工制造的工艺方法，湿法腐蚀以成本低、产量高等优势始终占有 MEMS 微系统加工制造技术的一席之地。

参 考 文 献

[1] 黄庆安. 硅微机械加工技术［M］. 北京：科学出版社，1996.

[2] FINNE R M, KLEIN D L. A water-amine-complexing agent system for etching silicon［J］. Journal of the Electrochemical Society, 1967, 114（9）: 965.

[3] KENDALL D L, EATON W P, MANGINELL R P, et al. Micromirror arrays using KOH: H_2O micromachining of silicon for lens templates, geodesic lenses, and other applications［J］. Optical Engineering, 1994, 33（11）: 3578-3588.

[4] PALIK E D, BERMUDEZ V M, GLEMBOCKI O J. Ellipsometric study of orientation-dependent etching of silicon in aqueous KOH［J］. Journal of the Electrochemical Society, 1985, 132（4）: 871.

[5] SEIDEL H, CSEPREGI L, HEUBERGER A, et al. Anisotropic etching of crystalline silicon

in alkaline solutions: I. orientation dependence and behavior of passivation layers [J]. Journal of the Electrochemical Society, 1990, 137 (11): 3612-3626.

[6] SEIDEL H, CSEPREGI L, HEUBERGER A, et al. Anisotropic etching of crystalline silicon in alkaline solutions: II. influence of dopants [J]. Journal of the Electrochemical Society, 1990, 137 (11): 3626-3632.

[7] PALIK E D, GRAY H F, KLEIN P B. A Raman study of etching silicon in aqueous KOH [J]. Journal of the Electrochemical Society, 1983, 130 (4): 956.

[8] 郑显泽, 唐彬, 王月, 等. 基于 HNA 溶液腐蚀的微半球谐振陀螺研究进展 [J]. 太赫兹科学与电子信息学报, 2020, 18 (3): 7.

[9] 郑显泽. MEMS 半球谐振陀螺仪三维对称谐振子工艺研究 [D]. 绵阳: 中国工程物理研究院, 2020.

[10] BARANSKI M, ALBERO J, KASZTELANIC R, et al. A numerical model of wet isotropic etching of silicon molds for microlenses fabrication [J]. Journal of the Electrochemical Society, 2011, 158 (11): D681-D688.

[11] PAL P, SWARNALATHA V, RAO A V N, et al. High speed silicon wet anisotropic etching for applications in bulk micromachining: a review [J]. Micro and Nano Systems Letters, 2021, 9 (1): 4.

[12] 万珊珊. 硅器件湿法各向异性腐蚀加工技术研究 [D]. 长春: 长春理工大学, 2007.

[13] 王涓. MEMS 中单晶硅的湿法异向腐蚀特性的研究 [D]. 南京: 东南大学, 2005.

[14] GHODSSI R, LIN P. MEMS materials and processes handbook [M]. Berlin: Springer Science & Business Media, 2011.

[15] 黄庆安. MEMS 材料与工艺手册 [M]. 南京: 东南大学出版社, 2014.

[16] 张海霞, 赵小林. 微机电系统设计与加工 [M]. 北京: 机械工业出版社, 2010.

[17] 黄庆安. 微机电系统基础 [M]. 北京: 机械工业出版社, 2007.

[18] MENZ W, MOHR J, PAUL O. 微系统技术 [M]. 于杰, 译. 北京: 化学工业出版社, 2003.

[19] JUDY J W. Microelectromechanical Systems (MEMS): fabrication, design and applications [J]. Smart materials and Structures, 2001, 10 (6): 1115.

[20] LANDSBERGER L M, NASEH S, KAHRIZI M, et al. On hillocks generated during anisotropic etching of Si in TMAH [J]. Journal of Microelectromechanical Systems, 1994, 3 (3): 113-123.

[21] TABATA O, ASAHI R, FUNABASHI H, et al. Anisotropic etching of silicon in TMAH solutions [J]. Sensors & Actuators A, 1992, 34 (1): 51-57.

[22] SEKIMURA M. Anisotropic etching of surfactant-added TMAH solution [C]. Technical Digest. IEEE International MEMS 99 Conference. Twelfth IEEE International Conference on Micro Electro Mechanical Systems. Orlando: IEEE, 1999: 650-655.

[23] LI X, BOHN P W. Metal-assisted chemical etching in HF/H_2O_2 [J]. Applied Physics Letters, 2000, 77 (16): 2572-2574.

[24] HUANG Z, GEYER N, WERNER P, et al. Metal-assisted chemical etching of silicon: a review [J]. Advanced Materials, 2011, 23 (2): 285-308.

[25] GHAFARINAZARI A, MOZAFARI M. A systematic study on metal-assisted chemical etching of high aspect ratio silicon nanostructures [J]. Journal of Alloys & Compounds, 2014, 616: 442-448.

[26] NURAINI A, OH I. Deep etching of silicon based on metal-assisted chemical etching [J]. ACS Omega, 2022, 7 (19): 16665-16669.

[27] 薛焱文, 杨立伟, 王冠亚, 等. 基于金属辅助化学腐蚀的大高宽比硅纳米结构制备 [J]. 微纳电子技术, 2020, 57 (12): 1012-1017.

[28] LI L, ZHANG G, WONG C P. Formation of through silicon vias for silicon interposer in wafer level by metal-assisted chemical etching [J]. IEEE Transactions on Components, Packaging and Manufacturing Technology, 2015, 5 (8): 1039-1049.

[29] ROMANO L, VILA COMAMALA J, JEFIMOVS K, et al. Effect of isopropanol on gold assisted chemical etching of silicon microstructures [J]. Microelectronic Engineering, 2017, 177 (6): 59-65.

[30] BACKES A, LEITGEB M, BITTNER A, et al. Temperature dependent pore formation in metal assisted chemical etching of silicon [J]. ECS Journal of Solid State Science and Technology, 2016, 5 (12): 653-656.

[31] KIKYUAMA H, MIKI N, SAKA K, et al. Principles of wet chemical processing in ULSI microfabrication [J]. IEEE Transactions on Semiconductor Manufacturing, 1991, 4 (1): 26-35.

[32] BÜHLER J, STEINER F P, BALTES H. Silicon dioxide sacrificial layer etching in surface micromachining [J]. Journal of Micromechanics and Microengineering, 1997, 7 (1): R1-R13.

[33] 周再发. 基于元胞自动机方法的 MEMS 加工工艺模拟研究 [D]. 南京: 东南大学, 2009.

[34] ZHOU Z F, HUANG Q A. Modeling and simulation of silicon anisotropic etching [M]. In: Huang Q A. Micro Electro Mechanical Systems. Micro/Nano Technologies, Singapore: Springer, 2017.

[35] ZHU Z, LIU C. Micromachining process simulation using a continuous cellular automata method [J]. Journal of Microelectro mechanical Systems, 2000, 9 (2): 252-262.

[36] HUBBARD T J. MEMS design: the geometry of silicon micromachining [D]. California: California Institution of Technology, 1994.

[37] KOVACS G T A, MALUF N I, PETERSEN K E. Bulk micromachining of silicon [J].

Proceedings of the IEEE, 1998, 86(8): 1536-1551.

[38] SWARNALATHA V, RAO A, PAL P. Effective improvement in the etching characteristics of Si{110} in low concentration TMAH solution [J]. Micro & Nano Letters, IET, 2018, 13(8): 1085-1089.

[39] ZUBEL I, ROLA K P. The effect of monohydric and polyhydric alcohols on silicon anisotropic etching in KOH solutions [J]. Sensors and Actuators A Physical, 2017, 266: 145-157.

[40] EYAD A R, IBRAHIM A, HASSAN A. Effect of isopropyl alcohol concentration and etching time on wet chemical anisotropic etching of low-resistivity crystalline silicon wafer [J]. International Journal of Aualytical Chemistry, 2017, 2017: 7542870.

[41] ZHANG Q, LIU L, LI Z. A new approach to convex corner compensation for anisotropic etching of (100) Si in KOH [J]. Sensors & Actuators A Physical, 1996, 56(3): 251-254.

[42] FAN W, ZHANG D. A simple approach to convex corner compensation in anisotropic KOH etching on a (1 0 0) silicon wafer [J]. Journal of Micromechanics and Microengineering, 2006, 16(10): 1951.

[43] 黄庆安, 周再发, 聂萌, 等. 机械设计手册: 微机电系统及设计 [M]. 北京: 机械工业出版社, 2020.

[44] STEINSLAND E, NESE M, HANNEBORG A, et al. Boron etch-stop in TMAH solutions [J]. Sensors & Actuators A Physical, 1, 1996(54): 728-732.

[45] 徐静. 单晶硅自停止腐蚀工艺研究 [D]. 绵阳: 中国工程物理研究院, 2005.

[46] 陆荣. 基于金硅腐蚀自停止技术的亚微米梁制作研究 [D]. 上海: 中国科学院上海微系统所, 2008.

[47] KLOECK B, COLLINS S D. Study of electrochemical etch-stop for high-precision thickness control of silicon membranes [J]. IEEE Transactions on Electron Devices, 1989, 36(4): 663-669.

[48] ELIZALDE J G, OLAIZOLA S, BISTUÉ G, et al. Optimization of a three-electrode electrochemical etch-stop process [J]. Sensors & Actuators A Physical, 1997, 62(1-3): 668-671.

[49] PAL P, SWARNALATHA V, RAO A V N, et al. High speed silicon wet anisotropic etching for applications in bulk micromachining: a review [J]. Micro and Nano Systems Letters, 2021, 9(1): 1-59.

[50] 李志伟. (100), (110) 硅片湿法各向异性腐蚀特性研究 [D]. 武汉: 武汉理工大学, 2008.

[51] NUSSE D, HOFFMANN M, VOGES E. Megasonic enhanced KOH etching for {110} silicon bulk micromachining [J]. Optomechatronic Sensors, Actuators, and Control, 2004, 5602:

27-34.

[52] LI L, ZHAO X, WONG C P. Deep etching of single and polycrystalline silicon with high speed, high aspect ratio, high uniformity, and 3D complexity by Electric Bias-attenuated Metal-assisted Chemical Etching (EMaCE) [J]. ACS Applied Materials & Interfaces, 2014, 6 (19): 16782.

[53] LI L, TUAN C C, ZHANG C, et al. Uniform metal-assisted chemical etching for ultra-high-aspect-ratio microstructures on silicon [J]. Journal of Microelectromechanical Systems, 2019, 28 (1): 143-153.

[54] TANG W C, NGUYEN T C H, HOWE R T. Laterally driven polysilicon resonant microstructures [J]. Sensors and actuators, 1989, 20 (1-2): 25-32.

[55] NGUYEN C T C. High-Q micromechanical oscillators and filters for communications [C]. 1997 IEEE International Symposium on Circuits and Systems (ISCAS). Hong Kong: IEEE, 1997, 4: 2825-2828.

[56] NGUYEN T C, HOWE R T. An integrated CMOS micromechanical resonator high-Q oscillator [J]. IEEE Journal of Solid-State Circuits, 2002, 34 (4): 440-455.

[57] KITSOS V, DEMOSTHENOUS A, LIU X. A smart Dual-mode calorimetric flow sensor [J]. IEEE Sensors Journal, 2020, 20 (3): 1499-1508.

[58] DALOLA S, CERIMOVIC S, KOHL F, et al. MEMS thermal flow sensor with smart electronic interface circuit [J]. IEEE Sensors Journal, 2012, 12 (12): 3318-3328.

第 8 章

掺 杂

掺杂的目的是在半导体中引入可迁移载流子，改变载流子的浓度与分布，进而改变半导体的导电性能，制造 pn 结或 MOS 器件。掺杂对于 MEMS 器件的电气连接同样重要。

8.1 节介绍硅和砷化镓晶体的生长，以及气相外延和分子束外延半导体薄膜。8.2 节介绍杂质扩散的机制和分布，以及不同杂质源的扩散工艺，包括气相扩散、液相扩散和固态扩散。8.3 节介绍离子注入的设备和掺杂分布，以及利用离子注入得到特殊半导体结构的案例。8.4 节介绍等离子体掺杂工艺和其应用，这种工艺能够得到离子注入难以得到的掺杂分布。8.5 节介绍传统热退火、快速热处理和激光退火，这 3 种工艺用于修复晶体损伤并激活杂质。8.6 节介绍掺杂区域电阻率和结深的测量方法，包括四探针法、扩展电阻法、结染色法和二次离子质谱技术。

8.1 生长和外延

8.1.1 晶体生长

本节简要介绍 MEMS 器件常用的硅和砷化镓这两种半导体材料晶体的生长工艺。

8.1.1.1 硅晶体生长

制备高纯多晶硅一般分为 3 步。

（1）将石英砂（SiO_2）和一些碳材料（煤、焦炭等）放入熔炉中反应，其化学反应方程式为

$$SiC(固体)+SiO_2(固体)\rightarrow Si(固体)+SiO(气体)+CO(气体) \quad (8-1)$$

此反应可获得98%的冶金级硅。

（2）将得到的硅研磨成粉末，在300℃的温度下和氯化氢（HCl）发生反应，其化学反应方程式为

$$Si(固体)+3HCl(气体)\rightarrow SiHCl_3(气体)+H_2(气体) \quad (8-2)$$

此反应可以获得三氯硅烷（$SiHCl_3$），室温下三氯硅烷呈液态（其沸点为32℃）。

（3）使用分馏法去除液态三氯硅烷中的杂质，再将提纯后的三氯硅烷和氢气（H_2）在硅棒上反应，硅棒作为淀积硅的晶核，其化学反应方程式为

$$SiHCl_3(气体)+H_2(气体)\rightarrow Si(固体)+3HCl(气体) \quad (8-3)$$

此反应可获得电子级的多晶硅（EGS），EGS可作为制备单晶硅的原材料，其杂质含量约为十亿分之一[1]。

生长单晶硅的方法主要由直拉法和区熔法两种。

直拉法（Czochralski process）是生长单晶硅的基本方法。90%以上的单晶硅都使用该方法制备，所用设备称为拉晶机（图8.1），主要由3个部分组成。

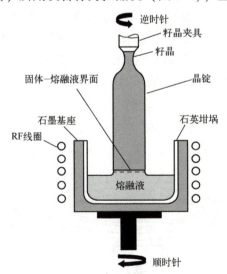

▼ 图8.1 直拉法拉晶机示意图[2]

（1）熔炉：熔融石英坩埚、石墨基座、顺时针方向旋转的机械装置、加热装置和电源。

(2) 拉晶装置：籽晶夹具和逆时针方向旋转的机械装置。
(3) 气氛控制装置：气体供应源（如氩气）、流量控制器和排气系统。

此外，拉晶机可利用多种传感器和反馈回路来调控温度、晶体直径、拉晶速率、旋转速率等关键参数。

MEMS加工制造所用的硅晶圆往往在晶体生长前加入杂质以获得预设初始掺杂浓度。在晶体生长过程中，高纯多晶硅置于石英坩埚内，加热熔炉使温度超过硅的熔点（1414℃），将一个晶向（如<111>）的籽晶置于夹具中，缓慢下降直至其尖端进入熔体表面，再将籽晶缓慢拉起，接触籽晶的熔融硅以籽晶结构为模板，开始固化冷却。在拉出晶锭的过程中，坩埚和晶锭相向旋转，且处在密闭惰性气氛中。这样生长的硅晶体中杂质浓度主要取决于原始熔体中的杂质量。在拉晶过程中，石英坩埚分解的氧以及加热元件中升华的碳均会掺入熔融硅中[2]，这些杂质益于捕获和固定恒量金属杂质。

区熔法（Float-zone，FZ）生长的单晶硅比直拉法的杂质含量更低。区熔法工艺主要流程如下（图8.2）：一根底部带有籽晶的高纯度多晶硅棒保持垂直并可旋转，且密封在惰性气氛（氩气）的石英管中；控制多晶硅棒自下而上缓慢经过一个射频加热区，加热区的硅进入熔融状态，熔融的硅由其和固态硅之间的表面张力支撑。多晶硅棒下移时，熔融硅开始在底部的籽晶处结晶并逐渐延伸。区熔法无须使用坩埚或其他容器，不会引入来自容器的污染和杂质。区熔法生长得到的硅，其电阻率可达 $10^4 \Omega \cdot cm$ 以上，可用于生产高功率、高压器件。在初始多晶硅中掺入杂质或在加热区引入气态杂质流（如磷化氢、乙硼烷），可获得预设的初始杂质浓度[3]。

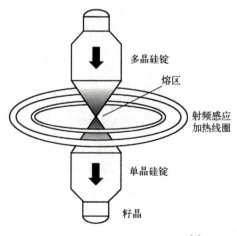

图8.2 区熔法工艺示意图[3]

8.1.1.2 砷化镓晶体生长

生长砷化镓单晶的原材料是由较为纯净的砷和镓单质合成的多晶砷化镓。生长砷化镓主要有两种方法：直拉法和布里支曼法（Bridgman Method）。多数砷化镓单晶以布里支曼法生长，大尺寸砷化镓晶锭才会采用直拉法。

直拉法生长砷化镓单晶时，其设备和生长硅单晶的基本相同。所不同的是，在砷化镓直拉时使用了液体密封法来防止晶体生长过程中熔体分解。液体密封法使用约 1cm 厚的液态氧化硼（B_2O_3）将熔体封起来，熔化的氧化硼覆盖在砷化镓熔体表面，使其表面压力超过 1 atm 即可防止砷化镓分解。因为氧化硼可溶解二氧化硅，所以必须用石墨坩埚取代石英坩埚。为了获得所需掺杂浓度的砷化镓，制造 p 型砷化镓时掺入镉和锌，制造 n 型砷化镓时掺入硒、硅和锑。不掺杂任何杂质，则会得到半绝缘体的砷化镓。

布里支曼法生长砷化镓单晶需使用双温区熔炉（图 8.3）。左方加热区保持约 610℃ 以维持砷的过压状态，右方加热区保持略高于砷化镓熔点（1240℃）的温度。石英密封炉管里面的舟是石墨材质的。在工艺操作时，石墨舟盛放籽晶和多晶砷化镓，而砷置于石英炉管的另一边。熔炉向右移动时，熔体左端先冷却。通常在石墨舟的左端放置籽晶以建立特定的晶向。当熔体逐渐固化时，就会沿固-液界面生长单晶直至砷化镓单晶生长完成，其生长速率取决于熔炉的移动速率[4]。

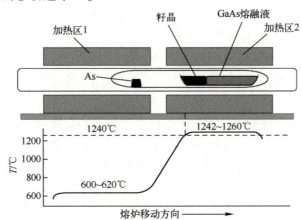

图 8.3 生长砷化镓单晶的布里支曼法和熔炉剖面示意图[4]

8.1.2 晶体外延

外延是在硅等半导体材料上生长薄膜的常用工艺。与通过沉积得到的多晶或非晶材料不同,外延可以重复衬底的晶体结构,得到品质优良的半导体薄膜。外延工艺常用于生长特殊掺杂的半导体薄膜层、掺杂不同组分的叠层以及普通掺杂工艺得不到的突变结等。异质外延还能生长一些具有优异特性的材料,如Ⅲ~Ⅴ族化合物。

外延工艺包括液相外延(Liquid Phase Epitaxy,LPE)、气相外延(Vapor Phase Epitaxy,VPE)、分子束外延(Molecular Beam Epitaxy,MBE)、原子层外延(Atom Layer Deposition,ALD)等,MEMS器件常用气相外延和分子束外延,本节主要介绍这两种工艺技术。

8.1.2.1 气相外延

气相外延是CVD与表面成核过程相结合的工艺,主要包括5个步骤:反应物(如气体和杂质)被输送到衬底、反应物被转移到衬底表面且被衬底吸附、发生化学反应并在衬底表面催化生长出外延层、气态生成物被释放到主气流中、反应生成物被输送到反应器外。

MEMS制造工艺中硅的气相外延主要用4种硅源:四氯化硅($SiCl_4$)、二氯硅烷(SiH_2Cl_2)、三氯硅烷($SiHCl_3$)和硅烷(SiH_4)。其中四氯化硅最为常用,其典型的反应温度为1200℃。其他3种硅源在反应温度更低时使用,在四氯化硅中,氢原子每替代一个氯原子,反应温度降低约50℃。使用四氯化硅外延硅的化学反应方程式为

$$SiCl_4(气体)+2H_2(气体) \longleftrightarrow Si(固体)+4HCl(气体) \qquad (8-4)$$

但反应式(8-4)伴随着一个竞争反应:

$$SiCl_4(气体)+Si(固体) \longleftrightarrow 2SiCl_2(气体) \qquad (8-5)$$

因此,在这两个反应的共同作用下,$SiCl_4$在气体中的含量对生长速率影响很大。若$SiCl_4$的浓度过高,反而会刻蚀硅膜(图8.4),其中摩尔分数y定义为$SiCl_4$在全部气体的物质的量中的占比[5]。起初硅膜的生长速率随着$SiCl_4$浓度的增加呈线性增加,随着$SiCl_4$浓度不断增大,生长速率会达到一个最高值,随后生长速率开始下降并最终开始刻蚀硅,所以硅膜实际是在低浓度$SiCl_4$下生长的。

在外延生长中,$SiCl_4$与掺杂杂质是同时引入的。气态的乙硼烷(B_2H_6)作为p型杂质,磷烷(PH_3)和砷烷(AsH_3)作为n型杂质。常用氢气作为混合气体的稀释剂,用来控制流速以得到预设掺杂浓度[6]。由掺杂砷烷的化学反应过程可知(图8.5):①AsH_3吸附在衬底表面;②$SiCl_4$吸附在衬底表面并分解出Si原子和Cl原子;③AsH_3解离成As原子和H原子;④As和H占据吸附位点并能在表面移动,As原子最终吸附在表面台阶处;⑤在外延生长过程中,后续到

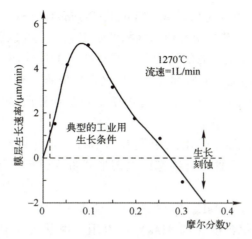

图 8.4　反应气体中 $SiCl_4$ 含量对硅外延生长的影响[5]

达的 Si 原子逐渐"埋没"先前吸附的 As 原子；⑥Cl 原子和 H 原子解吸附并生成 HCl；⑦H 原子解吸附并生成氢气。表面吸附基体原子 Si 和杂质原子 As 后，这些原子趋于移向突出的边缘[6]。为了使被吸附的原子有足够的移动速率，快速移动到合适的晶格位置，外延生长需要相对较高的温度。

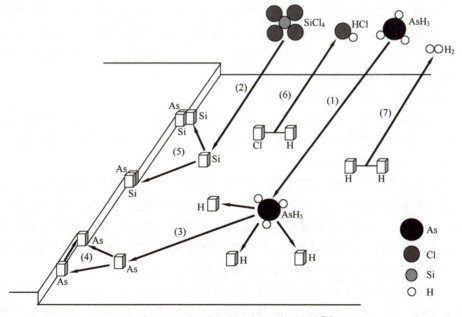

图 8.5　砷掺杂和生长机理示意图[6]

金属-有机物化学气相外延（Metal-OrganicChemical Vapor Deposition, MOCVD）是一种基于热分解反应的气相外延工艺，主要以Ⅱ、Ⅲ族元素的有机化合物和Ⅴ、Ⅵ族元素的氢化物作为晶体生长的原材料，以热分解反应在衬底上异质外延各种Ⅲ~Ⅴ族和Ⅱ~Ⅵ族化合物薄膜。MOCVD的优势是：适用于生长几乎所有化合物和合金；适用于生长各种异质结构；外延大面积薄膜的均匀性好；可大规模生产。

外延生长砷化镓可以用三甲基镓（$Ga(CH_3)_3$）作为镓源，用砷烷（AsH_3）作为砷源，两种化合物都以气态形式输送进反应器，其化学反应方程式为

$$AsH_3 + Ga(CH_3)_3 \rightarrow GaAs + 3CH_4 \tag{8-6}$$

外延生长含铝化合物（如AlAs）可以用三甲基铝（$Al(CH_3)_3$）作为铝源。外延过程中，杂质也以气态形式引入。对于Ⅲ~Ⅴ族化合物，二乙基锌（$Zn(C_2H_5)_2$）和二乙基镉（$Cd(C_2H_5)_2$）可作为p型杂质，硅烷（SiH_4）、硫和硒的氢化物和四甲基锡（$(CH_3)_4Sn$）可作为n型杂质。氯化铬（$CrCl_3$）和二氯二氧化铬（CrO_2Cl_2）可作为铬源将铬掺入砷化镓以形成半绝缘层。由于这些化合物含有剧毒且容易自燃，所以MOCVD需要严密的安全措施。

由MOCVD的反应装置（图8.6）可知，在生长砷化镓时，用氢气将气态金属有机化合物载入石英反应器中与砷烷（AsH_3）混合，衬底置于石墨基座上，用射频线圈将衬底上方的气体加热到600~800℃时发生化学反应，热分解生成砷化镓外延层[7]。金属有机化合物具有可挥发的优点，从而避免了使用液态镓等难处理的物质。

8.1.2.2 分子束外延

分子束外延是一种超高真空（约10^{-8}Pa）外延工艺，通过将一束或多束热原子或热分子流与衬底表面发生反应来生长外延层，如生长硅、砷化镓和$Al_{1-x}Ga_xAs$合金半导体薄膜。

由分子束外延装置（图8.7）可知，生长硅时，可用电子束蒸发硅，一个或多个射束单元分别装填不同的掺杂物，并且杂质流与硅原子流的比例可调，因此，分子束外延可精确控制化学组成和掺杂浓度。固态材料可由加热校准蒸发单元引入，每个单元温度可调以控制蒸发速率，同时装有开关闸门，液态和气态材料可由加速单元或气体注射单元引入[8]。

分子束外延的生长速率非常慢，如砷化镓为1μm/h。气体分子运动时会互相碰撞，而只有最终与衬底碰撞的射束才会发生反应，所以系统需保持在超高真空状态（约10^{-8}Pa）。真空泵和冷却装置使系统保持低压并吸附零散的

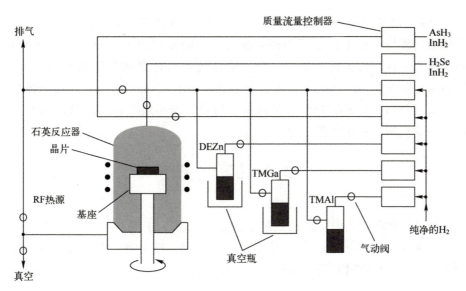

图 8.6　金属-有机物化学气相外延（MOCVD）的反应装置示意图

DEZn—$Zn(C_2H_5)_2$；TMGa—$Ga(CH_3)_3$；TMAl—$Al(CH_3)_3$[7]。

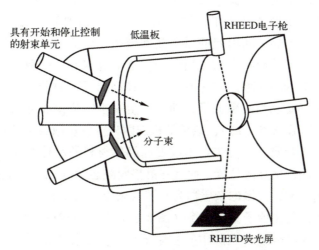

图 8.7　分子束外延系统的剖面示意图[8]

气体分子，避免外延层的污染。分子束外延系统基本只能实现单片加工，且只能以低速率生长一种外延层，因此，分子束外延工艺不适用于批量化规模生产。

与 CVD、MOCVD 相比，分子束外延的优势在于可使用更多种类的掺杂物，可精确控制掺杂浓度及分布，并且可以单层调整掺杂密度。分子束外延的掺杂过程与气相生长过程类似：掺杂原子的蒸气流到达合适的晶格位置，然后进入正在生长的外延层中。分子束外延具有低温和低生长速率的特点，衬底温度范围为 400~900℃，生长速率为 0.001~0.3μm/min，可用于制造特殊的掺杂分布、合金组分和新颖结构，如异质结场效应管和超晶格结构，这些是化学气相沉积无法获得的。

8.2 扩 散

MEMS 制造工艺中，扩散是最初的掺杂工艺，主要通过高温扩散形成预设的掺杂区。杂质分布由扩散温度和时间决定，硅衬底的扩散温度为 800~1200℃，而砷化镓衬底的扩散温度为 600~1000℃。

8.2.1 菲克定律

固体中的原子优先占据低能量位置。绝对零度以上，原子在晶格格点周围热振动。若某个原子获得了足够的能量，会迁移到能量更高的晶格格点。平衡状态下，原子热运动引起的原子波动会相互抵消。非平衡状态下的原子热运动使原子趋于平衡状态做重新分布，这个过程即为扩散。扩散机制主要有两种：空位扩散和间隙扩散（图 8.8）。在高温下主原子有一定概率获得能量脱离晶格格点而成为间隙原子，随之产生一个空位，邻近的杂质原子就可以占据该空位（图 8.8（1）），该扩散机制即为空位扩散或替位扩散，扩散的杂质称为替位式杂质。空位扩散不改变原晶体材料的晶体结构。杂质原子不占据主原子在晶格格点的位置，而是在晶格间隙运动（图 8.8（2）），该扩散机制即为间隙扩散，扩散的杂质称为间隙式杂质，杂质原子一般小于主原子。替位杂质还可以与主原子直接交换（图 8.8（3））。间隙扩散的另一种形式是推填扩散，自填隙原子（间隙中的主原子）取代替位式杂质，该杂质又被推至间隙（图 8.8（4）），然后该杂质再取代另一个主原子，产生新的自填隙原子（图 8.8（5）），以此往复。磷、硼、砷和锑在硅中扩散时同时存在这两种机制，磷和硼主要发生推填扩散，而砷和锑主要发生空位扩散。

为了简化杂质的扩散过程，我们忽略扩散物质的原子性，并将其视为连续介质。若系统中存在多种原子，只考虑其中一种，如硅中杂质的扩散过程中硅的再分布是次要的。引入浓度 C（原子数/m³）代表单位体积的原子数，

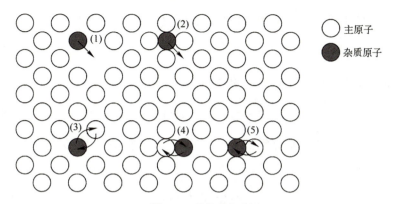

图 8.8 热扩散机制
(1) 空位扩散;(2) 间隙扩散;(3) 直接交换;(4)、(5) 推填扩散。

扩散流密度 F(原子数/($m^2 \cdot s$))代表单位时间通过单位面积的杂质原子数。扩散流密度与浓度梯度的关系为

$$F = -D \, \text{grad} \, C \tag{8-7}$$

式(8-7)称为菲克第一扩散定律[6]。负号代表扩散方向是高浓度向低浓度,D 为扩散系数。扩散系数是二阶张量,而由于立方晶体和金刚石晶体结构具有高度对称性,可以简化成单个标量。浓度梯度 $\text{grad} \, C$ 是扩散的驱动力,与扩散流密度 F 成正比,其与扩散系数 D 的乘积称为输送能力。

当硅掺杂多种杂质时,杂质 i 的扩散流密度 F_i 取决于各杂质的浓度梯度,式(8-7)变为

$$F_i = -D_i \, \text{grad} \, C_i - \sum_{i \neq j} T_{i,j} \cdot \text{grad} \, C_j \tag{8-8}$$

式中:$T_{i,j}$ 为传输系数,代表忽略其他杂质影响时,由杂质 j 的梯度引起的杂质 i 扩散流密度变化,其形式与扩散系数 D_i 相对应。但扩散系数恒为正,传输系数有正有负。

为了得到任意杂质在给定体积 V 中的变化量,需考虑体积边界 S 的通量以及体积内杂质的产生或损失,引出了一般连续性方程:

$$\frac{\partial}{\partial t} \int C \cdot dV = \int (G - R) \cdot dV - \oint (F \cdot \boldsymbol{n}) \, dS \tag{8-9}$$

式中:G 和 R 分别代表杂质的产生率和损失率;$F \cdot \boldsymbol{n}$ 代表垂直于给定体积外表面的通量。当体积足够小时,式(8-9)简化为

$$\frac{\partial C}{\partial t} = -\text{div} F + G - R \tag{8-10}$$

当半导体中没有杂质产生或损失时，式（8-10）简化为

$$\frac{\partial C}{\partial t} = -\mathrm{div} F \tag{8-11}$$

将式（8-7）和式（8-11）联立可得

$$\frac{\partial C}{\partial t} = \mathrm{div}(D \cdot \mathrm{grad}\, C) \tag{8-12}$$

式（8-12）称为菲克第二扩散定律[6]。若扩散系数 D 与位置无关，式（8-12）简化为

$$\frac{\partial C}{\partial t} = D \cdot \mathrm{div}(\mathrm{grad}\, C) \tag{8-13}$$

式（8-7）和式（8-8）是扩散和传输系数的纯现象定义。实际上，扩散和传输系数受到温度、杂质浓度、载流子浓度、晶体缺陷和压力等因素的影响。扩散系数与温度的关系服从阿伦尼乌斯方程（Arrhenius Equation）[9]，即

$$D = D_0 \cdot \exp\left(-\frac{E_A}{k \cdot T}\right) \tag{8-14}$$

式中：D_0 为温度升高至无穷大时的扩散系数（$m^2 \cdot s^{-1}$）；E_A 为扩散激活能（eV）。

表 8.1 列出了单晶和多晶硅中常用杂质的 D_0 与 E_A 值。扩散系数的大小取决于间隙原子的浓度、空位的浓度、晶界和其他缺陷[10]。由表 8.1 可知，多晶硅的扩散系数明显高于单晶硅，说明杂质在多晶硅薄膜中的扩散受晶体形态的影响非常大。例如，即使多晶硅中的扩散温度更低，砷在多晶硅中的扩散系数是其在单晶硅中的 1000 倍以上。因此，在实际工艺中，若扩散系数高而薄膜厚度小，短暂的退火就可以实现杂质在薄膜纵向的均匀分布[11]。

表 8.1 单晶硅（c-Si）和多晶硅（poly）中常用杂质的 D_0 和 E_A 值[10]

杂 质	D_0/(cm^2/s)	E_A/eV	温度 T/℃
B（c-Si）	2.64	3.6	900~1200
As（c-Si）	35.3	4.11	950~1150
P（c-Si）	3.62	3.61	950~1150
As（poly）	8.6×10^4	3.9	800

8.2.2 扩散分布

明确了扩散杂质的初始条件和边界条件，杂质分布随时间的变化可由式（8-12）或式（8-13）求解。初始条件代表扩散开始时晶体内部杂质的分

布，边界条件代表晶体表面及外界与时间无关的杂质参量。本节介绍两种扩散形式：恒定源扩散和有限源扩散。恒定源扩散即杂质原子由气相源输运至晶体表面并保持晶体表面的杂质浓度恒定。有限源扩散即沉积在晶体表面的定量杂质向晶体内扩散。

8.2.2.1 恒定源扩散

恒定源扩散的初始条件和边界条件为

$$\begin{cases} C(x,0) = 0 \\ C(0,t) = C_s \\ C(\infty,t) = 0 \end{cases} \quad (8-15)$$

初始条件是指晶体内杂质的初始浓度为 0；第一个边界条件是指晶体表面的杂质浓度恒为 C_s，与时间无关；第二个边界条件是指距离晶体表面极远处没有杂质原子。满足以上初始与边界条件式（8-13）的解为

$$C(x,t) = C_s \cdot \text{erfc}\left[\frac{x}{2\sqrt{Dt}}\right] \quad (8-16)$$

式中：erfc 为余误差函数；$\sqrt{Dt}$ 为扩散长度。

由式（8-16）可得晶体表面杂质浓度恒定时的扩散分布（图 8.9（a）和图 8.9（c））。图中 3 条曲线分别对应扩散时间依次增加时的杂质分布，其中扩散温度和扩散系数保持不变。由图 8.9 可知，扩散时间越长，杂质扩散得越深。

晶体表面单位面积的掺杂原子总数为

$$Q(t) = \int_0^\infty C(x,t)\,\mathrm{d}x \quad (8-17)$$

将式（8-16）代入式（8-17）可得

$$Q(t) = \frac{2}{\sqrt{\pi}}C_s\sqrt{Dt} \approx 1.13 C_s\sqrt{Dt} \quad (8-18)$$

扩散分布的梯度 $\frac{\partial C}{\partial x}$ 可以由式（8-16）微分得到

$$\left.\frac{\partial C}{\partial x}\right|_{x,t} = \frac{C_s}{\sqrt{\pi Dt}} \cdot \exp\left(-\frac{x^2}{4Dt}\right) \quad (8-19)$$

式（8-18）可由图 8.9（a）解释：$Q(t)$ 代表以线性坐标为纵轴的扩散分布曲线下的面积，近似等于高为 C_s、底为 $2\sqrt{Dt}$ 的三角形面积，即 $Q(t) \approx C_s\sqrt{Dt}$，此结果与式（8-18）所得结果相近。

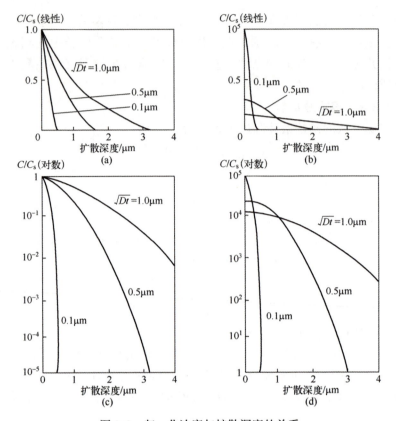

图 8.9 归一化浓度与扩散深度的关系

(a) 不同扩散时间下恒定源扩散分布与扩散深度的线性关系;(b) 不同扩散时间下有限源扩散分布与扩散深度的线性关系;(c) 不同扩散时间下恒定源扩散分布与扩散深度的对数关系;(d) 不同扩散时间下有限源扩散分布与扩散深度的对数关系[12]。(其中,(a)(b) 的纵坐标为线性坐标,(c)(d) 的纵坐标为对数坐标)

8.2.2.2 有限源扩散

有限源扩散的杂质源一般为旋涂杂质源或沉积的含杂质薄膜,杂质总量有限,随着杂质向晶体内部扩散,表面杂质浓度逐渐降低。其初始条件和边界条件为

$$\begin{cases} C(x,0) = 0 \\ \int_0^\infty C(x,t)\,\mathrm{d}x = S \\ C(\infty, t) = 0 \end{cases} \tag{8-20}$$

初始条件和第二个边界条件与恒定源扩散相同,第一个边界条件中的 S

为单位面积的杂质总量。满足以上条件的式（8-13）的解为

$$C(x,t) = \frac{S}{\sqrt{\pi Dt}} \cdot \exp\left(-\frac{x^2}{4Dt}\right) \quad (8-21)$$

式（8-21）为高斯分布，由此可得杂质总量恒定时的扩散分布（图8.9（b））。由于掺杂总量恒定，扩散时间越长，进入半导体内的杂质越多，表面杂质浓度必定降低。$x=0$时，由式（8-21）得到表面杂质浓度为

$$C(x,t) = \frac{S}{\sqrt{\pi Dt}} \quad (8-22)$$

由式（8-22）可知，随扩散时间的增加，表面杂质浓度减少，这与实验结果相符。对式（8-21）微分可得扩散分布的梯度为

$$\left.\frac{dC}{\partial x}\right|_{x,t} = -\frac{xS}{2\sqrt{\pi}(Dt)^{3/2}} = -\frac{x}{2Dt}C(x,t) \quad (8-23)$$

由式（8-23）可知，$x=0$ 和 $x=\infty$ 处浓度梯度为零，$x=2\sqrt{Dt}$ 处浓度梯度最大。

8.2.3 基本扩散工艺

根据杂质源的不同，扩散可以分为气相扩散、液相扩散和固态扩散。

8.2.3.1 气相扩散

气相扩散使用高温扩散炉，其装置结构如图8.10所示。左侧提供稳定的气流，以保持炉管内杂质浓度的恒定，确保杂质扩散为恒定源扩散，满足式（8-16）的应用条件。杂质原子由合适的气体载入高温扩散炉，如磷化氢（PH_3）、乙硼烷（B_2H_6）、三氯氧磷（$POCl_3$）、三氯化硼（BCl_3）等。利用氮气和氩气提供惰性气氛，避免杂质气体与其他气体发生反应，从而不影响衬底表面杂质浓度。杂质气体进入炉管后，与衬底材料发生反应。由于反应气体有毒，需配置燃烧室或洗涤器处理炉管流出的有毒气体，且需要隔离或封闭设备以防止有毒气体逸出，该工艺目前已很少使用[13]。

8.2.3.2 液相扩散

液相扩散的原理与气相扩散类似，掺杂方式是在衬底上沉积含杂质的薄膜，该薄膜一般为含硼或磷的玻璃材料。在液相扩散装置中（图8.11），液态杂质源伴随惰性气体进入炉管内，在炉管加热期间保持气体流速稳定。通入低压硅烷和掺有少量磷化氢或乙硼烷的氧气，在温度100℃、气压300mTorr条件下沉积薄膜。杂质气体常用氮气或硅烷稀释，以避免高纯度

有毒气体在高压下工作。液态杂质源有磷酸三甲酯（P(OCH$_3$)$_3$）和硼酸三甲酯（B(OCH$_3$)$_3$）等[14]。

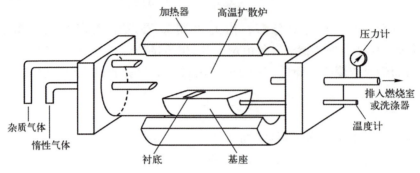

图 8.10　气相扩散装置示意图[13]

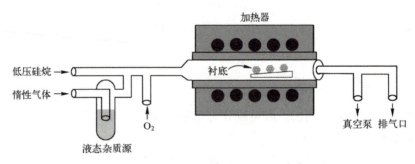

图 8.11　液相扩散装置示意图[14]

另一种液相扩散工艺为旋涂法，优点为不需要使用有毒气体。以旋涂法掺杂 SOI（Silicon On Insalator）硅片为例简要介绍旋涂法的工艺流程（图 8.12）。该方法使用旋涂掺杂剂（Spin-on Dopant，SOD）来掺杂 SOI 顶部硅层的特定区域，SOI 顶部硅层的厚度为 100nm，氧化埋层的厚度为 200nm。首先，将旋涂玻璃（Spin-on Glass，SOG）溶液旋涂到 SOI 晶圆上，并在 700℃快速热退火 4min 形成厚度为 300nm 的均匀薄膜。然后，刻蚀光刻图形化的光刻胶层，打开 SOG 中的源、漏极窗口。光刻胶剥离后，均匀旋涂含磷 SOD 并在 950℃下快速热退火 5s，使 SOD 中的磷通过 SOG 开口扩散到下面的硅层。最后，将晶圆快速冷却至室温，在 BOE（Buffered Oxide Enchant）溶液中浸没 90s 以去除 SOG 和 SOD，用去离子水彻底清洗以完成掺杂工艺[15]。

8.2.3.3　固态扩散

固态扩散与以上两种扩散工艺不同，其杂质源不涉及有毒物质。固态扩

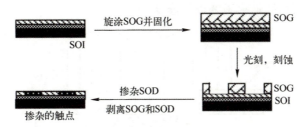

▼ 图 8.12　旋涂法掺杂 SOI 硅片特定区域的工艺流程[15]

散工艺中（图 8.13），炉管内保持常压、低氧的环境。固态杂质源片由富含硼或磷的玻璃或金刚砂制作，其性质稳定、不易燃烧且无毒，因此可重复使用。杂质源片和需要被掺杂的硅片呈三明治结构排列于扩散炉内的载片舟上。高温下从杂质源片逸出的杂质通过富含硼原子的气氛进入衬底。高温退火后，硅片表面留下一层硼硅酸盐或磷硅酸盐薄膜，可用氢氟酸去除[16]。

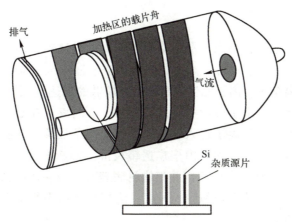

▼ 图 8.13　固态杂质源片与扩散炉结构示意图[16]

8.3　离子注入

离子注入是一种将杂质离子经由电场加速后注入衬底的掺杂工艺（图 8.14）。相比于扩散工艺，离子注入通过调节离子束电流和注入时间来控制杂质剂量，并通过改变离子能量来控制注入深度以实现预设杂质分布，因此其掺杂过程更精确且工作温度较低。高能离子与衬底粒子的碰撞会引起晶格受损，因此需后续退火工艺进行修复。

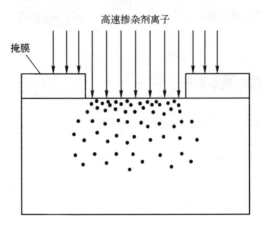

图8.14 离子注入示意图

8.3.1 离子注入机

离子注入机主要包括离子源、萃取器、质量过滤器、加速器、X-Y扫描系统和法拉第杯（图8.15）。离子源包含固态、液态或气态杂质源和蒸发离化杂质源的电离系统。离子源生成离子后，较低的加速电压可将其提取出来，并注入质量过滤器。由于质量和电荷的差异，不同离子在磁场作用下发生分离，只有特定荷质比的离子进入加速器，其他离子被筛网滤除。被选定的离子在加速器中被强电场加速，由聚焦透镜校准，加速至80～400keV的能量。利用X-Y扫描系统使离子束偏折并扫描衬底表面，或利用机械装置使衬底旋转和平移，以确保离子束均匀注入衬底。法拉第杯用来测量离子束电流的强度以控制掺杂剂量[17]。

几乎所有离子注入机都使用高压电源和磁铁。根据离子束电流强度，离子注入机可分为低束流0.1mA、中束流1.0mA、高束流10mA和极高束流100mA。离子能量小于10kV为低能注入，10～200kV为中等能量，200kV以上为高能注入。整个系统通常有3个真空泵，分别用于离子源、扫描系统和晶圆室。

8.3.1.1 离子源

离子源是离子注入机最重要的部分，寿命为几十小时到几百小时，需要频繁进行预防性维护。离子源通过受限放电产生离子，放电由待电离物质蒸气维持，电离方式与杂质源的气相形成有关。最常用的离子源是正离子源。

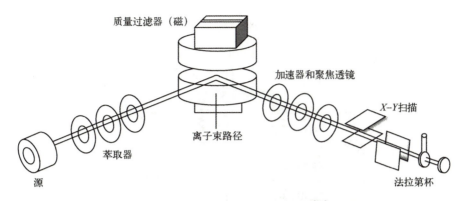

▼ 图 8.15　离子注入系统示意图[17]

在高能注入的串列加速器中，则需要负离子源。热灯丝或冷阴极可产生高能电子，冷阴极无须加热就能发射电子（如光致发射、场致发射、二次发射等），杂质蒸汽和高能电子的滞弹性碰可产生正离子。弗里曼离子源（Freeman Ion Source）是一种常用的离子源（图 8.16），其阴极由钨棒制成，通常加热到 2200℃ 以上，通过热离子效应发射通量为 $0.3\ \text{A/cm}^2$ 的电子[18]。这些电子在磁场中呈螺旋状运动，显著增加了电子在腔室中的轨迹长度，进而增加了电子与杂质蒸汽的碰撞概率。部分蒸汽被电离后，正离子和电子形成了气体等离子体，等离子体中的正负电荷数量相等，不存在空间电荷，可以被当作导体，其电导率取决于电荷密度。在离化过程中，需调节阴极和阳极与气体入口之间的电流，使得腔室中的电弧和气体的放电速率保持稳定，以便通过适当的引出电极（负电位）提取正离子。弗里曼离子源的阴极与磁场平行，且距离引出电极非常近，以便在最有利的位置发生气体放电。此离子源的电源在阴极和阳极之间施加电压为 50～100V，输送电流高达 20mA，并且可在 $10^{-4} \sim 10^{-2}$ Torr 将蒸汽引入电弧室放电。

弗里曼离子源经过改造可得到伯纳斯离子源（Bernas Ion Source）（图 8.17），提高了离子产率[19]。杂质源可以是气态、液态或固态杂质源，气态和液态杂质源通过压力调节器和微调泄漏阀控制流量。固态杂质源在 1000℃ 加热炉中蒸发至气态后被输送到电弧室，低于 1000℃ 时固态杂质源的蒸气压为 10^{-3} Torr。高能电子束的最佳工作压力取决于所需离子的种类和电荷量，如果需要高电荷量的离子（如 B^{2+}、P^{2+}、P^{3+}），必须保持足够低的压力，增加电子的平均自由程，以减少电子与蒸气间的电荷交换。启动电弧时需要 2000℃ 以上的温度以达到合适的工作气压，因此无法使用低蒸气压的单质固态源（如 B）。这

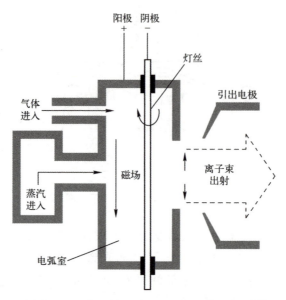

图 8.16　弗里曼电弧室和引出系统示意图[18]

种情况下，可以用该元素的化合物（如 BF_3）替代，但电弧室会电离出不同的杂质离子（如 B^+、BF^+、BF_2^+）。磷单质作为产生磷离子的原料时，会电离出相当多的 P^{2+} 或 P^{3+}，P^+ 约占离子总量的 70%。

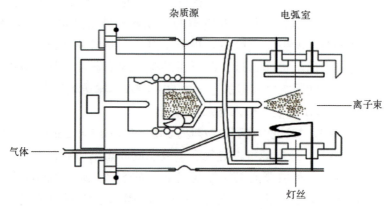

图 8.17　伯纳斯离子源示意图[19]

还有一些用途更广、电流更小的离子源，如潘宁离子源（Penning Ion Source）（图 8.18）。该离子源不通过热离子效应发射电子，而用冷阴极二次发射，即在电场和磁场共同作用下将初始电子打向阳极激发二次电子。所用电源需要提供 1~2kV 的电压来维持稳定的放电，以及 0.2T 的磁场以获得有效的电子准直，使得潘宁离子源在较低气压下也能发生放电。电子束围绕主轴呈螺旋状运动，最终从阳极轴向或从两阳极间的狭缝横向提取正离子。该源常用于中低电流（10μA 至几百微安）加速器[20]。

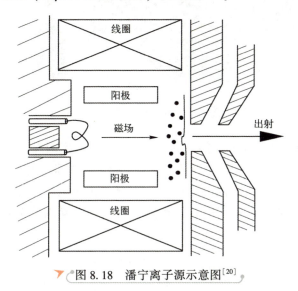

▶ 图 8.18　潘宁离子源示意图[20]

双等离子体离子源可利用中间电极和强磁透镜产生弯月状等离子体（图 8.19），具有高密度等离子（$10^{14}/cm^3$）。该离子源主要使用气态杂质源，产生的等离子体分为两部分：阴极和中间电极之间的低密度等离子体，以及中间电极和阳极之间的高密度等离子体。最终从阳极轴向提取正离子或负离子[21]。

8.3.1.2　高能注入器

串列加速器（Tandem Accelerator，TANAC）常用于高能离子注入（图 8.20）。串列加速器将负离子预加速到 20~100keV 后用磁分析器 a 分离，并注入加速区。加速区有两个接地的电极和中心区域的正电极。负离子首先由正电极加速到剥离管，在惰性气氛中剥离一些电子后变成正离子，然后由正电极再次加速至另一端。离子的最终能量为 $E = qV_0 + qV_T(1+n)$，V_0 是预加速电压，V_T 是加速区两端与中心电极的电压差，n 是剥离电子后的离子电荷量。负离子在剥离管中很容易获得 +1~+3C 的电荷量，若某种离子获得了较高的电荷量，在一定的加速电压下较小的靶束电流就能使其获得较高的能量。如铜离子可以获得

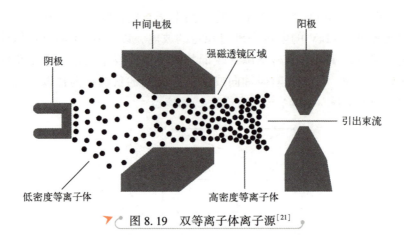

图 8.19 双等离子体离子源[21]

+10C 的电荷量,V_T 为 7mV 时 0.1μA 的电流就能使该铜离子获得 18.8MeV 的能量。加速后的离子束由磁四极透镜聚焦,被磁分析器 b 筛选后注入靶室[22]。表 8.2 列举了硅离子在不同的电荷状态下最终靶束电流与能量的关系,离子通量(单位时间内注入靶室的离子数量)可由电流除以单个离子的带电荷量得到。

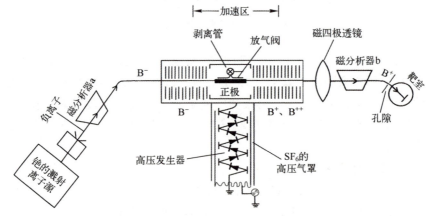

图 8.20 串列加速高能离子注入器装置示意图[22]

表 8.2 硅离子不同电荷态的靶束电流和能量[22]

Si 的电荷状态	电流/μA	能量/MeV
1	60	3.4
2	100	5.1

续表

Si 的电荷状态	电流/μA	能量/MeV
3	50	6.8
4	25	8.5
5	6	10.2
6	2	11.9

串列加速器有两个重要组件：高压发生器和离子源。高压发生器存在两种串列系统，分别为串列式静电加速器和串列加速器。在串列式静电加速器中，电极上的高压是由几条可充电的运动链提供的；在串列加速器中，离子的加速度是由固态沃尔顿-考克洛夫系统（Walton-Cockroft System）产生的，如串列离子注入机加速区的下方所示（图 8.20）。在这两种串列系统中，加速管所在的气罩都充有气压为 0.8MPa 的绝缘气体 SF_6。

串列加速器的离子源产生负离子的方式包括蒸气与电子的碰撞、中性原子或分子间的电荷交换、吸附或解吸附杂质蒸气时与杂质源表面的电荷交换[23]。产生负离子的过程一般是放热的，能量释放到系统。反之，形成正离子的过程是吸热的，能量由系统提供。基态原子得到电子转变为负离子所放出的能量称作电子亲和能，若电子亲和能为正值，则负离子的势能低于基态原子，可稳定存在。

离子束穿过易失去电子的 Ⅰ、Ⅱ 族元素蒸气时，大部分入射离子捕获电子转变为负离子。例如，He^- 离子的形成过程：使用双等离子体离子源产生高密度的 H^- 和 He^+ 离子，然后将 He^+ 离子注入充满锂蒸气的电荷交换区。化学反应方程式为[24]

$$He^+ + Li \rightarrow He^* + Li^+ \tag{8-24}$$

$$He^* + Li \rightarrow He^- + Li^+ \tag{8-25}$$

式中：He^* 是氦的激发态，该反应是电子亲和能为正值的元素形成相应负离子的重要过程。He^- 离子被预加速、串列加速并注入后，使用静电场读取 He^+ 离子的剩余量即可得到 He^- 离子的注入量。

图 8.21 是一种常用的中等束流离子源，通过溅射固体靶获得待电离物质[26]。除了惰性气体，该离子源可用于几乎所有元素溅射源的阴极，通常由带中心孔的铜柱制成，中心孔用来填充待溅射的靶材。为了增加负离子的产量，高能溅射离子常用 Cs^+。铯单质加热到 170℃ 产生铯蒸汽，然后引入到离子发生器，在 22A 的电流下加热到 1200℃ 时产生 Cs^+。Cs^+ 在 7kV 负电压作用

下向阴极加速并撞击阴极材料，溅射出负离子。负离子的提取电压为 20kV，预加速阶段的电压为 0~80kV。

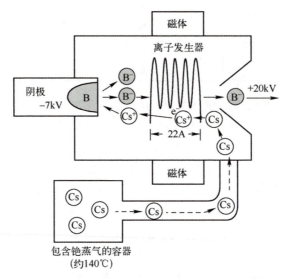

图 8.21　用于产生负离子的铯离子溅射源示意图[25]

为了得到最大产量的待掺杂负离子，需要合理选择阴极材料。能产生大量负离子的物质（如硅和金）可直接加入阴极中。若某些元素的负离子产量低，可用此元素的化合物替代。如氮元素的阴极材料可由石墨和氮化硼制成，产生大量 CN^- 离子，提取并串列加速后在剥离区分解，最终产生良好的 N^+ 靶束电流。

上述的溅射源可在短时间（5min）内从一个阴极切换到另一个阴极。然而，溅射源产生的负离子电流范围为 10~100μA，满足不了半导体制造所需的高电流。高电流需要使用大电流正电源，使正离子通过充有锂或镁蒸汽的电荷交换管转化为负离子，随后注入串列加速器，最终获得高达 1mA 的靶束电流[26]。

半导体制造业中对离子注入能量要求越来越高，涌现出许多新技术，其中一种为线性加速器（Linear Accelerator，LINAC）[27]。线性加速器由一系列空腔组成，在加速过程中，时变射频电磁场使空腔极化，随之产生的电分量加速带电粒子，如图 8.22 所示。将接地空腔与未接地空腔 C 交替放置，上万伏射频电压使空腔 C 极化，在空腔间隙产生加速电场，空腔内处处等电位。正离子从左端进入接地空腔，当其到达第一个间隙 G1 时，空腔 C 的电位正好是负值，加速正离子；当其到达第二个间隙 G2 时，空腔 C 的电位正好是正值，再次加速正离子。只需合理设置射频电压的频率和相位，正离子通过每个间隙时都会加速。当然，只有空腔极化为负电位时到达第一个间隙 G1 的正离子才能被加速，其他粒子都会丢失，因此被加速的离子通常只占注入离子总量的 30%。加速过程可分为 4 个步骤：①正离子穿过第一间隙时被负极化空腔吸引加速；②正离子在无场空腔中前进时，射频电压的相位随之变化；③正离子穿过第二间隙时被正极化空腔排斥加速；④在下一个腔体中重复此加速过程。

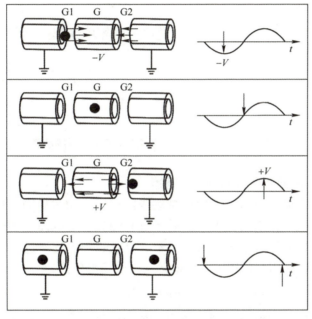

图 8.22　正离子在线性加速器中加速过程示意图[27]

加速度的大小取决于注入离子的种类。如果注入的离子是轻粒子（如硼），从 G1 穿过 C 到 G2 所需的时间很短，如果离子为重粒子（如铅），则需要较长时间。因此，射频电压的幅值和相位需根据所加速的离子进行调整。随着离子速度的增加，通过单个空腔的时间将缩短，为了使离子保持加速状态，空腔尺寸将逐渐增长，射频电压的变化频率也将提高。

图 8.23 展示了基于线性加速器的高能离子注入系统，包括正离子源、质量分析单元、质量分析狭缝、线性加速器、能量分析单元、能量分析狭缝和

靶室。线性加速过程中离子始终保持正电荷，且不存在电荷交换，而串列加速过程中存在电荷交换。两者相比，线性加速系统优势如下：线性加速器的靶室电流高于串列加速器，商用线性加速器的电流典型值为1mA；线性加速器需要处理的最大电压为80kV，但最终注入能量可达到2MeV[28]。

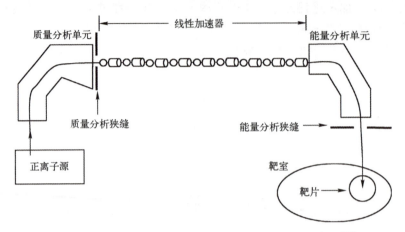

图8.23　基于线性加速器的高能离子注入系统示意图[28]

8.3.1.3　磁分析器仪和光束传输器

从离子源中提取的离子包含电弧室残留空气中的污染物、真空泵中的碳氢化合物、源气体、杂质源中的杂质等所有种类的带电原子和分子，磁分析器用于从这些带电物质中分离所需离子。提取的带电物质进入与其路径垂直的磁场，在洛伦兹力的作用下发生偏转。洛伦兹力公式为

$$F_i = q_i(v_i \times B) \tag{8-26}$$

式中：q_i为离子电荷量；v_i为离子速度；B为磁感应强度。均匀磁场中带电粒子的运动轨迹是半径为r_i的圆形，其离心力由洛伦兹力提供。离心力公式为

$$F_i = \frac{M_i v_i^2}{r_i} \tag{8-27}$$

联立式（8-26）和式（8-27）可得

$$r_i = \frac{M_i v_i}{q_i B} = \frac{(2E_i M_i)^{1/2}}{q_i B} \tag{8-28}$$

提取电压为V时，动能$E_i = \frac{1}{2} M_i v_i^2 = q_i V$，将其代入式（8-28）可得

$$r_i = \frac{1}{B}\left(\frac{2M_i V}{q_i}\right)^{1/2} \qquad (8-29)$$

$Br_i = (2M_i V/q_i)^{1/2}$ 称为粒子的磁性刚性公式。由式（8-29）可知，若给定提取电压 V 和磁感应强度 B，离子轨迹的曲率半径 r_i 与质荷比的平方根 $(M_i/q_i)^{1/2}$ 成正比。由此可以看出，质荷比较小的离子运动轨迹半径也较小，要求使用紧凑型磁分析器。磁分析器筛选出的离子种类可以通过分析离子束流的光谱得到。

离子束路径上的电场和磁场不仅用于加速和偏转离子，还用于聚焦离子束，所用的设备就是光束传输器。从离子源中提取的离子具有随机的方向和数量，单个离子在加速方向上存在随机的速度分量，因此，离子束的角展度和能量展度可达几度和几十电子伏。同种离子的相互排斥使最初平行的离子束变得发散，所以从源中提取的离子包络是自然发散的。光束传输器中的聚焦元件沿着射束传输系统排布，约束离子束并将其低损耗地传输至靶室。约束离子束的电场和磁场可设定，也可追踪离子轨迹。

8.3.2 注入离子的分布

注入离子与衬底中的原子核和电子之前存在互作用力，逐渐损失能量直至停止运动。第一种作用力是离子和原子核的碰撞，第二种作用力是离子与电子的相互作用，可视为离子将电子激发至更高能级或使电子离化。注入离子的能量通常有几十到几百千电子伏，影响低质量离子的分布主要是电子阻滞（如硼）；影响高质量离子的分布主要是原子核阻滞（如砷）；对于中等质量离子，能量较低时以原子核阻滞为主，能量较高时以电子阻滞（如磷）为主。

离子在衬底中经历的总路径称为射程 R，射程在入射方向的投影称为投影射程 R_p（图 8.24）。由于离子与原子核和电子的碰撞，其在衬底中的运动轨迹不是直线。射程 R 由路径上的能量损失率决定：

$$R = \int_{E_0}^{0} \frac{1}{\mathrm{d}E/\mathrm{d}x}\mathrm{d}E \qquad (8-30)$$

式中：E_0 为离子的入射能量；$\mathrm{d}E/\mathrm{d}x$ 为负值，代表能量随距离增加而减少。

为了更准确地描述离子的分布，在三维空间定义了一系列参数（图 8.25）。假定离子入射方向与衬底表面法线夹角为 α，在点 $(0, 0, 0)$ 进入衬底，在点 (x_s, y_s, z_s) 停止运动。穿透深度 x_s 为离子停止点与表面的垂直距离。入射方向与表面法线不平行时，穿透深度 x_s 不等于投影射程 R_p；当 α 为 0 时，

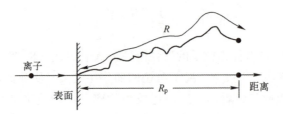

▼ 图 8.24　单个离子垂直入射衬底表面的二维路径示意图

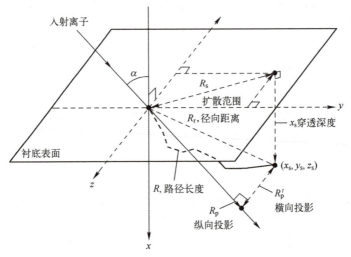

图 8.25　离子注入衬底过程中射程、投影射程、穿透深度、
▼ 　　　　径向距离、扩散范围、横向投影的定义[29]

穿透深度 x_s 等于投影射程 R_p。径向距离 R_r 为离子入射点（0,0,0）到停止点（x_s，y_s，z_s）的距离。扩散范围 R_s 为离子入射点到停止点在衬底表面投影点的距离。横向投影 R_p^t 为射程 R 在垂直于入射方向的投影[29]，这些参数的数学描述如下。

径向距离：

$$R_r = (x_s^2 + y_s^2 + z_s^2)^{1/2} \qquad (8-31)$$

扩散范围：

$$R_s = (y_s^2 + z_s^2)^{1/2} \qquad (8-32)$$

横向投影：

$$R_p^t = [(x_s \sin\alpha - y_s \cos\alpha)^2 + z_s^2]^{1/2} \qquad (8-33)$$

纵向投影：

$$R_p = [(R_r)^2 - (R_p^t)^2]^{1/2} \tag{8-34}$$

离子在衬底中的碰撞过程是随机的，碰撞次数、偏转方向、能量损失和路径长度各不相同。因此，以相同能量和角度入射到同一衬底的同种离子最终停留的位置也不同。但是，足够多的离子数量就可以得到离子射程的统计分布，且近似于高斯分布（图8.26）。

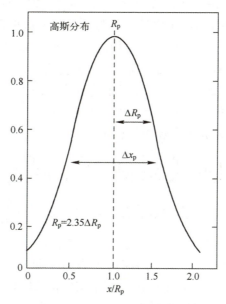

图8.26 注入离子的深度分布[29]

杂质离子沿入射方向的深度分布 $N(x)$ 可由高斯分布函数近似表示：

$$N(x) = \frac{\varphi_i}{\Delta R_p (2\pi)^{1/2}} \cdot \exp\left[-\frac{1}{2}\left(\frac{x - R_p}{\Delta R_p}\right)^2\right] \tag{8-35}$$

式中：φ_i 为单位面积注入离子的剂量；投影射程 R_p 代表分布的平均深度；投影射程离散程度 ΔR_p 代表分布的标准差。单位面积注入离子的总数量 φ_i 与深度分布 $N(x)$ 的关系为

$$\varphi_i = \int_{-\infty}^{+\infty} N(x) \, dx \tag{8-36}$$

在式（8-35）中，令 $x = R_p$，可得离子注入的峰值密度为

$$N(R_p) \equiv N_p = \frac{\varphi_i}{\Delta R_p (2\pi)^{1/2}} \cong \frac{0.4\varphi_i}{\Delta R_p} \quad (8-37)$$

例如，向硅衬底注入能量为 100keV 的硼离子，其中 $R_p = 318\text{nm}$，$\Delta R_p = 89\text{nm}$，对于 $\varphi_i = 1 \times 10^{15} \text{cm}^{-2}$ 的注入剂量，硼离子的峰值密度 $N_p = \frac{0.4 \times 10^{15}}{89 \times 10^{-7}} = 1.82 \times 10^{21} \text{cm}^{-3}$。

高斯分布中杂质浓度的峰值位置（$x = R_p$）和峰的离散程度（标准差 ΔR_p），由衬底原子和注入离子中的电子与原子核的散射截面决定。有两种获得总射程 R 的方法：一是模拟法，使用软件（如 SRIM[30]）精确计算杂质分布，软件中存有许多离子的截面数据；二是分析法（即 LSS 理论），此法计算出的射程 R 误差约为 20%，虽然远不如模拟法精确，但在大量数据处理时，这种误差是可以接受的。LSS 理论的计算过程如下。

首先计算出离子停止前所经历的总射程

$$R = \int_0^R \mathrm{d}x = \int_{E_0}^0 \frac{1}{\mathrm{d}E/\mathrm{d}x} \mathrm{d}E = \int_0^{E_0} \frac{\mathrm{d}E}{S_n(E) + S_e(E)} \quad (8-38)$$

式中：$S_n(E) = \left(\frac{\mathrm{d}E}{\mathrm{d}x}\right)_n$ 为原子核阻滞能力，$S_e(E) = \left(\frac{\mathrm{d}E}{\mathrm{d}x}\right)_e$ 为电子阻滞能力，衬底原子和注入离子对应的 $\mathrm{d}E/\mathrm{d}x$ 可查表得知。原子核阻滞过程可视为离子和原子核之间的弹性碰撞，电子阻滞可视为离子和电子云之间的库仑作用。若离子的注入能量为 E_0、质量为 M_1，原子核的初始能量为 0、质量为 M_2，则投影射程 R_p 和投影射程偏差 ΔR_p 可由以下公式近似得到：

$$R_p \approx \frac{R}{1 + \frac{M_2}{3M_1}} \quad (8-39)$$

$$\Delta R_p = \frac{2\sqrt{M_1 M_2}}{3(M_1 + M_2)} R_p \quad (8-40)$$

8.3.3 注入损伤与非晶层

在晶体中，入射离子与电子云的相互作用对晶格损伤较小，而入射离子与原子核的碰撞足以使原子偏离晶格位置，引起注入损伤。注入能量足够高时，还可能引起邻近原子的二次碰撞。注入剂量大于 $1 \times 10^{15} \text{cm}^{-2}$ 时，注入区偏离晶格位置的原子密度甚至会超过衬底本身的原子密度，进而形成非晶层。

每个偏离晶格位置的原子都可能产生受主、施主和缺陷。注入离子通常停止于各种间隙，而不位于替位位置，间隙位置不利于激活杂质离子。所以，必须通过热处理工艺（退火）修复碰撞产生的晶格损伤，激活注入的杂质，以恢复晶体材料的迁移率及其他物理特性。

相对于损伤程度较小的单晶层，非晶层更容易再结晶和激活杂质。退火时，非晶层从无损伤的单晶层开始重新结晶，类似于固相外延工艺。有时故意向衬底中注入大量非掺杂材料以形成非晶层[31]，在非晶/晶体界面形成的位错可以阻止间隙原子穿越界面（图8.27）。此外，在非晶层的固相外延再生长过程中，再生长区域中的掺杂杂质无明显重新分布，但非晶化注入形成的低损伤单晶区能够大大增强掺杂杂质的扩散。例如，向硅衬底注入大量硅离子形成非晶层，利用表面杂乱的非晶层封住杂质扩散的沟道，使得浅结注入的杂质在退火过程中不再产生多余的分布。

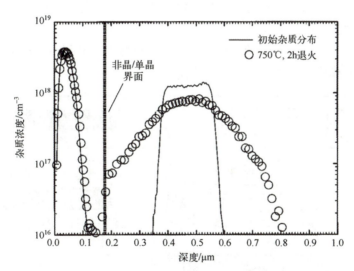

图8.27 非晶层与单晶层在退火时对掺杂杂质扩散的影响，界面的左侧为非晶层，右侧为单晶层[31]

8.3.4 案例一：SOI 硅片

离子注入工艺不仅用于掺杂杂质，还可以生产 SOI 硅片（Silicon-on-Insulator），这种结构极大地减小了寄生电容，可用于制造 MEMS 开关以及速度更快、功耗更低的集成电路。

常用于制造 SOI 硅片的两种工艺都利用了离子注入工艺对硅衬底进行大剂量的离子注入，形成的杂质分布类似于高斯分布。第一种工艺称为注氧隔离（Separation by IMplantation of OXygen，SIMOX）[32]：将大剂量氧离子注入单晶硅片，高温退火后修复晶体损伤，形成绝缘的二氧化硅埋层，得到与硅衬底绝缘的单晶硅薄层。基于 SIMOX 结构的器件性能与氧化埋层的质量、Si-SiO_2 界面的粗糙度密切相关，所以需严格控制注入能量、注氧剂量、退火温度和退火时间。

第二种工艺称为智能剥离（Smart Cut）（图 8.28），包括 4 个主要步骤：

（1）向表面有热生长 SiO_2 层的 A 晶圆中注入氢离子。

（2）将 A、B 两晶圆键合，B 晶圆在 SOI 结构中对氧化埋层起支撑和加固作用。

（3）对晶圆进行两相热处理。第一阶段处理温度为 400~600℃，产生氢气泡并将 A 晶圆分裂形成 SOI 结构。第二阶段处理温度为 1100℃，去除键合界面中的硅醇基团。

（4）对分裂形成粗糙的 SOI 结构表面进行抛光。分裂后剥离的 A 晶圆可以回收，并作为下一对晶圆的 B 片[33]。

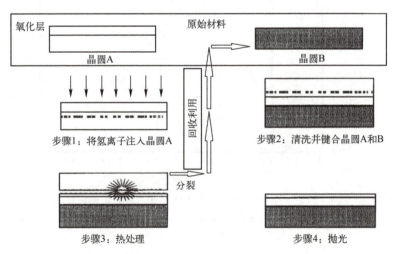

图 8.28　智能剥离工艺示意图[33]

智能剥离具有如下优点：顶部硅层厚度均匀；剥离出的体硅晶圆保持了良好的晶体质量，便于重复利用；热生长的氧化埋层厚度可以简单并精准调节。该工艺中起泡现象起重要作用，使该工艺成为从体衬底分离大尺寸薄单晶层的通用工艺。因此，该工艺不仅可以用于生产 SOI 晶圆，还可以在硅或玻璃上制作其他半导体薄膜（如 SiC、GaAs、Ge）。

8.3.5　案例二：$TiSi_2/Si$ 欧姆接触

为了使集成电路中所用材料具备更低的电阻率、更高的热稳定性和更低的电迁移率，引入了 Ti、W、Mo 等一系列难熔金属及其硅化物，沉积在栅极、源极、漏极上以降低器件的串联电阻和接触孔的接触电阻。$TiSi_2$ 是电阻率最低的难熔金属硅化物，具有较高的热稳定性，非常适合作为器件和引线之间的接触材料。下面介绍一种制造 $TiSi_2/Si$ 欧姆接触的工艺：首先，利用离子注入将 Ti 和 Si 混合；然后，进行快速热处理；最终，形成浅结并得到 $TiSi_2/Si$ 欧姆接触[34]。

首先，对 Si 衬底进行离子注入，步骤如下：

（1）清洗 Si 衬底，并在 10%的氢氟酸中浸泡 10s 以除去自然氧化层。

（2）利用电子束蒸发在体电阻率为 $6\sim8\Omega\cdot cm$ 的 Si 衬底表面沉积约 40nm 厚的 Ti 膜。

（3）将剂量为 $5\times10^{15}cm^{-2}$、能量不同的 As 离子注入衬底并穿过 Ti 膜。

As 离子注入使 Ti/Si 界面发生了混合，生成了部分硅化物。为了完全形成 $TiSi_2/Si$ 欧姆接触并激活杂质，需要退火工艺修复注入损伤。

相比于传统退火工艺，快速热处理最大的优点为高温持续时间短、温控更精准、最大限度地减少杂质的再分布，详见 8.5 节。为了保护衬底中已加工的器件，$TiSi_2/Si$ 的退火方式采用快速热处理工艺，通常需要不同温度的两次快速热处理。第一次热处理前要先在 Ti 膜上沉积一层 TiN 膜，以防止退火过程中 Ti 的流动，然后在 450~650℃下形成高阻态 $TiSi_2$。第二次热处理前要先刻蚀掉 TiN 膜和未反应的 Ti 膜，在 750~950℃下将高阻态 $TiSi_2$ 转化为低阻态 $TiSi_2$，最终获得所需的 $TiSi_2/Si$ 欧姆接触。只进行一次高温快速热处理会直接生成低阻态 $TiSi_2$，导致 $TiSi_2$ 过度生长且在栅源区以外的部分无法被完全清除，最终造成电路短路。

Jipelec 公司的台式快速热退火设备如图 8.29 所示。典型的快速热退火炉包含真空腔室、加热室、进气系统、真空系统、温控系统、气冷系统、水冷系统等部件。其中，真空腔室是快速热处理的工作空间，真空系统用来保证腔室的真空度，防止气体倒灌造成污染。

图 8.29　Jipelec 公司的快速热退火炉 RTP[35]

8.4　等离子体掺杂

8.4.1　等离子体掺杂工艺

离子注入工艺的优势是可以精确控制掺杂剂量和注入深度，从而得到所需的杂质分布，但也存在缺点。一方面，产生和传输离子束的方式限制了注入角度，导致无法注入深槽的边墙区域，致使器件形貌起伏所形成的阴影区和非阴影区的掺杂浓度不均；另一方面，传统的注入工艺难以同时实现低能量和大束流，无法形成深亚微米集成电路所需的浅结注入。

等离子体掺杂又称等离子体浸没离子注入（Plasma Immersion Ion Implantation，PIII）[36]，结合了离子注入工艺和低温等离子体技术，有效改善了传统离子注入工艺的缺点。等离子体掺杂系统主要由真空腔室、工作台、等离子体源和高压脉冲调制器组成（图 8.30）。在掺杂过程中，衬底被等离子体浸没，高压脉冲调制器向衬底施加脉冲电压使其处于高负电位。等离子体中的正离子向衬底加速，轰击并注入衬底。

等离子体产生方式较多，如热灯丝、射频、电子回旋共振、磁控管、电压偏置产生的辉光放电等。通常情况下，采用电压偏置产生辉光放电的方式

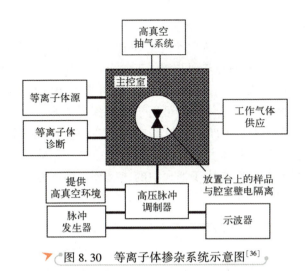

图 8.30 等离子体掺杂系统示意图[36]

产生等离子体，施加在衬底上的最小偏置电压没有限制，但最大偏置电压受脉冲调制器和工艺限制，偏置电压过大会产生电弧。等离子体掺杂的偏压范围通常为 1~100kV，低于 1kV 的偏压常用于清洁衬底和沉积。

使用脉冲电压有以下两个原因。第一，避免衬底起弧。产生电弧首先需要形成放电通道，然后增加通道中带电粒子密度，这个过程需要一定的时间。若等离子体密度足够高，为了避免起弧，就要使每个脉冲电压的持续时间短于起弧所需的时间。第二，为恢复等离子体鞘层提供充足的时间，使得"新鲜"离子可以在下一次脉冲到来之前重新填充坍塌的鞘层。

等离子体掺杂首先被用于大面积注入氮离子。氮的等离子体掺杂系统与常用于金属表面硬化的等离子渗氮系统大致相同，不同点在于掺杂器件上的电压和功率。等离子渗氮系统所用电源的电压较低但电流非常大，器件表面可获得较大的平均功率，并把表面加热至 500℃ 以上，使得氮离子的扩散深度达几个毫米。等离子体掺杂系统所用电源的电压非常高，器件表面可获得较大的峰值电流，但脉冲电压的时间间隔限制了平均电流，从而限制了器件表面的平均功率。因此，在等离子体掺杂中，衬底的温升相对较小，热扩散作用也就很小。由脉冲电压加速注入的氮离子在衬底某一深度积聚，最终形成氮化物等新相，这类新相有利于提升器件表面的耐磨性和耐腐蚀性。

8.4.2 等离子体掺杂的应用

等离子体掺杂有注入效率高、生产时间短、设备简单、成本较低等优点，适用于大面积加工，因此，在许多半导体工艺上可替代传统离子注入。然而，由于等离子体掺杂设备缺少离子质量筛选系统，导致所有种类的正离子都会发生不同程度的注入，所以必须为每个工艺单独选择等离子体源和电离条件。为了减少污染，反应腔室材料也需要与待加工的半导体材料兼容（如石英或铝）。

多种等离子体掺杂应用的剂量与能量对应范围由"相空间"所示（图8.31）。低能区的等离子体掺杂可用于加工深亚微米、大直径硅片，制作平板显示器的薄膜晶体管（TFT）。这些应用所需的掺杂剂量较高，且注入离子的能量、带电荷量并不单一，但这些因素对最终结果影响不大。例如，亚100nm p+/n 结的最终结深取决于退火中的热循环，而不是取决于注入后形成的杂质分布[37]。

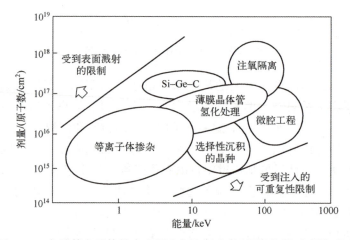

图8.31 各种等离子体掺杂应用在相空间中的剂量-能量对应关系图[38]

等离子体掺杂用于多晶硅或硅化物的预沉积和薄膜晶体管的氢化处理时，只要等离子体源和反应腔室的材料合适，也无须考虑高剂量等离子体中的非掺杂杂质，如注氧隔离、Si-Ge-C 合金化、微腔工程。需注意的是，在低能区，衬底的注入剂量受表面溅射的限制。在高能区，单位时间的注入剂量可能非常大，样品的横向均匀性和注入的可重复性受到限制。

8.5 杂质激活

离子注入引入的大部分杂质，并不位于替位位置或间隙位置。因此，不能为晶体提供电子和空穴，反而可能成为缺陷形成散射中心，造成载流子迁移率和寿命的降低。为了修复晶格损伤、激活注入的离子，需要对注入后的半导体材料退火。退火是通过热处理改变晶体的微结构,主要有 3 种工艺:传统热退火、快速热处理(Rapid Thermal Processing,RTP)和低温退火。

8.5.1 传统热退火

热退火是最传统的退火工艺,在惰性气氛保护下,将离子注入后的硅片高温加热足够时长,硅原子和杂质原子通过热运动回到晶格格点,从而修复晶格损伤并激活杂质原子。在传统热退火中,高温消除注入损伤所需时间较长,温度和时间取决于晶体的损伤程度,这和杂质种类、注入剂量、注入能量都密切相关。

注入剂量界于 $1\times10^{13} \sim 1\times10^{15} cm^{-2}$ 时,晶体损伤程度较大,但仍保持基本的晶体结构。离开晶格格点的硅原子可能发生聚集从而形成大缺陷,拆散这种缺陷并恢复原本的晶格非常困难,所以实现杂质激活所需的退火温度高达 1050℃ 以上。注入剂量高于 $1\times10^{15} cm^{-2}$ 时,注入区域已完全变成非晶层,退火温度却要降低至 600℃。因为这种情况下的退火过程是非晶层的再结晶过程,非晶层以低损伤的单晶层为籽晶并按照其晶向固相外延,杂质原子伴随硅原子进入晶格格点,所以可以在较低的温度下激活杂质。

传统热退火的缺点为高温持续时间长,在单晶区域会引起严重的杂质扩散,难以形成浅结和窄杂质分布。此外,传统热退火要求材料具备持续承受高温的能力,限制了 MEMS 器件材料的通用性。

8.5.2 快速热处理

相比于传统热退火,快速热处理工艺能在激活杂质的同时,尽可能减少杂质的再分布。快速热处理的关键优势是施加在衬底的高温时长很短,仅持续几分或几秒,在制作超浅结工艺中可达毫秒级。短促的高温处理使原子的移动距离仅为几个晶格常数,既实现了激活杂质又不引起明显的杂质扩散。

快速热退火(Rapid Thermal Annealing,RTA)的加热源通常为高功率光学灯(如卤素灯)。加热和冷却速度越快,晶圆内横向和径向温度梯度越大,晶圆内部和边缘应力就越大[39]。加热时,晶格快速将入射光子能量转化为热能;冷却时,炉壁温度比晶圆低得多,使得快速热退火周期足够短。衬底温度一般采用非接触光学高温计测量,从而精确控制光学灯的照射强度。

闪光灯退火(Flash Lamp Annealing,FLA)是一种制作超浅结的退火方法[40],加热源为氙气闪光灯,加热方式为多脉冲加热,每个脉冲持续约 20ms,脉冲间隔时间约为 5min。与快速热退火相比,在相同的注入剂量和加热温度下，闪光灯退火能够以更短的加热时间激活杂质，从而进一步减少杂质的热扩散，实现突变和尖锐的掺杂杂质分布。

类似于传统热退火，快速热处理系统也有气体注入装置，允许在退火期间进行表面氧化或渗氨、氮处理，从而改善电介质层的性能。在设计快速热处理系统时，不仅需要获得短的峰值温度持续时间，还要平衡工艺均匀性、温度再现性、晶圆应力、产率等多个方面，并且需要考虑晶圆背面是否有各种类型的薄膜，衬底材料的红外辐射特性是否允许变化等因素。

8.5.3 激光退火

热预算是激活杂质所需的热能，一般通过降低温度或缩短加热时间来减小热预算。某些工艺需要采用比快速热处理更小的热预算。例如，某晶圆正面已制作了器件结构，对其背面进行离子注入并激活时，其所能承受的温度一般要求低于400℃（CMOS 器件的敏感温度）。再如，非晶薄膜沉积在低温玻璃或聚合物衬底上，要求激活该薄膜中的杂质。针对以上工艺，激光退火更加适用，因其在退火过程中使衬底保持了低温状态。

激光退火的基本原理如下：高强度激光脉冲照射晶圆的目标区域，将所照射材料在几纳秒内加热至熔点以上，当材料近表面区域熔化时，熔体对激光的反射率比固体增加了近两倍，吸收系数也迅速增加，限制了激光在熔体的穿透深度[41]，并且激光脉冲作用时间很短，表层熔融态仅持续 100 ns 左右，因此表层的瞬时熔化对整个衬底不产生明显影响，在晶体固化过程中杂质也被完全激活。激光退火系统通常利用光栅将激光脉冲扫描主目标区域，优点是可容忍掺杂层与衬底的热膨胀系数失配，但产能较低。激光退火不仅可用于修复晶体损伤和激活杂质，还能用于样品表面薄掺杂剂膜的激光诱导扩散、单晶衬底上非晶膜的再结晶以及去除掺杂剂高温扩散之后的残留物质。

8.6 掺杂质量的测量

对于掺杂后的器件，需要测量表面污染程度、掺杂层的杂质浓度、结深以及杂质激活程度等工艺参数。有些参数可使用非破坏性方法测量，而大部分参数的测量需用破坏性方法。掺杂后电阻率的测量方法有四探针法和扩展电阻法。结深的测量方法有结染色法和二次离子质谱分析（Secondary Ion Mass Spectroscopy，SIMS）。

8.6.1 四探针技术

四探针法是半导体行业中一种重要的测试技术,可以提供电阻、电容等电学特性信息。在掺杂工艺中,四探针法常用于分析掺杂薄层。

四探针法主要通过在薄层的 4 个端点上放置探针,测量薄层内部的不同区域(图 8.32)。在器件测试时,4 个探针常被命名为源探针、汇探针、栅极探针和基极探针。这些探针通常由碳化钨或其他硬质导电材料制成,以延长使用寿命。其中,外侧的两个探针(源探针和汇探针)用于测量电流,内侧的两个探针(栅极探针和基极探针)用于测量电压。然后可计算方块电阻 R_s(单位为 $\Omega/\square$)①。

$$R_s = \frac{V}{I} \times \text{C.F.} \tag{8-41}$$

式中:C.F. 是修正因子,由被测结构的几何尺寸决定[43]。

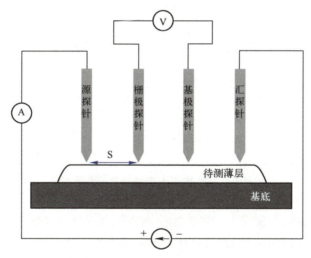

▼ 图 8.32 四探针法测量示意图[42]

分析待测样品时,假设样品掺杂层厚度一致,并通过其他方法获得掺杂层厚度 θ,则可通过体电阻率计算公式得到样品的电阻率(单位为 $\Omega \cdot \text{cm}$),即

$$\rho = R_s \times \theta \tag{8-42}$$

由式(8-42)可知,待测薄层的电阻值和掺杂层厚度有关,在已知厚度

---

① $\square$ 表示方块,$\Omega/\square$ 表示在方块"$\square$"范围内的电阻。

基础上就可以通过四探针法实时验证掺杂工艺是否出现问题。

8.6.2 扩展电阻技术

扩展电阻法是一种破坏性的电阻率测量方法，可同时提取出掺杂层厚度与电阻率，比四探针法能得到更多信息[44]。扩展电阻 R_{SR}（Spreading Resistance）是导电金属探针与硅片上一个参考点之间的电势差与流过探针的电流之比。其测量过程可分为两步（图8.33）：①对掺杂后的器件进行切磨，在边缘形成一个斜角，斜角的角度由掺杂层厚度以及需要在斜边测量的步数决定；②两个金属探针保持较小间距沿斜面递进测量，有效测量深度等于横向测量距离乘以斜角 θ 的正切值。

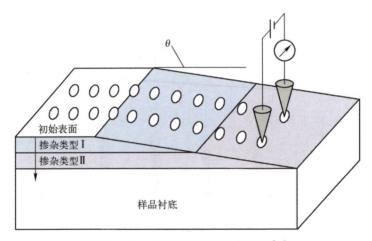

图8.33 扩展电阻法测量示意图[44]

探针非常尖锐，仅需在针尖施加很小的压力就足以改变作用处的硅材料，高压产生的 β-tin 结构硅同素异性体具有金属特性，使探针与斜面形成类似欧姆接触。在大约几毫伏偏置电压下，测量斜面各个测试点的电流，可以绘制出扩展电阻与有效深度的关系，并由下式得到相应的电阻率 ρ，即

$$R_{SR} = \frac{\rho}{2a} \tag{8-43}$$

式中：a 是探针针尖的半径。利用大量采样数据对探针接触点附近的电阻率进行修正，进而通过局部电阻率和迁移率得到载流子浓度。在实践中，未经校准的局部电阻率难以得到准确的载流子浓度，也无法得到准确的杂质浓度。

利用塞贝克效应（Seebeck Effect），可以判断半导体的类型。对其中一个探针加热，两个探针之间会产生一个微小电压差，电压的极性由半导体类型决定。对于 n 型材料，热探针为正极；对于 p 型材料，热探针为负极。

注入和扩散时，利用硅片陪片监控这些工艺是否正常完成。在每一次正式器件掺杂完成后，都会对陪片进行切片和磨角，分析掺杂层的电阻率和杂质分布。

8.6.3 结染色技术

结染色技术是一种半导体制造工艺中常用的检测和分析技术，用于识别半导体结构中的掺杂情况。该技术将研磨抛光好的样品浸入染色液，以 pn 结为例，由于 pn 结的 p 区和 n 区存在化学电势差，掺杂浓度越高，两个区域的化学电势差越大，与染色剂的反应速率的差异就越大，染色效果越明显。根据显现出的 pn 结界限，评估结的周围状态，得到结的掺杂分布情况[45]。由于不同芯片的衬底及掺杂杂质的类型和浓度不同，染色时间无法统一。因此，为了得到最好的染色效果，可以使用多个样品进行不同时间的染色处理，通过对比得出更准确的结深和掺杂分布。染色过程中增加光照可以注入空穴（失去电子），促进掺杂区表面硅的氧化反应，使光在掺杂区氧化层中的干涉和非掺杂区产生了视觉颜色差异，增强染色效果。

结染色技术的主要缺点在于只能定性评估结的周围状态，并不能得到准确的结深和掺杂浓度。该技术常与显微镜、扫描电子显微镜（SEM）或透射电子显微镜（TEM）等仪器相配合进行检测和分析。显微镜可以直接观察染色区域，根据染色区域的颜色变化得到掺杂层信息，SEM 和 TEM 则可以通过图像显示出待测样品结构中的缺陷。用于硅材料的染色剂含有氢氟酸和/或硝酸，导致配制染色剂的过程存在安全隐患，所以通常采用预配好的染色剂产品，如英国 Epak Electronics 公司的 Safe-T-Stain[46]。

8.6.4 二次离子质谱分析技术

二次离子质谱分析（Secondary Ion Mass Spectrometry，SIMS）是一种常用于半导体材料物理分析的技术，通过向待测样品表面发射高速离子来得到样品材料中的元素信息，分析样品中的杂质分布（图 8.34）。二次离子质谱分析系统的工作原理如下：真空环境下用高能离子源（如氩、氙、氧、铯等）向样品表面发射高速离子；扫描板对离子源发出的连续离子束施加脉冲电压，使离子束发生偏转并打在挡板上，脉冲持续时间长，通过挡板的离子少，离子束的聚焦程度就高（几百纳米）；脉冲持续时间短，通过挡板的离子多，离子束的聚焦程度就低（几微米）；通过挡板的离子经过聚焦和扫描系统后穿过样品表面，在其内部产生新的离子，称为二次离子；电子中和枪用于中和样品表面积聚的电荷；收集器收集溅射出的二次离子；同一时间出射的二次离子具有不同的初始速度和动能，离子镜根据二次离子的动能使其穿透到不同深度，动能越大的离子穿透越远；随后使离子向质谱仪偏转，最终使同一时间出射但具有不同速度和动能的离子同时到达检测器（质谱仪），这些二次离子的质量与元素的质量数相对应；最后，通过质谱仪分析二次离子的质量及其质量数，包括单粒子质谱、多重激发质谱等。根据质谱仪的分析结果就可以确定待测样品中各元素的种类和含量[47]。

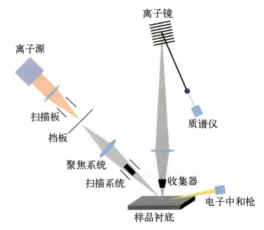

▼ 图 8.34　二次离子质谱分析系统示意图[48]

能量足够高的离子束可以在表面刻蚀出凹坑，从而得到衬底表面下不同深度的化学组分，最终绘制出杂质浓度与深度的关系，其灵敏度可以达到 $10^{12} cm^{-3}$。由于二次离子的产生率依赖于被溅射材料的基质，精确标定结深存在一定困难，因此规定了各种标准薄膜来标定溅射刻蚀速率。若刻蚀速率过高，可能会使不同材料层的粒子产生一定程度的混合，不利于分辨杂质浓度与深度的关系。

8.7　本章小结

本章主要介绍了半导体器件制造中常用掺杂技术的基本原理和工艺方法，包括晶体生长、晶体外延、扩散、离子注入、等离子体掺杂和杂质激活等。

这些技术应用广泛，可以实现半导体器件中掺杂材料种类和分布的精确控制，从而实现器件的性能优化和功能增强。此外，本章还介绍了掺杂质量的测量技术，包括四探针技术、扩展电阻技术、结染色技术和二次离子质谱分析技术。这些技术可以用于评估掺杂过程中的效果和质量，有助于优化掺杂工艺并提升器件性能。总之，掺杂技术是半导体器件制造过程中不可或缺的一部分，对于实现先进的半导体器件和 MEMS 微系统具有重要意义。

参 考 文 献

[1] DING C, JIA H, SUN Q, et al. Wafer-scale single crystals: crystal growth mechanisms, fabrication methods, and functional applications [J]. Journal of Materials Chemistry C, 2021, 9 (25): 7829-7851.

[2] ZULEHNER W. Czochralski growth of silicon [J]. Journal of Crystal Growth, 1983, 65 (1-3): 189-213.

[3] CISZEK T F. Solid-source boron doping of float-zoned silicon [J]. Journal of Crystal Growth, 2004, 264 (1-3): 116-122.

[4] RUDOLPH P, KIESSLING F M. The horizontal bridgman method [J]. Crystal Research and Technology, 1988, 23 (10-11): 1207-1224.

[5] GROVE A S. Physics and technology of semiconductor devices [M]. Hoboken: Wiley, 1967.

[6] REIF R, KAMINS T I, SARASWAT K C. A model for dopant incorporation into growing silicon epitaxial films: I. theory [J]. Journal of the Electrochemical Society, 1979, 126 (4): 644.

[7] THOMPSON A G. MOCVD technology for semiconductors [J]. Materials Letters, 1997, 30 (4): 255-263.

[8] HERMAN M A, SITTER H. Molecular beam epitaxy: fundamentals and current status [M]. Berlin: Springer, 1996.

[9] ARRHENIUS S. Über diereaktionsgeschwindigkeit bei der inversion von rohrzucker durch säuren [J]. Zeitschrift für Physikalische Chemie, 1889, 4 (1): 226-248.

[10] ISHIKAWA Y, SAKINA Y, TANAKA H, et al. The enhanced diffusion of arsenic and phosphorus in silicon by thermal oxidation [J]. Journal of the Electrochemical Society, 1982, 129 (3): 644.

[11] SWAMINATHAN B, SARASWAT K C, DUTTON R W, et al. Diffusion of arsenic in polycrystalline silicon [J]. Applied Physics Letters, 1982, 40 (9): 795-798.

[12] 施敏, 梅凯瑞, 陈军宁, 等. 半导体制造工艺基础 [M]. 安徽: 安徽大学出版社, 2007.

[13] CAI Z, GARZON S, WEBB R A, et al. Synthesis andcharacterization of high quality InN nanowires and nano-networks [J]. MRS Online Proceedings Library, 2007, 13 (6): 1058.

[14] ANI M H, HELMI F, HERMAN S H, et al. Resistive switching of Cu/Cu_2O junction fabricated using simple thermal oxidation at 423 K for memristor application [C]. IOP Conference Series: Materials Science and Engineering. Malaysia: IOP Publishing, 2018: 012088.

[15] ZHU Z T, MENARD E, HURLEY K, et al. Spin on dopants for high-performance single-crystal silicon transistors on flexible plastic substrates [J]. Applied Physics Letters, 2005, 86 (13): 133507.

[16] GHODSSI R, LIN P. MEMS 材料与工艺手册 [M]. 黄庆安, 译. 南京: 东南大学出版社, 2014.

[17] GHODSSI R, LIN P. MEMS materials and processes handbook [M]. Berlin: Springer, 2011.

[18] FREEMAN J H. A new ion source for electromagnetic isotope separators [J]. NuclearInstruments and Methods, 1963, 22: 306-316.

[19] ZIEGLER J. Handbook of ion implantation technology [M]. Amsterdam: Elsevier Science, 1992.

[20] RYSSEL H, GLAWISCHNIG H. Ion implantation: equipment and techniques [M]. Berlin: Springer, 1982.

[21] LEJEUNE C. Theoretical and experimental study of the duoplasmatron ion source [J]. Nuclear Instruments and Methods, 1974, 116 (3): 417-428.

[22] O'CONNOR J P, TOKORO N, ADAMIK J. Performance characteristics of the Genus Inc. 1510 high energy ion implantation system [J]. Nuclear Instruments and Methods, 1993, 74 (1-2): 18-26.

[23] MOAK C D, BANTA H E, THURSTON J N, et al. Duo plasmatron ion source for use in accelerators [J]. Review of Scientific Instruments, 1959, 30 (8): 694-699.

[24] WILSON J A. Bands, bonds, and charge-density waves in the $NbSe_3$ family of compounds [J]. Physical Review B, 1979, 19 (12): 6456.

[25] MIDDLETON R, ADAMS C T. A close to universal negative ion source [J]. Nuclear Instruments and Methods, 1974, 118 (2): 329-336.

[26] O'CONNOR J P, JOYCE L F. A high current injector for tandem accelerators [J]. Nuclear Instruments and Methods, 1987, 21 (1-4): 334-338.

[27] MCINTYRE E, BALEK D, BOISSEAU P, et al. Initial performance results from the NV1002 high energy ion implanter [J]. Nuclear Instruments and Methods, 1991, 55 (1-4): 473-477.

[28] RIMINI E. Ion implantation: basics to device fabrication [M]. Berlin: Springer, 1994.

[29] SZE S M. Semiconductor devices: physics and technology [M]. Hoboken: Wiley, 2012.

[30] BIERSACK J P, ZIEGLER J F. The stopping and range of ions in solids [C]. Fourth International Conference on Ion Implantation: Equipment and Techniques. Berlin: Springer, 1982: 122-156.

[31] CHAO H S, GRIFFIN P B, PLUMMER J D. Influence of dislocation loops created by amorphizing implants on point defect and boron diffusion in silicon [J]. Applied Physics Letters, 1996, 68 (25): 3570-3572.

[32] DIEM B, REY P, RENARD S, et al. SOI'SIMOX'; from bulk to surface micromachining, a new age for silicon sensors and actuators [J]. Sensors and Actuators A: Physical, 1995, 46 (1-3): 8-16.

[33] BRUEL M, AUBERTON HERVÉ B A. Smart-Cut: a new silicon on insulator material technology based on hydrogen implantation and wafer bonding [J]. Japanese Journal of Applied Physics, 1997, 36 (3): 1636.

[34] ZHANG S L, ÖSTLING M. Metal silicides in CMOS technology: past, present, and future trends [J]. Critical Reviews in Solid State and Materials Sciences, 2003, 28 (1): 1-129.

[35] ECM Technologies. Rapid thermal processing & annealing [EB/OL]. https://www.ecm-usa.com/ecm-lab-solutions/rtp-rta.

[36] ANDERS A. Handbook of plasma immersion ion implantation and deposition [M]. Hoboken: Wiley, 2000.

[37] PELLETIER J, ANDERS A. Plasma-based ion implantation and deposition: a review of physics, technology, and applications [J]. IEEE Transactions on Plasma Science, 2005, 33 (6): 1944-1959.

[38] CHU P K. Recent developments and applications of plasma immersion ion implantation [J]. Journal of Vacuum Science & Technology B, 2004, 22 (1): 289-296.

[39] BORISENKO V E, HESKETH P J. Rapid thermal processing of semiconductors [M]. Berlin: Springer, 1997.

[40] GEBEL T, VOELSKOW M, SKORUPA W, et al. Flash lamp annealing with millisecond pulses for ultra-shallow boron profiles in silicon [J]. Nuclear Instruments and Methods, 2002, 186 (1-4): 287-291.

[41] WOOD R F, GILES G E. Macroscopic theory of pulsed-laser annealing: I. thermal transport and melting [J]. Physical Review B, 1981, 23 (6): 2923.

[42] AMLI S F M, SALLEH M A A M, SAID R M, et al. Effect of surface finish on the wettability and electrical resistivity of Sn-3.0Ag-0.5Cu solder [C]. IOP Conference Series: Materials Science and Engineering. Malaysia: IOP Publishing, 2019: 012029.

[43] SMITS F M. Measurement of sheet resistivities with the four-point probe [J]. Bell System

Technical Journal, 1958, 37 (3): 711-718.

[44] Toray Research Center. Spreading Resistance Analysis: SRA [EB/OL]. https://www.toray-research.co.jp/en/technicaldata/techniques/SRA.html.

[45] SUBRAHMANYAN R, MASSOUD H Z, FAIR R B. Accurate junction-depth measurements using chemical staining [J]. Semiconductor Fabrication: Technology and Metrology, 1989, 990: 126.

[46] VOSSENJ L, KERN W. Thin film processes II [M]. Amsterdam: Elsevier, 1991.

[47] CZANDERNA A W, MADEY T E, POWELL C J. Beam effects, surface topography, and depth profiling in surface analysis [M]. Berlin: Springer, 2006.

[48] LIU Y, LORENZ M, IEVLEV A V, et al. Secondary Ion Mass Spectrometry (SIMS) for chemical characterization of metal halide perovskites [J]. Advanced Functional Materials, 2020, 30 (35): 2002201.

第9章

表面处理

微结构、自由表面及彼此接触的表面普遍存在于传感器与 MEMS 器件中，而器件的表面状态，包括表面的化学组分、结构和形貌，对器件的制造工艺及性能指标影响非常大，因此，在加工制造器件的过程中需要严格控制表面特性。

9.1 节介绍"黏附"与"释放"的概念，"黏附"现象是器件加工中不希望出现的，所以要使用一些特殊的"释放"工艺以减少"黏附"现象的发生。9.2 节介绍几种常用的表面改性技术，用于改良器件的表面特性并使表面具有某种功能，如器件表面可感知环境信息并转化为可测信号。9.3 节介绍表面分析技术，从原子水平认识表面的化学组分和形貌。9.4 节介绍用于晶圆表面平坦化的化学机械抛光（CMP）技术，可将光刻图案收缩至更小尺寸，并实现一些特定工艺，如浅沟槽隔离（STI）和铜镶嵌。本章还列举了一些表面化学改性及 CMP 的案例，加深对表面处理的理解。

9.1 黏附与释放

9.1.1 释放工艺

传感器与 MEMS 器件中存在悬于衬底上方的微结构，如悬臂梁、双端固支梁、质量块、微弹簧等。这类悬浮微结构的制造过程如下：首先，在衬底上沉积并刻蚀出合适结构的牺牲层；然后，沉积并刻蚀出悬浮微结构；最后，进行腐蚀去除牺牲层（图9.1）。去除牺牲层的工艺称为"释放"。常用的牺牲层释放工艺中有多种结构层与牺牲层材料的组合，如硅和二氧化硅、碳化硅和硅、多晶硅和二氧化硅等。

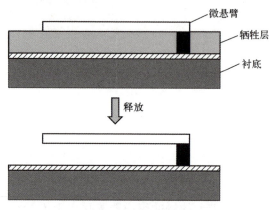

图9.1 牺牲层释放工艺示意图

牺牲层释放工艺主要分为湿法释放和干法释放。因为氢氟酸对氮化硅、多晶硅等材料的腐蚀速率较低，湿法释放常用氢氟酸作为氧化物牺牲层的腐蚀液。腐蚀后进行漂洗和干燥，但漂洗和干燥过程可能会使材料表面氧化，导致材料表面呈亲水性。结构层与衬底间的液体干燥过程中，两个亲水表面之间的液面为弯月形，在悬浮微结构与衬底之间产生毛细管力，引发"黏附"。干法释放利用了等离子体刻蚀聚合物牺牲层，避免了排出液体时的毛细管力[1]。

9.1.2 黏附现象

随着半导体技术的发展，传感器和MEMS器件中关键结构的几何尺寸缩小至微米级，极大地增大了表面积与体积之比，导致较小的黏附力（界面间的吸引力）就能使刚度较低的微结构发生塌陷，永久附着在衬底表面，即"黏附"现象（图9.2）。黏附力有多种来源，包括毛细管力、静电力、范德华力等。如9.1.1节所述，在湿法释放过程中，腐蚀掉牺牲层后需要进行一次或多次漂洗，若材料表面呈现亲水性，排出液体时会在微悬臂和衬底之间形成弯月形液面，产生毛细管力，当毛细管力大于微悬臂的回弹力时，微悬臂将试探性地暂时黏附在衬底上，随后在静电力或范德华力的作用下，表面的暂时黏附转变为永久黏附，这个过程属于制造过程中的黏附。在 MEMS 器件的使用过程中，当器件表面微结构与流体或其他物体发生接触或摩擦时，也可能引起使用过程中的黏附。黏附不仅限制了器件的良率和寿命，还严重影响了器件性能。为了降低器件的黏附性，首先要设计合理的悬浮微结构，其次要选择合适的结构层材料，包括微悬臂材料、牺牲层材料和衬底材料等。最后，在释放工艺前后要进行表面处理，尽可能避免释放过程中和使用过程中的黏附[1]。

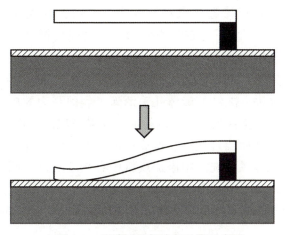

图 9.2 悬臂梁的塌陷与黏附示意图

有三类方法可以缓解释放过程引起的黏附问题。第一类是使用表面张力较小的漂洗液，但对降低毛细管力的帮助有限。第二类是利用微机械结构在湿法释放过程中临时支撑结构层与衬底。对于非聚合物的牺牲层，可采用干湿混合释放工艺来避免黏附。首先，从微结构表面钻蚀至牺牲层，形成一些空洞；然后，用聚合物填充空洞，在湿法释放过程中聚合物对微结构起支撑作用；最后，用干法释放去除聚合物[2]。第二类方法的缺点是工艺复杂，生产率低。第三类是使释放和干燥的整个过程中避免液-气弯月形界面的形成，排除毛细作用力。例如，无水 HF 气相刻蚀牺牲层、超临界 CO_2 干燥、冷冻升华干燥等牺牲层的释放和干燥方法。

无水 HF 气相刻蚀通常使用甲醇或乙醇代替水作为刻蚀引发剂和介质。HF 气体与牺牲层氧化物的反应会产生副产物水，因为甲醇或乙醇具有高度挥发性，易于与水一起蒸发，减弱水的凝结。通过消除氧化物表面的水，甲醇或乙醇不断去除刻蚀反应中挥发性最小的组分（水），从而将表面冷凝反应层控制到最小厚度。通过调节刻蚀室的温度和气压将反应气体控制在气相状态，并通过加热气体管路来防止蒸汽在输运过程中凝结，同时保持较高的HF气体流量和较低的工艺气压，以尽量减小牺牲层氧化物上的冷凝反应层厚度。这种方法的优点是工艺简单，几乎没有氧化物牺牲层的残留物[3]。

超临界CO_2干燥法是使用超临界状态下的CO_2来干燥精细复杂的微结构。CO_2处于临界压力（7.39MPa）和温度（31.1℃）时将转化为超临界流体，这种流体同时具有气体和液体的特性，可用于干燥微结构。超临界CO_2具有很高的扩散率，可以迅速渗透进微小孔隙中，去除水分或其他溶剂。超临界CO_2没有表面张力，因此不存在毛细管力，不会损伤微结构。此外，超临界CO_2干燥去除残留溶剂后，不留下任何残留物[4]。

冷冻升华干燥法常用甲醇与水的混合物作为漂洗液，将冻结的漂洗液通过升华在固相中除去。冻结的液体几乎消除了表面张力效应。在升华去除漂洗液过程中，需要真空抽吸微结构的衬底。如果漂洗液所用溶剂是去离子水，会出现过冷现象，从而出现快速、爆炸性的低温冻结，容易损坏衬底上的微机械结构，一般通过在漂洗液中添加成核中心来解决这个问题。甲醇与水的混合物在未过冷情况下冻结形成的冰很容易升华。为了避免微结构从真空系统中取出后使周围水蒸气冷凝，在冷冻升华后衬底必须重新加热[5]。

9.2 表面改性

液体进出悬浮微结构的过程中引起的毛细管力会造成MEMS器件悬浮微结构的塌陷与黏附，毛细管力的强弱与器件表面亲水性成正相关。一般用表面能来衡量亲水性强弱，表面能越高，接触角（即固液界面和气液界面在液体一侧的夹角）越小，亲水性越强。通过测量标准液体（如水、二碘甲烷）与固体表面的接触角就可以计算表面能。悬浮微结构在湿法释放前，或由超临界CO_2干燥法、冷冻升华干燥法等方法成功释放后，通过表面改性可以降低表面能，从而减少悬浮微结构在释放和使用过程中的黏附。减少黏附的表面改性方法主要有两种，即在表面沉积疏水薄膜的化学改性（9.2.1节）和改变表面结构的物理改性（9.2.2节）。此外，为了实现MEMS器件表面结构与生物材料的相互作用，需在器件表面引入特殊基团进行改性（9.2.3节）。为了构建复杂的微结构和微流道，实现特定功能，在键合过程中也需要对不同材料的键合面进行表面改性处理（9.2.4节）。

9.2.1 自组装单分子层表面改性

自组装单分子层（Self-Assembled Monolayer，SAM）是最常用的疏水薄膜，特别是单层密堆积的硅烷化合物（Octadecyl Trichloro Silane，OTS）非常适用于硅基 MEMS 器件的表面改性（图 9.3）。OTS 分子的头部活性基团可以与器件表面的氧化硅形成共价键，提供吸附力。OTS 分子的烷基链几乎垂直于器件表面，并与相邻 OTS 分子通过共价键交联，形成致密的单分子层。尾部基团构成的表面具有很强的疏水性以及相对较低的摩擦系数[6]。

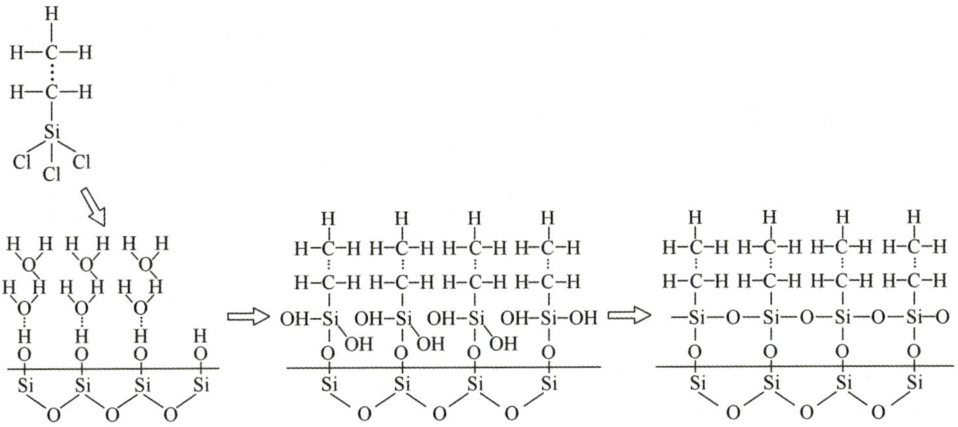

图 9.3 通过水解和吸附形成硅氧烷键并通过共价键交联在氧化硅表面形成硅烷化合物 OTS 单分子层[6]

有机硅烷类 SAM 所用的单体通常由氯（Cl）或烷氧基（RO-）取代硅烷中的氢获得，器件表面通常是羟基（-OH）化表面。有机硅烷分子与器件表面通过共价键结合，相邻分子链相互聚合，具有较高的稳定性，可抵抗外界侵蚀。其自组装机理如下：①头部基团与溶液或物体表面的水分子发生反应，水解生成羟基和氯化氢（HCl）或生成羟基和醇（ROH）；②硅烷上的羟基与器件表面的羟基脱水缩合形成 Si-O-Si 共价键，有机硅烷链也以 Si-O-Si 共价键相互连接，形成聚硅氧烷聚合物。

硅基微结构在湿法释放前利用液相沉积有机硅烷类 SAM 的制备过程如下：①用氢氟酸溶液或其他腐蚀性溶液去除氧化物牺牲层；②用过氧化氢溶液或其他氧化剂氧化样品的表面；③用去离子水或甲醇溶液漂洗样品；④将微结构浸泡到 OTS 溶液中，并严格控制其水含量，太少会导致单分子层不完整,太多会导致涂层材料在器件表面过度沉积;⑤依次用四氯化碳和甲醇漂洗微结构,四氯化碳用于去除表面多余的 OTS 前体分子;⑥用红外灯或真空烘箱干燥微结构,结果如图 9.4(a)所示[7]。在干燥之前,微结构始终处于液体环境中。通过原位化学改性、嫁接、紫外照射等方式可以将 SAM 尾部基团改性,从而使 SAM 获得特定的物理化学性质。液相沉积技术的缺点是不易保存涂层材料的溶液,需要现场制作,否则,涂层材料会在溶液中聚合而无法沉积到器件表面[6]。

MEMS 器件中的金属悬浮微结构同样存在释放中的黏附问题。例如,在射频 MEMS 器件中,金常用作结构材料和接触材料,若使用干法释放(等离子体去胶),释放过程中的热效应可能会导致释放结构弯曲;若使用湿法释放,释放过程的毛细作用力可能会导致黏附。以金衬底上湿法释放金悬臂梁为例,涂层材料为全氟癸基硫醇(1H,1H,2H,2H-Perfluorodecanethiol,PFDT),溶剂为二甲基甲酰胺(N,N-Dimethylformamide,DMF)。在湿法释放前制备 SAM 的过程如下:①用氢氟酸溶液去除铝牺牲层,并用去离子水漂洗;②在异丙醇和丙酮中预处理样品,去除污染物、有机物和残留的水;③用 DMF 漂洗样品;④将 PFDT∶DMF 的体积比为 1∶1000 的溶液涂覆在金表面,在常温下处理 15min,形成 SAM 涂层;⑤依次用 DMF、丙酮和去离子水漂洗样品;⑥在 30℃下干燥 10min,最后在 100℃下处理 1~2min 使涂层更加稳定,结果如图 9.4(b)所示。沉积 SAM 涂层的金悬臂梁,水接触角由 70.6°增加到了 112.6°,不仅可以在液体环境中直接释放,还大大减少了使用过程中的黏附[8]。

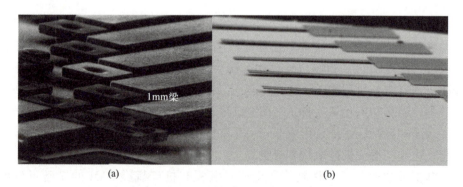

图 9.4 液相沉积 SAM 涂层的硅基悬臂梁阵列(梁最长为 1mm)(a)[7] 和液相沉积 SAM 涂层的金悬臂梁(b)[8]

随着制造工艺的进步,气相沉积技术逐渐成为主流,其制备过程如下:①用超临界 CO_2 干燥法或冷冻升华干燥法释放悬浮微结构;②等离子体清洗器件表面,去除残留物质并提高表面活性;③将热解或电解的涂层材料以蒸气形式通入工艺气体中,控制工艺气体接近器件表面,使得被沉积物质在器件表面发生吸附和化学反应,以薄膜形式沉积在器件表面,形成厚度均匀的涂层。

此外,Ashurst 等提出了分子气相淀积法(Molecular Vapor Deposition,MVD),首先通过等离子体来清洗器件表面残留物和污染物,并去除黏附在表面的有机物、氧化物和其他金属离子,提高表面活性,然后通过预沉积种子层,增加后续功能气相分子的结合位点,使气相分子能够轻易附着在表面上,从而提高后续气相沉积的效率和质量,最终得到致密、稳定的表面涂层[9]。Mayer 等提出了一种基于苯基甲基硅树脂或二苯基硅氧烷的气相沉积法,在器件封装前放入少量溶液并在高温下使其蒸发,气相分子与表面发生反应并结合在一起,形成有机单分子层,具有耐热性高和抗氧化性好的优点[10]。

9.2.2 物理改性

除了在 MEMS 器件表面沉积疏水薄膜以减少悬浮微结构在干燥和使用过程中的黏附,器件表面粗糙化也是减少黏附的常用方法(图9.5)。凹凸不平的表面形貌可以显著降低有效接触面积,从而降低毛细管力和范德华力。器件表面粗糙化的方法有多种,如化学腐蚀、激光刻蚀、等离子体刻蚀等。

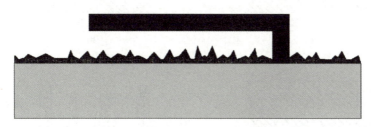

图 9.5 粗糙化处理后的表面示意图

化学腐蚀通常采用硝酸或其他腐蚀剂,通过电场或化学方法促使腐蚀剂与器件表面发生反应,出现微小的凹坑和凸起,最终形成粗糙表面。但化学腐蚀的控制难度较高,不同材料对腐蚀剂的敏感程度不同,因此需要选择合适的腐蚀剂和腐蚀条件。激光刻蚀通过对器件表面进行高能激光照射，使表面物质蒸发，形成粗糙的凹坑和凸起。同时，激光束的高温可以熔融表面材料，形成粗糙的表面结构。激光刻蚀的优点是操作简单、精度高、速度快。等离子体刻蚀是将高速离子与器件表面碰撞，造成表面物质的热散射、挤压、剪切等，进而改变表面形貌、表面粗糙度、表面能等性质。等离子体刻蚀的优点是可以选择不同种类的离子、能量，使刻蚀效果更好地满足预定条件[1]。

Yee 等提出了一种多晶硅表面粗糙化的方法，该方法利用 $CCl_4/He/O_2$ 等离子体刻蚀被 SiO_2 覆盖的多晶硅表面（图 9.6）。具体工艺步骤如下：①首先，在 SiO_2 晶圆上沉积多晶硅层，再向多晶硅中掺杂高剂量的磷（图 9.6（a））；②然后，进行热氧化，优先氧化晶粒间界区域，称为氧化物回蚀（图 9.6（b））；③再刻蚀氧化层，晶粒间界附近较厚的氧化层被保留下来，离间界较远的氧化物被完全去除（图 9.6（c））；④最后，以剩余氧化层为掩膜，通过反应离子刻蚀（RIE）多晶硅层以形成凹凸结构（图 9.6（d））。由于氧化硅层被不均匀地刻蚀去除，导致在刻蚀过程中多晶硅表面的某些点位比其他位置暴露得更早，并且等离子体对多晶硅和二氧化硅的高选择性进一步加剧了这种不均匀性，增加了表面粗糙度[11]。

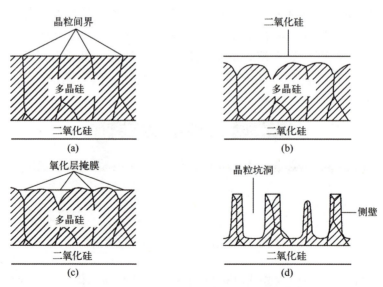

图 9.6 多晶硅表面粗糙化工艺流程[11]

9.2.3 BioMEMS 器件的表面改性

为了实现 BioMEMS 器件与生物材料的相互作用，需要在器件表面引入特殊基团进行改性，且引入的基团需无毒、与生物材料兼容、在液体环境中能够保持稳定。SU-8 是一种常用于制作 BioMEMS 器件的材料，本节以 SU-8 为例介绍用于固定生物分子的干法表面改性。所用工艺为热线化学气相沉积（Hot-Wire Chemical Vapor Deposition，HWCVD），该工艺常用于沉积非晶、多晶和外延薄膜。SU-8 表面改性的具体过程如下：灯丝热分解附近的氨气产生氨基和活性氢，活性氢携带的能量用于裂解 SU-8 表面的环氧基团中的 C—O 键，然后在其表面形成 C—NH$_2$ 键[12]。

为了验证该工艺固定生物分子的可行性，对 SU-8 悬臂梁进行了相应的表面改性（图 9.7（a））。首先将 SU-8 悬臂梁在人免疫球蛋白（HIgG）悬浮液中放置一小时，随后用洗涤剂去除松散吸附的生物分子，然后与经过 FITC 荧光标记的山羊 HIgG 抗体接触并发生反应，最后在荧光显微镜下观察悬臂梁来评估生物分子的固定效果（图 9.7（b））。结果表明，此改性过程不仅可以成功固定生物分子，并且可以选择性地修饰 SU-8 表面，基本不影响硅和金的表面性质[12]。

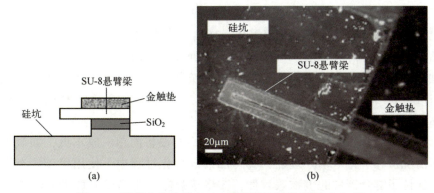

图 9.7 附带金和硅的 SU-8 悬臂梁结构示意图（a）和改性并标记后的 SU-8 悬臂梁在荧光显微镜下与硅和金的对比（b）[12]

9.2.4 SU-8 与 PDMS 键合的表面处理

微流控芯片又称芯片实验室（Lab on a Chip），它以微结构、微流道形成网络，将可控的流体贯穿整个系统，以实现生物、化学及医学分析的各种功能。微流控芯片中的微结构和微流道是通过不同材料的键合实现的，因此键合效果会直接影响芯片的功能。

本节将介绍一种以 SU-8 光刻胶和 PMDS（聚二甲基硅氧烷）为基材的键合案例，PDMS 和 SU-8 的键合基于环氧物开环及脱水缩合反应（图 9.8）。首先，APTES（3-Aminopropyltriethoxysilane）分子水解得到硅醇和乙醇（图 9.8（a））。然后，通过氧等离子体清洗机或手持式电晕处理器激活 PDMS，在其表面形成羟基。将 PDMS 浸入 APTES 溶液后，水解得到的硅醇通过氢键与 PDMS 表面的羟基结合，进一步发生缩合反应，形成 PDMS 活化表面（图 9.8（b））。将 SU-8 浸入 APTES 溶液后，硅醇末端的氨基（-NH$_2$）可与 SU-8 表面的环氧化物发生反应（环氧化物打开，SN$_2$ 反应），得到活化表面（图 9.8（c））。当活化的 PDMS 与 SU-8 接触并加热时，PDMS 表面的氨基末端会与 SU-8 表面残留的环氧基团发生反应（环氧化物打开，SN$_2$ 反应），并且 PDMS 表面的硅醇基团通过脱水缩合反应形成网状的硅氧烷键（-Si-O-Si-）。最终，以 APTES 为介质的脱水缩合和环氧化物开环反应使 PDMS 与 SU-8 表面形成了牢固的键合（图 9.8（d））[13]。

以下为具体的工艺流程（图 9.9）：①先用异丙醇清洗 SU-8 和 PDMS 基片，去除表面的有机物和杂质，然后用去离子水清洗掉残留的异丙醇，最后用清洁空气或氮气吹干；②配制体积比 5% 的 APTES 水溶液，然后对 PDMS 待键合面进行氧等离子体处理（30W，15s），激活 PDMS 表面；③将 SU-8 和激活的 PDMS 基片立刻浸入 APTES 溶液 20min，对两者的键合面进行硅烷化改性，待表面充分改性后，用去离子水清洗并用氮气吹干；④在体式显微镜下对准，将 SU-8 和 PDMS 基片的键合面贴合按压并置于 90℃ 热板上加热 30min，形成高强度、永久性的键合[14]。

这种键合方法有以下几个优点：①使用的设备简单、成本低，如氧等离子体清洗机和手持电晕处理器；②样品的硅烷化过程中不使用甲苯等有毒试剂，保证了键合器件的生物兼容性；③将接触样品在热板上直接加热 30min，不需要逐步增温或降温，也不需要对顶部施加压力，从而简化了烘烤的过程；④键合后的微流道能够承受高于 1.5MPa 的水压。总之，此工艺操作过程简单，工艺可控性、稳定性、重复性、成品率高[14]。

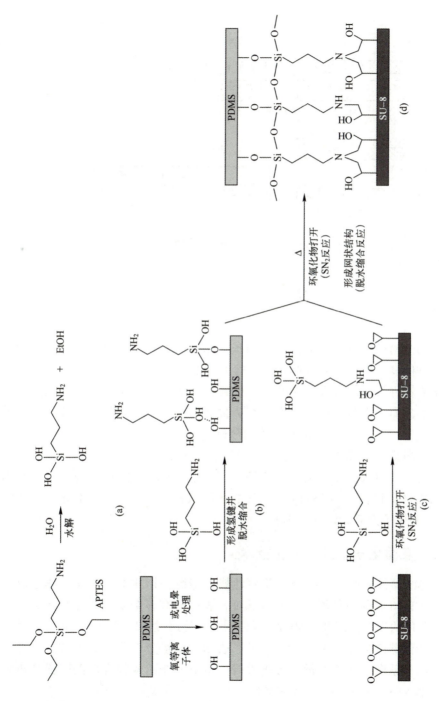

图 9.8 PDMS 与 SU-8 键合中的表面改性[13]

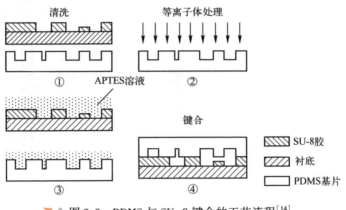

图 9.9　PDMS 与 SU-8 键合的工艺流程[14]

9.3　表面分析

表面分析是对器件表面的化学组成、结构和形貌进行测试和分析。为了提高器件的良品率，需要在制造的各个环节检测表面的状态。利用表面分析可以得到器件表面的性质和结构，并确定样品表面的污染物，从而改善器件的性能和品质。本节将从两方面介绍表面分析技术，分别为表面化学组分的分析（9.3.1 节）、表面结构和形貌的分析（9.3.2 节）。常用的表面化学组分分析技术包括 X 射线光电子能谱（XPS）、俄歇电子能谱（AES）、能量色散 X 射线能谱（EDX）和二次离子质谱（SIMS）。表面结构和形貌的分析技术包括扫描电子显微镜（SEM）、透射电子显微镜（TEM）、扫描隧道显微镜（STM）和原子力显微镜（AFM）。

9.3.1　表面化学组分的分析技术

MEMS 器件表面化学组分与器件性能和寿命密切相关，表面化学组分还决定了 MEMS 器件对外界环境的敏感度，表面的有害杂质或氧化物还会导致 MEMS 器件的失效。因此，MEMS 器件制造和使用过程均需分析其表面化学组分，以确保器件良好的可靠性。此外，表面化学组分也影响着器件的物理性质，如摩擦系数、弹性模量和导电性等。本节将介绍 4 种常用的表面分析技术，包括 XPS、AES、EDX 和 SIMS。

(1) X 射线光电子能谱（X-ray Photoelectron Spectroscopy，XPS）。X 射线光电子能谱表面分析技术通过单能 X 射线照射样品来分析检测到的电子能量。X 射线在固体中穿透力有限，为 $1\sim10\mu m$。已知 X 射线中的光子能量，测得出射电子的动能即可计算出电子的结合能。因为每个元素都有一组独特的结合能，并且差异较大，XPS 就可以用来识别和确定表面元素的种类和浓度。元素结合能的小幅变化（化学位移）是由化合物中原子的化学结合状态的差异引起的，与电负性有关，所以化学位移可用于识别被分析材料中的价键种类[15]。

光电过程中会激发价电子和内层电子，形成光电子，内层光电子留下的空位还可能激发俄歇电子。在俄歇电子的发射过程中，一个外层电子落入内层轨道的空穴，同时发射一个二次电子（俄歇电子），带走多余的能量。俄歇电子的动能等于两轨道之间的能量差减去外层轨道的结合能，所以俄歇电子的动能与初始电离过程无关，也就是与 X 射线的能量无关。因此，一次光致电离可能会产生两个电子：一个光电子和一个俄歇电子（图 9.10）。

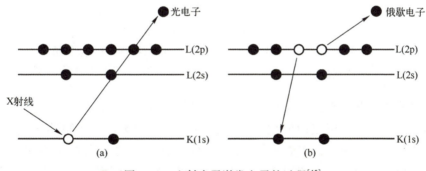

图 9.10　入射光子激发电子的过程[15]

以 Si 衬底上溅射沉积的 SiN_x 薄膜的 XPS 能谱为例（图 9.11），可以得知 XPS 不仅能识别表面元素的种类，还可以根据化学位移得到元素的价键种类。一般来说，非晶态 SiN_x 中存在 $Si-Si_4(Si^0)$、$Si-Si_3N_1(Si^{1+})$、$Si-Si_2N_2(Si^{2+})$、$Si-Si_1N_3(Si^{3+})$、$Si-N_4(Si^{4+})$ 等不同价态的 Si。这些价态的混合产生了一个总的 XPS 谱峰（红色实线），这个谱峰随着 Si 含量的增加，逐渐向更低的能量区域转移，这种转移在溅射制备的非晶态 SiN_x 薄膜中很常见。为了得到不同价态的 Si 对总谱峰的贡献，将总谱峰分解为 5 个高斯峰，能量分别为 99.7eV(Si^0)、100.4eV(Si^+)、101.1eV(Si^{2+})、101.8eV(Si^{3+}) 和 102.5eV(Si^{4+})，分别用黑色、绿色、蓝色、橙色和紫色的虚线表示。随着 Si 含量从 46.8% 增加到 65.6%，Si 的主要价态由 Si^{2+} 转变为 Si^{0}[16]。

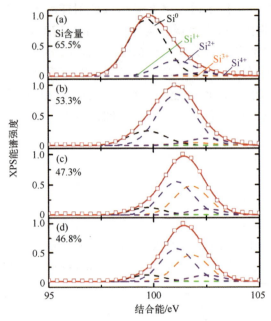

图 9.11　不同 Si 含量的 SiN_x 薄膜在 Si-2p 能量区域的 XPS 能谱
(a) Si 含量 65.5%；(b) Si 含量 53.3%；(c) Si 含量 47.3%；(d) Si 含量 46.8%[16]。

XPS 的优点包括：可分析样品表面和近表面的化学组成，且不受限于样品形状；可同时分析表面的化学元素组成和价键种类；非接触性测量分析，对样品要求相对简单，表面损伤较小。缺点包括：对于对价键结构信息要求较高的情况，能量分辨率较低；分析结果易受样品表面污染物的影响，需保证样品表面的清洁。

（2）俄歇电子能谱（Auger Electron Spectroscopy，AES）。俄歇电子能谱能够得到与 XPS 相似的信息，技术核心为俄歇效应。内层电子被一次电子打出后留下空穴，外层电子跃迁到空穴并释放能量，释放的能量可能会转化成光子，也可能传递给其他外层电子。若传递给其他外层电子的能量大于此电子的结合能，就能使这个电子逸出表面，称为俄歇电子，这个过程就是俄歇效应。几百电子伏至几万电子伏的高能电子束照射样品表面激发出二次电子，二次电子包括被一次电子打出的内层电子和外层电子，以及由俄歇效应产生的俄歇电子。以二次电子的能量为横坐标，二次电子的数量为纵坐标，可得到二次电子能谱。对于特定的元素，每个轨道的结合能是一定的，不同轨道之间的能量差也是一定的。因此，通过分析能谱图中的俄歇峰强度即可得到样品表面的化学组分[17]。

虽然 AES 与 XPS 所检测的出射粒子类似，但两者各有优缺点，可作为互补技术。AES 和 XPS 的分析设备中通常配备有溅射用离子枪，利用离子溅射将样品表面的外层剥离，收集不同深度逸出电子的能谱，从而得到样品表面化学组分与深度的关系。AES 的入射电子束高度聚焦，光斑尺寸小，能识别精细的表面特征，而 XPS 照射面积大，导致其水平（$X-Y$ 平面）分辨率较低。XPS 能通过化学位移得到化学键的信息及原子的状态，而 AES 不易提取化学位移信息。此外，与 XPS 的 X 射线相比，AES 的入射电子束对样品表面的损伤更大，因此在分析较软的样品表面时，更适合用 XPS。AES 主要用于分析金属和合金的表面化学组成[17]。

（3）能量色散 X 射线能谱（Energy Dispersive X-Ray Spectroscopy，EDX）。能量色散 X 射线能谱所用的入射粒子与 AES 相似，也是高度聚焦的高能电子束。入射电子使表面原子的内层电子射出，产生空穴。外层电子跃迁至空穴时释放 X 射线，其能量为两轨道间的能量差。利用能量色谱仪检测 X 射线中光子的能量和数量。由于 X 射线的能量由原子的能级结构决定，因此，EDX 能获得样品表面的元素构成。EDX 几乎可以分析所有元素，覆盖范围广，特别是金属元素。但不同元素发出的 X 射线可能会相互干扰，可能会造成结果不够准确[17]。

（4）二次离子质谱（Secondary Ion Mass Spectroscopy，SIMS）。二次离子质谱利用聚焦的高能离子束照射样品表面，溅射产物中有中性粒子（原子、分子）和二次离子（正离子、负离子）。通过质量分析仪将不同荷质比的正离子分离，得到正二次离子质谱，同理可得到负二次离子质谱。由于不同元素的质量数不同，因此可以确定表面的元素组成，不同元素的信号强度差异可以反映出不同元素的比例。SIMS 的优点是灵敏度极高，可达到十亿分比浓度量级，且空间分辨率也较高。由于入射离子束能量高，可不断剥离最外层元素，因此还可以得到表层元素的深度分布，但对表面具有较大的破坏性。此外，SIMS 的检测和分析时间较长，不适用于快速分析[17]。

以上 4 种表面化学组分分析技术的主要特征如表 9.1 所列。水平分辨率：入射粒子的聚焦程度越高，光斑尺寸越小，能识别的表面特征越精细，即水平分辨率越高。灵敏度：识别不同元素含量的比例越精确，灵敏度越高。

表 9.1　4 种表面化学组分分析技术比较

技术名称	XPS	AES	EDX	SIMS
入射粒子种类	X 射线	电子束	电子束	离子束
所检测的出射粒子种类	光电子 俄歇电子	二次电子	X 射线	二次离子
可得的信息	化学组成 价键种类	化学组成	化学组成	化学组成元素的深度分布
优点	不受样品形状的限制 表面损伤较小	水平分辨率高	分析速度快 元素覆盖范围广	灵敏度极高 空间分辨率较高
缺点	能量分辨率较低 样品表面要保证清洁	表面损伤较大	结果不够准确	表面损伤较大 分析速度慢

9.3.2　表面结构和形貌分析技术

MEMS 器件的表面结构和形貌与其功能和性能密切相关，分析其表面结构和形貌可以帮助确定器件的稳定性与可靠性，还可以帮助识别制造过程中的问题，以提高器件的生产效率和成品率。本节主要介绍 4 种用于 MEMS 器件表面结构和形貌分析的显微技术，包括 SEM、TEM、STM 和 AFM。

（1）扫描电子显微镜（Scanning Electron Microscope，SEM）。扫描电子显微镜测量样品表面形貌的原理如图 9.12 所示。电子枪发射出的初始电子被两个电磁透镜聚焦成一束极细的、斑点直径 5nm 的电子束，并加速形成高能电子束。高能电子束在两个电磁透镜之间受到电场作用偏转，在穿过第二个电磁透镜后，电子束以光栅扫描方式逐点轰击样品表面，产生反射电子，入射电子和反射电子都会激发出不同方向和能量的二次电子。随后，反射电子和二次电子被样品上方各个方向的电子探测器接收，经过一系列信号转换和放大后传送到显示屏，记录实时成像。SEM 分辨力可达到 3nm。在电子束扫描样品时可同步检测二次电子，实现高放大倍率下直接观测样品、研究微结构的动态响应。SEM 观测样品的景深和视场较大，图像具有立体感，且可直接观测起伏较大的粗糙表面。此外，由于入射粒子是电子，对样品的损伤和污染程度都很小[18]。

（2）透射电子显微镜（Transmission Electron Microscope，TEM）。透射电子显微镜的分辨力可达 0.1nm，其设备和工作原理如图 9.13 所示。TEM 的成

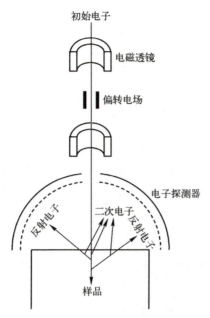

图9.12 SEM的工作原理示意图[18]

像原理与光学显微镜相似,主要区别为TEM的光源是电子束,透镜是电磁场。TEM的工作原理如下:在真空环境中,阴极发射出的电子经由阳极加速、聚光镜会聚后形成亮度均匀的光斑,照射在样品上;透过样品的电子束经过样品的散射,携带样品内部的结构信息;电子束经过物镜的会聚调焦和初级放大后,进入投影镜进行二次放大成像,最终投射在荧光屏上,荧光屏将电子影像转化为可见光影像以供观察[19]。

聚光镜处于电子枪下方,有2~3级,各级聚光镜组合后可以调节电子束流的直径,从而改变照明区域的亮度。聚光镜光阑用于限制投射在样品表面的照明区域。电磁透镜只有凸透镜,透镜边缘的会聚能力比透镜中心更强,导致电子无法会聚到一个焦点从而影响成像能力,该情况一帮用球差校正器改善。扫描线圈用于偏转电子束,并将椭圆形光斑修正为圆形光斑。中间镜和投影镜是类似的电磁透镜,区别为励磁电流大小和焦距长短,TEM总放大率为物镜、中间镜和投影镜的放大率之积。当TEM放大倍率需要变换时,通常改变中间镜和投影镜的励磁电流来改变其焦距。环形电子探测器用于接收不同角度的电子,随着偏转角(与垂直向下方向的夹角)的增大,电子束由透射电子转变为布拉格散射电子,再转变为非相干散射电子,它们分别反映了材料的不同信息[19]。

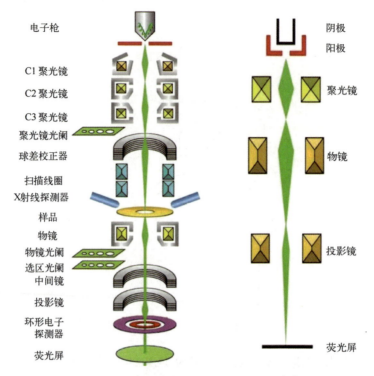

图 9.13　TEM 设备和工作原理示意图[19]

根据不同的应用场景，TEM 的样品室中可以加入低气压的特定气氛；对于磁性样品，可以施加与样品磁场相反的磁场，避免磁场对电子束轨迹的影响；与 SEM 相结合，可同时观察样品表面和内部的信息；冷冻电镜可以将样品冷却到液氮温度（77 K），用于观测蛋白质、生物切片等温度敏感型样品，并降低电子束对样品的损伤。热场电子源通过电流的热效应发射电子，优点是稳定好、操作简单；冷场电子源通过超强电场发射电子，电子束更细，分辨率更高。由于电子束的穿透能力很弱，需要把样品的检测区域厚度减薄至 100nm 以下。固体材料有两种样品制备方法：一种是用离子束在经过研磨的薄片上打孔，适用于半导体材料；另一种是用电解的方法腐蚀出小孔，小孔的边缘厚度可达 100nm 以下，适用于金属材料[19]。

（3）扫描隧道显微镜（Scanning Tunneling Microscope，STM）。扫描隧道显微镜利用固定在悬臂末端的探针来扫描样品表面。当探针针尖与样品表面原子的距离足够近时（<1nm），施加偏置电压（2mV～2V），针尖与样品之间产生隧道效应，形成隧穿电流。探针针尖的状态会显著影响扫描隧道显微镜

的分辨力，如果针尖表面氧化，其电阻可能会高于隧道间隙的阻值，导致在针尖和样品间产生隧穿电流之前，二者就发生碰撞。因此，每次测量前都要对针尖进行化学清洗，去除表面氧化层及杂质，保证针尖具有良好的导电性。

STM 有两种工作模式：恒电流模式和恒高度模式。恒电流模式利用了反馈回路，控制针尖在 x、y 方向移动时，保持 z 方向与样品表面的距离不变，从而保持隧穿电流的值不变。在移动过程中，针尖随样品表面高低起伏作相同的起伏运动，从而反映出了样品表面的三维形貌信息。恒高度模式是保持针尖的绝对高度不变，当针尖在 x、y 方向移动时，针尖与样品表面的相对距离发生变化，隧穿电流的大小也随之变化，这种变化可转化成图像信号，从而得到样品表面的三维形貌。但是，这种模式只适用于表面较为平坦的样品[20]。

STM 的优点：水平分辨力高，可达 0.1Å；工作环境要求低，可在常温、大气中工作；无须进行特殊的样品处理，不损伤样品；可实现对单分子或原子的移动和操纵。STM 的缺点：在恒电流模式下，有时不能探测出样品表面的细微沟槽；样品表面须具有一定的导电性，无法观测绝缘体，虽然可以在样品表面沉积导电层，但无法保证导电层的均匀性，且污染样品；操作要求极高的稳定性，任何微小振动都可能影响结果[20]。

(4) 原子力显微镜（Atomic Force Microscope，AFM）。原子力显微镜利用固定在悬臂末端的探针来扫描表面，检测并放大探针针尖与样品表面原子之间的作用力，具有原子级分辨力。这种作用力包括探针接触样品时所受支撑力（排斥力）和不接触样品时针尖与样品间的范德华力。AFM 不要求样品表面有导电能力，因此可以观测导体和非导体，从而弥补了 STM 的不足。

AFM 有 4 种不同的工作模式。①第一种接触模式。保持探针接触表面，将一束激光照射在微悬臂末端，由于样品表面原子与探针尖端的相互作用力，悬臂将随样品表面形貌的起伏而起伏，反射光束也将随之偏移。通过激光检测器检测光束的偏移量即可得到悬臂的弯曲程度，从而获得样品表面形貌。这种模式的优点是扫描速度快，缺点是易损坏软质样品表面（图 9.14（a））。②第二种接触模式。保持探针接触表面，悬臂以较小振幅振动，通过测量悬臂的振幅和相移来检测样品表面的弹性和黏滞性（图 9.14（b））。③敲击模式。振动的探针尖端间歇性敲击样品表面，通过测量振幅的下降来检测表面形貌，适用于软质表面。优点是图像分辨率高，缺点是扫描速度慢（图 9.14（c））。④非接触模式。探针振动但不接触样品表面，检测探针振动的振幅、相位和频率。优点是不损伤样品，也不污染针尖，缺点是水平分辨力较低（图 9.14(d)）。在②~④工作模式中，悬臂以某一频率和振幅振动，尖端与样品表面之间的相互作用力导致悬臂的振幅、相位和振动频率发生变化。例如，尖端与样品间的吸引力（样品表面液体层产生的毛细作用力）会降低频率，而排斥力会升高频率[20]。

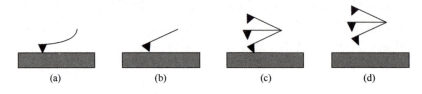

图 9.14　AFM 的 4 种工作模式

（a）第一种接触模式；（b）第二种接触模式；（c）敲击模式；（d）非接触模式[20]。

9.4　化学机械抛光

化学机械抛光（Chemical Mechanical Polishing，CMP）又称为化学机械平坦化，是近三十年来出现并迅速发展的一项广泛应用于半导体制造的基础工艺，此工艺的目的是在集成电路和 MEMS 器件制造时，获得平坦、无划痕、无玷污的表面。CMP 将化学作用和物理作用相结合，化学作用主要来自抛光液中氧化剂对器件表面的腐蚀；物理作用主要来自抛光垫与器件表面作相对旋转时，液体介质中超细颗粒产生的磨削作用。抛光过程主要包括抛光、清洗和检测，所用的抛光机、抛光垫和抛光液决定了器件表面能达到的平坦度。

9.4.1　CMP 发展历程

CMP 最初被用作制造高性能多层金属结构。具体而言，在制造第一层金属并且沉积共形的电介质层后，若不进行化学机械抛光，制造第二层金属时会出现一系列问题：硅片表面的介质层不平坦，存在台阶，后续沉积的金属层会继承不平坦的台阶，造成随后旋涂的光刻胶层厚度不均，从而限制了光刻质量、影响了光刻胶图案化。未经抛光处理的表面可能还含有杂质，严重影响器件质量（图 9.15）。

1983 年，IBM 公司研发了初代 CMP 工艺；1986 年研发出氧化硅 CMP，在开发出相应技术和设备后，CMP 的应用范围迅速扩展到了介质层以外；1988 年研发出金属钨 CMP，取代 RIE 去除多余的钨，钨多用于填充金属层之间的通孔以抵抗电迁移。1991 年，IBM 公司又将 CMP 技术应用到动态随机存储器的生产；1997 年开发出应用于金属层的 CMP，即抛光填充金属的镶嵌沟槽，该技术本质上是一种将铜互连引入标准半导体工艺的使能技术。尽管铜的电阻率比铝低，但铜不易被 RIE 刻蚀，因此在 CMP 问世前，铜是不能用于互连的。铜镶嵌技术的出现将芯片的特征尺寸由 0.25μm 缩小到 0.13μm[21]。

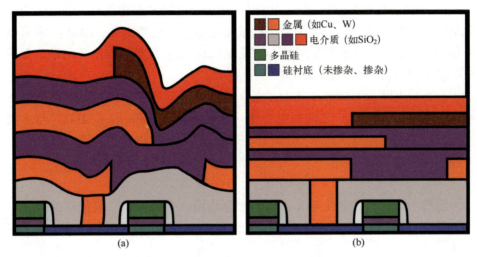

图 9.15　不应用和应用 CMP 的晶圆[22]
（a）不应用 CMP 的晶圆；（b）应用 CMP 的晶圆。

2000 年起，CMP 被应用到更多领域，如抛光低 k 介质层和浅沟槽隔离工艺。低 k 介质指的是介电常数小于 2.8 的介质，常用作层间介质（Inter-Layer Dielectric，ILD），减小寄生电容，进而减小 RC 信号延迟，提高器件工作频率。浅沟槽隔离（Shallow Trench Isolation，STI）是通过减小相邻晶体管之间的隔离间距来提高晶体管的封装密度：晶体管之间刻蚀出沟槽后，在晶圆上沉积一层致密的氮化硅或正硅酸乙酯（Tetraethyl Orthosilicate，TEOS）填满沟槽，然后实现刻蚀材料顶层的初步平坦化，最后对晶圆进行 CMP 处理（9.4.6 节）。低 k 介质和浅沟槽隔离工艺使芯片的特征尺寸进入 65nm 节点[21]。

2006 年，CMP 的研磨对象新增了高 k 介质，高 k 介质是指介电常数大于 3.9 的介质，用于提高栅极的绝缘性，抑制隧穿漏电流，还可用于提高 DRAM 存储器的性能，芯片的特征尺寸进入 32nm 节点。2012 年，FinFET 工艺开始用于量产，CMP 被应用于金属自对准接触（Self-Aligned Contact，SAC）。SAC 工艺是在栅极上方添加一层保护性介质层，目的是防止源、漏上方的电极与栅极短路,芯片的特征尺寸进入 10~20nm 节点。时至今日,量产芯片的特征尺寸最小达到了 3nm,根据不同工艺制程和技术节点的要求,每一片晶圆在生产过程中都会经历几十道甚至上百道的 CMP 工艺步骤[21]。

9.4.2 CMP 工艺原理

(1) CMP 化学作用原理。CMP 是一种表面全局平坦化技术,既可认为是化学增强型机械抛光,也可认为是机械增强型湿法化学刻蚀。CMP 技术早期主要用于光学镜片抛光和晶圆抛光,现今 CMP 工艺最多的应用对象是电介质(如 SiO_2、SiN_x)和金属(如 Cu、W)两类。

在集成电路和 MEMS 工艺中,电介质抛光主要用于平坦化第一层金属和衬底(有源区、栅极)之间的电介质(Inter-Layer Dielectrics,ILD)与不同层金属之间的电介质(Inter-Metal Dielectrics,IMD)。以 SiO_2 为例,CMP 的化学作用原理是 Cook 理论[23]:

$$Si-O-Si+H_2O \leftrightarrow Si+OH \tag{9-1}$$

磨料中的水和二氧化硅发生表面水合作用,有效降低二氧化硅的硬度和机械强度,从而在机械力作用下去除二氧化硅,去除速率由 Preston 方程描述[24]:

$$\Delta Z = \int_0^t k_p v p \mathrm{d}t \tag{9-2}$$

式中:ΔZ 代表磨削去除量;v 代表磨料在近壁区的相对运动速度;p 代表磨料在近壁区的相对压力;k_p 包括了与磨料本身相关的因素(大小、形状和硬度等)和磨料与壁面发生作用的因素(撞击角度)等。

金属 CMP 与电介质 CMP 的化学作用原理有一定区别,主要采用氧化的方法产生质地较软的金属氧化物,然后通过机械研磨去除氧化物。以 Cu 为例,铜 CMP 过程中最常用的氧化剂是过氧化氢(H_2O_2)。此外,在抛光液中添加络合剂有助于加速铜的溶解,但是加入络合剂会导致抛光过程对于铜与介质层的选择性降低,造成介质层侵蚀现象的加重,进而造成铜互连线的凹陷,严重时会产生断路(见 9.4.7 节)。所以需要在 CMP 过程中加入相应的缓蚀剂来保护铜互连线的表面,最常用的缓蚀剂是苯丙三氮唑(Benzotriazole,BTA)。在抛光过程中,最外层的铜均会被 H_2O_2 氧化成 $Cu_2(OH)_4$,其中突出部分的铜会在氧化的同时被优先抛光去除。缓蚀剂可以在 CMP 过程中保护凹陷处的铜,减慢铜的溶解,并且对突出部分的铜的保护效果较弱,所以在抛光液中加入缓蚀剂会明显改善铜互连线上的凹陷[25]。

(2) CMP 物理作用机制。CMP 过程中，机械研磨发生在被抛光的晶圆、抛光液和抛光垫之间。抛光垫覆盖含有磨粒的抛光液，晶圆与抛光垫做相对运动。首先，样品的表面材料与抛光液中的氧化剂、催化剂等发生化学反应，生成一层相对容易去除的软质层；然后，软质层在磨粒和抛光垫的机械研磨作用下被去除，使凸起处重新裸露出新的表面；最后，再发生化学反应，由此，化学作用过程和机械研磨过程相互交替进行。表面抛光材料去除率可由 Preston 定律描述[24]：

$$R = K_p \times P \times V \tag{9-3}$$

式中：R 为去除率；K_p 为 Preston 系数；P 为局部压强；V 为晶圆局部与抛光垫的相对速度。抛光压强、相对速度、磨粒大小、表面活性剂等因素都影响着材料的去除率。对于氧化物 CMP，水在氧化物中的扩散系数和抛光压强越大，表层软化的速率越高，去除速率就越高。对于金属 CMP，去除率与局部压强和相对速度基本成正比，抛光液中的磨粒含量对摩擦机制几乎没有影响，而磨粒大小对摩擦机制影响较大。

Preston 定律是经验性的近似关系，对二氧化硅 CMP 的拟合效果较好。但对于金属材料的 CMP，拟合数据与实验结果仍然存在较大偏差，需要对 Preston 定律进行修正[26]。

9.4.3 抛光机

用于半导体化学机械抛光的第一台抛光机是旋转抛光机（图 9.16），源于早期 IBM 的专利，但其基本结构设计一直沿用至今。该设备中有一个圆形抛光垫，晶圆抛光面朝下嵌入载体中并压靠在抛光垫上，当抛光垫和载体旋转时，晶圆与抛光垫之间发生摩擦，从而磨削晶圆表面使其平坦化。载体施加在晶圆上的压强为 7~70kPa，氧化物 CMP 所施加的压强通常在该范围的高位，而金属 CMP 在该范围的低位。抛光机的关键技术指标在于对晶圆施加精确控制且均匀的压力，并精确控制工作台和载体的旋转速度[26]。

在抛光机工作过程中，抛光液首先被输送到抛光垫上，随着工作台的旋转进入晶圆下方。晶圆边缘的扣环把晶圆保持在载体中，扣环底部凹进约 0.2mm。修整器是嵌有金刚石的机械装置，用于研磨抛光垫表面，使其变得粗糙，不充分粗糙的抛光垫会导致抛光速率非常低。抛光垫上的凹槽可以增加抛光液的流动速率，允许更多的抛光液进入晶圆与抛光垫之间的空隙。一些抛光垫表面有微小的中空球形孔，用于容纳被带到晶圆表面的抛光液[27]。

抛光机载具基本结构包含两层抛光垫、晶圆背面的载体膜以及万向节点

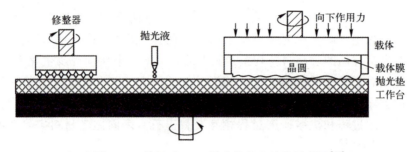

▼ 图 9.16　旋转式 CMP 抛光机基本结构示意图[26]

(图 9.17)。万向节点用于向载体施加向下作用力并作为载体旋转的轴心。底部抛光垫和载体膜是可压缩的，两种薄膜厚度约为 1.3mm。在 35~49kPa 压力范围内，薄膜压缩量为 2%~4%。在抛光垫厚度、晶圆厚度和工作台相对于载体的平行度发生变化时，可压缩薄膜可使整个晶圆-抛光垫界面保持均匀的压力。随着抛光机设备和 CMP 工艺越来越精密，底部抛光垫和载体膜不再需要补偿太多的机械变量，因此做得更薄[26]。

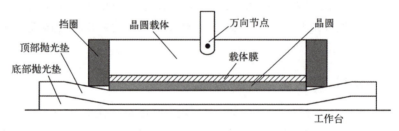

▼ 图 9.17　CMP 抛光机典型晶圆载具示意图[26]

万向节点在晶圆-抛光垫界面上方约 25mm 的位置。当工作台旋转时，晶圆-抛光垫界面处的摩擦力引起围绕万向节点的力矩，导致晶圆前缘(图 9.18 中晶圆的顶部)的向下压力增加，而后缘(图 9.18 中晶圆的底部)的向下压力减小。因此，载体自旋的目的之一是平均前缘和后缘效应，这种旋转平均了前缘的高去除率和后缘的低去除率，相比于固定载体，旋转载体可显著降低抛光的不均匀度。

固定载体不仅会导致晶圆前缘比后缘更高的抛光速率，还会造成晶圆外侧(距离工作台旋转轴心的远端，图 9.18 中晶圆的右侧)比内侧(图 9.18 中晶圆的左侧)抛光得更快，原因是外侧与抛光垫的相对线速度相比内侧更高。如果使用旋转载体，在无明显偏离旋转对称的情况下，抛光速率和去除总量将接近径向对称[26]。

图 9.18　固定载体的晶圆在 Strasbaugh 6DS 抛光机上抛光 60s，抛光前晶圆厚度为 1000nm，加粗黑线是抛光后 750nm 轮廓线，等高线间距为 25nm[26]

一般来说，抛光垫并非是完美的平面，其厚度存在一些径向变化。因此，载体和晶圆之间的可压缩载体膜需要随晶圆厚度和顶部抛光垫厚度的变化而变化，以保证晶圆受力均匀。在抛光过程中，晶圆抛光路径上的抛光垫会逐渐磨损并形成沟槽。这个沟槽可达 $25\mu m$，甚至低于抛光垫边缘。通过调节抛光系统的参数，特别是载体停留时间以及抛光垫与载体相对位置的函数，可以补偿和最小化因长时间抛光而形成的沟槽[27]。

可压缩底部抛光垫通常用石蜡、树脂等非金属物质浸渍的毛毡或泡沫，是另一种用于在顶部抛光垫的底部保持恒压的部件（见 9.4.4 节）。因为顶部垫不如晶圆硬，所以当抛光存在器件表面结构的晶圆时，聚氨酯抛光垫和较软底部垫的两层堆叠决定了抛光的关键特征。总之，可压缩载体膜和底部抛光垫的目的是为整个晶圆表面提供尽可能均匀的抛光条件（压力、相对速度）。此外，通过旋转工作台和自旋载体可以平均抛光速率、最小化晶圆厚度的径向变化。

9.4.4　抛光垫

抛光垫是抛光机最重要部件之一。抛光时，抛光垫表面凸起部分与晶圆接触，以旋转摩擦的方式进行机械抛光。抛光垫表面具有凹槽或穿孔，有助于抛光液在晶圆表面的传输。在离心力作用下，抛光液通过凹槽均匀分布于抛光垫-晶圆界面。由于抛光既是物理机械过程又是化学过程，因此抛光垫必须同时具有机械完整性和耐化学腐蚀性。在机械性能方面，抛光垫需要使用高强度材料以抵抗抛光过程中的撕裂，需要基于被抛光材料选择合适的硬度和模量，还需要良好的耐磨性以防止其过度磨损。在化学性能方面，抛光垫必须能够经受抛光液中腐蚀性化学物质的作用而不产生降解、分层、起泡或翘曲。此外，抛光垫必须足够亲水。

抛光液主要有抛光层间介电氧化物层的高碱性浆料和抛光金属膜（如Cu、W）的高酸性氧化浆料。抛光液必须能润湿抛光垫表面，在晶圆和抛光垫之间形成液膜；否则，在化学腐蚀和机械研磨之前，抛光液就已经流出晶圆边缘。抛光垫的亲水性可用临界表面张力表征。液体的接触角等于零时具有最低的表面张力，此时的表面张力值就是相应固体的临界表面张力。若液体的表面张力大于临界表面张力，液体的接触角大于零，液体就不能在固体表面自行铺展。反之，若液体的表面张力小于临界表面张力，液体就可以在固体表面自行铺展。因此，抛光垫表面材料的临界表面张力值越高，亲水性越强，更容易被抛光液润湿[28]。

表9.2列举了几种聚合物的临界表面张力值。用于制作抛光垫的聚合物，其临界表面张力值最小约37mN/m，优选值约40mN/m，如聚甲基丙烯酸甲酯（PMMA）、聚碳酸酯（PC）、尼龙（Nylon）、聚砜（PSU）、聚氨酯（PU）等。

表9.2　聚合物的临界表面张力值[28]

聚合物类型	临界表面张力/(mN/m)
聚四氟乙烯（PTFE）	19
聚二甲基硅氧烷（PDMS）	24
硅橡胶	24
聚丁二烯	31
聚乙烯（PE）	31
聚苯乙烯（PS）	33
聚丙烯（PP）	34
聚丙烯酰胺（PAM）	35~40
聚乙烯醇（PVA）	37
聚甲基丙烯酸甲酯（PMMA）	39
聚氯乙烯（PVC）	39
聚砜（PSU）	41
尼龙（Nylon）	42
聚碳酸酯（PC）	45
聚氨酯（PU）	45

在使用过程中，抛光垫不断磨损，这就要求其化学性质和机械性能不仅在表面层，还要在整个横截面上基本保持不变。抛光是一个湿的界面过程，亲水聚合物暴露于含水的抛光液后，其表面性质会迅速变化，很快达到平衡值。例如，水充当增塑剂，可降低抛光垫的模量和硬度，并增加延展性。因此，对化学机械抛光机理进行建模时，应该使用抛光垫的表面特性而非整体特性，使用其湿特性而非干特性[29]。

抛光垫所用聚合物要求其配方和形态允许改变，为不同的抛光提供特定且可预测特性的抛光垫，还可以针对特定抛光应用，通过抛光工具、晶圆和抛光液来微调其性能。最符合上述要求的聚合物是聚氨酯（PU），其具有良好的机械性能和优异的化学稳定性，易于精确控制其性能，易于制造各式衬垫微结构（泡沫、浸渍毡、固体衬垫等）。根据微观结构和物理及机械特性差异，现有抛光垫可分为以下四类：聚合物浸渍毡、微孔性合成材料（微孔合成革）、填充聚合物片、非填充纹理聚合物片[30]。表9.3汇总了四类抛光垫的主要特征、特性和典型应用。

表9.3 不同类型抛光垫的主要特征、特性和典型应用[30]

抛光垫类型	聚合物浸渍毡	微孔性合成材料	填充聚合物片	非填充纹理聚合物片
结构	聚合物黏合剂的毡纤维	覆盖在支撑衬底上的多孔薄膜	微孔聚合物薄片	表面有纹理的无孔聚合物薄片
微结构	纤维之间有连续通道	垂直方向开孔	闭孔泡沫	无
固有微观结构	高	高	中等	低
对抛光液的吸附性	中等	高	低	很低
可压缩性	中等	高	低	很低
刚度	中等	低	高	很高
典型应用	硅毛料的抛光，钨CMP	硅的最终抛光，钨CMP，浅层快速CMP	硅毛料，ILD CMP，STI，金属镶嵌CMP	ILD CMP，STI，双层金属镶嵌CMP

抛光垫特性和抛光性能之间的关系很复杂，可归结为以下3个主要原因[30]。

第一，表征抛光性能的参数类型取决于被抛光样品的特征尺度。抛光样品的特征尺度可分为3个级别——晶圆级、芯片级和特征级（表9.4）。晶圆级是指整个晶圆表面的抛光；芯片级是指芯片区域的抛光，占据大部分晶圆表面积；特征级是指管芯内的导线、焊盘、柱和其他特征结构的抛光，特征尺寸是微米级或亚微米级。表9.4列举了每个抛光级别的关键抛光参数。

表9.4 不同级别的抛光参数[30]

晶 圆 级	芯 片 级	特 征 级
去除率	平坦化	导体凹陷
不均匀性	缺陷率	氧化物损失
边缘效应	—	选择性
宏观划痕	—	缺陷率
衬垫寿命	—	粗糙度

第二，抛光垫的物理性能之间相互依赖。例如，抛光垫的密度与硬度和模量密切相关。因此，在不改变抛光垫其他特性的前提下，很难分离出一种特性并观测其对抛光性能的影响。

第三，抛光性能不仅取决于抛光垫的特性，还与其他因素有关，包括抛光工具的设置（如压板和载体速度、下压力、背压、载体头设计、载体膜等）、抛光液相关的变量（如磨料类型、负载量、酸碱度、流速等）以及抛光垫的调节（如金刚石密度、曝光、放置、扫描轮廓、下压力等）。因为许多变量对抛光结果影响很大，某些情况下还会超过抛光垫本身的贡献，所以在研究抛光垫特性与抛光性能关系时，其他抛光变量必须保持恒定。表9.5列出了表9.4中抛光性能参数与特定抛光垫特性的关系。

表9.5 抛光垫特性与抛光性能的关系[30]

抛光垫特性	晶 圆	芯 片	特 征	条 件
密度（孔隙度）	移除速率 不均匀性	缺陷	凹陷，腐蚀	有
硬度	较大的刮伤	缺陷	缺陷，粗糙 凹陷，腐蚀	有
拉伸强度	抛光垫寿命	—	—	有
耐磨性	抛光垫寿命	—	—	有
刚度模量	边缘效应	—	—	有
厚度	抛光垫寿命	—	—	—
上层抛光垫的压缩系数	—	平坦化	凹陷	—

续表

抛光垫特性	晶圆	芯片	特征	条件
抛光垫的质地	抛光垫寿命 移除速率 不均匀性 边缘效应	—	—	—
抛光垫的粗糙度	不均匀性 移除速率	平坦化	凹陷,腐蚀	有
亲水性	移除速率	—	—	有

在半导体制造领域,为了达到高精度的 CMP 平坦化效果,首选硬质抛光垫。例如,在金属 CMP 中,抛光垫的弯曲会导致金属层出现碟形。此外,加工过程引入的应力、氧化物介质层和金属层热膨胀系数的不匹配都会使晶圆不完全平坦,造成一定程度的弯曲。因此,抛光垫需要足够的柔韧性去适应晶圆的不平整性,解决方案是将硬垫层压到一个弹性基垫上。例如,IC1000/SUBA Ⅳ 抛光垫就被广泛用于氧化物 CMP 和金属 CMP[30]。

9.4.5 抛光液

CMP 工艺中,抛光液起着非常重要的作用。CMP 抛光液中各组分之间以及抛光液与其他部件之间存在大量的相互作用,可分为以下 3 个部分[25]。

(1) 磨料的作用。抛光液中的磨料成分为 CMP 提供了机械研磨作用,而且磨料颗粒还承担着部分化学磨蚀作用。金属 CMP 和电介质 CMP 对磨料颗粒有着共同需求:需有与周围环境(如抛光垫)相排斥的表面电荷以保持悬浮状态,需有合适的硬度以冲击晶圆表面,需有稳定的化学性质以不溶于溶剂。不同之处是:金属 CMP 所用磨粒一般不需要化学活性,而电介质 CMP 所用磨粒需要一定的化学活性,且需有与样品表面相匹配的化学键以黏附晶圆表面。此外,抛光液中的磨粒不能比被抛光的表面硬,以避免对样品的严重机械损伤。

(2) 溶剂的作用。抛光液的溶剂主要为 CMP 提供化学腐蚀作用,包括 pH 调节剂、氧化剂、络合剂、缓蚀剂等。溶剂还须提供静电或空间平衡,使磨料稳定悬浮。静电平衡来自于溶液中同种电荷的排斥力,空间平衡来自于二次组分的引入,如高分子有机化合物的物理干涉。除了化学作用,溶剂还起到在晶圆和抛光垫之间充当润滑剂、输送废料、控制温度等重要的机械物理作用。

（3）抛光液与抛光垫的相互作用。抛光垫是向晶圆表面输送抛光液的主要途径，为 CMP 提供"反应室"。因此，抛光垫必须对磨料和溶剂中的化学物质及其副产品呈惰性。此外，当抛光垫需要足够的柔韧性去适应晶圆的不平整时，溶剂中的水充当增塑剂，降低抛光垫的硬度并增加抛光垫延展性。抛光垫柔韧性的变化须可逆，干燥后的抛光垫性能可恢复到原始状态。

高性能抛光液的组分不外乎溶剂和磨料。溶剂中的化学添加剂与晶圆表面材料发生反应，同时，抛光液中的磨料通过机械研磨作用去除表面材料，平坦化衬底。理想的抛光液应同时具备较高的去除率、较少的表面缺陷（划伤、腐蚀等）、较高的均匀性以及对衬底层的高选择性。理想的抛光液还应具备的性能包括能够保持性质的长期稳定、对图形密度和线宽不敏感（同一晶圆上不同区域的图形尺度可能相差 5 个数量级以上）、便于进行废物处理[25]。表 9.6 总结了抛光液参数对 CMP 性能的影响，可作为参考调整抛光液以满足特定的性能要求。

表 9.6　抛光液参数对抛光液性能的影响[25]

抛光液参数	影响的抛光性能
pH 值	抛光表面的溶解速率 研磨颗粒的稳定性
缓冲剂	阻止 pH 值的变化
氧化剂	诱导发生化学反应形成表面薄膜 或使金属溶解
络合剂	增强抛光表面或抛光碎片的溶解
黏度	晶圆表面来回输送研磨颗粒和化学物质的能力
抛光液研磨料的类型	磨损类型
抛光液研磨料的颗粒大小	去除率，表面的品质
抛光液研磨料的硬度	去除率，表面的品质
抛光液研磨料的浓度	去除率
抛光液的稳定性	研磨颗粒凝聚，表面损伤

9.4.6　表面平坦化

随着互连尺寸的缩小和金属层数的增加，器件对表面平整度的要求也相应增加。为了保证后续光刻图形的精确度和分辨率，表面平坦化是不可或缺的步骤。同时，微加工形成的凹凸不平的表面也严重影响了后续沉积、刻蚀等工艺。晶圆表面的平坦化可分为3个层次（图9.19）：①平滑化，即特征角被平滑、高深宽比孔被填充；②局部平坦化，即表面局部平坦，但表面高度可能在整个晶圆中变化；③全局平坦化[31]。

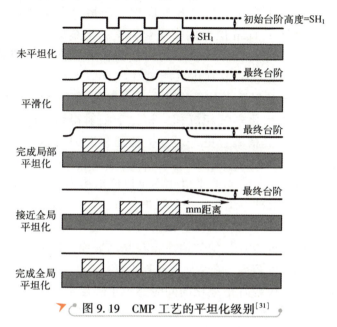

图9.19　CMP工艺的平坦化级别[31]

抛光表面的平整度是由其表面几何形状判定（图9.20）的，通过测量平坦长度L和平坦角度α对平整度的级别进行标记和排序[32]。

表面平滑化：$0.1\mu m < L < 2.0\mu m$ 且 $\alpha > 30°$。

局部平坦化：$2.0\mu m < L < 100\mu m$ 且 $0.5° < \alpha < 30°$。

全局平坦化：$100\mu m \leqslant L$ 且 $\alpha < 0.5°$。

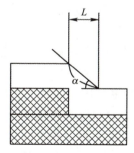

图9.20　平整度的定量测试[32]

(1) 表面平滑化与局部平坦化。表面平滑化是平坦化的初级处理，用来平滑尖锐的结构和填充高深宽比的孔洞。表面平滑化和局部平坦化是为了满足金属台阶覆盖率的要求。金属台阶覆盖率是金属膜最薄点和最厚点的比值，最薄点通常出现在深接触孔的底部，而最厚点出现在金属薄膜沉积的平面上。对于低于 1μm 层厚的金属化方案，当金属层伸入高深宽比的接触孔时产生薄点，薄点会导致较小的横截面积和较高的电流密度，将会引起电迁移问题。因此，需要利用气相刻蚀或反应离子刻蚀来使表面光滑化，并用金属钨填充接触孔，从而降低由于台阶覆盖不足而导致的电迁移。制作钨膜时，通常采用化学气相沉积，相比于溅射得到的薄膜，气相沉积的薄膜电阻率更低、更精细、更平坦、抗电迁移能力更强，能够更好地填充下层的非平面结构[33]。

在多层金属结构中，简单的平滑化不足以应对由多层金属累积造成的凹凸形貌，必须再进行局部平坦化。局部平坦化方法包括旋涂玻璃法（Spin-On Glass，SOG）、回蚀法、CVD、PVD、PECVD 等。旋涂玻璃法是将含有介电材料的溶液以旋转涂布的方式，均匀地涂布在晶圆表面，以嵌入金属布线之间的凹槽，再通过热蒸发溶剂，在金属布线层上形成 0.1~1μm 的近似二氧化硅的层间绝缘膜，使金属台阶平坦化的同时避免了多层金属集成时的电迁移问题。回蚀法是将一介电层材料，如掺碳二氧化硅（SiOC）或掺氟二氧化硅（SiOF），用 CVD 均匀地覆盖于图形化的金属导线上；再进行 RIE，以含有 C_5H_8、CHF_3 与氩气的刻蚀气体，回蚀（Etch Back）介电层材料，并停止刻蚀于金属导线上，以形成厚度均匀的金属层间介电层（IMD）[34]。

(2) 全局平坦化。随着集成电路特征尺寸的不断减小，需要不断提高光刻的聚焦精度。虽然有许多分辨率增强技术，如相移掩膜、浸没透镜和深紫外光刻，然而，这些技术会减小光刻的聚焦深度。全局平坦化可以用来满足光刻在微米乃至纳米范围的景深要求。其他平坦化方案很难达到 CMP 对全局平整度的提高程度，因此，CMP 是目前被广泛接受的全局平坦化方案。在半导体制造过程中，芯片表面图形密度的差异会引起去除率和台阶高度的变化，对全局平坦化造成很大影响（详见 9.4.7 节），减少图形密度差异的一个有效方法是在有用图形中混合一些虚结构。虚结构是被设计用于辅助 CMP 步骤且没有电相互作用的金属图形结构，通常使用光刻、刻蚀和沉积工艺在晶圆衬底上制造，可用于改善和评估抛光均匀性并预测产品性能。在对混入虚结构的芯片进行 CMP 抛光后，使用 SEM、AFM 等技术检测晶圆表面，确定表面粗糙度和抛光过程的均匀性并识别不均匀的抛光区域。将检测结果与原始的芯片设计进行比较,以评估 CMP 过程的有效性,是否实现了全局平坦化。根据评估结果,对虚结构进行修改,并优化 CMP 工艺,以提高抛光均匀性和产品的性能与可靠性[35]。

(3)沟槽填充。沟槽填充首先应用于微电子制造领域。局部硅氧化(LOCOS)和浅沟槽隔离(STI)是两个主要的水平隔离工艺。局部硅氧化:以氮化硅为掩膜,在有源晶体管区域以外的硅区上生长一层厚的氧化层。氧原子的横向扩散会造成氮化物掩膜边缘的下方有轻微的侧向氧化生长,由于生成的氧化层比消耗的硅更厚,所以氮化硅边缘会被抬高,边缘下方的氧化层呈现"鸟喙"状,这种效应称为"鸟喙效应",限制了局部硅氧化在深亚微米级(0.25μm)以下的应用。因此,现在通常将浅沟槽隔离与 CMP 相结合(图 9.21),其主要步骤如下:①通过 CVD 在硅衬底上沉积二氧化硅缓冲层和氮化硅层;②光刻并刻蚀出浅沟槽;③以二氧化硅填充沟槽,通常采用高密度等离子体(High-Density Plasma,HDP)沉积,这种沉积技术能填充非常小的沟槽而不留空隙;④利用 CMP 去除氮化硅上层所有的二氧化硅,同时尽可能少地抛光氮化硅;⑤去除氮化硅和二氧化硅缓冲层,露出的硅衬底就是制作有源器件的区域[26]。

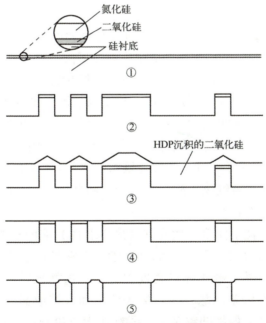

图 9.21 浅沟槽隔离的形成过程示意图[26]

沟槽填充已在 MEMS 制造工艺中得到了应用。然而，MEMS 制造工艺产生的沟槽通常比集成电路领域更深，因此，必须根据 MEMS 器件的加工需求来调整 CMP 工艺。硅通孔（TSV）是一项用于实现垂直互连的技术，为芯片的三维集成提供了可能。硅通孔技术与铜镶嵌技术的基本理念类似，但 TSV 所处理的通孔深度及尺寸更大，达到 20~100μm，并且可以用激光钻孔，降低制造成本。在用铜或钨填充通孔后，同样需要利用 CMP 将多余的金属去除。因此，TSV 工艺基本符合 MEMS 器件的加工要求[26]。

9.4.7 不同材料抛光因素考虑

CMP 工艺需要关注的问题包括抛光速率、平坦化能力、芯片内不均匀性、晶圆内不均匀性、晶圆间不均匀性、去除选择性、缺陷及污染。除了 CMP 工艺中的共性问题，如缺陷和污染，对于不同的被抛光材料，CMP 工艺有其特性问题。CMP 工艺主要分为电介质 CMP 和金属 CMP。传统 SiO_2 电介质的介电常数 k 约为 3.9，为了改善器件性能，提高器件集成度，开发出许多新型介电材料。按照其介电能力可分为高 k 介质（$k>3.9$）和低 k 介质（$k<2.8$），高 k 介质包括 SiN_x、SiON、TiO_2 等，低 k 介质包括 SiOF、SiOC、聚酰亚胺、聚对二甲苯基等。

金属 CMP 涉及同一界面的不同材料（金属和电介质），需要注意凹陷和侵蚀问题（图 9.22）。凹陷是指介电层表面以下沟槽或通孔中的金属被去除；侵蚀是指介电层表面以下的电介质被去除。如图 9.22（a）所示，图形密度高的区域，沉积金属层顶部的图形密度相应更高。因为单位面积上施加在晶圆上的力是施加在图形面积上的，更小的受力面积在抛光过程中承受的局部压强更高，导致图形密度高的区域材料去除速率更快（图 9.22（b））。理想情况如图 9.22（c）所示，但实际上抛光液对金属和电介质的选择性不够强，先暴露出来的电介质会被继续去除，在抛光液和抛光垫的共同作用下，抛光结果如图 9.22（d）所示[36]。

凹陷和侵蚀与图形密度、抛光垫硬度以及抛光液的选择性去除率有关。通过以下措施可以改善金属抛光的平坦性：①在设计芯片时添加一些没有电相互作用的虚结构，减小图形密度差异；②选择硬质抛光垫，防止压力透过抛光垫施加在凹陷区域；③在抛光液中加入缓蚀剂，缓解络合剂对抛光液选择性的降低，保护凹陷区域；④利用端点检测系统检测 CMP 过程中抛光台的电流变化或光信号变化，感知电介质层的暴露状况，从而及时停

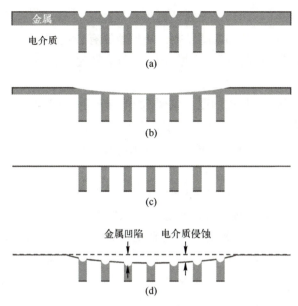

图 9.22　图形密度的差异以及抛光液的选择性对 CMP 的影响[36]

止抛光过程。

（1）电介质 CMP 的特性问题。氧化物电介质层的结构和性能受沉积工艺影响，进而影响 CMP 去除率。具体来说，氧化层的致密程度和表面开放键的数量与 CMP 去除率密切相关。LPCVD 薄膜比 APCVD 薄膜的密度大，抛光速率慢。密度更大的有高密度等离子体（HDP）化学气相沉积薄膜，而热生长的二氧化硅是半导体制造工艺中密度最大的薄膜，所以其抛光速率最慢。掺杂薄膜比未掺杂薄膜的抛光速率更快，掺杂磷和硼的二氧化硅薄膜广泛用于覆盖有源器件的第一介电层，抛光速率随两种掺杂杂质浓度的增加而增加。

氧化物 CMP 的主要机制为抛光垫与研磨颗粒对氧化物的机械磨削，其次是碱性抛光液与氧化物表面的水合作用。若在 CMP 过程中操作不当，很可能在电介质层表面产生划痕。如果继续进行下一步工艺，如金属填充，就会导致器件的短路。要解决此类问题，必须从源头着手，设置合适的抛光液、抛光垫、晶圆上施加的压力等参数。此外，氧化物 CMP 经常存在晶圆表面的颗粒和化学污染，这类问题可以通过后续的清洗工艺解决。在 IC 领域，为了最小化金属层间的延迟，引入了低 k 聚合物材料（如聚对二甲苯基）。在 MEMS 领域，生物医学器件需要与生物组织有良好的接触特性，也引入了特殊的低 k

聚合物材料（如聚酰亚胺）。与传统的电介质相比，聚合物的质地较软，机械强度较差，所以聚合物 CMP 过程中，抛光液要有合适的化学特性，去除抛光液中直径较大的研磨颗粒，减小抛光压力和旋转速率，避免产生机械损伤和划痕[37]。

（2）金属 CMP 的特性问题。金属 CMP 与电介质 CMP 虽然可用同一类型的抛光设备，但为了更好的工艺控制，消除交叉污染，单台抛光机通常只分配给一种类型的工艺。金属 CMP 需要氧化的化学环境，而对氧化物和氮化物 CMP 是不必要的。

在半导体制造中，最常使用 CMP 工艺的金属为钨（W）和铜（Cu）。钨主要用于填充电介质上的接触孔和通孔，接触孔用于在硅表面的有源区形成金属接触，使硅和随后沉积的导电材料更加紧密结合。通孔用于连接不同的金属层，改善台阶覆盖率和电迁移现象[38]。铜具有高电导率和优异的抗电迁移特性，镶嵌技术的出现，使得铜频繁用于集成电路、MEMS 器件的金属互连结构中。随着集成电路的特征尺寸不断缩小，为了制造电导率更高、电迁移率更低的互连结构，在芯片的部分区域用钴（Co）和钌（Ru）替代了铜和钨，并在金属互连结构和电介质之间添加阻挡层。阻挡层材料包括钛（Ti）、钽（Ta）、氮化钛（TiN）和氮化钽（TaN），阻挡层不仅增强了金属互连线的黏附性，还避免了金属原子扩散到介电层中，具有良好的热稳定性和化学稳定性。

镶嵌技术也称为大马士革工艺，使得铜成功在集成电路和 MEMS 器件中替代了铝。早期集成电路采用铝布线，但铝和硅在高温下会发生共熔，造成短路，并且由于电路密度的增加，布线宽度降低，单位面积的导线将承受更大的电流密度。在电场力和热效应的共同作用下，铝原子将在内部迁移直至导线断路。随着时钟频率增加和工艺尺寸的减小，超大规模集成电路需要导电率更高、电迁移率更低的材料。因此，尽管铜无法像铝一样进行干法刻蚀，但镶嵌技术的出现解决了这个问题。铜、铝布线工艺流程的区别如图 9.23 所示。使用铝布线时，首先对铝进行光刻和刻蚀，然后淀积电介质层，最后进行电介质 CMP。铜布线的工艺流程刚好相反，首先沉积电介质层，然后光刻、刻蚀出金属布线的图形沟槽，接着填充金属铜，最后对铜进行 CMP 处理。为了防止铜原子扩散并增强金属导线的黏附性，在沉积铜之前需要沉积一薄层钽（Ta）或氮化钽（TaN）[39]。

接下来以铜的双镶嵌工艺为例（图 9.24），介绍 CMP 工艺在铜互连

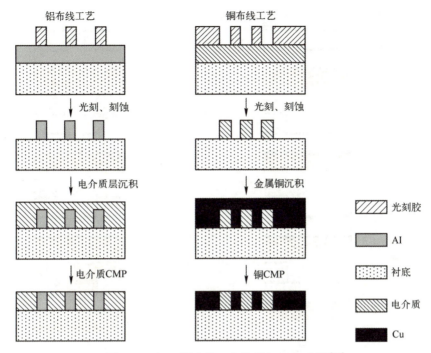

图9.23 铝、铜布线工艺流程与CMP步骤[39]

结构中的应用。以二氧化硅为介电层，氮化硅为刻蚀停止层，钽（Ta）为阻挡层。第一种铜的双镶嵌工艺如下：①在下层铜导线上沉积三层刻蚀停止层、两层介电层，旋涂并图形化光刻胶，窗口宽度为上层铜导线沟槽的宽度；②刻蚀掉第一层刻蚀停止层和第一层介电层；③旋涂并图形化光刻胶，窗口宽度为通孔的宽度；④刻蚀掉第二、三层刻蚀停止层和第二层介电层，露出下层铜导线，在底部和侧壁沉积一层薄钽层作为阻挡层，防止以后沉积的铜扩散到介电层中；⑤沉积铜填充通孔和沟槽，利用CMP将上层铜抛光至与第一层刻蚀停止层平齐。第二种铜的双镶嵌工艺如下：①在下层铜导线上沉积三层刻蚀停止层、两层介电层，旋涂并图形化光刻胶，窗口宽度为通孔的宽度，刻蚀掉三层刻蚀停止层和两层介电层；②旋涂并图形化光刻胶，窗口宽度为上层铜导线沟槽的宽度；③刻蚀掉第一层刻蚀停止层和第一层介电层；④去除光刻胶，在底部和侧壁沉积一层薄钽层，沉积铜填充通孔和沟槽；⑤利用CMP将上层铜抛光至与第一层刻蚀停止层平齐。

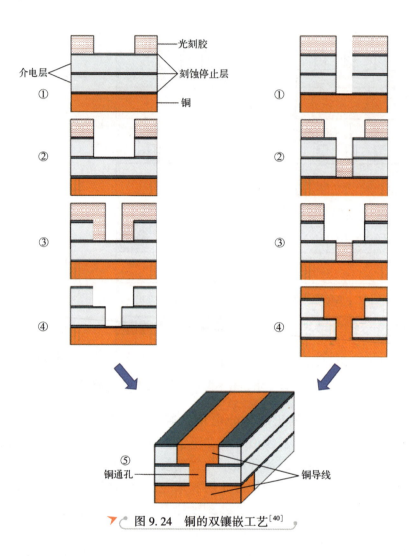

图 9.24 铜的双镶嵌工艺[40]

9.4.8 CMP 清洗工艺

CMP 后道清洗是 CMP 工艺不可或缺的步骤，决定了抛光晶圆最终的缺陷水平，对成品率具有显著影响。晶圆表面的污染物主要包括抛光残留物和有机物。CMP 清洗的前提是确保不损伤原有电路结构。例如，使用氨水清洗残留金属化合物时，必须严格控制溶剂浓度和反应时间，确保不损伤电子元件。

CMP 清洗的原理是利用物理、化学或机械作用使吸附在表面的污染物解吸附并离开衬底表面。物理作用是指利用光能、电能或热能使污染物获得能量，并通过自身的振动脱离衬底表面；化学作用是指利用清洗剂，使大分子污染物溶于清洗剂并生成小分子物质，从而脱离衬底表面，或者利用清洗剂破坏污染物分子与衬底之间的键合作用而使之脱离；机械作用是指利用摩擦力、拖曳力等，使吸附的污染物脱离衬底表面。

CMP 清洗工艺主要分为接触式和非接触式。接触式清洗是 IC 或 MEMS 器件制造中主要的 CMP 清洗手段。例如，双面擦洗（图 9.25）：将晶圆夹在两个擦洗刷之间，使用合适的清洗液，同时清洗晶圆的两面。清洗液中的酸碱、表面活性剂等物质可以促进污染物脱离衬底，然后通过擦洗刷与衬底表面接触和分离所引起的摩擦力和液体拖曳力去除污染物。擦洗刷的压力和转速会影响清洗效果，但过大的压力和摩擦力会增加额外的表面损伤[41]。

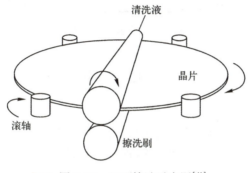

图 9.25　双面擦洗示意图[41]

兆声波清洗是常用的非接触式清洗方法。兆声波清洗的原理是由高能频振效应（高频交流电激励压电陶瓷晶体）结合清洗液的化学反应清洗晶圆，可去除晶圆表面直径小于 $0.1\mu m$ 的污染物颗粒（图 9.26）。在清洗时，由兆声发生装置发出频率为 MHz 级的高能声波，溶液分子在这种声波作用下加速运动，最大瞬时速度可达 30cm/s，清洗溶液处于不停地从底往上流动和过滤的循环中。能量足够大的兆声波会使溶液中的微小气泡迅速膨胀，形成空腔泡，随后空腔泡会急剧崩溃并释放出巨大的能量，在清洗过程中起辅助作用。兆声波清洗适用于电介质 CMP 后的清洗，因为相对于钨和铜 CMP 抛光液中的氧化铝磨粒，电介质 CMP 抛光液中的二氧化硅磨粒更容易去除。许多清洗系统结合了接触式和非接触式清洁工艺，利用非接触式模块清洗容易去除的污染物，利用接触式模块清洗顽固的污染物，从而在减小对晶圆表面损伤的同时提高清洗效率[42]。

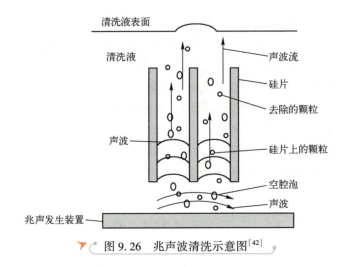

图 9.26 兆声波清洗示意图[42]

9.5 本章小结

本章主要介绍了 MEMS 器件表面处理的相关技术和工艺方法。首先，讨论了黏附和释放现象，以及减少黏附现象的释放工艺。接着，介绍了几种表面改性方法，包括自组装单分子层表面改性、物理改性和 BioMEMS 器件的表面改性等，详细介绍了 SU-8 与 PDMS 键合时的表面处理案例。此外，在表面分析方面，介绍了多种表面化学组分和结构形貌分析技术。最后，本章重点讲解了化学机械抛光 CMP 技术，包括其发展历程、工艺原理、抛光设备、工艺步骤、不同材料抛光因素的考虑和抛光后的清洗工艺等。综上所述，表面处理技术是 MEMS 器件制造过程中不可或缺的一部分，它对 MEMS 器件的性能、质量和可靠性有着重要的影响。因此，我们需要了解不同的表面处理方法和技术，以便选择最适合的方法来满足 MEMS 器件性能和功能的需求。

参 考 文 献

[1] KOMVOPOULOS K. Adhesion and friction forces in microelectromechanical systems: mechanisms, measurement, surface modification techniques, and adhesion theory [J]. Journal of Adhesion Science and Technology, 2003, 17 (4): 477-517.

[2] MASTRANGELO C H, SALOKA G S. A dry-release method based on polymer columns for microstructure fabrication [C]. Proceedings IEEE Micro Electro Mechanical Systems. Fort

[3] MONK D J, SOANE D S, HOWE R T. A review of the chemical reaction mechanism and kinetics for hydrofluoric acid etching of silicon dioxide for surface micromachining applications [J]. Thin Solid Films, 1993, 232 (1): 1-12.

[4] JAFRI I H, BUSTA H, WALSH S T. Critical point drying and cleaning for MEMS technology [J]. MEMS Reliability for Critical and Space Applications, 1999, 3880: 51-58.

[5] KIM C J, KIM J Y, SRIDHARAN B. Comparative evaluation of drying techniques for surface micromachining [J]. Sensors and Actuators A: Physical, 1998, 64 (1): 17-26.

[6] KOMVOPOULOS K. Surface engineering and microtribology for microelectromechanical systems [J]. Wear, 1996, 200 (1-2): 305-327.

[7] MABOUDIAN R, HOWE R T. Critical review: adhesion in surface micromechanical structures [J]. Journal of Vacuum Science & Technology B: Microelectronics and Nanometer Structures Processing, Measurement, and Phenomena, 1997, 15 (1): 1-20.

[8] KIM J M, BAEK C W, PARK J H, et al. Continuous anti-stiction coatings using self-assembled monolayers for gold microstructures [J]. Journal of Micromechanics and Microengineering, 2002, 12 (5): 688.

[9] ASHURST W R, CARRARO C, MABOUDIAN R. Vapor phase anti-stiction coatings for MEMS [J]. IEEE Transactions on Device and Materials Reliability, 2003, 3 (4): 173-178.

[10] MAYER T M, DE BOER M P, SHINN N D, et al. Chemical vapor deposition of fluoroalkylsilane monolayer films for adhesion control in microelectromechanical systems [J]. Journal of Vacuum Science & Technology B: Microelectronics and Nanometer Structures Processing, Measurement, and Phenomena, 2000, 18 (5): 2433-2440.

[11] YEE Y, CHUN K, LEE J D, et al. Polysilicon surface-modification technique to reduce sticking of microstructures [J]. Sensors and Actuators A: Physical, 1996, 52 (1-3): 145-150.

[12] JOSHI M, KALE N, LAL R, et al. A novel dry method for surface modification of SU-8 for immobilization of biomolecules in Bio-MEMS [J]. Biosensors and Bioelectronics, 2007, 22 (11): 2429-2435.

[13] ZHU Z, CHEN P, LIU K, et al. A versatile bonding method for PDMS and SU-8 and its application towards a multifunctional microfluidic device [J]. Micromachines, 2016, 7 (12): 230.

[14] 朱真. 一种以SU-8光刻胶和PDMS为基材的微流控芯片键合方法: CN104627953A [P]. 2016-06-29.

[15] CHASTAIN J, KING JR R C. Handbook of X-ray photoelectron spectroscopy [J]. Perkin-

Elmer Corporation, 1992, 40: 221.

[16] KITAO A, IMAKITA K, KAWAMURA I, et al. An investigation into second harmonic generation by Si-rich SiNx thin films deposited by RF sputtering over a wide range of Si concentrations [J]. Journal of Physics D: Applied Physics, 2014, 47 (21): 215101.

[17] HOFMANN S. Practical surface analysis: state of the art and recent developments in AES, XPS, ISS and SIMS [J]. Surface and Interface Analysis, 1986, 9 (1): 3-20.

[18] GOLDSTEIN J I, NEWBURY D E, MICHAEL J R, et al. Scanning electron microscopy and X-ray microanalysis [M]. Berlin: Springer, 2017.

[19] WILLIAMS D B, CARTER C B, WILLIAMS D B, et al. The transmission electron microscope [M]. New York: Springer US, 1996.

[20] MAGONOV S N, WHANGBO M H. Surfaceanalysis with STM and AFM [M]. Hoboken: Wiley-VCH, 1996.

[21] LEE H, LEE D, JEONG H. Mechanical aspects of the chemical mechanical polishing process: a review [J]. International Journal of Precision Engineering and Manufacturing, 2016, 17: 525-536.

[22] Wikimedia Commons. Comparison between semiconductor circuits manufactured with and without chemical-mechanical polishing [EB/OL]. https://commons.wikimedia.org/wiki/File:Semiconductor_fabrication_with_and_without_CMP_RU.svg? uselang=zh.

[23] COOK L M. Chemical processes in glass polishing [J]. Journal of Non-Crystalline Solids, 1990, 120 (1-3): 152-171.

[24] PRESTON F. Glass technology [J]. Journal of the Society of Glass Technology, 1927, 11 (10): 277-281.

[25] LEE D, LEE H, JEONG H. Slurry components in metal Chemical Mechanical Planarization (CMP) process: a review [J]. International Journal of Precision Engineering and Manufacturing, 2016, 17: 1751-1762.

[26] OLIVER M R. Chemical-mechanical planarization of semiconductor materials [M]. Berlin: Springer, 2004.

[27] DOI T, MARINESCU I D, KUROKAWA S. Advances in CMP polishing technologies [M]. New York: William Andrew, 2011.

[28] BRANDRUP J, IMMERGUT E H, GRULKE E A, et al. Polymer handbook [M]. New York: Wiley, 1999.

[29] MCGRATH J, DAVIS C. Polishing pad surface characterisation in chemical mechanical planarisation [J]. Journal of Materials Processing Technology, 2004, 153: 666-673.

[30] WILLARDSON R K, WEBER E R, LI S M H, et al. Chemical mechanical polishing in silicon processing [M]. Cambridge: Academic Press, 1999.

[31] STEIGERWALD J M, MURARKA S P, GUTMANN R J. Chemical mechanical

planarization of microelectronic materials [M]. New York: Wiley, 1997.

[32] SIVARAM S, BATH H, MAURY A, et al. Planarizing interlevel dielectrics by chemical-mechanical polishing [J]. Solid State Technology, 1992, 35 (5): 87-92.

[33] LEE W S, KIM S Y, SEO Y J, et al. An optimization of tungsten plug Chemical Mechanical Polishing (CMP) using different consumables [J]. Journal of Materials Science: Materials in Electronics, 2001, 12: 63-68.

[34] PRAMANIK D, JAIN V, CHANG K. A high reliability triple metal process for high performance application specific circuits [C]. Proceedings Eighth International IEEE VLSI Multilevel Interconnection Conference. Santa Clara: IEEE, 1991: 27-33.

[35] TSVETANOVA D, DEVRIENDT K, ONG P, et al. Dummy design characterization for STI CMP with fixed abrasive [C]. Proceedings of International Conference on Planarization/CMP Technology. Kobe: IEEE, 2014: 199-202.

[36] TSENG W T. Approaches to defect characterization, mitigation and reduction [M]. Cambridge: Woodhead Publishing, 2022.

[37] HIJIOKA K, ITO F, TAGAMI M, et al. Mechanical property control of low-k dielectrics for diminishing Chemical Mechanical Polishing (CMP) -related defects in Cu-damascene interconnects [J]. Japanese Journal of Applied Physics, 2004, 43 (4S): 1807.

[38] DUONG T H, KIM H C. Electrochemical etching technique for tungsten electrodes with controllable profiles for micro-electrical discharge machining [J]. International Journal of Precision Engineering and Manufacturing, 2015, 16 (6): 1053-1060.

[39] HAVEMANN R H, HUTCHBY J A. High-performance interconnects: an integration overview [J]. Proceedings of the IEEE, 2001, 89 (5): 586-601.

[40] Metallization: copper technology [EB/OL]. Semiconductor Technology from A to Z. https://www.halbleiter.org/en/metallization/copper-technology/.

[41] BUSNAINA A A, LIN H, MOUMEN N, et al. Particle adhesion and removal mechanisms in post-CMP cleaning processes [J]. IEEE Transactions on Semiconductor Manufacturing, 2002, 15 (4): 374-382.

[42] KESWANI M, HAN Z. Post-CMP cleaning [M]. New York: William Andrew, 2015.

第 10 章

键 合

键合是将两个晶圆（整个或部分）在一定条件下结合以形成机械和电气连接，广泛应用于 IC 制造、MEMS 封装以及多芯片集成。本章旨在梳理半导体制造中常用的键合技术，简要阐述不同键合技术的原理和流程，同时详细介绍适用于 MEMS 传感器的键合技术。10.1 节和 10.2 节分别介绍了玻璃料和黏合剂键合，两者都属于中间层键合，需要在晶圆之间添加中间黏合层并施加特定的温度和压力。10.3 节介绍阳极键合，在高温下对玻璃或石英等材料施加电压可以使其与硅片键合，常用于 MEMS 传感器的封装和微流控芯片的密封。10.4 节介绍直接键合，依赖于特定温度和压力下晶圆表面形成的范德瓦尔斯力、库仑力和毛细力等，在不添加任何中间黏合层的情况下直接键合两片晶圆。10.5 节介绍等离子体活化键合，晶圆界面需要利用等离子体活化形成键合，用于多种金属、合金、半导体材料之间的室温键合。10.6 节介绍金属键合，包括热压键合、共晶键合以及固液互扩散键合等，常用于电路板组装、芯片贴装、倒装芯片和晶圆级封装等封装工艺中。10.7 节介绍面向 3D 集成的键合技术，即金属/介质混合键合技术。本章还列举了一些键合技术的案例供读者参考学习。

10.1　玻璃料键合

玻璃料键合广泛用于微系统中，通常是制造流程的最后一步。该工艺必须满足一些具体要求,如工艺温度限制在 450 ℃,以防止温度造成的晶圆损伤;不可过度清理晶圆表面,以避免金属腐蚀。由于键合之前的制造工艺流程已积累了较高成本,因此,键合工艺须保证较高的良率,并且晶圆可在粗糙表面完成玻璃料晶圆键合,甚至在高低不平的金属线或台阶上实现晶圆键合。同时,玻璃料晶圆键合可以保证键合的机械强度、气密性和可靠性,适用于几乎所有的集成电路、MEMS 的键合。此外,该工艺还具有一些其他优势,如适用于 CMOS 晶圆键合且无负面影响、可直接密封未经钝化的金属线、高可靠性;键合后器件的机械应力非常低、安全且重复性好、可用通孔的键合结构、不需要表面活化等。

10.1.1 玻璃料键合原理

玻璃料晶圆键合的基本原理是以低熔点玻璃作为晶圆键合的中间连接层,先加热待键合晶圆之间的玻璃,使其黏度不断降低并达到润湿温度,该温度下的玻璃呈液态流动并润湿晶圆表面;在玻璃流动过程中,待键合晶圆表面与液态玻璃实现原子水平的接触,同时,液态玻璃流入晶圆的表面粗糙处,能保证键合晶圆的密封性。所以,玻璃料晶圆键合也被称为密封玻璃键合。在玻璃料晶圆键合的最后,即冷却晶圆堆叠的过程中,玻璃材料会重新固化,形成密封性好,机械强度高的键合。玻璃料晶圆键合常用于晶圆级 MEMS 在真空下或低压下的封装,如陀螺仪等谐振器件。

10.1.2 玻璃料键合基本步骤

玻璃料键合的主要工艺步骤如下。

(1)制备玻璃浆料。利用丝网印刷将玻璃浆料涂覆在待键合晶圆上。玻璃浆料又称粉末玻璃,一般是由玻璃粉颗粒、有机溶剂和黏合剂组成的浆状物质。为了制备这种浆料,首先,需要将低熔点玻璃(如铅硼酸盐或铅锌硅酸盐玻璃)研磨成小于 15μm 的颗粒;然后,将玻璃颗粒与有机黏合剂混合成糊状玻璃浆料;另外,玻璃浆料中还会添加溶剂来调整黏度。添加填充颗粒调整热膨胀系数,例如,在铅锌硅酸盐玻璃中添加钡硅酸盐玻璃陶瓷填充物,铅锌硅酸盐玻璃浆料的热膨胀系数可从 10×10^{-6} K^{-1} 降低到 8×10^{-6} K^{-1},最终减小玻璃浆料键合叠层晶圆的应力。低温(<450℃)键合最常用的浆料是 Ferro FX-11-036[1],使用铅锌硅酸盐作为低熔点玻璃,并且以钡酸盐玻璃填充物来降低玻璃浆料的热膨胀系数,同时还添加了含溶剂的有机黏合剂。

(2)玻璃浆料印刷成型。该步工艺使用丝网或钢板作为图形制作工具,通过构建丝网形状（丝网膜层结构可用光刻实现）来获得想要的印刷图案。对于玻璃料晶圆键合，玻璃浆料分布的形状和位置与晶圆上的结构（如刻蚀有通孔的晶圆）有关。因此，任何玻璃料晶圆键合方案都需要有特定的丝网结构。在丝网印刷中，丝网通过一个网状结构在支撑架上绷紧，待印刷的晶圆置于丝网下方，同时，自动视觉对位系统将晶圆和网格上的特殊标记对准。然后，先用刮刀在网格上刮玻璃浆料，使浆料填充进网格开孔中；再用刮刀将网格压向晶圆，并沿网格区域移动实现印刷（图10.1）。

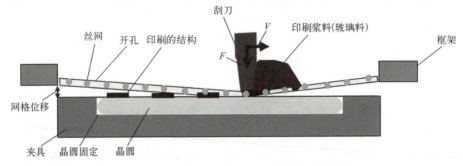

图10.1　用于玻璃料键合的丝网印刷原理[1]

（3）去除浆料溶剂（预烧结）。在使用玻璃浆料将键合框架印刷到待键合的晶圆时，玻璃浆料还不能立即使用，这是因为玻璃浆料黏合剂和溶剂的有机物会在玻璃中产生大量气泡，无法形成良好的密封。因此，为了实现高质量的键合，必须进行加热预处理以耗尽底胶，并将玻璃浆料转换为预熔化的玻璃。加热预处理过程包括3个步骤。首先，丝网印刷后直接在120℃烘烤玻璃浆料，去除玻璃浆料中的大部分溶剂，并使聚合物黏合剂内部交联并稳定黏合。其次，在360℃下烘烤玻璃浆料以去除黏合剂，这该温度下的玻璃未真正熔化，但其黏度显著降低，同时，玻璃颗粒呈圆形液滴状，而颗粒间以及颗粒和晶圆界面间形成初步的黏结。液滴状的微结构非常重要，主要原因有两个：①该微结构呈现出类似烧结的形状，有利于烘烤过程中完全去除黏合剂；②该微结构具有一定的机械强度，有助于保持印刷图案的形状。最后，大约10min后完全去除玻璃浆料黏合剂，而后升温至450℃，此时，玻璃颗粒完全熔化并熔合成实心玻璃。如果玻璃浆料中加入了调整热膨胀系数的填充颗粒，则它们不会熔入到玻璃中，而会被预熔化的玻璃包裹。

（4）由玻璃料黏合晶圆。在标准晶圆键合室内，首先加热已对准的晶圆达到玻璃料润湿温度（440~450℃），玻璃在该温度下能够流动并润湿晶圆表面。键合时依靠晶圆上的机械压力来弥补丝网印刷的不均匀和晶圆的弯曲。当晶圆堆叠后，即可冷却，玻璃料凝固成具有一定机械强度的键合。键合的温度和压力对结果十分重要，因此必须随时进行优化调试。温度或压力过低时，可能会造成不键合或局部键合；而温度或压力过高，可能引起玻璃流动太剧烈，从而覆盖并损坏功能结构区。

玻璃料键合中，晶圆之间的对准精度也非常关键。由于玻璃料键合通常发生在结构化表面，因此，两个需要键合的晶圆必须先对准，再装载到标准晶圆键合室。当玻璃加热变软后，任何横向作用力都会引起晶圆移动，从而降低晶圆之间的对准精度，因而采用以下措施：①在键合前，使用密闭固定夹具来固定晶圆；②尽量保持键合夹具和工具盘平行以防止晶圆间的横向滑动；③尽量使用硅或碳化硅制作键合夹具和工具盘以降低键合晶圆的热失配。

10.1.3 旋涂玻璃法键合

黏合旋涂玻璃法（SOG）是目前玻璃料键合工艺中普遍采用的一种局部平坦化技术。该技术的基本原理与光刻胶旋涂类似，使用溶于溶剂的介电材料旋涂于晶圆上。由于旋涂的介电材料可随溶剂在晶圆表面流动，因此容易填入凹槽结构内（图10.2）。旋涂玻璃料通常采用溶胶-凝胶工艺涂覆于晶圆上：首先以旋涂方式将玻璃料涂覆于晶圆表面；然后以烘烤去除溶剂，且热固化。固化后的SOG薄膜具有较低的应力，良好的抗裂性、均匀性、热稳定性和黏附性。

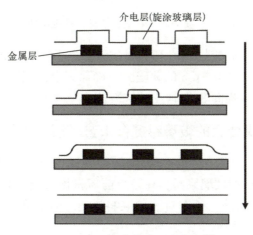

▼ 图10.2 旋涂玻璃法示意图[1]

旋涂 SOG 薄膜的步骤如下：①将液态 SOG 预涂到晶圆表面；②低速旋转晶圆，使液态 SOG 胶体均匀分布在整个晶圆表面形成凝胶薄膜；③高速旋转晶圆，去除过多的 SOG 胶体，并使溶剂蒸发、凝胶薄膜干燥；④空气环境下加热凝胶薄膜（150~180℃）实现高温热解。旋涂工艺中形成的薄膜厚度主要取决于干燥步骤中的旋转速度。

以 EVG® 520 半自动键合系统为例（图 10.3），在实施晶圆键合时，首先利用键合夹具将待键合的两个晶圆装载夹紧，同时用垫片分开两者，使用有对准脚的夹具实现晶圆边缘的机械对准。该系统开始工作后，先将键合室保持在真空状态（几十毫巴），避免两个晶圆在开始接触时受空气影响；然后，当晶圆开始接触后，利用 N_2 净化键合室；随后，操控键合系统的两个加热器加热晶圆。

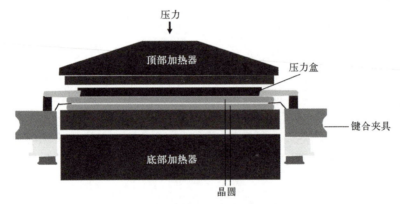

▼ 图 10.3　EVG® 520 半自动键合系统示意图[2]

在微电子领域，硅酸盐 SOG 薄膜是主流。由于硅氧烷 SOG 薄膜具有出色的抗裂性并能填充小至 $0.1\mu m$ 的缺陷，可确保完全的局部平坦化。此外，磷硅酸盐也可以进一步提高 SOG 薄膜的抗裂性。

10.1.4　硅-可伐合金的玻璃料键合工艺举例

本节以一种硅-可伐合金的玻璃料键合为例介绍工艺流程[3]。选用德国肖特公司的 HCSIK002 型玻璃浆料，在键合前需将该玻璃浆料搅拌 10min 以上，降低其聚合效果。此外，还需对玻璃浆料进行干燥、预烧结和熔融等操作，以完成玻璃化工艺。详细步骤如下。

（1）清洗。用去离子水清洗待键合的晶圆；然后用 N_2 吹干；最后置于 110℃ 烘箱内干燥 15min。

(2) 玻璃化工艺（图 10.4）。首先，旋涂玻璃浆料于可伐合金上，实现 0.5mm 厚；其次，将键合样品置于 120℃ 烘箱内干燥 10min，去除部分溶剂；再次，将键合样品置于 250℃ 高温炉 60min 以进一步去除溶剂，再加热到 350℃ 并保持 60min 以燃烧有机物；然后，将键合样品置于合适的熔融温度下保温 60min；最后，缓慢冷却至室温以充分释放样品的热应力。

(3) 玻璃料键合。首先，将清洗后的硅晶圆对准置于样品正中；然后，将键合样品置于高温炉，在合适的熔融温度下键合，并保持 20min；最后，缓慢冷却至室温以完成玻璃料键合。

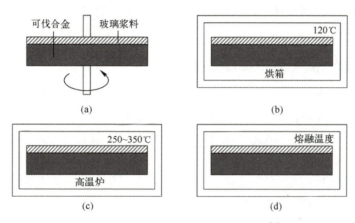

图 10.4　玻璃料键合玻璃化工艺流程[3]
(a) 旋涂玻璃浆料；(b) 干燥；(c) 预烧结；(d) 熔融（之后冷却）。

10.2　聚合物黏合剂键合

聚合物黏合剂键合是一种以聚合物作为键合介质的键合方法，通过加压使晶圆表面紧密接触，再通过加热使晶圆的聚合物从液态或黏流态转化成固态，从而实现稳定的键合[4-5]。聚合物黏合剂键合工艺相对简单、稳定且成本低，具备的优势如下：①键合温度相对较低，一般在室温到 450℃ 之间；②对晶圆表面平整度要求较低，且无须平坦化或过多清洁处理晶圆表面；③适用于标准 CMOS 工艺后的晶圆以及几乎任何晶圆材料的键合；④聚合物层能适应晶圆表面上的结构和颗粒。但该键合工艺也存在一些问题。例如，聚合物黏合剂键合可维持的稳定温度范围较窄，且很多聚合物难以在特定环境中长时间保持稳定。另外，聚合物黏合剂键合密封性一般较差，难以隔绝气体或水分[6]。

聚合物黏合剂键合广泛用于键合晶圆过程中晶圆的临时处理。该键合技术可在减薄或刻蚀工艺完成后，以及在衬底过孔制造工艺中支撑薄晶圆或器件[6]。聚合物黏合剂键合还有如下应用领域：集成电路的 3D 制造、MEMS 和 IC 的异质集成、光电材料（如Ⅲ~Ⅴ族）与硅基波导管或 IC 的异质集成、PZT 层的异质集成、薄膜太阳能电池和激光系统的制造等。此外，CMOS 图像传感器的封装、封装应用中的微腔制造、RF MEMS 器件的制造、硅基液晶制造以及 BioMEMS 器件和微流控芯片的制造等也广泛使用聚合物黏合剂键合技术。

10.2.1 聚合物黏合剂键合原理

聚合物黏合剂键合的基本原理是在待键合晶圆间涂覆聚合物黏合剂层，由其黏结两个晶圆表面。聚合物黏合剂键合也是基于原子和分子之间的聚合力，当原子和分子的间距足够小时就会发生黏合。聚合物中原子或分子间的内聚力以及聚合物与晶圆材料原子或分子之间的聚合力都是通过基于电磁力的化学键和交互作用力实现的，包括共价键、离子键、偶极子间交互作用（包括氢键）、范德瓦尔斯力交互作用。

当两个键合物表面原子间距为 0.1~0.2nm 时，键合物之间通常形成共价键，原子间距为 0.3~0.6nm 时通常形成范德瓦耳斯交互作用力[5]。化学键的距离都小于 0.5nm，但由于界面材料以及原子间的距离存在差异，由此产生的化学键键能也可能不同[4]。很多肉眼可见的平坦表面实际上都存在一定的粗糙度，如抛光的硅晶圆表面有 0.3~0.8nm 的粗糙度。不过，这些表面的剖面深度一般仅几个纳米，通常不影响大面积的晶圆键合。图 10.5（a）为两固体接触界面的显微示意图，该界面有一定的粗糙度，那么，至少需要改变一个界面的形貌才能适应另一个界面，使得两个表面足够接近并接触形成化学键。界面变形可以是塑性或者弹性变形，也可以通过固体材料的扩散，或液态材料浸润一个表面。因此，在聚合物黏合剂晶圆键合中，聚合物可以变形以适应不平整的晶圆表面。

聚合物黏合剂键合的理论基础主要有吸附理论、化学键合、扩散理论、静电吸引、机械互锁、弱边界层理论。吸附理论指原子或分子间通过吸引力黏合，键合强度由聚合物黏合剂对表面的浸润程度决定[4]。图 10.5（b）是表面未浸润的固液接触界面显微示意图，图 10.5（c）是表面浸润的固液接触

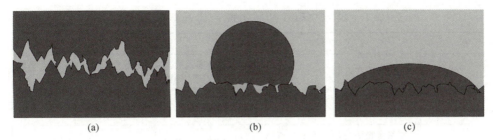

图 10.5　两个固体的接触界面示意图（a）、表面不浸润的
固–液接触界面（b）和表面浸润的固–液接触界面（c）[5]

界面显微示意图。只有当液体的表面能低于固体的表面能时，液体才能浸润固体材料[7]。

键合物表面的污染（如吸附的有机分子）或凝结的水分子会降低液体聚合物黏合剂在键合物表面的浸润程度，同时，微观表面轮廓以及灰尘颗粒也会对聚合物黏合剂的浸润程度产生影响，因此键合物表面的洁净度十分重要。在工艺流程中，会使用溶解剂、氧化剂以及强酸或强碱清洁键合物表面，以获得洁净度高、无污染的表面。另外，为了提高键合物表面的浸润度，会采用助黏剂对键合物表面进行预处理。助黏剂一般是由一种材料的几个单层分子膜组成的薄涂层，该涂层可以与一侧键合物表面很好地键合并增强聚合物黏合剂与另一侧键合物表面的键合。聚合物黏合剂填充键合物表面轮廓的沟槽越充分，键合质量和长期稳定性就越好。聚合物黏合剂在固化时，具有低黏性和低收缩性，使键合物表面未被填充的空间大为减少。若键合物表面存在未被填充的空间，水和气体分子等小分子容易渗入或扩散到这些空间，从而影响键合效果。

10.2.2　聚合物黏合剂晶圆键合基本步骤

聚合物黏合剂晶圆键合一般通过商业化标准晶圆键合或层压设备来实现。标准晶圆键合设备主要包括 3 个部分：真空腔室、移动机械装置、两个键合夹具。其中，移动机械装置将晶圆放置于真空腔室内；键合夹具一般是坚硬的平盘，可在晶圆叠层加力加热。为了使晶圆叠层上施加的力更均匀，可将石墨或硅树脂软薄片置于键合夹具与晶圆叠层之间，因为软薄片更能适应不平整的晶圆叠层。表 10.1 是商业化晶圆键合设备进行热塑性或热固性聚合物黏合剂晶圆键合的基本工艺流程。

表 10.1 聚合物黏合剂晶圆键合的基本工艺流程[8-9]

编号	工艺步骤	目的
①	晶圆清洗并烘干	去除晶圆表面的颗粒、杂质和水分。常用超声清洗去除晶圆表面的颗粒物
②	用助黏剂处理晶圆表面（可选）	助黏剂加强晶圆表面和聚合物的黏附力
③	将聚合物黏合剂用于一个或两个晶圆表面并选择性地使聚合物黏合剂图形化	常用旋涂法。其他方法见下文。聚合物图形化在10.2.4节描述
④	聚合物软烘或部分交联，根据聚合物类型而定	去除聚合物涂层中的溶剂或挥发性物质。热固性黏合剂不应完全交联以保持其可键合性
⑤	将晶圆置于键合腔室，建立低压气氛，并连接键合腔室的晶圆	晶圆在低压气氛中连接，防止键合界面孔洞和气体的产生。低压气氛也可以在晶圆连接后建立，只要在键合开始前界面间的气体能被排出即可
⑥	用键合夹具对晶圆叠层施压	晶圆和聚合物黏合剂表面受力，在整个晶圆上形成紧密接触。对于热固性聚合物黏合剂，必须在聚合物交联前对其施加键合压力。对于热塑性聚合物，可以在达到聚合物回流温度之前或之后施加键合压力
⑦	用键合夹具加热晶圆叠层	聚合物黏合剂的回流或交联通常由底部和/或顶部键合夹具加热开始。根据所选择的聚合物黏合剂，交联也可以发生在达到或接近室温时
⑧	冷却、释放键合压力和腔室净化	键合结束。冷却、释放键合压力和腔室净化的顺序可以互换。然而，对于热塑性聚合物，在冷却前键合压力不应被完全释放，以确保在释放键合压力前聚合物固化

在微电子和 MEMS 传感器领域，大部分情况下要求中间聚合物层的厚度为 $0.1\sim100\mu m$ 并保持均匀，一般通过在待键合晶圆上旋涂液态聚合物前体实现[10]。液态聚合物前体的旋涂工艺不仅可以获得厚度均匀的涂层和平滑的表面，还可以实现晶圆表面的平坦化，平坦的聚合物表面可以减少键合过程表面接触时对聚合物黏合剂回流的要求，从而提高键合质量。除了旋涂，还有其他沉积聚合物涂层的方案，如喷涂、电镀、冲压、丝网印刷、刷涂和滴涂等[5]；此外，还可以通过化学气相沉积或原子层沉积制备一些聚合物的薄膜或薄片[11]。另外，UV 固化热固性聚合物也常用作聚合物黏合剂键合的中间聚合物。UV 固化聚合物黏合剂的优势是：可在室温下通过 UV 光使聚合物发生交联，尤其适用于不同热膨胀系数的晶圆键合。但其局限性是：不能用标准晶圆键合设备控制聚合物交联过程，同时要求至少有一个待键合晶圆能透过 UV 光。

10.2.3　用于键合的聚合物黏合剂

在聚合物黏合剂键合中，聚合物黏合剂必须与晶圆表面材料和器件（如CMOS电路）兼容，同时也要与前序工艺沉积的薄膜和键合后的加工工艺相匹配；必须考虑聚合物黏合剂的物理特性，如热稳定性、机械稳定性和蠕变强度等，也要考虑其对酸、碱和溶剂的抗腐蚀性。不同的应用领域对聚合物黏合剂提出了不同的要求。在聚合物黏合剂作为器件功能材料的应用中，其化学稳定性和老化效应非常关键。但在临时晶圆键合中，其长期稳定性与老化效应却不是最关键的，更加关于其易蚀刻或易溶解性。在微流控芯片、BioMEMS器件、生物传感器的应用中，聚合物黏合剂必须具备化学惰性和生物相容性。表10.2列举了用于聚合物黏合剂键合的聚合物及其特点[5]。

表 10.2　用于聚合物黏合剂键合的聚合物[5]

聚合物黏合剂	特　点
环氧树脂类	• 热固性材料 • 热固化或两种成分固化 • 强度高且化学稳定性好
UV固化环氧树脂类（如SU-8光刻胶）	• 热固性材料 • UV固化（一个衬底必须能透UV光） • 强度高且化学稳定性好 • 适用于带有图案化薄膜的键合
纳米压印光刻胶	• 热固性型（可选UV固化） • 热塑性型 • 表面结构周围回流最优，因此通常用于晶圆键合
正性光刻胶	• 热塑性材料 • 热熔体 • 通常在键合界面形成孔洞，弱键合
负性光刻胶	• 热固性材料 • 热固化或UV固化 • 典型弱键合，热稳定性差 • 带有图案化薄膜的键合
苯并环丁烯（BCB）	• 热固性材料 • 热固化 • 晶圆级高良率 • 强度高，化学稳定性和热稳定性好 • 适用于带有图案化薄膜的键合
聚甲基丙烯酸甲酯（PMMA）	• 热塑性材料 • 热熔体

续表

聚合物黏合剂	特点
聚二甲硅氧烷（PDMS）	• 弹性材料 • 热固化 • 生物兼容 • 适用于等离子体活化键合
含氟聚合物（如聚四氟乙烯）	• 热塑性和热固性材料 • 热固化或热熔化 • 化学稳定性好 • 适用于带有图案化薄膜的键合
聚酰亚胺（热固性）	• 热固性材料 • 热固化 • 在许多聚酰亚胺、亚胺化反应中形成孔洞 • 适用于带有图案化薄膜的键合 • 主要用于芯片级工艺
聚酰亚胺（热塑性）	• 热塑性材料 • 热熔体 • 高温稳定性好 • 适用于临时键合
聚醚醚酮树脂（PEEK）	• 热塑性材料 • 热熔体
热固性共聚物	• 热固性材料 • 热固化
聚对二甲苯	• 热塑性材料 • 热熔体
液晶聚合物	• 热塑性材料 • 热熔体 • 抗湿性好 • 通常不能得到液态聚合物前体
腊类	• 热塑性材料 • 热熔体 • 热稳定性差 • 主要用于临时键合

10.2.4　局部聚合物黏合剂键合

在局部聚合物黏合剂键合中，只有晶圆表面需键合的区域被键合[12]。例如，在需要键合的区域使用聚合物黏合剂实现局部键合；结构化表面与非结构化表面接触从而形成局部键合[13]；处理无须键合的晶圆区域来控制键合的位置和程度也是一种局部键合；对键合表面局部加热，实现加热区域的局部键合[4]。图10.6展示了4个局部键合示例。

局部键合的区域可以通过光刻来实现图形化定义。图 10.6（a）和图 10.6（b）展示了聚合物黏合剂被图形化的局部键合。实现聚合物黏合剂图形化的方法有光刻定义掩膜再刻蚀聚合物、使用光敏聚合物黏合剂、光刻胶去胶工艺、选择性聚合物沉积工艺。图 10.6（c）和图 10.6（d）展示了通过聚合物黏合剂喷涂、旋涂或气相沉积实现局部键合。其工艺过程中，首先利用光刻结合刻蚀和/或沉积对一个或两个键合物表面进行图形化定义需要局部键合的区域，然后将聚合物黏合剂沉积到图形化的表面和/或相应的键合物表面。

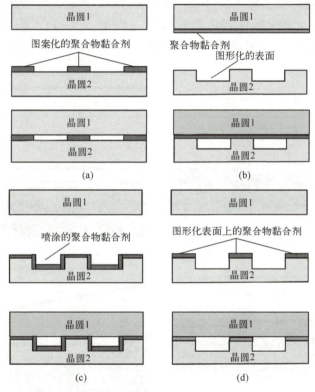

图 10.6　局部聚合物黏合剂键合示例[4]

10.2.5　BCB 聚合物黏合剂键合工艺举例

本节以 BCB（苯并环丁烯）聚合物黏合剂为例介绍聚合物黏合剂键合工艺流程[14]。该 BCB 聚合物黏合剂键合是一种低温工艺，能 150℃ 下回流并在 250℃ 下固化，此处采用 BCB 聚合物黏合剂对厚、薄（<100μm）两片晶圆实现键合，具体工艺流程如图 10.7 所示。首先，在厚硅或玻璃晶圆上刻蚀 10~80μm

的深槽（图10.7（a））。然后，在晶圆上旋涂并光刻图形化BCB聚合物黏合剂（3~10μm厚度）。接着，将盖板晶圆切割成的独立芯片与器件芯片临时键合，或直接将盖板芯片与器件芯片键合（图10.7（b））。此时，采用标准倒装键合设备即可实现芯片级键合。图10.7（c）展示了翻转后的盖板芯片与BCB聚合物密封环及器件芯片的对准操作，然后施加250gf[①]力、保持170℃回流温度和250℃固化温度来实现BCB聚合物键合。盖板晶圆厚度小于100μm，因此，将盖板晶圆和操作晶圆进行临时键合（图10.7（d））。临时键合后，再旋涂BCB聚合物进行光刻图形化，形成3~10μm厚的密封环。然后，薄盖板晶圆切割成盖板芯片，并与MEMS器件芯片倒焊密封（图10.7（e））。最后加热晶圆到150℃，熔化蜡并去除操作晶圆，再次加热并实现BCB固化（图10.7（f））。

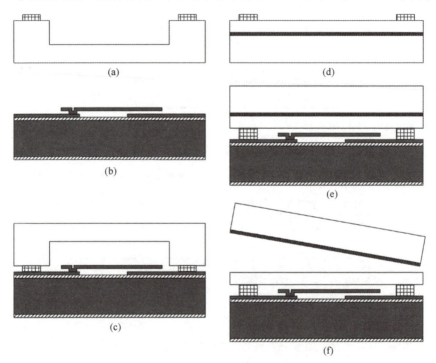

图10.7　BCB聚合物键合的工艺流程[14]

（a）带有腐蚀腔（10~80μm深）的硅片或玻璃片；（b）带有电互连的MEMS器件晶圆；（c）在250gf力、170℃回流和250℃固化条件下形成BCB键合；（d）薄盖板晶圆（<100μm）与操作晶圆用蜡（黑色白点层）键合；（e）薄盖板晶圆倒焊到MEMS器件晶圆上形成BCB键合；（f）加热到150℃熔化蜡将操作晶圆去除，并加热到250℃实现BCB固化。

---

① gf，克力，表示1g物体所受重力，1N≈102gf。

10.3 阳极键合

10.3.1 阳极键合原理

玻璃与硅的阳极键合是MEMS制造工艺中广泛使用的一种相对简单和安全的键合技术,有着键合强度高和气密性好的特点。阳极键合的典型应用领域是MEMS传感器的封装和微流控芯片的密封。但是,阳极键合要求待键合晶圆之一必须是含钠玻璃,且该玻璃的热膨胀系数需匹配硅的热膨胀系数。常用的玻璃型号有SCHOTT Borofloat33、Corning Pyrex #7740、Hoya SD2等。阳极键合的机制如下:当加热玻璃和硅的黏合叠层到300~500℃时,玻璃中的Na^+可迁移;此时,对玻璃施加几百伏的负电压,Na^+将从键合界面迁移,在靠近硅的玻璃中形成阳离子耗尽区;阳离子耗尽区带负电荷,而硅带正电荷,静电吸引力使两片晶圆在原子级别上贴合;冷却到室温后,耗尽区的电荷不会完全消失,残留的耗尽区电荷在硅中诱生出镜像电荷,而耗尽区电荷与镜像电荷之间的静电吸引力可达1MPa左右[13];此外,阳极键合时键合界面同步发生了物理化学反应(场辅助的氧扩散和阳极氧化),使玻璃和硅之间形成牢固的氧硅共价键(图10.8)。

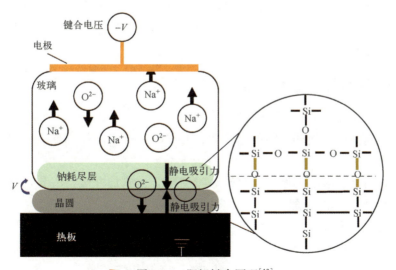

图 10.8 阳极键合原理[13]

阳极键合的过程可以通过键合电流来监控。在施加键合电压后，Na^+的移动会增加电流；而在黏结界面附近阳离子耗尽期间，电流会减小。因此，键合完成的节点可定义为最大电流的某一百分比值点。阳极键合的物理性质决定其可以实现牢固的气密性键合，且非常安全、可重复。但是，阳极键合所涉及高压和 Na^+ 移动需要采用以下特殊方法保护电气结构（如压阻器等）：①利用良好的接地来尽量减小通过电气结构的电场强度（引入金属化层）；②利用特殊的钝化技术来保护电气结构不受 Na^+ 迁移的影响[15]。目前，阳极键合可用于玻璃/金属阳极键合、中间连接层阳极键合、单晶硅与功能陶瓷阳极键合、多层阳极键合、离子聚合物阳极键合等[16]。在某些阳极键合之前，需先在硅片上溅射一层 Pyrex 玻璃类的中间材料，因此，阳极键合也可以属于间接键合。

为了实现整个晶圆而不是局部的阳极键合，需要有与晶圆尺寸相当的电极，电极晶圆既可以固定在键合机中，也可以添加到键合叠层中。使用金属化玻璃电极的优点如下：①键合过程中玻璃晶圆存在 Na^+ 扩散，而玻璃电极可以吸收 Na^+，从而防止无法常规去除的 Na^+ 残留；②待键合玻璃晶圆上的通孔会引起硅晶圆和导电电极之间放电，而使用玻璃电极可以防止放电现象。

阳极键合所用的玻璃虽然具有接近硅的热膨胀系数，但两者仅在室温时才几乎相等。由于硅的热膨胀系数是非线性的，其与玻璃的热膨胀系数之间会发生偏差。在大约 300℃ 时，玻璃和硅的热膨胀系数相似，因此该温度下的键合在冷却至室温后仍可保持无应力键合[17]。其他温度下硅和玻璃的热膨胀系数关系可用于应力补偿和多层堆叠晶圆方案。

10.3.2　阳极键合基本步骤

阳极键合的主要工艺步骤如下。

（1）清洗硅、玻璃晶圆的抛光面，必要时进行亲水处理或表面等离子体活化处理。

（2）将硅、玻璃的抛光面对准后紧密贴合，施加并维持一定的压力，实现如图 10.8 所示的装配。

（3）逐步升温至 300~500℃，也可用低熔点玻璃降低键合温度[18]。

（4）在阳极和阴极间施加约 400 V 的直流电压，并根据最大电流值调控施加时间，也可以使用脉冲电压，其键合时间比恒压短[19]。

（5）降温至室温，完成键合。

10.3.3　阳极键合影响因素

阳极键合存在诸多影响因素[16]，具体如下。

（1）预热温度。合理的预热温度是键合质量的保障。以硅-玻璃阳极键合为例，玻璃内 Na^+ 离子在室温下的惰性导致玻璃导电性能差。升温时，玻璃内会游离出更多可自由移动的 Na^+ 离子，并在强静电场作用下向阴极迁移，进而形成电流。温度过低，玻璃导电性差导致键合效率低；温度过高，玻璃过度软化导致无法键合。所以，预热温度和键合温度须在键合材料软化点以下。

（2）键合电压。键合电压决定了键合过程的峰值电流以及材料两端的电场强度。选择合适的键合电压可以使键合材料获得足够强的静电场吸引力，并使材料发生有利于键合的弹性形变与黏性流动；过高或过低的键合电压均不利于键合，过高的键合电压更会击穿材料，从而破坏键合。

（3）键合时间。键合前预热能增强材料的导电性，使键合电流在键合初期便上升到最大值，从而在短时间内完成键合。但是，由于离子迁移和化学反应，化合物的形成无法在很短时间内全部完成。因此，增加键合时间可以提高键合质量，且有利于提高键合密度及键合层厚度[20]。

（4）键合材料表面处理与压力控制。阳极键合是在强静电场吸引力作用下完成的，因此，压力的施加只需保证键合晶圆表面紧密贴合即可，过大的键合压力可能损坏键合材料。此外，阳极键合对键合材料表面的粗糙度要求严格，在处理材料表面时，除了去除杂质外，还应尽可能降低材料表面粗糙度。低粗糙度的表面更易于发生黏性流动，使材料间更加紧密接触，提高最终的键合质量。

（5）材料导电性与热膨胀系数。阳极键合的实质是电化学反应，因此，必须选择导电或在一定条件下（温度、电场）导电的键合材料。以硅-玻璃阳极键合为例，玻璃内在较高温度下可产生自由移动的 Na^+ 离子，从而导电。此外，键合会产生热应力和应变，热应力大而材料热膨胀系数小可能会造成材料开裂。因此，为了提高键合质量，可以通过控制键合温度使键合材料有相近的热膨胀系数，也可以通过降低材料厚度来减少因热膨胀系数差异导致的键合开裂[21]。

10.3.4　硅-玻璃-硅阳极键合工艺举例

复杂的传感器和MEMS器件需要开发多层晶片封装的结构。本节所述工艺案例使用两步法阳极键合实现硅-玻璃-硅的键合[22]。该工艺采用的键合材料是：单抛〈111〉晶向单晶硅和双抛肖特Borofloat33玻璃。单晶硅和玻璃的厚度分别为2mm和300μm，两者尺寸均为15mm×15mm。该阳极键合工艺所用的装置如图10.9所示，由4个部件组成，包括可控直流电源系统（电极）、温控系统（加热炉）、定位平台、压力系统。

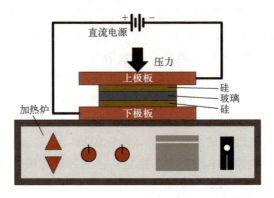

图10.9　硅-玻璃-硅阳极键合装置[22]

工艺流程如下。

（1）表面清洗。将玻璃、硅片分别置于丙酮和酒精中，超声清洗5min，去除玻璃、硅片表面的油污，然后用热空气吹干玻璃和硅片。

（2）第一个界面的阳极键合。将清洗吹干后的玻璃、硅片按照硅-玻璃-硅的顺序摆放，并置于键合装置的上下极板间（图10.9）；上极板与直流电源负极相接，下极板与正极相接；压力系统对硅-玻璃-硅施压，同时加热炉缓慢加热；温度升至400℃时保温，并接通直流电源，保持60s；将硅-玻璃-硅保温10min以消除应力，完成第一个硅-玻璃界面的键合。

（3）第二个界面的阳极键合。电极板的正负极互换，即上极板与直流电源正极相接，下极板与负极相接；接通直流电源并保持60s，再将硅-玻璃-硅保温10min，完成第二个硅-玻璃界面的键合；在硅-玻璃-硅阳极键合完成后，关闭装置，使硅-玻璃-硅随炉冷却，避免各材料因热膨胀系数差异而产生过大的残余应力。

（4）清洗。超声清洗并吹干。

10.4　直接键合

直接键合是在不添加任何中间黏合层的情况下直接键合两片晶圆。直接键合主要依靠晶圆表面的范德华力、库仑力和毛细力等连接，并经过物理化学反应后形成整体[23]。直接键合对晶圆的平坦度、平行度和光滑度有很高要求，并要求晶圆表面颗粒物、有机物以及金属污染物最少化。表面的洁净度直接影响键合界面的结构和电学性能，以及键合后器件的最终电学性能。

直接键合的标准工艺流程如下[24]：首先，选择表面平整的晶圆并进行表面清洗及活化处理；其次，在室温下对接待键合晶圆的抛光面，进行晶圆预键合；最后，将晶圆放置一段时间，再对预键合的晶圆退火，使晶圆间达到较高强度的键合（大于12MPa）。

室温下的预键合流程：首先，两个晶圆彼此相对放置，一个晶圆悬浮于另一个晶圆之上；此时两个晶圆之间存在少量空气，并未紧密接触。而后，在晶圆对的一个小区域施加外力将晶圆对之间的空气挤出，并利用其表面吸引力实现键合。用键合工具直接键合两个晶圆的简化流程如图10.10所示。

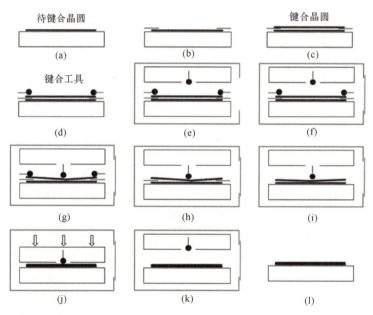

图10.10 用键合工具直接键合两个晶圆的简化流程示意图[24]

10.4.1 亲水性表面键合

硅表面经过活化处理后会产生高浓度-OH基团，成为亲水性表面。例如，将硅晶圆置于75℃的RCA-1溶液（一种湿法标准清洗程序，其中氢氧化铵:过氧化氢:去离子水=1:1:5)中浸泡15min[25],或用氧等离子体处理表面[26]。在室温下,当两片存在高浓度-OH基团的硅晶圆表面靠近时,范德华力和偶极子力会使这两片硅晶圆结合。当温度升高时,两片硅晶圆表面的-OH基团发生脱水缩合反应,形成共价键,从而使两片硅晶圆牢固地键合[27]。其脱水缩合化学反应方程式为

$$Si-OH+OH-Si \rightarrow Si-O-Si+H_2O \quad (10-1)$$

在硅晶圆亲水性表面键合中,由于硅羟基(Si-OH)极易与空气中水分子结合,两片硅晶圆的键合界面通常由几个水分子的氢键连接[28]。升温时,键合界面发生脱水缩合反应形成Si-O-Si共价键(图10.11)。

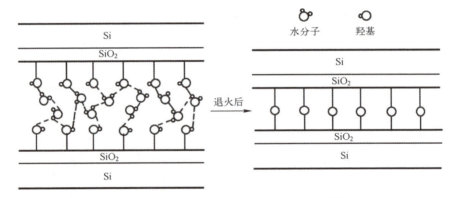

图10.11 硅晶圆亲水性表面键合机理[27]

熔融键合是亲水性表面晶圆键合的一种类型。室温下,硅表面覆盖有薄氧化层,并存在大量独立或关联的-OH基团,导致了表面亲水性[29]。熔融键合的基本步骤如图10.12所示:①用RCA溶液(氨水和过氧化氢的混合水溶液)或Piranha溶液(浓硫酸和过氧化氢的混合溶液)清洗洁净抛光的晶圆表面,将晶圆表面变成吸附大量羟基(-OH)的亲水性表面;②在室温下将两片亲水性处理的晶圆贴合;③进行高温退火,依据反应式(10-1),晶圆表面

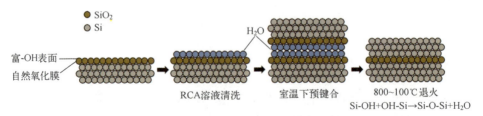

图10.12 熔融键合过程[30]

较弱的分子间作用力（范德华力和氢键）转化为较强的 Si-O-Si 共价键，最终完成熔融键合[30]。

10.4.2 疏水性表面键合

硅晶圆表面存在大量疏水的 Si-H 基团，因此，去除硅晶圆表面的氧化物层可以得到疏水性表面。一般采用氢氟酸（HF）去除氧化物层，在晶圆表面残留 Si-F 基团，当 Si-F 基团浓度达到 25%时，晶圆表面就从亲水性过渡到疏水性。这种疏水表面具有良好的耐化学侵蚀性和较低的表面复合速度，使晶圆表面的表面态密度非常低。在进行疏水性表面键合时，先在室温下贴合处理过的晶圆，再加热退火，该过程遵循如下化学反应方程式，最后在晶圆表面形成 Si-Si 共价键：

$$Si-H+H-Si \rightarrow Si-Si+H_2 \uparrow \qquad (10-2)$$

去除氧化物分成两步：首先，大部分氧化层被 HF 迅速溶解，在溶液中形成 SiF_6^{2-} 离子；其次，酸溶解最后一层氧化硅（Si^{n+}，$n=1$，2，3）形成一个疏氢表面。硅（100）表面主要是二氢化物（$Si-H_2$），而硅（111）表面主要是氢化物（Si-H）[31]。熔融键合和疏水性表面键合的键合能和退火温度之间的关系可参考文献[32]。退火温度低于 550℃，亲水性表面键合的键合能高于疏水性表面键合，而疏水性表面键合需要较高的退火温度，其键合强度才能满足机械强度需求。欲获得大于 $2.0J/m^2$ 的键合能，两种键合方法均需较高温度（大于 650℃）的退火。但是，高温退火会诱发内部元件的热应力，导致掺杂元素扩散并损坏温敏元件，这些问题限制了这两种键合技术在 MEMS 微机电系统制造和晶圆级封装等方面的应用。

10.4.3 超高真空键合

对于异质材料的键合，最好不经过加热步骤，仅在室温下实现键合。超高真空（Ultra-High Vacuum，UHV）键合能在室温且不吸附其他外来原子或分子的情况下直接形成共价键，从而实现两个洁净晶圆的键合，其原理如图 10.13 所示[33]。首先，对晶圆表面进行处理，将晶圆置于 HF 溶液中去除晶圆表面氧化层并在其表面覆盖一层疏水的硅氢键；其次，在室温下将两片疏水晶圆预键合，转移至超高真空腔室内并分离预键合晶圆此时腔室压强设置为 3×10^{-7} Pa；然后，将超高真空腔室的温度设置为 300~800℃，分解晶圆表面残余氧化膜并解吸附晶圆表面吸附的氢，当完全去除氧化膜和氢之后冷却腔室至室温；最后，再次将两个晶圆贴合，实现无须外力及退火的室温键合，其键合强度可达到 2J/m²。

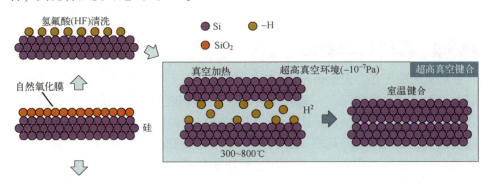

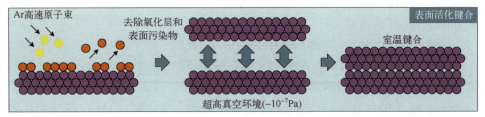

▼ 图 10.13　超高真空环境中的室温键合过程[30]

对于后文 10.5.4 节中所述的低压等离子体活化键合，当压强小于 10^{-5} Pa 时也属于超高真空键合。首先，用高速氩原子或离子轰击晶圆去除表面氧化膜及污染物；然后，在高真空环境下施压使两个晶圆表面紧密接触，依靠化学键作用降低表面能，实现原子尺度的牢固键合。该方法的优势：不经退火在室温下达到良好的键合强度[34]，避免热膨胀系数不匹配造成热应力问题。

10.4.4　湿法表面活化处理 InP-SOI 键合的工艺流程举例

InP 与 SOI 的直接键合是指不外加辅助材料下直接利用两者表面间的化学键来实现高强度键合，一般采用等离子体活化键合。该方法使用等离子体轰击 InP 及 SOI，使其表面活化，增强表面亲水性，从而获得较高强度的键合。但是，等离子体活化键合对晶圆表面有严苛要求：晶圆表面粗糙度必须小于 0.5nm、表面处理后的晶圆必须呈亲水性。同时，等离子体活化键合需要使用射频离子轰击晶圆，易导致晶圆表面受损。

本节以湿法表面活化处理来实现 InP-SOI 的键合为例，该方法不会对晶圆表面造成损伤[35]，其工艺键合流程（图 10.14）如下。

（1）表面清洗。SOI 晶圆处理，首先，将 SOI 晶圆依次置于丙酮（ACE）、异丙醇（IPA）和去离子水（DI）中超声清洗 20min；再将 SOI 晶圆浸泡在 2% 的 HF 溶液中去除 SOI 表面氧化物；然后，将 SOI 晶圆置于 Piranha 溶液（浓 $H_2SO_4:H_2O_2 = 4:1$）中浸泡 10min，并用去离子水清洗、N_2 吹干，InP 晶圆处理，将 InP 晶圆依次置于丙酮、异丙醇和去离子水中清洗 20min；再将 InP 晶圆依次置于 30% 的氨水和 4% 的 HF 溶液中短时间浸泡；最后，取出晶圆、去离子水清洗、N_2 吹干。

（2）预键合。将 InP 与 SOI 晶圆对准、紧密贴合、加压。此时，SOI 与 InP 表面范德华力使两者结合，形成具有一定强度的预键合状态。

（3）加压退火。以 10℃/min 的速度将温度升至 300℃，并保持 8h；接着以 5℃/min 的速度降至室温。该过程可提高键合强度，但必须在 N_2 环境下，并采用石墨夹具施加 1.5MPa 压强。最终实现 InP 与 SOI 的键合。

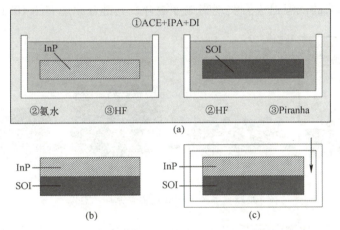

图 10.14　湿法表面活化处理 InP-SOI 键合工艺流程[35]
（a）表面清洗；（b）预键合（对准加压）；（c）加压退火（1.5MPa、300℃、N_2 环境、8h）。

10.5　等离子体活化键合

10.5.1　等离子体的定义

等离子体是指正电荷与负电荷密度相等的电离气体[36]，由电子、离子、自由基和光子组成。等离子体的产生可以由射频交流电场首先产生用于激发等离子体的电子，该电场施加在反应腔室中的两个电极之间，加速电子并与等离子体气体分子碰撞；在碰撞中，高动能电子激发更多电子从气体分子中逃逸，产生并加速带正电的离子和自由基。与电子相比，离子的质量大得多。因此，离子的运动速度跟不上快速交变的电场，离子只朝晶圆方向加速，其高动能能够轰击并活化晶圆表面[37]。此外，自由基亦可活化晶圆表面。

10.5.2 等离子体活化键合原理

直接键合普遍需要 800℃ 以上的高温退火。由于微系统集成度和封装密度的不断提高，降低退火温度至关重要。在晶圆键合前进行等离子体活化可以降低退火温度。等离子体活化键合（Plasma Activated Bonding，PAB）的原理与熔融键合相似。首先，使用 RCA 溶液清洗晶圆；其次，利用 O_2、N_2、H_2 或 Ar 等离子体轰击并活化晶圆表面[38-39]；最后，在室温下将两晶圆预键合，经过 200~400℃ 的低温退火后实现高端度键合。其键合原理如图 10.15 所示。

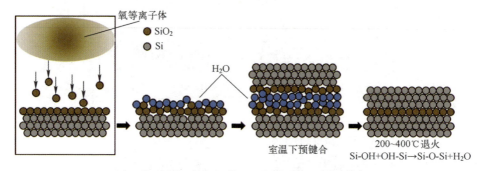

图 10.15 等离子体活化键合原理示意图[30]

等离子体活化键合还可用于 Cu-Cu 等材料的键合。Cu-Cu 活化键合是从相接触的两个 Cu 表面间的黏合力中获得键合能。Cu 表面需在键合前后保持洁净，在超高真空环境下（约 10^{-8} Torr）通过干法刻蚀（如离子束轰击或自由基辐射）除去表面氧化层和污染物并活化表面。此外，该方法在常温下键合两种不同材料时，可不考虑热失配问题。但是，该方法的工艺和设备较为复杂，且键合腔室需保持超高真空环境，同时，还需集成等离子活化部件（如 Ar 离子束）。

10.5.3 等离子体活化键合基本步骤

等离子体活化键合工艺流程如图 10.16 所示。首先，用 RCA 或 Piranha 溶液清洗晶圆并甩干，减少表面污染物并形成亲水表面；其次，进行等离子体活化；接着，进行预键合，该工艺可采用便于对准和控制键合条件的设备并同时监控温度、时间、压力等关键键合参数；最后，在室温预键合后，选择性地进行退火以提高键合强度。

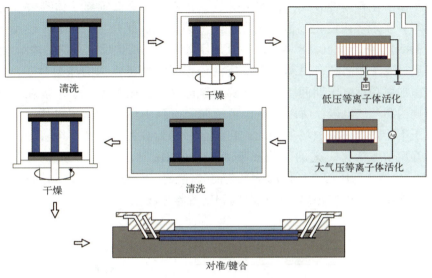

▼ 图 10.16　等离子体活化键合工艺流程[40]

10.5.4　等离子体活化键合分类

根据工艺气体（O_2、N_2、H_2、NH_3、Ar 等）、气压（低气压、大气压）、等离子体产生方式（RIE、ICP-RIE 等）不同，等离子体活化技术可以进行分类（图 10.17）[41]。

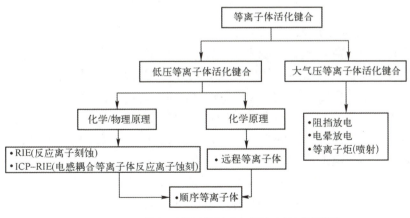

▼ 图 10.17　等离子体活化键合根据气压的分类[41]

（1）低压等离子体活化键合。低压等离子体系统一般需要真空、0.1～100Pa 气压、持续通入反应气体、上下电极之间的射频电场等工作条件。低压等离子体活化有多种方式，常用 RIE[42]。RIE 通过降低等离子体参数（如射频功率）实现表面活化，通常用在干法刻蚀工艺。此外，ICP-RIE 也用于晶圆表面活化[43]。图 10.18 展示了一个低压等离子体活化反应器的结构示意图。首先通过离子轰击和自由基化学反应活化置于等离子体中的晶圆衬底。在上电极施加射频正电压期间，电子迁移至该电极，功函数使电子不能在电压正半周期内离开该电极，所以该电极可反向充电到 1000V 的偏置电压。由于大量离子不能跟上射频电场的变化，它们会移动到放置晶圆的下电极处。多数低压等离子体活化工艺的工作频率为 13.56MHz[45]，且只需约 100V 偏置电压[42]。此外，低压等离子体活化工艺需要注意工艺气体、等离子体发生器功率、腔体压力、操作距离、活化时间和气流等参数。

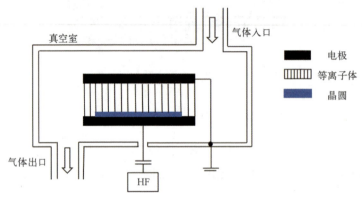

图 10.18　低压等离子体活化反应器示意图[44]

（2）常压等离子体活化键合。与低压等离子体活化键合相比，常压等离子体活化键合不需要低压来激发等离子体，因此无须真空，也就不需要使用昂贵的真空设备。常压离子体活化键合可在晶圆的特定区域或整个表面激发等离子体。介质阻挡层放电（Dielectric Barrier Discharge，DBD）是一种常压下产生等离子体的方法，即在一个或两个电极上填充电介质，然后使用交变电压激发等离子体（图 10.19）[39]。介质阻挡层把上下两个电极隔开，电极和介质阻挡层间放电形成常压下的等离子体。

介质阻挡层放电使用的交变电压幅值为 1～10kV，频率为 0.5～500kHz，介质阻挡层和下电极间的工作距离为 100μm 到几厘米。介质阻挡层所用介电材料一般为击穿电压较高玻璃、石英、陶瓷等[46-47]。此外，还可用强紫外线

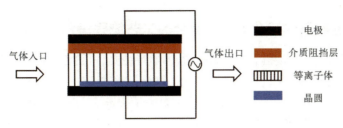

▼ 图 10.19　常压下等离子体活化示意图[39]

辐射在常压下实现晶圆表面的等离子体活化，也可以用等离子体炬在喷嘴上产生等离子体并局部活化任何材料表面[48-49]。

10.5.5　低温下硅表面等离子体提高键合强度的方法

　　Tan 等阐述了等离子体表面处理引起的晶圆界面效应，并讨论了低温下提高硅晶圆键合强度的 4 个方法及其机理[50]。

　　(1) 去除晶圆表面的污染物。等离子体表面处理可去除晶圆衬底表面上的有机污染物和吸附物，这些物质增加了表面势垒、阻碍了强键合形成，去除这些物质可产生更多表面能更高的悬挂键。

　　(2) 增加硅烷醇基团的数目。等离子体表面处理能增加硅晶圆上硅烷醇基团数目。根据化学反应方程式（10.1），亲水性直接键合中晶圆表面的硅氧烷键是由硅烷醇基经过反应得到，而键合强度与硅氧烷键的数目密切相关。Pasquariello 等的研究表明，经等离子体处理的晶圆表面硅烷醇基密度与未经处理的晶圆几乎一样[51]。实际上，晶圆经过等离子体表面处理后增加了总表面积，其硅烷醇基的总数目也增加了。虽然表面硅烷醇基的密度不变，但硅烷醇基总数的增加可形成更多的硅氧烷键，从而提高键合强度[52-53]。

　　(3) 改善界面的水和气体扩散能力。等离子体活化处理能够提高晶圆界面水和气体的扩散能力。因此，化学反应方程式（10.1）的可逆反应将加剧，在较低温度下可以显著提高键合强度。

　　(4) 增强黏性流动。亲水性直接键合机制可由表面层的黏性流动所引发。例如，等离子体活化处理会使得 SiO_2 层变得多孔[54]，而多孔性使该层包含更多的水分，从而大大降低黏性、增强低温黏性流动，实现亲水性直接键合。

　　综上所述，通过清洁晶圆表面、增加硅烷醇基、改善扩散能力和降低氧化物黏度等方法可以提高等离子体活化键合的强度[55]。

10.5.6　等离子体活化 Si-Si 键合的工艺流程举例

低温下 Si-Si 直接键合应力小、电化学特性好，因此，低温等离子体活化键合非常适用于 Si-Si 直接键合。Si-Si 直接键合与硅的表面能密切相关，提高硅表面能可通过湿法和干法活化技术。为了提高 Si-Si 键合质量、减少键合污染，可采用氧等离子体等干法活化技术。本节所举等离子体活化 Si-Si 键合工艺流程如图 10.20 所示[56]，基本步骤如下。

（1）表面清洗 1。首先，用丙酮对硅片进行浸泡及超声清洗；然后，使用 RCA1 溶液去除硅片表面的颗粒、金属离子、有机物、氧化物等杂质。

（2）表面活化。采用 RIE 产生氧等离子体活化硅片表面，提高硅片表面能。

（3）表面清洗 2。用去离子水冲洗硅片的表面、甩干，使硅片表面存在大量硅烷醇基。

（4）预键合。在室温下预键合。

（5）退火。N_2 环境中低温退火（300℃）使硅片表面间的硅烷醇基发生缩水反应，形成共价键强键合。

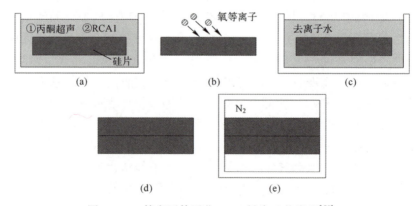

图 10.20　等离子体活化 Si-Si 键合工艺流程[56]
(a) 表面清洗 1；(b) 表面活化；(c) 表面清洗 2；(d) 预键合（室温）；(e) 退火（300℃）。

10.6　金属键合

随着高性能可穿戴电子产品以及器件小型化需求的增加，用于晶圆/芯片堆叠的小间距焊球和微米级凸点成为先进封装工艺的关键电气互连技术[57]。金属键合因其界面具有很高的机械强度和良好的导热性[58]，越来越受到重视。根据芯片对芯片（Die-to-Die，D2D）、芯片对晶圆（Die-to-Wafer，D2W）和晶圆对晶圆（Wafer-to-Wafer，W2W）的堆叠类型，金属键合可在电路板组装、芯片贴装、倒装芯片和晶圆级封装（Wafer Level Package，WLP）等封装工艺中使用[59]。永久金属键合的方法主要包括热压键合、共晶键合和固液互扩散（Solid Liquid Inter Diffusion，SLID）键合。

10.6.1 热压键合

10.6.1.1 热压键合原理

热压键合是指两层金属在加热加压作用下发生原子级接触而形成的稳定键合，又称扩散键合、压力键合、热压焊接、固态焊接等。其键合过程中关键的原子扩散可分为3步：表面扩散、晶界扩散、体扩散。热压键合的基本流程如下：首先，将超高洁净度和表面平整度的金属固定在键合夹具中；然后，在高真空腔室内加热、加压使晶圆表面形成原子级接触；最后，经过界面去除、晶体错位容纳、晶粒生长等一系列的过程实现热压键合。铜、铝、金因具备较高扩散速率，适用于热压键合[60]。其中，铜和铝具备较高的延展性且表面易氧化，因此，需在热压键合前去除其表面氧化层，同时键合温度需高于400℃。相对于铜和铝，金表面不易氧化，处理简单，键合温度约300℃，因此，金更适合热压键合[61]。

热压式晶圆键合机主要由晶圆夹具、高真空键合腔室、上/下加热板和液压加压系统组成（图10.21）[62]。一般建议在键合前向高真空腔室中通入 N_2 并保持一段时间，保证键合腔室内不存在颗粒或氧气，减少金属氧化反应，以实现良好的键合质量。

晶圆在金属沉积和表面处理后，首先面对面固定在键合夹具上，然后进行热压键合（图10.22）。从金属沉积到退火的完整热压键合过程的基本步骤如下。

（1）将键合腔室抽真空、通入 N_2 两次并保持一段时间，以去除腔室内 O_2。

（2）施加500 N向下机械压力，以确保加热过程中晶圆不移位。

（3）键合腔室抽真空到0.01Pa。

（4）顶部、底部加热器以10℃/min速率加热。

（5）增大向下机械压力，达到5~20kN范围。

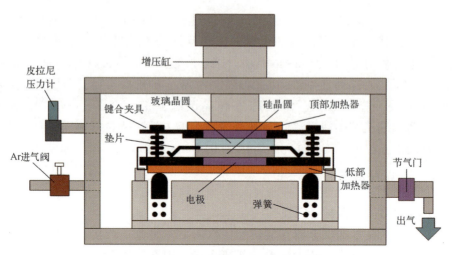

图 10.21 热压键合设备示意图[62]

(6) 保持加热、加热,以实现键合。
(7) 拉起加压活塞、撤去机械压力、打开进气阀缓慢通入空气。
(8) 等待冷却、清理、打开腔室、取出晶圆。

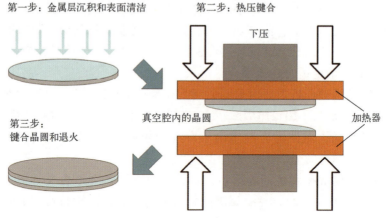

图 10.22 热压键合基本步骤[62]

10.6.1.2 热压键合关键工艺参数

(1) 键合温度。过高的键合温度可能会损坏器件,而合适的键合温度可提供合适的自扩散系数,提高键合强度和质量。例如,Cu-Cu 热压键合的自扩散系数在 25℃ 时为 2.29×10^{-39} m²/s,而当温度提高到 150℃ 时为 2.71×10^{-29} m²/s[63]。

(2) 键合压力。键合压力用于固定晶圆，避免变形，并使金属表面紧密接触。为了提高键合良率和强度，并提供无间隙金属互连，建议 8in 晶圆可施加约 10kN 的下压力。

(3) 键合时间。较长键合时间可促进键合界面形成无间隙结构以代替原始界面。为了提高生产速率，一般优选较短的键合时间，但建议至少保持 30min 键合时间以保证键合质量。

(4) 腔室环境。表面氧化和颗粒污染易导致键合失败。因此，键合腔室一般需要 1×10^{-4} mbar 的真空无氧环境，建议进行两次 N_2 气体吹扫和抽真空，这些措施可以提高黏接质量[64]。

10.6.1.3 用于热压键合的金属

铝（Al）、铜（Cu）、金（Au）是常用于热压键合的 3 种金属。其他金属，如铂（Pt）和钯（Pd）等也可用于热压键合，且具有良好的生物兼容性和传感性能。Pt 和 Pd 热压键合温度分别要求高于 200℃ 和 500℃，同时 Pt 在必要时还需 700℃ 以上退火[65]。Au-Au、Cu-Cu 和 Al-Al 热压键合的热和电性能如表 10.3 所列。

表 10.3　常用金属材料及其热压键合性能[65]

参　数	单　位	金（Au）	铜（Cu）	铝（Al）
熔点	℃	1063	1083	658
密度	g/cm^3	19.3	8.9	2.7
晶格结构	—	FCC	FCC	FCC
比热容（20℃）	J/(kg·K)	0.126	0.386	0.900
热导率	kW/(m^2·K)	31.1	39.4	22.2
热膨胀系数	10^{-6}/K	14.2	16.5	23.1
电导率（20℃）	10^7/(Ω·m)	4.55	5.88	3.65
弹性模量	GPa	79	123	71
键合温度	℃	300	250	450
费用	—	高	一般	一般

由于 Al 易氧化造成高接触电阻，为了使 Al 原子扩散，必须提高键合温度，通常在 450℃ 以上进行键合。Au 具由更好的导热性和导电性，是理想的热压键合材料，同时 Au 材料柔软稳定，比 Al 更易在低温下键合。但是，Au 的稀缺和昂贵的价格使其在作为微电子器件电气互连材料时不具备优势。Cu

凭借良好的电气性能和低温工艺适用性，是电气互连技术中应用最广泛的材料。

10.6.1.4　Au-Au热压键合的工艺流程举例

本节展示一种Au-Au热压键合的工艺流程（图10.23）[61]，具体步骤如下。

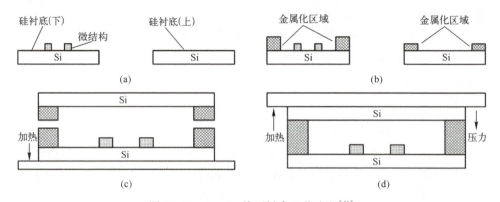

图10.23　Au-Au热压键合工艺流程[61]

(a) 金属化前处理；(b) 表面金属化；(c) 金属表面处理及对准；(d) 热压键合。

(1) 金属化前处理。为了防止后续工艺中发生金属层脱落，需采用乙醇超声清洗和去离子水冲洗，保证硅片表面洁净；在键合前再对晶圆进行等离子体处理以提高金属与硅片间的黏附强度。

(2) 表面金属化。不同的表面金属化方法会造成不同的金属表面粗糙度。一般来说，溅射的Au表面粗糙度较低，仅需几千埃即能达到良好的键合质量；电镀的Au表面粗糙度较高，需较厚的金属才能达到较好的键合质量。由于Au与Si之间的黏附性较差，一般使用金属铬Cr或钛Ti作为中间黏附层，接着在黏附层上溅射Au层。选用Cr黏附层需要考虑键合温度。因为Cr在一定温度下会向Au表层扩散，导致多层金属膜的电阻率异常增大。

(3) 键合前表面处理与对准。Au表面质量对键合质量影响较大，局部颗粒易使区域键合失效。因此，需对金属化后的晶圆进行键合前处理，主要包括3步：首先，使用Piranha溶液清洗晶圆，去除光刻残胶等表面污染物；其次，使用等离子体处理晶圆，使其获得较高的表面活化能；最后，使用紫外光照射，短波紫外线深入材料表面细微部位，发生光敏氧化反应并生成可挥发气体，进而去除表面微小颗粒，彻底清洁晶圆表面。基于晶圆上的图形和对准标记进行键合对准。

（4）热压键合。在一定温度下施加的压力越大，表面接触越好，键合效果越好；在一定压力下施加的温度越高，Au 就越软，同时其变形与扩散也越强，键合效果越好；因此，Au-Au 热压键合应根据 Au 层厚度和图形结构等具体情况，选择合适的温度和压力、并合理调节升温、升压及降温、降压过程，以获得高质量键合。

10.6.2 共晶键合

10.6.2.1 共晶键合原理

共晶体是指两种以上金属以晶粒形式结合而构成的致密晶体混合物状态[66]。共晶体一般存在共晶点，共晶点温度比两种金属的熔点都低，共晶体中三相共存。在共晶点下，两种金属接触并扩散后形成具有共晶成分的液相合金。液相合金的液相层随时间增加而不断增厚，冷却后不断交替析出两种金属，每种金属又以其原始固相为基础生长、结晶析出，如此往复，两种金属最终实现紧密结合。为了防止表面氧化及污染，共晶键合一般在真空或惰性气体环境中。常用的共晶键合金属组合有 Au-Si、Au-Sn、In-Sn、Al-Si、Sn-Pb、Au-Ge 等。相比于热压键合，共晶键合所施加的机械压力更小，键合面积更大。热压键合与共晶键合最大的差异在于键合过程中有无液态金属参与。共晶键合的界面中存在金属互扩散形成的液相合金，而热压键合的界面处发生固态扩散，并无中间产物。

图 10.24 展示了 Sn-Pb 两种金属的共晶相图[67]。该合金体系存在一个最低熔融温度的共晶点。由于键合温度相比于其他方法低，共晶键合更适用于对工艺温度敏感的器件键合。

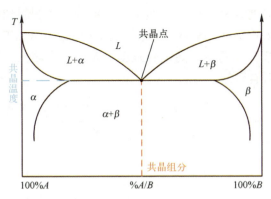

▼ 图 10.24　Sn-Pb 焊料的共晶相图[67]

共晶键合包括以下基本步骤。

(1) 在晶圆上沉积凸点或金属膜。

(2) 将晶圆置于 60~80℃ 的 RCA1 和 RCA2 清洗液中清洗,再将其置于稀 HF 溶液中浸泡 1min,最后用去离子水冲洗、N_2 吹干。

(3) 将键合腔室抽真空或者泵入惰性气体,然后在腔室内把晶圆对准。

(4) 将加热器温度调节到稍高于共晶温度,并保持一段时间。

(5) 待腔室冷却后取出晶圆。

10.6.2.2 共晶焊料

共晶焊料通常由金属和金属间化合物组成。例如,63Sn-37Pb(63%Sn+37%Pb,下同),其共晶点为 183℃,远低于锡(Sn,熔点 231.9℃)和铅(Pb,熔点 327℃),具有导电性好、黏度低、成本低和可润湿等优点。但是,生物学、医学上要求血液中铅含量不得大于 250 μg/L,否则会导致健康问题。因此,自 2006 年 7 月 1 日欧盟颁发《关于限制在电子电气设备中使用某些有害成分的指令》(RoHS)以来,业界已开发出多种无铅焊料来代替 60Sn-40Pb 和 63Sn-37Pb 焊料。

表 10.4 列出了 3 种共晶焊料的物理性能,其中 96.5Sn-3.5Ag 和 99.3Sn-0.7Cu 为无铅焊料。96.5Sn-3.5Ag 的共晶点为 221℃,被认为是替代传统 63Sn-37Pb 焊料的最佳无铅焊料[68-69]。但其回流时的润湿速度很难与大表面张力的液态金属相比,同时,该共晶合金较高的热膨胀系数和共晶点温度使其可靠性降低。99.3Sn-0.7Cu 的共晶点为 227℃,且在回流过程中不易氧化、浮渣少、工艺成本低,也是无铅焊料的一种选择。该共晶合金在 N_2 环境中的波峰焊接质量几乎与传统 63Sn-37Pb 焊料相同,但在正常环境下的焊接因共晶合金润湿能力变差且易出现斑点而变得粗糙。无铅焊料选用标准如下:无毒、稳定,符合 RoHS 和《废弃电子电气设备指令》(WEEE)标准;可用且实惠;塑性范围窄,可提供较高键合强度;表面张力较低;材料可制造;可接受加工温度;键合可靠。

表 10.4 传统锡-铅和无铅焊料锡-银、锡-铜的基本特性比较[68]

属性	单位	63Sn-37Pb	96.5Sn-3.5Ag	99.3Sn-0.7Cu
熔点	℃	183	221	227
表面张力(260℃)	mN/m	380	460	491
密度	g/cm³	8.36	7.36	7.31
电阻率	μΩ·cm	15.0	10.8	10~15

续表

属性	单位	63Sn-37Pb	96.5Sn-3.5Ag	99.3Sn-0.7Cu
热导率	W/(m²·K)	0.509	0.33	—
CTE	10^{-6}/K	25	30	—
硬度	10^7/Ωm	12.8	16.5	—

10.6.2.3　Au-Si 共晶键合工艺流程举例

共晶焊料与其原材料相比，熔融温度大为降低，这是共晶键合的一大优势。例如，Au 和 Si 的熔点分别为 1064℃ 和 1414℃，但其共晶焊料的熔点为 363℃[70]。当共晶点温度为 363℃ 时，合金中 Si 和 Au 的浓度分别约为 19% 和 81%。

Au-Si 共晶键合工艺流程如图 10.25 所示[71]，具体步骤如下。

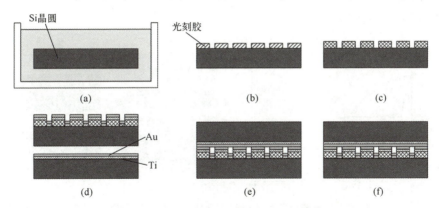

图 10.25　Au-Si 共晶键合工艺流程[71]

(a) 清洗晶圆；(b) 图形化（光刻）；(c) 图形化（干法刻蚀）；(d) 溅射金属薄膜；(e) 紧贴晶圆；(f) 共晶键合（真空度、压力、温度）。

(1) 清洗。依次分别使用 Piranha、RCA1、RCA2 溶液清洗硅晶圆，并用去离子水冲洗，N_2 吹干并烘干。

(2) 图形化。旋涂正光刻胶、曝光显影、干法刻蚀硅、去除残胶。

(3) 溅射金属。图形化和非图形化的硅晶圆均需溅射金属。首先，溅射一层钛 Ti 薄膜作为黏附层和扩散阻挡层；然后，在钛层上继续溅射金 Au 薄膜。

(4) 预键合。对准并贴紧硅晶圆，实现预键合。

(5) 共晶键合。采用键合机（如 Karl SUSS SB6），将预键合的硅晶圆置于键合台上，设定键合腔室的真空度和所要施加的压力并升温，保持合适时长后将降至室温，充入高纯 N_2 并恢复至大气压。

真空度、压力和温度是本工艺流程中的主要参数，此处设定为真空度 0.1Pa、压强 10^4Pa，而键合温度曲线为 363℃下保持 10min，5min 升温至 380℃，380℃保持 15 分钟，然后自然降温。

10.6.3　固液互扩散键合

10.6.3.1　固液互扩散键合原理

固液互扩散（Solid Liquid Inter Diffusion，SLID）键合是基于金属间化合物（Inter Metallic Compound，IMC）的键合技术。其工艺基于二元合金体系，两种金属熔点不同，较高熔点的金属记为 M_H，较低熔点的金属记为 M_L，其熔点分别记为 T_H 和 T_L。SLID 的 IMC 应具有熔点高、热力学稳定等特点，其相图如图 10.26 所示。

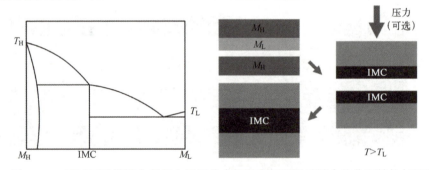

图 10.26　固液互扩散键合所用金属间化合物示意相图以及键合的典型结构与过程

SLID 键合一般在高于温度 T_L 下进行，此时 M_L 熔化，固态 M_H 扩散进入液态 M_L 反应形成固态 IMC。在多层堆叠后续工艺中，高熔点的 IMC 很难重熔，形成可靠的键合。SLID 键合需要消耗所有 M_L，键合的最终器件中只含有 IMC 和 M_H。SLID 键合有以下特性：工艺温度低，键合热稳定性好（键合层熔点远高于工艺温度）；可实现小间距互连；可不用助焊剂，减少聚合物残留；金属工艺成本较低；相同键合强度下所有原料消耗少；适用于多晶圆堆叠；基本不要求凸点金属化。

SLID 键合与共晶键合有相似之处：两者都涉及二元合金体系、液态金属工艺，具有相似的工艺温度和最终产品；两者使用的合金体系通常都是基于 Sn 和少量其他金属（如 Cu、Ag）的合金，且都包含液态金属相，最终作为键合材料的都是 IMC。但 SLID 键合和共晶键合是不同的工艺，有各自的特点。SLID 键合是不可逆的，而共晶键合是可逆的；SLID 键合的 IMC 热稳定性好；SLID 键合用料少，有利于缩小器件规模和提高集成度；SLID 键合层厚度小，有利于缩小凸点间距；SLID 键合对材料成分比例和粗糙度有严格的要求。

10.6.3.2 固液互扩散键合材料的选择

SLID 键合需要高熔点和低熔点的金属（M_H、M_L）。M_H 一般有 Cu、Au、Ag、Co 和 Ni，而 M_L 则有 Sn 和 In。由于合金体系二元相图的复杂性，高熔点和低熔点金属之间可能存在若干层逐层分布的 IMC。例如，当 Cu-Sn 合金体系内 Sn 原子未被消耗完时，Cu_6Sn_5 和 Cu_3Sn 的 IMC 会相应地分布在靠近 Sn 和 Cu 的位置。

10.6.3.3 固液互扩散键合的凸点制造与表面处理

SLID 键合工艺流程可简单分为 3 个步骤。

（1）在晶圆表面沉积或电镀高熔点金属（如 Cu、Ag、Ni 等）。

（2）在连接区域放置低熔点金属。

（3）加热加压使熔融液态金属和固态金属之间发生互扩散，形成强键合。

图 10.27 为标准的 Cu-Sn 微米级凸点工艺流程[90]。首先，在晶圆或芯片上沉积一层薄 Ti/Cu 黏附层和籽晶层，为电镀工艺提供导电路径。然后，在晶圆上旋涂光刻胶并图形化。最后，对晶圆光刻 3 次分别构造金属线、氧化物钝化窗口和微米级凸点。其中，使用 PECVD 沉积氧化物钝化层可得到较好的台阶覆盖，再使用 RIE 蚀刻可形成陡直侧壁。

金属表面的杂质颗粒和氧化物层会造成 SLID 键合质量的降低，因此，需要在键合前处理金属表面。目前，保护 Cu 免受氧气等环境影响的表面处理方法有有机保护剂、化学镍金、化学镀镍钯浸金、浸银、浸锡等。其中，有机保护剂法是在 Cu 表面生长一有机薄膜层，防止 Cu 进一步氧化或硫化。常用的有机保护剂有松香、活性树脂等，都很容易被助焊剂去除。有机保护剂的优点包括成本低、表面成膜均匀、污染少、易于加工，被广泛用于倒装芯片焊料和 SLID 凸点制造。化学镍金、化学镀镍钯浸金、浸银以及浸锡方法无须电镀即可在覆铜晶圆表面加工 Ni 或 Au 薄层，以防止内部金属氧化、提高键合良率。这类金属薄层无须助焊剂即可实现无缝键合，而且不产生残留聚合物，表面柔软的 Au 层也适用于 COB 引线键合。

10.6.3.4 Cu-Sn 固液互扩散键合工艺流程举例

SLID 键合中，晶圆的金属化层相互接触并加热至高于共晶点温度时，Cu 和 Sn 之间的界面产生液相，熔融的 Sn 溶解 Cu 形成 Cu_6Sn_5，液态 Sn 被不断消耗。

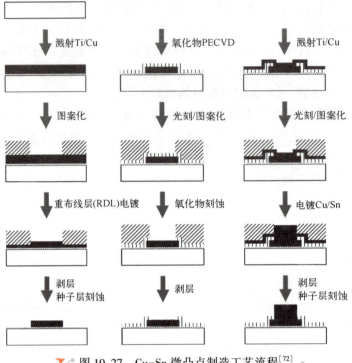

图 10.27 Cu-Sn 微凸点制造工艺流程[72]

由于该 Cu-Sn 合金体系中存在过量的 Cu，Cu 和 Cu_6Sn_5 继续反应形成 Cu_3Sn。因此，只要合金体系中存在液态 Sn，两种金属间化合物（IMC）Cu_6Sn_5 和 Cu_3Sn 的厚度都继续增加。在液态 Sn 耗尽后，键合层经过等温固化形成 Cu/IMC/Cu 结构。此时，$Cu-Cu_6Sn_5$ 反应仍在继续，在所有 Cu_6Sn_5 转变为 Cu_3Sn 之后该反应结束，最终形成的稳定键合结构由 Cu 和 Cu_3Sn 组成，其熔点高达 640℃[73-74]。

Cu-Sn SLID 键合工艺步骤如下[75]：

（1）晶圆预处理。使用等离子体、柠檬酸溶液（柠檬酸:水 = 1:10）清洗晶圆以去除表面氧化物和残留杂质，使用异丙醇和去离子水冲洗、吹干，必要时加热烘干。

（2）晶圆对准。使用晶圆对准机把待键合样品上下对准。

（3）晶圆键合，包括以下关键步骤。第一步，在键合腔室内通入还原性混合气体 N_2 和 H_2，以防烘箱氧化；同时，设定加热台温度为 150℃，以进一步去除样品表面水分。第二步，设定加热台温度为 240℃、压力为 7000N，预键合 5min。预键合可使 Sn 先进入熔融状态并使 Cu-Sn 更充分地互扩散。第三步,保持压力不变,设定加热台温度为 280℃,Cu-Sn 完全互扩散、形成金属间化合物,实现键合[76]。该步骤中有几种反应:在 15min 和 20min 时,键合界面处出现 Cu_6Sn_5 和 Cu_3Sn 两种金属间化合物;在 25min 时,形成了稳定的最终键合产物 Cu_3Sn。

(4)冷却降温,以减少硅片和不同金属之间热膨胀系数差异而引起的热应力[77-78]。该步骤需要以较低速率缓慢降温至 150℃,然后充入 N_2 恢复大气压。键合过程中施加的压力应根据结构面积适当调整[79-80]。

10.7 金属/介质混合键合

三维集成器件具有多功能、小尺寸、速度快、带宽高、功耗低、封装尺寸小、良率和可靠性高、异构集成灵活以及整体成本低等优点。当前主要的 3D 堆叠和集成方式如图 10.28 所示,其他方式如在一个基底上构造 MEMS 与 CMOS 协同工作的器件或系统还有一定的挑战。

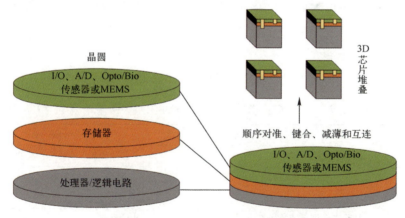

图 10.28 3D 芯片堆叠集成原理[81]

实现 3D 集成的关键技术包括晶圆对准、晶圆键合、晶圆减薄和层间互连。晶圆对准实现两个或更多晶圆上电路或器件的对准;晶圆键合实现两个或更多晶圆的键合,形成牢固的机械或电学连接;晶圆减薄缩短晶圆间互联距离,实现更多晶圆的互联;层间互连实现堆叠晶圆上电路和器件的电、热、光、流体等的互联。

在不严格要求的情况下,3D 集成进行晶圆键合需要满足一些必要条件:兼容 IC 后道工艺(Back End of Line,BEOL)(键合温度≤400℃);键合界面的热和机械稳定性高,并在 BEOL 和封装工艺条件范围内;键合过程不产生气体、不形成空洞;形成高强度的无缝键合,界面无分层。因此,晶圆在键合界面处必须形成强化学键。3D 集成所需晶圆键合技术通常为混合键合,本节将介绍有关金属/介质混合键合的内容。

10.7.1 Cu-BCB 混合键合及其 3D 集成的基本步骤

金属/电介质混合键合面临两个主要挑战:镶嵌图形如何选择金属和电介质;晶圆级化学机械抛光 CMP 如何确保键合完整性和 BISV 的低电阻。

本小节以 Cu-BCB 键合为例说明混合金属/聚合物键合,其关键步骤如图 10.29 所示,表 10.7 展示了采用 Cu-BCB 键合的 3D 集成工艺基本步骤,使用了镶嵌图形的金属/聚合物再分布层的混合键合,且由 Cu 键合和 BCB 键合工艺组合而成[82]。

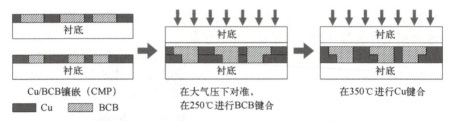

图 10.29 表面镶嵌图形的 Cu-BCB 简化键合步骤[82]

表 10.7 采用 Cu-BCB 晶圆键合的 3D 集成基本步骤[82]

序号	工艺步骤	工艺步骤的目的
1	晶圆预清洗、烘干	去除颗粒、杂质等污染物和水分
2	晶圆表面聚合物的加工: ① 助黏剂处理晶圆表面; ② 旋涂 BCB、N_2 环境中 170℃软烘 1~5min; ③ 250℃部分固化 60s 以上	形成均匀的 BCB(不均匀性<2%): ① 助黏剂可提高晶圆与 BCB 聚合物的黏附力; ② 软烘蒸发溶剂和挥发性物质、固化 BCB 使晶圆在对准过程中可接触表面; ③ 部分固化使 55%以上的 BCB 交联,从而可进行后续 Cu-BCB 的 CMP 处理
3	镶嵌图形的金属/聚合物键合界面:CMP 和 CMP 后的清洗	形成金属键合的压焊点、接线柱和"虚拟"键合表面:CMP 和 CMP 后的清洗形成平坦干净的晶圆表面

续表

序号	工艺步骤	工艺步骤的目的
4	晶圆对准	使用对准标记进行晶圆对准，在预设位置形成 TSV
5	晶圆键合： ① 抽真空到 0.1mTorr； ② 设定温度为 250℃； ③ 设定键合压力>0.3MPa； ④ 保持<60min； ⑤ 升高温度至 350℃； ⑥ 保持<60min； ⑦ 释放键合压力、冷却并卸下晶圆； ⑧ 退火（可选）	实现晶圆的无缝键合： ① 真空可防止金属和黏合剂氧化； ② 允许 BCB 进一步交联固化； ③ 实现键合表面紧密接触； ④ 实现 BCB 的 100% 固化； ⑤ 允许沿键合界面的 Cu 互扩散和晶粒生长，消除键合界面的小空洞； ⑥ 可选退火使键合腔室内有更短的退火时间
6	晶圆减薄： ① 顶部晶圆的背面研磨； ② CMP 和四甲基氢氧化铵蚀刻	形成微米级直径的高密度 TSV 和相对小的深宽比（≈5:1）
7	TSV 形成（类似于 Cu 镶嵌工艺）	将堆叠中的器件连接到下一层和/或从堆叠引出 I/O 接口
8	对于更多层的堆叠和集成，重复步骤 1～步骤 7	形成多层的 3D 集成器件

10.7.2　Cu-SiO$_2$ 混合键合

铜是 CMOS 电气互连的主要金属，层结构间高密度的铜互连技术对电子器件和微系统的 3D 集成至关重要。为了满足 3D 集成器件对低温键合的要求，铜/氧化物表面直接键合逐渐成熟，且具有许多优点：工艺温度低、层间电气连接易兼容、键合过程对准精度高、高互连密度等。直接键合互连（Direct Bonding Interconnect，DBI）是一种混合键合工艺，由美国 Ziptronix 公司在 2009 年首先公开发表，适用于 SiO$_2$ 中镶嵌 Cu 焊盘的混合晶圆[83]。该工艺是实现可靠高密度永久互连的最佳方案，可用于内存、CPU、GPU、FPGA、SOC 等芯片的高带宽与高性能 2.5D 和 3D 集成。DBI 工艺首先对晶圆表面进行化学处理和等离子体活化，使晶圆表面主要存在 Si-OH 或 Si-NH$_2$ 亲水基团，以实现室温下无外部压力的 SiO$_2$-SiO$_2$ 亲水性互连；最后在高温（125～400℃）下键合和退火，使内部 Cu 焊盘接触并生长晶粒（图 10.30）。

Cu-SiO$_2$ 混合键合能够实现的互连间距缩短至 1～10μm，并且较好地兼容前后端工艺。同时，该键合技术无须底部填胶，在低温键合后能承受高温工艺。另外，该键合技术结合晶圆减薄后，能够实现 4 层、8 层、12 层乃至 16 层的堆叠存储器，可满足下一代高性能计算的封装和性能要求。

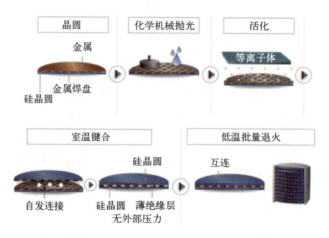

图 10.30 DBI 工艺基本步骤示意图[83]

理论上，等离子体活化键合同时兼容了 Cu-Cu 和 SiO_2-SiO_2 键合，实现 Cu-SiO_2 键合的理想工艺，而且键合后的界面均匀平整，具备良好的电学性能。但是等离子体活化键合所需设备价格高，需要超高真空条件，且工艺操作复杂。2020 年有学者提出了一种不依赖等离子体的低成本 Cu-SiO_2 混合键合技术，该技术基于热压键合原理，采用两步协同活化实现了低温混合键合[84]。

10.7.3 混合键合中的金属平坦化

在混合键合中，为了去除 SiO_2 层上多余的 Cu，需进行金属层平坦化，最常用化学机械抛光。实际工艺中，图形化的 Cu 表面往往会形成焊点凹槽（Cu dishing）（图 10.31），使得晶圆在对准后仅有 SiO_2 发生接触并通过表面亲水性基团实现预键合，但此时 Cu-Cu 间依然存在空隙[85]。为提高 SiO_2-SiO_2 的键合强度，需经过退火工艺将较弱的氢键与范德瓦尔斯力连接转变为共价键连接。共价键连接可以为 Cu 膨胀提供压力，在退火工艺中相当于 Cu-Cu 热压键合。

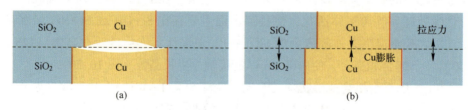

图 10.31 混合键合过程中的焊点凹槽[85]
（a）室温键合；（b）Cu-Cu 键合后自压缩退火。

10.8 本章小结

本章主要概述了半导体制造工艺中多种键合技术的基本原理和工艺流程。首先，介绍了两种中间层键合，包括玻璃料和黏合剂键合，其广泛应用于 MEMS 和 IC 制造，如 MEMS 陀螺仪、MEMS 与 IC 的异质集成等。其次，介绍了阳极键合，常用于 MEMS 封装和微流控芯片的密封，具有键合强度高和气密性好等优点。接着，介绍了直接键合，两个晶圆表面在特定温度和压力下紧密贴合形成共价键以实现键合，其键合强度与表面能、表面粗糙度以及表面形貌等工艺参数有关。然后，介绍了等离子体活化键合，可用于微纳器件、光电器件、生物传感器等领域，具有键合温度低、污染少等优点。此外，还介绍了金属键合，包括热压键合、共晶键合以及固液互扩散键合等，常用于电路板组装、芯片贴装、倒装芯片和晶圆级封装等工艺。最后，展望了面向三维集成的金属/介质混合键合技术。综上所述，键合技术是半导体制程中不可或缺的步骤，对于先进半导体器件和 MEMS 微系统的加工制造具有重要意义，选择最佳的键合工艺能够确保器件的机械稳定性、密封性与功能性。

参考文献

[1] TILLI M, PAULASTO-KRÖCKEL M, PETZOLD M, et al. Handbook of silicon-based MEMS materials and technologies [M]. Amsterdam: Elsevier, 2020.

[2] EV Group [DB/OL]. https://www.evgroup.com/products/bonding/permanent-bonding-systems/evg520-is/.

[3] 周问天，任国华，孟冬辉，等. 基于玻璃浆料键合的硅基漏孔封接工艺优化研究 [J]. 真空科学与技术学报，2020, 40 (6): 514-518.

[4] NOBEL C. Industrial adhesives handbook [M]. United Kingdom: Chapman & Hall/CRC, 1992.

[5] NIKLAUS F, STEMME G, LU J Q, et al. Adhesive wafer bonding [J]. Journal of Applied Physics, 2006, 99 (3): 2.

[6] TRAEGER R. Nonhermeticity of polymeric lid sealants [J]. IEEE Transactions on Parts, Hybrids, and Packaging, 1977, 13 (2): 147-152.

[7] YACOBI B G, MARTIN S, DAVIS K, et al. Adhesive bonding in microelectronics and photonics [J]. Journal of Applied Physics, 2002, 91 (10): 6227-6262.

[8] NIKLAUS F, KUMAR R J, MCMAHON J J, et al. Adhesive wafer bonding using partially cured benzocyclobutene for Three-dimensional integration [J]. Journal of the Electrochemical Society, 2006, 153 (4): G291.

[9] NIKLAUS F, DECHARAT A, FORSBERG F, et al. Wafer bonding with nano-imprint resists as sacrificial adhesive for fabrication of Silicon-On-Integrated-Circuit (SOIC) wafers in 3D integration of MEMS and ICs [J]. Sensors and Actuators A: Physical, 2009, 154 (1): 180-186.

[10] PHAM N P, BOELLAARD E, BURGHARTZ J N, et al. Photoresist coating methods for the integration of novel 3-D RF microstructures [J]. Journal of Microelectromechanical Systems, 2004, 13 (3): 491-499.

[11] LIMB S J, LABELLE C B, GLEASON K K, et al. Growth of fluorocarbon polymer thin films with high CF_2 fractions and low dangling bond concentrations by thermal chemical vapor deposition [J]. Applied Physics Letters, 1996, 68 (20): 2810-2812.

[12] OBERHAMMER J, NIKLAUS F, STEMME G. Selective wafer-level adhesive bonding with benzocyclobutene for fabrication of cavities [J]. Sensors and Actuators A: Physical, 2003, 105 (3): 297-304.

[13] 李宏, 曹欣, 何繁, 等. 阳极键合用微晶玻璃的组成与析晶性能 [J]. 武汉科技大学学报, 2007, 30 (6): 584-587.

[14] JOURDAIN A, ROTTENBERG X, CARCHON G, et al. Optimization of 0-level packaging for RF-MEMS devices [C]. 12th International Conference on Solid-State Sensors, Actuators and Microsystems. Digest of Technical Papers. Boston, MA, USA: IEEE, 2003, 2: 1915-1918.

[15] JOURDAIN A, BREBELS S, DE RAEDT W, et al. Influence of 0-level packaging on the microwave performance of RF-MEMS devices [C]. 2001 31st European Microwave Conference. London, UK: IEEE, 2001: 1-5.

[16] 杜超, 刘翠荣, 阴旭, 等. 阳极键合研究现状及影响因素 [J]. 材料科学与工艺, 2018, 26 (5): 82-88.

[17] ROGERS T, KOWAL J. Selection of glass, anodic bonding conditions and material compatibility for silicon-glass capacitive sensors [J]. Sensors and Actuators A: Physical, 1995, 46 (1-3): 113-120.

[18] 吴登峰, 邬玉亭, 褚家如. 阳极键合工艺进展及其在微传感器中的应用 [J]. 传感器技术, 2002, 21 (11): 4-7.

[19] LEE T M H, HSING I M, LIAW C Y N. An improved anodic bonding process using pulsed voltage technique [J]. Journal of Microelectromechanical Systems, 2000, 9 (4): 469-473.

[20] 周方颖, 张一心. 碱, 双氧水及热处理对氨纶丝力学性能的影响 [J]. 丝绸, 2014,

51（6）：11-15.

[21] 王华．聚吡咯涂层的制备及耐腐蚀性能研究［J］．表面技术，2015（3）：111-115.

[22] 陈大明，胡利方，时方荣，等．硅-玻璃-硅阳极键合机理及力学性能［J］．焊接学报，2019，40（2）：123-127.

[23] TONG Q Y, GÖSELE U. Semiconductor wafer bonding：recent developments［J］. Materials Chemistry and Physics, 1994, 37（2）：101-127.

[24] 孙佳媛．硅片低温直接键合方法研究［D］．哈尔滨：哈尔滨工业大学，2015.

[25] LIU Z, DEVOE D L. Micromechanism fabrication using silicon fusion bonding［J］. Robotics and Computer-Integrated Manufacturing, 2001, 17（1-2）：131-137.

[26] SUN G L, ZHAN J, TONG Q Y, et al. Cool plasma activated surface in silicon wafer direct bonding technology［C］. 18th European Solid State Device Research Conference. Montpellier, France：IEEE, 1988：c4-79-c4-82.

[27] 王凌云，王申，陈丹儿，等．基于干湿法活化相结合的硅-硅低温键合［J］．厦门大学学报（自然科学版），2013，52（2）：165-171.

[28] TONG Q Y, LEE T H, GÖSELE U, et al. The role of surface chemistry in bonding of standard silicon wafers［J］. Journal of The Electrochemical Society, 1997, 144（1）：384.

[29] GRUNDNER M, JACOB H. Investigations on hydrophilic and hydrophobic silicon（100）wafer surfaces by X-ray photoelectron and high-resolution electron energy loss-spectroscopy［J］. Applied Physics A, 1986, 39：73-82.

[30] 王晨曦，王特，许继开，等．晶圆直接键合及室温键合技术研究进展［J］．精密成形工程，2018，10（1）：67-73.

[31] TRUCKS G W, RAGHAVACHARI K, HIGASHI G S, et al. Mechanism of HF etching of silicon surfaces：a theoretical understanding of hydrogen passivation［J］. Physical Review Letters, 1990, 65（4）：504.

[32] GÖSELE U, TONG Q Y, SCHUMACHER A, et al. Wafer bonding for microsystems technologies［J］. Sensors and Actuators A：Physical, 1999, 74（1-3）：161-168.

[33] GÖSELE U, STENZEL H, MARTINI T, et al. Self-propagating room-temperature silicon wafer bonding in ultrahigh vacuum［J］. Applied Physics Letters, 1995, 67（24）：3614-3616.

[34] TAKAGI H, MAEDA R. Direct bonding of two crystal substrates at room temperature by Ar-beam surface activation［J］. Journal of Crystal Growth, 2006, 292（2）：429-432.

[35] 宫可玮，孙长征，熊兵．基于湿法表面活化处理的InP/SOI晶片键合技术［J］．半导体光电，2018，39（1）：57.

[36] STENGL R, TAN T, GÖSELE U. A model for the silicon wafer bonding process［J］. Japanese Journal of Applied Physics, 1989, 28（10R）：1735.

[37] LISTON E M. Plasma treatment for improved bonding: a review [J]. The Journal of Adhesion, 1989, 30 (1-4): 199-218.

[38] EICHLER M, MICHEL B, THOMAS M, et al. Atmospheric - pressure plasma pretreatment for direct bonding of silicon wafers at low temperatures [J]. Surface and Coatings Technology, 2008, 203 (5-7): 826-829.

[39] GABRIEL M, JOHNSON B, SUSS R, et al. Wafer direct bonding with ambient pressure plasma activation [J]. Microsystem Technologies, 2006, 12: 397-400.

[40] HUANG R, LAN T, LI C, et al. Plasma-activated direct bonding at room temperature to achieve the integration of single-crystalline GaAs and Si substrate [J]. Results in Physics, 2021, 31: 105070.

[41] MORICEAU H, RIEUTORD F, FOURNEL F, et al. Low temperature direct bonding: an attractive technique for heterostructures build-up [J]. Microelectronics Reliability, 2012, 52 (2): 331-341.

[42] WIEMER M, OTTO T, GESSNER T, et al. Implementation of a low temperature wafer bonding process for acceleration sensors [J]. MRS Online Proceedings Library (OPL), 2001, 682: N4. 6.

[43] ZHANG X X, RASKIN J P. Low-temperature wafer bonding: a study of void formation and influence on bonding strength [J]. Journal of Microelectromechanical Systems, 2005, 14 (2): 368-382.

[44] HOWLADER M M R, SUEHARA S, TAKAGI H, et al. Room-temperature microfluidics packaging using sequential plasma activation process [J]. IEEE Transactions on Advanced Packaging, 2006, 29 (3): 448-456.

[45] JANZEN G. Plasmatechnik: grundlagen, anwendungen, diagnostik [M]. Heidelberg: Hüthig GmbH, 1992.

[46] SAMSON J A, EDERER D L. Experimental methods in the physical sciences: vacuum ultraviolet spectroscopy [M]. New York: Academic Press, 1998.

[47] FRIDMAN A, CHO Y. Transport phenomena in plasma [M]. Amsterdam: Elsevier, 2007.

[48] TENDERO C, TIXIER C, TRISTANT P, et al. Atmospheric pressure plasmas: a review [J]. Spectrochimica Acta Part B: Atomic Spectroscopy, 2006, 61 (1): 2-30.

[49] KIM M C, YANG S H, BOO J H, et al. Surface treatment of metals using an atmospheric pressure plasma jet and their surface characteristics [J]. Surface and Coatings Technology, 2003, 174: 839-844.

[50] TAN C M, YU W, WEI J. Comparison of medium-vacuum and plasma-activated low-temperature wafer bonding [J]. Applied Physics Letters, 2006, 88 (11): 114102.

[51] PASQUARIELLO D, HJORT K. Plasma-assisted InP-to-Si low temperature wafer bonding

[J]. IEEE Journal of Selected Topics in Quantum Electronics, 2002, 8 (1): 118-131.

[52] KISSINGER G, KISSINGER W. Void-free silicon-wafer-bond strengthening in the 200~400℃ range [J]. Sensors and Actuators A: Physical, 1993, 36 (2): 149-156.

[53] FARRENS S N, DEKKER J R, SMITH J K, et al. Chemical free room temperature wafer to wafer direct bonding [J]. Journal of the Electrochemical Society, 1995, 142 (11): 3949.

[54] AMIRFEIZ P, BENGTSSON S, BERGH M, et al. Formation of silicon structures by plasma-activated wafer bonding [J]. Journal of the Electrochemical Society, 2000, 147 (7): 2693.

[55] SUNI T, HENTTINEN K, SUNI I, et al. Effects of plasma activation on hydrophilic bonding of Si and SiO_2 [J]. Journal of the Electrochemical Society, 2002, 149 (6): G348.

[56] 张昆, 廖广兰, 史铁林, 等. 基于氧等离子体活化的硅硅直接键合工艺研究 [J]. 半导体光电, 2013, 34 (5): 783-786.

[57] XIE Y, CONG J, SAPATNEKAR S. Three-dimensional integrated circuit design [J]. EDA, Design and Microarchitectures, 2010, 20: 194-196.

[58] LIANG Z H, CHENG Y T, HSU W, et al. A low temperature wafer-level hermetic MEMS package using UV curable adhesive [C]. 2004 Proceedings 54th Electronic Components and Technology Conference. Las Vegas, NV, USA: IEEE, 2004, 2: 1486-1491.

[59] TOPOL A W, LA TULIPE D C, SHI L, et al. Three-dimensional integrated circuits [J]. IBM Journal of Research and Development, 2006, 50 (4-5): 491-506.

[60] SHIMATSU T, UOMOTO M. Atomic diffusion bonding of wafers with thin nanocrystalline metal films [J]. Journal of Vacuum Science & Technology B, Nanotechnology and Microelectronics: Materials, Processing, Measurement, and Phenomena, 2010, 28 (4): 706-714.

[61] 贾英茜, 李莉, 李倩, 等. 金-金热压键合技术在 MEMS 中的应用 [J]. 河北工业大学学报, 2014 (2): 17-20.

[62] KANG S J, MOON Y S, SON W H, et al. Vacuum-controlled wafer-level packaging for micromechanical devices [J]. Japanese Journal of Applied Physics, 2014, 53 (6): 066501.

[63] CHAO B, CHAE S H, ZHANG X, et al. Investigation of diffusion and electromigration parameters for Cu-Sn intermetallic compounds in Pb-free solders using simulated annealing [J]. Acta Materialia, 2007, 55 (8): 2805-2814.

[64] CHEN K N, TAN C S, FAN A, et al. Morphology and bond strength of copper wafer bonding [J]. Electrochemical and Solid-State Letters, 2003, 7 (1): G14.

[65] KHOURY S L, BURKHARD D J, GALLOWAY D P, et al. A comparison of copper and gold wire bonding on integrated circuit devices [J]. IEEE Transactions on Components, Hybrids, and Manufacturing Technology, 1990, 13 (4): 673-681.

[66] 陈明祥，易新建，刘胜，等．基于共晶的MEMS芯片键合技术及其应用［J］．半导体光电，2004，25（6）：484-488．

[67] CHEN K N, TSANG C K, TOPOL A W, et al. Improved manufacturability of Cu bond pads and implementation of seal design in 3D integrated circuits and packages［C］. 23rd International VLSI Multilevel Interconnection Conference, VMIC 2006. Santa Clara, CA, USA：IEEE, 2006：195-202.

[68] YANG M, LI M, WANG L, et al. Growth behavior of Cu6Sn5 grains formed at an Sn3.5Ag/Cu interface［J］. Materials Letters, 2011, 65（10）：1506-1509.

[69] 杜茂华，蒋玉齐，罗乐．Cu/Sn等温凝固芯片键合工艺研究［J］．功能材料与器件学报，2004，10（4）：467-470．

[70] AKGERMAN A, GAINER J L. Diffusion of gases in liquids［J］. Industrial & Engineering Chemistry Fundamentals, 1972, 11（3）：373-379.

[71] 陈颖慧，施志贵，郑英彬，等．金-硅共晶键合技术及其应用［J］．纳米技术与精密工程，2015，13（1）：69-73．

[72] TAN C S, REIF R. Silicon multilayer stacking based on copper wafer bonding［J］. Electrochemical and Solid-state Letters, 2005, 8（6）：G147.

[73] LUECK M R, REED J D, GREGORY C W, et al. High-density large-area-array interconnects formed by low-temperature Cu/Sn-Cu bonding for three-dimensional integrated circuits［J］. IEEE Transactions on Electron Devices, 2012, 59（7）：1941-1947.

[74] BADER S, GUST W, HIEBER H. Rapid formation of intermetallic compounds interdiffusion in the Cu Sn and Ni Sn systems［J］. Acta Metallurgica et Materialia, 1995, 43（1）：329-337.

[75] WU D, TIAN W, WANG C, et al. Research of wafer level bonding process based on Cu-Sn eutectic［J］. Micromachines, 2020, 11（9）：789.

[76] FLÖTGEN C, PAWLAK M, PABO E, et al. Wafer bonding using Cu-Sn intermetallic bonding layers［J］. Microsystem Technologies, 2014, 20：653-662.

[77] 王俊强．应用于3D集成的Cu-Sn固态扩散键合技术研究［D］．大连：大连理工大学，2017．

[78] WANG J, ZHAO S, LI M, et al. Solid-liquid interdiffusion bonding of Cu-Sn-Cu interconnection and sealing for high-temperature pressure sensor based on graphene［J］. IEEE Transactions on Components, Packaging and Manufacturing Technology, 2019, 10（1）：65-71.

[79] YANG M, LI M, WANG L, et al. Growth behavior of Cu6Sn5 grains formed at an Sn3.5Ag/Cu interface［J］. Materials Letters, 2011, 65（10）：1506-1509.

[80] 杜茂华，蒋玉齐，罗乐．Cu/Sn等温凝固芯片键合工艺研究［J］．功能材料与器件学报，2004，10（4）：467-470．

[81] LU J Q. 3-D hyper integration and packaging technologies for micro-nano systems [J]. Proceedings of the IEEE, 2009, 97 (1): 18-30.

[82] CUNNINGHAM S J, KUPNIK M. Wafer bonding [M]. Boston, MA: Springer US, 2011.

[83] ENQUIST P, FOUNTAIN G, PETTEWAY C, et al. Low cost of ownership scalable copper direct bond interconnect 3D IC technology for three-dimensional integrated circuit applications [C]. 2009 IEEE International Conference on 3D System Integration. San Francisco, United States: IEEE, 2009: 1-6.

[84] 康秋实. 两步协同活化Cu/SiO_2低温混合键合工艺及机理研究 [D]. 哈尔滨: 哈尔滨工业大学, 2020.

[85] LI Y, GOYAL D. 3D microelectronic packaging: from fundamentals to applications [M]. Berlin: Springer, 2017.

第11章 封装

　　MEMS 器件封装与 IC 封装密切相关，早期 MEMS 器件的封装基本沿用传统微电子封装工艺和技术。但是，由于 MEMS 器件的特殊性和复杂性，其封装形式和微电子封装有很大差别。对于 IC 封装而言，封装的功能是对芯片和引线等内部结构提供支持和保护，使之不受外部环境的干扰和腐蚀破坏，芯片与外界通过管脚实现电信号交互，其封装技术与制造工艺相对独立，具有统一的封装形式。对于 MEMS 器件的封装，除了具备以上功能之外，封装还需要给器件提供必要的工作环境，大部分 MEMS 器件都含有悬浮或可动结构，易损坏、易黏附湿气和灰尘。因此，在封装时必须留有活动空间并保证密封。由于 MEMS 器件的多样性，各类产品的使用范围和应用环境存在差异，其封装也没有统一形式，一般根据具体使用情况选择合适的封装，其对封装的功能性要求比 IC 封装高。

　　典型的 MEMS 微系统封装（图 11.1）不仅包含了 IC 电路，还包含了微传感器、微执行器、生物、流体、化学、光学、磁学和射频 MEMS 器件。对于微传感器和微执行器，除电信号外，芯片还有其他物理信息要与外界连接，如光、声、力、磁等，这就要求既要做好气密封，又不能全密封，增加了封装难度。由于这些输入输出的界面往往对 MEMS 器件的特性有较大的影响。因此，IC 开发的传统封装技术只能应用于少数的 MEMS 产品。

　　目前，MEMS 器件的封装分为芯片级封装（Chip Scale Package，CSP）、晶圆级封装（Wafer Level Packaging，WLP）和系统级封装（System In a Package，SIP）等。

图 11.1　一个典型的 MEMS 微系统封装[1]

（1）芯片级封装是针对单颗芯片的封装工艺，在晶圆划片之后，把分离出的芯片单独置于柔性垫片、刚性基板或引线框架上，独立完成后续封装工序。作为早期的 MEMS 封装技术，其成本高、效率低。

（2）晶圆级封装是在整个晶圆封装测试后，再划片切割成单个成品，即封装在划片之前，封装后的芯片与裸片（Die）尺寸完全一致，是目前 MEMS 器件封装领域的主流封装技术，适用于大多数 MEMS 传感器、射频和光学 MEMS 器件，具有效率高、成本低的优点。

（3）系统级封装是在同一基板上集成不同功能的芯片、器件，因封测过程中用到多层双马来酰亚胺三嗪（Bismaleimide Triazine，BT）树脂材质的基板，加上各类芯片、器件的组装及最终成品测试，其成本依然较高，但其高度集成化的优势是未来 MEMS 发展的一个重要方向。

本章首先介绍 MEMS 器件的芯片级封装技术，包括设计、材料、工艺、测试和可靠性；然后介绍目前主流的晶圆级封装技术，同时也展望了面向系统级集成的 MEMS 三维封装和硅通孔 TSV 技术；最后辅以 MEMS 加速度计封装实例供读者参考学习。

11.1　MEMS 封装基本功能

封装是为了以最小的尺寸和质量、最低的价格和简单的结构服务具有特定功能的器件。MEMS 器件封装的主要功能有机械支撑和密封保护、环境保护、电气连接、散热通道和提供可动部件运动的空间等[2]。

11.1.1　保护

早期的器件封装采用气密性真空密封外壳，为电子和光电子系统提供工作所需的低压环境，避免常压下大量气体分子阻碍电子流动。随着微电子学与固体电子学的问世，主流电子器件不再需要真空封装。半导体芯片钝化技术使非气密塑料成为应用最广泛的封装保护材料，可供选择的保护仍然只有全气密性或非气密性两大类。图 11.2 展示了早期的气密封装。

图 11.2　早期的气密封装[3]

固态半导体器件在非低压条件能正常工作，因此封装时首先应考虑是否选择气密性封装。MEMS 器件通常是具有机械运动部件的微米级固态半导体器件。封装内部发生的化学反应可能会引起器件特性的不良变化，例如，器件上化学性质活跃的金属在氧气和水蒸气作用下易被氧化和腐蚀。另外，水对器件和封装外壳有很大的潜在损伤。首先，水作为离子介质，是金属腐蚀的催化剂；其次，封装外壳吸收水分后，在软钎焊等高温工艺中随时可能发生爆炸，从而破坏器件封装。因此，对于非气密性封装的系统，可进行基于水分的气密性检测。

MEMS 器件主要提供以下两种基本保护。

（1）机械支撑。MEMS 器件需要机械支撑以保护其免受热、机械、振动、加速度、灰尘等因素在运输、存储和工作过程中造成的物理损坏。此外，一些特殊功能器件还需要机械支撑点做定位，如 MEMS 加速度计等。

（2）环境隔离。封装外壳可在 MEMS 器件跌落或操作不当时保护器件，使其免受机械损坏。对于有严格可靠性要求的应用领域还需采用气密性封装，以防其在环境中受化学腐蚀和物理损坏。

11.1.2 互连

互连是 MEMS 封装的又一主要功能，封装为器件与外界提供必要的电气或热互连，而电气互连是 MEMS 器件最基本的封装要求。

11.1.2.1 电气与热互连

电子器件需要有供电、接地、信号传输通路，因此，封装要在提供一级互连结构（由器件到封装）的同时保证二级互连结构（由封装到电路板）的电气互连。近年来，随着芯片时钟频率提高到 GHz，信号传输成为一个关键问题。封装类型通常由引脚数决定，引脚数达 1000 个以上就要求采用倒装芯片（Flip Chip，FC）。此时，普通的引线键合互连会造成两种严重后果：其一，引线键合互连的引线会造成传输信号变差；其二，依次逐个加工将造成较高的制造成本。MEMS 器件引脚数量较少，普通的引线键合互连没有问题。但是，金属导体必须从封装外壳引出，气密性工艺成本较高。金属封装使用的不导电密封绝缘材料几乎都是气密性材料，其热力学性能需与封装外壳匹配，并确保能与外壳金属封接在一起。不管封装外壳和布线如何，电气互连是封装工艺最重要的考虑因素。此外，封装还需为器件提供热传输通道，良好的散热可以提高器件性能并延长器件使用寿命。因此，对集成功率放大器等信号放大电路和高集成度封装的 MEMS 器件，在封装时应考虑散热问题。

11.1.2.2 物质传递

MEMS 器件还涉及气体、液体甚至是固体的传输，例如，流体泵、流体控制器和气体分析仪等，因此，在物质传递上对封装提出了特殊的要求。目前，微通道器件的标准封装方法是人工连接工艺，也可以采用快速连接/断开的耦合方式。未来的器件有可能使用泵来抽取纳米粉末制作，因此，材料传递和互连的可行办法还有待进一步研发。

11.1.2.3 光传输

光电子器件/芯片的封装都允许定量的辐射或光进出。例如，紫外光可擦除可编程芯片的封装允许进入一定量的辐射；发光器件（如发光二极管、激光器等光电探测器）、成像器件（如电荷耦合器件等）以及微光机电系统（Micro-Opto-Electro-Mechanical Systems，MOEMS）都要求封装确保光能进能出。此外，用于互联网的光电子通信系统，常用光纤与金属密封封装外壳内外连接。虽然这些封装的成本很高，但却有着极高可靠性，器件寿命可达 20 年以上。

11.1.2.4 外力

压力传感器或者用于探测其他力学量的器件都是基于某种感知待测外力的传感机理。MEMS 压力传感器首先须接近受压气体或流体,或者接近释放压力的材料或器件。因此,其封装外壳既可阻挡外界灰尘物质进入,又能利用薄膜或其他可缓冲可变形材料保持外力与传感器之间的连接。MEMS 压力传感器通常基于压阻效应或静电变容机理。压阻式压力传感器通过感知外力引起敏感材料形变所产生的电导率变化来测量压力;电容式压力传感器则以力敏隔膜作为电容器的一端,外力或压力改变电容器两端间的间隙,通过检测电容变化来测量压力。

此外,MEMS 传感器外部涂覆一层高弹性的胶体(弹性模量小于 0.1 GPa),既起到防水作用,又能防腐蚀,而且还能用作芯片与引线键合的封装材料。根据应用需求,还可以在胶体上增加刚性多孔外壳作为外加机械保护,或者用防水物质包裹芯片,并用薄不锈钢膜密封封装外壳。硅胶或其他保形材料可以用作厚涂覆层(几毫米),也可以用来填充传感器封装腔体以保护硅芯片和引线互连免受腐蚀。目前,绝大多数商用胶体材料都是硅树脂,还有薄型涂层材料聚对二甲苯,或可紫外固化的厚保形涂层材料。

11.2 MEMS 芯片级封装

最初,MEMS 器件的封装主要沿用 IC 的标准封装工艺,但是由于 MEMS 制造工艺的多样性,不同 MEMS 产品面向不同的使用范围和应用环境,导致 MEMS 封装技术难以实现规范化与标准化。此外,MEMS 器件在结构、材料、工艺、功能等方面与 IC 芯片存在诸多差异,要想沿用 IC 封装的标准技术来规范 MEMS 封装,必须注意 MEMS 封装与 IC 封装相比所具有的特殊性[4]。

MEMS 器件的封装包括电子器件标准组装工艺和 MEMS 器件独有封装技术,如封装添加剂和密封工艺等。在无特殊要求下,成熟的封装结构和工艺可以避免非标准方法与非标准设备的高成本。但是,为了实现不同的技术要求,在现有设备和工艺条件下需要改变工序或增加工艺步骤。因此,即使 MEMS 封装采用新设计理念和新材料,依然可以利用现有工艺方法和封装生产线。此外,一些特殊 MEMS 器件,如 MEMS 喷墨打印头,其封装须采用特殊的设计和封装工艺。

以 MEMS 惯性传感器为例,最初使用的全密封陶瓷外壳封装成本昂贵,为了打开消费电子市场，MEMS 惯性传感器转向塑料封装，如 MEMS 加速度计和陀螺仪等。现在许多 MEMS 器件都采用常规封装，为了防止密封材料与机械运动部件直接接触，首先使用封帽保护芯片，然后用标准的环氧模塑料进行后模塑封。此外，一些 MEMS 器件在腔体封装结构中有更佳的工作性能，这使低成本塑料腔体封装和更简单的盖板密封工艺得到快速发展。

近年来，热塑性模注腔体封装开始用于 MEMS 陀螺仪。由于塑料腔体封装在标准注模机上生产，所以封装也在标准生产线上装配。MEMS 器件可以采用现有设备进行引线键合，也可以采用常规的黏结剂安装器件。虽然盖板密封在塑料封装线不常见，点胶机可以把黏结剂涂覆到盖板底部或封装边缘后再密封盖板。尽管激光密封是装配塑料盖板的最佳方法，且广泛用于陶瓷混合电路生产线和印制电路板厂，但却很少用于塑料封装线。MEMS 芯片级封装沿用了 IC 封装的部分工艺（图 11.3），大致可分为晶圆划片、安装互连、盖板保护、密封封装等几个步骤。本节重点介绍 MEMS 芯片级封装的工艺流程，简要介绍芯片级封装时涉及的密封、抗黏连以及可靠性要求。

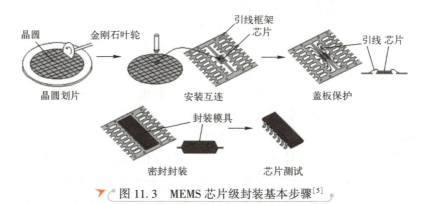

图 11.3　MEMS 芯片级封装基本步骤[5]

11.2.1　释放

MEMS 器件制造工艺的最后一步通常是释放，即打开所有可活动的结构。典型的工艺操作是湿法或干法刻蚀牺牲层。释放后的器件可能会因机械振动而损坏或因污染而失效。因此，释放后的晶圆要立即进入封装工艺步骤，有些专业人士建议将 MEMS 晶圆在释放前运到封装工厂，由封装工厂实施牺牲层释放。在本节中，释放步骤作为封装工艺的一步[6]。

多数 MEMS 器件的牺牲层必须在精密控制下去除，因此，刻蚀释放是最关键的工艺步骤之一。牺牲层材料的去除量可能很小，厚度仅在几百埃到几微米之间。典型的牺牲层材料是二氧化硅（SiO_2），因为氟化物与 SiO_2 有很高的反应活性，常用氟化物刻蚀。释放之后需要清洗，以溶解 SiO_2（或其他牺牲材料）、去除刻蚀剂和微量固体残留。释放过程中，当表面黏附力高于微结构的机械恢复力时，活动部件就会发生黏连。水基清洗剂更会导致黏连：器件的牺牲层在湿法刻蚀完，从水溶液取出时，液体在亲水表面会形成液体弯月面，再经过蒸发和收缩，致使活动微结构向衬底倾斜，最终会导致黏连（图 11.4）。为了克服黏连，可将表面微机械结构转换成体微机械结构，但会使器件的某些性能下降、通用性变差。更好的方法是采用能阻止"湿-干黏连"现象发生的特殊清洗工艺。

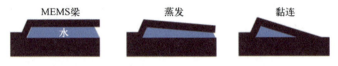

图 11.4 由清洗引起的悬浮结构黏连

黏连是由微结构表面之间的强界面力引起的。当液体与相邻表面接触并缓慢蒸发时，液态清洗剂的毛细管力会把几部分微结构拉到一起，是由于拉普拉斯压力差和表面张力。当毛细管力足够大且引起黏连时，液体蒸发时体积的大幅减少会产生足够大的力，导致易碎的悬浮结构倒塌。范德华力和静电力将损坏器件并促进黏连。通过干法刻蚀、非水基清洗剂和超临界 CO_2 干燥等方法，可减轻甚至消除释放过程中的黏连问题。在干燥步骤中，通常使用超临界干燥减小毛细管力。MEMS 器件在液态 CO_2 中干燥，通过调节压力和温度达到超临界点，使液体不形成弯月面，微结构表面不会被拉到一起。另外，也可以对各部分微结构进行化学处理，使器件表面在接触时不发生黏连。Russick 等已证明超临界 CO_2 干燥能去除溶剂、成功释放了硅晶圆上复杂易碎的 MEMS 表面结构，包括单齿轮微引擎、悬臂梁、压电结构、梳状结构等[6]。

11.2.2 晶圆划片

晶圆经过检查和测试后，需要切割成芯片，并且分离后进行封装。对于芯片级封装，晶圆划片是封装的前段工序。对于晶圆级封装，划片往往是封装的最后步骤，一前一后都直接关系到封装成品的可靠性。MEMS 器件通常都有特殊的微机械结构，如腔体、薄膜、悬臂梁和其他需要特殊处理的敏感元件，这些微机械结构容易因暴露而污染、因机械接触而损坏，特别是利用表面工艺加工的器件，需要在很薄的薄膜上批量加工，结构强度更低，能承受的机械强度远小于 IC 芯片，因此，IC 芯片的标准划片方法往往不适用于 MEMS 器件，对划片设备和划片工艺提出了更高的要求。常用的 MEMS 划片方法主要有刀片划片（Blade Dicing）、激光划片（Laser Dicing）、等离子划片（Plasma Dicing）等，这些划片技术也促进了 MEMS 器件几何结构的创新。

11.2.2.1 传统的划片方法

早期的划片切割也称为划线切割，以金刚石刀片在晶圆表面划线，然后沿划线施加外力将晶圆掰成芯片，这种方法使得芯片边缘存在剥落和裂纹，且无法完全去除芯片表面的毛刺残渣。因此，金刚石锯切应运而生，使用非常薄的圆形金刚石叶轮，通过叶轮高速旋转来切割晶圆（图11.5）。其工艺过程需注意以下 3 点：①为了防止芯片黏合，切割前需在晶圆背面贴敷切割胶带（Dicing Tape）；②切割时摩擦很大，需要从各个方向喷洒去离子水；③如果叶轮进给速度过快，芯片边缘剥落的可能性会大大增加。一般将叶轮旋转次数控制在 20000~80000 次/min。

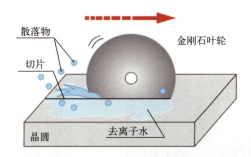

▶ 图 11.5　金刚石叶轮划片的工艺示意图[7]

高速叶轮切割晶圆也会产生一些问题：需要在冷却叶轮时使用水流，清洗硅片时也会使用一定压力的水流，而 MEMS 器件大多具有薄膜、悬浮、高深宽比等结构，无法抵抗划片和清洗时的水流冲击；叶轮和晶圆接触也会产生压力和扭力，晶圆边缘处少许的崩边就有可能造成器件失效；切割产生的硅碎屑也会对晶圆造成污染，例如，MEMS 电容式麦克风对水、灰尘等微粒极其敏感，只要受到一点污染，整个器件就可能失效。

当前划片工艺中为了消除污染和元件脆弱性及敏感性对器件可靠性的影响，通常会增加保护膜成型工序和去除工序，往往需要额外的工艺设备及配套耗材，采用的方法如下。①在 MEMS 器件和恶劣的划片环境间增加永久保护层，防止器件被硅碎屑污染，保护器件在切割和随后的清洗中不受水流和气流的冲击。但是，永久保护层的致命缺点是对一些需要接收敏感信号的 MEMS 器件，这种方法会降低器件灵敏度。②构建一个具有保护作用的临时层，在划片和清洗时将 MEMS 器件覆盖，再用化学方法去除，可在划片时起到临时保护作用，但是也不能完全消除切割对 MEMS 器件的损伤。

11.2.2.2 激光划片技术

激光划片促成了 MEMS 划片工艺的技术飞跃、提高了器件的成品率、简化了制造流程、降低了 MEMS 制造的成本。激光划片技术主要分为湿式和干式两种。

（1）湿式激光划片。湿式激光划片的典型代表是激光微射流技术（Laser Micro Jet），融合了激光束和微水射流的混合切割工艺，通过微水射流将激光束引导到晶圆上，激光在微水射流的直径范围内形成等尺寸的激光束，利用空气和水的折射率不同，激光束在空气-水的界面发生全反射（图 11.6）。在每一个极短的激光脉冲周期内，激光能量集中在微小区域烧蚀，使固体升华、蒸发，激光烧蚀的时间占整个加工周期的极少部分，其余时间是微水射流对加工材料的冷却，避免了材料表面的热损伤，减少了崩边的发生。同时，水流形成的保护层也能减少微粒附着和污染[8]。

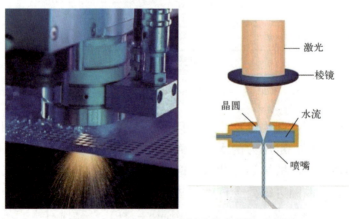

▶ 图 11.6 激光微射流划片技术结构示意图

激光微射流技术适用于 MEMS 划片，其切割速度受晶圆厚度影响，材料越厚，所需激光脉冲能量越大，切割速度也越慢。传统的金刚石叶轮划片会导致晶圆边缘的晶粒破裂，而激光微射流对晶圆边缘造成的损伤远小于传统锯切划片工艺[9]。激光微射流技术提高了 MEMS 器件的良品率和 MEMS 器件划片的加工速度，但划片过程中水流和硅碎屑的存在使得划片前仍需增加永久或临时的保护层结构。

（2）干式激光划片。干式激光划片又称为隐形划片（Stealth Dicing），即切割后晶圆表面和背面都看不到切痕。隐形划片将脉冲激光的单脉冲通过光学成型为激光束，激光束沿着划片槽聚焦在材料内部，因为特定波长的激光可以穿透材料表面，在材料内部特定深度的焦点处被吸收[10]。聚焦位置能量密度高，导致材料变形出现龟裂，并沿着切割线方向紧密排列。各激光脉冲等距作用可以形成等距损伤，在材料内部形成改质层。在改质层中，材料的分子结构被破坏、连接减弱，从而容易分离（图 11.7）。经过激光照射之后，通过扩张贴片膜，龟裂将延伸到晶圆上下表面，最终分裂成小芯片[11]。由于晶圆分裂是通过延伸裂纹实现的，因此，MEMS 芯片上不施加应力。隐形划片解决了传统机械式锯切划片存在的诸如碎屑较多、水流冷却污染、崩边较多等问题，是完全干燥的非接触工序，且可以实现不规则形状的芯片切割，提高了芯片的成品率[12]。

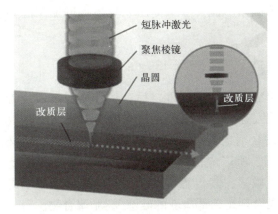

图 11.7 隐形激光划片的工作原理示意图[13]

隐形划片的切口沟槽非常小，因此，可以提高每个晶圆的芯片数量，提高了晶圆的出片率。隐形划片还可以实现高速切割，且晶圆越薄，效率越高。当晶圆较薄时，很薄的改质层即可分断芯片；晶圆较厚时，需要增加更厚的改质层来减少材料分子间的连接力，便于分断芯片。芯片厚度决定了改质层的厚度，改质层的厚度决定了隐形划片的切割速度。目前，隐形划片可应用于蓝宝石、玻璃、硅以及多种化合物半导体晶圆。隐形切割也存在一些局限性，激光照射的材料表面必须相对光滑，至少有 2000 MESH（目）表面光洁度。粗糙的材料表面会散射光线并降低焦点处的能量密度,高掺杂晶圆也会出现类似问题[10]。

11.2.2.3 等离子划片

等离子划片是一种较新的划片技术,作为刀片划片和激光划片的替代方案,已经在半导体行业中逐渐推广。与其他划片技术相比,等离子划片通过对划片槽中的局部硅材料进行 DRIE 深硅刻蚀,可以一次性同步完成所有芯片的划片,无须先后对所有划片沟槽进行分步切割,其划片速度与芯片大小无关,仅与晶圆厚度相关,划片效率明显提升[14]。等离子划片保证了芯片完整性,不损害芯片的机械强度,明显提升了超薄芯片的可靠性及成品率。等离子划片的沟槽可以减小到 $10\sim20\mu m$,提高了晶圆的出片率,降低了芯片成本。边长为 0.4mm 的 IC 芯片的划片沟槽宽度从 $100\mu m$ 减少到 $10\mu m$,可以使晶圆上的芯片数量增加 40%~50%[15]。

作为一种新兴的划片技术,等离子划片也有局限性。如果划片沟槽存在金属,需要停止刻蚀过程,这就要求 MEMS 器件设计人员在设计芯片互连结构时,额外考虑该因素。此外,等离子划片还需增加深硅刻蚀相关的一系列工艺步骤和设备[16]。

11.2.3 贴装互连

晶圆划片成单独的芯片或器件之后,将其贴在基板或者封装框架上,然后与封装材料实现互连。芯片贴装是将 MEMS 器件与基板物理连接。常规做法是采用聚合物黏合剂把器件黏在封装基座上使其不产生相对移动。MEMS 器件对应力更敏感,所以应优选低应力的黏合剂。当附加应力超出了范围,器件就不会对信号敏感,其传感特性已经和原来的期望响应不匹配了。工业界最常用的芯片黏合剂是超低应变的硅基-树脂聚合物。

芯片互连(Die Bonding)是将 MEMS 器件与基板电气连接。常用的互连技术有引线键合(Wire Bonding)、倒装芯片、载带自动焊(TapeAutomaticBonding,TAB)等。一半 MEMS 器件的失效可归因于芯片互连,包括芯片互连处引线的短路和开路,所以芯片互连对 MEMS 器件的可靠性非常重要[17]。

11.2.3.1 引线键合

MEMS 器件的引线键合仍然沿用 IC 芯片的标准技术,主要有热压键合、超声键合和热超声键合,工艺流程可简单总结如下:①焊盘和外壳清洁;②引线键合机的调整;③引线键合;④质量检查。引线键合主要是采用金属导线(金线、铝线),通过焊接使芯片正面的金属电极与封装基板实现电气连接

（图 11.8），其背面和基板通过黏合剂实现物理连接。对于采用非密封的腔体封装，可能需要提前保护键合区以防止腐蚀。使用引线键合机时还需格外注意不要影响敏感的腔室结构。引线键合成本较低、工艺简单，但其效率较低、封装体积较大、键合结构相对脆弱、引线存在寄生效应、封装可靠性仍需提高。

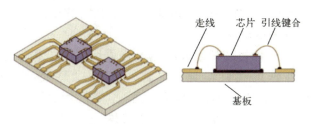

图 11.8　引线键合示意图[18]

11.2.3.2　倒装芯片

倒装芯片是将芯片带有凸点电极的面朝下（倒装），使凸点电极对准基板上对应的焊区，并通过加热、加压等方式使芯片电极或基板焊区上预先制作的凸点塌陷或熔融，然后将芯片电极与基板焊区牢固地焊接互连在一起，同时实现物理连接与电气连接（图 11.9）。倒装芯片的工艺通常包括凸点制作（Bumping）、对准和焊接、芯片底部填充（Underfilling）等步骤。

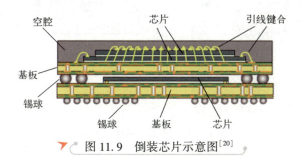

图 11.9　倒装芯片示意图[20]

芯片凸点位于原芯片金属布线电极焊区或重新布局的新焊区。凸点可以用蒸发、溅射、电镀、化学镀、机械打球、移置等多种方法制造，最常用电镀。目前，常用的凸点有焊料凸点、金凸点和柔性聚合物凸点等。倒装芯片互连中的凸点有以下功能：实现芯片和基板之间的电互连、提供芯片的散热途径、保护芯片、实现芯片和基板的物理连接[19]。倒装焊则是指倒装芯片技术中用于实现芯片和基板的物理和电气连接的互连方法，焊接凸点一般采用回流焊接工艺，但也有采用其他凸点材料和互连工艺的。例如，适用于金属凸点的热压键合、热超声键合、钉头凸点互连以及适用于柔性聚合物凸点的导电胶黏接法等。倒装芯片通常需要底部填充。底部填充的作用是提供芯片与基板的良好黏接，保护芯片表面不受污染，匹配焊点、基板材料和芯片的热膨胀系数。相比于引线键合，倒装芯片具有短互连、小面积、立体通道、高安装密度等优异的封装特性，可实现小型化封装，提高封装的可靠性。

11.2.3.3　载带自动焊

载带自动焊是一种将芯片组装在金属化柔性高分子载带上的焊接技术，实际上是一种特殊的柔性电路，电路材料可以是聚酰胺或聚酰亚胺（图11.10）。首先在芯片上沉积金属形成凸点，将芯片上的凸点同载带上的焊点通过引线压焊机自动键合在一起（内引线键合），然后对芯片进行密封保护。切割成单个器件后进行老化测试，随后使用热电极将铜箔与基板的焊盘焊接相连（外引线键合）。此时载带既作为芯片的支撑体，又作为芯片同周围电路的连接引线。

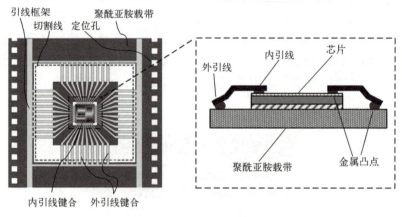

▼ 图11.10　载带自动焊示意图[23]

载带自动焊关键的工艺包括内引线键合（Inner Lead Bonding，ILB）和外引线键合（Outer Lead Bonding，OLB）[21]。内引线键合将载带内引线与芯片凸点互连，通常采用热压键合。焊接工具是由硬质金属或钻石制成的热电极。通常在300~400℃的温度下进行，包括晶圆对齐、热压黏合、抬起热压头等工艺步骤[22]。外引线键合将载带外引线与外壳或基板焊区互连，使用电热架式电烙铁（也称热电极）将载带上的铜箔引线压入焊料金属中，并为电烙铁提供脉冲电压,持续几秒,使铜箔与基板的焊盘互连。

相较于传统焊接技术,载带自动焊技术可形成超薄、极小外形尺寸的器件,可实现高密度输入/输出的引脚,提高了器件的电性能和散热性能。载带自动焊技术采用了矩形引线代替传统的圆形引线,缩短了引线距离,减少了线间电容和寄生电感。

11.2.3.4 底部填料填充

为了提高倒装芯片封装的可靠性,一般通过在芯片与基板之间填充填料缓解 MEMS 芯片与有机基板之间热失配引起的热机械应力问题。采用底部填料的倒装芯片工艺流程如图 11.11 所示。贴装芯片之前先涂覆助焊剂,待芯片贴装到基板上之后清洗助焊剂,然后采用针管注射填料,并借助毛细作用力填充芯片与基板之间的间隙,最后加热固化下填料树脂,最终形成永久性的混合物。封装时填充底部填料一般采用自动点胶机,它能够编写程序使填料仅覆盖互连区而不封装喷射区,喷射区是指芯片中的传感器或其他需要移动的部分。为了确保生产效率并保证不向喷射区流动,一些封装工艺还使用快速硬化的紫外固化填料。

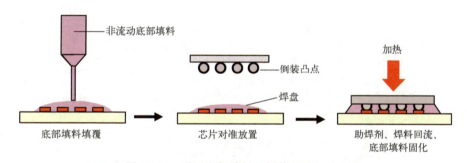

图 11.11 采用底部填料的倒装芯片工艺流程

11.2.4 盖板密封

在 MEMS 器件安装到外壳内并完成电气互连后,需要用盖板将外壳密封以保护器件,这种保护方法即封帽工艺。封帽是在晶圆级键合技术的基础上发展起来的,带有 MEMS 器件的晶圆与另一块腐蚀有空腔的晶圆经过键合,在器件上方产生一个带有密闭空腔的保护体,使 MEMS 器件处于密闭或者低压环境(图 11.12)。采用体硅键合可以有效保证晶圆和器件结构免受污染,也可以避免划片时损伤器件。目前,适用于 MEMS 器件封帽工艺主要有平行缝焊、钎焊、激光焊、超声焊和胶黏,其特点如表 11.1 所列[24]。

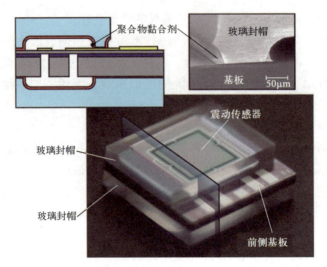

图 11.12　基于晶圆键合的封帽结构[25]

表 11.1　适用于 MEMS 器件的封帽工艺类型与特点[24]

封帽工艺	特　　点	MEMS 器件
平行缝焊	适用于圆形、椭圆形、矩形金属及陶瓷封装；局部加热，对内部芯片热冲击小；可充惰性气体，可控制水汽含量；可靠性好	MEMS 加速度计、RF-MEMS 开关、MEMS 陀螺仪
钎焊	适用于小腔体的金属及陶瓷封装；整体加热，芯片要经受较高温度；可真空焊接或充惰性气体，可控制水汽含量；可靠性、气密性高	MEMS 陀螺仪、RF-MEMS 开关
激光焊接	适用于热塑性塑料、陶瓷、金属封装及几乎所有透明材料制成的盖板密封，对于不规则几何形状大腔体的封装优势明显；局部加热，对内部芯片热冲击小；可靠性、密封性好	MEMS 加速度计、MEMS 陀螺仪、MEMS 振动传感器、MEMS 倾角仪
超声焊接	适用于金属及塑料封装；局部加热，对内部芯片热冲击小；能效高、生产效率高、成本低	MEMS 流量传感器
胶黏封帽	适用于所有封装类型；气密性、可靠性较低；设备简单，封帽成本低	MEMS 光开关、MEMS 红外探测器、MEMS 光可变衰减器和一般用途的 MEMS 惯性器件

11.2.4.1　平行缝焊

气密 MEMS 器件最常用的封帽方法是平行缝焊[26]，平行缝焊是单面双电极接触电阻焊（图11.13），其工作原理是用两个圆锥形的滚轮电极与金属盖板接触形成闭合回路，以脉冲电流的形式从变压器次级线圈一端经过其中一个电极流过盖板，再经过另一个电极回到变压器次级线圈的另一端，整个回路的高阻点在电极与盖板接触处，电流在接触处产生大量热量，使盖板与焊框上的镀层呈熔融状态，凝固后形成一个焊点。在焊接过程中，电流是脉冲式的，每一个脉冲电流形成一个焊点，由于管壳做匀速直线运动，滚轮电极在盖板上滚动，外壳盖板的两个边缘形成了两条平行的、由重叠的焊点组成的连续焊缝。平行缝焊的工艺参数主要有焊接电流、焊接速度、电极压力、电极锥顶角度等，只要选择好焊接规范，就可以使彼此交叠的焊点形成一条气密性很好的焊缝，漏气率小于 5×10^{-9}（Pa·m³）/s（He）。平行缝焊仅对局部加热，内部芯片温升低，不会对芯片造成影响。平行缝焊机操作箱内可充惰性气体，内连的烘箱可烘烤预封装器件，有效控制封装腔体内的水汽含量。

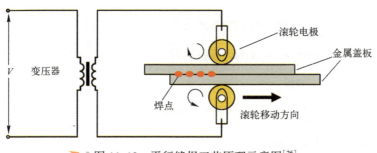

图11.13 平行缝焊工艺原理示意图[26]

11.2.4.2 钎焊

钎焊是将焊料放在盖板和外壳之间，加压加热，使焊料熔融并润湿焊接区域表面，在毛细管力作用下焊料扩散填充盖板和外壳焊接区域之间的间隙，冷却后牢固焊接的过程，可实现气体填充或真空封帽[27]。盖板焊料有金锡（$Au_{80}Sn_{20}$）、锡银铜（$Sn_{95.5}Ag_{3.8}Cu_{0.7}$）等。高可靠MEMS器件常用熔点280℃的金锡（$Au_{80}Sn_{20}$）共晶焊料，具有熔点适中、强度高、浸润性优良、低黏滞性、高耐腐蚀性、高抗蠕变性等优点。焊料可以涂在盖板上或根据盖板周边尺寸制成焊料环。

影响焊接质量的因素有炉温曲线、最高温度、气体成分、夹具等。在炉内密封时，需要采用惰性气体（一般为 N_2）保护，以防止氧化；真空焊接温度为 280~350℃，即共熔温度和峰值温度之间，保温时间一般为3~5 min。调节合适的焊接参数可保证98%以上的封帽成品率。

11.2.4.3　激光焊接

激光焊接是利用激光束优良的方向性和高功率密度的特点，通过光学系统将激光束聚焦在很小的区域，在短时间内形成高能量密度的局部热源区，从而制成牢固的焊点和焊缝[17]。利用激光器可以将热塑性塑料、陶瓷和金属封装与几乎所有透明材料制成的盖板密封。不同材料具有不同的密封机理，热塑性塑料可以软化结合，热固性材料可以固化，玻璃材料可以熔融，焊料可以熔化，金属可以被钎焊甚至焊接。激光焊接能够焊接几何形状不规则的盖板和外壳，并且焊缝质量高。对于气密性封焊，激光焊接能实现小于 $5×10^{-9}$（Pa·m³）/s（He）的漏气率。此外，激光器的能量高度集中并且可控，加热过程高度局部化，不产生热应力，可以使热敏感性强的 MEMS 器件免受热冲击。利用穿过玻璃的激光能量可将玻璃盖板密封到液晶高分子聚合物（Liquid Crystal Polymer，LCP）制成的模塑封装上（图 11.14）。

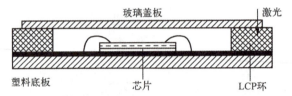

图 11.14　激光焊接实现玻璃盖板与 LCP 模塑外壳的密封[28]

11.2.4.4　超声焊接

超声焊接利用了超声能量软化或熔化焊点处的热塑性塑料或金属，具有能效高、成本低、生产效率高、易自动化等特点。其工作原理是：通过增幅器将超声波传输到声极，直接把震动能量传递到要组装的零件，声极施加焊接所需的焊接压力，震动能量通过工件传输到焊接区域，在焊接区域通过摩擦将机械能转换成热能，最终使材料软化或熔化到一起。

超声焊接质量取决于设备和零件的设计、焊接材料的性能及能量传递过程，常规零件的超声焊接时间小于 1 s，可以完成一些 MEMS 器件的 LCP 模塑封装和盖板的焊接[29]。对于小量程且 5 kHz 以下谐振频率的 MEMS 加速度计，超声频率不会引起谐振也不会造成黏附和损伤；对于大量程且 50 kHz 以上谐振频率的 MEMS 加速度计，悬臂梁的刚度较大，超声频率不会对其造成任何影响。

11.2.4.5　胶黏封帽

MEMS 器件基本都可以采用有机黏合剂密封，最通用的盖板黏合剂是以热固性环氧树脂为代表的热固化黏合剂。环氧树脂对大多数金属（尤其是含有氧化物的金属)、塑料、陶瓷和玻璃均有很强的黏附性。黏合剂的形式包括触变软膏、低黏度流体、固态膜等。软膏可以通过丝网印刷在盖板底部或封装墙体上部边缘,然后把盖板固定在封装体上,直接加热盖板或把整个封装组件置于热烘箱内。这种封装形式非常适合于对环境要求不苛刻的 MEMS 器件,如 MEMS 光开关、MEMS 光可变衰减器和一般用途的 MEMS 惯性器件。

11.2.5 抗黏连处理

执行封帽工艺时,需要重点关注 MEMS 器件材料的黏连问题。这类问题主要来自于微观引力,如范德华力和卡西米尔效应。这些引力主要由物体表面积决定的,较高的表面能和良好的吸湿性更易使材料发生黏连。以 MEMS 惯性传感器为例,其结构中有连接弹性梁的质量块,当器件获得一定加速度时,质量块发生运动。此时,通过探测质量块电极与固定电极之间的距离变化获得平板电容值的变化,由此实现加速度的测量。当遇到强震或冲击时,质量块运动幅度过大,超出正常位移范围,与传感器内壁发生触碰,由于微观引力会产生黏连,从而导致传感器无法正常工作。

理想的抗黏连处理应该使 MEMS 结构具备低表面能和疏水性,所用化学物质主要是具有防水和抗污能力的硅树脂与氟化物。抗黏连涂层厚度应该与单分子层相近,可以用与基板亲和力较好的液体或气体来完成。非常薄的固体层(尤其是聚合物层)对抗黏连非常有效,但其必须很薄且不影响 MEMS 结构的机械运动。

在芯片贴装和引线键合之后,最早加入的抗黏连材料是可蒸发的硅树脂液体。ADI 公司用于加速度计的一种抗黏连方法是通过其他可密封封装的微孔注入硅树脂液体。现在,该公司在晶圆级封装所用的抗黏连膜厚度仅有 0.2nm,在加热后液体蒸发并覆盖在 MEMS 表面区,最后完成堵孔密封[24]。氟化聚对二甲苯也可用作抗黏连和耐磨涂层,Union Carbide 公司最早研发了聚对二甲苯保形涂层技术。聚对二甲苯是一种具有独特电学及环境特性的高温聚合物膜,能在真空中通过气相聚合反应涂覆在基板上。聚对二甲苯的摩擦因数为 0.25~0.33,润滑性能接近聚四氟乙烯。Nova HT 聚合物是聚对二甲苯的氟化形式,除了具有聚对二甲苯的特性之外,还具备抗黏连特性,可以采用逐步聚合的工艺沉积,不存在与液态聚合物固化相关的应力问题。该涂层的优异特性包括抗溶性、抗湿性、抗气体和抗其他污染、超薄层的高介电常数和优良的电性能。

11.2.6 封装内添加剂

MEMS 器件中的添加剂是为了实现气氛控制和器件处理。吸附剂是最重要的气氛控制和调整材料，主要用于吸附气体（氧、氢和水蒸气）、液体（水）和固体。MEMS 陀螺仪和谐振器需要非常低的气体阻尼，空腔压力通常远低于 100Pa，因此，需要具有某些吸气性能的结构材料来吸附气体使空腔压力满足要求。一些湿气吸附剂也能吸附封装内的氨、二氧化硫和其他有害物质。

固体吸附剂有多种用途，可俘获微小粒子。最常用的吸附剂是塑性黏结剂制成的固体膜，具有内黏附特性，可按尺寸切割并黏贴到腔体封装内，可以由单步烘烤工艺固化黏结剂并去除剩余挥发物质，或者需要添加特殊的低放气黏结剂。此外，膏状吸附剂可点涂在盖板或封装体上。此类产品都有特定的固化或烘烤步骤。MEMS 封装中加入润滑剂可降低磨损、摩擦及黏连，提高 MEMS 器件可靠性。所用材料主要是能释放气体的固体，使用方法与吸附剂类似，也可以使用一些液体材料，在封盖前滴入封装内。

11.2.7 封装的可靠性测试

MEMS 器件存放过程中可能会经历不同的温湿度环境，在运输过程中环境变化可能会影响封装可靠性。复杂工况环境中各种外载荷，例如，军工装备中用于正向应力应变监测的压力传感器，常会受到侧向强振动、高冲击等载荷，这就要求其具有良好的封装可靠性[30]。在芯片完成整个封装流程之后，封装厂会对 MEMS 器件进行质量和可靠性两方面的检测。质量检测主要检测封装后芯片的可用性，以及封装后的质量和性能，而可靠性是对封装可靠性相关参数的测试。

MEMS 器件封装可靠性问题主要涉及材料和工艺流程、机械、电学和热学等[31]。MEMS 封装可靠性既有传统 IC 封装的可靠性要求，又更复杂，涉及多学科多领域，高度集成的系统器件带来更复杂的失效模式，也导致了研究 MEMS 器件可靠性失效机理的困难。一方面，MEMS 器件集成度更高，实现的功能更丰富，既要传感，还需执行；另一方面，MEMS 器件在微结构尺度效应下，各种动作机理、力学特性与宏观器件大不相同，对器件可靠性带来了主要影响[32]。MEMS 器件的可靠性测试规范主要涉及 MEMS 封装工艺中的贴片（包括倒装焊、载带自动焊）、引线键合、封盖等几个重要工艺的可靠性测试。

贴片工艺是将芯片用胶接或者焊接的方式连接到封装基座上的过程。胶接或焊接的质量受到加工环境与工作环境的影响，需测试胶接或焊接的质量与可靠性。胶接或焊接处表面应均匀连接、无气孔、不起皮、无裂纹、内部无空洞，并能承受一定的疲劳强度。在热循环、热冲击、机械冲击、振动、恒定加速度等环境工作时，芯片与基座应连接牢固、无裂纹、不产生过大的热应力[33]。

引线键合工艺是用金或铝线将芯片上的信号线引出到封装外壳管脚上的过程。引线和两焊点的质量受到加工环境与工作环境的影响，需测试引线键合的质量与可靠性。一般使用显微镜检查器件外观，主要检查两键合点的形状、在焊盘上的位置、键合点引线与焊盘的黏附情况、键合点根部引线的变形情况和键合点尾丝的长度等是否符合规定。在热循环、热冲击、机械冲击、振动、恒定加速度等环境工作时，引线应牢固，键合点应具有一定的强度[33]。

在贴片和引线键合工艺之后还要进行封盖工艺的可靠性测试。由于外壳与盖板热膨胀系数不一致，在封盖过程中会产生热应力，MEMS器件在热循环、热冲击、机械冲击、振动、恒定加速度等环境工作时很容易产生机械和热应力疲劳，出现裂纹。因此，要测试盖板的微小翘曲和气密性。此外，还需测试密封腔中的水汽含量，过量的水汽会造成金属材料被腐蚀[33]。

11.3 MEMS 晶圆级封装

晶圆级封装是在晶圆划片前就进行微结构的保护，以免在划片步骤中潜在污染和损伤。在MEMS器件晶圆制造的同时，需制造封帽阵列晶圆，每一个封帽对应一个MEMS器件，封帽晶圆翻转键合到MEMS器件晶圆上。两种晶圆可在真空中键合，在芯片内部形成真空腔，封帽晶圆有从空腔到外部的电气互连。此外，裸片测试、裸片标记和裸片分离也需要在晶圆级完成，再利用IC封装中现有技术来实现MEMS器件最后的封装和组装步骤。

晶圆级封装主要采用两种方法（图11.15）：一种是基于晶圆键合，将封帽晶圆通过各种技术键合到器件晶圆（硅或玻璃），使用相对成熟的键合技术，包括阳极键合、硅-硅直接键合、玻璃料键合、金属共晶键合和热压键合等[34-35]；另一种是基于薄膜沉积和牺牲层刻蚀，先用表面微加工技术在器件晶圆上方制造封闭腔室，然后将封帽穿孔以去除牺牲层，最后在封帽盖板上沉积一层薄膜以密封盖孔[36]。

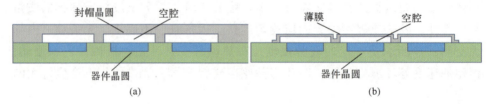

图 11.15　两种晶圆级封装工艺的示意图
（a）晶圆键合封装；（b）薄膜沉积封装。

此外，垂直互连和堆叠芯片技术已用于先进封装，成为系统级封装的基础技术，应用于商用 IC 和 MEMS 的量产，如三星公司提出的 X-Cube 3D 封装技术[37]、意法半导体公司推出的消费级 MEMS 堆叠封装等[38]。SIP 解决方案的概念在很大程度上助力了 MEMS 封装的发展[39]。本节主要介绍封装所涉及的晶圆键合和薄膜沉积技术，并简要介绍气密性封装技术。

11.3.1　晶圆键合工艺

键合是在化学和物理作用下，将两种不同材料或相同材料紧密黏结的工艺，晶圆键合工艺常常与表面或体硅微机械加工技术结合，用于 MEMS 器件封装，可分为阳极键合、硅-硅直接键合、玻璃料键合、金属共晶键合和金属热压键合等技术。键合技术与工艺的详细介绍可参考本书第 10 章，本节仅作简要介绍。

11.3.1.1　阳极键合

阳极键合（Anode Bonding）又称为静电键合或场辅助键合，是一种将玻璃与金属、合金或者半导体材料键合的技术。阳极键合对键合面质量有一定要求，具有残余应力小、工艺简单、密封性和稳定性良好等优点。硅-玻璃的阳极键合技术发展较为成熟，已在 MEMS 器件封装中得到广泛应用。

阳极键合的工艺原理是将硅晶圆接直流电源的正极，玻璃晶圆接负极，升温至 300~500℃时，施加 400V 以上偏压（偏压上限是保证玻璃不被击穿，下限是引起键合材料形变）。温度升高有利于提高玻璃中 Na^+ 离子的迁移率，施加电场后，Na^+ 离子向阴极迁移，并被阴极区的阴离子中性化。玻璃中的 O^{2-} 负离子被束缚而保持不动，在硅表面感应形成空间正电荷层。由此，硅和玻璃表面均发生化学反应，紧密接触而形成牢固的 Si-O-Si 化学键，使硅和玻璃晶圆以静电力完成键合[40]。阳极键合主要受 3 个因素影响：①两种键合材料需具备相近的热膨胀系数,否则,在键合后冷却过程中会由于晶圆内部应力造成晶圆碎裂;②阳极键合要求晶圆表面平整度达到纳米级,键合表面清洁度和平整度越高,键合引力越大;③阳极键合过程中施加的高电压极易影响晶圆上的电路及微纳结构。因此,上述因素限制了阳极键合的应用[41]。

11.3.1.2 硅-硅直接键合

硅-硅直接键合(Silicon to Silicon Direct Bonding)不使用任何黏合剂或外加电场,将表面足够干净、平整和光滑的两个硅晶圆在一定温度和压力条件下结合。直接键合技术与键合材料的晶向、结构等参数无关,可实现材料热膨胀系数、弹性系数等参数的最佳匹配,得到硅-硅一体化材料的键合结构。直接键合的强度可达到键合材料的强度量值,且具有良好的气密性,在MEMS器件和IC芯片封装领域具有广泛的应用[42]。

直接键合工艺过程主要有3个阶段。第一阶段温度范围为室温(25℃)至400℃,当温度低于200℃时,键合接触面因吸附-OH基团而产生氢键;温度达到200℃后,两晶圆在氢键作用下发生聚合反应;温度达到400℃时,完成聚合反应。第二阶段温度由500℃上升至800℃,水分子蒸发,且-OH键的活性增强,反应正向进行,表面能提高。第三阶段的温度高于800℃,硅的氧化物在此温度下发生熔融扩散,表面能进一步提高。高温条件下扩散进入的水分子形成的局部真空会使晶圆发生塑性形变而消除键合界面的空洞,邻近原子相互反应生成共价键,完成键合[43]。直接键合的键合强度可达12MPa以上。

晶圆直接键合的条件如下。①高温是直接键合的必要条件。②键合表面的平整度和洁净度影响键合质量,接触面越平整,材料接触越充分,则键合越牢固;反之,粗糙的表面或尘埃、微粒等污染物会降低接触面的反应能力和键能,键合后会产生孔洞等缺陷。硅-硅直接键合是硅微机械加工工艺的重要技术,但由于对键合接触面质量要求较高,且键合过程需高温处理,限制了其应用领域。为了减小传统高温硅-硅键合(800~1000℃)引起的多种材料、结构间热膨胀和热应力,低温键合(小于200℃)工艺成为发展主流,无须加热的室温键合技术被视为下一代半导体制造工艺的备选[44]。

11.3.1.3 玻璃料键合

玻璃料键合(Glass Frit Bonding)是一种常见的键合技术。玻璃料是由玻璃颗粒和有机溶剂组成,在预烧结过程中有机溶剂挥发,剩下熔融玻璃,实现两种材料的黏合,其键合强度高、密封性好、不受表面粗糙度限制[45]。玻璃料键合已在广泛用于汽车、游戏和手机等MEMS产品(如压力传感器、微镜阵列、加速度计和陀螺仪等)。

玻璃料在键合过程中成熔融状态，因此，该技术可用于较粗糙的键合面。在一定温度范围，玻璃料的膨胀系数与硅和玻璃接近，封接造成的热应力较小。此外，玻璃料键合对键合温度要求较低，由于焊料硬度较低，温度变化产生的热应力能够被焊料直接吸收，为键合接触面提供了较大的塑性较大。但是，高温下极易导致器件失效，且在回流工艺中有气孔产生，严重影响封装的气密性。为了避免玻璃料键合中产生的空隙，三步退火工艺（Three-Step Annealing Process）有望减少空隙的产生[46]。此外，玻璃料键合过程中，熔点较低的金属的流动会污染封装腔体[47]。

11.3.1.4 共晶键合

共晶键合（Eutectic Bonding）是在较低温度下把某些熔融温度较低的共晶合金作为中间介质层，通过加热熔融材料，实现共晶键合。用于共晶键合的常见金属有 Au-Si、Au-Sn、In-Sn 等。共晶键合常用于金和硅材料的复合键合，由于金硅共熔点较低，将金作为中间介质来实现硅硅键合。以 Au-Si 共晶键合工艺为例，首先用溅射或蒸发工艺在硅晶圆上沉积钛和金薄膜，钛和硅具有更高的黏附力，且可作为 Au-Si 间的扩散阻挡层；把清洁的硅片与镀金硅片叠放使金与硅表面接触，加压加热（Au-Si 共晶温度为 363℃，加温范围 350~400℃），当温度高于共晶温度时，不断形成新的共晶合金，直到硅或金两种材料中的一种消耗完为止，冷却后形成共晶键合层[48]。

共晶键合对晶圆表面平整度、划痕和颗粒不太敏感，可在低温和小应力下实现高键合强度。此外，共晶键合材料选择范围较广，可避免键合中低熔点金属流动污染腔体的问题，因此在 MEMS 领域广泛用于气密封装、压力或真空封装。

11.3.1.5 热压键合

热压键合（Thermocompression Bonding）是在一定压力和温度下把两键合界面金属重叠压放在一起完成键合。引线键合和载带自动焊就是利用热压键合原理的点键合技术，而本段所指的热压键合是晶圆级的面键合。相比于直接键合、共晶键合、阳极键合等其他方法，热压键合具有更强的键合力和更优的密封性。与其他金属相比，金具有更好的柔韧性、稳定性和抗氧化能力，在热压键合中使用较多。金-金热压键合的原理是当金-金界面接触时，在高温高压条件下金原子相互扩散，形成扩散层。扩散层把原来两层金层黏合在一起，并与两键合金属形成一个整体，实现键合与密封。金-金键合的温度一般要 300℃ 左右，压强在几个 MPa 以上[49]。由于金-金键合接触面需达到原子级别，因此键合前要保证金表面的洁净，不允许有灰尘、颗粒或者其他污染杂质。

11.3.2　薄膜封装工艺

MEMS 晶圆级薄膜封装工艺是基于牺牲层刻蚀的技术。外延硅、多晶硅、氧化硅、氧化铝、氮化硅、碳化硅和镀镍薄膜等都已被用于薄膜封装。常规的 MEMS 器件的薄膜封装工艺如图 11.16 所示：①在晶圆上加工 MEMS 器件，作为封装衬底；②在 MEMS 器件标记位置沉积薄牺牲层；③在 MEMS 器件上方沉积厚牺牲层；④沉积封帽形成支撑层，刻蚀支撑层形成释放孔；⑤利用 DRIE 刻蚀释放牺牲层，形成容纳 MEMS 器件的空腔结构；⑥在支撑层沉积密封电介质材料以填充释放孔；⑦对电介质层刻蚀形成电气连接开孔（焊盘）。

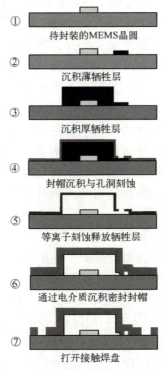

图 11.16　薄膜沉积封装工艺示意图[50]

在晶圆级薄膜封装的工艺中，可以通过 TSV、引线键合等再布线技术将 MEMS 器件引线连接到外部电路。薄膜封装可以使 MEMS 器件尺寸更小、厚度更薄，降级了工艺的复杂性和生产成本。但是，这种封装技术在填充释放孔时，填充料可能会穿过释放孔玷污 MEMS 器件，造成器件失效。MEMS 器件的薄膜封装技术所涉及沉积工艺主要有物理气相沉积、化学气相沉积、热氧化法、电镀法、物理沉积，详细介绍可参考本书第 4 章、第 5 章，本节仅作简要介绍。

11.3.2.1 物理气相沉积

物理气相沉积（PVD）是原子直接以气态形式从沉积源运动到衬底表面形成固态薄膜。PVD 可以制备化合物、金属、合金等薄膜，主要有蒸发沉积和溅射沉积。

蒸发是将沉积源加热到高温，利用蒸发物理现象运输源内原子或分子，应用广泛的主要有热蒸发和电子束蒸发。两种蒸发的区别主要在于加热方式。热蒸发工艺简单、成本低，但受限于热蒸发自身的加热方式，难以达到高温，因此，不适合制备难熔金属和高熔点化合物。此外，因为热蒸发是通过加热堆场内的金属，而堆场在高温下也会蒸发，所以热蒸发的缺点主要是容易在沉积过程中引入污染。电子束蒸发的加热方式是电子束直接轰击金属，其优点是几乎不引入污染，且可以制备更多种类的薄膜，唯一的缺点是在沉积过程中有 X 射线产生[51]。

溅射沉积利用了惰性气体的辉光放电现象产生离子，以高压加速离子轰击靶材产生加速的靶材原子并沉积在衬底表面，可分为直流溅射、直流磁控溅射、射频溅射。溅射沉积理论上可制备任何真空薄膜，在台阶覆盖和均匀性上优于蒸发沉积。此外，PVD 还有激光脉冲沉积、等离子蒸发、分子束外延等补充形式。

11.3.2.2 化学气相沉积

化学气相沉积（CVD）利用了热能、等离子体放电、紫外光照等形式的能量，使气态物质在固体表面上发生化学反应并实现沉积，形成稳定的固态薄膜。CVD 可制备金属、无机薄膜，有 APCVD、LPCVD、VLPCVD、PECVD、LECVD、MOCVD 等方法。按沉积过程中发生化学反应种类的不同可分为热解法、氧化法、还原法、水解法、混合反应等。CVD 制备薄膜致密性好、台阶覆盖率高、可实现厚膜沉积、成本较低。缺点是沉积过程容易污染薄膜表面和环境。APCVD 无须高真空度、沉积速度非常快、化学反应受温度影响不大。LPCVD 具有良好的扩散性，反应速度受沉积温度影响较大，温度梯度对薄膜性能也有较大影响。PECVD 反应温度低（200~400℃），具有良好的台阶覆盖率，可用于铝等低熔点金属上的沉积；缺点是沉积过程易引入污物，温度、压强、射频功率等都影响 PECVD 工艺。MOCVD 的反应温度低，广泛用于化合物半导体制备[52-53]。

11.3.3 真空密封

红外探测器、RF 谐振器、陀螺仪和惯性传感器等 MEMS 器件内部结构需要真空或者稳定压强才能正常运行。晶圆级封装过程中由于气流空间小，高温工艺中器件内不同层的气体无法及时逸出。以阳极键合为例，硅-玻璃界面会产生气态氧，玻璃电化学分解也会产生氧气。具有薄隔膜的硅在真空中被键合到玻璃晶圆上，空腔体积较大的样品暴露在大气中时隔膜会出现泄气；空腔体积较小的隔膜会因为产生的氧气而膨胀，这些都影响封装的气压稳定[54]。为了制造真空腔，阳极键合在真空中进行，空腔上有一个不可蒸发的吸气剂，吸气剂在键合温度下（300~400℃）被激活用于吸附气体[55]。晶圆上形成的吸气膜用于真空腔的晶圆级批量制造，MEMS 器件晶圆级封装工艺必须在晶圆键合工艺之前和所有典型半导体工艺兼容，特别是晶圆湿法清洗时，吸气膜需要稳定且不被化学污染[56-57]。

11.4 MEMS 系统级封装

随着市场需求的引导和行业技术水平的提高，MEMS 传感器进一步向智能化、微型化、低功耗化趋势发展，与此同时，面向系统级封装的 MEMS 产品因其高性能、低功耗、小型化的优势受到广泛青睐。微型化方面，MEMS 传感器轻薄化的应用需求不断提高，要求在保证产品性能基础上，采用创新的封装结构（如 MEMS 三维封装）以满足轻薄化、微型化和低功耗的需求。集成化方面，MEMS 传感器之间开始实现融合与协同。多功能集成式传感器，包括多类环境传感器集成（气压、温湿度、气体传感器等）、多类惯性传感器集成（加速度计、陀螺仪、磁传感器等）以及特定终端产品对器件集成的要求，成为 MEMS 传感器的发展趋势之一。与传统单一 MEMS 器件的封装相比，智能化 MEMS 封装工艺体现在同一衬底上集成多种敏感元器件，形成能够检测多种参数变化、输出多个信号的集成 MEMS 传感器系统，发挥其协同作用，提高信息甄别和收集能力，进而实现终端设备智能化[58]。

目前，智能 MEMS 传感器主要有两种趋势：多芯片集成和片上系统（图 11.17）。多芯片集成是通过封装或电路板基板将分立 MEMS 器件与 IC 芯片互连来实现 2D 和 3D 封装结构，核心技术是 TSV 技术。片上系统互连则无须在封装或电路板中使用布线层，直接将 CMOS 芯片和 MEMS 器件在晶圆片上互连，主要基于并行的晶圆级真空封装（Wafer-Level Vacuum Packaging, WLVP）技术[59]。本节重点介绍用于三维封装的 TSV 技术和用于片上系统互联的 CMOS-MEMS 集成技术。

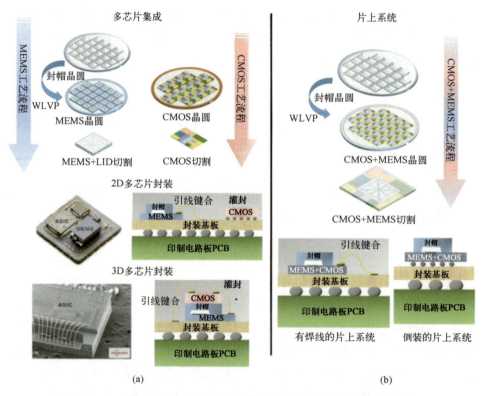

图 11.17　MEMS 器件与 IC 芯片系统级封装集成的两种架构示意图
（a）多芯片集成架构；（b）片上系统架构[59]。

11.4.1　TSV 技术

面向系统级集成的三维封装是未来先进封装技术的发展趋势。硅通孔 TSV 与晶圆级封装相结合，催生了晶圆级三维封装技术。TSV 是一种三维集成电路中堆叠芯片垂直互连的技术方案，也是一种让三维封装继续遵循摩尔定律（Moore's Law）发展的新型互连技术[60]。TSV 技术通过制造芯片与芯片和晶圆与晶圆之间的垂直通道，并用导电金属填充通道来实现垂直接线互连，实现芯片或器件之间的电气互连[61]。与传统 IC 封装所用的凸点叠加等技术不同，TSV 能够使芯片在三维方向得到延伸，实现结构密度最大化和外形尺寸最小化，提高了芯片速度并降低了功耗[62]。

MEMS 封装中常用的两种实现电信号连通的方法是基于表面金属电极的横向互连和基于 TSV 技术的纵向互连。横向互连需要在键合面制备金属电极，造成键合接触面的高度差，直接影响封装的气密性，因此，不适用于真空工作环境的 MEMS 器件封装。采用 TSV 技术的纵向互连可避免该问题，适用于更广泛的 MEMS 器件封装。

与传统的横向互连技术相比，TSV 技术具备许多优势。TSV 只在垂直方向进行通孔互连，连线长度与芯片厚度相当，一方面，缩短了信号的传输路径，减小电阻以及信号传输过程中的寄生效应和延迟时间，降低了芯片发热量，提高了芯片的高频性能；另一方面，这种垂直结构减少了互连结构占芯片的面积，缩小了封装尺寸，在相同面积下形成的堆叠结构具有更高的性能和更多的功能。由于许多 MEMS 器件基于立体结构来实现其功能，信号线较难引出，而采用整片晶圆对 MEMS 器件进行晶圆级封装，并在封装基板上制造垂直通孔用于信号互连可解决该问题，且不影响封装后的频率特性[63]。图 11.18 展示了一种带有 TSV 的智能 MEMS 压力传感器，该 MEMS 器件是倒装芯片，通过 TSV 实现与 ASIC 和 RF 模块的垂直互连，形成三维封装[64]。

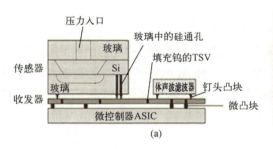 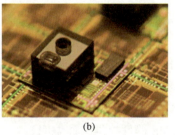

图 11.18　基于 TSV 的 MEMS 压力传感器 3D 封装结构示意图（a）和基于 TSV 的 MEMS 压力传感器晶圆级 3D 封装实物图（b）[68]

TSV 互连涉及的关键技术包括通孔的刻蚀与填充。通孔的刻蚀主要采用激光加工和 DRIE。激光加工技术可以使用对准标记实现局部对准，在通孔制造时，即使没有掩膜也能准确确定通孔位置，避免了光刻匀胶、曝光、显影和去胶等工艺步骤，其成本比 DRIE 低，且可以制造较高深宽比的通孔结构。但是，激光加工技术通过熔融硅形成通孔，容易造成通孔内壁受热损伤，且粗糙度较大，会增加后续溅射及电镀工艺的成本和难度[65]。

DRIE 技术与 IC 工艺兼容，也能制造垂直、高深宽比的硅通孔结构。与激光加工相比，DRIE 制造的通孔内壁较光滑、粗糙度较小，且对硅片损伤很小，是制造硅通孔的最佳技术。在硅通孔制造中有两种方法可实现侧壁钝化保护、减小侧壁粗糙度。第一种方法是在 SF_6 中掺入 O_2 等气体，可降低光刻胶的刻蚀选择比，但需 SiO_2 作为阻挡层。第二种方法是目前广泛应用的 Bosch 工艺，采用 SF_6 和 C_4F_8 分别作为刻蚀气体和钝化保护气体，刻蚀与钝化交替进行完成通孔刻蚀[65]。

通孔的填充无论在材料还是工艺技术方面都有多种选择。考虑到金属铜在熔点、抗电迁移率和热功率等方面比其他金属具有更好的特性，因此，铜已经成为通孔填充的首先金属[66]。通孔填充金属铜主要有 3 种方法：物理/化学气相沉积（PVD/CVD）、化学镀（ELD）和电镀（ECD）。

电镀因其低成本、适宜批量生产而被广泛采用，且电镀铜膜纯度高、结构致密、抗电迁移性强、电导率高。为了使铜可以均匀附着在深孔侧壁，保证电镀铜膜的均匀性、完整性和可靠性，电镀前需要溅射沉积一层较薄的钛/铜作为阻挡/种子层[67]。为了保证电镀过程中电流分布，对溅射后侧壁金属厚度具有一定要求，带有离子偏移装置的溅射设备可保证溅射过程中侧壁金属层的厚度。

11.4.2 片上系统互连

CMOS 和 MEMS 在片上互连可以采用单片或者异构集成，也可以采用 3D 叠层、多芯片模组（Multi-Chip Module，MCM）等[68-69]。无论是单片集成、异构集成或其他混合集成方案，主要都是基于并行的晶圆级真空封装（WLVP）。晶圆级真空封装通常需要在一个或两个晶圆中制造空腔，空腔为 MEMS 器件提供工作空间。

在单片集成中，MEMS 器件和 CMOS 芯片在同一基板上制造形成 CMOS-MEMS 晶圆，如图 11.19（a）所示，单片晶圆级真空封装的工艺流程如下：①分别制备 CMOS-MEMS 晶圆和封帽晶圆，在 CMOS-MEMS 晶圆上沉积牺牲层，牺牲层用于保护 MEMS 器件的结构；②沉积密封材料 A 在封帽晶圆的标记位置，刻蚀 CMOS-MEMS 牺牲层，生成对应于封帽晶圆的沟槽结构；③刻蚀封帽晶圆形成沟槽，分别沉积密封材料 A 和 B 在 CMOS-MEMS 晶圆的刻蚀位置；④对封帽晶圆除气，去除沟槽内部附着的残留气体和水汽，去除 CMOS-MEMS 晶圆上的牺牲层，以释放 MEMS 结构；⑤沉积吸气剂附着在封帽晶圆的沟槽底部，对 CMOS-MEMS 晶圆除气，用于去除上述工艺中的未挥发物质；⑥将封帽晶圆和 CMOS-MEMS 晶圆在真空环境中对准键合，形成 MEMS 结构工作的密闭空腔；⑦将晶圆切割成独立的 CMOS-MEMS 器件。

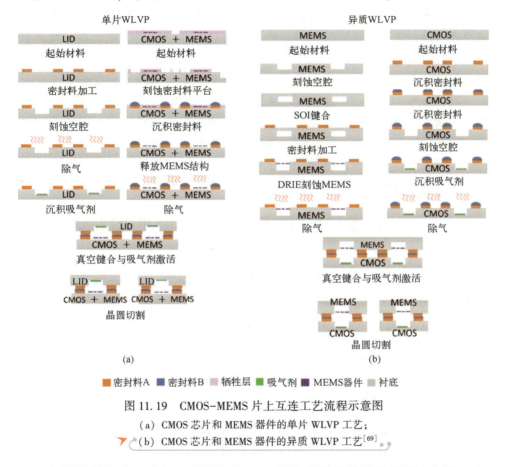

图 11.19　CMOS-MEMS 片上互连工艺流程示意图
(a) CMOS 芯片和 MEMS 器件的单片 WLVP 工艺；
(b) CMOS 芯片和 MEMS 器件的异质 WLVP 工艺[69]。

在异质集成中，MEMS 器件和 CMOS 芯片分别在单独的晶圆上制造，如图 11.19（b）所示，异质集成的晶圆级真空封装工艺流程如下：①用不同晶圆制备 MEMS 器件和 CMOS 芯片；②刻蚀 MEMS 晶圆形成沟槽，沉积密封材料 A 在 CMOS 晶圆的标记位置；③将 SOI 结构层和 MEMS 晶圆键合，形成密封空腔，继续沉积密封材料 B 在 CMOS 晶圆的标记位置；④沉积密封材料 A 在 MEMS 晶圆的标记位置，刻蚀 CMOS 晶圆形成沟槽；⑤DRIE 刻蚀 MEMS 晶圆密封空腔形成开孔，沉积吸气剂附着在 CMOS 晶圆沟槽底部，用于去除多余气体和水汽；⑥分别对 MEMS 晶圆和 CMOS 晶圆除气，用于去除上述工艺中的未挥发物质；⑦将作为封帽的 MEMS 晶圆和作为衬底的 CMOS 晶圆在真空环境对准键合，形成密闭空腔以便 MEMS 内部元件运动；⑧将晶圆切割成单个的 CMOS-MEMS 器件。

需要注意的是，密封层沉积和沟槽刻蚀的顺序决定了后续工艺流程。如果要在沟槽刻蚀后沉积密封材料，需要使用掩膜和抗蚀剂沉积技术对密封材料层进行图形化；如果在形成沟槽之前沉积密封材料层（图 11.19），则可以使用传统的旋涂抗蚀剂。在这种情况下，密封金属层必须与沟槽刻蚀工艺兼容，可以参考 11.3.2 节中讨论的沉积方法[49]。吸气剂经过适当加热后可以被激活，激活吸气剂可以在键合前，也可以在键合后，一般使用 MEMS 兼容的非蒸散型吸气剂，如钛、锆、钽、钍等。MEMS 器件的释放是键合前的最后一步。释放通常涉及器件制造中对牺牲层的干法或湿法刻蚀。如果吸气剂沉积在 MEMS 器件晶圆上，则释放过程中不能对吸气剂造成破坏。

11.5 案例：全硅基三维晶圆级封装的 MEMS 加速度计

MEMS 加速度计的原理是基于经典的牛顿力学，通常由悬挂系统和检测质量组成，通过微质量块的偏移实现对加速度的检测。MEMS 加速度计具有体积小、成本低、功耗低等优点，广泛应用于惯性导航、航空航天、微重力测量等领域。本节介绍一种全硅基三维晶圆级封装的 MEMS 加速度计。

11.5.1 封装设计

该 MEMS 加速度计由三层结构组成，底部是硅衬底，中间空腔内部是质量块和悬臂梁，顶部是硅封帽和引线键合的电极，三层硅结构层由 SiO_2 绝缘环隔离。加速度计的两个悬臂梁置于质量块同一侧，具有较高的抗扭刚度，使梁对应力的灵敏度较低，降低了加速度计的跨轴灵敏度，提高了加速度计的稳定性。质量块的长、宽、厚分别为 3920μm、4720μm、380μm。电容间隙为 4μm，初始电容值为 40pF。悬臂梁的长、宽、厚分别为 1430μm、770μm、40μm，两悬臂梁间距为 2230μm。

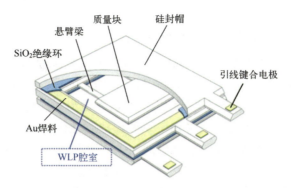

图 11.20　全硅基 WLP MEMS 加速度计的结构示意图[70]

11.5.2　封帽晶圆制造

封帽晶圆的制造工艺如图 11.21 所示，主要包括 6 个步骤：①对 n 型（100）双抛 4in 硅晶圆进行热氧化，在晶圆的正反两表面均形成 $3\mu m$ 厚的 SiO_2 氧化层；②正面的 SiO_2 采用 BHF 进行图案化，然后用 KOH 或四甲基氢氧化铵（TMAH）各向异性腐蚀硅晶圆正面制造顶帽；③结合干法刻蚀和湿法腐蚀在晶圆背面加工质量块和焊环，先干法刻蚀将质量块区域的 SiO_2 刻蚀至 $0.8\mu m$；④采用 BHF 湿法腐蚀 SiO_2 制备质量块和焊环；⑤采用溅射和光刻在晶圆背面的 SiO_2 焊环内制备 $1\mu m$ 厚的 Au 层；⑥使用 ICP-RIE 刻蚀封帽晶圆的底面形成悬浮的硅隔离层。

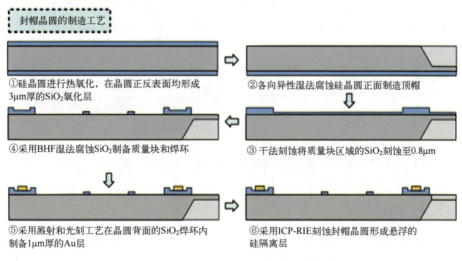

图 11.21　封帽晶圆的制造工艺流程图[70]

11.5.3 器件制造与 WLP 晶圆键合

加速度计结构层的制造和 WLP 晶圆键合的工艺流程如图 11.22 所示,主要包括6个步骤:①对n型(100)双抛4in硅晶圆进行热氧化,在硅晶圆的正反两表面形成3μm厚的SiO_2氧化层;②悬臂梁和所连接的质量块的加工基于3种各向异性腐蚀工艺,采用BHF多步湿法腐蚀得到不同厚度的SiO_2掩膜,悬臂梁区域的SiO_2最薄,质量块区域的SiO_2掩膜次之;③采用KOH或四甲基氢氧化铵(TMAH)各向异性湿法腐蚀,先在质量块周围加工20μm深的浅槽;④在第一次硅湿法腐蚀后,再进行第二次湿法腐蚀加工出悬臂梁和质量块,湿法腐蚀使暴露面深入硅晶圆中,由于左右两侧的浅槽宽度不同,当左侧悬臂梁腐蚀到质量块中间时停止继续向下腐蚀,制备出悬臂梁和其所连接的质量块;⑤在40℃的KOH腐蚀液中,去除质量块表面的SiO_2;⑥通过金-硅共晶键合将两个封帽晶圆和一个器件晶圆进行三明治结构键合,实现全硅基三维晶圆级的MEMS加速度计封装。

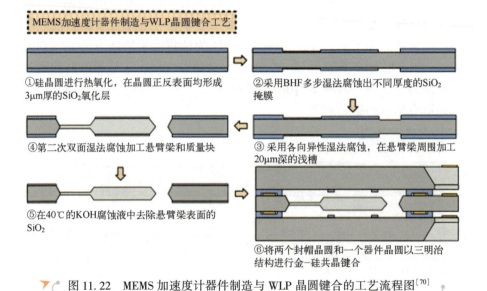

图 11.22 MEMS 加速度计器件制造与 WLP 晶圆键合的工艺流程图[70]

11.5.4 器件测试

全硅基三维晶圆级封装的 MEMS 加速度计在引力场中的闭环静态响应如图 11.23(a)所示,输出电压与加速度呈线性关系,零偏为0.43g,加速度计的零偏与 MEMS 制造误差、晶圆键合应力和封装应力等因素有关。利用加速度计测试系统对该 MEMS 加速度计的稳定性进行了测试，输出稳定性曲线如图 11.23（b）所示，在 1h 内的稳定性为 $2.23×10^{-4}g$。

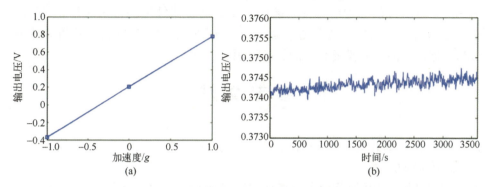

图 11.23　全硅基三维晶圆级封装 MEMS 加速度计的测试结果
（a）闭环静态响应；（b）1h 的稳定性测试[70]。

该 MEMS 加速度计在全温度范围（−40～60℃）的输出漂移为 45.78mg，−3dB 带宽为 278.14Hz。在 0℃ 时的温度滞回最大值为 3.725mg，具有低成本、高灵敏度和高成品率的优势。全硅基三维晶圆级封装的 MEMS 加速度计成品如图 11.24 所示。

图 11.24　封装后的 MEMS 加速度计[70]

11.6　本章小结

本章主要介绍了 MEMS 器件的封装技术，具体可分为芯片级封装、晶圆级封装和系统级封装等。随着半导体制造逐渐步入后摩尔时代，芯片封装正在向着更轻、更薄、更低成本、更高集成度和可靠性的方向发展，目前，主流的先进封装技术以晶圆级封装和正在快速发展的面向系统级集成的三维封装为主。在实际的 MEMS 器件封装中，还面临着器件结构带来的封装尺寸复杂、定制封装的高成本等问题，微型化的创新型 MEMS 封装技术将是未来 MEMS 器件产品化中需要突破的关键问题。

参 考 文 献

[1] 机械与电子合作的产物：MEMS 的应用时代［DB/OL］. https://zhuanlan.zhihu.com/p/62712667.

[2] GILLEO K. MEMS/MOEMS Packaging［M］. New York：McGraw-Hill Companies. Inc.，2005.

[3] SPARKS D. The evolution of electronic & MEMS vacuum packaging［EB/OL］.［2021-06-23］. https://www.linkedin.com/pulse/evolution-electronic-mems-vacuum-packaging-doug-sparks.

[4] 沈广平，秦明. MEMS 传感器的封装［J］. 电子工业专用设备，2006（5）：28-35.

[5] ZHANG Z, WONG C P. Design, process, and reliability of wafer level packaging［J］. Micro-and Opto-Electronic Materials and Structures：Physics, Mechanics, Design, Reliability, Packaging, 2007：B135-B150.

[6] RUSSICK E M, ADKINS C L J, DYCK C W. Supercritical carbon dioxide extraction of solvent from micromachined structures［C］. Spring National Meeting of the American Chemical Society（ACS）. New Orleans, LA：Sandia National Laboratories, Albuquerque, NM, 1996.

[7] VON WITZENDORFF P, STOMPE M, MOALEM A, et al. Dicing of hard and brittle materials with on-machine laser-dressed metal-bonded diamond blades［J］. Precision Engineering, 2014, 38（1）：162-167.

[8] SYNOVA. Main applications areas of Laser Microjet［EB/OL］. https://www.synova.cn/images/Docs/Brochures/2024/Web_Brochure_Industrial_Applications_052023.pdf?_t=1716467423.

[9] 蔡黎明，雷玉勇，邝龙健，等. 水射流导引激光在微细加工中的应用［J］. 微细加工技术，2008, 103（5）：60-64.

[10] TILLI M, PAULASTO-KRÖCKEL M, PETZOLD M, et al. Handbook of silicon-based MEMS materials and technologies［M］. Amsterdam：Elsevier, 2020.

[11] SHAO S, LIU D, NIU Y, et al. Die stress in stealth dicing for MEMS［C］. 2016 15th IEEE Intersociety Conference on Thermal and Thermomechanical Phenomena in Electronic

Systems (ITherm). Las Vegas: IEEE, 2016: 539-545.

[12] CERENO D I, WICKRAMANAYAKA S. Stealth dicing challenges for MEMS wafer applications [C]. 2017 IEEE 67th Electronic Components and Technology Conference. Orlando, FL: IEEE, 2017: 358-363.

[13] 刘成群, 程壹涛. 隐形划片技术及其在MEMS制造中的应用 [J]. 电子工业专用设备, 2021, 50 (4): 7-12.

[14] 肖汉武. 圆片等离子划片工艺及其优势 [J]. 电子与封装, 2020, 20 (2): 10-14.

[15] LANDESBERGER C, SCHERBAUM S, BOCK K. Ultra-thin wafer fabrication through dicing-by-thinning [J]. Ultra-thin Chip Technology and Applications, 2011: 33-43.

[16] BARNETT R. Plasma Dicing 300mm framed wafers——analysis of improvement in die strength and cost benefits for thin die singulation [C]. 2017 IEEE 67th Electronic Components and Technology Conference. Orlando, FL: IEEE, 2017: 343-349.

[17] KHANNA V K. Adhesion-delamination phenomena at the surfaces and interfaces in microelectronics and MEMS structures and packaged devices [J]. Journal of Physics D: Applied Physics, 2010, 44 (3): 034004.

[18] Clive Max Maxfield. Bebop to the boolean boogie [M]. Oxford: Newnes, 2009.

[19] 周伟, 秦明. 应用于MEMS的芯片倒装技术 [J]. 传感器与微系统, 2006, (2): 4-6.

[20] KHAN N, YOON S W, VISWANATH A G K, et al. Development of 3-D stack package using silicon interposer for high-power application [J]. IEEE Rransactions on Advanced Packaging, 2008, 31 (1): 44-50.

[21] TAKAHASHI K, UMEMOTO M, TANAKA N, et al. Ultra-high-density interconnection technology of three-dimensional packaging [J]. Microelectronics Reliability, 2003, 43 (8): 1267-1279.

[22] 董江, 胡蓉. 微系统封装内引线键合的可靠性 [J]. 电子工艺技术, 2015, 36 (5): 260-264.

[23] LAU J H, ERASMUS S J, RICE D W. Overview of tape automated bonding technology [J]. Circuit World, 1990, 16 (2): 5-24.

[24] 孙瑞花, 郑宏宇, 佟海峰. MEMS封装中的封帽工艺技术 [J]. 微纳电子技术, 2007, 360 (5): 259-263.

[25] BLEIKER S J, VISSER TAKLO M M, LIETAER N, et al. Cost-efficient wafer-level capping for MEMS and imaging sensors by adhesive wafer bonding [J]. Micromachines, 2016, 7 (10): 192.

[26] YANG Z, CHEN J, LIU L, et al. Research on the influence of parallel seam welding parameters on the reliability of thin-walled ceramic package [C]. 2022 23rd International Conference on Electronic Packaging Technology. Dalian: IEEE, 2022: 1-5.

[27] JIN Y, WANG Z F, LIM P C, et al. MEMS vacuum packaging technology and applications

[C]. Proceedings of the 5th Electronics Packaging Technology Conference. Singapore: IEEE, 2003: 301-306.

[28] MÄNTYMAA A, HALME J, VÄLIMAA L, et al. The effects of laser welding on heterogeneous immunoassay performance in a microfluidic cartridge [J]. Biomicrofluidics, 2011, 5 (4): 046504.

[29] GILLEO K. MEMS/MOEMS Packaging [M]. New York: McGraw-Hill Companies, Inc., 2005.

[30] 刘孝刚. 基于有限元方法的 MEMS 器件封装可靠性研究 [D]. 武汉: 华中科技大学, 2019.

[31] TUMMALA RAO R. Introduction to System-On-Package (SOP): miniaturization of the entire system [M]. New York: McGraw-Hill, 2008.

[32] 董明佳. 冲击载荷下 MEMS 微加速度计的结构可靠性研究 [D]. 南京: 南京航空航天大学, 2016.

[33] RAO V S, CHONG C T, HO D, et al. Process and reliability of large fan-out wafer level package based package-on-package [C]. 2017 IEEE 67th Electronic Components and Technology Conference. Orlando, FL: IEEE, 2017: 615-622.

[34] ESASHI M. Wafer level packaging of MEMS [J]. Journal of Micromechanics and Microengineering, 2008, 18 (7): 073001.

[35] LIU P, WANG J, TONG L, et al. Advances in the fabrication processes and applications of wafer level packaging [J]. Journal of Electronic Packaging, 2014, 136 (2): 024002.

[36] GILLOT C, PORNIN J L, ARNAUD A, et al. Wafer level thin film encapsulation for MEMS [C]. 2005 7th Electronic Packaging Technology Conference. Singapore: IEEE, 2005.

[37] LAU J H. 3D IC integration and 3D IC packaging [J]. Semiconductor Advanced Packaging, 2021: 343-378.

[38] AONO T, SUZUKI K, KANAMARU M, et al. Development of wafer-level-packagingtechnology for simultaneous sealing of accelerometer and gyroscope under different pressures [J]. Journal of Micromechanics and Microengineering, 2016, 26 (10): 105007.

[39] LAU J H. Design and process of 3D MEMS System-in-Package (SiP) [J]. Journal of Microelectronics and Electronic Packaging, 2010, 7 (1): 10-15.

[40] CHOI W B, JU B K, LEE Y H, et al. Anodic bonding technique under low temperature and low voltage using evaporated glass [J]. Journal of Vacuum Science & Technology B: Microelectronics and Nanometer Structures Processing, Measurement, and Phenomena, 1997, 15 (2): 477-481.

[41] ANTHONY T R. Anodic bonding of imperfect surfaces [J]. Journal of Applied Physics, 1983, 54 (5): 2419-2428.

[42] SHIMBO M, FURUKAWA K, FUKUDA K, et al. Silicon-to-silicon direct bonding method [J]. Journal of Applied Physics, 1986, 60 (8): 2987-2989.

[43] 何国荣, 陈松岩, 谢生. Si-Si 直接键合的研究及其应用 [J]. 半导体光电, 2003 (3): 149-153.

[44] XU J, DU Y, TIAN Y, et al. Progress in wafer bonding technology towards MEMS, high-power electronics, optoelectronics, and optofluidics [J]. International Journal of Optomechatronics, 2020, 14 (1): 94-118.

[45] KNECHTEL R. Glass frit bonding: a universal technology for wafer level encapsulation and packaging [J]. Microsystem Technologies, 2005, 12 (1-2): 63-68.

[46] LIU Y, CHEN J, JIANG J, et al. Void suppression in glass frit bonding via three-step annealing process [J]. Micromachines, 2022, 13 (12): 2104.

[47] 虞国平, 王明湘, 俞国庆. MEMS 器件封装的低温玻璃浆料键合工艺研究 [J]. 半导体技术, 2009, 34 (12): 1173-1176.

[48] 陈颖慧, 施志贵, 郑英彬, 等. 金-硅共晶键合技术及其应用 [J]. 纳米技术与精密工程, 2015, 13 (1): 69-73.

[49] TSAU C H, SPEARING S M, SCHMIDT M A. Fabrication of wafer-level thermocompression bonds [J]. Journal of Microelectromechanical Systems, 2002, 11 (6): 641-647.

[50] GILLOT C, PORNIN J L, ARNAUD A, et al. Wafer level thin film encapsulation for MEMS [C]. 2005 7th Electronic Packaging Technology Conference. Singapore: IEEE, 2005, 1: 5.

[51] SOON B W, SINGH N, TSAI J M, et al. Vacuum based wafer level encapsulation (WLE) of MEMS using physical vapor deposition (PVD) [C]. 2012 IEEE 14th Electronics Packaging Technology Conference. Singapore: IEEE, 2012: 342-345.

[52] OZAYDIN-INCE G, COCLITE A M, GLEASON K K. CVD of polymeric thin films: applications in sensors, biotechnology, microelectronics/organic electronics, microfluidics, MEMS, composites and membranes [J]. Reports on Progress in Physics, 2011, 75 (1): 016501.

[53] GLEASON K K. CVD polymers: fabrication of organic surfaces and devices [M]. New York: John Wiley & Sons, 2015.

[54] LEE B, SEOK S, CHUN K. A study on wafer level vacuum packaging for MEMS devices [J]. Journal of Micromechanics and Microengineering, 2003, 13 (5): 663.

[55] HENMI H, SHOJI S, SHOJI Y, et al. Vacuum packaging for microsensors by glass-silicon anodic bonding [J]. Sensors and Actuators A: Physical, 1994, 43 (1-3): 243-248.

[56] SPARKS D, SMITH R, SCHNEIDER R, et al. A variable temperature, resonant density sensor made using an improved chip-level vacuum package [J]. Sensors and Actuators A: Physical, 2003, 107 (2): 119-124.

[57] MORAJA M, AMIOTTI M, KULLBERG R C. New getter configuration at wafer level for assuring long-term stability of MEMS [C]. Reliability, Testing, and Characterization of MEMS/MOMES. San Jose, California, USA: SPIE, 2003, 4980: 260-267.

[58] 谷雨. MEMS 技术现状与发展前景 [J]. 电子工业专用设备, 2013, 42 (08): 1-8.

[59] HILTON A, TEMPLE D S. Wafer-level vacuum packaging of smart sensors [J]. Sensors, 2016, 16 (11): 1819.

[60] 赵璋, 童志义. 3D-TSV 技术——延续摩尔定律的有效通途 [J]. 电子工业专用设备, 2011, 40 (03): 10-16.

[61] PANDHUMSOPORN T, WANG L, FELDBAUM M, et al. High-etch-rate deep anisotropic plasma etching of silicon for MEMS fabrication [C]. Smart Structures and Materials 1998: Smart Electronics and MEMS. San Diego, CA, USA: SPIE, 1998, 3328: 93-101.

[62] 童志义. 3D IC 集成与硅通孔 (TSV) 互连 [J]. 电子工业专用设备, 2009, 38 (3): 27-34.

[63] GAGNARD X, MOURIER T. Through silicon via: From the CMOS imager sensor wafer level package to the 3D integration [J]. Microelectronic Engineering, 2010, 87 (3): 470-476.

[64] FLATSCHER M, DIELACHER M, HERNDL T, et al. A bulk acoustic wave (BAW) based transceiver for an in-tire-pressure monitoring sensor node [J]. IEEE Journal of Solid-State Circuits, 2009, 45 (1): 167-177.

[65] 王宇哲, 汪学方, 徐明海, 等. 应用于 MEMS 封装的 TSV 工艺研究 [J]. 微纳电子技术, 2012, 49 (1): 62-67.

[66] SONG C, WANG Z, LIU L. Bottom-up copper electroplating using transfer wafers for fabrication of high aspect-ratio through-silicon-vias [J]. Microelectronic Engineering, 2010, 87 (3): 510-513.

[67] TSAI T H, HUANG J H. Electrochemical investigations for copper electrodeposition of through-silicon via [J]. Microelectronic Engineering, 2011, 88 (2): 195-199.

[68] FISCHER A C, FORSBERG F, LAPISA M, et al. Integrating MEMS and ICs [J]. Microsystems & Nanoengineering, 2015, 1 (1): 1-16.

[69] LAPISA M, STEMME G, NIKLAUS F. Wafer-level heterogeneous integration for MOEMS, MEMS, and NEMS [J]. IEEE Journal of Selected Topics in Quantum Electronics, 2011, 17 (3): 629-644.

[70] HU Q, LI N, XING C, et al. Design, fabrication, and calibration of a full silicon WLP MEMS sandwich accelerometer [C]. 2018 19th International Conference on Electronic Packaging Technology. Shanghai: IEEE, 2018: 919-933.

第12章
CMOS-MEMS集成技术

MEMS的发展趋势是微型化、低成本、多功能、高性能和高可靠性。CMOS-MEMS集成技术是指CMOS-MEMS器件设计制造过程中涉及的微纳加工技术和工艺，通过将MEMS器件与CMOS电路集成在单个芯片上，可以实现传感器与微系统的微型化和性能提升。在商业化产品中，经典的CMOS-MEMS器件有德州仪器（Texas Instruments，TI）公司制造的数字微镜器件（Digital Micromirror Device，DMD）；瑞士苏黎世联邦理工学院（ETHZurich）的Henry Baltes研究团队进行了CMOS-MEMS传感器与换能器的开拓性工作。本章首先介绍CMOS和MEMS工艺的异同，重点介绍CMOS-MEMS单芯片集成制造技术以及MEMS器件与CMOS集成电路芯片的2D/3D集成技术。由于CMOS-MEMS器件种类繁多，本章仅介绍典型的传感器和执行器，包括数字微镜器件、陀螺仪、加速度计、麦克风等基于不同物理效应和微纳加工工艺制造的CMOS-MEMS器件。

12.1 MEMS和CMOS的异同

MEMS器件可以看作是CMOS集成电路的功能扩展。如果将CMOS比作人的大脑和神经网络，那么，MEMS就是人体的各个"器官"，是为"大脑"提供外部信号的微传感器和完成指令的微执行器的组合。但是，MEMS和CMOS在制造工艺上有较大差异。①设计思路不同。大规模CMOS集成电路采用自上而下设计,而 MEMS 器件多为自下而上设计,需要建立特殊工艺文件。②衬底材料不同。在生物和医疗应用领域,MEMS 衬底都以玻璃和塑料代替硅片。③多功能 MEMS 传感器与传统 CMOS 集成电路制造步骤不同。MEMS 器件包含背面工艺、晶圆键合等更复杂的步骤。④封装差异。MEMS 传感器中存在许多可动机械结构,需要在热、力、静电、磁场等驱动下执行动作,不能采用传统 CMOS 封装工艺。⑤CMOS 与 MEMS 技术和产品的生命周期差异。CMOS 产品的发展遵循"摩尔定律",产品生命周期不到半年就可能被淘汰;结构设计合理的 MEMS 产品生命周期可延长到 2~3 年。考虑到这些差异,早期未将 CMOS 与 MEMS 结合起来。

12.1.1 CMOS 工艺

CMOS 工艺基于 NMOS 和 PMOS 工艺,即在同一硅衬底上集成 NMOS 和 PMOS 器件制造 CMOS 集成电路,具有功耗低、速度快、抗干扰能力强、集成度高等优点。目前,CMOS 工艺已经成为大规模集成电路的主流工艺。典型的 CMOS 工艺流程如下。

(1) 形成 N 阱(氧化、CVD、光刻、刻蚀、离子注入)。
(2) 形成 P 阱(去胶、氧化、刻蚀、离子注入)。
(3) 推阱(退火、刻蚀)。
(4) 形成场隔离区(氧化、CVD、光刻、刻蚀、离子注入)。
(5) 形成多晶硅栅(氧化、CVD、光刻、刻蚀)。
(6) 形成硅化物(CVD、刻蚀、退火)。
(7) 形成 N 管源漏区(光刻、离子注入)。
(8) 形成 P 管源漏区(光刻、离子注入)。
(9) 形成接触孔(CVD、退火、光刻、刻蚀)。
(10) 形成第一层金属(CVD、光刻、刻蚀)。
(11) 形成穿通接触孔(CVD、化学机械平坦化(CMP)、光刻、刻蚀)。
(12) 形成第二层金属(CVD、光刻、刻蚀)。
(13) 热处理。
(14) 形成钝化层(CVD、光刻、刻蚀)。
(15) 测试、键合、封装。

12.1.2 MEMS 工艺

MEMS 技术本质上是利用微纳制造技术将机械、光学、电子元件等融合成一个集成微系统，在单个芯片上实现某些特定的功能，通常 MEMS 器件的加工方法有以下 3 种[1]。

（1）以日本为代表的层叠式机械加工技术，即先使用大型机器制造出小型机器，再用小型机器制造出微机器。

（2）以德国为代表的 LIGA 技术，即使用 X 射线光刻技术，通过电铸成型或注塑的方法制造高深宽比微结构。

（3）以美国为代表的硅基 MEMS 加工技术，即先采用标准 IC 工艺技术制造微结构层，再通过各向异性腐蚀和表面牺牲层技术释放微结构。

其中，硅基 MEMS 加工技术与传统 IC 工艺兼容，可以实现微机械和微电子的系统集成，适合批量生产[2]。同时，由于硅材料性能稳定、易于与其他材料集成，硅基微机械器件已成为 MEMS 技术的研究重点。硅基 MEMS 加工技术包括腐蚀、键合及牺牲层制作等关键工艺。

最早用于微机械器件加工的腐蚀方法主要是湿法腐蚀，该方法制造的器件具有较高的纵向深度和机械灵敏度，但是此方法与 IC 工艺不兼容、制造出的器件体积较大，在某些工艺流程中被干法刻蚀代替。干法刻蚀解决了湿法腐蚀的工艺复杂和结构黏附等问题，已成为微纳加工技术的主流。牺牲层常用材料有非晶硅、多晶硅、聚酰亚胺、光刻胶等。制作牺牲层时，首先，在衬底沉积牺牲层材料，再利用光刻、刻蚀等工艺进行图形化；然后，沉积结构层材料（如氧化硅、氮化硅、金属等），再进行光刻图形化；最后，利用腐蚀工艺将支撑结构外的牺牲层腐蚀，形成悬浮结构。

12.1.3　MEMS 和 CMOS 的集成方案

MEMS 器件和 CMOS 集成电路的集成通常有以下两种方式（图 12.1）[3]。①混合多芯片集成：MEMS 器件和 CMOS 集成电路使用专用的 MEMS 和 CMOS 工艺在单独的衬底晶圆上分别制造，随后以二维或三维封装的形式进行集成。②系统级单芯片集成：MEMS 器件和 CMOS 集成电路使用连续或交错的加工方案在同一衬底晶圆上制造。

近几十年来，MEMS 器件与 CMOS 集成电路的集成多以二维混合集成方式为主。MEMS 器件和 CMOS 集成电路是独立设计、制造和测试的，甚至是独立封装的，晶圆被分割成独立的器件或芯片；MEMS 器件和 CMOS 专用集成电路 ASIC 芯片置于一个公共封装中，在封装级别通过引线键合或倒装芯片键合进行电气连接，最终在电路板或封装中实现 MEMS 器件与 CMOS 集成电路的二维多芯片系统集成。通过倒装芯片键合实现 MEMS 和 CMOS 集

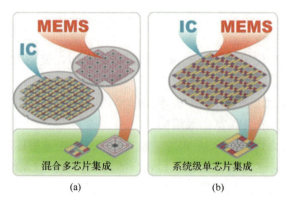

图 12.1　MEMS 与 IC 的系统集成方案[3]

成的技术已被应用于 RF-MEMS、微光机电系统 MOEMS 和 MEMS 传感器等领域中。

但是，采用多芯片堆叠封装集成 CMOS-MEMS 器件容易导致产品在可制造性、一致性和尺寸上的缺陷。为了解决这些问题，研究人员一方面不断优化堆叠封装技术，提出通过三维集成构建多层器件重叠结构提高芯片的集成度；另一方面提出将 MEMS 与 CMOS 工艺相结合，利用 CMOS 标准化工艺和生产线制造 MEMS 传感器和执行器，把二者集成于单芯片，实现系统级多功能单芯片集成。CMOS-MEMS 的单片集成不仅可以通过成熟的 CMOS 工艺和生产线降低成本、提高产量，还可以缩短 MEMS 产品的开发周期。此外，CMOS 工艺还可以为 MEMS 制造提供现有的工艺步骤和材料，提高 MEMS 产品的性能和成品率。

12.2　CMOS 和 MEMS 的兼容设计

CMOS-MEMS 的单片集成首先需要考虑设计兼容性，对 CMOS 工艺步骤顺序和为特定工艺建立的设计规则所做的任何修改都不能损害电路性能，每一次工艺修改都必须严格审定。此外，代工厂使用预处理过的硅晶圆作为原材料，或者在常规 CMOS 工艺流程之间进行特殊工艺步骤是非常困难的，代工厂不能保证这些工艺操作不会影响产品的良率。

12.2.1　可容许的工艺修改

对于采用各向异性湿法腐蚀的 MEMS 器件制造工艺来说，如果通过各向异性湿法腐蚀释放微结构,必须慎重考虑 CMOS 工艺的起始衬底材料。为了提高闩锁效应的稳定性,通常使用在重掺杂 p 型衬底上长有轻掺杂 p 型外延层的硅晶圆。同时,起始材料的掺杂浓度影响很大,高掺杂浓度的 p 型衬底将在不同硅晶圆间产生很大的腐蚀速率波动。为了确保与各向异性腐蚀工艺的兼容性,起始衬底材料可以采用较低衬底掺杂浓度($\leqslant 5\times10^{18}\,\mathrm{cm}^{-3}$)的外延硅晶圆或采用非外延低掺杂的 p 型硅晶圆[4]。

此外,硅晶圆起始材料一般要求有相对较高的间隙氧原子浓度,当间隙氧原子浓度大于它的固溶度时,氧原子在退火过程中将以氧化物颗粒的形式沉积。由氧沉积导致的缺陷常被用于内部吸杂,从而控制 CMOS 工艺中的过渡金属杂质。然而,CMOS 工艺中氧沉积及与其相关的晶体缺陷会影响腐蚀腔的质量,导致侧壁(111)不平整,并在局部氮化硅掩膜下产生较大的侧向腐蚀,降低腐蚀出的薄膜的几何精度[5]。为了获得具有精确横向尺寸的薄膜,可以在薄膜周围采用 p++掺杂的"腐蚀自停止"环或电镀金属环来定义薄膜机械结构的边缘位置。

在常规 CMOS 工艺流程或之后加入的任何工艺步骤中,都必须仔细考虑工艺的总热预算。总热预算会严重影响各种掺杂分布,影响器件性能。中温工艺步骤,如 600℃左右多晶硅的 LPCVD 沉积工艺,可以在源/漏极注入之后进行,但必须在铝金属化之前完成[6]。高温退火步骤,如在沉积多晶硅层的应力释放时所需的高温退火工艺,必须仔细评估热预算,因其可能影响浅结分布。因此,长时间外加高温(峰值温度≥800℃)的工艺步骤只能在沟道和源、漏极注入之前进行。当然,对于外加的热工艺步骤,可以调整初始掺杂分布,这通常需要对 CMOS 工艺进行多次重复审定。多数最小特征尺寸大于 0.25μm 的 CMOS 标准铝金属化工艺步骤所能承受的温度约 450℃左右,这限制了 CMOS 工艺流程结束之后所能进行的工艺。

沉积和光刻钝化层通常是 CMOS 工艺的最后一个步骤。如果钝化层是所释放微结构的一部分,那么,它的残余应力可以用来调整该微结构的应力。以红外热成像芯片为例(图 12.2),嵌有红外传感器阵列的薄膜是由 CMOS 工艺下制造的不同介质层、多晶硅和金属结构组成的层状结构,为了减少膜上的总压应力,需要沉积具有张应力的钝化层。通过选择适当的低频(400kHz)高频(13.56MHz)功率比和 PECVD 设备的腔压,可将 PECVD 氮氧化硅钝化层的应力控制在 $-300\sim+300\mathrm{MPa}$[7]。

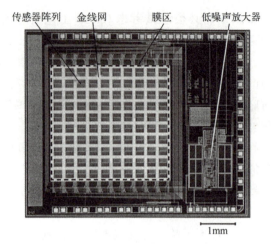

▼ 图 12.2　红外热成像芯片结构图[7]

12.2.2　设计规则的修改

为了进行设计规则检查（Design Rule Check，DRC）和电路规则检查（Layout Versus Schematic，LVS），代工厂会提供其 CMOS 工艺的规则文件。但这些规则文件应用在生产 MEMS 器件时可能存在一些问题。首先，为了从硅晶圆正面释放微结构，硅晶圆某些区域的硅衬底必须暴露在腐蚀剂中。通过在 CMOS 工艺中添加一个有源区（即没有场氧）、一个接触区（即没有接触氧化物）、一个通孔（即没有金属层间氧化物）和一个裸露的键合块（即没有钝化层），可局部去除介质层并将硅衬底暴露于腐蚀环境中[8]。CMOS 电路中的通孔只有作为金属互连时才有意义，CMOS 工艺标准设计规则不允许定义上表面和下表面没有金属的通孔，进行 DRC 时会因存在没有连接的电导区报错。

现代亚微米 CMOS 工艺一般采用步进式光刻实现硅晶圆上无互连的步进场阵列。基于各向异性湿法腐蚀和电化学腐蚀自停止技术的 CMOS 后处理微机械加工，需要在结构区的 n 阱和衬底硅晶圆接触上加上腐蚀电势[5,9]。通过在 CMOS 工艺的 Metal-1 和 Metal-2 层上形成接触网，将压焊块上的电势均匀传送到每个接触孔。如图 12.3（a）所示，每个金属掩膜单步场区都有预设的边框，以确保 Metal-1 和 Metal-2 层上的电势互不干扰，减少腐蚀网络间的短路风险。划片槽中的金属结构将这些边框在步进场拐角处连接起来，在步进式光刻期间，每个金属层的步进场重叠在标线内，每个腐蚀接触孔与金属框架相连。为了有一个大接触块提供腐蚀电势和弹射接触，版图中还在第二级金属掩膜上利用特殊的"接触"标线制作了一个与其他步进场大小相同的专用"接触"步进场（图 12.3（b）硅片顶部）。

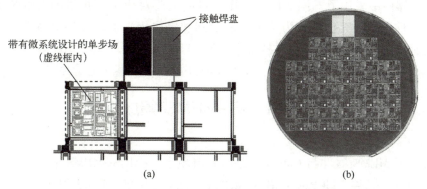

图 12.3　腐蚀网络将 n 阱结构和衬底接触电势通过接触焊块传至每个微结构（a）和具有较大接触焊块的 CMOS 硅晶圆（b）[5,9]

12.2.3　CMOS IC 和 MEMS 器件结构的仿真

MEMS 和 CMOS IC 设计工艺不同。IC 设计者根据原理图使用电路模拟器，包括 Cadence、Mentor Graphics、Synopsys 等商业化的电子设计自动化（Electronic Design Automation，EDA）软件。MEMS 设计者通常采用有限元建模（Finite Element Method，FEM）仿真软件，如 ANSYS、FEMLAB、CoventorWare、IntelliSuite 等对微结构做多层分析。为了模拟和设计基于特殊 CMOS 工艺的集成电路，代工厂提供特定 CMOS 工艺设计包，包括设计规则、工艺参数、晶体管级模型以及模拟和数字单元库来支持 EDA 软件。为了模拟基于 CMOS 工艺的微系统（包括传感器单元以及模拟和数字电路），需要用到关于传感器单元的行为模型。为了能与通用的 SPECTRE、AdvanceMS、SABERI 等 EDA 工具包提供的标准混合信号模拟器兼容，这些行为模型必须用模拟硬件描述语言（HDL）描述，如 Verilog-A 或 VHDL-A。简单的传感器集总元件电路模型可手工建立，对于一些特定类型的微结构（如梳齿驱动的谐振器），可采用亥姆霍兹谐振器理论和 NODAS、SPICE 等商用工具来建立宏模型。由 Coventor 公司开发的 INTEGRATOR 能够从详细 3D 有限元（FEM）或边界元（BEM）模拟中建立动态机械系统的降阶宏模型，动态机械系统由弹簧质量块和阻尼元件组成，可以导出作为标准电路模拟器的接口。卡内基梅隆大学开发了参数化元件库 NODAS[10]，包含了梁、平板质量块、锚区、静电梳齿驱动和间隙等，用于 SABER 和 SPECTER 模拟器中模拟表面微机械加工的 MEMS 结构。

集成微系统的顶层版图需要进行 DRC 和 LVS 检查。由于 CMOS 电路和 MEMS 器件中采用了不同的设计规则，可能需要对代工厂提供的 CMOS 设计规则文件进行补充扩展。为了至少能识别和提取传感器单元的电特性，可以改写标准提取文件。通过将提取的原理图与模拟的顶层原理图比较，可以验证顶层设计并避免布线等错误，某些工具还可以提取其非电特性[11]。

12.3　CMOS-MEMS 集成工艺

根据 MEMS 器件与 CMOS 电路的制造顺序，CMOS-MEMS 单片集成工艺可分为以下三类，即 Pre-CMOS-MEMS、Intra-CMOS-MEMS 和 Post-CMOS-MEMS，分别对应 MEMS 的加工在 CMOS 或 Bi-CMOS 电路制造之前、中间或之后。由于 CMOS 工艺可更加灵活地在代工厂完成，Post-CMOS-MEMS 具有更广泛的应用。

12.3.1　Pre-CMOS-MEMS

Pre-CMOS-MEMS（简称 Pre-CMOS）集成技术的最初代表是美国桑迪亚国家实验室（SNL）开发的模块化集成工艺。在 Pre-CMOS 技术中，MEMS 结构被预先加工并嵌入硅晶圆的凹槽中，并在凹槽中填充氧化物或其他电介质（图 12.4），然后在执行 CMOS 电路制造工艺之前对晶圆进行平坦化处理，在完成标准 CMOS 工艺后进行湿法腐蚀释放预先加工的 MEMS 结构[12]。

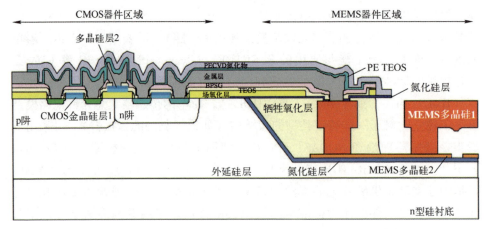

图 12.4　Pre-CMOS-MEMS 集成器件剖面结构示意图[12]

12.3.2　Intra-CMOS-MEMS

20世纪90年代初,美国Analog Devices,Inc.（ADI）基于其Bi-CMOS工艺开发了Intra-CMOS-MEMS（简称Intra-CMOS）集成技术。该技术将CMOS工艺与多晶硅薄膜沉积和微机械加工步骤相结合,制造传感器结构,最初专用于制造CMOS-MEMS加速度计和陀螺仪。图12.5展示了ADI公司生产的CMOS-MEMS集成陀螺仪（ADXRS系列）的设计版图[13]。在制造过程中,传感器的多晶硅薄膜沉积与释放分别通过CMOS工艺的接触形成和金属化同步交替进行,ADI公司还将这种Intra-CMOS技术扩展到其SOI-CMOS-MEMS产品。汽车传感器供应商英飞凌也使用该技术制造集成电容式压力传感器,在完成CMOS电路之前,通过对SiO_2进行湿法腐蚀来释放多晶硅电极膜。该系列传感器广泛用于智能胎压监测系统和汽车进气歧管的绝对压力测量。

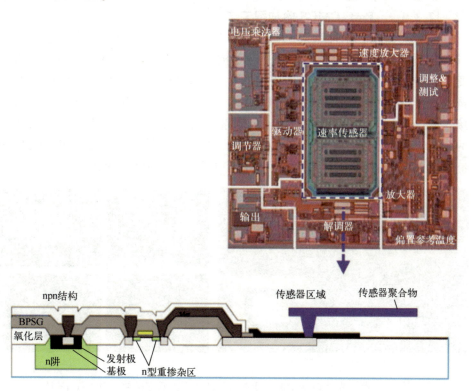

图12.5　ADI公司CMOS-MEMS集成陀螺仪版图与剖面结构示意图[13]

12.3.3 Post-CMOS-MEMS

Pre-CMOS 和 Intra-CMOS 集成工艺会影响部分 MEMS 多晶硅传感器的尺寸和热处理参数，且要求使用专用制造设备，大幅提高了制造成本。随着 CMOS 工艺的标准化和各种代工服务的发展，具有灵活制造方案和低成本的 Post-CMOS-MEMS（简称 Post-CMOS）更具竞争力。Post-CMOS 集成工艺可以追溯到 20 世纪 70 年代末首次实现了集成 MEMS 器件的硅压力传感器。与前两种工艺不同，Post-CMOS 技术中所有 MEMS 工艺步骤都在 CMOS 电路制造完成后执行。

根据在 CMOS 电路上加工 MEMS 结构的方式，还可以将 Post-CMOS 技术分为两类：CMOS 的附加和削减。在 Post-CMOS 附加型工艺中，结构材料沉积在 CMOS 衬底的顶部；而 Post-CMOS 削减型工艺通过选择性刻蚀包括衬底在内的 CMOS 层来构建 MEMS 结构。

12.3.3.1 Post-CMOS 附加型工艺

在 Post-CMOS 附加型工艺中，通常会在 CMOS 层顶部沉积金属、电介质或聚合物并进行图形化以制造 MEMS 结构。在使用 Post-CMOS 附加型工艺的商业化产品中，最知名的是德州仪器（TI）开发的基于数字光处理（DLP）技术的核心器件——数字微镜（DMD）。DMD 中的倾斜镜面及其驱动电极直接附加在 CMOS 电路的顶部，三层溅射铝层分别是一个用于形成顶部镜面和两个用于静电驱动的平行板电极，并通过 CMOS 存储单元对驱动电极进行寻址。图 12.6 展示了 DLP 动态显示芯片中的两个 DMD 像素单元结构。

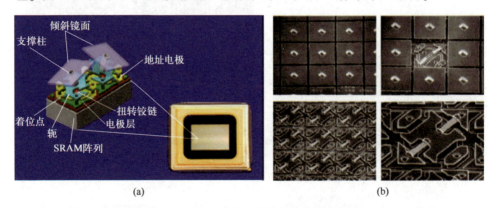

图 12.6 数字光处理（DLP）动态显示芯片中的数字微镜（DMD）阵列
（a）DMD 阵列的 2 个像素单元结构；（b）DMD 阵列结构的 SEM 图[14]。

很多材料被用于 CMOS 层顶部的附加 MEMS 结构加工，尤其在频率管理器件中。UC Berkeley 设计了一种集成镍谐振器，该产品采用低温电化学镀镍作为谐振器阵列的结构材料，而在反应离子刻蚀释放中以 SiO_2 作为器件的牺牲层[15]。桑迪亚国家实验室（SNL）设计了一种在 CMOS 基板上沉积 AlN 材料的 Post-CMOS 工艺。该工艺中 AlN 的沉积温度仅为 350℃，与标准 CMOS 工艺相兼容[16]。SNL 利用该工艺制造了集成换能元件和谐振加速度计的 AlN 高频滤波器，工作频率在 500kHz 至 1 GHz 范围之间，可实现多频调谐，且具有较高的品质因数，在 275~1100Hz 的加速度下基底噪声为 $565mG/\sqrt{Hz}$。另一种 Post-CMOS 附加型工艺是 UC Berkeley 传感器与执行器中心开发的多晶 SiGe/Ge CMOS-MEMS 集成技术，CMOS 上沉积多晶 SiGe 作为 MEMS 基底材料，牺牲层采用 Ge 或 SiO_2 薄膜。该技术已被用于制造各种 CMOS-MEMS 集成器件，包括惯性传感器、谐振器和数据存储器[17]。表 12.1 总结了一些代表性的 Post-CMOS 附加型工艺及其使用的材料。

表 12.1　代表性的 Post-CMOS 附加型工艺和器件材料[18]

作者	机构	结构材料	表面材料	连接材料	年份/年
Hornbeck	Texas Instruments	Al	光刻胶	Al	1989
Yun 等	UC Berkeley	多晶硅	SiO_2	W/TiN	1992
Franke 等	UC Berkeley	多晶硅锗	Ge/SiO2	Al	1999
Huang 等	UC Berkeley，University of Michigan	Ni	SiO_2	TiN	2008
Wojciechowski 等	Sandia National Laboratory	AlN	Si	W/Ti/TiN	2009
Uranga 等	Autonomous University of Barcelona	双金属氮化物	聚合物	W	2015
Sedky 等	IMEC	多晶硅锗	Ge	Al	1998
Yamane 等	Tokyo Institute of Technology	Au	聚酰亚胺	Al	2013
Li 等	Shanghai Institute of Microsystems	Cu	光刻胶	Al	2008
Severi 等	IMEC，Intel	多晶硅锗	SiO_2	掺杂硅锗	2010

12.3.3.2　Post-CMOS 削减型工艺

Post-CMOS 器件既可以通过互连金属层、通孔、多晶硅层的堆叠来构建 MEMS 结构，也可以通过削减硅衬底层来制造 MEMS 结构。Post-CMOS 削减型工艺主要通过湿法或干法刻蚀对衬底材料进行部分或完整的图形化。本节主要介绍削减型工艺制造的 CMOS-MEMS 薄膜和体结构。

（1）湿法腐蚀。最早的 CMOS-MEMS 传感器采用 Post-CMOS 削减型工艺，通过湿法腐蚀硅衬底,形成薄膜与体 MEMS 结构。CMOS 硅衬底可以使用多种湿法腐蚀工艺来制造 MEMS 结构。第一种方法是用可校准腐蚀速率的背面腐蚀产生所需厚度的均匀单晶硅薄膜。该方法已广泛用于工业生产中,如 CMOS-MEMS 集成压力传感器。第二种方法是利用自停止腐蚀技术制造硅膜或 MEMS 结构,各向异性腐蚀会在 CMOS 的 n 阱和 p 衬底之间形成的电化学偏置 PN 结处停止,用于制造高灵敏度 CMOS-MEMS 压力-热传感器。此外,各向异性腐蚀停止也可以发生在衬底中高掺杂 p-区域,用于制造神经探针等多种悬浮结构。

使用湿法腐蚀工艺制造的薄膜,包括金属层、SiO_2 绝缘层和互连通孔等已被用于射频开关和谐振器等 RF-MEMS 器件[19-20]。图 12.7 展示了频率从 500kHz 到 14.5MHz 的单片集成 RF-MEMS 器件及其相关放大器电路的电容换能谐振器。在 CMOS-MEMS 集成压力传感器中,由多个金属层、通孔和 SiO_2 层构成的堆叠 CMOS 层用作可移动电极,下金属层用作固定电极,中间 CMOS 金属层用作牺牲层。此外,类似工艺制造的产品还有 CMOS-MEMS 谐振器和加速度计[21-22];把敏感聚合物材料涂覆在 CMOS-MEMS 结构上,还可以实现化学和生物传感,如第一个 CMOS-MEMS 电子鼻是通过在 CMOS 芯片上形成聚合物涂层的 CMOS 薄膜悬臂梁来制造的[23]。Baolab 微系统公司使用单蒸气氢氟酸腐蚀来释放由 BEOL 金属层和 SiO_2 层堆叠成的 MEMS 结构,为 CMOS-MEMS 集成器件提供了一种低成本、高产量的方法[24]。表 12.2 总结了以 Post-CMOS 削减型湿法腐蚀工艺制造的一些代表性 CMOS-MEMS 器件。

表 12.2　Post-CMOS 削减型湿法腐蚀工艺制造的 CMOS-MEMS 器件[18]

作　者	机　构	器　件	结构材料	腐蚀方法	年份/年
Wise 等	University of Michigan	压力传感器	硅膜	乙二胺邻苯二酚（EDP）背面腐蚀	1979
Wise 等	University of Michigan	神经探针阵列	氮化物/二氧化硅,多晶硅和硅衬底	EDP 腐蚀 p++腐蚀停止	1985
Wise 等	University of Michigan	质量流量传感器	CMOS 氮化物/二氧化硅,金/铬	SiO_2 背面腐蚀停止	1990
Baltes 等	ETH Zurich	热电容器	金属/二氧化硅,多晶硅	正面腐蚀	1996
Haber 等	ETH Zurich	压力传感器	金属/二氧化硅,多晶硅	Al 作为牺牲层的正面腐蚀	1996
Schneider 等	ETH Zurich	热传感器	金属/二氧化硅,多晶硅,悬浮硅	pn 结电化学腐蚀停止	1997
Akiyama 等	University of Neuchatel, ETH Zurich	原子力显微镜探针	CMOS 氮化物/二氧化硅,硅	n 阱电化学腐蚀停止	2000

续表

作　者	机　构	器　件	结构材料	腐蚀方法	年份/年
Schaufelbuhl 等	ETH Zurich	红外成像仪	CMOS 氮化物/二氧化硅，栅极多晶硅	背面腐蚀	2001
Verd 等	Autonomous University of Barcelona	集成谐振器	铝	正面 SiO_2 腐蚀	2006
Chen 等	National Tsing Hua University	集成谐振器	铝/二氧化硅/过孔	正面 SiO_2 腐蚀	2011
Narducci 等	IME, Singapore	绝对压力传感器	铝/二氧化硅/过孔	正面金属和通孔腐蚀	2013
Li 等	National Tsing Hua University	集成谐振器	铝/二氧化硅/过孔	正面金属和通孔腐蚀	2015

（2）干法刻蚀。多数干法刻蚀工艺均基于等离子体，如反应离子刻蚀 RIE 和深反应离子刻蚀 DRIE。等离子体干法刻蚀工艺在 MEMS 研究和工业应用中非常普及，特别是由博世公司（Robert Bosch GmbH）提出的 DRIE 工艺，也称为 Bosch 工艺（Bosch Process），为 Post-CMOS 削减型工艺提供了新的技术。使用气相刻蚀剂的刻蚀工艺也可以称为"干法"工艺。例如，XeF_2 蒸气能对硅进行良好的各向同性刻蚀，广泛用于释放 CMOS 薄膜和 MEMS 结构。根据采用的结构材料和刻蚀方法，Post-CMOS 削减型"干法"刻蚀工艺可分为薄膜和体工艺。

① 薄膜 Post-CMOS 干法刻蚀工艺。薄膜工艺中的结构材料一般是固有的 CMOS 薄膜。卡内基梅隆大学（CMU）首先提出了薄膜 Post-CMOS 干法刻蚀工艺，其典型工艺流程如图 12.8 所示[56]。按照各向同性 SiO_2 刻蚀、硅 DRIE 和各向同性硅 RIE 的流程分别暴露、定义与释放了 MEMS 结构。顶部金属层充当掩膜定义 MEMS 结构并保护 CMOS 电路（图 12.8（a）和图 12.8（b））。硅 DRIE 和各向同性硅 RIE 刻蚀工艺流程分别如图 12.8（c）和图 12.8（d）所示。该薄膜 Post-CMOS 干法刻蚀工艺已制造出各种惯性传感器，传感器的机械弹簧和检测结构由 SiO_2 与金属堆叠的多层 CMOS 结构组成，感测电容由梳齿间的侧壁电容构成，梳齿和其他机械结构内部的多个 CMOS 金属层都允许灵活的电气布线[26-27]。IBM 以其 0.18μm 铜 CMOS 工艺生产了堆叠 CMOS 层的 RF-MEMS 无源器件[28]。Bosch 公司的 Akustica 子公司通过改进图 12.8 所示工艺实现了数字麦克风的商业化制造[29]。惯性传感器供应商 MEMSIC 利用 CMOS-MEMS 堆栈和硅 RIE 来制造热对流式 MEMS 加速度计系列产品（图 12.9）[30]。

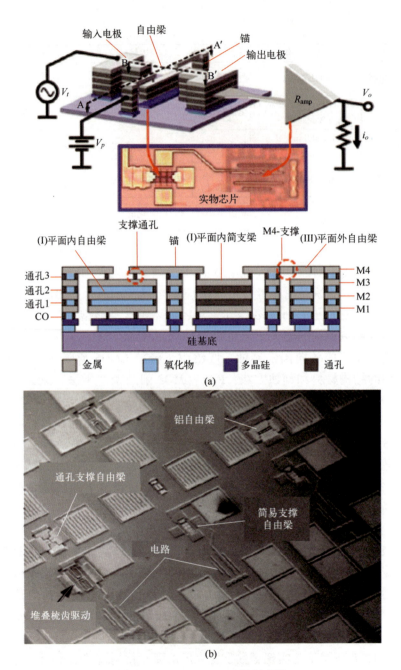

图 12.7 CMOS-MEMS 射频开关
(a) 结构和电路示意图;(b) 芯片 SEM 图[25]。

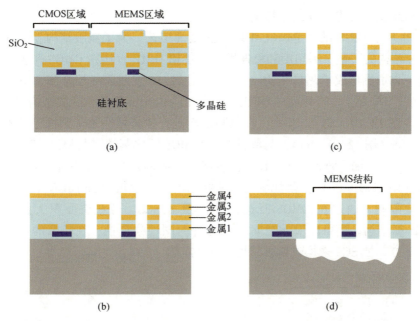

图 12.8 薄膜 Post-CMOS 干法刻蚀工艺用于由 CMOS 薄膜制造 MEMS 结构[31]
（a）CMOS 晶圆；（b）SiO_2 刻蚀；（c）硅 DRIE；（d）具有侧面底切的硅 RIE。

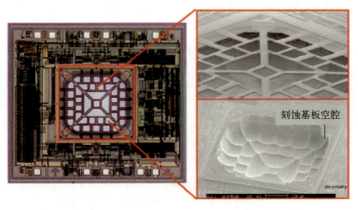

图 12.9 MEMSIC 的集成热对流式加速度计[30]

尽管 Post-CMOS 干法刻蚀工艺具有出色的 CMOS 工艺兼容性和加工灵活性，但堆叠的 CMOS 薄膜层中的残余应力会引起悬浮 MEMS 结构很大的垂直和横向弯曲，严重影响了器件性能。RF-MEMS 和热传感器等小尺寸器件可以允许结构卷曲，但对于较大尺寸器件（如惯性传感器），结构卷曲会造成很严重的后果,需要进行强制性补偿[32]。

② 基于 DRIE 的体 Post-CMOS 干法刻蚀工艺。为了克服结构卷曲并提高 MEMS 结构的质量、平坦度和鲁棒性,可使用 DRIE 直接在 CMOS 薄膜下的硅衬底下方堆叠形成单晶硅结构(SCS)。图 12.10 展示了 4 层金属 CMOS 工艺流程[33]。首先,进行背面硅 DRIE,留下 $10 \sim 100 \mu m$ 厚的 SCS 膜来构建 MEMS 结构(图 12.10(a))。其次,在晶圆正面进行各向异性 SiO_2 刻蚀,暴露要去除的 SCS(图 12.10(b))。与薄膜 Post-CMOS 干法刻蚀工艺相比,DRIEPost-CMOS 技术增加了背面硅 DRIE 工艺步骤,还需额外的背面光刻来构建 MEMS 结构(图 12.10(c))。因此,MEMS 结构的最大厚度受硅 DRIE 工艺的最大深宽比限制。通过在 CMOS 互连层下面覆盖 SCS,可获得面积大且平坦的 MEMS 微结构。还可以增加时间可控的各向同性硅刻蚀,在较窄的 CMOS 堆叠层下方刻蚀 SCS 来构建薄膜结构(图 12.10(d))。

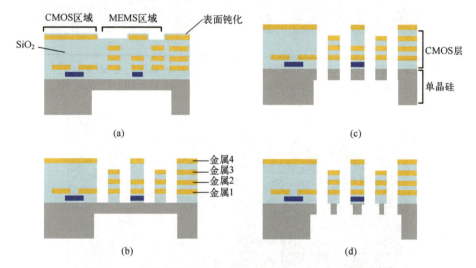

图 12.10 四金属层 CMOS 的 DRIE Post-CMOS 工艺流程[33]
(a) 背面硅 DRIE,用于定义 MEMS 结构区;(b) 正面 SiO_2 刻蚀;
(c) 正面硅 DRIE;(d) 具有侧面侧凹的正面 RIE。

DRIEPost-CMOS 工艺技术在制造相对较大的 MEMS 器件(如微镜)中展现出了巨大的优势,通过铝镜表面下方保留部分硅基板可获得大型平面镜(图 12.11)。此外,该技术也被用于制造低噪声基底的 CMOS-MEMS 陀螺仪和具有大检测质量的 z 轴加速度计。通过置于 CMOS 堆叠梳状齿下方的 SCS 层,可提高电容式传感器的测量电容,获得更高的信噪比(SNR)。

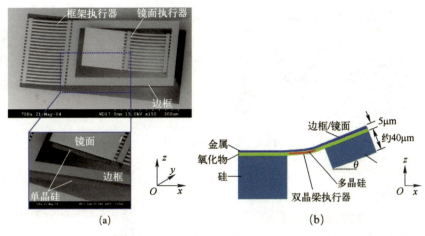

图 12.11 体 Post-CMOS 工艺制造的微镜 SEM 图 (a) 和结构示意图 (b)[34]

③ 改进型体 Post-CMOS 干法刻蚀工艺。改进型体 Post-CMOS 工艺可通过制作 SCS 结构来改善器件的机械和电气性能（图 12.10）。然而，某些器件需要在图 12.10（c）中制造精细结构，图 12.10（d）却有可能损坏这些精细结构，特别是窄间隙梳齿电容式惯性传感器的制造。例如，各向同性硅底切之后形成用于电隔离和机械连接的窄 CMOS 结构，同时，梳齿中的 SCS 也被底切，导致测量结构间隙增大，电容灵敏度和传感器信噪比降低。如果底切发生在机械结构中，也会严重影响器件的动态性能。另外，SCS 底切的等离子刻蚀工艺存在热效应。完成硅底切后，隔离结构与基板间的导热系数大为降低，导致释放的结构温度迅速升高，通常需要轻微的过刻蚀，但这又使悬浮结构迅速升温，极大提高 SCS 刻蚀速率，最终致使 SCS 刻蚀失控，破坏结构。为了解决热效应引起的刻蚀问题，研究人员提出了多步刻蚀、金属层背面涂覆以提升散热等方法[35-36]，利用改进型体 Post-CMOS 干法刻蚀工艺制造了加速度计、陀螺仪和大镜面微镜。改进型体 Post-CMOS 工艺有效解决了 SCS 的"咬边问题"[94]。如图 12.12 所示，CMOS 隔离/连接梁和 SCS 微结构的刻蚀需分开进行。上层金属专门用于构建隔离/连接梁，在其形成之后，使用等离子体或湿法刻蚀去除顶部金属层。在 SiO_2 刻蚀之后暴露其他微结构，直接刻蚀微结构上剩余的硅完成释放。为了减小热效应，可在腔体背面旋涂一层较厚的光刻胶。在释放过程中，背面的光刻胶提供了一条散热路径，可削弱刻蚀结构的升温。最后，再使用氧等离子体刻蚀去除光刻胶并完成整个微加工工艺过程。由于含有 SCS，大体积 CMOS-MEMS 惯性传感器的性能优于薄膜传感器。

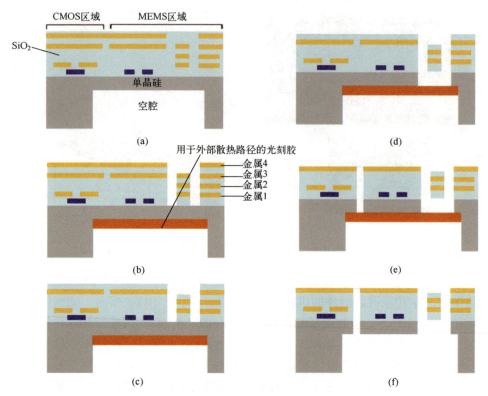

图 12.12 改进型体 Post-CMOS 干法刻蚀工艺，背面带有光刻胶涂层
（a）背面硅 DRIE；（b）背面旋涂热保护光刻胶层（PR）；（c）顶部 Al 刻蚀；（d）硅 DRIE 和底切形成隔离结构；（e）梳状结构的各向异性 SiO_2 刻蚀和正面硅 DRIE；（f）去除热保护 PR 层[37]。

（3）组合干湿刻蚀工艺。结合硅的各向异性湿法腐蚀和深反应离子刻蚀，可以制造一些复杂的表面和体 MEMS 结构，例如双端固支梁（桥）和悬臂阵列。Hagleitner 等使用组合干湿刻蚀工艺制造了集成温度传感器、气体传感器和电容传感器的多传感器系统[38]。Sun 等制造的加速度计使用了各向同性湿法腐蚀去除 CMOS 堆叠薄层中的金属层，构建了用于间隙闭合感测的垂直平行板电容器，并通过硅 RIE 释放 MEMS 结构。新的制造工艺实现了垂直间隙闭合感测，比传统平面叉指电容式传感器的灵敏度更高[39]。Yen 等将 SiO_2 湿法腐蚀与 XeF_2 各向同性硅刻蚀相结合实现了对称结构的制造，从而提高了加速度计的性能[40]。

通过多步干燥和刻蚀，Mansour 等实现了射频应用领域的高 Q 值 CMOS-MEMS 可变电容器[41]，该器件首先通过代工厂 $0.35\mu m$ 工艺制造了 CMOS 堆叠层作为电极，然后分别在 SiO_2、金属和硅衬底刻蚀中进行了 3 次干法刻蚀与 4 次湿法腐蚀。Sung 等提出的 CMOS-MEMS 集成陀螺仪采用 TMAH 背面各向异性硅腐蚀削弱梳齿结构中 SCS 的底切，将湿法氧化的 SiO_2 层制备在 DRIE 刻蚀形成的正面沟槽中，作为背面 SCS 湿法腐蚀过程中的保护和腐蚀停止层，最后通过缓冲氧化物腐蚀液（Buffered Oxide Etch，BOE）去除 SiO_2，释放 MEMS 结构[42]。利用组合干湿刻蚀工艺，Uranga 等还探索了纳米结构与常规 CMOS 结构的集成[43]。

12.3.4　SOI-CMOS-MEMS

SOI-CMOS-MEMS 是基于绝缘衬底上的硅（Silicon-On-Insulator，SOI）技术的一种 CMOS-MEMS 制造工艺。如图 12.13 所示，SOI 技术是在顶层硅和背面衬底之间引入一层氧化埋层，通过在绝缘体上形成半导体薄膜，具有了体硅所无法比拟的优点：可以实现集成电路中元器件的介质隔离，彻底消除了体硅 CMOS 电路中的寄生闩锁效应。

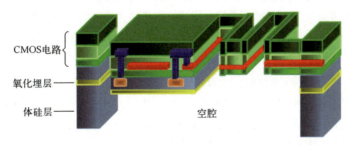

图 12.13　SOI-CMOS-MEMS 的结构示意图[44]

SOI-CMOS-MEMS 需考虑 MEMS 器件与 CMOS 电路之间的互连设计。ADI 公司的 SOI-CMOS-MEMS 加速度计采用了多晶硅插头实现可动 MEMS 结构与 CMOS 电路之间的互连和隔离。还可以在结构层上设计额外铝"微桥"结构实现 CMOS 和 MEMS 之间的连接。SOI-CMOS-MEMS 工艺也被恩智浦半导体公司（NXP Semiconductors）广泛用于制造各种器件。该工艺中，体硅衬底被减薄用以设计较厚的 MEMS 结构，并通过薄 SOI 层中的多晶硅插塞与顶部硅薄层中的 CMOS 电路相连接。Ali 等提出的 MEMS 微型热板采用了 SOI-CMOS-MEMS 工艺制造的钨膜，用于气体传感器[45]。此外，SOI-CMOS-MEMS 工艺也用于图像传感器和微镜阵列的制造[46]。随着 TSV 等技术的发展，SOI-CMOS-MEMS 工艺将在系统级芯片和其他复杂微系统中发挥重要作用。

12.4 案例一：单片集成 CMOS-MEMS 三轴电容式加速度计

MEMS 三轴加速度计是一种测量空间加速度的惯性传感器，通过将空间加速度在 X、Y、Z 3 个轴上分解，可在未知物体运动方向的情况下，准确测量出物体的空间三轴加速度。目前，MEMS 三轴加速度计主要用于汽车电子、卫星导航、虚拟现实等领域。本节介绍一种采用改进的 CMOS-MEMS 工艺制作的兼具较高分辨率、鲁棒性和良率的三轴电容式加速度计[47-48]。

12.4.1 器件设计

MEMS 三轴加速度计的核心模型是一个由弹簧和质量块组成的阻尼系统，当质量块在惯性作用下压缩弹簧时产生弹性力，该弹性力符合胡克定律，加速度可通过阻尼系统的相对位移得出。加速度传感器的核心部件是质量块，质量块与锚通过铰链或弹簧连接。当感应到加速度时，质量块相对基底产生位移，测量内部差分电容的变化可反映质量块的移动距离，即相对位移转换为电流信号并被后级信号处理单元采样的过程。

用于 X 轴和 Y 轴加速度传感的水平质量块的中心嵌有 Z 轴质量块，并通过两根 Z 轴可扭转弹簧与基底相连（图 12.14）。水平机械弹簧被分为 4 个对称的区域分别与质量块连接，可实现 X 轴与 Y 轴上加速度的灵敏感知。通过 Z 轴传感梳指上多层金属层之间的侧壁电容，可构成 4 组分别由 8 个电容组成的惠斯通电桥结构。

如图 12.15 所示，利用薄膜电容在 Z 轴方向的不对称性，可将 C_{1b} 和 C_{2a} 视为 C_1，将 C_{1a} 和 C_{2b} 视为 C_2。当 Z 方向有加速度时，Z 轴质量块的右侧向上移动，左侧向下移动，质量块的相对移动会使左上方的 C_{1a} 和右下方的 C_{2b} 减小，左下方的 C_{1b} 和右上方的 C_{2a} 增大，两组等效电容 C_1 和 C_2 会以相同的变化量呈现出相反的变化。当 Z 方向静止时，两组等效电容大小相等。通过 4 组全差分电容式电桥结构随 Z 轴的相对位移变化，可实现 Z 轴方向的加速度双向传感。同时，采用这种全差分拓扑结构，可以大大降低由制造工艺偏差和跨轴耦合引起的传感器偏移。

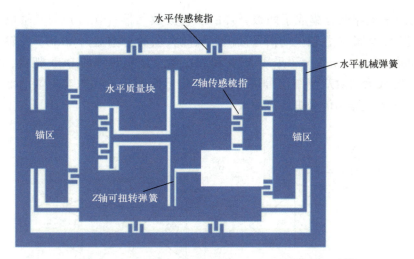

图 12.14　MEMS 三轴电容式加速计的结构示意图[47]

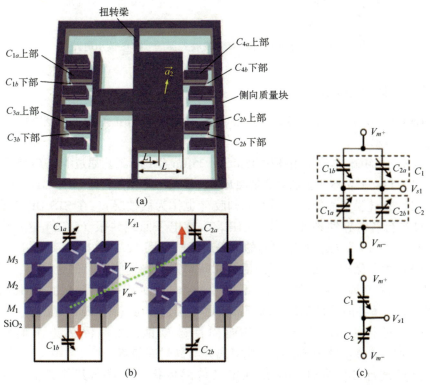

图 12.15　MEMS 三轴电容式加速计的 Z 轴全差分电容传感方案[47]

(a) Z 轴加速度传感结构示意图；(b) 全差分电容式电桥结构；(c) 全差分电容式电桥的等效电路。

CMOS 电路部分集成了两级开环的双斩波放大器（DCA）与三轴电容式加速度计，实现了各轴上的信号读出。该放大器的总增益为 40dB，每轴功耗为 1mW。图 12.16 显示了采用 MHz 和 kHz 两个调制时钟的 DCA 架构，由高带宽开环放大器对双调制信号进行放大，信号解调后采用电容反馈的低带宽二级闭环放大器对信号进行再放大。

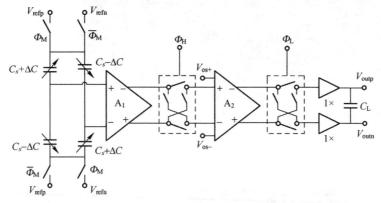

图 12.16　基于两级开环双斩波放大器的 CMOS 读出电路[47]

12.4.2　器件制造

CMOS-MEMS 三轴电容式加速度计采用无掩膜 Post-CMOS 工艺制造，如图 12.17 所示。

其中，CMOS 芯片采用商用 TSMC 0.35μm CMOS 工艺通过 MOSIS 制造。

（1）Post-CMOS 工艺从背面刻蚀开始，首先定义结构厚度（图 12.17（a））。

（2）在硅膜背面旋涂一层厚光刻胶（也作为牺牲层），在 STS DRIE 系统中对硅进行各向异性刻蚀。利用 CHF_3/O_2 在电子回旋共振（ECR）RIE 中进行各向异性 SiO_2 刻蚀，暴露出硅的电隔离区域（图 12.17（b））。

（3）为了保护湿法腐蚀顶部铝层期间暴露在沟槽侧壁上的金属铝，通过 Bosch 工艺中刻蚀与钝化的循环过程在整个器件上沉积一层聚合物，然后再采用氯等离子体各向异性刻蚀去除顶部铝层4层金属层（图 12.17（c））。

（4）进行 DRIE 硅刻蚀和各向同性硅刻蚀，去除隔离束下面的硅（图 12.17（d）），使传感梳指彼此隔离并与硅衬底隔离。

（5）进行各向异性 SiO_2 刻蚀定义传感梳指、弹簧和其他微机械结构（图 12.17（e）），厚光刻胶层在 DRIE 硅刻蚀过程中充当散热路径以削弱刻蚀后的结构升温。

(6) 再次进行 DRIE 硅刻蚀,去除光刻胶以释放加速度计(图 12.17 (f))。

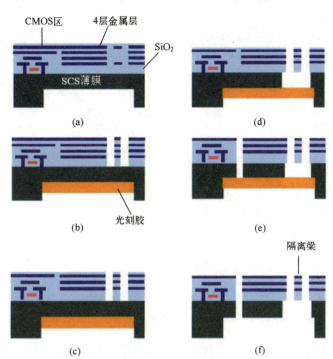

图 12.17　基于 Post-CMOS 工艺的三轴电容式加速度计工艺流程[48]
(a) 背面刻蚀;(b) 背面旋涂厚光刻胶层,正面各向异性 SiO_2 刻蚀;(c) 顶部铝金属层湿法腐蚀;
(d) 深硅刻蚀和各向同性硅刻蚀以形成隔离结构;(e) 各向异性 SiO_2 刻蚀和深硅刻
蚀定义传感梳指和机械弹簧;(f) 去除光刻胶以释放加速度计。

12.4.3　器件测试

制造完成后的三轴加速度计安装在一个精确的旋转台上,通过准静态试验测量其灵敏度,其准静态响应如图 12.18 所示。在 1.5V 调制信号下,X 轴和 Y 轴的测量灵敏度分别约为 520mV/g 和 460mV/g。Z 轴传感结构的不对称性引起谐振频率差,这解释了水平方向上 X 轴与 Y 轴之间的灵敏度偏差。同样,由于 X 轴和 Y 轴上传感结构的不对称性,Z 轴在绕 X 轴和 Y 轴旋转时加速度的测量灵敏度也存在偏差,分别为 320mV/g 和 280mV/g。改进的 Post-CMOS 工艺为加速度计的 3 个轴方向都提供了坚固的单晶硅(SCS)结构,大大减少了传感梳指的咬边;同时,传感电极由较厚的 SCS 层组成,分辨率更高。在等离子体刻蚀过程中,背面厚光刻胶层的设置为悬浮微结构提供了额外的散热路径，具有更大的工艺公差。

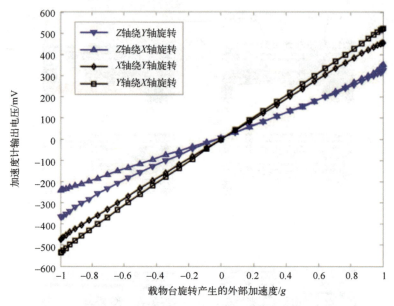

图 12.18　Z 轴和 Y 轴加速度的静态测试结果[47]

通过集成两级开环双斩波放大器的 CMOS 电路设计，该款单片集成的 CMOS-MEMS 三轴电容式加速度计实现了三轴加速度的低功耗、低噪声、高灵敏度传感检测（图 12.19）。

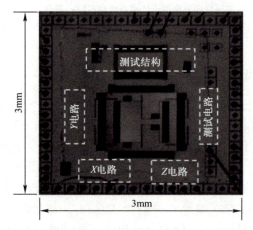

图 12.19　单片集成的 CMOS-MEMS 三轴电容式加速度计[47]

12.5 案例二：单片集成 CMOS-MEMS 电容式麦克风

目前，麦克风已成为各种消费电子产品的重要组成部分，尺寸和成本是麦克风的两个关键问题。硅基 MEMS 麦克风有独特的优势：体积小、成本低、易于与 CMOS IC 集成。MEMS 麦克风的发展目标是更少的干扰、更好的音质、更高的灵敏度、更高的信噪比、更小的电流损耗和更低的失真。本节介绍一种集成代工厂标准 CMOS 工艺和 Post-CMOS 工艺制造的 CMOS-MEMS 电容式麦克风[49]。

12.5.1 器件设计

与传统麦克风相同，MEMS 麦克风也是通过柔性膜片感应声波。现在市场上大部分 MEMS 麦克风都使用电容技术来探测声学信号。由于声波带来的气压变化会导致膜片发生位移，在膜片移动过程中，膜片与固定背板之间距离发生改变，最终导致两者之间电容值的改变，MEMS 电容式麦克风的工作原理就是通过测量柔性膜片和固定背板之间的电容来感知声波。

CMOS-MEMS 电容式麦克风的结构原理如图 12.20 所示，其 CMOS 信号放大电路与 MEMS 传感结构是单片集成的，由膜片（电极）、气隙、硅背板（电极）、排气孔、后腔和传感电路组成。膜片上的活动电极与背板上的固定电极构成并联电容器，麦克风上的声压引起膜片的变形，导致并联电容器的电容变化。波纹膜片与厚背板的设计能够降低其刚度，同时释放薄膜残余应力，防止固定电极因声压而变形。

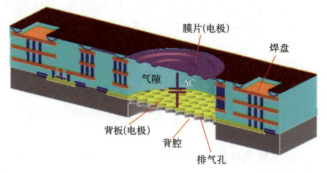

图 12.20　CMOS-MEMS 电容式麦克风的结构示意图[49]

CMOS 信号放大电路如图 12.21 所示，由外部电压 V_{pp} 和 V_{cc} 供电，当声压传入麦克风时，膜片的振动会引起膜片与固定背板之间的电容变化，再通过场效应管构成的共源极放大电路将声学信号放大后通过前置放大器输出。

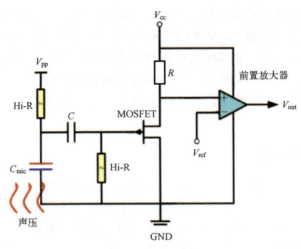

图 12.21　CMOS-MEMS 电容式麦克风的 CMOS 信号放大电路[49]

12.5.2　器件制造

图 12.22 展示了由 UMC 代工在 8 英寸晶圆上制造该 CMOS-MEMS 麦克风的工艺流程。该工艺包括标准 UMC 0.35μm 1P4M 3.3V/5.0V 逻辑器件工艺和 Post-CMOS 工艺。

（1）图 12.22 (a) 为 UMC CMOS 工艺制备的叠层，共有 4 层金属薄膜，依次命名为 $M_1 \sim M_4$。为了防止隔膜和背板之间的黏连，M4 薄膜被制成波纹结构。此外，采用介电薄膜作为牺牲层，其余 3 个金属层和钨通孔被用作电气布线。

（2）在完成 CMOS 工艺后，对硅衬底背面进行 CMP 减薄，然后进行第一次 DRIE 刻蚀，以确定麦克风的通风口，如图 12.22 (b) 所示。

（3）如图 12.22 (c) 所示，再次进行 DRIE 刻蚀制作后腔，并确定背板厚度。

（4）最后，采用氮化硅作为湿法腐蚀的保护层，去除 SiO_2 牺牲层，释放硅衬底上的膜片，如图 12.22 (d) 所示。

第12章　CMOS-MEMS集成技术

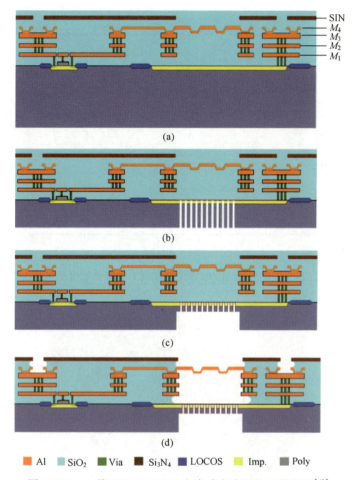

图 12.22　一种 CMOS-MEMS 电容式麦克风的工艺流程[49]
(a) 正面 UMC 0.35μm 1P4M 标准 CMOS 工艺；(b) 背面硅 CMP 磨削和排气孔 DRIE；
(c) 后腔 DRIE；(d) SiO$_2$ 牺牲层腐蚀。

12.5.3　器件测试

采用电压驱动实验对麦克风的性能进行测试，如图 12.23 所示，C-V 测量结果显示了该麦克风在不同驱动电压下的电容变化，在零偏置时的初始电容为 1.48pF。

该麦克风封装后，需要在消声箱内用脉冲电声进行灵敏度测试，封装后的 CMOS-MEMS 电容式麦克风如图 12.24 所示。

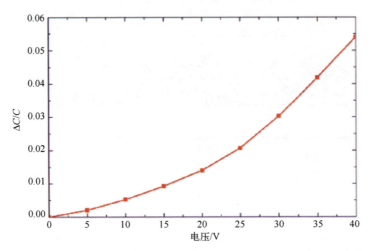

图 12.23　CMOS-MEMS 电容式麦克风的电容灵敏度测试结果[49]

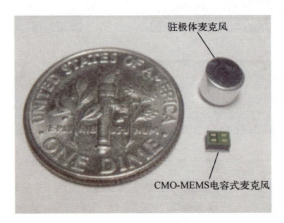

图 12.24　封装后的 CMOS-MEMS 电容式麦克风[49]

灵敏度试验的测量装置如图 12.25（a）所示，该麦克风在 1kHz 的典型灵敏度为-42dBV/Pa，带宽大于 10kHz。此外，该 CMOS-MEMS 电容式麦克风还具有 100Hz～10kHz 的平坦频率响应，在 1kHz 时灵敏度为（-42±3）dBV/Pa（参考声级为 94dB），电流消耗小于 200μA，信噪比超过 55dB，失真率<1%（参考声级为 100dB）。

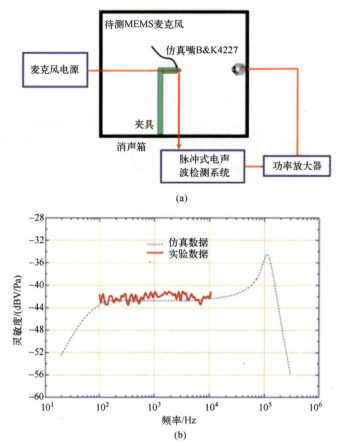

图 12.25　CMOS-MEMS 电容式麦克风的测试

(a) 麦克风的灵敏度测试装置示意图；(b) 麦克风的模拟和实测频率响应[49]。

12.6　MEMS 与 CMOS 的三维集成

除了 CMOS-MEMS 单片集成，MEMS 器件与 IC 芯片的三维（3D）集成也是 CMOS-MEMS 集成的发展方向之一。在传统的 MEMS 与 IC 混合多芯片集成方案中，MEMS 和 IC 芯片通过单独封装，然后以系统形式集成到 PCB 上。如图 12.26 所示，MEMS 和 IC 芯片并排放置在一个公共的封装结构中，通过倒装芯片键合或引线键合作为电气互连组成多芯片二维（2D）封装系统。尽管多芯片的 2D 集成易于封装，但严重依赖引线连接，面临着芯片面积大、功耗高、处理速度提升有限的瓶颈。

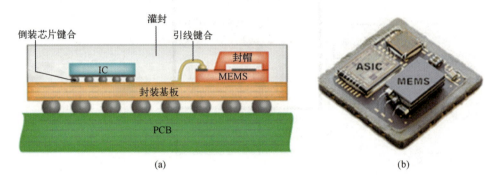

图 12.26　（a）带有倒装芯片键合和引线键合的 2D 混合多芯片集成和（b）Colibrys MS9000 系列加速度计（Colibrys Ltd, Yverdon-les-Bains, Switzerland）的解封装照片[3]

晶圆级封装和 3D 集成是未来传感器系统小型化、低功耗设计的可行解决方案之一。MEMS 器件、IC 芯片和无源器件的高效集成，可以在不增加面积的情况下增加系统的执行或传感功能。MEMS 与 IC 的 3D 集成概念如图 12.27 所示，该微传感系统包含 CMOS 集成电路与 MEMS 传感器等多个功能模块，与 2D 平面上的混合多芯片集成相比，MEMS 与 IC 的 3D 集成具有更高的集成度、更短的信号路径和更小的封装尺寸，可以将光学、无线通信、电源模块以及 MEMS 和 IC 集成在一起。随着新兴应用的不断出现，智能化微系统芯片将会进入 3D 集成时代，向垂直或堆叠多芯片模块的系统级封装发展。

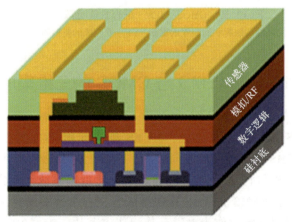

图 12.27　MEMS 与 IC 的三维集成示意图[50]

3D 集成所需的两种主要技术是 TSV 和互连技术。在集成电路领域，这两种技术已经进行了大量的研究和应用。然而，为传统集成电路开发的解决方案不一定适用于 MEMS 微系统。对于传统集成电路，间距小于 $50\mu m$ 的高 TSV 密度要求将硅片减薄到至少 $30\sim100\mu m$，以获得合适的 TSV 纵横比。对于压力传感器和谐振器等 MEMS 器件来说，需要完整的晶圆厚度来保证器件的机械稳定性和性能，将硅片减薄并不可行。另一方面，对于大多数 MEMS 器件，TSV 密度和 I/O 接口数量相对较低，这为 MEMS 的 TSV 和互连解决方案提供了比 IC3D 集成更大的灵活性。

由芬兰 Murata Electronics Oy 商业化的 MEMS 与 IC 的 3D 集成技术如图 12.28 所示，IC 芯片通过倒装芯片键合连接到更大的 MEMS 器件上[52]。裂片后，集成芯片再次被直接倒装到 PCB 上。这种紧凑的集成概念需要垂直穿过衬底的过孔，穿过衬底的通孔使信号路径更短，具有更低的电容、电阻和感应寄生效应。

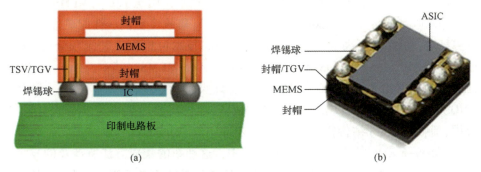

图 12.28　MEMS 与 IC 通过面对面倒装芯片键合技术连接（a）和 MEMS 与 IC 3D 集成的三轴加速度计（b）[51]

欧盟资助的 e-CUBES 项目为轮胎压力监测系统（Tire Pressure Monitoring System，TPMS）设计了一款无线传感器节点，如图 12.29 所示。基于 MEMS 与 IC 的 3D 集成技术，该项目成功实现了由芯片级 MEMS、ASIC、无线通信和电源管理模块组成的微传感器系统[52]。其中，MEMS 器件由压力传感器与体声波谐振器（Bulk Acoustic Resonator，BAR）组成。

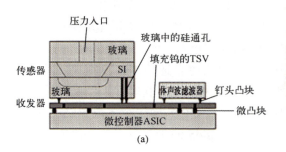
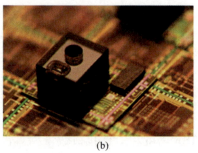

图 12.29　通过硅通孔实现互连的三维集成 MEMS 与 IC 微系统（a）和用于 TPMS 无线传感器节点的三维集成微系统（b）[52]。

12.7　本章小结

本章主要介绍了单片集成的 CMOS-MEMS 技术，相比于传统 MEMS 器件装配在印制电路板的方式，CMOS-MEMS 技术具有集成度更高、性能更优越、器件更稳定、可靠性更高等优势。CMOS-MEMS 技术可根据工艺流程分为 Pre-CMOS-MEMS，Intra-CMOS-MEMS 和 Post-CMOS-MEMS。其中，Post-CMOS-MEMS 具有更出色的 CMOS 兼容性和设计灵活性，总体成本更低。但是，CMOS-MEMS 单芯片集成还需注意到 MEMS 器件需要用到更为复杂的材料与分层，制造 MEMS 结构需要的专门工艺并不容易集成到半导体工厂。此外，SOI-CMOS-MEMS 技术也正在积极探索中，这种新的集成方法所涉及的技术，如 TSV 和晶圆键合，允许 CMOS 电路和 MEMS 器件通过三维集成和晶圆级封装的方式形成复杂的 MEMS 微系统。

参 考 文 献

［1］凌灵. 基于非硅 MEMS 的新型微机械加速度计若干技术的研究［D］. 上海：上海交通大学，2008.

［2］张兴，郝一龙，李志宏，等. 跨世纪的新技术——微机电系统（MEMS）［J］. 电子科技导报，1999（4）：2-6.

［3］FISCHER A C, FORSBERG F, LAPISA M, et al. Integrating MEMS and ICs［J］. Microsystems & Nanoengineering, 2015, 1（1）: 1-16.

［4］BRAND O, FEDDER G K, et al. CMOS MEMS 技术与应用［M］. 黄庆安，秦明，等译.

南京：东南大学出版社，2007.

[5] MÜLLER T, KISSINGER G, BENKITSCH A C, et al. Assessment of silicon wafer material for the fabrication of integrated circuit sensors [J]. Journal of the Electrochemical Society, 2000, 147 (4): 1604.

[6] TSAI T H, TSAI H C, WU T K. A CMOS micromachined capacitive tactile sensor with integrated readout circuits and compensation of process variations [J]. IEEE Transactions on Biomedical Circuits and Systems, 2014, 8 (5): 608-616.

[7] SCHAUFELBÜHLA, BALTES H. Thermal imagers in CMOS technology [D]. ETH Zurich, 2002.

[8] MOSER D, PARAMESWARAN M, BALTES H. Field oxide microbridges, cantilever beams, coils and suspended membranes in SACMOS technology [J]. Sensors and Actuators A: Physical, 1990, 23 (1-3): 1019-1022.

[9] MÜLLER T, BRANDL M, BRAND O, et al. An industrial CMOS process family adapted for the fabrication of smart silicon sensors [J]. Sensors and Actuators A: Physical, 2000, 84 (1-2): 126-133.

[10] FEDDER G K, JING Q. A hierarchical circuit-level design methodology for microelectromechanical systems [J]. IEEE Transactions on Circuits and Systems II: Analog and Digital Signal Processing, 1999, 46 (10): 1309-1315.

[11] JIN J Y, PARK J H, YOO B W, et al. Numerical analysis and demonstration of a 2-DOF large-size micromirror with sloped electrodes [J]. Journal of Micromechanics and Microengineering, 2011, 21 (9): 095006.

[12] SMITH J H, MONTAGUE S, SNIEGOWSKI J J, et al. Embedded micromechanical devices for the monolithic integration of MEMS with CMOS [C]. Proceedings of International Electron Devices Meeting. Washington, DC: IEEE, 1995: 609-612.

[13] Analog Devices. Product introduction of MEMS gyroscopes [EB/OL]. https://www.analog.com/en/product-category/gyroscopes.html#category-detail.

[14] Texas Instruments. Product introduction of DLP [EB/OL]. https://www.ti.com/dlp-chip/overview.html.

[15] HUANG W L, REN Z, LIN Y W, et al. Fully monolithic CMOS nickel micromechanical resonator oscillator [C]. 2008 IEEE 21st International Conference on Micro Electro Mechanical Systems. Tucson, AZ: IEEE, 2008: 10-13.

[16] OLSSON R H, FLEMING J G, WOJCIECHOWSKI K E, et al. Post-CMOS compatiblealuminum nitride MEMS filters and resonant sensors [C]. 2007 IEEE International Frequency Control Symposium Joint with the 21st European Frequency and Time Forum. Geneva: IEEE, 2007: 412-419.

[17] WEN L, GUO B, HASPESLAGH L, et al. Thin film encapsulated SiGe accelerometer for

MEMS above IC integration [C]. 2011 16th International Solid-State Sensors, Actuators and Microsystems Conference. Beijing: IEEE, 2011: 2046-2049.

[18] QU H. CMOS MEMS fabrication technologies and devices [J]. Micromachines, 2016, 7 (1): 14.

[19] CHEN W C, FANG W, LI S S. A generalized CMOS-MEMS platform for micromechanical resonators monolithically integrated with circuits [J]. Journal of Micromechanics and Microengineering, 2011, 21 (6): 065012.

[20] VERD J, URANGA A, TEVA J, et al. Integrated CMOS-MEMS with on-chip readout electronics for high-frequency applications [J]. IEEE Electron Device Letters, 2006, 27 (6): 495-497.

[21] LI M H, CHEN C Y, LI C S, et al. Design and characterization of a dual-mode CMOS-MEMS resonator for TCF manipulation [J]. Journal of Microelectromechanical Systems, 2014, 24 (2): 446-457.

[22] TSAI M H, LIU Y C, FANG W. A three-axis CMOS-MEMS accelerometer structure with vertically integrated fully differential sensing electrodes [J]. Journal of Microelectromechanical Systems, 2012, 21 (6): 1329-1337.

[23] MAYER F, HABERLI A, JACOBS H, et al. Single-chip CMOS anemometer [C]. International Electron Devices Meeting Technical Digest. Washington, DC: IEEE, 1997: 895-898.

[24] SILVESTRE J M, FRAGA J J V, SARALEGUI L B, et al. MEMS devices and sensors in standard CMOS processing [C]. 2013 Transducers & Eurosensors XXVII: The 17th International Conference on Solid-State Sensors, Actuators and Microsystems. Barcelona: IEEE, 2013: 713-717.

[25] CHEN W C, FANG W, LI S S. A generalized CMOS-MEMS platform for micromechanical resonators monolithically integrated with circuits [J]. Journal of Micromechanics and Microengineering, 2011, 21 (6): 065012.

[26] CHANG C I, TSAI M H, LIU Y C, et al. Development of multi-axes CMOS-MEMS resonant magnetic sensor using Lorentz and electromagnetic forces [C]. 2013 IEEE 26th International Conference on Micro Electro Mechanical Systems (MEMS). Taipei: IEEE, 2013: 193-196.

[27] TSAI T H, TSAI H C, WU T K. A CMOS micromachined capacitive tactile sensor with integrated readout circuits and compensation of process variations [J]. IEEE Transactions on Biomedical Circuits and Systems, 2014, 8 (5): 608-616.

[28] STAMPER A K, JAHNES C V, DUPUIS S R, et al. Planar MEMS RF capacitor integration [C]. 2011 16th International Solid-State Sensors, Actuators and Microsystems Conference. Beijing: IEEE, 2011: 1803-1806.

[29] AKUSTICA. Product introduction of AKU1126 [EB/OL]. https://www.akustica.com/products/documents/PB8-1.1AKU1126ProductBrief.pdf.

[30] JIANG L, CAI Y, LIU H, et al. A micromachined monolithic 3 axis accelerometer based on convection heat transfer [C]. The 8th Annual IEEE International Conference on Nano/Micro Engineered and Molecular Systems. Suzhou: IEEE, 2013: 248-251.

[31] XIE H, FEDDER G K. A CMOS-MEMS lateral-axis gyroscope [C]. Technical Digest. MEMS 2001. 14th IEEE International Conference on Micro Electro Mechanical Systems. Interlaken: IEEE, 2001: 162-165.

[32] ZHANG G, XIE H, DE ROSSET L E, et al. A lateral capacitive CMOS accelerometer with structural curl compensation [C]. Technical Digest. IEEE International MEMS 99 Conference. Twelfth IEEE International Conference on Micro Electro Mechanical Systems. Orlando, FL: IEEE, 1999: 606-611.

[33] XIE H, ERDMANN L, ZHU X, et al. Post-CMOS processing for high-aspect-ratio integrated silicon microstructures [J]. Journal of Microelectromechanical Systems, 2002, 11 (2): 93-101.

[34] JAIN A, QU H, TODD S, et al. A thermal bimorph micromirror with large bi-directional and vertical actuation [J]. Sensors and Actuators A: Physical, 2005, 122 (1): 9-15.

[35] TAN S S, LIU C Y, YEH L K, et al. A new process for CMOS MEMS capacitive sensors with high sensitivity and thermal stability [J]. Journal of Micromechanicsand Microengineering, 2011, 21 (3): 035005.

[36] LEE Y S, JANG Y H, KIM Y K, et al. Thermal de-isolation of silicon microstructures in a plasma etching environment [J]. Journal of Micromechanics and Microengineering, 2013, 23 (2): 025026.

[37] QU H, XIE H. Process development for CMOS-MEMS sensors with robust electrically isolated bulk silicon microstructures [J]. Journal of Microelectromechanical Systems, 2007, 16 (5): 1152-1161.

[38] HAGLEITNER C, LANGE D, HIERLEMANN A, et al. CMOS single-chip gas detection system comprising capacitive, calorimetric and mass-sensitive microsensors [J]. IEEE Journal of Solid-State Circuits, 2002, 37 (12): 1867-1878.

[39] SUN C M, TSAI M H, WANG C, et al. Implementation of a monolithic TPMS using CMOS-MEMS technique [C]. 2009 15th International Solid-State Sensors, Actuators and Microsystems Conference. Denver, CO: IEEE, 2009: 1730-1733.

[40] YEN T H, TSAI M H, CHANG C I, et al. Improvement of CMOS-MEMS accelerometer using the symmetric layers stacking design [C]. SENSORS, 2011 IEEE. Limerick: IEEE, 2011: 145-148.

[41] BAKRI KASSEM M, FOULADI S, MANSOUR R R. Novel high-Q MEMS curled-plate var-

iable capacitors fabricated in 0.35-um CMOS technology [J]. IEEE Transactions on Microwave Theory and Techniques, 2008, 56 (2): 530-541.

[42] SUNG J, KIM J Y, SEOK S, et al. A gyroscope fabrication method for high sensitivity and robustness to fabrication tolerances [J]. Journal of Micromechanics and Microengineering, 2014, 24 (7): 075013.

[43] URANGA A, VERD J, BARNIOL N. CMOS-MEMS resonators: From devices to applications [J]. Microelectronic Engineering, 2015, 132: 58-73.

[44] NEMIRVSKY Y. Andrew and Erna Viterbi Faculty of Electrical Engineering [DB/OL]. https://yaelnemirovsky.net.technion.ac.il/sample-page/cmos-soi-mems/.

[45] ALI S Z, UDREA F, MILNE W I, et al. Tungsten-based SOI microhotplates for smart gas sensors [J]. Journal of Microelectromechanical Systems, 2008, 17 (6): 1408-1417.

[46] CORCOS D, GOREN D, NEMIROVSKY Y. CMOS-SOI-MEMS transistor (teramos) for terahertz imaging [C]. 2009 IEEE International Conference on Microwaves, Communications, Antennas and Electronics Systems. Tel Aviv: IEEE, 2009: 1-5.

[47] QU H, FANG D, XIE H. A monolithic CMOS-MEMS 3-axis accelerometer with a low-noise, low-power dual-chopper amplifier [J]. IEEE Sensors Journal, 2008, 8 (9): 1511-1518.

[48] QU H, FANG D, XIE H. A single-crystal silicon 3-axis CMOS-MEMS accelerometer [C]. SENSORS, 2004 IEEE. Vienna: IEEE, 2004: 661-664.

[49] HUANG C H, TSAI M H, LEE C H, et al. Design and implementation of a novel CMOS mems condenser microphone with corrugated diaphragm [C]. 2011 16th International Solid-State Sensors, Actuators and Microsystems Conference. Beijing: IEEE, 2011: 1026-1029.

[50] JEONG J, GEUM D-M, KIM S. Heterogeneous andmonolithic 3D integration technology for mixed-signal ICs [J]. Electronics, 2022: 11 (19): 3013.

[51] VTI Technologies Oy. CMA3000 Assembly Instructions. [DB/OL]. [2015-05-03]. http://www.muratamems.fi/sites/defa.

[52] SCHJLBERG-HENRIKSEN K, et al. Miniaturised sensor node for tire pressure monitoring (e-CUBES) [M]. Berlin: Springer, 2009.

第 13 章
特殊材料加工制造技术

为了实现传感器与 MEMS 器件在多种应用场景中所需的能量转换、形变致动等功能，需要具有特殊物理或化学性质的材料来制造微机械结构。这些特殊材料能够响应外界刺激，产生形变或电压变化，从而驱动或控制 MEMS 器件的功能。同时，为了保证特殊材料的性能和可靠性，需要采用适合材料特性的微加工工艺进行制造和优化。本章将介绍 4 种常用于传感器与 MEMS 器件的特殊材料及其微加工制造技术。

13.1 节介绍压电材料及其加工工艺，广泛应用于 MEMS 换能器、执行器来实现电压与应力应变的转换。13.2 节介绍形状记忆合金及其加工工艺，其"超弹性"行为常被应用于 MEMS 器件中的微泵、微阀。13.3 节介绍几种常用有机聚合物材料及其加工工艺、应用案例，常用于微流控、生物芯片等领域。13.4 节介绍磁性材料及其加工工艺，可用于制造磁传感器等 MEMS 器件。

13.1　压电材料

压电材料受到压力作用会在两端产生电压，是一种高能量密度的晶体材料。压电材料在微弱驱动下能够实现快速线性响应的特点满足了微系统高集成度的需求，因此，随着制备工艺与封装技术的进步，压电薄膜器件在传感器与 MEMS 领域得到了广泛应用。

13.1.1 压电材料简介

13.1.1.1 压电效应与压电材料

一些材料因其晶格内原子间的特殊排列方式,能够实现电能和机械能之间的相互转换,这种现象称为压电效应(Piezoelectric Effect),于1880年由法国科学家居里兄弟(P. Curie 和 J. Curie)发现。具有压电效应的材料就是压电材料,如石英、AlN、ZnO等离子晶体,锆钛酸铅 PZT 等压电陶瓷,以及聚偏氟乙烯(PVDF)等有机高分子压电材料。

压电材料既能将外加应力引起的形变转换为电荷,也能将外加电场转换为与之线性相关的应变。前者称为正压电效应,后者称为逆压电效应,二者统称为压电效应。图 13.1 展示了正压电效应的机理。当压电材料未受到外界应力时,内部的电偶极矩相互抵消,对外呈现电中性(图 13.1(a))。当压电材料受到外加应力时,材料内部的电偶极矩发生变形,材料受压缩力时,靠近下表面的两个极矩夹角扩大,向下的垂直分量减小,整体表现为上表面带负电、下表面带正电(图 13.1(b));相应地,材料受拉伸力时,靠近下表面的两个极矩夹角缩小,向下的垂直分量增大,整体上表现为上表面带正电、下表面带负电(图 13.1(c))。

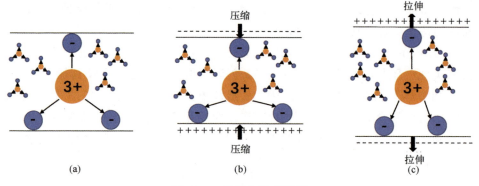

图 13.1 正压电效应原理
(a) 自然状态;(b) 受压缩状态;(c) 受拉伸状态。

逆压电效应的机理是:当压电材料上施加电压时,材料内部产生的电场迫使电偶极矩沿着平行于电场的方向变形。图 13.2 展示了外加电场与极化方向相同时,材料沿电场方向伸长。而当电场方向与极化方向相反时,材料沿电场方向压缩。

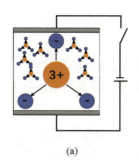 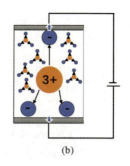

图 13.2　逆压电效应原理
(a) 自然状态；(b) 加电压状态。

在实际应用中，正压电效应和逆压电效应可实现不同的功能。通过正压电效应，外加应力引起形变转化为压电材料的表面电荷，可实现传感和能量收集，如压力传感器、应力应变传感器；通过逆压电效应，外加电场使压电材料产生应变，可以应用在执行器中。

13.1.1.2　压电材料的性能：压电系数

压电系数是压电材料的重要特性。压电材料中，应力产生的电场可由下式确定：

$$E = g\sigma \tag{13-1}$$

式中：E 为电场强度（单位：V/m）；σ 为应力（单位：Pa）；g 为压电电压系数。相应地，电场产生的应变可由下式确定：

$$\varepsilon = dE \tag{13-2}$$

式中：ε 为应变；d 为压电应变系数。

压电系数共有 4 个，包括了压电电压系数 g 和压电应变系数 d，其中压电应变系数 d 是最常用的压电系数。表 13.1 列出了常用压电材料的应变系数。

表 13.1　常用压电材料的应变系数[1]

压电材料	应变系数 $d/(10^{-12}\text{m/V})$	机电耦合系数 k
石英	2.3	0.1
BT	100~190	0.49
PZT	480	0.72
$PbZrTiO_6$	250	N/A
$PbNb_2O_6$	80	N/A
罗舍尔盐（$NaKC_4H_4O_6\text{-}4H_2O$）	350	0.78
PVDF	18	0.116

机电耦合系数 k（Electromechanical Coupling Coefficient）衡量了机械能到电能的转换效率，其定义如下：

$$k = \sqrt{\frac{\text{Mexhanical Energy Stored（储存的机械能）}}{\text{Electrical Energy Applied（输入的电能）}}} \quad (13-3)$$

或

$$k = \sqrt{\frac{\text{Electrical Energy Stored（储存的电能）}}{\text{Mexhanical Energy Applied（输入的机械能）}}} \quad (13-4)$$

压电材料的压电应变系数与介电常数和弹性常数一起决定了机电耦合系数：

$$k = \sqrt{\frac{d_{ij}^2}{\varepsilon_0 \varepsilon_i^T s_{ij}^E}} \quad (13-5)$$

式中：d_{ij} 为压电应变系数；i 表示晶体的极化方向，$i=1,2,3$，分别对应产生电荷的表面垂直于 x 轴、y 轴、z 轴；j 表示力的方向，$j=1,2,3,4,5,6$，分别表示沿 x 轴、y 轴、z 轴方向作用的正应力和垂直于 x 轴、y 轴、z 轴平面内作用的剪切力；ε_i^T 为材料在恒定应力作用下的介电常数；ε_0 为真空介电常数；s_{ij}^E 为恒定电场作用下的弹性顺度。

综合式（13-1）和式（13-2）可知，应变系数和电压系数有如下关系：

$$\frac{1}{gd} = Y \quad (13-6)$$

式中：Y 为压电材料的杨氏模量；g 为压电电压系数；d 为压电应变系数。

13.1.1.3　压电材料在传感器与 MEMS 领域的发展

20 世纪 60 年代，陶瓷等压电材料作为块体材料被应用到 MEMS 器件中，但受限于高昂的价格与落后的制造技术，未能得到推广。21 世纪初以来，随着单晶生长、薄膜沉积技术的发展，压电薄膜得到了推广，在 MEMS 领域开辟了许多新的应用。与传统静电器件相比，将压电薄膜集成在 MEMS 中有独特的优势，压电薄膜易实现微型化和集成化，在几个单位晶格厚度时仍然能够保留其铁电性。压电材料既可以作为传感器，又可以作为执行器（图 13.3）。作为传感器，可安装在振动结构上来收集微弱的振动能量，且具有其高能量密度的优势；作为执行器，其激励功率小、响应速度高，可达形状记忆合金的 10000 倍。

现今，压电材料以块体或薄膜形式两种方式应用在 MEMS 领域。一类材料，如石英（SiO_2）、铌酸锂（$LiNbO_3$）、钽酸锂（$LiTaO_3$）等，目前还没有

 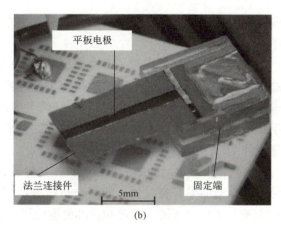

图 13.3　一种用作柔性旋转铰链驱动的压电横向驱动器（a）[2]和一种 T 型压电悬臂梁驱动器（b）[3]

有效的单晶薄膜沉积工艺，只能作为大块单晶使用，并通过批量微加工或混合集成的方法集成到传感器和 MEMS 微系统中。另一类材料可以加工成压电薄膜，最常见的是氧化锌（ZnO）、氮化铝（AlN）、锆钛酸铅（Lead Zirconate Titanate，PZT）。ZnO 和 AlN 都是纤锌矿晶体结构，是六方晶系的一种，因此不是铁电材料，极轴无法通过施加电场来定向。加工此类压电薄膜时，必须在沉积过程中保证良好的晶轴取向。PZT 是钙钛矿结构，在其居里温度下具有铁电性，压电系数比前两种材料大 9 倍，是微致动器和微传感器的良好选择。

表 13.2 中给出了 ZnO、AlN 和 PZT 的主要压电介电材料特性。

表 13.2　主要压电介电材料特性表[4-10]

特性参数	ZnO	AlN	PZT
$e_{31,f}/(C/m^2)$	−0.8~−0.4	−1.1~−0.9	−18~−8
$d_{33,f}/(pC/N)$	10~17	3.4~6.5	−8~150
$\varepsilon_{33,f}$	8~12	10.1~10.7	800~1200
密度/(g/cm²)	5.68	3.26	7.5~7.6
杨氏模量/GPa	110~150	260~380	60~80
声速/(m/s)	6.07×10³	11.4×10³	2.7×10³

13.1.2　压电 MEMS 器件的加工

13.1.2.1　压电薄膜的加工

压电薄膜是制造压电 MEMS 器件的关键。为了获得高响应的应变，压电薄膜需要极化轴具有高度一致的排列结构，这就对压电薄膜的加工制造提出了高要求。

在生长压电薄膜之前，需要根据制造目的选择一个合适的衬底，衬底材料的取向和质量对压电薄膜的成核和生长有重要影响，最常用衬底是（100）硅晶圆。对于 RF 器件等特定应用，还需考虑电阻率等因素。在衬底上，需要沉积一层介质薄膜作为金属电极和衬底之间的绝缘层。选用合适材料可将绝缘层作为单压电执行器的机械弹性层。

衬底绝缘层之后的加工步骤与具体器件设计、所用压电材料相关，这里介绍一种典型的平行板结构，即一个单压电执行器的弹性弯曲结构（图 13.4），该结构包含压电薄膜、顶部和底部的电极层、机械弹性层。

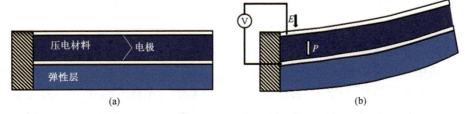

图 13.4　单压电执行器的弹性弯曲结构[11]
（a）未受外加电压的状态；（b）受外加电压后的弯曲状态。

电极层材料可以选择铂（Pt）、金（Au）、导电氧化物（如 IrOx）等。通常采用溅射或沉积的方法制备一层 Ti/Pt 或 Cr/Au 作为底部电极层，也作为生长压电薄膜的种子层。为了保证压电层的均匀性与一致性，底部电极不进行图形化。顶部电极层的加工与底部电极层类似，但可以进行光刻图形化。对于任何 PZT 的双极型应用，为改善铁电疲劳，只在一侧使用导电氧化物。

压电薄膜层的加工是压电 MEMS 器件制造工艺中最重要的步骤，此处介绍的压电执行器采用 PZT 薄膜作为压电层。因为 PZT 具有较高的压电系数，PZT 薄膜是应用最广泛的铁电材料。PZT 薄膜可以通过溅射、化学气相或液相沉积、溶胶-凝胶法等工艺制备，其中溶胶-凝胶工艺能够以低成本均匀地沉积高质量的 PZT 薄膜。

如果要沉积 1~100μm 的 PZT 厚膜，则可以用丝网印刷、电泳沉积、厚膜溶胶-凝胶法、陶瓷涂料等工艺，且厚膜制备过程中需要非常高的温度（600~1200℃）。

除了上述 PZT 薄膜制备工艺外，还有其他工艺被用于 PZT 外的其他压电材料制备，包括 PVD、PECVD、ALD、脉冲激光沉积（PLD）、分子束外延（MBE）等。这些压电层的加工方法都可以被归纳为 3 个主要步骤：产生目标原子或分子、物质在衬底上的运输和沉积、沉积后的结晶和退火。在这些工艺中，溅射工艺因其与标准硅微机械加工相兼容，且工艺简单、可低温操作，成为应用最广泛的一种工艺。

13.1.2.2 压电薄膜与 MEMS 微结构的集成

在压电 MEMS 器件制造工艺中，除了压电薄膜的加工，压电薄膜与微机械结构的集成也至关重要。下面以一种典型的压电换能器为例，介绍压电 MEMS 器件的微加工工艺流程。

压电换能器由衬底、无源支撑材料、电极、压电薄膜组成。要实现各层之间的堆叠和图形化，首先需要按照所设计结构进行沉积，再图形化堆叠层、刻蚀牺牲层，最后释放压电换能器的结构，其加工工艺流程如图 13.5 所示[12]。

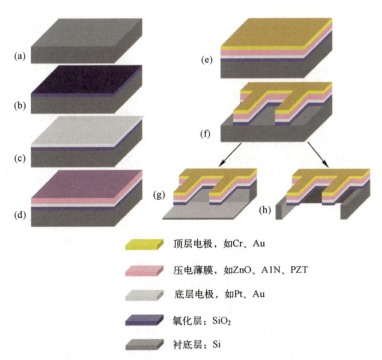

图 13.5 压电换能器的典型微加工工艺流程图[12]

(a) 硅衬底；(b) 硅衬底表面热氧化 SiO_2；(c) 沉积底层电极；(d) 沉积压电薄膜并退火；(e) 沉积顶层电极；(f) 对压电薄膜、电极层、无源层进行图形化和刻蚀，暴露出硅衬底；(g) 从正面各向异性或各向同性刻蚀衬底硅，释放换能器结构；(h) 从背面各向异性刻蚀衬底硅，释放换能器结构。

对于衬底与电极层的材料选择,在13.1.2.1节中已提及。在硅衬底上,通过沉积不同厚度的SiO_2、SiN_x和多晶硅层,形成无源支撑层和牺牲层。无源支撑层和牺牲层的加工通常要求在硅烷、NH_3、N_2O气氛下采用LPCVD工艺。电极层的加工通常采用溅射、真空蒸发等工艺。完成上述堆叠后,采用ICP-RIE、DRIE等等离子体刻蚀工艺刻蚀堆叠层和牺牲层,常用厚光刻胶层作为刻蚀保护层,如SPR系列、AZ系列光刻胶。

13.1.3 压电材料的应用

13.1.3.1 压电材料的工作模式

13.1.1.2节中提到,压电应变系数d是表征压电材料性能最常用的压电系数。设计压电器件时,利用不同方向的压电系数可以实现不同的工作模式。下面将介绍两种压电振动能量收集器件最常见的工作模式,即d_{31}模式和d_{33}模式。

d_{31}模式利用了压电应变系数d_{31},对应z轴方向的极化与x轴方向的正应力。当压电层受到外加的z轴方向电场时,因d_{31}系数的逆压电效应作用平面内发生x轴方向的机械应变(图13.6(a))。由于薄膜厚度很小,所产生的应变也很微小。弹性层受到作用后,整个结构发生弯曲,这样就将平面内微小的应变传递为平面外较大的形变,实现了该压电器件的功能(图13.6(b))[13]。

d_{33}模式利用了压电应变系数d_{33},对应z轴方向的极化与z轴方向的正应力,即极化与应力的方向是一致的(图13.7(a))。d_{33}模式下通常采用叉指电极结构(Inter Digitated Electrode,IDE),在绝缘基底上沉积铁电薄膜,并在薄膜表面制作叉指电极。当电场诱使薄膜平面内产生剩余极化时,d_{33}系数的逆压电效应使平面产生机械应变,从而导向平面外的弯曲(图13.7(b))。类似的叉指电极结构被广泛用于压电能量收集器件中。注意:为了抑制平面上的电场,压电薄膜下面各层应该是绝缘的。通常使用ZrO_2或HfO_2作为阻挡层,来阻止铅基钙钛矿与Si或SiO_2弹性层之间的反应[13]。

13.1.3.2 压电材料的现实应用

压电材料与MEMS器件相结合,有独特的优势和广阔的应用空间。压电材料除了前文提到的离子晶体外,还包括压电陶瓷、压电高分子材料和压电半导体等。其中,压电陶瓷具有高精度的微小位移,常用于制作微执行器,并因其具备良好的化学惰性、机械稳定性、热传导性和热膨胀性而成为压电MEMS器件的主要材料。

压电材料在MEMS器件中可被加工为压电换能器、压电传感器、压电执

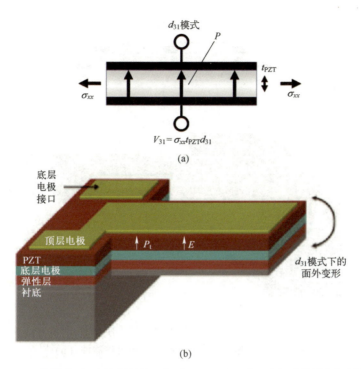

图 13.6 d_{31} 工作模式下,压电材料的工作原理(a)和一种压电振动能量收集器件(b)[13]

行器。压电换能器基于强机电耦合原理,与其他诸如热机换能器、电磁换能器及静电换能器相比,压电换能器具有尺寸小、效率高的优点;由于压电材料能够转换机械能和电能,作为压电传感器时无须外加电源,且具有高灵敏度和宽动态范围的优点;由于压电材料的能量密度更高,作为压电执行器时,在相同刚度的结构中实现同样位移所需的驱动电压比静电器件降低了至少一个数量级,省去了执行器中能量昂贵的电荷泵。以上强机电耦合、简单的结构以及高能量密度的优势,使得压电材料在能量收集领域备受关注。许多科研团队已开发出利用集成质量块以及振动能量收集结构组成的低功率、高能量密度的压电 MEMS 能量收集器[14-17]。

压电应变也可被直接利用在许多体执行器中。但考虑到微小的压电应变、器件尺寸以及工艺偏差,压电 MEMS 器件需要设计专用的位移放大结构,常用的位移放大结构是单晶片和双晶片结构(图 13.8)。单晶片结构是指压电层和电极叠加在结构层或弹性层之上,压电层上施加电场产生应力使结构弯曲,而在压电层中施加应力则使电极之间产生电压。双晶片结构是指在弹性材料层两侧叠加压电材料层,各层压电材料在电场作用下产生反向应变,使

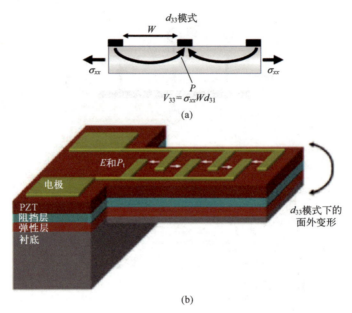

图 13.7　d_{33} 工作模式下，压电材料的工作原理（a）和一种叉指电极结构的压电振动能量收集器件（b）[13]

结构弯曲，其工作原理与单晶片结构类似。薄膜结构在压电 MEMS 器件中非常常见，但与静电薄膜结构设计不同，为了获得所需的工作感应应变，往往需要优化电极结构设计。悬臂梁结构因其可以产生较大的位移常被用于压电 MEMS 执行器。

图 13.8　压电单晶片结构图（a）和压电双晶片结构图（b）[11]

经过多年的发展，压电 MEMS 技术已经成功应用于声学麦克风、加速度传感器、超声换能器、RF MEMS、AFM 悬臂梁器件、微镜阵列、喷墨印刷器件、压电存储器（FRAM）、机械逻辑器件、超声微型电机以及微型机器人等领域。例如，在 RF MEMS 器件领域，AlN 薄膜体声波谐振器（Film Bulk Acoustic Resonator，FBAR）因其具备良好的插入损耗和品质因数，动态支路电阻可以与标准的 50QRF 电路直接集成，已经成功实现商业化。FBAR 是在硅衬底上基于 MEMS 和压电薄膜技术制造的。在射频电路中需要使用高性能石英谐振器和滤波器，而通过在同一硅晶圆上集成多种谐振频率的结构，可以有效降低压电 RF MEMS 谐振器和滤波器的生产成本。压电薄膜还能够通过沉积在释放的机械结构或布拉格光栅上来实现高频温度稳定器件，被广泛用于通信设备的高频滤波器。压电薄膜也常用于高性能 RF 开关、移相器以及可变电容器[18-21]。

13.2　形状记忆合金

形状记忆合金（Shape Memory Alloy，SMA）是一种用于制作产生大位移、大驱动力的 MEMS 微执行器的材料，本节介绍 SMA 材料的基本特性、制备工艺和具体应用。

13.2.1　形状记忆效应与"超弹性"行为

早在 1932 年，瑞典研究员 Olander 就在金镉合金中发现了形状记忆效应（Shape Memory Effect，SME）。20 世纪 60 年代后，美国海军军械实验室的 Buehler 又在镍钛（TiNi）合金中发现了形状记忆效应后，才挖掘出该效应的重要性并真正开始推广应用。此后，科学家通过在镍钛合金中添加其他元素，进一步研究开发了新的镍钛系形状记忆合金，其他种类的形状记忆合金也逐步得到运用，如铜镍系合金、铜铝系合金、铁系合金（Fe-Mn-Si、Fe-Pd）等。到目前为止，人们已经发现了几十种形状记忆材料，其中的大部分材料都含有镍。

形状记忆效应的具体含义是：当材料在转变温度（Transmission Temperature）以下时，材料处于马氏体状态（Martensite），只需要较小的外力作用就会发生塑性形变；当温度升高到转变温度以上时，材料处于奥氏体状态（Austenite），受外力作用后自动恢复形状。形状记忆合金 SMA 就是具有形状记忆效应的合金材料。在理想热弹性的情况下，SMA 在变换前后具有完全相同的晶格结构，但在真实的晶体中，一些不可逆的微观过程会导致偏离理想情况，如扩散、位错、晶格平面的滑移等。

恒温下 SMA 表现出的应力-应变关系如图 13.9 所示。低温下，SMA 表现出形状记忆效应，当所受外应力超过其弹性极限时，发生形变并在释放应力后保持，温度升高至超过转变温度后形状还原（图 13.9（a））。但如果低温下受到过大的外力，将导致形状无法还原。高温下，SMA 出现"超弹性"（Super Elasticity）效应，即高温下 SMA 即使发生超过弹性极限的形变后仍能恢复初始形状。如图 13.9（b）所示，初始状态 SMA 处于奥氏体相，外加应力产生超过 SMA 弹性限度的形变，材料转变为马氏体相。应力释放后，SMA 由马氏体相变为高温奥氏体相，材料恢复初始形状。

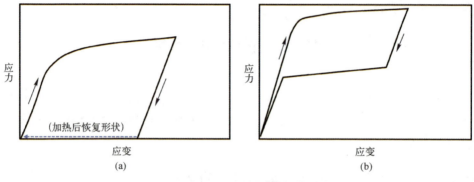

图 13.9　恒温下 SMA 的应力-应变曲线
（a）形状记忆效应；（b）超弹性效应。

转变温度低于室温的 SMA 材料称为"超弹性合金"。利用超弹性行为，超弹性合金能通过释放应力获得大应变，表现出比一般金属大几倍甚至几十倍的弹性应变；或者，反过来在恢复记忆形状时产生力。超弹性合金应用非常广泛，如医学领域的人造骨骼、牙科正畸器，建筑领域的减震器，大众消费品中的眼镜架、手机天线等。超弹性合金在微执行器、微泵、微阀、显微夹具等 MEMS 器件方面有着广泛应用。

13.2.2　SMA 的材料特性

形状记忆合金的记忆特性常常通过改变温度得以运用。以一个简单的生活应用——用于控制水温的形状记忆合金弹簧片为例，当水温度较低时，弹簧变形，热水管道打开；当水温升高至转变温度时，弹簧由于 SMA 材料的记忆特性逐渐恢复形状，关闭热水管道，从而避免了高温烫伤。类似地，SMA 材料还可以运用在火灾消防警报器、暖气阀门等。运用在其他方面时，由于形状记忆合金的电阻率较大，想要通过改变材料温度来运用记忆特性通常需要采用电流加热的方式。

形状记忆合金的记忆特性是有限度的，最大可恢复应变的记忆临界上限为15%。当低温下变形程度小于等于原形状的15%时，可以通过加热恢复初始形状；当变形程度超过15%时，将无法通过加热还原初始形状。形状记忆合金的最大缺点就是需要热源辅助工作，长期使用会产生蠕变，使用寿命有限（万次）。

形状记忆合金的行为与合金的种类有关，目前，在众多形状记忆合金中，有实用价值的只有镍钛系合金、铜基合金（ZnAlCu、NiAlCu等）和铁基合金（Fe-Mn-Si、Fe-Pd等）。镍钛合金的优点是高性能，具有良好的耐疲劳特性、抗腐蚀特性，可恢复应变量大（8%~10%），至今已有20多年的发展历史，是用于MEMS器件最有发展潜力的致动材料之一，但受限于价格昂贵、加工工艺性差、相变温度难以控制，大量推广应用还存在一定困难。铜基合金的成本低（约为镍钛合金的1/5），但其可恢复应变量小（4%），存在较差的耐疲劳性、较差的记忆时效稳定性等缺点，其推广应用也受限。近年来，铁基合金因其低成本（为镍钛合金的1/10）、高强度、易冶炼加工而受到特别关注，加入铬、镍后的改良型耐蚀Fe-Mn-Si-Cr-Ni合金更是成为研究热点[21]。

在金属的马氏体相变中，根据马氏体相变、逆相变的温度滞后大小、生长方式，分为热弹性马氏体相变（Thermoelastic Martensitic Transformation）和非热弹性马氏体相变。表征金属马氏体相变过程的是4个转变温度（图13.10），即马氏体转变起始温度M_s、马氏体转变终止温度M_f、奥氏体转变起始温度（A_s）和奥氏体转变终止温度A_f。A_s到M_s的温度差异称为热滞，形状记忆合金在不同的工程应用中对热滞有不同要求。当用做连接件时，要求热滞宽，便于低温变形后在室温下存储，使用时加热到A_f使连接紧固；当用作传感器时，要求热滞窄，以达到高灵敏度。

形状记忆合金的记忆特性来源于其内部发生的热弹性马氏体相变。热弹性马氏体（如铁镍合金）相变过程中热滞很小，马氏体核胚在爆发性生长后仍能通过改变热平衡状态而弹性增大或缩小；非热弹性马氏体（如铁钯合金）相变过程中热滞很大，马氏体核胚在爆发性生长后达到极限尺寸，不再变化。从晶格层次来看，发生热弹性马氏体相变的合金中晶体结构大多是有序的点阵，相变时晶体发生孪生形变，即晶体原子沿公共孪晶面发生均匀切变；发生非热弹性马氏体相变的合金中，晶体发生滑移形变，即晶体原子只集中沿滑移面发生不均匀切变。将这种微观的不同放大到宏观表现，热弹性马氏体相变的合金体积变化是小而连续的弹性形变，非弹性马氏体相变的合金则发生永久的塑性形变。

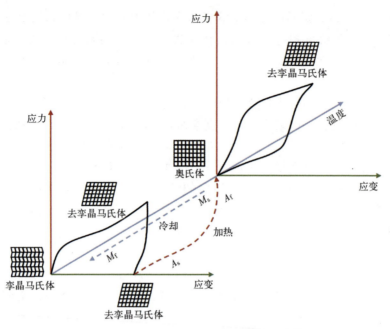

图 13.10　金属马氏体相变过程中的 4 个转变温度[22]

形状记忆合金在受力变形、加热恢复循环过程中的内部相变如图 13.11 所示[23]。形状记忆合金处于高温奥氏体相（Austenitic Phase）时，具有较高的结构对称性，通常为有序立方结构（图 13.11（a））；将奥氏体冷却到起始温度（M_s）以下，单一取向的高温相转变成具有不同取向的孪晶马氏体（图 13.11（b））；此时，外加应力，材料内与应力方向相反的孪晶马氏体不断消减，而方向相同的孪晶马氏体不断生长，结构发生细微变化，形状记忆合金随之发生形变并在外加应力释放后仍然保持，成为去孪晶马氏体（图 13.11（c））；再次加热到 A_s 温度点以上，这种对称性的、单一方向的马氏体发生逆转变时，按照变体和母相之间的点阵对应关系，每个变体分别形成位相完全和变形前相同的奥氏体相。整个过程时间极短，不发生原子扩散，仅仅是一个伴随着体积收缩的剪切形变过程。

实际应用中，将形状记忆合金加工成需要记忆的不同形状。根据不同的记忆功能，形状记忆合金可分为单程、双程和全程形状记忆合金，应用最多的是具有单程形状记忆效应的 SMA。下面简要介绍 SMA 3 种不同的记忆功能。

（1）单程形状记忆（One Way Shape Memory）。单程形状记忆合金需要将

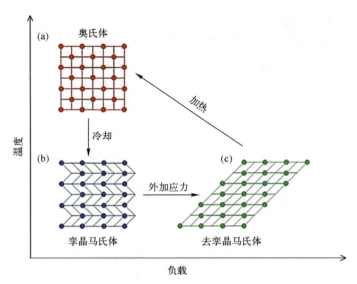

图 13.11　形状记忆合金在冷-热循环过程中的内部相变[23]

其加热到奥氏体转变终止温度 A_f 以上，马氏体才会逆转变成奥氏体，恢复成合金记忆的形状；但当温度再次冷却到低于马氏体转变终止温度 M_f 时，将无法恢复到升温前的形状。以图 13.12 演示的形状记忆合金弹簧为例，在低于 M_f 的温度下把压紧的弹簧拉长，当将其加热到 A_f 以上时，弹簧就会收缩回原来的形状；当弹簧温度再次冷却到低于 M_f 时，压紧弹簧并不改变形状。单程 SMA 可以用作驱动器，通过预先加一定的外力偏置，加热后它就能产生较大的驱动力。单程 SMA 具有形状恢复力大和热迟滞性小的优点[24]。

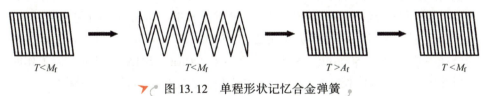

图 13.12　单程形状记忆合金弹簧

（2）双程形状记忆（Two Way Shape Memory）。双程形状记忆合金能够在加热时恢复高温相形状，冷却时恢复低温相形状（图 13.13）。在低于 M_f 的温度下把弹簧压紧，将其加热到 A_f 以上时，弹簧伸长成高温相形状；冷却弹簧使其温度低于 M_f 时，弹簧又自动收缩成低温相形状。该过程可反复进行，弹簧能分别记忆冷和热状态下的形状。双程 SMA 可用于制作驱动器，但其形状恢复力小、热迟滞效应大，不能承受大负载，因此不适合制作执行器。

图 13.13 双程形状记忆合金弹簧

（3）全程形状记忆（All-round Way Shape Memory）。全程形状记忆合金能够在加热时恢复高温相形状，冷却时变为形状相同而取向相反的低温相形状，其本质与双程形状记忆效应类似，但变形更明显、强烈。镍钛合金经训练后就会出现这种反常记忆效应（图 13.14）。

图 13.14 全程形状记忆效应

13.2.3　SMA MEMS 器件的加工

13.2.3.1　体 SMA 的加工

SMA 作为体材料的实际应用中，常使用镍钛合金。体 SMA 被加工成各种三维形状，SMA 线与 SMA 线圈是其中应用较广泛的两种。

SMA 线通常由拉丝工艺制造，针对不同应用场景被加工成不同的直径。当线的直径很小时，不用外置变温器件，只需给 SMA 通电产生焦耳热即可驱使其工作。SMA 线执行器工作时的动作通常是收缩，也可以弯曲和扭转。

SMA 线圈执行器采用螺旋切削工艺加工的 SMA 管材盘绕制成[25]。线圈的外径一般是 $100\sim500\mu m$，线直径一般小于 $200\mu m$。SMA 线圈执行器工作时可以收缩，也可以伸长和扭转，具有柔性好、单位长度运动行程大等优点。

除了上述两种用途，SMA 体材料还可以用于制作薄板、薄片和薄带，通常由轧制工艺制造。薄板厚度通常是 $10\sim100\mu m$，工作时的主要动作是弯曲和扭转。此类平面形状还能用光刻和刻蚀等工艺进一步图形化和微机械加工。

13.2.3.2　SMA 薄膜的加工

微纳尺寸的 SMA 已被研究了 30 多年。Busch 等对 SMA 薄膜进行了早期研究[26]，证明了直流磁控溅射制备的 NiTi SMA 薄膜具有形状记忆效应。此后，其他类型的 SMA 薄膜也被观察到了形状记忆效应，如 NiMnGa 和 Co-

Fe(-Mn)-Si Heusler 合金[27-28]。多数研究工作关注设计各种功能 MEMS/NEMS 的 NiTi 和 NiMnGa SMA 薄膜和异质结构,这些 SMA 薄膜和异质结构可通过 PVD/CVD 制备,如电弧沉积、磁控溅射、靶离子束沉积或聚焦离子束沉积。沉积技术的选择取决于 SMA 薄膜的用途。

多数 SMA 薄膜和异质结构都采用磁控溅射加工,其优点是可制造多组分薄膜。对于 NiTi SMA 薄膜,可以用单独的高纯度镍和钛靶材,也可使用给定材料组分的单个镍钛靶材进行溅射。

在人体植入器械的应用环境下,SMA 缺乏生物兼容性,如 NiTi SMA 薄膜表面的钛氧化层会将有毒的镍释放到人体中,导致严重的健康问题[29]。使用电弧沉积技术对 SMA 进行表面处理,可防止有毒镍的释放。电弧沉积技术制造的薄膜具有精确控制的化学成分和良好耐腐蚀性的低孔隙率等优点,但其缺点是会产生微滴,制备多层和多组分薄膜也存在一定困难[30]。采用磁控溅射加工能够精确控制等离子体和真空电弧,制备的薄膜具有均匀的厚度且无微滴[31],相比电弧沉积技术更适用于加工 SMA 薄膜。

在制备基于 NiTi SMA 薄膜的 MEMS 器件的加工过程中,需要注意相变温度、溅射参数的精确控制。在高温(约 500℃)下溅射的镍钛薄膜是相变结晶薄膜,在低温(室温)制备的薄膜则是非晶态的,因此,它们需要退火后才能获得形状记忆特性和良好的表面特性[32]。随着薄膜厚度进一步减小到纳米级,氧化表面层对薄膜整体物理性能的影响变得更加重要。对于超薄薄膜(厚度低于 100nm),镍钛的特性可能会显著偏离本体材料的特性[33]。

13.2.3.3 SMA 的微机械加工

传统的磨削和微铣削工艺对加工条件苛刻,且对刀具磨损较大,因此,SMA 在 MEMS 领域中的微加工通常采用刻蚀工艺。常用的加工工艺有激光烧蚀、电解腐蚀和化学腐蚀 3 种。

(1)激光烧蚀。激光烧蚀是 SMA 微加工的一种通用选择。现代激光雕刻和切割设备允许基于 CAD 直接制造,省去了光刻掩膜等中间步骤。激光烧蚀通常以脉冲模式使用波长为 1064nm 的 Nd:YAG 激光器进行烧蚀,SMA 材料被激光束局部熔化,熔体被定向工艺气体流切割。激光烧蚀的优点是灵活性高、处理速度快、不需要掩膜和光刻层。但其缺点是存在热冲击、易形成碎片,以及最小切割线宽仅能达到约 50μm。

(2)电解腐蚀。电解腐蚀基于光刻技术,已在 1~160μm 厚度范围内的 SMA 薄膜中得以验证[34]。首先,使 SMA 材料两面都涂覆光刻胶,并进行光刻图形化。然后,使用由甲醇和硫酸组成的电解液在室温下刻蚀开口的金属表面。以不锈钢作为阴极材料，对于 8V 偏压，典型的腐蚀速率约 $10\mu m/min$。图 13.15 显示了通过电解腐蚀微加工制造的 $80\mu m$ 厚的镍钛薄膜。样品边缘展示出几乎垂直的侧壁和光滑的表面。电解腐蚀的优点是可以选择平行加工和非常低的表面粗糙度，且腐蚀速率可以通过施加的电流、电解质的温度及其化学成分来调节。

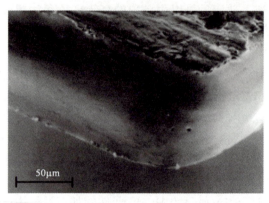

图 13.15　通过电解腐蚀微加工的 $80\mu m$ 厚的镍钛薄膜边缘 SEM 图[34]

（3）化学腐蚀。与电解腐蚀类似，湿法化学腐蚀也基于光刻，但不施加电场，必须引入掩膜在腐蚀过程中保护 SMA 的功能区域。掩膜材料包括光刻胶、金、氧化硅和氮化硅等，其中金非常适合与镍钛基合金结合。常用的腐蚀剂是 HNA 溶液，是溶解在水中的硝酸和氢氟酸混合物，其中硝酸是氧化剂，氢氟酸是腐蚀氧化物的试剂。图 13.16 是通过制备图形化 Au 掩膜、HNA 溶液化学腐蚀 SMA 薄膜、热释放带集成 SMA 薄膜的微执行器的微加工工艺流程[35]。具体工艺步骤如下：①通过牺牲层将 $20\mu m$ 厚的 SMA 箔黏合到硅晶圆上；②将 50nm 厚的 Au 层溅射到 SMA 箔上，作为硬掩膜；③将光刻胶旋涂到 Au 层上，以 $150\mu J/cm^{-2}$ 的剂量进行 UV 曝光，并在缓冲氢氧化钾溶液中显影；④以光刻胶作为掩膜，通过湿法化学腐蚀对 Au 层进行图形化；⑤使用硝酸、去离子水、氢氟酸对 SMA 箔进行湿法化学腐蚀微加工；⑥通过加热将 SMA 微执行器从晶圆上释放。

13.2.3.4　SMA 薄膜的剥离

剥离工艺（Lift-off Process）可用来图形化沉积的 SMA 薄膜（图 13.17）。

（1）首先在 SiO_2 衬底上蒸发 Cr 薄膜（150nm），再旋涂并固化一层 $1\mu m$ 厚的聚酰亚胺，在聚酰亚胺层上再蒸发第二层 Cr 薄膜并图形化。

（2）接着以 Cr 膜为掩膜，以 RIE 刻蚀聚酰亚胺层形成图形，聚酰亚胺层

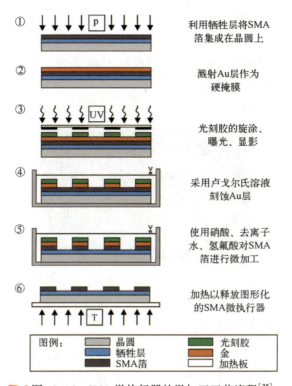

▼ 图 13.16　SMA 微执行器的微加工工艺流程[35]

需轻微侧蚀，利于后续的剥离工艺。

(3) 然后溅射沉积 7~10μm 厚的镍钛薄膜。

(4) 使用热 KOH 溶液去除聚酰亚胺层进行剥离。

(5) 最后利用湿法腐蚀去除因侧蚀 Cr 而形成的底部 Cr 牺牲层，释放整个 TiNi 结构。

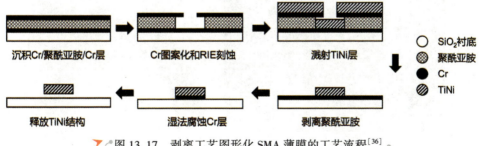

▼ 图 13.17　剥离工艺图形化 SMA 薄膜的工艺流程[36]

13.2.3.5 SMA 器件的组装

SMA 器件制备后需要进行组装,常见的组装方式有机械固定、黏接、焊接等,组装过程中需要形成电气连接以驱动 SMA 器件。相比于机械固定和黏接,焊接的可靠性更高,可以实现镍钛 SMA 与异种材料之间的连接,图 13.18 是在镍钛 SMA 支架上焊接的一个钽标牌。

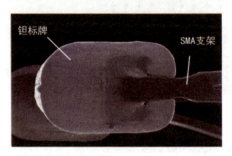

图 13.18　焊接到镍钛 SMA 支架上的钽标牌[37]

13.2.4　SMA 器件的应用

(1) 血管支架。血管支架旨在恢复管腔狭窄处的原始血流。其治疗的主要难点是允许相对僵硬的系统支架与导管通过弯曲狭窄的血管到达脑血管,因此,SMA 自膨式支架优于经典支架,可以从血管内部有效地支撑血管壁并防止支架在血管中迁移。支架(图 13.19)被用作颅内动脉瘤血管内弹簧圈栓塞的辅助装置,在将弹簧圈定位到动脉瘤后,释放支架以维持弹簧圈处于正确的位置。支架所用 SMA 材料的转变温度通常在 30℃,因此这些支架在人体温度下具有超塑性。去除表面的镍和制作抗腐蚀层等方式可以提高支架的生物兼容性。由于镍钛合金在 X 光透视时的成像度不高,常需要在支架末端

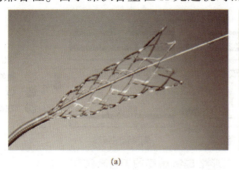
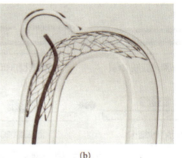

图 13.19　镍钛自膨式神经外科支架[38]

增加钛、金或铂铱合金等材料作透射成像标记，以便确定支架位置。

（2）流体器件。SMA 材料也可用于制造流体器件中的微阀和微泵。Benart 等用镍钛合金制成了往复式 MEMS 微泵（图 13.20）[39]。为了实现循环往复运动（即流体的泵入和泵出），在硅衬底上制造了上下两个互补的镍钛薄膜执行器。两个执行器可通电（0.9A，0.54W）直接加热，通过异相电流加热可使这两个执行器实现循环运动。在流道的入口和出口处加工了聚酰亚胺膜单向阀，以保证泵室内流体的单向流动。当加热顶层镍钛执行器时，顶层膜恢复平面形状记忆，使泵室压缩，迫使流体穿过右侧单向阀，实现泵出动作（状态 1）。当加热底层镍钛执行器时，底层膜恢复平面形状记忆，使泵室扩张，吸引流体流过左侧单向阀，由此实现泵入动作（状态 2）。当电流激励频率为 0.9Hz 时，最大泵速可达 50μL/min。更高的激励频率造成镍钛 SMA 材料的不完全相变，反而会降低泵速。

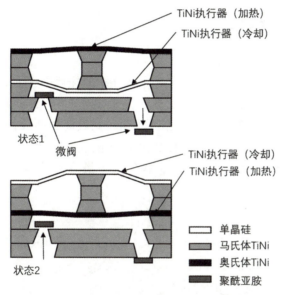

图 13.20　往复式 SMA MEMS 微泵的泵入、泵出两种工作状态示意图[39]

13.3　有机聚合物材料

硅、玻璃、陶瓷等传统衬底材料的硬度和脆度大，受限于其弯曲角度，难以制造柔性可贴装在高曲率表面的微型器件。有机聚合物材料不同于传统材料，具有质量轻、可弯曲、可吸收应力等优点，还具有高机械强度、良好的生物兼容性和化学惰性等特性，因此，有机聚合物材料已经成为制造传感器和 MEMS 微系统的重要材料。有机聚合物材料主要是高碳聚合物，包括 SU-8 光刻胶、聚二甲基硅氧烷（Polydimethylsiloxane，PDMS）、聚酰亚胺（Polyimide，PI）、聚甲基丙烯酸甲酯（Polymethyl Methacrylate，PMMA）等。表 13.3 列出了 MEMS 常用聚合物材料的制备方法和典型应用。

表 13.3　MEMS 常用聚合物材料的制备方法和典型应用

材　料	制 备 方 法	应　　用
SU-8 光刻胶	旋涂	高深宽比微结构、微流控芯片、微针、BioMEMS
PDMS	微铸造	微流控芯片、微泵、微阀、触觉传感器、BioMEMS
PI	旋涂，挤压成型	传感器衬底、柔性器件衬底、微流控芯片
PMMA	微铸造，机械加工	微流控芯片、模具

13.3.1　SU-8 光刻胶

13.3.1.1　SU-8 材料特性

SU-8 是一种由 IBM 公司为了制造高分辨率掩膜开发的环氧基负性光刻胶[40]，它在紫外线照射下会发生交联，而未曝光部分保持可溶并在显影时被溶解去除。SU-8 光刻胶由基础树脂、溶剂和光敏剂 3 种成分组成，基础树脂是 EPON 环氧树脂，由双酚 A 的缩水甘油醚衍生物组成，其化学结构如图 13.21 所示，8 个活性环氧基团交联形成了最终的结构，SU-8 由此命名。

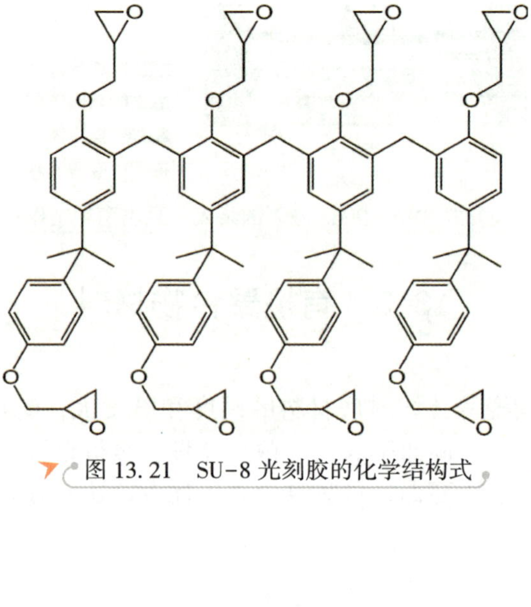

▼ 图 13.21　SU-8 光刻胶的化学结构式

由于 SU-8 是一种生物兼容性的材料，被广泛使用在 BioMEMS、微流控芯片、芯片实验室（Lab on a Chip）、生物传感器、生物芯片等领域。

SU-8 光刻胶优点如下：具有出色的热稳定性和化学稳定性；可旋涂实现 0.1μm~2mm 厚的薄膜，且支持标准接触光刻工艺；在较长时间等离子刻蚀中可用作掩膜；可制造高深宽比微结构。通过添加不同材料可以控制 SU-8 的性能使其适应于更多场合。例如，可以通过添加环戊酮进行调节 SU-8 的黏度。与原始 SU-8 配方相比，使用环戊酮作为主要溶剂制造的薄膜可以更好地黏附在某些衬底上。为了使 SU-8 更好地应用于微流控芯片等器件，乙醇胺处理可提高 SU-8 表面的浸润性[41]；与之相反，简单地增加图形密度就能增加 SU-8 的疏水性[42]。

13.3.1.2 SU-8 光刻工艺

典型的 SU-8 光刻工艺包括以下几个步骤。

（1）晶圆清洗与预处理。一般用 Piranha 洗液清洗硅、玻璃晶圆，或用氧等离子体处理晶圆，以去除表面残余的污染物，然后烘烤干燥以去除晶圆上的水分，目的是为了增强晶圆衬底的黏附性。

（2）旋涂 SU-8 光刻胶。在衬底晶圆中心滴少量光刻胶，晶圆先低速旋转一段时间然后高速旋转，通过离心力把光刻胶扩散并覆盖整个晶圆表面。旋转速度、加速度和 SU-8 光刻胶的黏度（跟 SU-8 胶的型号相关）将决定 SU-8 光刻胶层的厚度。

（3）软烘。目的是蒸发溶剂，使 SU-8 光刻胶层更加坚固。蒸发会稍微改变光刻胶层的厚度。此外，软烘可以使 SU-8 胶层自流平，让边缘光滑，减少边珠效应。

（4）紫外曝光。目的是通过紫外光激活光刻胶中的光酸成分来引发环氧树脂的交联反应。由于 SU-8 光刻胶是负性的，曝光部分会交联、无法在显影中溶解；未曝光的光刻胶在显影中被溶解。倾斜或者倾斜/旋转光刻技术只需用单层 SU-8 光刻胶和一块掩膜版就可以形成三维微结构。紫外线穿过透光衬底（如玻璃、石英、蓝宝石等），在不同方向上曝光（无论旋转与否）也可以制造三维微结构，如图 13.22 所示[43]。SU-8 光刻胶除了用于标准的紫外光刻，还可以用作 X 射线光刻。

（5）后烘。目的是促进紫外曝光后聚合物的进一步交联。SU-8 胶表现出的高度交联提高了它的物理性能，但也在薄膜和结构上引入了应力。

（6）显影。目的是去除未曝光的 SU-8 胶。曝光区域在化学性质上与未曝光区域不同，在显影液中，曝光的 SU-8 胶被保留，而未曝光的 SU-8 胶被溶解去除，从而获得图形化的 SU-8 光刻胶结构。

（7）硬烘。用于坚膜，进一步增强 SU-8 胶在衬底晶圆的黏附性。

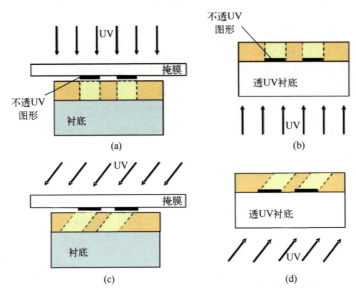

图 13.22　SU-8 光刻胶的多向紫外曝光[43]
（a）垂直曝光；（b）通过透明衬底的背面曝光；
（c）倾斜曝光；（d）通过透明衬底的背面倾斜曝光。

13.3.2　聚二甲基硅氧烷

13.3.2.1　PDMS 的材料特性

聚二甲基硅氧烷（Polydimethylsiloxane，PDMS）是一种硅基聚合物，是硅氧烷中最简单的硅油，通常称为有机硅。它是一种无色透明高分子聚合物，无毒并具有良好的化学惰性，其化学结构如图 13.23 所示。PDMS 的应用范围非常广泛，从隐形眼镜和医疗设备到弹性体，也存在于洗发水、食品、填缝剂、润滑剂和耐热瓷砖中。此外，由于 PDMS 具有较低的固化温度，CMOS 芯片与 MEMS 传感器的集成经常用它来实现。

与其他聚合物相比，PDMS 有独特的物理和化学属性，包括较低的玻璃转化温度、独特的弹性、非常小的损耗角正切（$\tan\delta < 0.001$）[44]、较大的温度适用范围（$-100 \sim 100\text{℃}$）[45]。表 13.4 列出了 PDMS 材料的一些典型特性。

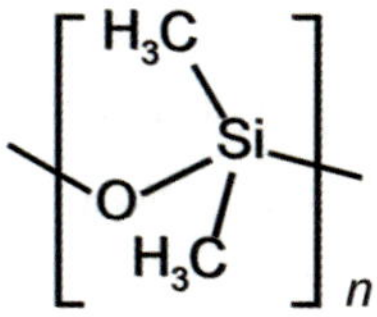

▼ 图 13.23　PDMS 的化学结构式

表 13.4　PDMS 的材料特性参数[46]

材料特性参数	参　数　值
玻璃转化温度（T_g）	≈ -125℃
密度	0.97kg/m³
杨氏模量	360~3000kPa
泊松比	0.5
拉伸或断裂强度	2.24MPa
比热	1.46kJ/(kg·K)
热导率	0.15W/(m·K)
介电常数	2.3~2.8
折射率	1.4
电阻率	$4×10^3$Ω·m
磁导率	$0.6×10^5$cm³/g
湿法刻蚀方法	四丁基氟化铵（$C_{16}H_{36}FN$）：N-甲基-2-吡咯烷酮（C_5H_9NO）= 3∶1
等离子刻蚀方法	CF_4+O_2
黏附二氧化硅	非常好
生物兼容性	对皮肤无刺激性，对兔子和老虎没有副作用，用于植入时有轻微炎症反应

经过氧等离子表面处理的 PDMS 可以与 PDMS、玻璃、硅、氮化硅和某些塑料键合，但其暴露在空气中会迅速由亲水性变为疏水性（图 13.24）[47]。对于 PDMS 制备的微流道而言，一旦 PDMS 变为疏水性，液体将很难进入流道。对于需要长期亲水的应用，可使用亲水性聚合物、表面纳米结构和利用嵌入表面活性剂等技术进行动态表面改性。

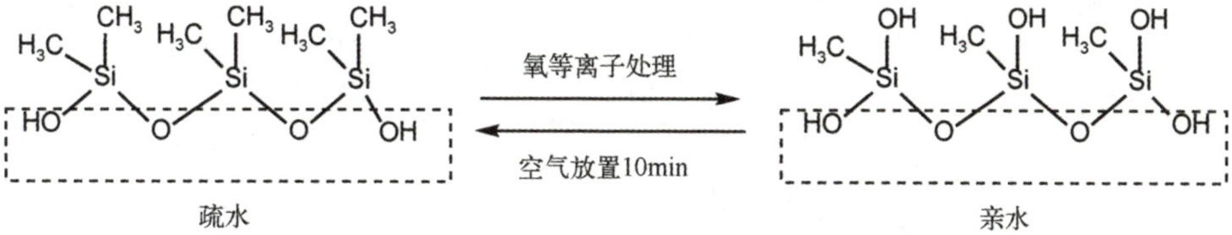

▼ 图 13.24　PDMS 的亲疏水表面改性[47]

由于水性溶剂不会引起固态 PDMS 的渗透和膨胀，因此，PDMS 结构与水和醇溶剂结合使用并不会引起变形。但有些有机溶剂会扩散到 PDMS 材料中导致器件的膨胀变形，如在 PDMS 微流控芯片的流道内，二异丙胺会使 PDMS 膨胀。

13.3.2.2　PDMS 的微加工工艺

PDMS 的微加工最常用软光刻技术，即利用刚性模具复制相反结构。软光刻工艺具有柔性特性，能够在玻璃、硅或聚合物表面上转移只有几纳米的图形。通过该技术，可以制造分析化学、生物医学等领域的传感器和 MEMS 器件，其分辨率取决于所用的模具，最高可达到 6nm[48]。

PDMS 软光刻一般用于制造表面具有微结构的 PDMS 层（图 13.25）[49]。①首先绘制并制造用于光刻的掩膜版；②紫外曝光旋涂在硅晶圆上的光刻胶，将掩膜版图形转移到光刻胶；③显影去除未交联的光刻胶，得到模具；④将 PDMS 液态预聚物混合、脱气并倒在模具上，加热固化并剥离，即可得到表面具有与模具相反微结构的 PDMS 层。

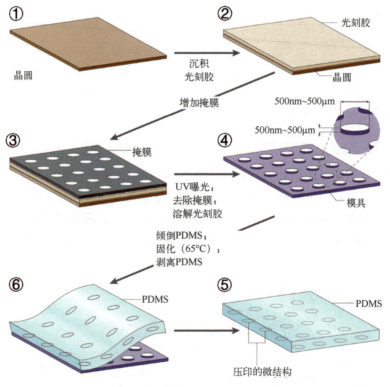

▼ 图 13.25　软光刻技术制造图形化 PDMS 的工艺流程示意图[49]

软光刻技术可以用同一个模具制作出多个相同的复制品。为了制作 PDMS 复制品，模具表面需先用全氟辛基三氯硅烷（1H, 1H, 2H, 2H-Perfluorooctyl Trichlorosilane）进行处理，以防 PDMS 黏附在模具上。

13.3.2.3　PDMS 用于微流控芯片制造的实例

微流控（Microfluidics）是从化学、物理、生物学、材料学、流体动力学和微电子学等领域的技术和原理交叉融合中演变而来的。微流控芯片的基本概念是在一个微型化流体系统中集成完整的实验室传统分析过程，如混合、反应、检测、分离等，即微全分析系统（Micro Total Analysis System, μTAS）。微流控芯片在分离和检测方面有巨大优势：并行化、自动化、样品准备集成化、低成本、分析速度快和高灵敏度[50-51]。

有机聚合物的多功能性吸引了越来越多微流控芯片采用有机聚合物来制造。有机聚合物微流控芯片可用于从纳米颗粒合成到流体操控等各种应用，由有机聚合物制成的微反应器适用于室温或更高温度（高达 200℃）的化学应用，在大规模生产中非常有用。PDMS 是同类有机聚合物材料中最具代表性的材料之一，它价格便宜、易于成型、适合原型开发，具有光学透明度、气体渗透性、生物兼容性、低自发荧光、天然疏水性和高弹性。由于这些优异的性能，PDMS 对于生物相关研究很有价值，如 PDMS 微流控芯片可以用于长期细胞培养、细胞筛选、生物传感和生化检测。通过软光刻和键合工艺，PDMS 可以很容易地制造出微阀、微混合器和微泵等常用结构。PDMS 和其他材料的密封可以是可逆的（如 PDMS-PDMS 或 PDMS-玻璃间的范德华接触），也可以是不可逆的（如氧等离子表面处理后键合，或预固化 PDMS 与完全固化 PDMS 之间的键合）。

图 13.26 展示了一种采用 PDMS 制造的用于细胞比较培养的微流控芯片[52]。该芯片的加工基于软光刻技术，以 SU-8 光刻胶结构作为微流道结构的模具制造两层 PDMS 微流道网络，并与玻璃衬底键合后获得微流控芯片，具体工艺步骤如下：①利用 SU-8 光刻胶在硅晶圆上直接制作具有顶层和底层微流道结构的模具（微流道结构层高度 22μm）；②用三氯硅烷在气氛中对模具进行硅烷化处理，以防 PDMS 倒模时黏附在 SU-8 模具；③将 PDMS 与固化剂的 10∶1 w/w 液态混合物倾倒于 SU-8 模具上，利用真空环境去除气泡后置于 60℃热板上加热 3h，实现 PDMS 完全固化；④将固化后的 PDMS 从模具上小心揭下，按照芯片尺寸切块；⑤在顶层和底层 PDMS 微流道结构的入口及出口对应位置分别打孔（直径 1mm），在底层 PDMS 微流控结构的通孔位置打出 12 个通孔（直径 0.5mm）；⑥将顶层 PDMS 微流道结构的下表面及底层

PDMS 微流道结构的上表面进行氧等离子体表面处理，并在显微镜下对准通孔后键合，将键合后的双层芯片置于 60℃ 热板上加热 15min；⑦将双层芯片的下表面及玻璃衬底进行氧等离子体表面处理并键合，置于 60℃ 热板上加热 15min，得到完整的微流控芯片。

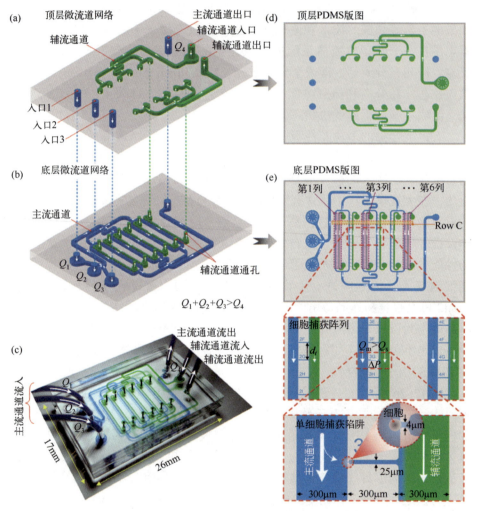

图 13.26　采用 PDMS 制备的多层微流控芯片[52]

（a）顶层 PDMS 微流道网络；（b）底层 PDMS 微流道网络；（c）键合后的微流控芯片，包括两层 PDMS 微流道网络，主流通道中输入蓝色液体，辅流通道中输入绿色液体；（d）顶层 PDMS 微流道结构版图；（e）底层 PDMS 微流道结构版图及细胞捕获阵列、单个细胞捕获陷阱图示。

13.3.3 聚酰亚胺

13.3.3.1 PI 的材料特性

聚酰亚胺（PI）是一种含有酰亚胺基团的高性能塑料类聚合物，在微电子行业里作为绝缘体或者封装材料来使用。同时聚酰亚胺还具有高耐热性，在需要坚固的有机材料场景中有多种应用，如高温燃料电池、显示器等。

采用二酐和二胺聚合合成聚酰亚胺是最常用的制备方法，可通过两步法进行。首先制备可溶性聚酰胺酸（图 13.27（a）），进一步处理后合成聚酰亚胺（图 13.27（b））。聚酰亚胺由于其芳香结构，多数情况下是不溶的。

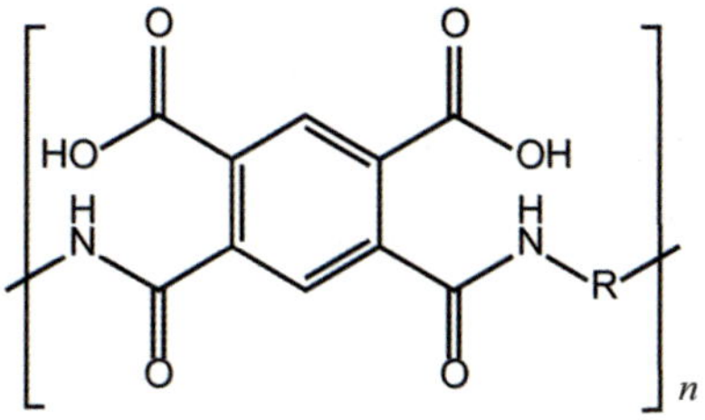

图 13.27 聚酰胺酸（a）和聚酰亚胺的化学结构式（b）

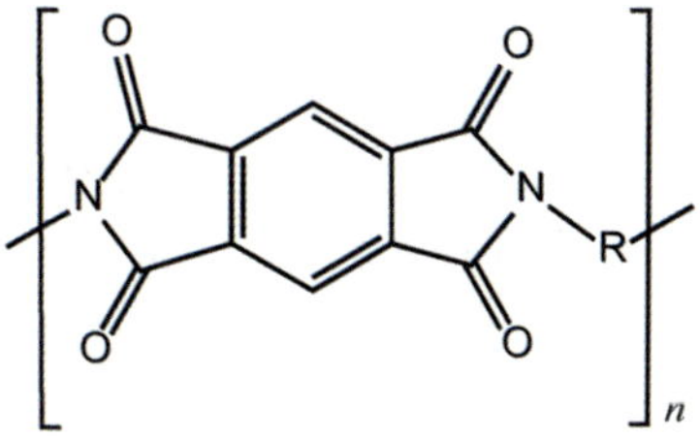

聚酰亚胺具有良好的热稳定性和化学惰性、优异的机械性能和独特的颜色。此外，PI 还有一定的生物兼容性，具有应用于植入式微电极的潜力。但相较于其他聚合物，PI 可能会导致轻微的神经损伤，因此一些厂商仍禁止在可植入器件上使用聚酰亚胺[54-55]。

由于 PI 具有优异的电绝缘性能，往往用于电子电路的绝缘材料。作为一种有机物，PI 的线性膨胀系数非常低，接近于金属。因此，当其作为电子电路的绝缘材料时，可以进行高精度金属布线[56]。采用玻璃纤维或石墨增强材料的复合聚酰亚胺抗弯强度高达 340MPa，弯曲强度高达 2.1×10^4 MPa[57]。PI 还具有固有的耐燃烧性，通常不需要与阻燃剂混合。

典型的 PI 结构不受常用溶剂和油的影响，包括碳氢化合物、酯类、醚类、醇类和氟利昂，还可以抵抗弱酸，但不建议在含有碱或无机酸的环境中使用。有些 PI 是可溶于溶剂的，并可以显示出很高的视觉清晰度。

13.3.3.2 PI 的微加工工艺

（1）PI 的聚合。PI 的聚合主要有液相聚合（Liquid-phase Polymerization，LPP）与气相沉积聚合（Vapor Deposition Polymerization，VDP）两种方法。

LPP 技术中旋涂、浸涂和喷涂都是制备 PI 的常用方法。PI 可以由聚酰胺酸制备，然后热固化成薄膜。由于 PI 前驱体是高黏度的高分子聚合物，其薄膜厚度取决于溶液浓度、旋转速率和涂布时间等，其厚度均匀性则取决于纺丝和预固化工艺。

尽管 LPP 技术具有工艺简单和低成本的优势，但其涉及溶剂且需要沉积后固化，因此，限制了衬底的选择范围。此外，在微型沟道和复杂器件结构中实现涂层是极具挑战性的。VDP 是一种有机合成的替代方法，通过在气相期间将单体输送到表面合成 PI 薄膜。与 LPP 薄膜相比，VDP 薄膜更光滑，保形覆盖率更好，孔隙率更低。Takahashi 等研发了通过苯四甲酸二酐（Pyromellitic Dianhydride，PMDA）和二氨基二苯醚（4,4′-Oxydianiline，ODA）在真空中共蒸发制备 PI 的 VDP 技术，该技术所获得的膜对玻璃和金属基材具有良好的附着力，并表现出优异的耐化学性、耐热性和电绝缘特性[58]。

(2) PI 的去除。目前已有多种去除固化或未固化 PI 的方法。对于去除固化的 PI，可用热碱和强酸，或者 Piranha 洗液（即浓硫酸和过氧化氢）。对于去除未固化的聚酰亚胺，可用氢氧化钾（5%~30%）实现大量去除或用光刻胶掩膜法选择性去除。

对刻蚀后产生的残留 PI，需要更加精细的去除方法。一种简单的方法是使用超声波清洗，这种方法可以有效地清理干法刻蚀后在结构之间的残留物。此外，在刻蚀过程中去除残留 PI 的方式更加高效，Benjamin 等将含氟气体添加到刻蚀气体混合物中实现 PI 的无残留刻蚀[59]。

(3) PI 的释放。最简单的释放技术是把 PI 薄膜从硅衬底上直接剥离（图 13.28）。

▼ 图 13.28　从硅片上剥离的聚酰亚胺层[60]

对于不方便直接剥离 PI 的器件，可先在衬底上制备一层铬 Cr（20nm）、金 Au（100nm）和牺牲层铝 Al（500nm），PI 制备在金属 Al 层上。剥离时，将晶圆置于浓氯化钠溶液（NaCl∶H_2O=1∶5）中进行电解。在 Al 的阳极金属溶解过程中，由于电化学电位与 Al 的差异，Au 留在衬底晶圆上，并确保电接触，直到结构被释放。

（4）PI 的键合。PI-PI 键合在基于 PI 的微流控等器件中有所应用。将需要连接的两块 PI 直接黏合策略之一是使用半固化 PI 层调整整个器件的固化周期。Metz 等通过将 100~150℃下半固化的 PI 块相接触，并在 300℃以上的温度下进行第二次固化，实现了 PI 微流控芯片，其 PI-PI 键合部分的强度与整体性能相当[61]。当 PI 与其他材料键合时，需要引入中间异质层辅助。例如，通过引入环氧树脂作为黏合层，可以实现 PI-PDMS 键合（图 13.29）。

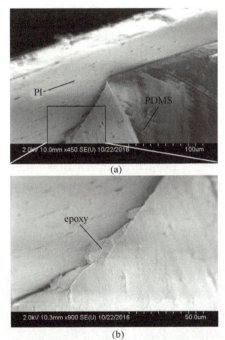

图 13.29　PI-PDMS 键合结构的 SEM 图（放大部分显示了键合界面引入的环氧树脂）[59]

13.3.4　聚甲基丙烯酸甲酯

聚甲基丙烯酸甲酯（Polymethyl Methacrylate，PMMA）是一种透明的热塑性工程塑料，也称为丙烯酸、有机玻璃、亚克力。这种塑料通常以片状形式用作玻璃的轻质或抗碎裂替代品，还可以用作铸造树脂、油墨和涂料等。

PMMA 是一种光学透明、耐冲击、轻质、抗断裂、易加工、耐候、耐刮擦的合成聚合物，无臭无味。PMMA 化学结构如图 13.30 所示，通常是无定形的，因为聚合物结构中的甲基降低了链的迁移率并阻碍了聚合物的结晶。PMMA 具有相对较高的玻璃转变温度，为 100~120℃，这有助于其在高温下用作光学透明聚合物而不会降低其光学和机械性能。它的聚变发生在 130℃，在 -70~100℃ 温度范围内保持稳定，因此具有良好的热稳定性。纯 PMMA 的抗拉强度约为 70MPa，具有较高的杨氏模量或弹性模量，断裂时伸长率低。PMMA 在可见光谱范围内具有高光学透明度、高光学均匀性和相对较高的抗激光损伤性，因此可应用于多种光学器件。

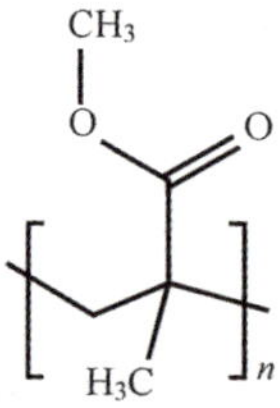

图 13.30　PMMA 的化学结构式

PMMA 的加工可以使用常见的成型工艺，包括注塑成型、压缩成型和热压印等工艺。通过热压印工艺制备的 PMMA 悬臂梁如图 13.31 所示[62]。热压印工艺使用由透深紫外光（Deep Ultraviolet，DUV）的熔融石英制成的模具，该模具包含悬臂和锚定图形，其上方涂覆有不透 DUV 的 Cr/Ni 层。通过 DUV 曝光来去除热压印工艺的残留层时，模具上的不透 DUV 的图形能够保护微结构不被破坏。具体工艺流程如下：①在晶圆上先后旋涂 5μm 厚的牺牲层和 3.5μm 厚的 PMMA；②对 PMMA 层进行热压印，把透 DUV 熔融石英模具覆盖

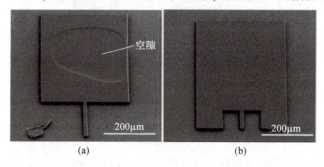

图 13.31　PMMA 悬臂梁结构显微图像[62]

（a）未优化工艺参数导致锚区产生了空隙结构；（b）优化工艺参数实现精确的图形转移。

在晶圆上；③使用低压汞灯照射，模具中的 Cr/Ni 层保护了成型的微观结构，而在未受保护的区域中，PMMA 分解；④去除熔融石英模具；⑤用显影液溶解 PMMA 的残留部分；⑥刻蚀牺牲层，获得悬浮微结构。

13.3.5　导电聚合物

导电聚合物指导电的有机聚合物，可以具有金属的导电性，也可以是半导体。导电聚合物的最大优点是具有良好的可加工性，通常不是热塑性的。导电聚合物可以提供高导电性，但不表现出与其他聚合物相似的机械性能。可以使用有机合成方法和先进的分散技术来微调其电学性能。尽管导电聚合物的发展时间不长，但具有极大的潜在应用价值。

13.3.5.1　常见的导电聚合物

聚乙炔（Polyacetylene）是已知的第一种导电聚合物，由一长串碳原子交替形成单键和双键，每个碳原子都与一个氢原子相连（图 13.32）。其中双键有顺式或反式几何结构，因此存在顺式聚乙炔或反式聚乙炔两种异构体，这两种异构体的受控合成可以通过改变反应温度来实现。双键上的 π 电子具有较小的能量，可自由移动。早期聚乙炔的研究旨在使用掺杂聚合物作为易于加工和轻质的"塑料金属"。聚乙炔的许多特性，如对空气的不稳定性和加工困难，都限制了其商用推广。

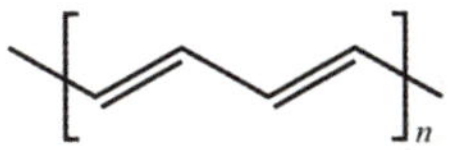

▶ 图 13.32　聚乙炔的化学结构式

随着聚乙炔的发展，许多衍生物被开发出来，例如，聚吡咯（Polypyrrole）、聚噻吩（Polythiophene）、聚苯胺（Polyaniline）、PEDOT:PSS（Poly（3,4-Ethylenedioxythiophene）:Polystyrene Sulfonate）等（图 13.33）。

13.3.5.2　导电聚合物的材料特性

导电聚合物的某些特性可以通过改变氧化还原状态来控制。理想情况下，聚合物可以可逆地进行电化学氧化和还原。经过电化学过程，聚合物中的电子可以通过电极来控制增加和减少，即改变氧化状态，电导率可以在这一过程中从绝缘还原状态变为氧化导电状态。聚合物的电导率变化范围可达 13 个数量级，可在有机晶体管中使用。光吸收率、渗透率、疏水性、电荷存储和体积都能通过这种方式控制。这种特性使导电聚合物得以在化学传感器、滤波器、电容和电池中被应用。

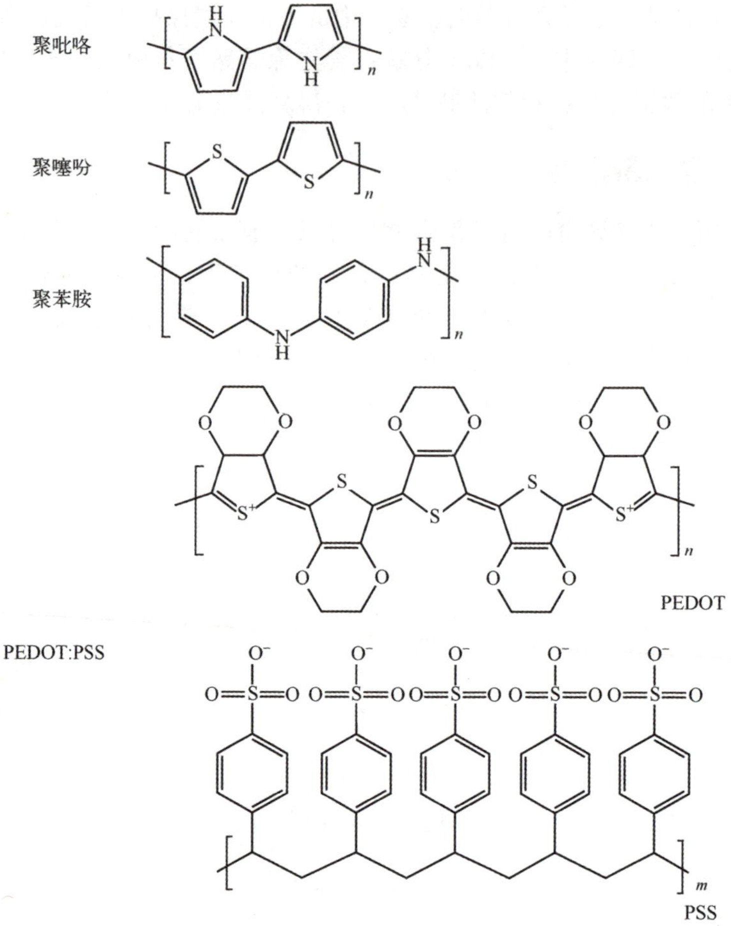

聚吡咯

聚噻吩

聚苯胺

PEDOT

PEDOT:PSS

PSS

▼ 图 13.33　各种类型的导电聚合物化学结构式

导电聚合物在电化学反应过程中既膨胀又收缩，即氧化还原反应引起聚合物发生弹性形变现象。当阴离子从聚合物基质中离开或进入在聚合物基质中时，聚合物会发生应变，其应变的大小取决于阴离子移动的数量。当通过合适的电解质施加正电压来氧化聚合物时，材料会从聚合物中失去电子，并在电解质中形成一对阴离子，这些阴离子的离开会引起聚合物的膨胀。还原收缩与氧化膨胀的过程相似。电化学形变也可应用于人造肌肉。

相比其他常见的执行器，由导电聚合物制造的执行器驱动速率和电能-机械能转换效率都不高，但是在一些微型化的应用场合，导电聚合物执行器的性能可以有所提升。微型化的聚合物材料高度有序并且缺陷较少，大大提高了电导率。

13.3.5.3 导电聚合物的微加工工艺

（1）沉积。导电聚合物层的沉积可通过旋涂、前驱体制备、电化学沉积等多种方法实现。直接旋涂是沉积导电聚合物薄膜的最简单方法，适用于可以溶解或分散在溶剂的聚合物。如果聚合物具有可溶性前驱体，则可以将前驱体沉积在衬底上并固化以形成聚合物。

当聚合物难以溶解且不能采用前驱体制备时，电化学沉积是一种简单的替代方法。该工艺采用典型的三电极电化学反应池装置，包括一个工作电极、一个对电极和一个参比电极，通常在含有前驱体的电解质溶液中进行。工作电极作为薄膜沉积基底，在工作电极施加正电势，则电解质溶液在该电极处被氧化，聚合物沉积。参比电极通常为 Ag/AgCl，提供平衡反应，确定电化学反应池中的参比水平，并且参比电极中没有电流。对电极则用于提供反应电流。聚吡咯薄膜常用电化学沉积方法，制备时采用镀金晶圆作为平行于样品的对电极，以确保最均匀的电场。在对电极和工作电极晶圆之间留有 1~2cm 的间隔，并将参比电极放在它们之间的一侧，在惰性玻璃容器中完成电化学沉积，形成聚吡咯薄膜[63]。

（2）图形化。导电聚合物作为电极的图形化方法有多种（图 13.34）。

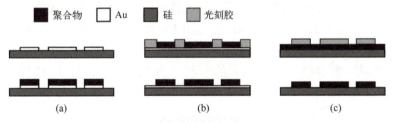

图 13.34　导电聚合物图形化方法[63]
(a) 电极图形化；(b) 模板沉积；(c) 刻蚀。

第一种方法基于图形化的金属电极层（图 13.34（a））。首先用光刻工艺在晶圆上制造与目标导电聚合物具有相同图形的金属层，然后在金属层上电化学沉积导电聚合物，得到图形化的导电聚合物。该方法优点是工艺简单，可以避免将聚合物暴露于溶剂和潜在有害物质中。缺点是会造成导电聚合物图形化膜的厚度不均匀，中心位置最薄，而边缘处最厚；聚合物的侧向生长可能使相邻电极毗连或增大沉积后结构释放的难度。

第二种方法是用光刻胶作为模具的模板沉积（图 13.34（b））。这种方法需要先沉积一层金在晶圆上，在金层上涂覆光刻胶，根据所需的图形利用光刻工艺获得与其相反的光刻胶图形，然后在暴露出金属膜的区域沉积导电聚合物，随后用丙酮或乙醇除去光刻胶，得到图形化的导电聚合物。这种方法可以消除电极图形化的侧向生长问题，有利于结构的释放。

导电聚合物图形化还可以通过使用 RIE 来实现（图 13.34（c））。这种方法不需要金属层，可直接在整个晶圆表面沉积一层导电聚合物，在聚合物上方选涂光刻胶，图形化光刻胶以形成刻蚀掩膜，最后使用 RIE 进行刻蚀。等离子体能同时刻蚀光刻胶和导电聚合物，所以必须严格监控刻蚀过程。

（3）释放。导电聚合物制备微执行器的悬伸结构需要从衬底部分释放聚合物来实现。传统方法是借助牺牲层来释放，即在沉积聚合物之前，在需要释放的位置加工一层牺牲层，在完成后续工艺步骤后刻蚀牺牲层以释放聚合物。为了确保 Au 层在台阶上连续，必须确保牺牲层不超过一定的厚度。这种牺牲层释放工艺加工的悬伸结构长度有限，以避免驱动时锚区的失效。

第二种释放方法是差别黏附（图 13.35），无须在最后的刻蚀释放步骤中保护聚合物层，允许释放任意尺寸的悬伸结构。众所周知，金对裸硅、二氧化硅、玻璃的黏附力很弱，因此先沉积一层图形化的黏附增强层来激活导电聚合物层产生应力，从而脱离裸硅上的结构实现释放。差别黏附具体工艺步骤如下：①将黏附层沉积在晶圆上，并图形化（图 13.35（a）），一般使用金属膜作为黏附层，图形化的硅表面硅烷改性分子或 Au 层表面硫醇改性分子也可用于产生黏附差异；②沉积 Au 层（图 13.35（b）），可用做工作电极，也可作为无源机械层；③沉积聚合物并图形化（图 13.35（c））；④湿法腐蚀 Au 层，使其与聚合物层具有相同的形状（图 13.35（d））；⑤释放裸硅上的部分，形成悬伸结构（图 13.35（e））。

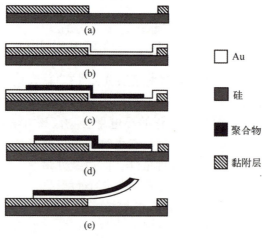

图 13.35　差别黏附工艺流程示意图[63]

13.3.5.4 导电聚合物的应用

(1) 执行器。导电聚合物可以用于制备微型执行器，通常分为两种：线性执行器和双层弯曲执行器。Hara 等制造出了聚吡咯-Z 字形金属丝复合的线性执行器，其电化学应变高达到 21.4%[64]；Spinks 等研究出了一种螺旋管状聚吡咯线性执行器，用于 Braille 盲文显示屏[65]。

双层执行器则是一种简单的机械放大结构，可以将很小的线性应变转换成较大的弯曲角。Smela 等利用聚吡咯/金双层执行器制备出电控微型手指[66]，但只能在液态电解质中使用。PEDOT:PSS 是一种用于制作干性执行器的理想材料，它同时拥有导电性、湿度响应、机械性能以及热稳定性等几个执行器所需具备的特性。Silvia 等利用 PEDOT:PSS 制备了一种双层各向异性湿度驱动的执行器（图 13.36）[67]。具体的加工工艺步骤如下：①通过将硅晶圆与装有几滴三甲基氯硅烷（C_3H_9ClSi，Chlorotrimethylsilane）的小瓶一起放入干燥器中进行硅烷化 30min；②将液态 PDMS（预聚体:固化剂为 10:1）旋涂到硅烷化的硅晶圆上并保持 60s，在 95℃下固化 60min；③对固化后的 PDMS 进行空气等离子体处理 60s；④过滤 PEDOT:PSS 水分散体，然后与 1wt%的含氟表面活性剂 Zonyl-FS300 混合，通过旋涂法将 12 层 PEDOT:PSS 沉积到等离子体处理后的 PDMS 上。在每层沉积后，将样品置于 170℃热板上烘烤 5min，然后在 5W 功率下再进行 10s 空气等离子体处理；⑤使用具有可调激光功率、速度和分辨率的 CO_2 激光器来切割和图形化样品，从而制造各种设计和配置的执行器；⑥在 PEDOT:PSS 表面上溅射金薄膜层，作为电极向材料提供输入电压；⑦将执行器从晶圆上剥离下来。

执行器初始工作在原始位置处，与其环境保持平衡（图 13.36（b））；施加电流在 PEDOT:PSS 产生焦耳热引起水解吸附，随后导致向 PEDOT:PSS 层的弯曲运动（图 13.36（c））；在相反的过程中，随着环境水分含量的增加，执行器由于吸水而从其原始位置向 PDMS 层弯曲，直到建立新的平衡（图 13.36（a））。

(2) 神经接口。在神经科学研究和神经系统疾病治疗中，体内神经信号的长期记录需要一个高可靠性的神经接口。相比于 Au 或 Pt 等金属电极，PEDOT:PSS 具有更好的法拉第电荷转移和电容性电荷耦合能力，更适合应用于神经脑机接口等领域[68]。但由于聚合物掺杂剂的空间位阻效应，PEDOT:PSS 的黏附力较差，其涂层会频繁出现裂纹或分层，导致其电化学性能的损失和信号质量的下降。为了解决此问题，Bowen 等采用微褶皱来提高 PEDOT:PSS 涂层的稳定性，并增加了电极的有效表面积（图 13.37）[68]。

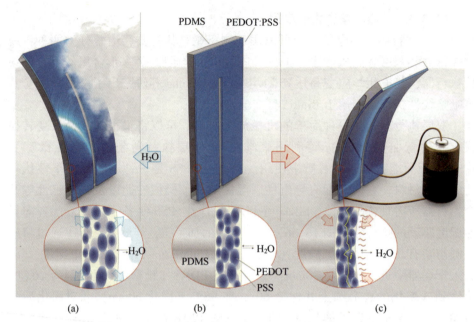

图 13.36 基于 PEDOT:PSS 的湿度驱动执行器[67]

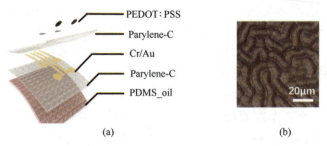

图 13.37 褶皱微电极阵列结构的爆炸图（a）和 PEDOT:PSS 褶皱微电极的表面（b）[68]

褶皱微电极阵列的制造过程的关键步骤如图 13.38 所示。具体工艺流程如下：①先对衬底晶圆进行预处理，将 PDMS 与硅油的液态混合物旋涂在表层有铝层的硅晶圆上，并在 80℃烘烤 1h 固化（图 13.38（a））；②用有机三氯甲烷浸泡晶圆 12h 使硅油被提取出来（图 13.38（b）），然后用去离子水冲洗晶圆；③完成 PDMS 处理后，将 5μm 厚的聚对二氯甲苯（Parylene-C）沉积在晶圆表面并形成褶皱表面（图 13.38（c））；④进行 Cr/Au 电极层的沉积，然后利用离子束刻蚀进行图形化（图 13.38（d））；⑤再沉积一层 5μm 厚的 Parylene-C，沉积后用紫外激光切割露出电极部分（图 13.38（e））；⑥在盐酸溶液中释放 PDMS 基底，用银膏连接 Cr/Au 电极与 FFC 导线，并用环氧树脂将此部分密封，暴露的 Cr/Au 电极部分再电镀 PEDOT：PSS 完成整个微电极阵列的制作（图 13.38（f））。

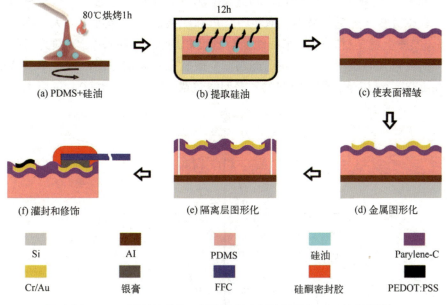

图 13.38　用于神经接口的褶皱微电极阵列的加工工艺流程[68]

13.4　磁性材料

磁力在较小尺度上具有更低的空间衰减和更高的幅度，利用磁性材料制作的微型器件相较于传统器件具有巨大的科学和应用潜力。以 MEMS 制造技术将磁性材料加工成传感器或有源元件，可在信息、汽车、生物医学、空间和仪器仪表等领域提供新功能并开辟新市场。本节概述了磁性材料以及磁性 MEMS 器件的加工制造技术。

13.4.1　磁性材料简介

磁性材料是一种可以完成外界物理量与磁信号之间的相互转换的材料，根据其磁化率和相对磁导，可分为：铁磁、亚铁磁、反铁磁、顺磁、抗磁和超导材料。其中，铁磁材料在磁性微传感器、微执行器和 MEMS 微系统中的应用最为广泛。这类磁性器件的高相对磁导率可将小磁场放大成微传感器的大磁通密度，高饱和磁化强度可为微执行器产生强磁场。

磁性材料主要特性是具有磁滞回线（图 13.39），其重要参数包括饱和磁化强度 M_s、剩磁 M_r、矫顽力 H_c 和饱和磁场 H_s。根据这些参数，铁磁材料可分为软磁材料（即矫顽力小、饱和场低）和硬磁材料（即矫顽力大、饱和场高），实质上就是材料的磁滞回线所包含面积的大小不一样。矫顽力高的材料，回线包含的面积大，其磁储能高。一般软磁材料的磁滞回线较窄，矫顽力在 1000A/m 以下；硬磁材料的磁滞回线较宽，矫顽力在 1000A/m 以上。

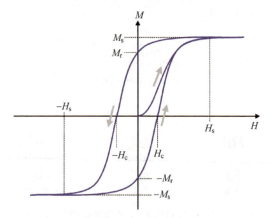

图 13.39　铁磁材料磁化强度随磁场变化的滞回曲线[69]

13.4.1.1　软磁材料

MEMS 器件中最常用的磁性材料是软磁材料，如 NiFe 合金（即坡莫合金，通常含 81% Fe 和 19% Ni）。相对较高的饱和磁通密度、低磁滞损耗和接近于零的磁致伸缩等特性促使其广泛应用于宏观和微观传感器、执行器和系统中。80Ni20Fe、50Ni50Fe、CoNiFe 等软磁薄膜用于记录磁头写入硬盘。与薄膜硬磁记录介质相比，MEMS 中的磁层厚度可以从亚微米到毫米范围，并且已经有发展成熟的沉积和微加工技术。

还有一类磁性微执行器由软磁材料驱动，这些材料优化了最大磁致伸缩。主要包括 TbFe 合金、TbCo 合金和多层 TbFe/FeCo。典型的微执行器会在悬臂梁或一侧涂有磁致伸缩材料的薄膜。

13.4.1.2　硬磁材料

硬磁材料在磁性 MEMS 器件的发展中也起着重要的作用，适用于制造 MEMS 器件中的永磁体，在没有任何外部能量的情况下提供连续产生的场和力。此外，微型永磁体在磁矩方面比线圈的尺寸小得多。它们具有高饱和磁化强度和大矫顽力，因此可以用较低的磁场激活，从而降低了功率。

虽然软磁材料可用于实现强致动力执行器和高灵敏磁力计，但某些情况下硬磁或永磁材料会更合适。例如，具有高剩磁 M_r 的硬磁材料更适合用于双向（推拉）微执行器。如果使用硬磁材料而不是软磁材料，则由片外线圈驱动的微执行器可以用较低的磁场激活，因此功率也较低。然而，除了少数应用外，硬磁材料尚未广泛用于 MEMS 器件，主要原因是缺乏现成且可靠的沉积和微加工工艺。

13.4.2 磁性 MEMS 器件的加工

在过去，磁性 MEMS 中最常见和最强大的微磁体是由大块 NdFeB 或 SmCo 磁体单独电火花加工而成，但这种方法不适用于批量制造和集成。后续开发了其他方法来制造微磁体，但各有优缺点。例如，丝网印刷技术适用于微细加工，但这种方法制造的微磁体磁性性能较差；溅射、烧结等方法加工的沉积层厚度太薄或工艺太难适应微电子技术和批量制造。近年来，各种技术发展迅速，脉冲激光沉积、等离子刻蚀等技术被广泛用于制造微磁体。

13.4.2.1 脉冲激光沉积

具有磁性的二元金属氧化物是一类重要的磁性材料，但这类材料对氧化物在衬底上生长的有序性与可控性具有极高的要求，材料中轻微的偏差都会导致材料特性的反转。例如，NiO 薄膜中局部的位错会改变它的磁性，从反铁磁性变为铁磁性。因此，高质量磁性二元氧化物的沉积，以及控制其结构中应变水平和缺陷密度的能力，是其加工工艺中一个具有挑战性的任务。脉冲激光沉积技术（PLD）在生长高质量氧化物薄膜方面有许多优势[70]。PLD 可以保持薄膜成分的化学计量，在相对较低温度下沉积复杂的氧化物。采用 PLD 沉积 NiO 薄膜的工艺如下：①将衬底 $SrTiO_3$ 置于丙酮中超声清洁 10min，然后在甲醇中清洁 10min 以去除顶部的表面污染物；②将衬底在去离子水中超声处理 5min，然后在缓冲氢氟酸溶液（$NH_4F:HF = 7:1$，pH~4.5）中腐蚀 30s，在缓冲 HCl 溶液（pH~4.5）中腐蚀 30s；③将衬底在高纯 N_2 流动下干燥，然后在 1000℃ 空气中退火 2.5h；④使用 Nd-YAG 激光器（$\lambda = 266nm$）进行薄膜沉积，激光通过光学透镜聚焦在目标上，薄膜沉积于衬底；⑤沉积后，将薄膜以 12.5℃/min 的速度冷却至室温。

13.4.2.2 等离子刻蚀

等离子刻蚀可以用于微磁体的制备。NdFeB 磁性薄膜采用磁控溅射法沉积在硅衬底上，Ta 作为底部黏合层，Au 作为抗氧化层。加工工艺如下：①在晶圆上旋涂 25μm 厚的正性光刻胶（AZP4903），并进行光刻图形化；②将晶圆在 150℃ 热板上烘烤 30min，提高其等离子体电阻率；③通过改变气体成分和电气条件，对厚 NdFeB 磁性薄膜进行高功率等离子刻蚀；④去除光刻胶，得到图形化的 NdFeB 磁性薄膜[71]。

在优化的刻蚀条件下，使用 AZP4903 光刻胶作为掩膜，通过高功率等离子刻蚀制造的微磁体如图 13.40（a）所示，方形微型磁体长度为 50μm、厚度为 4.2μm。图 13.40（b）展示了厚度为 2.5μm 的多层 NdFeB/Ta 磁性薄膜经过高功率等离子体刻蚀后的 SEM 图。

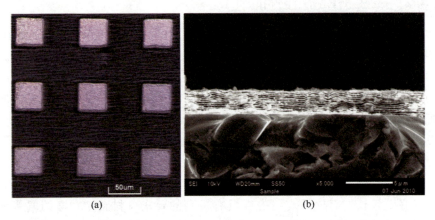

图 13.40　高功率等离子刻蚀制造的微磁体（a）和经过高功率等离子体刻蚀后的 2.5μm 厚的多层 NdFeB/Ta 磁性薄膜（b）[71]

13.4.2.3　Powder MEMS

最近，Lisec 等提出了一种新型的粉末微加工技术 Powder MEMS[72]。与其他先进工艺相比，该技术满足了在基板层面集成 3D 功能微结构的独特要求；可以使用多种介电、金属或半导体材料；可以获得数百微米厚的结构；可以制造多孔磁性物体；支持批处理的低温工艺。Powder MEMS 首先在基板上创建模具图形，然后使模具中充满微米大小的颗粒，基板经过 ALD 工艺将颗粒团聚。在优化的工艺条件下，模具中的松散颗粒通过厚度仅为几十纳米的 ALD 层固定在整个模具深度的刚性结构上。由于 ALD 在低温下进行，因此许多材料都可以用作颗粒和基材。

因此，该技术适用于制造不同磁性材料的机械稳定微磁体（图 13.41），工艺过程如下：①使用 DRIE 将不同形状和大小的空腔刻蚀到硅晶圆中；②将干 NdFeB 粉末填充到预刻蚀腔中并使其表面平整；③采用 ALD 工艺固定松散的颗粒;④衬底晶圆的后处理;⑤用 PECVD 在表面沉积 SiO_2 层钝化制造的结构[73]。由于磁性颗粒完全被无针孔 ALD 层覆盖,因此制造的微磁体具有免受潮湿环境影响的优势。

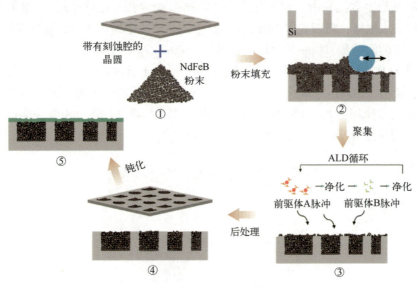

图 13.41　ALD 固化 NdFeB 微磁体工艺流程图[73]

13.4.3　磁性材料的应用

13.4.3.1　磁场传感器

磁场传感器可以应用于电流测量,其基本原理是传感器利用电流产生的磁场并测量导体附近的磁场以及准确的几何形状和方向信息来推断出通过导体的电流。优点是能够非接触式测量,即传感器和导体分离、测量电路与工作电路隔离,从而提供了一种非侵入式电流感测方法。这在生物医学领域非常实用,如需要测量大电流或物理接触导体受限的情况。

Niekiel 等根据这个原理制造了一种基于粉末永磁体的悬臂梁磁场传感器,在悬臂梁的远端放置一个永磁体阵列,当传感器置于电流附近时,永磁体会受到其产生的磁场作用,使悬臂梁发生形变,而悬臂梁近端的压电薄膜可以检测到悬臂梁发生的微小形变,产生相应的电压变化,检测其电压的变化即可得到磁场的大小[74]。悬臂梁远端的磁体阵列比单个大磁体可以降低加工过程中因热应力引起的断裂风险。

基于粉末永磁体的悬臂梁磁场传感器使用 8in 硅晶圆制造。图 13.42 展示了该传感器制作的加工工艺流程，具体如下：①在硅衬底上沉积一层 18μm 厚的多晶硅作为后期的悬臂梁，与其他层之间有 1μm 的氧化层用作隔离，悬臂梁近端的压电薄膜则以铂为底部电极、2μm 厚的 AlN 层与 Mo 作为顶部电极，整个晶圆最上方沉积由一层氮化硅用作隔离保护（图 13.42（a））；②在悬臂梁上加工永磁体，需要先用 DRIE 在晶圆上刻蚀出一个通过多晶硅到达硅衬底的空腔，腔的两旁是 100nm 厚 ALD 氧化铝和 500nm 厚 PECVD 二氧化硅层，在空腔内用 ALD 技术将 NdFeB 粉末固定在空腔内形成永磁体阵列（图 13.42（b））；③晶片上方 PECVD 二氧化硅层是用于保护制作的永磁体阵列，另一侧压电薄膜电极上方使用 AlCu 金属湿法刻蚀图形（图 13.42（c））；④腐蚀多晶硅和氧化层构建悬臂梁，释放硅衬底（图 13.42（d））。

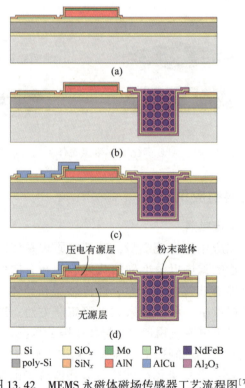

图 13.42　MEMS 永磁体磁场传感器工艺流程图[74]

13.4.3.2　磁性 MEMS 开关

继电器是一种起到"开关"作用的电控器件，能够用小电压（电流）去控制大电压（电流）的通断，用于需要良好的关断隔离、高线性度和低导通电阻的应用场景。MEMS 开关在实现传统继电器功能的基础上变得轻巧，相比传统继电器具有速度更快、体积更小、重量更轻、可集成、成本更低的优点。

本节将介绍一种利用螺线管绕组来降低功耗的静磁横向驱动 MEMS 开关（图 13.43）[75]。右侧为定子（Stator），包含坡莫合金（NiFe 80/20）电极、螺线管绕组；左侧为电枢（Armature），包含弹簧、弹簧锚区（Anchor）和连接在弹簧上的坡莫合金。左右端之间在未通电情况下因弹簧的回弹力而相隔一段距离（Magnetic Gap）。当电流通过线圈时，线圈中产生的磁力吸引左侧回位弹簧上的坡莫合金，磁力克服了弹簧的弹力，开关闭合。

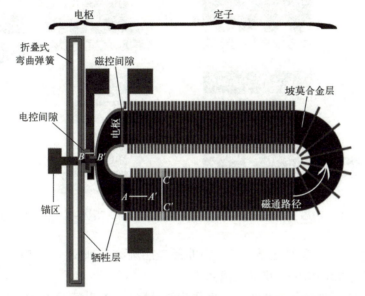

图 13.43　单刀单掷静磁 MEMS 开关的俯视图[75]

该静磁 MEMS 开关完全采用表面微机械加工工艺制造，其螺线管 $A—A'$、$C—C'$ 截面（图 13.43 中标明）的加工流程如图 13.44 所示，主要步骤如下。

（1）加工底层螺线管。首先采用 PECVD 在硅晶圆背面沉积 SiN_x 层，用于避免电镀步骤造成的多余金属沉积；然后在硅片正面沉积一层 $4\mu m$ 厚的 SiO_2 氧化层，旋涂负性光刻胶（KMPR 1005）并图形化，在氧化层中刻蚀出 $1.8\mu m$ 深的沟槽，依次利用氧等离子去胶机、光刻胶去胶剂进行清洗；再蒸发厚度为 30/1800/30nm 的 Ti/Cu/Ti 层到氧化物沟槽和光刻胶上，在 90℃ 下放置 6h 后进行剥离（Lift-off）。

（2）加工机械释放层。首先采用 PECVD 由下至上在晶圆正面分别沉积

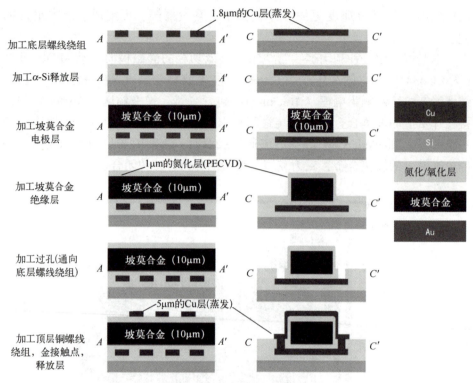

图 13.44 静磁 MEMS 开关螺线管部分加工流程图（沿 A—A'、C—C'截面）[75]

SiN_x 层、SiO_2 层、非晶硅层；然后在非晶硅层旋涂光刻胶（AZ 5214）并图形化；再进行 30s DRIE，获得机械释放层。

（3）加工坡莫合金电极层（也作为机械层）。首先溅射 Ti/Cu/Ti 种子层；然后旋涂 13μm 厚的负性光刻胶（KMPR 1010）并进行光刻图形化；再电镀 10μm 厚的坡莫合金层，以 $5mA/cm^2$ 的电流密度电镀 1.8h，达到 8500 的高相对磁导率；最后在 1% 的氢氟酸（HF）溶液中剥离种子层的上部 Ti 层，暴露出导电的 Cu。

（4）加工坡莫合金绝缘层。首先 PECVD 沉积约 1μm 厚的 SiN_x 层，用以平滑步骤③加工出的极端拓扑结构；然后用 AOE（Advanced Oxide Etcher）刻蚀 SiN_x 层；再湿法腐蚀 2min 去除侧壁上的 SiN_x。

（5）加工过孔。首先沉积一层 17μm 厚的 KMPR 光刻胶；然后用 AOE 在显微镜下刻蚀 SiN_x 层，直到刻穿 30nm 厚的 Ti 层，形成连接到 Cu 的过孔；最后采用光刻胶去胶剂、超声震荡等多个步骤去除光刻胶。

（6）加工顶层螺线管。首先溅射 Ti/Cu/Ti 种子层；然后旋涂 18μm 厚的正性光刻胶（SPR 220），并滴入 5 滴去边液去除边缘光刻胶；再在电镀铜溶液中以 $5mA/cm^2$ 的电镀电流电镀 1h，并去除光刻胶；最后采用氰化钾基的电镀溶液（HS434）电镀金，作为开关的电接触点。

13.5 本章小结

本章主要介绍了传感器与 MEMS 器件常用的四类特殊材料，分别是压电材料、形状记忆合金（SMA）、有机聚合物和磁性材料。这些材料都具有一些特殊的物理或化学性质，可以在外界刺激下发生形变或电压变化，从而实现 MEMS 器件的特殊功能。本章分别介绍了这 4 种材料的材料特性、工作原理、加工工艺以及在 MEMS 领域的典型应用案例。这些特殊材料丰富了 MEMS 器件的功能，也将 MEMS 器件的应用领域拓宽至生物医学、航空航天等领域，为科技进步和社会发展提供了新的技术支持。

参 考 文 献

［1］徐泰然，王晓浩. MEMS 和微系统［M］. 北京：机械工业出版社，2004.
［2］JIANG X，SNOOK K，WALKER T，et al. Single crystal piezoelectric composite transducers for ultrasound NDE applications［C］. Nondestructive Characterization for Composite Materials，Aerospace Engineering，Civil Infrastructure，and Homeland Security 2008. San Diego：SPIE，2008：107-116.
［3］OLDHAM K，PULSKAMP J，POLCAWICH R，et al. Thin-film piezoelectric actuators for bio-inspired micro-robotic applications［J］. Integrated Ferroelectrics，2007，95（1）：54-65.
［4］MURALT P. PZT thin films for microsensors and actuators：where do we stand?［J］. IEEE Transactions on Ultrasonics，Ferroelectrics，and Frequency Control，2000，47（4）：903-915.
［5］ALEXANDER T P，BUKOWSKI T J，UHLMANN D R，et al. Dielectric properties of sol-gel derived ZnO thin films［C］. Proceedings of the Tenth IEEE International Symposium on Applications of Ferroelectrics. East Brunswick：IEEE，1996：585-588.
［6］HAERTLING G H. Ferroelectric thin films for electronic applications［J］. Journal of Vacuum Science & Technology A：Vacuum，Surfaces，and Films，1991，9（3）：414-420.
［7］FANG T H，CHANG W J，LIN C M. Nanoindentation characterization of ZnO thin films

[J]. Materials Science and Engineering: A, 2007, 452: 715-720.

[8] YANG P F, WEN H C, JIAN S R, et al. Characteristics of ZnO thin films prepared by radio frequency magnetron sputtering [J]. Microelectronics Reliability, 2008, 48 (3): 389-394.

[9] TONISCH K, CIMALLA V, FOERSTER C, et al. Piezoelectric properties of polycrystalline AlN thin films for MEMS application [J]. Sensors and Actuators A: Physical, 2006, 132 (2): 658-663.

[10] ANDREI A, KRUPA K, JOZWIK M, et al. AlN as an actuation material for MEMS applications: The case of AlN driven multilayered cantilevers [J]. Sensors and Actuators A: Physical, 2008, 141 (2): 565-576.

[11] GHODSSI R, LIN P. MEMS materials and processes handbook [M]. NewYork: Springer Science & Business Media, 2011.

[12] TADIGADAPA S, MATETI K. Piezoelectric MEMS sensors: state-of-the-art and perspectives [J]. Measurement Science & Technology, 2009, 20 (9): 092001.

[13] EOM C B, TROLIER M, CKINSTRY S. Thin-film piezoelectric MEMS [J]. Mrs Bulletin, 2012, 37 (11): 1007-1017.

[14] CHUNG D J, POLCAWICH R G, JUDY D, et al. A SP2T and a SP4T switch using low loss piezoelectric MEMS [C]. 2008 IEEE MTT-S International Microwave Symposium Digest. Atlanta: IEEE, 2008: 21-24.

[15] DUGGIRALA R, POLCAWICH R G, DUBEY M, et al. Radioisotope thin-film fueled microfabricated reciprocating electromechanical power generator [J]. Journal of Microelectromechanical Systems, 2008, 17 (4): 837-849.

[16] SCHAIJK R V, ELFRINK R, KAMEL T M, et al. Piezoelectric AlN energy harvesters for wireless autonomous transducer solutions [C]. SENSORS. Lecce: IEEE, 2008: 45-48.

[17] JEON Y B, SOOD R, JEONG J H, et al. MEMS power generator with transverse mode thin film PZT [J]. Sensors and Actuators A: Physical, 2005, 122 (1): 16-22.

[18] POLCAWICH R G, PULSKAMP J S, JUDY D, et al. Surface micromachined microelectromechancial ohmic series switch using thin-film piezoelectric actuators [J]. IEEE Transactions on Microwave Theory and Techniques, 2007, 55 (12): 2642-2654.

[19] LEE H C, PARK J H, PARK J Y, et al. Design, fabrication and RF performances of two different types of piezoelectrically actuated Ohmic MEMS switches [J]. Journal of Micromechanics & Microengineering, 2005, 15 (11): 2098-2104.

[20] POLCAWICH R G, JUDY D, PULSKAMP J S, et al. Advances in piezoelectrically actuated RF MEMS switches and phase shifters [C]. 2007 IEEE/MTT-S International Microwave Symposium. Honolulu: IEEE, 2007: 2083-2086.

[21] MOHRI M, FERRETTO I, LEINENBACH C, et al. Effect of thermomechanical treatment

and microstructure on pseudo-elastic behavior of Fe-Mn-Si-Cr-Ni- (V, C) shapememory alloy [J]. Materials Science and Engineering: A, 2022, 855: 143917.

[22] FANG C. SMAs for infrastructures in seismic zones: a critical review of latest trends and future needs [J]. Journal of Building Engineering, 2022, 57: 104918.

[23] DAUDPOTO J, DEHGHANI SANIJ A, RICHARDSON R. A measurement system for shape memory alloy wire actuators [J]. Measurement and Control, 2015, 48 (9): 285-288.

[24] LU F, LEE H P, LIM S P. Modeling and analysis of micro piezoelectric power generators for micro-electromechanical-systems applications [J]. Smart Materials and Structures, 2003, 13 (1): 57.

[25] KOHL M. Shape memory microactuators [M]. Heidelberg: Springer Berlin, 2004.

[26] BUSCH J D, JOHNSON A D, LEE C H, et al. Shape-memory properties in Ni-Ti sputter-deposited film [J]. Journal of Applied Physics, 1990, 68 (12): 6224-6228.

[27] ŻUBEREK R, CHUMAK O M, NABIALEK A, et al. Magnetocaloric effect and magnetoelastic properties of NiMnGa and NiMnSn Heusler alloy thin films [J]. Journal of Alloys and Compounds, 2018, 748: 1-5.

[28] PANDEY H, ROUT P K, ANUPAM, et al. Magnetoelastic coupling induced magnetic anisotropy in Co2 (Fe/Mn) Si thin films [J]. Applied Physics Letters, 2014, 104 (2): 022402.

[29] TIAN H, SCHRYVERS D, LIU D, et al. Stability of Ni in nitinol oxide surfaces [J]. Acta Biomaterialia, 2011, 7 (2): 892-899.

[30] BOXMAN R L, ZHITOMIRSKY V N. Vacuum arc deposition devices [J]. Review of Scientific Instruments, 2006, 77 (2): 021101.

[31] KAUFFMANN-WEISS S, HAHN S, et al. Growth, microstructure and thermal transformation behaviour of epitaxial Ni-Ti films [J]. Acta Materialia, 2017, 132: 255-263.

[32] MOMENI S, BISKUPEK J, TILLMANN W. Tailoring microstructure, mechanical and tribological properties of NiTi thin films by controlling in-situ annealing temperature [J]. Thin Solid Films, 2017, 628: 13-21.

[33] SAN JUAN J, NÓ M L, SCHUH C A. Superelasticity and shape memory in micro-and nanometer-scale pillars [J]. Advanced Materials, 2008, 20 (2): 272-278.

[34] KOHL M, SKROBANEK K D, GOH C M, et al. Mechanical characterization of shapememory micromaterials [C]. Microlithography and Metrology in Micromachining II. Austin: SPIE, 1996: 108-118.

[35] MEGNIN C, KOHL M. Shape memory alloy microvalves for a fluidic control system [J]. Journal of Micromechanics and Microengineering, 2013, 24 (2): 025001.

[36] NAKAMURA Y, NAKAMURA S, BUCHAILLOT L, et al. Two thin film shape memory alloy microactuators [J]. IEEE Transactions on Sensors and Micromachines, 1997, 117

(11): 554-559.

[37] STOECKEL D, PELTON A, DUERIG T. Self-expanding nitinol stents: material and design considerations [J]. European Radiology, 2004, 14 (2): 292-301.

[38] PETRINI L, MIGLIAVACCA F. Biomedical applications of shape memory alloys [J]. Journal of Metallurgy, 2011: 1-15.

[39] BENARD W L, KAHN H, HEUER A H, et al. A titanium-nickel shape-memory alloy actuated micropump [C]. International Conference on Solid State Sensors & Actuators. Chicago: IEEE, 1997: 361-364.

[40] GELORME J D, COX R J, GUTIERREZ S. Photoresist composition and printed circuit boards and packages made therewith: US4882245 A [P]. 1989.

[41] MARIA NORDSTRÖM, MARIE R, CALLEJA M, et al. Rendering SU-8 hydrophilic to facilitate use in micro channel fabrication [J]. Journal of Micromechanics & Microengineering, 2004, 14 (12): 1614-1617.

[42] SHIRTCLIFFE N J, AQIL S, EVANS C, et al. The use of high aspect ratio photoresist (SU-8) for super-hydrophobic pattern prototyping [J]. Journal of Micromechanics and Microengineering, 2004, 14 (10): 1384.

[43] YOON Y K, PARK J H, ALLEN M G. Multidirectional UV lithography for complex 3-D MEMS structures [J]. Journal of Microelectromechanical Systems, 2006, 15 (5): 1121-1130.

[44] LÖTTERS J C, OLTHUIS W, VELTINK P H, et al. The mechanical properties of the rubber elastic polymer polydimethylsiloxane for sensor applications [J]. Journal of Micromechanics and Microengineering, 1997, 7 (3): 145.

[45] VAN KREVELEN D W, TE NIJENHUIS K. Properties of polymers: their correlationwith chemical structure; their numerical estimation and prediction from additive group contributions [M]. Amsterdam: Elsevier, 2009.

[46] MADKOUR T M, MARK J. Polymer data handbook [M]. New York: Oxford University Press, 1999.

[47] HEMMILÄ S, CAUICH-RODRÍGUEZ J V, KREUTZER J, et al. Rapid, simple, and cost-effective treatments to achieve long-term hydrophilic PDMS surfaces [J]. Applied Surface Science, 2012, 258 (24): 9864-9875.

[48] WALDNER J B. Nanocomputers and swarm intelligence [M]. Hoboken: Wiley, 2013.

[49] WEIBEL D B, DILUZIO W R, WHITESIDES G M. Microfabrication meets microbiology [J]. Nature Reviews Microbiology, 2007, 5 (3): 209-218.

[50] BEEBE D J, MENSING G A, WALKER G M. Physics and applications of microfluidics in biology [J]. Annual Review of Biomedical Engineering, 2002, 4 (1): 261-286.

[51] JAKEWAY S C, DE MELLO A J, RUSSELL E L. Miniaturized total analysis systems for bi-

ological analysis [J]. Fresenius' Journal of Analytical Chemistry, 2000, 366 (6): 525-539.

[52] ZHU Z, WANG Y, PENG R, et al. A microfluidic single-cell array for in situ laminar-flow-based comparative culturing of budding yeast cells [J]. Talanta, 2021, 231: 122401.

[53] PEDERSON M, OLTHUIS W. High - performance condenser microphone with fully integrated CMOS amplifier and DC-DC voltage converter [J]. Journal of Microelectromechanical Systems, 1998, 7 (4): 387-394.

[54] RODGER D C, FONG A J, LI W, et al. Flexible parylene-based multielectrode array technology for high-density neural stimulation and recording [J]. Sensors and Actuators B: Chemical, 2008, 132 (2): 449-460.

[55] RODGER D C, WEILAND J D, HUMAYUN M S, et al. Scalable high lead-count parylene package for retinal prostheses [J]. Sensors & Actuators B Chemical, 2006, 117 (1): 107-114.

[56] KIM Y J, ALLEN M G. In situ measurement of mechanical properties of polyimide films using micromachined resonant string structures [J]. IEEE Transactions on Components & Packaging Technologies, 2002, 22 (2): 282-290.

[57] FRAZIER A B, ALLEN M G. Piezoresistive graphite/polyimide thin films for micromachining applications [J]. Journal of Applied Physics, 1993, 73 (9): 4428-4433.

[58] TAKAHASHI Y, IIJIMA M, INAGAWA K, et al. Synthesis of aromatic polyimide film by vacuum deposition polymerization [J]. Journal of Vacuum Science & Technology A: Vacuum, Surfaces, and Films, 1987, 5 (4): 2253-2256.

[59] MIMOUN B, PHAM H T M, HENNEKEN V, et al. Residue-free plasma etching of polyimide coatings for small pitch vias with improved step coverage [J]. Journal of Vacuum Science & Technology B, Nanotechnology and Microelectronics: Materials, Processing, Measurement, and Phenomena, 2013, 31 (2): 021201.

[60] WANG S, YU S, LU M, et al. Microfabrication of plastic-PDMS microfluidic devices using polyimide release layer and selective adhesive bonding [J]. Journal of Micromechanics and Microengineering, 2017, 27 (5): 055015.

[61] METZ S, HOLZER R, RENAUD P. Polyimide-based microfluidic devices [J]. Lab on a Chip, 2001, 1 (1): 29-34.

[62] SUTER M, LI Y, SOTIRIOU G A, et al. Low-cost fabrication of PMMA and PMMA based magnetic composite cantilevers [C]. 2011 16th International Solid-state Sensors, Actuators & Microsystems Conference. Beijing: IEEE, 2011: 398-401.

[63] SMELA E. Microfabrication of PPy microactuators and other conjugated polymer devices [J]. Journal of Micromechanics and Microengineering, 1999, 9 (1): 1.

[64] HARA S, ZAMA T, AMETANI A, et al. Enhancement in electrochemical strain of a poly-

pyrrole-metal composite film actuator [J]. Journal of Materials Chemistry, 2004, 14 (18): 2724-2725.

[65] SPINKS G M, WALLACE G G, DING J, et al. Ionic liquids and polypyrrole helix tubes: bringing the electronic Braille screen closer to reality [C]. Smart Structures and Materials 2003: Electroactive Polymer Actuators and Devices (EAPAD). San Diego: SPIE, 2003: 372-380.

[66] SMELA E, INGANÄS O, LUNDSTRÖM I. Controlled folding of micrometer-size structures [J]. Science, 1995, 268 (5218): 1735-1738.

[67] TACCOLA S, GRECO F, SINIBALDI E, et al. Toward a new generation of electricallycontrollable hygromorphic soft actuators [J]. Advanced Materials, 2015, 27 (10): 1668-1675.

[68] JI B, WANG M. Micro-wrinkle strategy for stable soft neural interface with optimized electroplated PEDOT: PSS [J]. Journal of Micromechanics and Microengineering, 2020, 30 (10): 104001.

[69] JUDY J W, MYUNG N. Magnetic materials for MEMS [C]. MRS Workshop on MEMS Materials. San Francisco: Ucla. 2002: 23-26.

[70] KASHIR A, JEONG H W, LEE G H, et al. Pulsed laser deposition of rocksalt magnetic binary oxides [J]. Thin Solid Films, 2019, 692: 137606.

[71] JIANG Y, MASAOKA S, UEHARA M, et al. Micro-structuring of thick NdFeB films using high-power plasma etching for magnetic MEMS application [J]. Journal of Micromechanics and Microengineering, 2011, 21 (4): 045011.

[72] LISEC T, REIMER T, KNEZ M, et al. A novel fabrication technique for MEMS based on agglomeration of powder by ALD [J]. Journal of Microelectromechanical Systems, 2017, 26 (5): 1093-1098.

[73] BODDULURI M T, GOJDKA B, WOLFF N, et al. Investigation of wafer-level fabricated permanent micromagnets for MEMS [J]. Micromachines, 2022, 13 (5): 742.

[74] NIEKIEL F, SU J, BODDULURI M T, et al. Highly sensitive MEMS magnetic field sensors with integrated powder-based permanent magnets [J]. Sensors and Actuators A: Physical, 2019, 297: 111560.

[75] GLICKMAN M, TSENG P, HARRISON J, et al. High-performance lateral-actuating magnetic MEMS switch [J]. Journal of Microelectromechanical Systems, 2011, 20 (4): 842-851.

第14章

二维材料传感器加工制造技术

二维材料伴随着石墨烯的成功分离而被提出,因其载流子迁移和热量扩散都被限制在二维平面内,使得这种材料展现出诸多独特的性能,在场效应管、光电器件、热电器件等领域应用广泛,具有很大的发展潜力,其中就包括基于二维材料的各种传感器。因此,二维材料传感器的加工制造技术十分重要。

14.1 节介绍二维材料的概念,包括石墨烯、硅烯等典型的二维材料。14.2 节介绍二维材料的制备方法,分析了自顶而下和自底而上两种制备方法的特点。14.3 节介绍二维材料的表面工艺,对制备的二维材料进行图像化处理。14.4 节介绍二维材料的表面化学修饰,提供了通过改性表面相来调控二维材料自身物理性质的方法。14.5 节介绍二维材料传感器的两个案例,以加深对二维材料传感器加工制造技术的理解。

14.1 二维材料

二维材料是单层原子的层状材料。在 2004 年,Geim 和 Novoselov 等利用撕胶带法对高定向热解石墨进行剥离,得到了碳单原子层,即石墨烯,并对石墨烯片层进行了电学测试,测得电子迁移率($2\times10^5 cm^2 \cdot V^{-1} \cdot s^{-1}$),远超硅基半导体材料[1],这两位科学家也因为"对于二维材料石墨烯的开创性实验"获得了 2010 年的诺贝尔物理学奖。由此,在世界范围内掀起了一股石墨烯及新兴二维材料的研究热潮。

一般来说,二维材料可以根据组成元素的类型分成单质的同素异形体(如石墨烯、硅烯、锗烯、黑磷烯等)以及含有两种或以上元素构成的化合物(如六方氮化硼、过渡金属硫化物、二维过渡金属碳(氮)化物等)。下面将分类介绍几种典型的二维材料。

14.1.1 单质二维材料

14.1.1.1 石墨烯

石墨烯(Graphene)是碳单原子组成的二维蜂窝状结构,是碳的同素异形体,同时也是富勒烯、碳纳米管以及石墨的基本组成部分(图14.1)。石墨烯是目前最被广泛研究的二维材料。

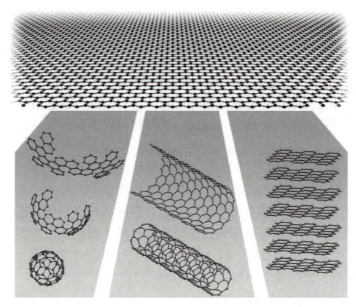

图14.1 石墨烯是富勒烯、碳纳米管以及石墨的基本组成部分[1]

14.1.1.2 硅烯

硅烯(Silicene)是硅的二维单原子同素异形体,类似于石墨烯的蜂窝状结构。硅烯被发现于2010年,研究者使用扫描隧道显微镜(Scanning Tunneling Microscope,STM)观察到了银纳米晶上生长的单层硅原子(图14.2)[2]。硅烯和基于硅烯的场效应晶体管的出现,也为硅基半导体的理论研究与实际应用带来了新的机遇。

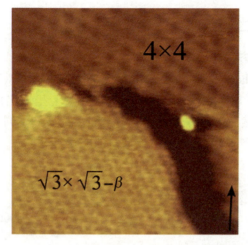

图 14.2 第一层（4×4）以及第二层（$\sqrt{3}\times\sqrt{3}-\beta$）硅烯的 STM 图片[2]

14.1.1.3 锗烯

锗烯（Germanene）是锗元素的二维单原子层同素异形体，也具有类似石墨烯的蜂窝状结构。锗烯发现于 2014 年，Dávila 等使用分子束外延技术在金表面生长出了单层的锗原子[3]。

14.1.1.4 黑磷烯

黑磷烯（Phosphorene）是磷元素的二维单原子层同素异形体，通过剥离块体黑磷发现的，类比于石墨烯与石墨，黑磷烯也是组成块体黑磷的基本单元（图 14.3）。黑磷烯具有较高的电子迁移率，同时黑磷烯能带带隙不为零，带隙可以通过应变和控制片层堆叠数目来调控[4]。相比于石墨烯，黑磷烯被认为是更具潜力的二维半导体材料。

图 14.3 黑磷烯片层组成块状黑鳞[4]

14.1.2 化合物二维材料

14.1.2.1 六方氮化硼

六方氮化硼（hexagonal-Boron Nitride，h-BN）是类似于石墨烯结构的化合物二维材料（图14.4）[5]。其块体材料在外观上呈现出白色，因此又被称为"白石墨烯"。然而，六方氮化硼有着与石墨烯截然不同的电学特性，六方氮化硼的带隙约为5.9 eV，呈现出绝缘体的电学特征。

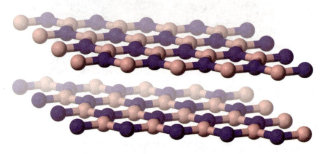

图14.4 六方氮化硼的结构[5]

14.1.2.2 过渡金属硫化物

过渡金属硫化物（Transition Metal Dichalcogenide，TMD）是由过渡金属原子与硫族元素（Chalcogen）组成的原子级厚度的二维材料，一般用MX_2来表示，M表示过渡金属，X表示硫族元素（S、Se和Te）[6-7]。过渡金属硫化物在结构上是由两层X原子中间夹着一层M原子组成，如图14.5所示。

图14.5 单层过渡金属硫化物的结构（黑色代表M原子，黄色代表X原子）[6]

过渡金属硫化物是一类二维材料的总称，从元素周期表（图14.6）中可以看出，根据过渡金属元素与硫族元素的排列组合，可以合成多种过渡金属硫化物二维材料。

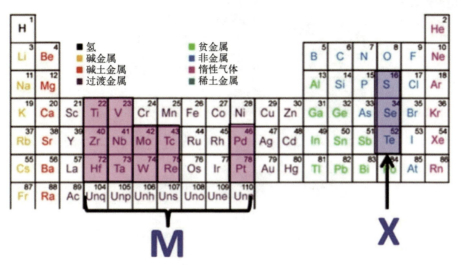

图 14.6　过渡金属硫化物的排列[7]

14.1.2.3　二维过渡金属碳（氮）化物

二维过渡金属碳（氮）化物，即 MXenes，是一类二维无机化合物，包含了二维过渡金属碳化物、氮化物或碳氮化物。其化学通式可用 $M_{n+1}X_nT_x$ 表示，其中 M 指过渡族金属，X 指 C、N 或者 CN，n 一般为 1~4，T_x 指表面官能团（如 O、F、OH、Cl 等）[8]。MXenes 主要通过 HF 酸或盐酸和氟化物的混合溶液将 MAX 相中结合较弱的 A 位元素（如 Al 原子）选择性刻蚀而得到（图 14.7）。

二维材料性能的多样性也催生出了以二维材料为基础的新型传感器的研究。例如，h-BN 的宽带隙使得其呈现出典型的绝缘体特征，单层的 $NbSe_2$ 则表现出金属的电学特征，而与 $NbSe_2$ 同属于 TMD 的单层 MoS_2 以及单层 WS_2 则是具有直接带隙的半导体材料。二维材料的多样性激发了新的器件结构和应用领域。目前，在理论上已经有上百种二维材料被预测能够稳定存在。本节将重点介绍几种典型的二维材料在传感器领域中的加工制造技术。

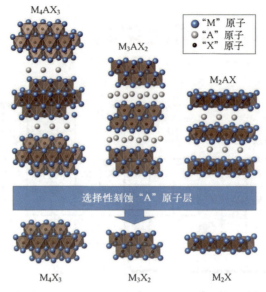

图 14.7　MXenes 制备的选择性刻蚀示意图[8]

14.2　二维材料的制备方法

大批量且低成本地生产高质量的二维材料是制造高性能传感器的基础,也是实现二维材料传感器的产业化的前提条件。目前,已报道的二维材料制备方法可以大致分为两大类。一类方法称为自顶而下(Top-down)方法,这类方法的共性是将块体材料分解成为层状二维材料,包括机械剥离法、化学氧化还原法、液相剥离法和电化学剥离法等。另一类称为自底而上(Bottom-up)方法,这类方法的共性是使用含有目标元素的前驱物质,控制反应条件,合成出相应的二维材料结构。这类方法包括外延生长法、化学气相沉积生长法等。每种方法都有各自的特点和相应的适用领域,我们将在下面的内容进行简单的介绍。

14.2.1　自顶而下

14.2.1.1　机械剥离法

机械剥离法适用于从块体结构中剥离出二维材料。这种方法的原理是:多层块体材料的基本组成单元是二维材料,二维材料面内的原子是由强化学键连接起来的，而在二维材料面外，原子之间的相互作用就较弱一些。机械剥离法是通过 Geim 和 Novoselov 获得 2010 年诺贝尔物理学奖而被人们熟知的，但其实这种方法很早就已经在扫描隧道显微镜的样品制备过程中被研究人员所使用了，这种方法又称为 Scotch 胶带法或者撕胶带法（图 14.8）。其操作的流程简单来讲就是将胶带黏到高定向热解石墨的表面上，通过胶带与表面石墨烯的范德华力将单层石墨层从块状石墨中剥离出来。

▶ 图 14.8 Scotch 胶带与块体石墨

机械剥离法能够获得高品质的单层或者少数层的二维材料。使用原子力显微镜（Atomic Force Microscope，AFM）、拉曼光谱（Raman Spectroscopy）以及透射电子显微镜（Transmission Electron Microscope，TEM）等材料表征手段可以也可以分辨出片层的层数。这种方法制备的二维材料具有比较完整的晶格结构，受到杂质的污染也少，因此具有极佳的电学、热学、光学以及机械性能。目前，能够获得高性能的传感器的报道都是基于机械剥离法制造出来的。在学术研究领域，这种方法具有很重大的意义。然而，这种方法也存在着一些问题，机械剥离法对于材料的尺寸、形状的控制能力较差。另外，这种方法的产量低和成本高，也不能满足大规模产业化的需求。

14.2.1.2 化学氧化还原法

化学氧化还原法主要是为了解决规模化生产石墨烯材料的问题。氧化石墨（Graphite Oxide），是通过对天然石墨的氧化，在石墨中修饰官能团并插层制备而成的。这种方法已有 100 多年的历史，最早在 1859 年，Brodie 第一次报道了氧化石墨制备的工作[9]，他采用在发烟硝酸中加入 $KClO_3$ 来进行氧化的方法获得了结构式为 $C_{2.19}H_{0.8}O_{1.0}$ 的分子式。然而这种物质实际上并不是单一分子的组成，而是混合物的组成成分。40 年过后，Staudenmaier 改进了 Brodie 的工作，进一步减小了反应所需要的时间。到了 1958 年，Hummers 和 Offeman 改进了氧化石墨的制备方法[10]，以 $KMnO_4$ 为氧化剂，同时在浓硫酸的环境中对石墨进行氧化，将反应时间再次缩短。现在的氧化石墨制备方法大多是在这三种方法的基础上进行改进的，其中，考虑到反应时间以及实验的安全性，基于 Hummers 的改进型氧化石墨制备方法更为常见。

氧化石墨可以很轻易地通过超声分散或者经过长时间的机械搅拌得到单层的氧化石墨烯。氧化石墨烯是石墨烯的重要衍生物，它的结构中包含了大量的含氧官能团，如羟基、羧基和环氧基等。这些含氧官能团的存在会使得氧化石墨的层间距增到 6~12Å（1Å = 0.1nm），远大于石墨的层间距（约 3.4Å），同时这些含氧官能团也提供了大量的活性位点，方便了与其他化学物质反应并形成复合结构，可以合成只对特定生物大分子或者离子敏感的传感器。通过加热或引入强还原剂，氧化石墨烯的 π 型共轭结构会被修复，变成还原氧化石墨烯。目前，在工业上，吨级别的氧化石墨烯和还原氧化石墨烯就是通过氧化/还原方法制备而成的。然而，还原氧化石墨烯的品质受限于还原过程中产生的缺陷和官能团的残留。因此，还原氧化石墨烯的电导率和载流子迁移率无法与机械剥离法制备出的高品质石墨烯相比较。

14.2.1.3 液相剥离法

类似于机械剥离法，液相剥离法是利用溶液对块状材料进行直接剥离，也可以实现多种块体材料的剥离。一般会在溶液中添加有机溶剂、表面活性剂、盐以及一些轻金属离子（如 Li 离子），如图 14.9 所示。利用这些溶液中的物质对块体材料进行插层，在外力的作用下，如超声、搅拌以及通电等，将石墨烯剥离出来。这种方法便于大规模制备二维材料，且能够获得晶格结构较为完整的片层[11]。然而，这种方法也存在着一些问题，对于材料的尺寸、形状、层数的控制能力较差。

14.2.2 自底而上

14.2.2.1 外延生长法/分子束外延

外延生长一般是指通过对 SiC 衬底进行加热，从而在表面生长出石墨烯层，这种方法能够获得高品质的石墨烯。为了获得单层石墨烯，外延生长法方法往往需要高温（>1000°C）和高真空条件。在 Si 被升华之后，剩下的碳原子就会重新排列形成石墨结构。这种方法的优点是可以直接在绝缘衬底上

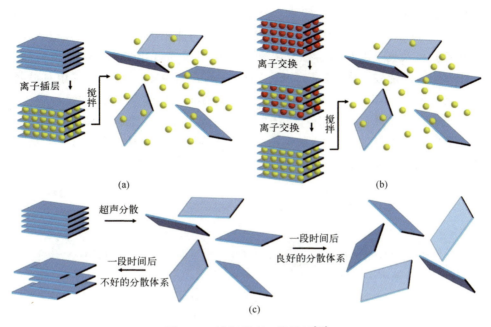

图 14.9　液相剥离二维材料[11]

(a) 离子插层剥离示意图；(b) 离子交换插层剥离示意图；(c) 片层在不同体系下的分散情况。

生长高品质的石墨烯，对于圆片级的加工生产很有益处。多种石墨烯电子器件可以不需要转移过程而在圆片上直接进行制造。但是，这种方法也有一定的局限性。与 CVD 生长法不同，SiC 衬底的去除非常困难，这也限制了将外延生长石墨烯转移到一些特定的衬底上的灵活性，进而限制了这种方法的应用范围。

分子束外延技术也是一种需要高真空的制造工艺，是在适当的衬底与合适的条件下，沿衬底材料晶轴方向逐层生长薄膜的方法。该技术的特点是：使用的衬底温度低，膜层生长速率慢，束流强度易于精确控制，膜层组分和掺杂浓度可随源的变化而迅速调整，以及交替生长不同组分、不同掺杂的薄膜而形成的超薄层量子显微结构材料。

14.2.2.2　CVD 生长法

CVD 技术是二维材料的生长制备的重要手段，能够可控生长出多种原子级别厚度的二维材料薄膜，早在 20 世纪 70 年代，Blakely 和他的研究小组就以 CH_4 作为碳源，利用 CVD 在 Ni 的 (111) 晶面上生长单层或者双层石墨烯材料[12]。在 CVD 生长二维材料的过程中，在温度和压力的作用下，前驱物发生分解，并在固态衬底（如硅片、金属等）表面上沉积并形成大面积的薄膜（图 14.10）。二维材料的生长质量和片层大小与前驱物、反应的温度（800~1000℃）以及真空度相关。生长出来的片层可以通过化学刻蚀去除掉衬底，使用聚甲基丙烯酸甲酯（Polymethyl Methacrylate，PMMA）或者聚二甲基硅氧烷（Polydimethylsiloxane，PDMS）作为中间载体，可以转移到目标衬底上。经过这些年的发展，利用 CVD 方法可以获得大尺寸的二维材料晶体，如 30in 的石墨烯单晶[13]。此外，CVD 生长法还可以在材料生长过程中通过人为地引入其他物质，形成元素掺杂以及异质结形成，有利于晶体管的制造。

图 14.10 CVD 生长二维材料示意图[14]

14.3 二维材料的表面工艺

制备出高品质的二维材料之后，器件要对薄膜进行图形化，本节主要介绍图形化工艺中涉及的转移、刻蚀等。

14.3.1 二维材料的转移技术

通常来说，使用机械剥离法和 CVD 生长法制备出的二维材料，需要使用搭建出具有长工作距离的原位光学操纵平台，使用聚合物转移介质将这些生长出的二维材料薄膜转移到目标区域。以 MoS_2 为例[14]，先使用 CVD 在 SiO_2/Si 衬底表面生长 MoS_2；再将 PMMA 旋涂在衬底上；等到固化后，将整体浸泡在 NaOH 溶液中，使 MoS_2/PMMA 从 SiO_2/Si 衬底上脱离；随后转移到目标衬底上；最后使用热的丙酮溶液，将 PMMA 去除，具体过程如图 14.11 所示。

常用的聚合物转移介质一般有 4 种，分别是 PMMA/牺牲层聚合物、PDMS、热塑性聚合物以及 PDMS/PPC/hBN 复合薄膜。从洁净度、难易度以及速度 3 个维度进行评价，这 4 种转移介质的效果比较如表 14.1 所列。其中，

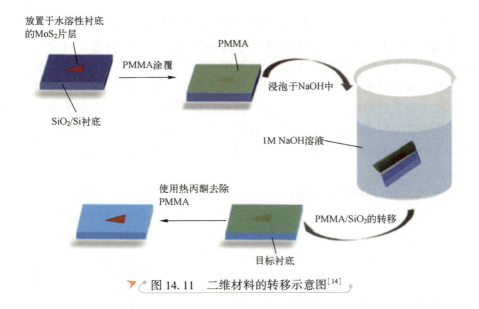

图 14.11 二维材料的转移示意图[14]

由于不需要旋涂、湿法转移以及加热，PDMS 转移被认为是最简单也最快速的转移方法。

表 14-1 聚合物转移介质的比较

类 型	洁净度	难易度	速度
PMMA/牺牲层聚合物	+++	+++	+++
PDMS	+++	+++++	+++++
热塑性聚合物	+	++	+++
PDMS/PPC/h-BN 复合薄膜	+++++	+	++

注：+号的数量表示洁净度、难易度以及速度的程度。

转移技术是目前器件制造中必不可少的工艺，同时在制造不同二维材料异质结构中具有很大的灵活性。然而，目前的转移技术依旧有很明显的缺点，转移过程中不可避免地会在二维材料表面造成聚合物残留，同时二维材料也有可能发生卷曲甚至破碎。此外，转移技术在操控二维材料片层堆叠去向上还有相当大的难度，依旧有进一步的改进和研究的空间。

14.3.2 刻蚀技术

对于二维材料器件的制造，刻蚀技术是十分关键的一环。二维材料在制备过程中，其片层形状和层数是很难控制的，这就需要使用刻蚀技术来控制二维材料的层数以及实现图形化。需要指出的是，由于二维材料的独特性质，二维材料的刻蚀技术与传统半导体薄膜的刻蚀技术是不一样的。对于半导体薄膜，图形化结构的规整度是主要的关注点，材料本身的性质一般不会随着刻蚀的完成而改变。相比而言，二维材料本身的性质会受到层数、片层边缘以及尺寸等因素的影响。在对二维材料进行刻蚀时，材料本身的电学、光学甚至是能带结构都会发生改变[15]。目前，已经报道的刻蚀技术包括反应离子刻蚀（RIE）、反应气体刻蚀、原子层刻蚀、金属辅助裂片技术以及激光刻蚀等。

14.3.2.1 反应离子刻蚀

反应离子刻蚀技术被广泛应用于半导体制造以及微纳结构制造领域。其工作原理简图如图 14.12 所示。首先，电子将会从射频电场中获得能量，然后，刻蚀气体会被这些电子轰击并电离化，随着这一过程将持续进行，产生出越来越多的电子、离子和自由基，最后形成动态平衡的低温等离子体。这些等离子体，具有很强的化学活性，可与被刻蚀样品表面的原子起化学反应，形成挥发性物质，达到刻蚀样品表层的目的。

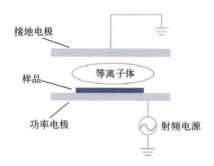

图 14.12　反应离子刻蚀原理简图[15]

选择合适的等离子体是反应离子刻蚀的最重要的步骤。在二维材料的刻蚀技术中，一般会用到惰性气体（如 Ar、N_2）、氧化性气体（如 O_2）、还原性气体（如 H_2）以及含氟气体（如 CHF_3、SF_6）。选择不同气体，将会有着不同的刻蚀效果。由于氧能够与碳直接生成 CO 和 CO_2，氧等离子体可以实现石墨烯的各向同性刻蚀，而氢等离子体只能沿着特定晶向刻蚀石墨烯，因此，可以实现石墨烯的各向异性刻蚀。作为惰性气体，Ar 等离子体是以物理轰击的方式去刻蚀 TMD 和黑磷烯，然而，这种方式的刻蚀速率较慢。混合不同气体也可以实现对二维材料的有效刻蚀，例如，混合 SF_6 与 N_2 产生的等离子体

与 MoS_2 反应生成气态产物，能够有效地控制刻蚀过程，相应的反应式为

$$3SF_6+N_2\rightarrow 2NF_3+3SF_4 \tag{14-1}$$

$$3MoS_2+16NF_3\rightarrow 8N_2+3MoF_4+6SF_6 \tag{14-2}$$

$$2MoF_4\rightarrow 2MoF_3+F_2 \tag{14-3}$$

除了选择刻蚀气体的种类，对于二维材料的刻蚀过程的调控，还需要考虑气流速率、气压以及射频电场功率等因素。

14.3.2.2 反应气体刻蚀

反应气体刻蚀是一种化学刻蚀。与湿法刻蚀类似，反应气体将会与被刻蚀材料直接发生化学反应，一般使用 XeF_2 作为反应气体。在传统半导体薄膜刻蚀过程中，XeF_2 具有很强的选择刻蚀比率，XeF_2 可以直接与 Si 发生反应，生成气态 SiF_4 副产物，同时几乎不与 SiO_2、金属以及其他掩膜材料发生反应。在刻蚀二维材料的过程中，XeF_2 也具有选择性刻蚀的特点。TMD 和 h-BN 可以被快速刻蚀，而石墨烯则与之相反，石墨烯会与 XeF_2 反应生成固态的氟代石墨烯（一种宽带隙单层材料），从而保护底层材料不被刻蚀。利用这种特性，可以制造出异质结构的器件。XeF_2 与 MoS_2 的氧化还原过程如下式所示。从反应式可以看出反应产物 Xe、SF_6、F_2 和 MoF_3 在常温下都是气体，因此可以获得没有残留物质的 MoS_2 新表面。

$$MoS_2+8XeF_2\rightarrow 8Xe+MoF_4+2SF_6 \tag{14-4}$$

$$2MoF_4\rightarrow 2MoF_3+F_2 \tag{14-5}$$

14.3.2.3 原子层刻蚀

随着半导体制造进入纳米尺度，器件尺寸的不均匀性将大大影响器件的性能。为了实现原子层级别的精度刻蚀，原子层刻蚀技术应运而生。对于二维材料，原子层刻蚀有着其独特的优势，可以实现原子层厚度精度的层层减薄。

简单来讲，原子层刻蚀是两个单独反应（A 反应和 B 反应）的循环往复进程。首先，A 反应是以化学吸附或者沉积的形式对材料表面进行修饰，修饰过的材料表面将会在随后的 B 反应中被去除。此外，原子层刻蚀还存在自停止现象，即当刻蚀时间增加或反应物浓度上升时，刻蚀速率将会逐步下降，并最终停止。图 14.13 展示了原子层刻蚀的原理。一次完整的刻蚀循环包括 4 个步骤：①反应气体注入等离子体腔体中，二维材料的顶层表面被修饰；②停止气体注入并将多余的气体排出；③加速的高能粒子刻蚀修饰过的表面；④高能粒子停止刻蚀，同时多余的气体和反应副产物排出腔体。在第 3 步中，刻蚀时间和离子能量是重要的调控参数。理想情况下，每次循环刻蚀一层原

子层。由于修饰过的表面层的分解能量要低于其之下的二维材料的分解能量，因此，当离子能量正好处于两个分解能量之间时，就能够实现精准的单原子层刻蚀。当离子能量太低时，修饰过的材料表面不能被完全刻蚀掉。当离子能量太高时，修饰过的材料表面与其之下的材料将会被同时刻蚀掉，其刻蚀效果类似于连续等离子体刻蚀。

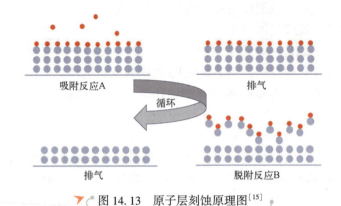

图 14.13　原子层刻蚀原理图[15]

14.3.2.4　金属辅助裂片技术

与前面几种刻蚀技术不同，金属辅助裂片技术只适用于二维材料的刻蚀。这是由于传统体材料是通过较强的共价键连接在一起的，而二维层状材料的片层之间则是通过相对较弱的范德瓦尔斯力连接在一起的。图 14.14 是金属辅助裂片技术的原理示意图。其中沉积的金属薄膜与顶部的原子层紧密连接在一起。当给二维层状材料的边缘施加拉力时，由于弯曲，顶部的原子层将会在边界处与其下面的原子出现裂缝。然后，将会出现一个剪切力使得裂缝逐渐变大。由于顶部原子层与金属薄膜的结合能大于顶部原子层与其下面的原子层，所以顶部原子层可以与金属薄膜一同被机械剥离掉。这项刻蚀技术的优点是能够在不污染材料和不钝化表面的前提下，对二维材料进行原子层精度的刻蚀。

根据上述原理，裂缝往往会出现在整体层状结构最薄弱的位置，那么，金属薄膜与二维材料、二维材料与二维材料、二维材料与衬底之间的结合能的竞争关系就是二维材料剥离的关键。在工艺上，由于与碳原子和硫族原子之间有很强的结合能，通常使用 Ni 和 Au 两种金属溅射在石墨烯和 TMD 的表面。除了选择溅射金属种类之外，剥离效果还与金属层的厚度，以及溅射速度有关。

金属辅助裂片技术具有单原子层厚度的刻蚀精度，具有在大尺寸、高品

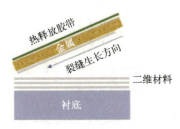

图 14.14　金属辅助裂片原理图[15]

质的前提下，控制二维材料层数的优点。图 14.15 是将石墨烯从 SiC 衬底上剥离过程的示意图。与之类似，h-BN、TMD（包括 WS$_2$、WSe$_2$、MoS$_2$ 以及 MoSe$_2$）都可以剥离 Ni 薄膜，从而使多层结构减薄成单层二维材料。

图 14.15　金属辅助裂片剥离石墨烯示意图[16]

14.3.2.5　激光刻蚀技术

激光刻蚀的基本原理是使材料表面被局部加热，并逐渐融化蒸发，如图 14.16 所示。以刻蚀石墨烯为例，入射激光照射到石墨烯时，一部分先被石墨烯吸收，另一部分穿透石墨烯并被衬底（如 SiO$_2$/Si）反射，被衬底反射的激光又被石墨烯再次吸收。由于石墨烯面内的热导率远高于层间的热导率，石墨烯片层所吸收的热量主要在水平方向上传播。当吸收的热量大于耗散的热量时，石墨烯的温度就会上升。需要指出的是，与衬底接触的最底层的单层石墨烯，由于衬底的存在，其对热量的吸收和耗散行为是完全不同的。由于 Si 衬底的热沉降效应（Heat Sink Effect）的存在，最底层石墨烯所吸收的绝大部分热量被转移到了 SiO$_2$/Si 上。因此，即便是顶上的石墨烯层被激光刻蚀掉，最底层的石墨烯依旧可以保存。材料越厚，其吸收激光的能量越多，越容易发生刻蚀现象。由于这种特殊的热传导和耗散机制，二维材料可以从多层刻蚀到三层或一层材料。然而，激光刻蚀技术的刻蚀精度相对较低，同时会对晶体结构造成损伤，表面和边缘也会变得粗糙不平。

随着后续研究的进展，使用短波长的激光（如飞秒激光）可以实现一种"冷"刻蚀。由于激光波长较短，刻蚀的精度得到提高。这种技术的原理是激

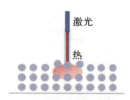

▼ 图 14.16　激光刻蚀的原理示意图[15]

光导致的被刻蚀材料晶体共振，因此对被刻蚀的材料有很严格的限制。当使用飞秒激光直接作用到材料表面时，被刻蚀材料可以直接从固态转化成等离子体[17]。图 14.17 展示了使用飞秒激光对石墨烯进行层层剥离。

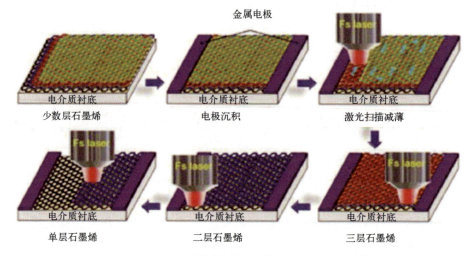

▼ 图 14.17　飞秒激光刻蚀石墨烯的原理示意图[17]

14.3.3　范德华异质结构

二维材料提供了一个能创建具有各种特性的异质结构的平台。现在，二维晶体材料已经是一个大家族了，涵盖了非常广泛的特性。当我们开始在垂直方向堆叠多个二维材料晶体时，就会迸发出大量的新结构、新应用。与其自身的层状材料一样，不同种类的二维材料也是靠范德华力连接在一起的组成异质结构（图 14.18）[18]。这种纵向的异质二维材料结构的排列组合数量要比传统的生长方法得到的结构多得多。随着二维材料家族的日趋扩大，以原子精度创建的异质结构的复杂性也在不断提高。

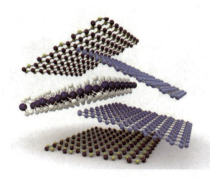

图 14.18　二维材料异质结构示意图[18]

当不同的二维材料晶体堆叠在一起时，协同效应（Synergetic Effects）将会突显出来。在一阶近似中，堆叠结构中的相邻（甚至更远）晶体之间会发生电荷重新分布。相邻晶体也可以相互诱导产生结构的变化。人们从异质结构中就已经观测到了很多新奇的物理现象。例如，从石墨烯与 h-BN 相互作用中的光谱重建现象出发，可以研究 Hofstadter 蝴蝶效应（Hofstadter Butterfly Effect）以及这种系统中的拓扑电流；将二维材料晶体堆叠放置在彼此非常接近（但受控）的位置，可以作为模型去研究隧道效应和拖曳效应。二维材料异质结构的功能扩展，产生了一系列可能的应用。通过用 h-BN 封装的石墨烯晶体管可以大大提高材料的电子迁移率；通过结合具有光学活性的半导体二维材料和石墨烯透明电极可以实现新型光伏和发光器件。

相比于成熟的湿法转移和干法提举（Dry Pick-and-lift Technique）技术，反应气体刻蚀技术可以更好地控制制造范德华异质结构器件的形状。这是由于 XeF_2 气体可以选择性刻蚀不同的二维材料，利用石墨烯与 XeF_2 气体反应生成固体物质这一特性，可以在纵向实现被石墨烯保护的材料不被继续刻蚀。图 14.19 是使用 XeF_2 气体制造异质结构的示意图。异质结构是由 3 层 h-BN 和 2 层石墨烯间隔堆叠而成，其中 2 个单层石墨烯以十字形状堆叠。使用 XeF_2 气体进行刻蚀，最顶层的 h-BN 被完全刻蚀掉，其他的二维材料则在石墨烯的保护下保存完好。

随着二维晶体家族的不断扩大，异质结构的研究依旧有着很大的发展潜力。每种新出现的二维材料都有着其特殊的物理特性，基于这些二维材料的新物理现象大多会以二维材料异质结构作为研究对象。因此，进一步提高异质结构的制造技术，研发出新的制造工艺，从而制造出高品质的异质结构器件依然具有很大的现实意义。

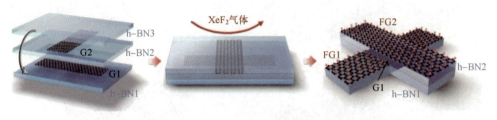

图 14.19　XeF$_2$ 气体制造异质结构的示意图[15]

14.4　表面化学修饰

原子级别的二维材料可以被认为是只有表面的材料，因此具有极高的比表面积，使得其表面相与二维材料本身一样重要，这也提供了一种通过改性表面相来调控二维材料本身的物理性质的方法。本节将主要介绍 3 种主流的二维材料表面化学修饰方法：表面结合、缺陷工程和结构调控。另外介绍可以通过调控二维材料的电导率、能带结构，以及磁性能来影响二维材料器件的性能（图 14.20）。

14.4.1　表面结合

对于金属性的二维材料，本征电导率主要由其载流子浓度和面内迁移率决定。使用不同的表面结合策略，可以实现电子的注入（如氢结合技术）或阻隔电子的迁移（如分子注入），进而实现二维材料电导率的调控。作为最轻的元素，当氢元素与外部晶格框架结合时，其作用是作为电子施主影响二维材料的载流子浓度。以 TiS$_2$ 为例，在氢元素结合形成 H$_y$TiS$_2$ 的过程中，导致 S-Ti-S 夹层中电子分布不均匀，在 S-Ti-S 夹层产生多余的电子，提高二维材料中的载流子浓度，大大提高了电导率（图 14.21）[20]。使用这种简便的表面修饰方法，氢浓度最高的 H$_{0.515}$TiS$_2$ 薄膜展现了可观的平面电导率 $6.76\times10^4 S\cdot m^{-1}$（298K）。

除了通过增加表面载流子浓度来提高电导率外，表面分子注入还可以通过控制载流子迁移实现二维材料电导率的可逆调节。使用水分子注入二维材料是比较常见的调控手段，如图 14.22 所示[19]，在 VS$_2$ 纳米片层组装的薄膜中，导电机理是电子从单个纳米片中侧面暴露的 V 原子传输到下面被覆盖的另一个纳米片。在这种情况下，如果侧面暴露的 V 原子被导电性差的水分子所覆盖，则载流子的迁移将受到抑制，因此大大增加了电阻率。如图中数据所示，当相对湿度从 0% 增加到 100% 时，电阻增加了接近两个数量级。

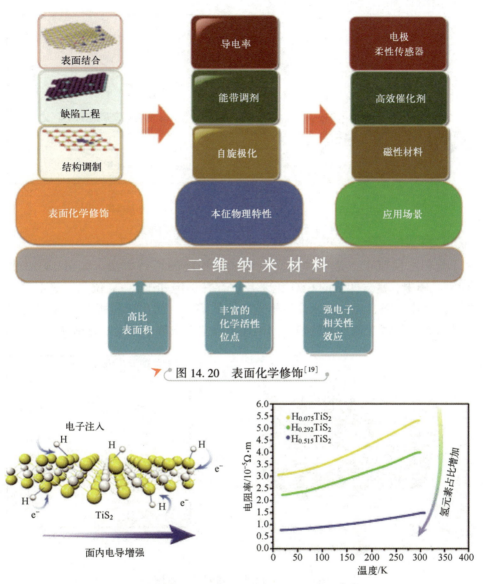

图 14.20　表面化学修饰[19]

图 14.21　氢结合导致 TiS_2 电导率提高[20]

14.4.2　缺陷工程

结构缺陷的存在可以增强轨道杂交，导致费米能级水平附近的态密度增加，进而引起电导率的增加。制造表面的凹坑（Pits）可以引入更多的悬空键

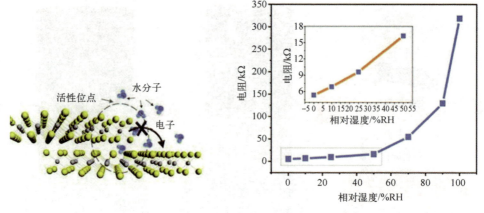

图 14.22 水分子注入导致电导率下降[19]

和不饱和配位原子,是一种提高表面缺陷程度的可行方法,如图 14.23 所示[21]。图中,富含凹坑的 CeO_2 纳米片中存在不饱和配位 Ce 位点,这不仅增加了态密度,而且还在费米能级附近形成缺陷态。相比于超薄 CeO_2 纳米片和块体材料,态密度增加和缺陷态的出现导致空穴载流子浓度明显增加。

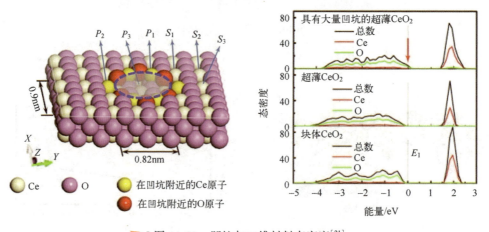

图 14.23 凹坑与二维材料态密度[21]

氧空位由于其在氧化物材料中的普遍性,提供了另一种设计二维材料表面缺陷程度的可行方法。例如,通过介观组装策略,使用快速加热过程,实现了具有 O 空隙的 5 原子厚 In_2O_3 多孔板的制造。氧空位的出现使 In_2O_3 的价带顶中的态密度明显增加(图 14.24)[22]。更重要的是,氧缺陷在导带底附近形成了新的缺陷施主能级,有助于将材料的光吸收从 UV 态(2.90eV)转移到可见区（2.18eV）。在这种情况下，太阳光的照射可以使电子很容易地被激发到导带中，从而实现更高的光电转换效率。

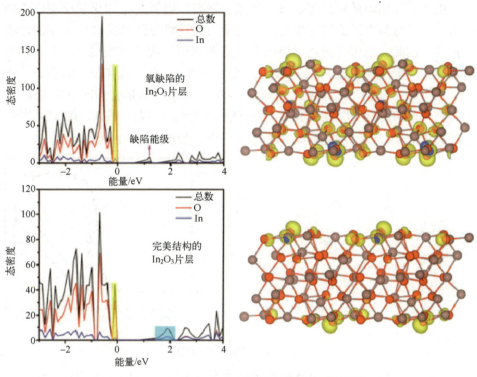

图14.24　氧空位对二维材料态密度的影响[22]

除作为空位外，氧原子作二维材料中的原子替代也可以实现其电子结构调控。通过受控的不充分结晶能够实现对 MoS_2 的氧元素掺杂，而表面氧掺杂可以减小 MoS_2 的带隙，从而实现电子的调制。表面掺杂的氧原子能显著提高价带和导带的电荷密度，从而改善本征电导率。

14.4.3　结构调制

二维磁性材料在二维磁热（Magnetocaloric）和自旋电子器件中有着广泛应用。大多数的二维材料（如石墨烯和TMD），本身都缺乏强铁磁性能。传统做法是将磁离子掺杂到非磁性基体从而实现磁性能的调节，一般来说，在分层的三明治结构中，带负电的硫族阴离子暴露在外表面上。当掺杂正磁性阳离子时，由于静电吸引，这些阳离子倾向于聚集在层间空间中，并形成与二维材料强结合的插层化合物。然而，从微观结构合成的观点来看，直接在TMD上采用磁性阳离子掺杂并不是最理想的方案。因此，开发表面修饰策略以调节材料的自旋结构，对于开发下一代自旋电子学的非磁性二维纳米材料至关重要。

由于二维纳米材料具有表面原子完全暴露、提供大量的化学反应位点的优点，二维材料中量子限制产生的强电子相关性将导致自旋和电荷和晶体结构耦合。因此，采用表面化学修饰在自旋调制诱导磁性方面很有前景。理论计算表明，单层 VSe_2 表现出铁磁性，其中 V 和 Se 原子具有较小的磁矩。此外，还可以通过应变调节 NbS_2、VS_2 和 VSe_2 的磁矩和磁耦合强度。在实验上，通过在甲酰胺溶剂中将其大块晶体进行液体剥落，可以使 4~8 层的 VSe_2 出现电荷密度波动行为以及室温铁磁性的特征[23]，如图 14.25 所示。

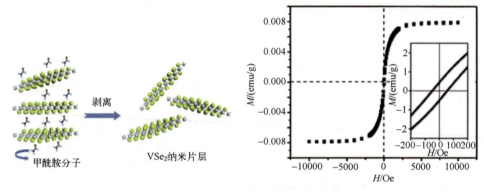

图 14.25　VSe_2 的铁磁性[23]

图 14.25 中，emu/g 为比磁化强度单位，1emu/g = 1A·m^2/kg；Oe 为磁场强度单位，1A/m = $4\pi \times 10^{-3}$Oe。

在应变调节磁矩的理论预测基础上，我们可以进一步推论引入结构晶格扰动也是一种调节二维材料磁结构的有效方式。研究者开发了一种空间受限的方法来合成基于石墨烯的二维钒氧化物超晶格，其中石墨烯层不仅提供了空间受限的纳米反应器来诱导单层钒氧化物骨架的生长，而且还用作电子供体以降低形成钒氧化物骨架的能量。如图 14.26 所示[24]，超晶格界面处的电子转移和应力场导致钒氧化物骨架结构的重新排布，这赋予超晶格纳米材料磁性。由于在 V-V 链中共享 V_d 轨道电子的取向，合成的超晶格纳米片的磁性随着温度在 252K 左右呈现阶梯状升高，所获得的超晶格纳米片的磁化强度表现出场相关性。

表面吸收和辐射也能给二维材料增强磁性。理论研究表明，尽管 MoS_2 是抗磁性材料，但 MoS_2 在吸收非金属原子（如 H、B、C、N 和 F）或在质子辐照下会具有铁磁性。通过实验表面吸附和辐照这两种方案，在居里温度高的纳米片中获得了显著的铁磁性。图 14.27 中分别展示了氢化和质子辐照的 MoS_2

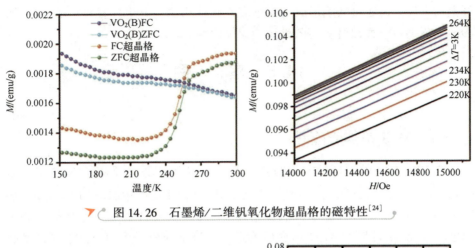

图 14.26 石墨烯/二维钒氧化物超晶格的磁特性[24]

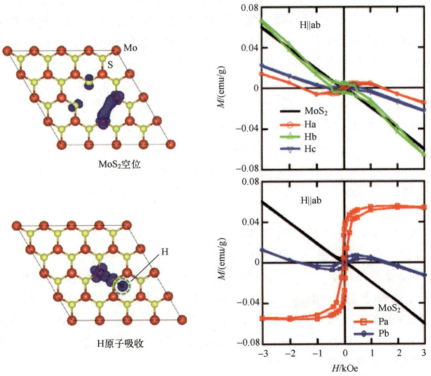

图 14.27 表面氢化与质子辐照 MoS_2 样品的自旋密度与磁滞回线[25]

样品的自旋密度和磁滞回线[25]。本征的 MoS_2 表现出磁滞回线的负斜率,展示出抗磁性,同时,这种抗磁特性通过氢化或质子辐照又变为铁磁行为。与在石墨烯上产生的通过缺陷形成的弱感应铁磁性相比，由于具有较小的反磁性，MoS_2可以通过表面改性更有效地感应出铁磁性。

14.5 案　　例

14.5.1　MoS_2晶体管阵列

在 2019 年，韩国延世大学的研究者[26]报道了一种基于单层 MoS_2 晶体管阵列有源矩阵的有机发光二极管。首先使用 CVD 制造出单层的 MoS_2，使用由 MoS_2 粉末组成的单一前驱物源，在约 800℃ 的高生长温度，将大规模的 MoS_2 单层转移到 50nm 厚的 Al_2O_3 电介质层上，在该电介质层下面已放置了图案化的 Au 栅极。然后，通过常规光刻以及 O_2 等离子体干法刻蚀，将 MoS_2 对准并图形化作为栅极上的沟道。在光学显微镜图像（图 14.28（a））中显示此 MoS_2 沟道（红色虚线矩形）和栅极以及示意性横截面（左插图），同时在右侧还显示了带有 Au S/D 电极的完整器件，其中大多数单层沟道表面很干净，除了少数通道可能包含不均匀的厚度（双层或三层）区域之外，没有其他明显的斑点。图 14.28（b）是来自两个带 S/D 电极的 MoS_2 场效应晶体管（Field-effect Transistor，FET）的 SEM 图像，作为有机发光二极管（Organic Light-emitting Diode，OLED）像素电路的开关和驱动器的示例。图 14.28（b）中的红色矩形表示沟道区域被 S/D 区域部分覆盖，而图 14.28（c）则是电路的三维图。

根据开关和驱动 FET 的器件性能，尝试在电压条件下使用电路对单个 OLED 进行模拟像素操作：固定电源电压（V_{DD}），变化开关电压（V_{Switch}），以及变化数据电压（V_{Data}）。图 14.29（a）显示了相对于 V_{Data} 扫描的 OLED 电流（I_{OLED}）和输出电压（V_{OUT}），该电压用来打开绿色 OLED（插图显示绿色和蓝色 OLED 的 I-V 曲线特性）。毫无疑问，高开关电压（$V_{Switch}=8V$）和高数据电压（$V_{Data}=3V$）将引起 OLED 中的高电流，进而驱动 14.29（b）中的像素点出现最高亮度。

14.5.2　石墨烯单分子气体传感器

在 2007 年，曼彻斯特大学的 Novoselov 和 Geim 首次用石墨烯制造出了基于霍尔效应的单气体分子传感器。使用机械剥离出的少数层石墨烯作为敏感

第14章　二维材料传感器加工制造技术　563

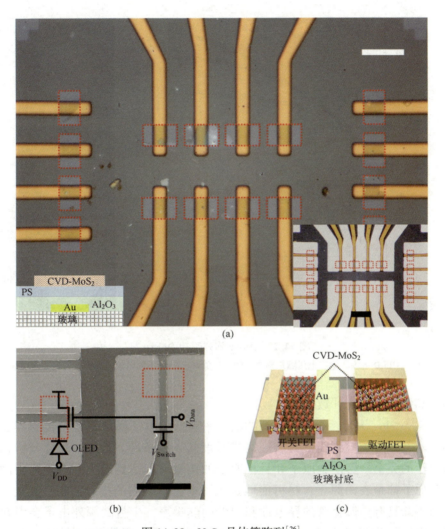

图 14.28　MoS_2 晶体管阵列[26]

(a) MoS_2 沟道的光学显微图片；(b) MoS_2 场效应晶体管的 SEM 图片；(c) 电路的三维结构图。

材料，再引入高达 1T 的磁场，发现了单个 NO_2 气体分子吸附所产生的离散电阻值改变的现象，其数据如图 14.30 所示。其中，图 14.30（a）为石墨烯霍尔电阻随气体吸附和脱附的变化，蓝色曲线是吸附曲线，红色曲线是脱附曲线，绿色曲线是对比曲线（放置在 He 气体中，同样测试条件下测得）；图 14.30（b）和图 14.30（c）为离散电阻的统计数据，其中图 14.30（b）数据是放置在 He 气中未与 NO_2 气体接触的器件测得，图 14.30（c）是在缓慢的吸附/脱附过程

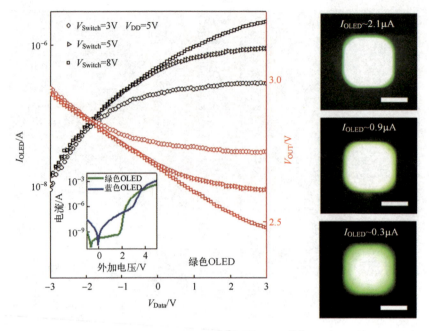

图 14.29 MoS$_2$ 阵列驱动 OLED[26]

(a) OLED 电流、输出电压随扫描电压的变化关系；(b) 不同电流下单像素点的亮度情况。

中的离散电阻的统计数据图。

  Novoselov 认为，石墨烯超高的电导率和低的本征噪声是使得传感器在室温下对气体分子检测能够具有超高灵敏度的先决条件。首先，环绕分析物的碳原子的完全暴露使碳原子和目标原子的接触面积达到最大。石墨烯中的每个碳原子都是表面原子，尽可能地扩大了单位体积内的接触面积。其次，由于石墨烯具有类似金属的导电性和很低的热噪声，少量的额外电子会引起石墨烯电导发生显著改变。一般而言，由于表面额外吸附物的存在（如水分子），石墨烯的半导体电学表现为 p 型，即多数载流子的类型为空穴。当电子受主类型的 NO$_2$ 吸附在石墨烯表面而导致石墨烯掺杂度的提升时，石墨烯的导电性会得到提高；与之相反，NH$_3$ 分子作为电子施主被吸附在石墨烯表面时，将会减少原来的多数载流子（空穴）的浓度，进而导致石墨烯电导率的下降。相应过程的具体能带变化如图 14.31 所示，其中，图 14.31（a）为石墨烯表面已经吸附了杂质但是未吸附其他气体分子时的能带结构，呈现 p 型掺杂，主要的载流子是空穴；图 14.31（b）为表面吸附了电子受主（Acceptor）类型气体（NO$_2$）时，石墨烯能带的结构，这种情况向石墨烯引

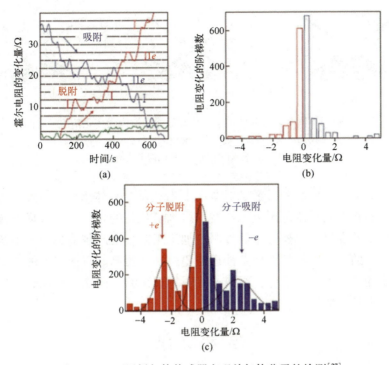

图 14.30 石墨烯气体传感器实现单气体分子的检测[27]

(a) 霍尔电阻随气体吸附和脱附的变化；(b) 不同气体离散电阻统计图；
(c) 吸附/脱附过程的电阻统计图。

入更多的空穴，增加了石墨烯的载流子数量，从而增加导电性；图 14.31（c）为表面吸附了电子施主（Donor）类型气体（NH_3）时石墨烯能带的结构，这种情况下，会向石墨烯中引入额外的电子，这些电子与原来的空穴发生复合，降低了石墨烯的导电性。

14.6 本章小结

本章主要介绍了二维材料用于传感器的加工制造技术。首先，介绍了典型的二维材料及其特性。其次，介绍了二维材料自顶而下和自底而上两种制备方法，并分析了两种方法的特点和适用领域。接着，介绍了二维材料图形化工艺和具体原理，包括转移、刻蚀等。然后，介绍了 3 种主流的二维材料表面化学修饰方法，以及影响二维材料器件性能的结构调制方法。最后，介

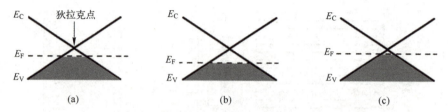

图 14.31 不同气体吸附状态下石墨烯的能带结构的变化情况示意图
（a）未吸附气体的能带结构；（b）吸附电子受主气体的能带结构；
（c）吸附电子施主气体的能带结构。

绍了两个经典的二维材料传感器的加工制造技术。总体来说，近几年来，二维材料的制备工艺与器件制造工艺技术得到了长足的发展，大大促进传感器及传感技术的发展，但是由于器件制造加工工艺、生产制造标准的不统一等问题，器件的一致性与长期稳定性还需要进一步提高。目前研究的二维材料器件更多的是一种概念器件，要使这些器件真正的走向实际应用还需要广大科技工作者长期的耕耘。

参 考 文 献

[1] GEIM A K, NOVOSELOV K S. The rise of graphene [J]. Nature Materials, 2007, 6 (3): 183-193.

[2] AUFRAY B, KARA A, VIZZINI S B, et al. Graphene-like silicon nanoribbons on Ag (110): A possible formation of silicone [J]. Applied Physics Letters, 2010, 96 (18): 183102.

[3] DÁVILA M E. Germanene: a novel two-dimensional germanium allotrope akin to graphene andsilicone [J]. New Journal of Physics, 2014, 16 (9): 095002.

[4] LIU H, NEAL ADAM T, ZHU Z, et al. Phosphorene: an unexplored 2D semiconductor with a high hole mobility [J]. ACS Nano. 2014, 8 (4): 4033-4041.

[5] PARK J, PARK J C, YUN S J, et al. Large-area monolayer hexagonal boron nitride on Pt foil [J]. ACS Nano. 2014, 8 (8): 8520-8528.

[6] WANG Q H, KALANTAR ZADEH K, KIS A, et al. Electronics and optoelectronics of two-dimensional transition metal dichalcogenides [J]. Nature Nanotechnology, 2012, 7: 699-712.

[7] KAUL A B. Two-dimensional layered materials: Structure, properties, and prospects for device applications [J]. Jourral of Materials Research, 2014, 29 (3): 348-361.

[8] NAGUIB M, MOCHALIN V N, BARSOUM M W, et al. 25th anniversary article: MXenes: a new family of two-dimensional materials [J]. Advancod Materials, 2014, 26 (7): 992-1005.

[9] BRODIE B C. On the Atomic weight of graphite [J]. Philosophical Transactions of the Royal Society of London, 1859, 149: 249.

[10] HUMMERS W S, OFFEMAN R E. Preparation of graphitic oxide [J]. Journal of the American Chemical society, 1958, 80: 1339-1339.

[11] NICOLOSI V, CHHOWALLA M, KANATZIDIS M G, et al. Liquid exfoliation of layered materials [J]. Science, 2013, 340: 1226419.

[12] Eizenberg M, Blakely J. Carbon monolayer phase condensation on Ni (111) [J]. Surface Science, 1979, 82: 228-236.

[13] BAE S, KIM H, LEE Y, et al. Roll-to-roll production of 30-inch graphene films for transparent electrodes [J]. Nature Nanotechnoloy, 2010, 5: 574-578.

[14] LIU Y, ZHANG S, HE J, et al. Recent progress in the fabrication, properties, and devices of heterostructures based on 2D materials [J]. Nano-Micro Letters, 2019, 11: 13.

[15] HE T, WANG Z, ZHONG F, et al. Etching techniques in 2D materials [J]. Advarced Materials Technologies, 2019, 4, 1900064.

[16] KIM J, PARK H, HANNON J B, et al. Layer-resolved graphene transfer via engineered strain layers [J]. Science, 2013, 342: 833-836.

[17] LI D, ZHOU Y S, HUANG X, et al. In situ imaging and control of layer-by-layer femtosecond laser thinning of graphene [J]. Nanoscale, 2015, 7: 3651-3659.

[18] NOVOSELOV K S, MISHCHENKO A, CARVALHO A, et al. 2D materials andvan der Waals heterostructures [J]. Science, 2016, 353: 6298.

[19] GUO Y, XU K, WU C, et al. Surface chemical-modification for engineering the intrinsic physical properties of inorganic two-dimensional nanomaterials [J]. Chemical Society Reviews, 2015: 44: 637-646.

[20] LIN C W, ZHU X J, FENG J, et al. Hydrogen-incorporated TiS2 ultrathin nanosheets with ultrahigh conductivity for stamp-transferrable electrodes [J]. Journal of the American Chemical Society, 2013, 135: 5144-5151.

[21] SUN Y F, LIU Q H, GAO S, et al. Pits confined in ultrathin cerium (IV) oxide for studying catalytic centers in carbon monoxide oxidation [J]. Nature Communications, 2013, 4: 2899.

[22] LEI F, SUN Y, LIU K, et al. Oxygen vacancies confined in ultrathin indium oxide porous sheets for promoted visible-light water splitting [J]. Journal of the American Chemical Society, 2014, 136 (19): 6826-6829.

[23] XU K, CHEN P Z, LI X L, et al. Ultrathin nanosheets of vanadium diselenide: a metallic

two-dimensional material with ferromagnetic charge-density-wave behavior [J]. Angewandte Chemie-International Edition, 2013, 52, 10477-10481.

[24] ZHU H O, XIAO C, CHENG H, et al. Magnetocaloric effects in a freestanding and flexible graphene-based superlattice synthesized with a spatially confined reaction [J]. Nature Communications, 2014, 5, 3960.

[25] HAN S W, HWANG Y H, KIM S H, et al. Controlling ferromagnetic easy axis in a layered MoS_2 Single Crystal [J]. Physical Reviews Letters, 2013, 110: 247201.

[26] KWON H, GARG S, PARK J H, et al. Monolayer MoS_2 field-effect transistors patterned by photolithography for active matrix pixels in organic light-emitting diodes [J]. NPJ 2D Materials and Applications, 2019, 3: 9.

[27] 万树, 邵梓桥, 张弘滔, 等. 石墨烯基气体传感器 [J]. 科学通报, 2017, 62 (1): 2-13.

第15章
柔性传感器加工制造技术

柔性传感器是指采用柔性材料制成的传感器，不仅具有普通传感器的基本功能，还具有优异的机械柔韧性、可拉伸性和保形性等特性，可自由弯曲甚至折叠，且结构形式灵活多样，制造过程通常包括制备柔性衬底、光刻图形化、沉积金属电极、封装。柔性传感器能够在各种形状的复杂表面、机械形变情况下进行测量，广泛应用于日常生活、工业生产和科研实验中各种无接触式、无损式的信息采集、传输和处理，在医疗健康、环境监测和可穿戴设备等领域有非常好的应用前景。

15.1节介绍几种常见柔性传感器加工材料及其性能与应用领域。15.2节介绍柔性压力传感器的工作原理、结构设计、加工制造与测试应用，着重介绍织物/PDMS柔性压力传感器、基于Ni薄膜受力后开裂的柔性压力传感器、基于纳米裂纹细线连接的导电网络柔性压力传感器。15.3节介绍柔性温湿度集成传感器的结构设计、加工制造与测试应用。

15.1 平面柔性传感器加工材料

柔性材料是与刚性材料相对应的概念。一般来说，柔性材料具有柔软、低模量、易变形等属性。常见的柔性材料有聚二甲基硅氧烷（PDMS）、聚酰亚胺（PI）、聚对二甲苯（Parylane）、聚氨酯（PU）、纸片、纺织材料等。柔性传感器是指采用柔性材料、利用MEMS等工艺制造的传感器。

15.1.1 聚二甲基硅氧烷

聚二甲基硅氧烷（Polydimethylsiloxane，PDMS）是一种室温硫化硅树脂的人造橡胶材料。它能够承受较大程度的形变，并在使其形变的力撤销后仍能恢复原貌；具有良好的透光性、电绝缘性、力学弹性、气体浸透性、化学稳定性、疏水性和生物兼容性；具有高抗剪切能力，可在-50~200℃下长期使用。PDMS 是制造柔性 MEMS 器件的理想材料，广泛应用于 BioMEMS 器件、微流控芯片以及生物芯片。

15.1.2 聚酰亚胺

聚酰亚胺（Polyimide，PI）是一种分子主链中含有酰亚胺环状结构的环链聚合物。1908 年，Bogert 和 Rebshaw 首次通过 4-氨基苯甲酸酐的熔融自缩聚反应制成聚酰亚胺。直到 20 世纪 50 年代，人们才发现 PI 优异的综合性能，自此 PI 在航空航天、电子电器、机电、汽车等众多领域得以广泛运用[1]。PI 的优异性能主要包括以下几点。

（1）优良的综合性能。能长期在-200~260℃稳定使用，并维持良好的力学性能和介电常数，耐磨、耐热、耐辐射以及尺寸稳定。

（2）多样的加工形态。PI 的加工形态包括预聚物、固化物、纤维、粉体和模压件等。

（3）易于改性。PI 的特殊官能团使其既能用作膜材料，如反渗透膜、超滤膜等，又能用作光电材料，如光敏材料、液晶取向膜材料等。

（4）合成多样性。PI 的合成操作简便，便于根据需要进行设计。

15.1.3 聚对二甲苯

聚对二甲苯（Parylene）是一种热固性聚合物，是唯一采用化学气相沉积制备的塑料，有极其优良的电学性能、耐热性、耐候性和化学稳定性[2]。在MEMS 中，聚对二甲苯薄膜表现出非常有用的特性，如极低的内应力，可以在室温下沉积、保角涂覆；具有良好的化学惰性、刻蚀选择性等，常用作电绝缘层、化学保护层和密封层。

MEMS 技术促进了航天器传感器的微型化，使之减轻质量、节能，大大提高系统可靠性，极大降低发射成本。聚对二甲苯在 0.2μm 厚度没有针孔，5μm 厚度可耐 1000V 以上直流击穿电压，是一种摩擦系数低、化学惰性、阻隔性好的自润滑材料。因此，微电子机械系统中，聚对二甲苯除了作电介质材料外，还用作微型传动机构、微型阀门的结构材料、防护材料。

飞机、载人航天器上使用的传感器的发展趋势是体积、质量小，集成化程度、可靠性高。聚对二甲苯薄膜可提高传感器在恶劣环境下的适应性、可靠性，可以在几乎不改变传感器外形尺寸的情况下，提高传感器在高空、溶剂和辐射等环境下的可靠性。

15.1.4 聚氨酯

聚氨酯，全称聚氨基甲酸酯（Polyurethane，PU），是指分子结构中含有重复氨基甲酸酯集团的一类聚合物，主要由多元醇和异氰酸酯反应生成，羟基和异氰酸基反应生成—NH—COO—单元。聚氨酯主要以半硬泡和弹性体两种形式得以应用。

聚氨酯半硬泡包括吸能性泡沫体、自结皮泡沫体和微孔弹性体等[1]。吸能性泡沫体的缓冲性能、减震性能较好，具有良好的变形复原、抗压缩负荷性能，在汽车保险杠的生产制造中应用较多。汽车内部饰件和内功能件的制造中通常采用自结皮泡沫体，如汽车的扶手、方向盘和头枕等。反应注射成型技术（RIM）是其生产制造的常用技术，以液态异氰酸酯和聚醚加压后注射到闭合模具中，经过化学反应制成聚氨酯半硬质塑料。制鞋工业中采用微孔弹性体能够提升鞋子的舒适度[3]。

聚氨酯弹性体的基本特点是聚氨酯材料中的异氰酸酯基团增强了材料的耐磨性，因此，聚氨酯弹性体又称为"耐磨橡胶"。相较于传统金属材料，它在耐损耗性能、耐腐蚀性能、降噪性能、重量和生产加工成本等方面都具有显著优势，与传统塑料相比，在耐磨性、弹性记忆等方面的优势十分突出，同时，较橡胶具有更强的承载性、耐撕裂性，为浇注、灌封等工艺提供便捷[1]。

15.2 柔性压力传感器

15.2.1 柔性压力传感器简介

柔性压力传感器通常包括柔性衬底、传感结构层、介电层和电极四部分。柔性压力传感器的工作原理可分为电阻式、压电式、电容式等。

15.2.1.1 电阻式柔性压力传感器

电阻式柔性压力传感器因容易加工、结构简单、功耗低得到广泛应用，其在受到压力后电阻会发生变化（图 15.1（a））[4]，而电阻变化可进一步细分为以下几种类型[5]：

（1）核心传感结构层几何结构的变化。电阻表达式为 $R=\rho L/S$，其中 ρ 为电阻率，L 为长度，S 为横截面积。压阻材料受力后电阻率、长度和横截面积的变化共同引起电阻的变化，其他材料在受到压力后只有长度和横截面积发生变化，电阻也会发生微小的变化。

（2）复合材料中粒子间距的变化，如基于金纳米线的压力传感器在受到压力后，金纳米线之间及金纳米线与 PDMS 电极之间的接触增多，使电阻发生变化（图 15.1（b））[6]。

（3）传感层上的裂纹，主要是表面较为平滑的导电薄膜在受到外界压力后，薄膜内产生裂纹、阻断电子传输通路从而使电阻增大，如 Choi 等基于 ITO（氧化铟锡）薄膜加工而成的透明柔性传感器（图 15.1（c））[7]。其在受力后开裂，在 30~70kPa 压强范围内灵敏度达 1.91kPa^{-1}。

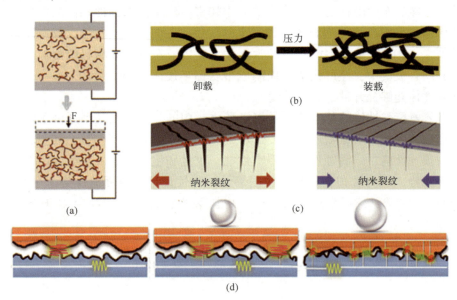

图 15.1　电阻式柔性压力传感器
（a）工作原理图示意图[4]；（b）复合材料中粒子间距变化引起的电阻变化[6]；
（c）薄膜受力后开裂引起电阻变化[7]；（d）上下两电极体系受力后的接触电阻变化[8]。

（4）两种材料之间接触电阻的变化，如 Ren 等加工的柔性压力传感器，其上下电极选用具有同种粗糙度的材质（石墨烯纸、以不同粗糙度的砂纸为模具加工的 PDMS 石墨烯复合物）。在受到压力后，上下电极石墨烯间的空隙减少、导通点增多、接触电阻减小,从而起到压力传感的作用(图 15.1(d))[8]。该传感器在 0~2.6kPa 的压强范围内可达到 25.1kPa^{-1}的最大灵敏度。

15.2.1.2 电容式柔性压力传感器

电容式柔性压力传感器的电容与有效极板面积成正比,与极板间距成反比。传感器受到外界压力后极板间距会减小,有效极板面积会略增大,电容与压力成正相关(图 15.2(a))[4]。电容式柔性压力传感器的原理及举例如图 15.2 所示。Pan 等用离子电子膜(Iontronic Film)加工出一种电容式柔性压力传感器,双电层的界面电容会随着压力而增大,其最大灵敏度可达 3.1nF·kPa^{-1}(图 15.2(b))[9]。Bao 等以 PDMS 为支撑层,将面积不等的碳纳米管薄膜作为上下极板,加工出的电容式柔性压力传感器具有较高的透明度(图 15.2(c))[10]。Park 等以 PDMS 为支撑层、单壁碳纳米管薄膜为上下极板、多孔 PDMS 和空气空腔为介电层,加工出可以区分各种机械刺激的高灵敏度柔性压力传感器,其在小于 1kPa 的低压范围内的最大灵敏度可达 1.5kPa^{-1}(图 15.2(d))[11]。该介电层中的多孔 PDMS 利用硅模具倒模产生。

15.2.1.3 压电式柔性压力传感器

一些电介质材料在特定方向上受力变形时,其材料内部会产生极化现象,两个相对表面上亦会出现相反的电荷,而外力撤去后又会恢复原态的现象称为正压电效应(图 15.3(a))[4]。压电式柔性压力传感器的传感层一般采用具有正压电效应的材料,如柔性较好的偏氟乙烯和三氟乙烯共聚物 poly(PVDF-TrFE)、ZnO 等。Persano 等用静电纺丝加工出基于 PVDF-TrFE 纳米纤维阵列的柔性压电式传感器,其可检测低至 0.1Pa 的微小压力,不需外加电源即可输出电压信号,因此常用在能量采集领域[12]。大连理工大学团队用溶胶凝胶法制得了掺杂 1%摩尔比 Mn 的 ZnO 薄膜,电阻率提高了 9 个数量级,且击穿电压高达 80V,基于此加工的力传感器灵敏度达 28.6fC/μN[13]。

15.2.1.4 其他传感机理的柔性压力传感器

除了上述几种常见传感机理外,一些新的机理也应用于柔性压力传感器中。如光学式压力传感器使用光这一中间体将压力信号转化为电信号,其一般由光源、传输介质和检测器组成。Bao 等研发了一种光学式柔性压力传感器,由 OLED(Organic Light Emitting Diodes)作为光源、OPD(Organic Photodiodes)作为光探测器、光栅状 PDMS 组成(图 15.3(b))[14]。当传感器受到压力后,PDMS 波导层压缩,光栅出口处的 OPD 检测到的耦合光信号减少,可以检测 30mg 的微小质量变化,最大灵敏度达 0.2kPa^{-1}。Wang 等研发的自供电柔性传感器以纳米结构化的聚酰亚胺圆柱阵列和 Cu 柱阵列作为电极,传

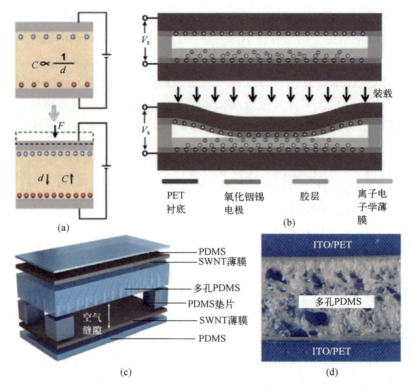

图 15.2　电容式柔性压力传感器

(a) 工作原理示意图，受力后传感器的极板间距减小、电容增大[4]；
(b) 基于离子电子薄膜的柔性压力传感器[9]；
(c) 以多孔 PDMS 和空气空腔为介电层的高灵敏度电容式传感器[10]；
(d) 利用碳酸氢铵热分解反应加工的多孔 PDMS 电介质及其在柔性电容式传感器中的应用[11]。

感器在受力后上下电极层摩擦发电输出电压信号，可检测微弱的脉搏信号，响应时间短至 50μs（图 15.3（c））[15]。Wu 等基于带空气间隙的巨磁阻材料加工的触觉传感器利用了磁传感机理，顶部含钕铁硼磁（NdFeB）颗粒的 PDMS 薄膜在受到压力变形后，底部电感型的磁传感器检测到磁通量的变化，非晶型 Co 线的电阻发生变化，空气间隙的高度、顶部薄膜的变形量、底部磁传感器相连 LC 振荡电路的频率都可以改变传感器的电阻（图 15.3（d））[16]。该传感器的灵敏度为 4.4kPa^{-1}，且可检测低至 0.3Pa 的微小压力。

15.2.2　织物/PDMS 柔性压力传感器

织物/PDMS 复合介电层三明治型电容式传感器的设计依据平行板电容器

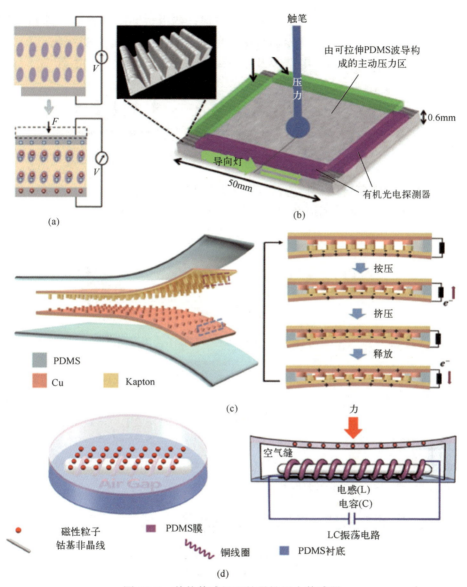

图 15.3 其他传感机理的柔性压力传感器

(a) 压电式柔性压力传感器原理示意图：受到压力后输出电压信号[4]；
(b) 双向可拉伸光学式压力传感器，放大图为嵌入式光栅的原子力显微照[14]；
(c) 自供电式脉搏传感器的结构示意与工作原理图[15]；
(d) 基于磁传感机理的触觉传感器结构示意与工作原理图[16]。

原理：传感器受外力加载时，复合介电层被压缩，两极板间距减小，传感器输出电容增加；外力释放，复合介电层回弹，两极板间距增大，传感器电容恢复到初始值（图15.4）。传感器受载范围及电容变化范围受织物的种类、结构等的影响，织物的介电常数及三维结构对传感器的性能均有影响[17]。

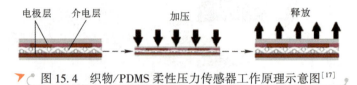

图15.4 织物/PDMS柔性压力传感器工作原理示意图[17]

织物/PDMS复合结构传感器制备工艺流程主要有3步[17]：①铜箔贴附织物表面；②PDMS封装铜箔及织物；③引出测试端子（图15.5）。

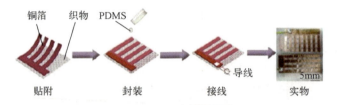

图15.5 织物/PDMS传感器制备工艺流程图[17]

具体流程如下：①将两片叉指形导电铜箔以空间互成的交叉状贴附在织物上下面，将其放置在装夹模具中；②将PDMS缓慢浇注到装夹织物基传感器的模具中，静置1h除气泡后放入固化炉70℃固化2h，得到封装好的传感器；③焊接引线，制得传感器样品，上下位置表示传感器正反面。传感器表面光滑透明，与织物无缝结合，整体尺寸为43mm×23mm；叉指形导电铜箔阵列单元共32个，每个阵列单元尺寸为3mm×3mm。

15.2.3 基于裂纹结构的柔性压力传感器

15.2.3.1 裂纹及其在微加工和传感器中的应用概述

裂纹常见于日常生活中，如干涸的土壤表面、冬天干燥的嘴唇、墙壁、地壳等，但常被视为缺陷，研究中总是试图避免裂纹的产生。具有不同热膨胀系数或弹性模量的两种材料在外界环境变化时，材料界面处会发生失配，裂纹将在界面处产生并扩散。此外，当施加的外应力超过材料的断裂强度时，也会产生裂纹[18]。近年来，不断有研究人员"变废为宝"，利用裂纹加工微纳器件，或将其应用于其他领域。

（1）微流体/纳流体。Kim等在SU-8光刻胶薄膜中引入微米尺寸的尖端图案,使其可以在显影液里通过溶胀定向可控地开裂,产生纳米裂纹,并以此为模具,通过倒模和软光刻技术加工出 PDMS 纳流道[19-20]。通过异硫氰酸荧光素的传输实验可证明,该纳流道可以准确控制小分子的运输,将微米级以上尺寸的分子排除在原腔室内。裂纹与传统光刻相结合的微加工技术为微/纳米混合尺寸加工的实现提供了一种新思路。

(2)加工金属网络。Kempa 等在柔性的 PET 衬底上以热处理后自然开裂的 TiO_2 凝胶为模板,在其上通过热蒸发或溅射的方法沉积 Ag 薄膜,最后将 TiO_2 凝胶去除,从而得到与网状裂纹形状相同的导电 Ag 网[21]。其具有较高的透过性、较低的方阻,且在弯曲状态下也能保持较好的导电性,可应用于光伏领域。Kulkarni 等通过反复湿法干燥循环的方法调节胶体层的裂缝密度和连通性,该方法加工出的裂缝层在沉积金属后可用来加工精细的金属丝网,并应用到光电领域[22]。

(3)传感器的高灵敏度实现。Choi 等受蜘蛛通过腿部关节附近的裂缝状器官感知蛛丝的细微压力变化的启发,研发出一种基于 Pt 薄膜受力后开裂的高灵敏度柔性应变传感器[23]。该传感器在 0~2% 的应变范围内的灵敏度大于2000,可监测人体生理信号的变化、流体流速,还可用于声音和语音模式识别等领域。Chen 等将银纳米线、石墨烯的杂化颗粒与热塑性聚氨酯混合形成复合材料,将该复合材料预拉伸形成裂纹形貌,基于此加工出的应变传感器在测量微应变方面表现出极高的灵敏度,在 0.5%~1% 的微应变范围内灵敏度高达 4000[24]。Zhu 等加工了一种基于石墨烯编织物(Graphene Woven Fabrics,GWF)的柔性应变传感器,其中的 GWF 在受到外力后内部会产生相应数量的裂纹,使电阻可以成指数级增长,因此该传感器具有较高的灵敏度,在 2%~6% 的应变范围内灵敏度约为 1000[25]。Lee 等利用柔性 PET 衬底上的 ITO 薄膜受力后的开裂,实现了高灵敏度的压力传感,在 30~70kPa 压强范围内灵敏度可达到 $1.91kPa^{-1}$,同时其具有较高的透明度和较好的重复性,可广泛应用于触摸屏和运动检测器等[6]。

15.2.3.2 基于 Ni 薄膜受力后开裂的柔性压力传感器

(1)传感器的结构设计。商业化的 Kapton,也称 PI 胶带,已广泛应用于柔性压力传感器中。其可弯曲性极佳,且耐酸碱、耐溶剂、无毒、成本低、绝缘性能好,在 100~300℃ 的温度范围内很稳定。考虑到上述优点,我们选择厚度为 80μm 的 PI 胶带作为柔性压力传感器的衬底材料(图 15.6)。

Choi 等在 PUA 基底上沉积一层图案化的 Pt 薄膜,利用受力后 Pt 薄膜沿尖端开裂后电阻急剧增加的现象,大幅提高了柔性压力传感器的灵敏度[26]。

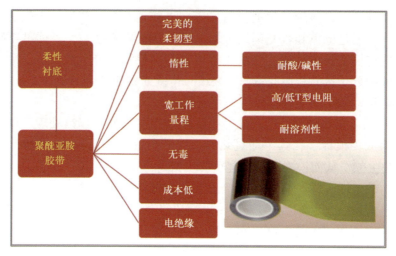

图 15.6　柔性压力传感器选用的柔性基底 PI 胶带的优点及实物图

然而，贵金属 Pt 在地球上储量较少、价格昂贵，很难将其进行大规模推广应用。我们用图形化的电镀 Ni 薄膜代替昂贵的 Pt 薄膜作为传感器的结构层，大大缩减了柔性压力传感器的加工成本。我们提出的柔性裂纹压力传感器示意图如图 15.7 所示：带有尖端图案的三角形孔洞均匀排列在 Ni 薄膜中，一旦传感器受到外界压力，结构层 Ni 薄膜中集中的应力会在图案尖端处得到释放，裂纹会从尖端处初始化和扩展，阻断电子传输通道并增大电阻；外力撤去后，裂纹会愈合或重叠，电阻会恢复至初始值左右，保证了器件的可复用性。

（2）传感器的加工制造。柔性裂纹压力传感器制备工艺流程如下。

① 将 PI 胶带紧密地贴在干净的玻璃衬底上，用去离子水洗净后烘干，再用氧气等离子体处理 10min 以增强基底与结构层的结合力。

② 通过磁控溅射的方法在 PI 胶带上沉积一层 Cr/Cu 薄膜作为电镀种子层（厚度：50/150nm）。

③ 在 Cr/Cu 种子层上旋涂一层约 5μm 厚的 AZ4330 光刻胶薄膜，前烘结束后，曝光、显影，用去离子水洗净烘干。

④ 将基片置于镀镍液中进行 Ni 的薄膜沉积，镀镍液的成分和电镀条件如表 15.1 所列。通过调整电镀的电流密度和时间可以控制 Ni 薄膜的厚度。Ni 薄膜的厚度可以通过台阶仪测得。本传感器中 Ni 结构层的厚度控制在 2μm 左右。

⑤ 依次用丙酮、过氧化氢与氨水的混合液、添加氢氧化钠和添加剂的高

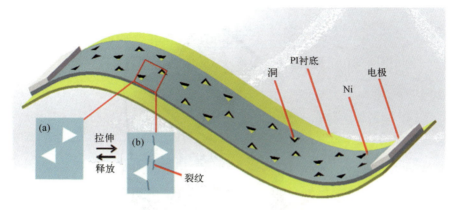

图 15.7 基于电镀 Ni 薄膜诱导开裂机理的 PI 衬底上柔性压力传感器的
示意图及其工作原理

(a) 传感器在受到压力前的局部放大图;(b) 受到压力后,(a) 中的三角形
尖端将产生裂纹,并阻断电子传输通道而使电阻增大,
当压力撤去后裂纹会愈合或重叠,电阻会恢复至初始值左右。

锰酸钾混合液去除残余的光刻胶、Cu、Cr,将样品用去离子水冲洗干净后烘干,用导电银浆将铜线固定在 Ni 电极两端以备测试。

表 15.1 镀镍液的成分与电镀镍条件

镀镍液的组成	浓度	电镀条件	具体参数值
$Ni(NH_2SO_3)_2$	500g/L	pH	4.0
$NiCl_2 \cdot 6H_2O$	10g/L	温度	45℃
H_3BO_3	25g/L	电流密度	$6\sim7mA/cm^2$

(3) 传感器测试及应用。力测试仪(RHESCN,PTR-1101)带有一个固定的圆锥状压头,可通过计算机程序控制压头的下降速率和所施加压力的范围,因此,我们将其作为对传感器施加压力的负载单元。数字万用表(Keysight 34465A)可测得传感器的实时电阻变化,并通过配套软件上传至计算机。基于此,我们将其组合得到压力传感器的测试平台,如图 15.8 所示。

压力测试时,在传感器上旋涂一层覆盖住结构层的 PDMS 薄膜并固化,金属压头不能与 Ni 结构层电接触,以防影响测试结果的准确性。另外,如果直接用压头向下压置于放置传感器的较硬平台上,压头将因为作用于较硬的平台而产生超过量程的反作用力,使得保护程序中断压头的下降。为避免此类情况发生,压力测试前,将所加工的柔性压力传感器贴在固化的 1mm 厚的

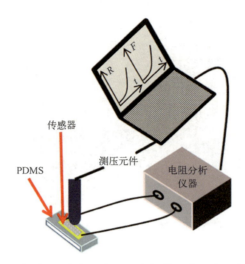

图 15.8 压力测试平台的示意图（包括带固定压头的负载单元、电阻分析仪和计算机）

PDMS 薄膜（预聚物与固化剂的质量比为 10:1，60℃烘箱烘 4h 固化）上。

在压力测试时，压头以 10μm/s 的下降速率不断向下移动，传感器受到的压力也不断增大。基于低成本图形化电镀 Ni 薄膜的柔性传感器的压力响应结果如图 15.9 所示。

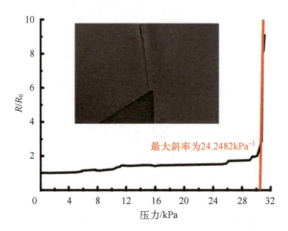

图 15.9 基于开裂 Ni 薄膜柔性压力传感器的电阻随压力变化情况，最大灵敏度为 24.2482kPa^{-1}（红线为斜率），嵌入小图为传感器受到压力后 Ni 膜尖端裂纹的 SEM 图

① 随着压力增大，Ni 薄膜结构层的长度变长、横截面积变小，电阻的增

大仅仅由 Ni 膜的应变效应造成，因此，电阻变化不明显，此阶段的压力灵敏度偏低。

② 随着压力进一步增大，压头下 Ni 膜的应力不断增大。当外界压力超过某一值时，Ni 膜集中的应力在三角形孔洞图形的尖端处释放，形成横截面为 V 形的裂纹，裂纹切断电子传输通道，从而使电阻增大。在此阶段，裂纹与 Ni 膜的综合应变效应使传感器的灵敏度高于第一阶段灵敏度。

③ V 形的裂纹进一步扩展。随着压力的进一步增大，裂纹的深度和宽度都会进一步增加，从而引起电阻的迅速增加。在该阶段，电阻变化率和传感器的灵敏度会同时达到最大值。

④ 传感器的 PI 胶带衬底和顶层的 PDMS 封装层的弹性变形受到限制，裂纹的进一步延伸受阻，此时，电阻不再迅速增加，灵敏度也急剧下降。

压力传感器底层的 PDMS 厚度对最大灵敏度对应的压强值有影响，而顶层封装的 PDMS 厚度影响可达到的最大灵敏度。此外，撤去外力后，Ni 膜的裂纹会愈合或彼此重叠，电子的传输通道因此得到恢复，电阻会降至初始值附近，确保了传感器的可重用性。如图 15.9 所示，基于开裂 Ni 膜的传感器在 30.84kPa 附近达到最大灵敏度，为 24.2482kPa^{-1}，高于基于金纳米线 (1.14kPa^{-1}) 和基于微结构橡胶介电层 (0.55kPa^{-1}) 的压力传感器。此外，Ni 薄膜受到压力后尖端开裂的裂纹 SEM 照片可见于图 15.9 小图。

除灵敏度外，响应速度也是评价传感器性能的一个重要参数，对传感器的商业化有着重要的参考价值。因此，我们测试了所加工传感器的响应时间。如图 15.10 所示，由传感器上施加 10g 砝码（620Pa 压强）前后电阻的变化可知，该传感器可以对外界压力变化做出迅速响应，响应时间为 18ms，响应速度快于目前大部分传感器。

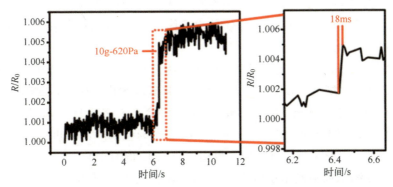

▲ 图 15.10 基于开裂 Ni 薄膜的柔性压力传感器的快速响应图（响应时间为 18ms）

将此柔性裂纹压力传感器用 PI 胶带固定在被测试者的桡动脉附近，将被测者的手腕平放在安静环境下的桌子上，以减少噪声对电阻信号的干扰。在心跳周期中，血管经历周期性的收缩和舒张，使得桡动脉处的压力传感器受到周期性变化的压力，从而输出随之变化的电阻信号。如图 15.11 所示，证明此压力传感器对心脏跳动有很好的响应，可以较好地与心电图（ECG）匹配，展现了传感器在可穿戴设备和健康监测方面的应用潜力。

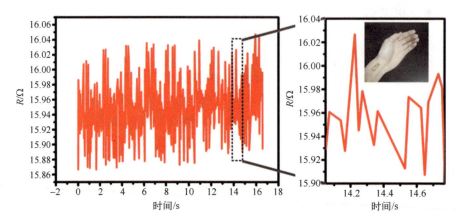

图 15.11　基于开裂 Ni 薄膜的柔性压力传感器的脉搏应用（左图为测试者脉搏的波形图，右图波形为左图放大图，嵌入小图为脉搏测试实物图）

15.2.3.3　基于纳米裂纹细线连接导电网络的柔性压力传感器

1) 传感器的加工制造、后处理与封装

图 15.12 展示了基于纳米裂纹细线连接导电网络的柔性压力传感器的加工制造。

(1) 将 Kapton 胶带平整地贴在玻璃片上的 PDMS 薄膜上，用去离子水洗净烘干后，将其放入打胶机中用 O_2 等离子体轰击 5min 修饰其表面，以增强其与薄膜的结合力。

(2) 在 Kapton 基底上通过磁控溅射的方法沉积 Cr（50nm）/Cu（150nm）种子层，旋涂一层 AZ 系列正性光刻胶，并将其放置烘箱中进行前烘。

(3) 通过光刻在光刻胶上形成均匀排列的等边三角形图案阵列。

(4) 通过温差开裂的方法，即突然改变光刻胶薄膜的温度，可诱导光刻胶薄膜沿着三角形尖端进行开裂、贯通形成纳米通道网络。

(5) 在纳米通道网络里依次沉积 Ni、多层氧化石墨烯材料、Ni，其中最后一步的 Ni 是为了保护多层氧化石墨烯。

（6）去除光刻胶和 Cr/Cu 种子层，用导电银浆在两个电极处焊线后，用薄层 PDMS 进行封装即可完成传感器的加工。

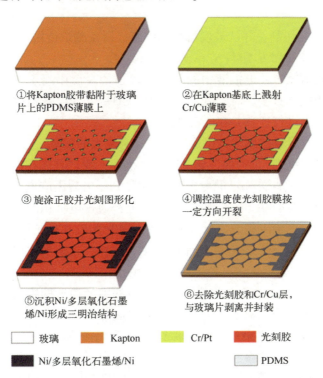

图 15.12　柔性压力传感器的加工制造流程图（其中该柔性压力传感器的导电网络是由基于纳米裂纹加工的细线连接而成）

未曝光的光刻胶在整个器件加工过程中起着牺牲层的作用，在引入基于 Ni/多层氧化石墨烯/Ni 的导电网络后，可将上一步的样品置于丙酮中以除去残存的未曝光光刻胶。未曝光的光刻胶下面覆盖的 Cr/Cu 种子层也需去除，Cu 薄膜用过氧化氢与氨水的混合液去除，Cr 薄膜用添加氢氧化钠和添加剂的高锰酸钾混合液去除。最后，将样品用去离子水冲洗干净，用无水乙醇清洗清洗样品去除残留的杂质，再将样品烘干。

后处理后，传感器封装流程如下：

（1）将 PDMS 的预聚物和固化剂按 10∶1 的质量比混合在一起，充分搅拌后抽去其中的空气静置待用。

（2）用导电银浆将铜线固定在烘干样品的两电极上，然后在烘箱中烘干银浆。

（3）将上述的 PDMS 旋涂在样品上，高度以将导电网络结构层完全覆盖为宜，从而起到保护结构层和绝缘的作用，然后将其置于 60℃ 烘箱中 4h 固化 PDMS。

（4）将样品切割，并从玻璃衬底上剥离，以备测试待用。

2）Ni/多层氧化石墨烯/Ni 结构的制备工艺

电镀金属薄膜时，电镀液中的氧化性较强的金属阳离子在阴极沉积并还原，而电沉积氧化石墨烯时，悬浮液中带 COO—等导电基团的氧化石墨烯在外加电场作用下进行迁移并在电极处沉积。

光刻胶开裂形成的纳米网络通道往往具有较大的深宽比（胶厚 $10\mu m$，裂纹宽度为亚微米级别）。为保证导电网络完整性，我们首先在该网络通道中用电镀的方式沉积一薄层 Ni；但考虑到 Ni 在受到压力后因应变效应引起的电阻变化极为有限，我们在上一步 Ni 网的基础上，通过电沉积的方式引入氧化石墨烯；为避免上一步沉积的氧化石墨烯在去除光刻胶和种子层的过程中流失，在其基础上再沉积一薄层 Ni 起到保护作用。这样，在纳米通道网络中沉积的结构层剖面为 Ni/多层氧化石墨烯/Ni 的三明治结构。

（1）底层 Ni。上一节中形成的基于裂纹的纳米通道网络具有较大的深宽比，为防止电镀时金属离子难以扩散至裂纹底部，在电镀之前，将基片置于镀镍液中抽去裂纹中多余的空气以保证金属阳离子在电镀时可以顺利沉积。电镀时，将基片置于镀镍液中作为阴极，Ni 板为阳极，通过调整电流密度可以改变电镀速率。Ni 膜越厚，结构层越厚且刚度越大，不利于传感器柔性的实现，因此通过调整电镀电流密度和电镀时长，并通过台阶仪实时监测电镀膜厚来实现 $2\sim3\mu m$ 厚 Ni 薄膜的沉积。图 15.13 为电镀薄层 Ni 后样品的 SEM 照片，可以看出，宽度约为 300nm 的 Ni 纳米线将彼此孤立的正三角形单元连接起来形成导电网络，比常见的金属网络更加规则可控。

（2）中间的多层氧化石墨烯。氧化石墨烯制备工艺流程如下：

① 将上一节中电镀完底层 Ni 网的基片用去离子水冲洗干净，置于烘箱中烘干去除多余水分。

② 称取 50mg 氧化石墨烯，加入烧杯中，加入 50mL 磷酸盐缓冲液（pH 值：$7.0\sim7.2$，$0.0067M(PO_4^{3-})$），充分溶解后，超声 20min，使氧化石墨烯在缓冲液中分散均匀，最后通入氮气去除溶液中的氧气，可得配置好的电沉积液。

③ 在配好的电沉积液中，用三电极体系（待沉积的基片 Ni 网为工作电极，$1cm\times1cm$ 的 Pt 片为对电极，Ag/AgCl 为参比电极）和电化学工作站

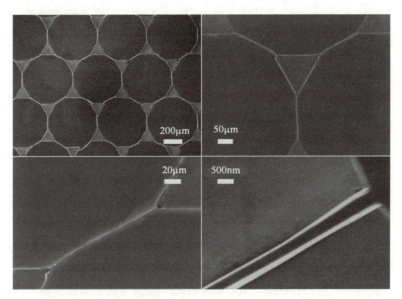

图 15.13　光刻胶开裂后电镀的 Ni 网在不同倍率下的 SEM 图（能明显看出基于裂纹的纳米线将三角形单元连接在一起形成导电网络）

（Gamry Reference 600），以循环伏安法在待沉积物表面电沉积氧化石墨烯，电位扫描范围为 $-1.4\sim0.6\mathrm{V}$（Ag/AgCl），扫描速率为 50mV/s，扫描 40 个循环。扫描结束后，用去离子水清洗沉积物表面后烘干。

电化学沉积的石墨烯薄膜的 SEM 如图 15.14 所示，可以看出，氧化石墨烯沉积在 Ni 网上，表面粗糙不平且有褶皱。因为在氧化石墨烯电沉积液中浸泡时间稍长的缘故，部分光刻胶附近发生了钻蚀现象，从而导致三角形周边有少部分石墨烯溢出，但这对器件的压力传感影响较小、可忽略。

氧化石墨烯结构检测：

石墨烯材料自 2004 年被首次成功剥离出来后，其优异的导电性、导热性等性能引起了研究界的广泛关注。国际标准组织 ISO 于 2017 年发布了有关石墨烯及其相关材料的准确定义，其中规定：石墨烯和氧化石墨烯均为单层碳原子层[27]。然而，目前市面上售卖的石墨烯鱼龙混杂，新加坡团队用多种技术手段对欧洲、美洲和亚洲的 60 多家公司生产的石墨烯进行了结构表征和分析，发现只有不到 10% 的材料中含有单层石墨烯，而这些材料中的单层石墨烯含量都没有超过 50%[28]。按照新标准来表征石墨烯类材料，有利于科研工作的规范化。

拉曼光谱技术是一种表征碳材料的重要方法，其可对样品进行快速无损

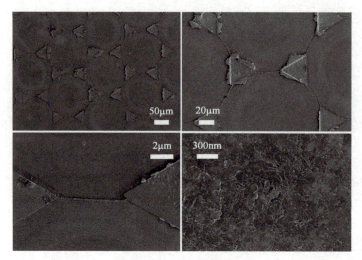

图 15.14　基于底层 Ni 网电镀的氧化石墨烯网络在不同倍率下的 SEM 图（可以看出氧化石墨烯的表面不平整、有褶皱）

的检测。当拉曼光谱仪中的激光照射到分子表面后，入射激光的部分能量会被分子中的化学键或电子云所吸收，继而会使分子从基态跃迁至激发态。激发态分子会释放一个光电子，其频率与入射光子和被测样品分子间的碰撞方式有关。对称的分子和共价键都有固定的振动频率，因此，可通过对分子释放的光电子的频率与散射光的极化定向信息进行分析，获得分子的组成和结构等信息[29]。石墨烯类材料含有大量的 C—C 共价键对称结构，可通过拉曼光谱进行表征，其有以下几种特征峰。

D 峰：在 1350cm^{-1} 波数附近，反映了石墨烯类材料的结构缺陷[30]。因为纯石墨烯没有缺陷，所以 D 峰只存在于有缺陷的石墨烯、引入 sp^3 碳缺陷的氧化石墨烯（GO）和还原的氧化石墨烯（rGO）等带缺陷的石墨烯类材料的拉曼光谱中。

G 峰：在 1582cm^{-1} 波数附近，反映了石墨烯类材料的 sp^2 碳原子的面内振动。氧化石墨烯的 G 峰强度高于 D 峰，还原的氧化石墨烯去除含氧官能团时会引入新的结构缺陷，因此 G 峰强度低于 D 峰，如图 15.15（a）所示[31]。

G′峰：波数在 2700cm^{-1} 波数附近，约为 D 峰波数的 2 倍，故又称 2D 峰，反映了碳原子的层间堆垛方式。单层石墨烯的 2D 峰强度大于 G 峰。随着石墨烯层数的增加，有更多的碳原子可以被检测到，因此多层石墨烯的 G 峰强度大于 2D 峰，如图 15.15（b）所示[32]。

用配有532nm波长激光的色散型共聚焦拉曼光谱仪（Senterra R200-L）对电化学沉积样品进行表征，结果如图15.15（c）所示。1609cm^{-1}处的尖峰和1348cm^{-1}处的中强峰，分别对应于石墨烯的G峰和D峰，G峰强度大于D峰，由此可知，电化学沉积样品主要成分为氧化石墨烯类材料而非还原的氧化石墨烯材料。另一方面，根据ISO新标准[27]，氧化石墨烯为单层碳原子层，其在2700cm^{-1}波数附近应有明显的2D特征峰，而图15.15（c）的样品拉曼结果没有明显的2D峰，可能是层数过多导致2D峰消失的缘故。因此，综合判定，电化学沉积的中间层材料主要为多层氧化石墨烯材料。

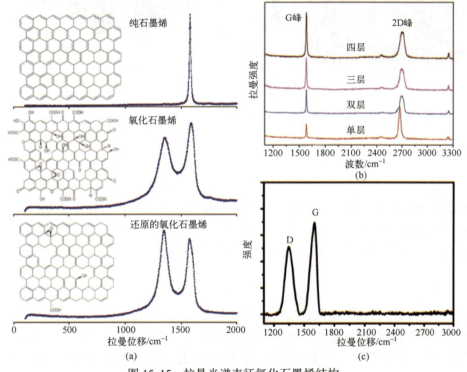

图15.15 拉曼光谱表征氧化石墨烯结构

(a) 石墨烯、氧化石墨烯、还原的氧化石墨烯的化学结构图和对应的拉曼光谱图[31]；
(b) 不同层数石墨烯的拉曼光谱图对比，可知石墨烯有明显的2D峰[32]；
(c) 该传感器研制过程中电镀的氧化石墨烯在532nm激光波长下的拉曼光谱图。

（3）顶层Ni。在电镀顶层薄Ni时，因为底层Ni和中间层多层氧化石墨烯的沉积，深宽比得以减小，不需再将基片抽真空，可直接将其置于电镀液中电镀5min左右，用去离子水冲洗、烘干。因为中间的多层氧化石墨烯表面粗糙且含有较多褶皱，而顶层薄Ni是在其基础上沉积的，因此也具有一定的粗糙度。这种粗糙不平的表面会导致传感器在受力后产生裂纹并使器件电阻迅速增大（见下节测试及结果分析），用原子力显微镜对其进行表面形貌表征，结果如图 15.16 所示。

图 15.16　顶层 Ni 薄层的 AFM 图

(a) 二维 AFM 图；(b) 三维 AFM 图（可看出其表面具有较多褶皱，粗糙度为 11.9nm）。

3）压力响应灵敏度测试

将微拉伸测试系统和数字万用表（Keysight 34465A）结合组成测试平台测试所加工的柔性压力传感器的压力响应性能。传感器两端固定在微拉伸系统的夹具上，以 5μm/s 的速率进行拉伸。微拉伸系统记录实时力变化，万用表配套软件记录实时电阻变化。压力传感器的灵敏度可由下式计算得出：

$$S = \frac{\Delta R/R_0}{\Delta P} \tag{15-1}$$

式中：$\Delta R/R_0$ 为相对电阻的变化量；ΔP 为压强的变化量。图 15.17 展示了电阻随压强的整体响应结果和低压强下的局部放大结果。可以看出，相对电阻的最大变化量达 10^4 数量级，传感器在 52.27kPa 时达到最大灵敏度 4953.15kPa^{-1}，高于大部分报道的传感器。在 39.2kPa 低压强下也达到了 4.24kPa^{-1} 的高灵敏度。

4）响应时间和恢复时间测试

将 10g 砝码（620Pa）置于传感器上后，电阻迅速增大，待电阻稳定后，得到传感器的响应时间为 47ms（图 15.18（a））。该响应速度在同类器件中有一定优势。将砝码撤去后电阻迅速减小，待电阻稳定后，可得到传感器的恢复时间为 102ms（图 15.18（b））。

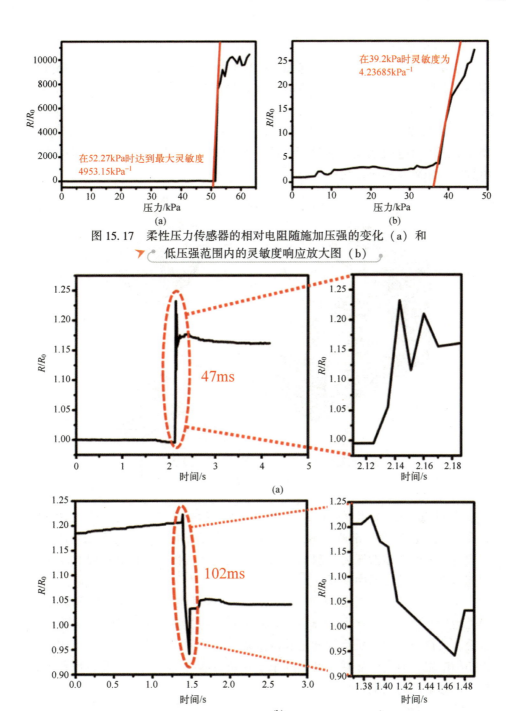

图 15.17 柔性压力传感器的相对电阻随施加压强的变化（a）和低压强范围内的灵敏度响应放大图（b）

图 15.18 响应时间测试结果（47ms）（a）和恢复时间测试结果（102ms）（b）

5）重复性测试

重复性测试平台的示意图如图 15.19 所示，器件被固定在一个振幅和频率可调的振动台上，器件正上方有一固定的压头。测试时，器件随振动台一起，以一可调的固定频率（此处固定为 10Hz）上下振动。这样，器件与压头处于"接触–断开接触–接触–断开–接触–……"的循环模式中，接触时传感器受到压力后电阻增大，接触断开后，电阻恢复至初始值左右。电阻的变化由数字万用表及其配套软件记录。

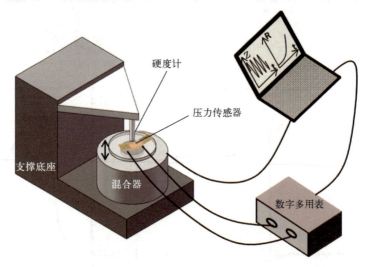

图 15.19　重复性测试平台示意图（包括支撑底座、振动台、压头、数字万用表、计算机）

图 15.20（a）为重复性测试 11000 多个循环后的总体结果图，图 15.20（b）和图 15.20（c）为局部放大图，可以看出，电阻变化的频率与振动台的频率相吻合，表明该柔性压力传感器有较好的重复性，传感器的传感结构层可以快速从受力后的变形中恢复。

需要说明的是，图 15.20 中部分 $\Delta R<0$，这可能是由于传感器顶层 Ni 薄膜受力后产生裂纹，外力撤掉后开裂的薄膜两边没有精准愈合，而是发生了重叠，使得原有的电子运动通道长度变短、横截面积变大，从而使电阻略小于初始电阻，但这部分减少量远远小于开裂后的电阻最大变化量，因此不影响器件稳定性的判定。

6）应用测试

考虑到所加工的柔性压力传感器极好的性能，如高灵敏度、快速的响应

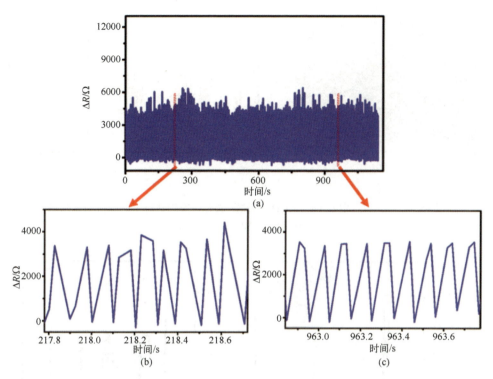

图 15.20 柔性压力传感器在 11000+个循环下的重复性测试结果（a）及其放大图（b）、（c），可以看出电阻的变化呈现出较好的重复性，与振动台的频率 10Hz 相吻合

速度、较大的压强工作范围、良好的重复性等，我们将传感器应用到不同的场景进行测试。如图 15.21（a）所示，在安静的环境中，我们将器件固定在被测试者的桡动脉上测试脉搏。由图 15.21（b）测试结果的脉搏波形图可知，被测试者的脉搏约为 80 次/min，是人体正常的脉搏范围。

此外，我们将所加工的柔性压力传感器固定在被测试者的喉咙上（图 15.22（a）小图）。当被测试者不同程度地笑时，喉咙附近的肌肉和皮肤都向外伸展且变形程度不一致，传感器受到的压力也存在差异，电阻呈现出不同程度的变化率。大笑时的电阻变化率最大可达 130000 左右，中等程度笑时，电阻变化率可达 80000 左右，而微笑带来的电阻变化显著小于前者，如图 15.22（a）所示；当被测试者吞咽口水时，传感器可以感受到喉结附近的变形，从而导致电阻增大。因吞咽的动作幅度基本一致，所以几次吞咽动作后电阻的最大变化率相近，均为 32000 左右（图 15.22（b））。上述结果表明，我们提出的柔性压力传感器在可穿戴设备的动作识别领域存在应用潜力。

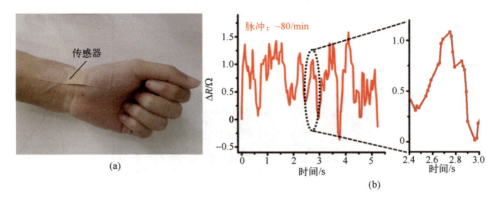

图 15.21 脉搏检测应用测试（a）和被测试者在安静状态下的脉搏测试结果（脉搏约为 80 次/min）（b）

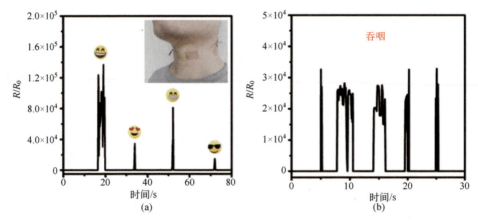

图 15.22 测试者在不同程度地笑后电阻的变化情况（小图为喉咙动作监测的应用测试）（a）和测试者做吞咽动作后的电阻变化结果（b）

15.3 柔性温湿度传感器

15.3.1 温度传感器简介

温度是一个与人们生活环境密切相关的物理量，也是一个在工业生产、科学研究、航空航天、生物医疗等领域需要测量和控制的重要物理量。温度传感器是指能感受温度并将其转换成可用输出信号的传感器。温度传感器的种类很多，按照原理和物理效应可以大致分为电阻式（包括半导体热敏电阻、铂电阻、铜电阻等）、pn 结式（包括温敏二极管、温敏三极管、温敏闸流管等）、热电式（包括热电偶、热释电型温度传感器）、辐射式（包括光学高温计、光电高温计、比色高温计等）和其他包括电容式（热敏电容）、频率式（石英温度计）、表面波温度传感器、超声波温度传感器等[33]。目前，最常用的是热电偶温度传感器和热敏电阻温度传感器。

热电偶是一种电势式温度传感器，主要由两种热电势电极材料组成，测量的原理是热电效应。两种不同成分的导体（或者半导体）两端分别连接在一起，形成一个闭合回路，当两端存在温度梯度，回路中会有电流通过，两端会存在电动势，称为热电势，这种效应称为热电效应。电势的方向和大小与导体的材料和两个接点之间的温度差有关。热电偶温度传感器具有制造简便、结构简单、精确度高、测量范围大（-270~2500℃）、惯性小、可远距离传输信号等优点，但其测量灵敏度较低，外部环境信号很容易对其产生干扰，且容易被前置放大器温度漂移所影响，因此不适合测量微小的温度变化。

热敏电阻温度传感器的测温原理是利用导体或半导体的电阻值随温度变化而变化进行测温。制造热电阻的材料需要有大温度系数、稳定的电阻率、线性输出和稳定的物理化学性能。由于铂的物理化学性质非常稳定、可靠性强、测量精度高，因此用铂电阻做热敏电阻的例子很多。除此以外，常温下铜电阻具有与温度相关性好、电阻温度系数较大、材料容易提纯、价格低的优点，因此应用也十分广泛。热敏电阻的优点是体积小、灵敏度较高、热惯性小、结构简单、方便使用，一般测量温度范围是-55~500℃。

电阻式温度传感器的测量原理是：利用铂电阻的电阻值随温度变化而变化。关系式是：$R_t = R_0(1+\alpha t+\beta t^2+\cdots)$。一定温度范围内，高次项可以省略，$\alpha$ 值和 β 值可以看成常数，电阻与外部温度呈线性关系。给电阻两端施加一微电流，通过测量两端电压变化得到电阻值，从而获得周围环境温度[34]。

15.3.2 湿度传感器简介

在工农业生产、气象监测、科学研究、航空航天等众多领域，都需要对环境湿度进行监测和控制。湿度是指空气中水蒸气的含量，也是大气干燥程度的物理量。湿度容易受到温度、大气压强的影响。因此，在常规的环境参数中，湿度是最难准确测量的参数。

湿度的表达方式很多，对于不同的应用需要采用不同的形式和单位来定义[35]。对于主要应用在日常生活和气象预测上的集成传感器，测量的是相对湿度。

相对湿度为

$$\mathrm{RH}(\%) = \frac{P_w}{P_s} \times 100\% \quad (15-2)$$

式中：P_w 是部分蒸汽压；P_s 是饱和蒸汽压。

人们对湿度传感器的研究，始于毛发湿度计和干湿球湿度计。毛发湿度计是以脱脂毛发尺度随着湿度变化而发生伸缩的现象为原理，主要存在灵敏度差、湿滞大、只能低温使用的缺点。干湿球湿度计的原理是依据干球和湿球温度计的温度差来检测湿度，主要存在响应时间长、体积大等缺点。

目前，微型湿度传感器按照测量原理可以分为电容式、电阻式、形变式、重力式等[36]。电阻式湿度传感器利用吸湿材料能将空气湿度变化量转化为电阻改变量的原理。陶瓷等材料的湿度与电阻的特性可以表示为[37]

$$\log\left(\frac{R(r_h)}{R_0}\right) = \frac{\log a - \log r_h^n}{1 + b/r_h^n} \quad (15-3)$$

式中：r_h 是相对湿度；R 是电阻；a 和 b 是由材料的成分和结构决定的常数。

电容式湿度传感器的原理是在不同湿度条件下吸湿材料吸收空气中的水蒸气，导致介电常数发生变化，通过测量两电极间电容变化达到测量湿度的目的。它的性质由吸湿聚合物的介电常数变化和电极几何形状决定[38]。电容式湿度传感器的经验公式为[39]

$$\frac{C_s}{C_0} = \left(\frac{\varepsilon_w}{\varepsilon_d}\right)^n \quad (15-4)$$

式中：ε_d 是干燥介质的介电常数；ε_w 是吸湿后介质的介电常数；C_s、C_0 是相应电容；n 由吸湿材料决定。

形变式湿度传感器的原理是吸湿材料吸湿后膨胀，由于膨胀系数不同，薄膜的结构发生弯曲，产生应力，由压阻效应测量应力。重力式湿度传感器是利用吸湿材料吸湿后质量增加从而测量湿度。

湿度传感器常用的感湿材料有三大类：陶瓷、高分子聚合物、多孔硅。陶瓷湿度传感器是利用吸附或凝聚在粒子表面的水分子作为导电粒子，吸湿量变化时质子的传导性会相应改变。陶瓷湿度传感器具有机械耐久性好、低湿条件下灵敏度高的优点，但它的材料固有电阻大，使得传感器具有不利于精确测量、容易受有害气体污染、高温性能不稳定等缺点。高分子聚合物随着周围环境相对湿度大小成比例地吸附和释放水分子。高分子聚合物的介电常数一般为 2~7F/m，吸收了水分子后介电常数可达 80F/m 以上。这类高分子电介质材料做成电容后，电容值的变化反映相对湿度的变化。这类传感器具有线性度好、灵敏度高、测湿范围广、响应时间短、稳定性好、湿滞小等优点。多孔硅有多孔结构，因此有很大的比表面积。它的感湿机理是多孔介质在湿度条件下会吸附水分子，一般分为物理吸附和化学吸附。这种传感器存在低湿下灵敏度低和线性度不好的缺点。

15.3.3 传感器的结构设计

温湿度集成传感器设计的结构如图 15.23 所示。整个传感器以 PI 胶带作为基底，贴在 3in 玻璃片上。PI 胶带上制作测温单元和测湿单元。测温单元是由磁控溅射得到的 Pt 电阻；测湿单元制成电容式，包括 Pt、Cu 两个电极。两个平行板电极之间夹着一层聚酰亚胺系吸湿层，厚度为 $10\sim12\mu m$。我们设计的 Pt 电阻丝电阻值为 $15\sim18\Omega$。

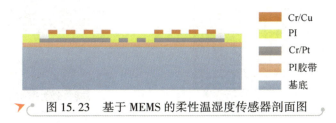

图 15.23 基于 MEMS 的柔性温湿度传感器剖面图

下电极设计了 3 种方案（图 15.24）：①2 个 7.5mm×15mm 的长方形；②3 个5mm×15mm 的长方形；③叉指电极。Pt 温度电阻置于湿度单元的长方形下电极之间或在叉指电极之间，其目的是作为测湿单元的湿度补偿。Pt 电阻既能测湿，又能在降湿过程中通过 Pt 电阻两端外加电流加热聚酰亚胺吸湿层，加快聚酰亚胺薄膜脱湿速度，从而减小聚酰亚胺薄膜在吸湿和脱湿过程中的湿滞。上电极设计了两种方案，如图 15.25 所示：①2 个 7.5mm×15mm 的长方形；②栅格结构，正方形孔的边长是 0.75mm，间距是 0.75mm。

15.3.4 柔性温湿度集成传感器的加工制造

柔性温湿度集成传感器的制造工艺流程（图 15.26）如下。

（1）清洗基片并烘干后，在基片表面贴一层 0.6~0.8mm 厚的聚酰亚胺胶带，用作集成温湿度传感器的柔性衬底，清洗干净并烘干待用。

（2）在有 PI 胶带的一面旋涂 AZ620 光刻胶，厚度为 $10\mu m$，具体工艺是：在 500r/min 转速下转动 10s，再在 1500r/min 转速下转动 30s。随后，将基片放置在烘箱中进行前烘，使光刻胶中残留的溶剂大量挥发，提高光刻胶的黏

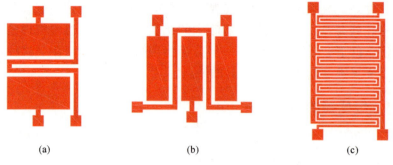

图 15.24　湿度单元 3 种下电极设计方案
（a）、（b）Pt 平行板；（c）Pt 叉指电极。

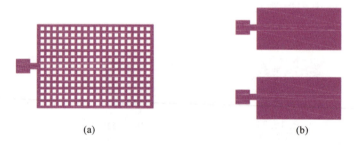

图 15.25　湿度单元 2 种上电极设计方案
（a）Cu 栅格；（b）Cu 平行板。

附性。用第一块掩膜版进行光刻，曝光时间是 150s，显影液显影 30s。吹干后用 MSP-400 型全自动磁控溅射镀膜机溅射 Cr/Pt，作为测温部分铂电阻和测湿部分下电极。溅射镀膜机采用多片转靶模式进行溅射，Cr、Pt 溅射时间分别是 3min、30min。Cr 的作用是增加衬底和 Pt 之间的黏附性。溅射 Pt 的过程中容易使 PI 胶带受热翘曲，所以每溅射 5min 需要停顿 10min。溅射工艺完成后用 Lift-off 工艺将基片浸没在丙酮中去除多余的光刻胶及不需要的金属薄膜。

（3）用甩胶机旋涂一层 PI（型号 ZKPI-305IID）。旋涂后放入烘箱中使其半固化。PI 全固化后需要完全覆盖溅射的 Pt 下电极，因此需要较厚的 PI 层。

（4）用第二块掩膜版进行光刻。因为要去除 Pt 电阻和 Pt 下电极焊线端覆盖的 PI，所以曝光时间和显影时间都有所增加。光刻胶下有半固化的 PI 吸湿层，可溶解于氢氧化钠中，因此用丙酮去除光刻胶。实验发现，如果丙酮作用时间太长，PI 会与之部分反应，产生白色物质，因此去除光刻胶时要控制好丙酮的作用时间。去除光刻胶后，将基片放入烘箱中使 PI 全固化。

（5）用第三块掩膜版光刻出湿度单元上电极图形，曝光时间为 150s，显影时间为 30s。然后采用多片转靶模式溅射 Cr/Cu 上电极，Cr、Cu 溅射时间分别是 3min、16min。最后，用 Lift-off 工艺将基片浸没在丙酮中，去除多余的光刻胶及不需要的金属薄膜。

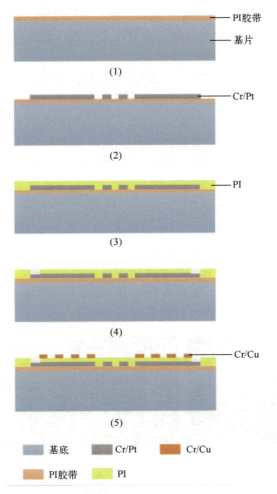

图 15.26　柔性温湿度集成传感器的加工制造工艺流程

制造过程中主要存在以下几个难点：

（1）溅射 Cr/Pt 作为测温单元电阻和测湿单元下电极时，PI 胶带容易翘曲，原因是溅射（尤其是单片溅射）温度较高，溅射 5min 就会导致 PI 胶带翘曲。PI 的翘曲会导致旋涂光刻胶和 PI 层不均匀。为此，本实验采用多片转靶溅射模式，每溅射 5min 间隔 10min，溅射完成后没有出现翘曲现象。

（2）在第二次光刻结束显影时，要将曝光的光刻胶下方 PI 层也去除，因此显影时间要增加 1 倍。如果 PI 没有完全去除，固化工艺后 PI 无法去除，即无法在下电极上焊线。因此，在第二次曝光显影之后要及时用万用表测量，确定焊线端的 PI 已经完全去除。在用丙酮去除光刻胶过程中，由于半固化的 PI 会缓慢溶于丙酮，因此去胶时要合理控制时间，避免时间过长出现白色物质，影响 PI 吸湿层的厚度均匀性。

（3）全固化 PI 的过程中，温度最高升高至 250℃。如果升温速度太快，PI 中溶剂的挥发会很快，PI 胶带容易出现翘曲现象。解决的方法是降低烘箱升温和降温的速度。

（4）所用的 D 型 PI 的黏稠度较低，全固化之后的厚度较低。如果旋涂 PI 转速太快，PI 吸湿层的厚度就会很薄。由于溅射的 Cr/Pt 层有一定厚度，如果 PI 层太薄就无法完全覆盖下电极边缘，从而导致溅射下电极之后出现上下电极导通现象，无法形成电容式湿度传感器。

15.3.5 传感器测试

（1）温度测试系统。采用江苏金坛市环宇科学仪器厂的 DB-1 数显控温电热板对传感器进行加热。输出电阻由 Keysight 公司的 34465A 六位半高性能数字万用表测量。具体实验仪器如图 15.27 所示。

图 15.27　温度单元测试仪器
（a）电热板；（b）数字万用表。

（2）湿度测试系统。为了测试湿度传感器的输出电容和湿度值的关系曲线，我们采用饱和盐溶液法进行测试，该方法又称为适度固定点法。主要原理是：将一定量的饱和盐溶液装入一个密闭容器，在恒温环境中静置足够时间后，容器中的盐、盐溶液和上方空气会形成三相平衡系统。这是由于饱和盐溶液中存在电离和水合作用，溶液表面存在蒸发和凝结作用，这些动态平衡的作用，使得水气两相交界面附近的空间内湿度趋于稳定，最终界面上部的封闭气空间形成稳定均匀的湿度场。

不同饱和盐溶液对应不同的湿度值，我们选择了 6 种具有湿度间隔的饱和盐溶液：$LiCl$、$MgCl_2$、K_2CO_3、$NaBr$、$NaNO_3$、KNO_3。这些饱和盐溶液的相对湿度用 TA218A 温湿度计进行标定（表 15.2）。输出电容值用 Keysight E4990A 阻抗分析仪测量。为了使饱和盐溶液上方的气体尽快达到饱和蒸汽压，可将盐溶液放置在智能恒温磁力搅拌器上进行磁力搅拌，同时 25℃ 水浴加热。

表 15.2　采用 TA218A 温湿度计对饱和盐溶液的标定结果

饱和盐溶液	LiCl	$MgCl_2$	K_2CO_3	NaBr	$NaNO_3$	KNO_3
湿度值/%RH	32	49	61	70	85	98

升湿阶段测试步骤是：将待测的湿度传感器依次放置在 $LiCl$、$MgCl_2$、K_2CO_3、$NaBr$、$NaNO_3$、KNO_3 饱和溶液上方气相中，溶液放置在恒温磁力搅拌器上边磁力搅拌边 25℃ 水浴加热 1h 后进行测试。降湿阶段测试分为两部分：一是将待测的湿度传感器依次放置在 KNO_3、$NaNO_3$、$NaBr$、K_2CO_3、$MgCl_2$、$LiCl$ 饱和溶液上方气相中，用上述相同方法进行测试；二是在高湿度饱和盐溶液测完之后，给 Pt 电阻通 200 mA 电流 6min，然后再放入低湿度饱和盐溶液中，在恒温磁力搅拌器上边磁力搅拌边 25℃ 水浴加热 1h 后进行测试。这样做的目的是通过给 Pt 电阻加电流，使 Pt 电阻发热，加快 PI 层水蒸气的蒸发，从而达到减小湿滞的目的。图 15.28 是湿度单元测试的实验装置图。

图 15.28　湿度单元测试实验装置图

15.3.6 温度测试结果

实验中测量了 Pt 电阻在 20~100℃中电阻值随温度的变化值，绘制出拟合直线（图 15.29）。图中可见，温度范围内电阻值与温度具有很好的线性关系，计算得该 Pt 电阻的温度系数为 $0.00179℃^{-1}$，比标准铂电阻的温度系数值 $0.00374℃^{-1}$ 低。分析得出主要原因是块体材料和薄膜材料的电阻温度系数存在一定差异。具体而言，块状材料的电阻率可以根据马梯生定则表示成

$$\rho = \rho_L + \rho_i + \rho_d \tag{15-5}$$

式中：ρ_L 为晶格振动（声子）对电阻率的贡献；ρ_i 为材料中杂质散射对电阻的影响；ρ_d 为材料中缺陷对于电阻率的贡献；ρ_i 和 ρ_d 与温度无关。对于薄膜材料，电阻温度系数表示为

$$\alpha = \frac{1}{R}\frac{dR}{dT} = \frac{1}{\rho}\frac{d\rho}{dT} = \frac{1}{\rho_i + \rho_d + \rho_L}\frac{d\rho_L}{dT} \tag{15-6}$$

其中，对于某一材料而言，$d\rho_L/dT$ 的值大致一定，因此，薄膜电阻温度系数的大小主要与材料中杂质散射和缺陷对电阻率贡献的大小有关。除此以外，薄膜材料厚度太小也会影响其电阻温度系数值。

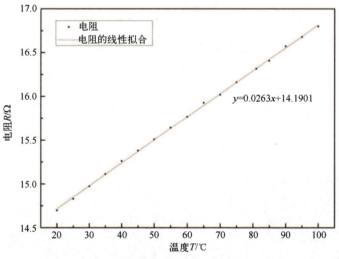

▼ 图 15.29 温度单元的电阻与温度关系曲线

溅射的 Pt 电阻丝厚度约为 600nm，厚度对电阻温度系数的影响可以忽略。因此，实验中测量得 Pt 电阻温度系数比标准 Pt 电阻小的原因可能是溅射过程

给 Pt 薄膜引入杂质，或是溅射的 Pt 薄膜中存在缺陷。

15.3.7 湿度测试结果

对比实验的结果如图 15.30 所示。其中，图 15.30（b）是直接将湿度单元从环境中放置到饱和蒸气压湿度值最低的 LiCl 溶液上方气相中进行测试的结果。图中可见，湿度单元的输出电容与环境湿度曲线的线性较差，输出电容在 30% RH～60% RH 湿度范围内变化很小，在 60% RH～100% RH 范围内有很大变化。

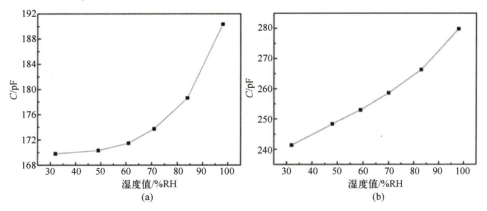

图 15.30 湿度单元输出电容与湿度的关系曲线
（a）无烘箱预处理；（b）烘箱预处理，栅格。

15.4 本章小结

本章主要介绍了柔性传感器的加工制造技术。首先，介绍了用于加工柔性传感器的几种常见材料的性能与应用，如聚二甲基硅氧烷（PDMS）、聚酰亚胺（PI）等。其次，介绍了柔性压力传感器的工作原理、结构设计、加工制造与测试应用，着重介绍了织物/PDMS 柔性压力传感器、基于裂纹结构的柔性压力传感器，证明了其在可穿戴设备和健康监测方面的应用潜力。最后，介绍了柔性温湿度传感器的工作原理，着重介绍柔性温湿度集成传感器的结构设计、加工制造与测试应用，证明了其电阻、电容与环境温度、湿度的相关性。柔性传感器实现了传感器从刚性到柔性的突破，因其优异的机械柔韧性、可拉伸性和保形性等特性，广泛应用于日常生活、工业生产和科研实验，极大地拓展了传感器的应用场景。

参 考 文 献

[1] 李润伟,刘钢. 柔性电子材料与器件[M]. 北京:科学出版社,2019.

[2] KAHOULI A, SYLVESTRE A, LAITHIER J F, et al. Structural and dielectric properties of parylene-VT4 thin films[J]. Materials Chemistry & Physics, 2014, 143(3):908-914.

[3] 马萍萍. 聚氨酯材料的应用研究进展[J]. 化工设计通讯,2021,47(1):36-37.

[4] ZANG Y, ZHANG F, DI C, et al. Advances of flexible pressure sensors toward artificial intelligence and health care applications[J]. Materials Horizons, 2015, 2(2):140-156.

[5] 蔡依晨,黄维,董晓臣. 可穿戴式柔性电子应变传感器[J]. 科学通报,2017,62(7):635-649.

[6] GONG S, SCHWALB W, WANG Y, et al. A wearable and highly sensitive pressure sensor with ultrathin gold nanowires[J]. Nature Communications, 2014, 5(1):3132.

[7] LEE T, CHOI Y W, LEE G, et al. Transparent ITO mechanical crack-based pressure and strain sensor[J]. Journal of Materials Chemistry C, 2016, 4(42):9947-9953.

[8] TAO L Q, ZHANG K N, TIAN H, et al. Graphene-paper pressure sensor for detecting human motions[J]. ACS Nano, 2017, 11(9):8790-8795.

[9] NIE B, LI R, CAO J, et al. Flexible transparent iontronic film for interfacial capacitive pressure sensing[J]. Advanced Materials, 2015, 27(39):6055-6062.

[10] LIPOMI D J, VOSGUERITCHIAN M, TEE B C K, et al. Skin-like pressure and strain sensors based on transparent elastic films of carbon nanotubes[J]. Nature Nanotechnology, 2011, 6(12):788-792.

[11] PARK S, KIM H, VOSGUERITCHIAN M, et al. Stretchable energy-harvesting tactile electronic skin capable of differentiating multiple mechanical stimuli modes[J]. Advanced Materials, 2014, 26(43):7324-7332.

[12] PERSANO L, DAGDEVIREN C, SU Y, et al. High performance piezoelectric devices based on aligned arrays of nanofibers of poly(vinylidenefluoride-co-trifluoroethylene)[J]. Nature Communications, 2013, 4(1):1633.

[13] 王敏锐. ZnO 薄膜压电微力传感器/执行器研究[D]. 大连:大连理工大学,2007.

[14] RAMUZ M, TEE B C K, TOK J B H, et al. Transparent, optical, pressure-sensitive artificial skin for large-area stretchable electronics[J]. Advanced Materials, 2012, 24(24):3223-3227.

[15] OUYANG H, TIAN J, SUN G, et al. Self-powered pulse sensor for antidiastole of cardiovascular disease[J]. Advanced Materials, 2017, 29(40):1703456.

[16] WU Y, LIU Y, ZHOU Y, et al. A skin-inspired tactile sensor for smart prosthetics[J].

Science Robotics, 2018, 3 (22): eaat0429.

[17] 肖渊, 李红英, 李倩, 等. 棉织物/聚二甲基硅氧烷复合介电层柔性压力传感器制备 [J]. 纺织学报, 2021, 42 (5): 79-83.

[18] KIM M, KIM D J, H D. Cracking-assisted fabrication of nanoscale patterns for micro/nanotechnological applications [J]. Nanoscale, 2016, 8 (18), 9461-9479.

[19] KIM M, H D, KIM T. Cracking-assisted photolithography for mixed-scale patterning and nanofluidic applications [J]. Nature Communications, 2015, 6: 6247.

[20] KIM M, KIM T. Crack-photolithography for membrane-free diffusion-based micro/nanofluidic devices [J]. Analytical Chemistry, 2015, 87 (22): 11215-23.

[21] HAN B, PEI K, HUANG Y. Uniform self-forming metallic network as a high-performance transparent conductive electrode [J]. Advanced Materials, 2014, 26 (6): 873-877.

[22] KUMAR A, PUJAR R, GUPTA N. Stress modulation in desiccating crack networks for producing effective templates for patterning metal network based transparent conductors [J]. Applied Physics Letters, 2017, 111 (1): 013502.

[23] KANG D, PIKHITSA P V, CHOI Y W. Ultrasensitive mechanical crack-based sensor inspired by the spider sensory system [J]. Nature, 2014, 516 (7530): 222-226.

[24] CHEN S, WEI Y, WEI S, et al. Ultrasensitive cracking-assisted strain sensors based on silver nanowires/graphene hybrid particles [J]. ACS Applied Materials & Interfaces, 2016, 8 (38): 25563-25570.

[25] LI X, ZHANG R, YU W. Stretchable and highly sensitive graphene-on-polymer strain sensors [J]. Scientific Reports, 2012, 2 (1): 870.

[26] CHOI Y W, KANG D, PIKHITSA P V. Ultra-sensitive Pressure sensor based on guided straight mechanical cracks [J]. Scientific Reports, 2017, 7: 40116.

[27] LI X, TAO L, CHEN Z, et al. Graphene and related two-dimensional materials: structure-property relationships for electronics and optoelectronics [J]. Applied Physics Reviews, 2017, 4 (2): 021306.

[28] KAULING A P, SEEFELDT A T, PISONI D P. The worldwide graphene flake production [J]. Advanced Materials, 2018: 1803784.

[29] 吴健. 还原氧化石墨烯/导电聚合物的制备及其特性研究 [D]. 成都: 电子科技大学, 2017.

[30] WU J, XU H, ZHANG J. Raman spectroscopy of graphene [J]. Acta Chimica Sinica, 2014, 72 (3): 301.

[31] STANKOVICH S, DIKIN D A, PINER R D. Synthesis of graphene-based nanosheets via chemical reduction of exfoliated graphite oxide [J]. Carbon, 2007, 45 (7), 1558-1565.

[32] NI Z, WANG Y, YU T. Raman spectroscopy and imaging of graphene [J]. Nano Research, 2010, 1 (4): 273-291.

[33] 何碧青. 温度传感器 [J]. 贵州教育学院学报，2005 (2)：38.

[34] 方震，赵湛，武宇，等. 基于 MEMS 技术的温湿传感器模拟和设计 [J]. 测控技术，2004，23 (3)：10-11.

[35] QUINN F C. The most common problem of moisture/humidity measurement and control [C]. International symposium of Humidity and Moisture. virginia：Bulletin of the American Meteorological Society，1985：1-5.

[36] RITTERSMA Z M. Recent achievements in miniaturised humidity sensors：a review of transduction techniques [J]. Sensors and Actuators A：Physical，2002，96 (2)：196-210.

[37] TRAVERSA E. Ceramic sensors for humidity detection：the state-of-the-art and future developments [J]. Sensors and Actuators B：Chemical，1995，23 (2-3)：135-156.

[38] RITTERSMA Z M. Recent achievements in miniaturised humidity sensors：a review of transduction techniques [J]. Sensors and Actuators A：Physical，2002，96 (2)：196-210.

[39] FALK A E，LACQUET B M，SWART P L. Determination of equivalent circuit parameters of porous dielectric humidity sensors [J]. Electronics Letters，1992，28 (2)：166-167.

第16章

印刷电子器件加工制造技术

印刷电子技术是用印刷方式实现电子器件制造的一种技术，该技术继承并发挥了印刷技术在图案化、低成本和可大面积快速制备等方面的优势，是对传统硅基半导体加工制造电子元器件流程中存在的工艺复杂、原料利用率低、高能耗和环境不友好等问题的完善[1]。

柔性电子技术是将有机/无机材料电子器件制作在柔性/可延性基板上的新兴电子技术，其中，柔性基板包括塑料、柔性玻璃和薄金属板等材料。因其特有的灵活性，柔性电子器件能够在一定范围内适应不同的工作环境，满足设备的形变要求，一定程度上解决了传统电子器件无法紧密贴合设备、信号采集易受干扰的问题，极有可能对电子应用领域带来革命性的影响，并引起全世界的广泛关注，得到了迅速发展。欧盟、美国、韩国和新加坡等科技强国和地区以及杜邦、默克、3M、LG 和三星等跨国集团均把印刷柔性电子产业视作未来企业提高竞争力的重要方向[2]。图 16.1 展示了柔性电子的应用场景。

用印刷的方式进行电子器件的制作，首先需要把导体、半导体或绝缘体等功能材料溶于或分散于溶剂内形成可以进行印刷的墨水或浆料，然后将配置好的墨水或浆料通过印刷方式按照预先设定好的图案沉积到衬底上，经过干燥和烧结过程形成功能层薄膜。根据电子器件的结构，可经过多次印刷和干燥过程实现不同功能层薄膜的制备，并最终完成电子器件的印刷制备。

在电子器件的印刷制备工艺过程中，功能层薄膜的成膜性将直接影响器件的最终性能。同时，功能层薄膜的成膜性又是印刷过程中，包括墨水配方、

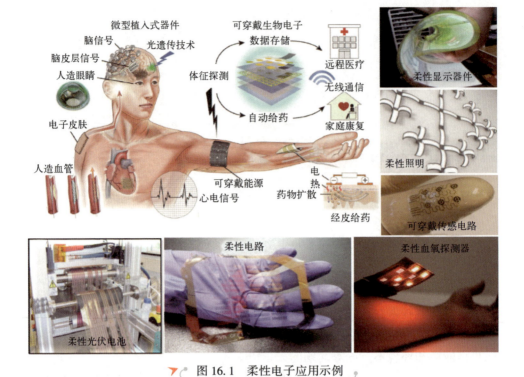

图 16.1　柔性电子应用示例

印刷方式和工艺参数选择及后处理条件等众多因素的综合体现。因此，要获得良好的成膜性，需要统筹考虑上述多种因素。根据需要印刷器件的结构尺寸，可以选择不同的印刷设备，而不同的印刷设备对墨水或浆料的要求也有所差异。常用的印刷设备主要分为接触式和非接触式两类设备，其中，丝网印刷、凹版印刷和柔版印刷都属于接触式印刷设备，喷墨打印、电流体打印和气溶胶打印则属于非接触式印刷设备。一般而言，接触式印刷设备适用于进行结构尺寸较大的器件的快速制备，而非接触式印刷设备适用于进行具有精细结构的器件的制备，其加工速度相对较慢。

本章将从功能墨水准备、印刷设备及工艺以及印刷成膜控制等方面对印刷柔性电子器件加工制造技术及其应用进行介绍。

16.1　功能墨水准备

常规的传感器一般由导电层、半导体层和介电层 3 种材料相互组合叠加形成，而印刷柔性电子传感器则需要在柔性基底材料上分别完成上述各功能层的印刷制备，其中，各功能层的薄膜厚度一般为数十纳米到数百纳米以实现器件的轻柔特性。进行印刷的功能墨水可由有机材料或无机纳米材料作为功能材料，溶解或分散在溶剂内而构成，其中，作为溶质的有机材料或无机纳米材料需要在选定溶剂内具有足够高的溶解度（常用喷墨型墨水一般为 20~30mg/mL）和稳定性，一般可以通过分子设计和分子修饰等手段来进行调节。

进行印刷的功能墨水中的溶剂一般都会通过后处理工艺进行排除，仅在设定的目标区域内留下功能材料以形成功能膜层。因此，最终制备的柔性电子器件中功能材料层的厚度主要由功能墨水中的溶质含量来决定。同时，柔性器件轻薄的特性也决定了功能墨水中的绝大部分成分为溶剂，而溶剂本身的流体特性会直接影响到功能墨水的黏度和表面张力等特性，这些特性又是影响印刷成膜性的关键因素。因此，功能墨水中的溶剂对柔性电子器件的影响也不可忽略。此外，在丝网等印刷用浆料中，除了功能材料外通常还含有大量有机和无机填料用以增加浆料的流平性，以期获得更佳的薄膜成膜性。不同于喷墨打印用墨水，这种浆料在干燥过程中，除了部分溶剂挥发外，功能材料和填料都将留在图案区共同构成功能薄膜。

在功能墨水的调配开发过程中，溶剂可以选择单一溶剂体系，也可以选择多溶剂组合的混合溶剂体系。单一溶剂体系的优势在于印刷功能墨水中仅含有一种溶剂成分，印后处理只需考虑一种溶剂的去除，工艺相对简单。但在实际应用中，对于很多溶质来说，单一溶剂无法满足印刷的需求，因此人们提出了用主溶剂来满足适印性，用辅助溶剂来提高溶解性的混合溶剂方法。此外，除了考虑适印性和溶解性外，从产业应用的角度出发，溶剂的选择还需考虑其绿色环保特性，尽量避免使用对人和环境毒害性比较大的溶剂。

16.1.1 导电墨水

导电电极是各种电子器件的基本结构单元之一。常规的硅基半导体器件中，铜、铝、银和金都是构成电极的常见材料，在电致发光和光伏电池等对光透过率要求较高的器件中，氧化铟锡（ITO）作为电极也获得了广泛应用。上述这些金属电极的最小厚度一般都在数十微米，ITO 的厚度虽然较小，但其晶态薄膜特性导致导电膜层无法满足柔性电子器件的应用需求。因此，科研人员一直努力尝试利用高导材料，如金属纳米颗粒[3]、银纳米线[4]、石墨烯[5]以及有机高分子聚合物等材料构成超薄导电层来制备柔性电极[6]。

银、金和铜纳米粒子具有如下特点：①与现在的硅基半导体器件中使用的导电材料同源，几乎可以直接与现有工艺设计匹配；②纳米材料具有较大的比表面积和表面能，根据纳米尺度效应，相对于块体材料，纳米材料尺寸越小烧结温度越低[7]，也越有利于产业化应用。通过化学合成方法和处理工艺的调整，金、银和铜纳米粒子的粒径可以在几纳米到几百纳米的范围内进行控制[8-9]，再将制备的金属纳米颗粒稳定分散到适当的溶剂内，即可形成相应的金属纳米墨水。

在印刷电子行业中，丝网用银导电浆料的技术最成熟，产业应用也最广泛，其中，仅硅基太阳能电池行业每年对银浆的使用量就约1100t。丝网用银导电浆料多采用微米级（1～40μm）银粉为原料，配以用于增加黏附性的填料，银的含量一般为70%左右。其中，韩国PARU公司出产的PG-007以二醇类为主溶剂，银纳米颗粒直径为20～150nm，固含量达到83wt%，黏度约13Pa·s①，200℃固化1分钟测试方阻为1.8mΩ/□，相对性能突出，但价格不菲，而大部分产业化丝网用银浆仍需要经过500℃以上的高温烧结。因此，开发低温甚至室温烧结导电墨水对印刷柔性电子技术的发展至关重要。

相较于丝网印刷方式，以喷墨打印为代表的非接触印刷在打印精度和材料利用率方面具有显著优势，有望在高密度电路制备中获得广泛应用，针对喷墨打印用导电墨水的开发也是目前研究领域的热点。美国University of Illinois的Lewis课题组先用$AgC_2H_3O_2$和NH_4OH进行反应，再加入CH_2O_2充分混合，静置沉淀12h后，取上清液获得形态稳定的银墨水，墨水中银的含量为22%，黏度为2mPa·s。印后经过90℃处理即可达到纯银的导电性（图16.2）[10]。银墨水的制备方法并不固定，研究人员使用不同方法开发的银墨水也不尽相同，在导电特性等方面存在差别（图16.3）[11-13]。此外，一些公司也推出了商业化的银墨水产品[14]。

铜（电阻率：1.68μΩ·cm）除了具有和银（电阻率：1.59μΩ·cm）、金（电阻率：2.44μΩ·cm）近似的导电特性外，还具有储量丰富（约是银的1000倍）、原材料价格低廉等优点，一直是研究界和产业界的关注热点。但是铜材料存在缺点，其熔点较高（1083℃）、易氧化，氧化后的铜会失去导电性。和银材料一样，开发纳米尺度的铜也可以有效降低铜的烧结温度，但尺度越小铜的氧化现象也就越严重。因此，目前研究人员开发纳米铜墨水的工作主要集中在抑制铜粒子的氧化[15]。图16.4是Park等用直径100nm的纳米铜颗粒与$AgNO_3$、聚（N-乙烯基吡咯烷酮）（PVP，重均分子质量M_w：

---

① 黏度的国际单位为Pa·s，有时也用cP表示，1Pa·s=1000cP。

第16章　印刷电子器件加工制造技术　609

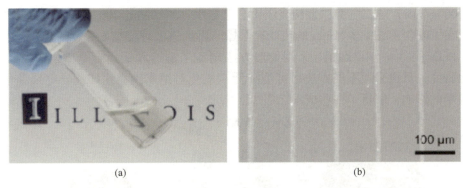

图16.2　反应型银墨水（a）及其打印的导线（b）[10]

图16.3　不同研究人员开发的银墨水

(a) 银墨水[11]；(b) 银墨水及用其打印的天线样品[12]；(c) 反应型银墨水；
(d) 柔性导电膜样品[13]。

40000g/mol）和二甘醇共混构成铜银合金墨水，刮涂制备 20μm 厚的膜层。然后在 130℃下先经过 15min 的热处理干燥，再经过氙灯烧结 6ms，最低方阻约 0.11Ω/□[16]。该课题组还采用类似方法制备了铜锌和铜锡合金墨水[17]。其他研究人员也采用不同方法尽可能降低铜氧化对纳米铜墨水印制导电线路电阻率的影响，取得了一些成果[18-19]。

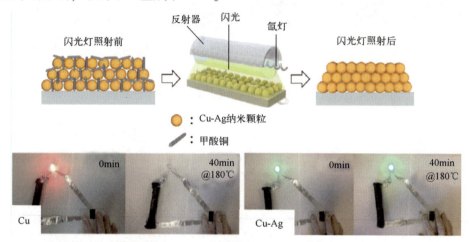

图 16.4　铜银纳米合金墨水[16]

金属纳米线是线径小于 100nm，纵横比在 1000 以上，具有一维结构的金属丝，也可用于制备喷墨打印用导电墨水。同金属纳米颗粒一样，金属纳米线也可以在溶剂中分散构成导电浆料或墨水。在印制过程中，金属纳米线之间会相互搭接形成导电网络，搭接程度与印刷线路的导电性密切相关。由于金属纳米线搭接节点之间存在大量的空隙，且线长一般都在数十微米以上，因此，相对由金属纳米颗粒印制的导电薄膜，由金属纳米线制备的导电薄膜在光学透过率和机械柔韧性方面均具有显著优势，尤其在制备柔性电子器件上具有十分广阔的应用前景。2002 年，Xia 等合成了直径为 30～40nm、长度为 50μm 的银纳米线[20]。其他研究人员在此基础上对银纳米线进一步处理得到柔性透明导电电极[21-22]。Ma 等也采用类似技术制备了全溶液法半透明钙钛矿电池的顶电极，电池光转换效率高达 14.4%[23]，如图 16.5 和图 16.6 所示。

除了金属材料之外，有机导电聚合物材料作为导电墨水在研究界和产业界也已获得了广泛应用。PEDOT：PSS（聚（3,4-乙烯二氧噻吩）-聚（苯乙烯磺酸酯）是一种高分子聚合物的水溶液，溶液呈现深蓝色，无味，是最为熟知的导电聚合物材料，根据不同的配方，可以得到不同的导电率和黏度，以用于匹配不同的印刷工艺[24-25]。

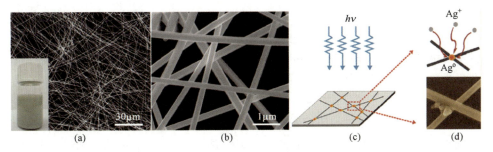

图 16.5 银纳米线墨水（a）、(b)[21] 和光辅助烧结银纳米线（c）、(d)[22]

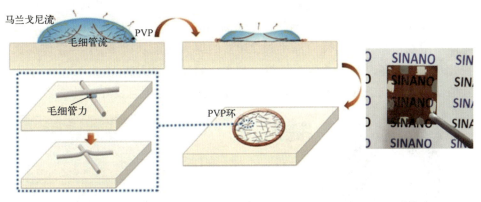

图 16.6 以银纳米线为顶电极制备全溶液法半透明钙钛矿电池[23]

16.1.2 半导体墨水

常温下，半导体材料的导电性介于导体和绝缘体之间，现代电子器件技术的发展就源于对半导体材料的应用。硅（Si）和锗（Ge）等材料的应用开启了集成电路时代，也被认为是第一代半导体材料的代表。随着化合物材料和有机材料研发的不断突破，半导体材料的选择范围也逐渐扩大，砷化镓（GaAs）、锑化铟（InSb）等化合物材料与酞菁铜（CuPC）等有机材料成了第二代半导体材料的代表。第三代半导体材料主要是围绕半导体照明、电力电子器件、激光器和探测器等应用领域而开发的，主要代表材料包括碳化硅（SiC）、氮化镓（GaN）、氧化锌（ZnO）、金刚石和氮化铝（AlN）等宽禁带半导体材料。常规半导体功能层的制备方式以气相、液相、固相和分子束外延生长为主，但随着纳米材料和印刷电子技术的发展，这些半导体材料都有望被制成墨水，再通过印刷的方式在衬底上直接形成所需的半导体图案，极大地简化了半导体器件的加工工艺流程，很多研究团队在这方面取得成果。

由于硅元素在地壳中的含量巨大,开采成本低廉,且具有优良的半导体电学特性和稳定性,科研工作者也对硅墨水的开发投入了很高的热情。2006年,日本 Seiko Epson 公司的 Shimoda 等将环戊硅烷置入甲苯溶液并进行紫外聚合生成聚硅烷,溶于甲苯制备的溶液型硅墨水,采用旋涂和喷墨制备了晶体管[26]。

化合物半导体材料的快速发展也促进了相关墨水的研发。Coleman 等用液相剥离法制备了二硫化钼(MoS_2)、二硫化钨(WS_2)、氮化硼(BN)和二硒化钼($MoSe_2$)等层状纳米薄膜,将其中 MoS_2、WS_2 和 BN 分别分散到 N-甲基吡咯烷酮(NMP)和异丙醇(IPA)中形成半导体墨水,用喷涂的方法获得了厚度约 $50\mu m$ 的半导体薄膜[27],如图 16.7 所示。Yang 等制备了 In_2O_3 前驱体水溶液,在 SiO_2 上旋涂后经过 250℃ 的退火便能获得 In_2O_3 半导体薄膜,在此基础上制备得到场效应晶体管(FET)的迁移率达到 $25cm^2/(V\cdot s)$ [28]。其他研究人员制备的半导体墨水构建的器件也具有稳定且良好的性能[29-31]。

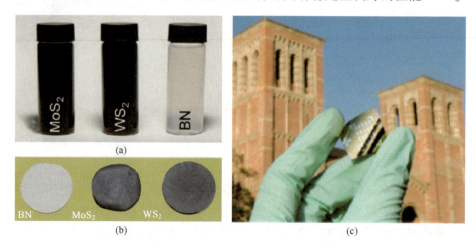

图 16.7 液相剥离法制备的 MoS_2、WS_2 和 BN 半导体墨水(a)和薄膜(b)[27],以及 PI 衬底上制备的 In_2O_3 晶体管(c)[28]

随着人们对碳材料研究的逐渐深入,研究者发现单壁碳纳米管(Single-Wall Carbon Nanotubes,SWCNT)除了是可以溶液化的半导体材料外,其单根的本征迁移率可以达到 $10^5 cm^2/(V\cdot s)$ [32]。Takenobu 等将 SWCNT 与 n,n-二甲基甲酰胺(DMF)混合获得半导体墨水,用喷墨打印方法制备了碳纳米管 TFT,测得迁移率 $1.6\sim4.2cm^2/(V\cdot s)$,开关比为 $10^4\sim10^5$ [33]。韩国 Paru 公司 Noh 等用其公司出产的 SWCNT 墨水(型号:PR-040)在柔性沉底上用凹版印刷实现了基于碳纳米管触发器电路的全印刷制备,该柔性触发器在时钟频率为 20Hz 下输出延时约 23ms[34]。基于 SWCNT 半导体墨水,柔性逻辑电路、类脑神经系统电路和气体传感器等柔性电子器件被制作出来[35-38],如图 16.8 和图 16.9 所示。

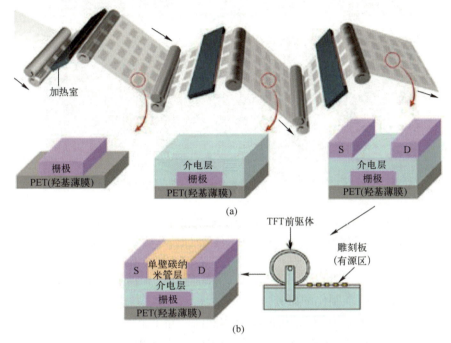

图 16.8　利用卷对卷凹版印刷制备 SWCNT 晶体管电路示意图[34]
(a) 卷对卷凹版印刷工艺 (TFT 前驱体); (b) 卷对板凹版印刷 TFT。

自 20 世纪 70 年代 Heeger 等发明了导电高分子材料以来,大量的有机半导体材料被设计开发出来。相较于无机半导体材料,有机半导体材料的性质可以通过分子结构的剪裁和修饰进行设计,因此有机半导体材料的数量可以被认为无限;有机材料的制备和提纯工艺简单,能耗低;有机材料由分子构成,分子间相互作用主要是较弱的范德华力,材料体现出一定的柔韧性,非常适合制备柔性电子器件;有机材料与生物样品的组织结构相似度高,具有很好的生物兼容性,在生物传感领域具有巨大的应用潜力。

目前,有机半导体材料在显示应用领域的进展最为迅速,以有机电致发光器件(Organic Light-Emitting Diodes, OLED)为代表的新型显示技术已经实现了产业化。传统 OLED 采用真空热蒸发的方式进行加工,存在材料利用

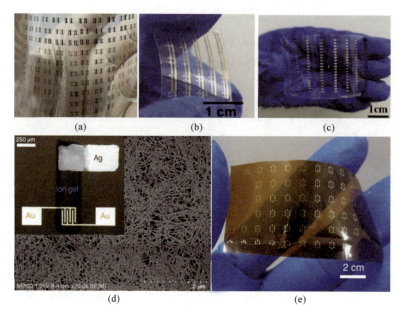

图 16.9 基于 SWCNT 打印制备的柔性 CMOS 反相器（a）[35]、TFT 阵列（b）[36]、NO 传感器（c）[37]、抗辐射晶体管（d）及电路样品（e）[38]

率低和大面积均匀度难以保证等问题，为此研究界和产业界都在致力于用印刷方式来进行 OLED 制作的研究。

OLED 是一个具有多层结构的半导体器件，除了金属电极外，空穴注入层（HIL）、空穴传输层（HTL）、发光层（EML）、电子传输层（ETL）以及电子注入层（EIL）材料都属于有机半导体材料，因此，开发相应的电子功能层墨水是实现印刷显示技术的前提。

1990 年，Holmes 等将合成的对苯乙烯（P-Phenylene Vinylene，PPV）聚合物前驱体溶入甲醇溶液，首次用旋涂的方法实现了 OLED 制备[39]。之后，一大批研究人员采用不同方法成功制备了 OLED[40-43]。除此之外，在无毒/低毒和环境友好有机光电功能墨水的开发方面也取得了进展。Zhang 等选用无害的苯甲酸丁酯等作为溶剂，分别配制了多种 HTL、EML 和 ETL 墨水，十分适合喷墨打印应用，并在此基础上成功制备了双层和三层打印的 OLED（图 16.10）[44-45]。

16.1.3 介电墨水

在电场作用下能建立极化的物质都可称为介电材料，因此，介电材料的

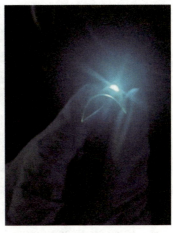

图 16.10　有机光电功能墨水多层打印得到的白光和柔性蓝光 OLED[44-45]

种类很丰富。由介电材料构成的介电层是电容器和场效应晶体管等电子元器件的基本构成部分，在传感器和逻辑电路等的制作方面都有广泛应用。

对于介电材料本身而言，介电常数是衡量材料介电性能的指标。介电常数又称电容率或相对电容率，常用 ε 表示，是指在同一电容器中用同一物质为电介质和真空时的电容的比值，表示电介质在电场中储存静电能的相对能力。二氧化硅（SiO_2）、二氧化铪（HfO_2）、三氧化二铝（Al_2O_3）、钛酸钡（$BaTiO_3$）、聚偏氟乙烯（PVDF）、聚乙烯基酚（PVP）和聚二甲基硅氧烷（PDMS）是目前常见的介电材料，部分材料的介电常数汇总如表 16.1 所列。

表 16.1　部分材料介电常数数据

材　料	相对介电常数（k）	材　料	相对介电常数（k）
TiO_2	110	PVDF	6.0
SiO_2	3.9	PVP	3.5
HfO_2	25	PDMS	2.6
Al_2O_3	10.1	PI	3.0
$BaTiO_3$+PVA	10.9	PE	2.4

对于电子元器件中介电层的制备而言，除了要考虑材料的介电常数之外，还需要确保在加工过程中介电材料可以形成致密的介电层薄膜以降低漏电流。传统的无机介电层一般采用真空热生长、磁控溅射和原子层沉积等方法，为获得较高的介电性能，往往需要在较高的温度下进行热处理。有机介电材料

一般采用溶液法进行薄膜加工，后处理工艺的温度较低，更适合于柔性电子器件应用，但介电常数通常较低。随着纳米材料技术的发展，新型的无机纳米介电材料和无机有机杂化介电材料层出不穷，利用溶液法进行介电层快速制备的方案也越来越成熟。但在溶液法制备介电层工艺过程中，需要注意避免在印刷或涂布介电层墨水时墨水中溶剂对下层功能层侵蚀，造成已有功能层界面形貌的破坏和杂质及缺陷态的引入。

自 1995 年 David 等将 Si/SiO_2 衬底浸于十八烷基三氯硅烷（ODS）溶液中获得超薄自组装介电层以来[46]，众多科研人员采用不同方法成功制备了介电层，并在此基础上印刷制备包括有机场效应晶体管、SWCNT 和反相器等在内的柔性电子器件[47-49]。在产业界，韩国 Paru 公司也有 $BaTiO_3$ 墨水推出，该款墨水型号为 PD-100，黏度 200mPa·s，表面张力 30mN/m，介电常数为 14。

柔性电子器件也是由导体、半导体和绝缘体组合构建而成的，为满足产业界对产品成本的有效控制，用印刷方法进行功能层制备是有效手段，光电功能材料的墨水化开发是印刷的前提。墨水的配方，即溶质和溶剂的选择与组合，是墨水开发的关键。不同的材料用途和印刷方式使得墨水配方也千变万化，但也为新型功能墨水的开发留下无穷的发展空间。

16.1.4 功能墨水制备常用设备与测试仪器

印刷电子器件需要用到导电、半导体和介电功能墨水，这些墨水分别是用上文所述的导电、半导体和介电材料分别与溶剂进行调配获得的。不同的印刷设备在印刷的精度、速度和面积上具有不同的优势与特点，对于墨水在黏度和表面张力等方面的需求也各有差异。但无论选用哪种印刷方式，都需要功能墨水具有较好的稳定性。功能墨水的可印性和好的成膜性实际上很大程度上取决于墨水的流变特性，墨水或浆料的粒度、粒度分布以及体积分数等则是影响流变特性的内部因素。

一般而言，现在的光电功能墨水可以分为两大类：一类是由纳米功能材料和溶剂构成的分散型墨水；另一类是由无机盐或有机材料等和溶剂构成的溶液型墨水。无论是分散型还是溶液型墨水，墨水在配置和使用过程中，溶质的物理化学性质都应保持稳定，即在存储过程中没有团聚或析出现象发生。为了获得性能稳定的功能墨水，除了在墨水配方中加入表面活性剂外，还可以借助超声波处理器、球磨机、三辊研磨机和高压均质机等设备来降低溶质的粒度，提高粒度分布的均匀度。下面简要介绍墨水分散所用的仪器设备。

16.1.4.1 超声波处理器

超声波是一种频率高于 20000Hz 的声波,具有较好的方向性和较强的穿透能力,易于获得较为集中的声能。超声波在水等溶液介质中传播时,介质质点振动的频率很高,因而,可以产生巨大的能量。超声波处理器是实验室中常用的一款功率超声波仪器,操作简单。常规用途包括:中药提取、细胞内含物的萃取,细胞、细菌和病毒组织的破碎;加速化学合成中溶解和化学反应。现在也被用于促使纳米颗粒和碳纳米管等材料的分散、匀质化以及乳化。

实验型超声波处理器一般由超声波发生器、换能器、变幅杆、隔音箱和升降台等部分构成。超声波发生器将普通低频电能转换成 20kHz 以上的高频电能,经换能器转变为高频机械振动,再经变幅杆前段钛合金探头的聚能和振幅位移放大后作用于液体而产生强大的压力波。压力波的作用会在液体中形成成千上万个微小气泡,气泡伴随高频振动迅速增大然后突然闭合。气泡闭合时会造成液体分子间相互碰撞而产生强大冲击波产生空化效应。空化效应使钛合金探头顶部发生强有力的剪切活动,带动液体中的颗粒/分子进行强力搅动。该能量可以将团聚在一起的纳米粒子打开进行分散,也可以促使水相和油相溶剂发生乳化。其中,超声波压电变频能量转换器简称超声换能器,是决定超声功率和频率的核心部件,多为锆钛酸铅压电陶瓷材质。变幅杆也称聚能器,主要作用是将机械振动的振幅放大,即将能量聚集在较小面积上产生聚能。隔音箱用来隔绝超声波处理器在工作时因空化效应造成的噪声,保护操作者的健康。升降台则是用来调整超声波探头浸入处理液的距离,以达到最优的处理效果。

16.1.4.2 行星式球磨机

球磨是利用下落的研磨体(磨球)的冲击作用以及研磨体与球磨内壁的研磨作用将物料粉碎并混合的过程,一般情况下,通过球磨可以将物料的粒度降低到微米量级。行星式球磨机能用干、湿两种方法磨细或混合粒度不同、材料各异的固体颗粒、悬浮液和糊膏。选用真空球磨罐则可以在真空或惰性气体中研磨、混合样品,现在还被用于制备机械合金化,即将几种金属或非金属元素的粉末颗粒在球磨机中反复混合、破碎和冷焊,在球磨过程中使其逐渐细化至纳米级,并在固态下形成合金相的核,使过去传统熔炼工艺难以实现的某些物质在球磨过程中实现合金化,如纳米晶硬质合金、$Nd_{60}Fe_{20}Al_{10}CO_{10}$ 非晶合金粉末、Al_2O_3/Al 复合粉末等[50]。

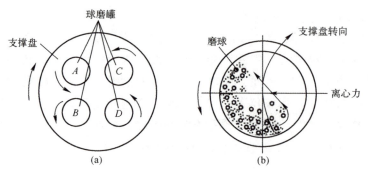

图 16.11 行星式球磨机球磨原理

(a) 行星式球磨机整体布置图；(b) 球磨罐水平截面[51]。

16.1.4.3 三辊研磨机

三辊研磨机简称三辊机，是油漆、油墨、颜料、塑料等高黏度物料最为有效的研磨、分散设备。三辊研磨机有 3 个滚筒安装在铁制的机架上，中心在一条直线上，可水平安装或稍有倾斜。三辊研磨机通过水平的三根辊筒的表面相互挤压及不同速度的摩擦而达到研磨效果。钢质滚筒可以中空，通水冷却。物料在中辊和后辊间加入。由于 3 个滚筒的旋转方向不同（转速从后向前顺次增大），会产生很好的研磨作用。物料经研磨后被装在前辊前面的刮刀刮下。德国 EXAKT 公司是三辊研磨机的主要制造商之一，共有 4 种类型，各自对应部分型号和基本特点如表 16.2 所列。

表 16.2　EXAKT 三辊机分类及部分型号特点

类　别	型　号	基　本　特　点
基本型	EXAKT50，EXAKT80，EXAKT120	加工产品细度至 20μm
表面抛光性（S 型）	EXAKT80S，EXAKT120S，EXAKT120S-450	加工产品最高细度可达 1～9μm
高效型（H/HF 型）	EXAKT120H/HF，EXAKT 120H/HF-450	其加工产品的细度与 S 型可比较，如 1～9μm。其可变阻力系统（HF 高阻力）可加工高黏度产品和更加胶黏的材质，并可在加工过程当中提高产量
电子模式（E 模式）	EXAKT 80E	加工产品细度低于 10μm，兼具生产型研磨设备灵活的操作性及先进的精准控制系统和程序设计

其中，EXAKT 80E 是一台最优产品细度可加工至 1μm，每小时产量 0.02～20 L 的台式机组，具有间距和压力两种运行模式，适合实验室规模应用。EXAKT 80E 的设备基本结构如图 16.12 所示。

第16章 印刷电子器件加工制造技术

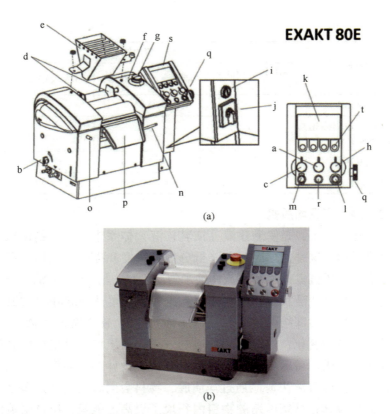

图 16.12　EXAKT 80E 三辊机的设备基本结构（a）与实物图（b）

a—间距调整器（出料处）；b—冷却水控制阀；c—间距调整器（入料处）；
d—入料挡板；e—入料斗；f—安全开关；g—紧急停止开关；h—速度调整器；
i—启动开关；j—主开关；k—显示面板；l—停止按钮；m—开始按钮；n—刀座扳手；
o—刀座固定板；p—刮刀；q—荧幕面板固定螺丝；r—反转按钮；s—操作荧幕；t—功能键。

在设备正常运转时，滚轮在旋转过程中与刮刀发生摩擦，因此滚轮和刮刀的合理选择对降低设备损耗、维持加工精度十分重要。表 16.3 是设备生产商给出的刮刀和滚轮选择对照关系，供读者参考。

表 16.3　刮刀和滚轮选择对照关系

刮刀材质	滚轮材质		
	氧化铝（99.7%三氧化二铝）	氧化锆（二氧化锆）	镀硬铬强化刚滚轮
氧化铝（99.7%三氧化二铝）	√	×	×

续表

刮刀材质	滚轮材质		
	氧化铝（99.7%三氧化二铝）	氧化锆（二氧化锆）	镀硬铬强化刚滚轮
氧化锆（二氧化锆）	√	√	×
塑料（PVC，玻璃强化纤维环氧基树脂）	√	√	×
弹性钢条（镀镍层）	×	√	√
弹性钢条（镀铬层）	√	×	×

16.1.4.4 高压均质机

均质，也称匀浆，是使悬浮液（或乳化液）体系中的分散物微粒化、均匀化的处理过程，这种处理同时起降低分散物尺度和提高分散物分布均匀性的作用。高压均质机也称"高压流体纳米匀质机"，是另外一种纳米材料分散设备。它可以使悬浊液状态的物料在超高压（最高可达400MPa）的作用下，高速流过具有特殊内部结构的容腔（高压均质腔），使物料发生物理、化学、结构性质等一系列变化，最终达到均质的效果。高压均质机主要由高压均质腔和增压机构构成。高压均质腔的内部具有特别设计的几何形状，在增压机构的作用下，高压溶液快速地通过均质腔，物料会同时受到高速剪切、高频震荡、空穴效应（被柱塞压缩的物料内积聚了极高的能量，通过限流缝隙时瞬间失压，造成高能释放引起空穴爆炸，致使物料强烈粉碎细化）和对流撞击等机械力作用和相应的热效应，由此引发的机械力及化学效应可诱导物料大分子的物理、化学及结构性质发生变化，团聚的样品颗粒打开，最终达到均质的效果。高压匀质机是应用纳米技术工艺制备纳米材料最有效的生产设备之一，其应用领域非常广泛，涵盖生物、医药、食品、化工等行业，用于细胞破碎、饮品均质、精细化工，制备脂质体、脂肪乳、纳米混悬剂、微乳、脂微球、乳剂、乳品、导电浆料、电阻浆料以及导电涂层等产品。

从设备使用效果来看，一般情况下，均质压力越高，均质后的物料粒径将越小越均匀，设备的效率也越高，即通过较少的循环次数便能达到期望效果。此外，均质压力越高，相应可以处理的物料范围也越广。但需要注意的是均质压力越高，发热量越大，而高温会影响物料的均质效果。根据均质腔腔体结构的不同，高压均质机可以分为碰撞型和对射型两类。碰撞型是在超高压的作用下，物料溶液经过孔径很微小的阀芯时会产生几倍于声速的速度，并与阀芯内部结构或高硬度金属（如钨合金）碰撞阀发生激烈的摩擦或碰撞，将团聚的材料颗粒打开。对射型则利用其特有的 Y 形结构,使高压溶液中高速运动的物料自相碰撞,大大提高了腔体的使用寿命,并解决了碰撞型中金属微粒磨损残落的问题。现在也有一些厂商在产品设设计中引入多个 Y 形结构,从而使物料在墙体内发生多次的自相碰撞,进一步提高均质效果。但是由于 Y 形结构的引入,当物料的浓度和黏度较大时,对射型设备更易发生阻塞现象(图 16.13)。

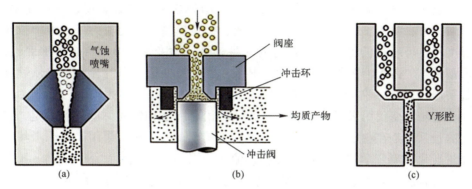

图 16.13 不同类型高压均质机腔体结构示意图
(a) 穴蚀喷嘴型;(b) 碰撞阀体型;(c) Y 形交互型[52]。

16.1.4.5 纳米粒度仪

粒度是指碎屑颗粒的大小,以颗粒直径(一般以长径或中径)来度量的。纳米粒度仪是用物理的方法测试固体颗粒的大小和分布的一种仪器,用于对各种纳米级、亚微米级固体颗粒与乳液进行测量。纳米粒度仪的工作原理是利用动态光散射法(Dynamic Light Scattering, DLS),有时称为准弹性光散射法(Quasi-elastic Light Scattering, QELS),可测量亚微细颗粒范围内的分子与颗粒的粒度及粒度分布,使用最新技术,粒度可小于 1nm。动态光散射法的典型应用包括已分散或溶于液体的颗粒、乳剂或分子表征。悬浮在溶液中的颗粒的布朗运动会造成散射光光强的波动,通过分析光强的波动便可得到颗粒的布朗运动速度,再通过斯托克斯-爱因斯坦方程得到颗粒的粒度。

16.1.4.6 旋转流变仪

黏度是物质的一种物理化学性质,定义为在一定面积和间距的平行板间充以某液体,对上板施加一推力使液体产生一速度变化度所需的力。黏度是流体黏滞性的一种量度,是流体流动力对其内部摩擦现象的一种表示,在印刷工艺中主要体现在墨水/浆料的挤出和铺展过程。

不同的印刷设备对墨水或浆料的黏度都有具体要求,且相差较大。因此,墨水或浆料在使用之前必须测试黏度。黏度计和旋转流变仪都是可以用来检测墨水或浆料黏度的仪器,但黏度计只能测试流体在一定条件下的黏度,如6速黏度计只能测试6个固定转速下的黏度。流变仪可以给出一个连续的转速(或剪切速率)扫描过程,给出完整的流变曲线,旋转流变仪还具备动态振荡测试模式,除了黏度以外,还可以给出许多流变信息,如储能模量、损耗模量、复数模量、损耗因子、零剪切黏度、动力黏度、复数黏度、剪切速率、剪切应力、应变、屈服应力、松弛时间、松弛模量、法向应力差、熔体拉伸黏度等,可获得的流体行为信息有非牛顿性、触变性、流凝性、可膨胀性、假塑性等。因此,在条件允许的情况下,旋转流变仪是研究光电墨水从喷嘴处挤出/喷射过程中流体力学动态变化过程十分有效的测试手段。

旋转流变仪用来对液态和半液态样品相对黏度和绝对黏度进行测定,它的测量系统是在稳定或变速情况下测量夹具扭矩的大小,再用夹具因子将物理量转化为流变学的参数。在油脂、油漆、浆料、纺织、食品、药物、胶黏剂、化妆品、轴承润滑等生产研究领域得到广泛使用(图16.14)。

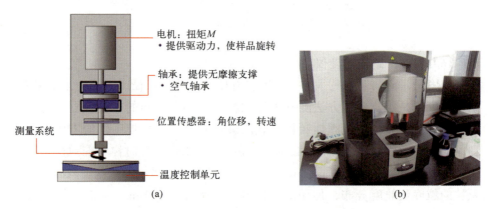

图 16.14　旋转流变仪基本结构 (a) 与实物图 (b)

黏度也称剪切黏度,简单讲就是流动的阻力,黏度越大越难流动,反之,黏度越小越容易流动。剪切黏度也可以由下式给出:

$$剪切黏度(\mathrm{Pa\cdot s}) = \frac{剪切应力(施加外力)}{剪切速率(运动速度)}$$

黏度除了与剪切应力和剪切速率相关外,还受测试温度、时间以及大气压力的影响。

我们对纳米银等几种墨水进行了测试，在25℃下纳米银墨水平均黏度为13mPa·s，黏度不随剪切力变化而变化，体现出了典型的牛顿流体特性；当温度升高至30℃以后，PEDOT:PSS乙二醇墨水才体现了牛顿流体的特性；Bphen辛醇墨水仅在30~50℃的范围内呈现牛顿流体的特性；TAPC+TPBi+Ir(bt)$_2$(acac)苯甲酸丁酯墨水在25~80℃的范围内黏度值随剪切力增加而逐渐升高，呈现出非牛顿流体的特性。

16.1.4.7 表面张力仪

水等液体会产生使表面尽可能缩小的力，这个力称为"表面张力"。表面张力是分子间存在相互作用力的结果，其产生的本质在于液体内部分子所受力可以彼此抵消，而在气-液表面分子受到体相分子的拉力大，受到气相分子的拉力小，因此，表面分子体现出受到被拉入体相的作用力。表面张力的国际单位为牛顿/米（N/m），但也常用达因/厘米（dyn/cm）表示，1dyn/cm=1mN/m。功能墨水/浆料在衬底材料上的印刷成膜性与墨水的表面张力密切相关，表面张力仪则是专门用于测量液体表面张力值的测量仪器。其主要通过铂金板法、铂金环法、最大气泡法、悬滴法、滴体积法以及滴重法等原理，实现精确的液体表面张力值的测量。

铂金环法是用直径0.37mm的铂金丝做成周长为60mm的环，测试时，先将铂金环浸入液面（或两种不相混合的界面）下2~3mm，然后再慢慢将铂金环向上提，环与液面会形成一个膜。膜对铂金环会有一个向下拉的力，测量整个铂金环上提过程中膜对环的所作用的最大力值，再换算成真正的表面（界面）张力值。

铂金板法则是用铂金板替代铂金环浸入液面，当感测到铂金板浸入到被测液体后，铂金板周围就会受到表面张力的作用，液体的表面张力会将铂金尽量的往下拉。当液体表面张力及其他相关的力与平衡力达到均衡时，感测铂金板就会停止向液体内部浸入。这时，仪器的平衡感应器就会测量浸入深度，并将它转化为液体的表面张力值。

最大气泡法也是测定液体表面张力的一种常用方法，测定时将一根毛细管插入待测液体内部，从管中缓慢地通入惰性气体对其内的液体施以压力，使它能在管端形成气泡逸出。气泡在压力下出自不同直径的两支玻璃管口，在液体里最大压力差产生的气泡与表面张力成正比例。

悬滴法是一种利用光学图像测量液体表面张力和界面张力的方法。通过在液相或气相中的针头悬挂液滴得到液滴形状，而液体形状取决于表/界面张力与重力的平衡。液滴形状分析仪从侧面投影即可计算出表/界面张力。

Kibron 公司出产的 EZ-Pi 便携式表面张力仪[53]是一款结合了铂金环和铂金板法特点的全自动快速检测仪器，但不像环形和板形探针方法，而是采用杆形探针测量弯液面。测量时，先将一个探针浸入到界面，然后慢慢拔出，记录弯液面（黏附在探针上的液面）的重量，该重量用于计算表面张力，是目前最为精确的测量表面张力的方法。其表面张力测量范围为 1~350mN/m，分辨率优于 1μN/m，测量平均时间约 30s；内置微量天平分辨率为 0.2μg，可以进行静态表面张力、动态表面张力和临界胶束浓度（Critical Micelle Concentration，CMC）的精确测量。测量传感器为特殊合金材质，直径 0.51mm，结合动态测量方法，测量样品黏度范围≤2Pa·s。测量传感器可测 pH 值 3~11 的样品，具有较强的抗化学腐蚀性。温度电极的测量范围是−75~350℃，样品测量范围是−10~85℃。此外，该仪器对检测样品的需求量最小仅为 3mL，十分适用于进行墨水/浆料配方开发工作的研究人员使用（图 16.15）。

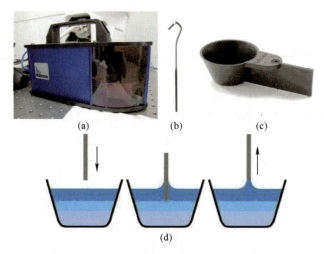

图 16.15　EZ-Pi 便携式表面张力仪主机（a）、探针（b）、样品杯（c）与测试示意图（d）[53]。

以上所介绍的与墨水制备相关设备仪器限于笔者能力，仅是个人所认知的代表产品，还有许多其他品牌的优秀产品无法逐一介绍。随着科技的进步，新型号和新品牌的设备仪器也在不断更新和涌现中，墨水/浆料开发研究工作也会随之越来越便利。墨水和浆料的开发终究需要落脚于印刷应用，即要通过打印设备将开发的墨水/浆料变成器件中的功能层，不同的打印设备能够实现的打印精度和速度是不一样的，对墨水的流体特性要求也大相径庭。除了我们在前文提到的粒径、黏度和表面张力指标外,掌握墨水中溶质的形状、固含量和溶剂的沸点等参数对打印机选择与获得理想的打印效果也十分重要。

16.2 印刷设备与工艺

印刷设备是把墨水/浆料转化为功能层的工具和手段,因此,印刷设备的能力对能够生产出什么样精度的器件影响巨大。根据印刷方式,印刷设备可以分为接触式和非接触式两大类,传统的网版印刷、柔版印刷、平版印刷和凹版印刷,因其都需要订制印版来限定印制区域或实现图案化,且承印材料在转移到承印物的过程中,印版需要承受一定压力并与承印物发生直接接触,因此称此类印刷方式为有版印刷或接触式印刷。提及印刷,人们自然而然会想到公元 1040 年毕昇创造的活字印刷术,然而,实际上早在公元 175 年中国人就已经在用雕版技术印刷儒家著作了,这是最早的有版或接触式印刷。从有版或接触式印刷出现到现在,相关印刷设备和工艺已经十分成熟,但都仅限于进行文字等视觉信息的图案化复制,信息结构简单,分辨率较低,且承印材料成分相对单一。但随着印刷电子技术的快速发展,人们希望可以把电子元器件直接用印刷的方式制作出来,而印制电子元器件与印制文字图案存在巨大差异,差异可以归纳如下。

(1) 承印材料不同。传统文字或图形印刷的材料多为颜料或染料,在印后干燥仅需保持设定形状和色泽即可;印制电子元器件中涉及的材料为电子功能材料,印后除了需保持设定形状外,还需保持其特有的电学性能。

(2) 印刷精度不同。传统文字或图形印刷是为满足人们的视觉需要,图案分辨率只要超过人眼分辨率即可,线宽极限一般为 $100\mu m$ 左右;为追求高密度和高集成度电路,用光刻工艺硅基芯片已经做到了 5nm,印刷工艺制备电子元器件时的线宽精度也可以小于 $10\mu m$。

(3) 印刷厚度不同。传统文字或图形印刷在承印物上印制的承印材料厚度较厚,多为 $100\mu m$ 以上;印刷制备电子元器件时,器件每个功能层厚度一般仅为数十纳米。

由此可见,传统的印刷设备和印刷工艺并不能完全满足印刷电子的新需求,因此人们又开发出了无版或非接触式印刷设备。相对有版或接触式印刷,以喷墨打印为代表的无版或非接触式印刷是一种数字化的直接印刷技术,承印材料依据设定好的图案在程序的驱动下通过喷头直接沉积在承印物的所需位置，既免除了提前制备印版的工艺，又大大提高了设计灵活度和研发效率，且承印材料在沉积过程不与承印物发生直接接触，消除了在接触式印刷过程中存在的对底层结构造成损伤的风险。此外，这种非接触式印刷设备的印刷精度与印版无关，主要取决于设备本身机械位移精度，因此印刷精度可以达到 20μm 以内。

但要真正将印刷电子推向产业化，除了考虑精度之外还需兼顾生产速度，因此未来产线工艺一定需要将接触式和非接触式印刷方式进行合理组合（表 16.4）。

表 16.4 各种印刷方式的主要参数

印刷方式	适用墨水/浆料黏度/(mPa·s)	单次成膜厚度/μm	最高印刷精度/μm	印刷速度/(m/s)
喷墨打印	2~35	0.05~1	≥20	≤0.5
气溶胶打印	1~1000	0.1~5	≥5	≤0.01
电流体打印	1~10000	—	≤1	0~0.3
网版印刷	1000~100000	≤100	≥50	0.1~10
凸版印刷	10000~100000	0.5~1.5	≥50	0.5~2
平版印刷	40000~100000	0.5~1.5	≥20	3~30
凹版印刷	10~500	0.8~8	≥20	0.1~30

16.2.1 接触式印刷设备、工艺特点及案例

接触式印刷设备按照版面型式可以分为孔版印刷机、凸版印刷机、平板印刷机和凹版印刷机等。按照印刷机压印结构施力方式还可以分为平压平型、圆压平型和圆压圆型等。平压平型指装版机构和压印机构均呈平面形，印刷时，压印平版绕主轴进行往复摆动，印版图文部分的油墨和压印平版同时全部接触，对承印物所施加的压力较大，印刷的油墨量较大，印刷速度较低。圆压平型印刷机又称平台印刷机，它的装版机构呈平面形，压印机构是圆形的滚筒，俗称压印滚筒。印刷时，印版随同装版平台相对于压印滚筒作往复的移动，压印滚筒一般在固定的位置上带着承印物边旋转边压印，压印滚筒对承印物施加的压力比平压平型印刷机低，印刷速度不高。圆压圆印刷机的压印机构和装版机构均呈现为圆筒形，利用两个滚筒的线接触进行压印，压印滚筒和印版滚筒接触的时间较短，对承印物施加的压力比圆压平印刷机小，运动也比较平稳，避免了往复运动产生的惯性冲击，是一种高效印刷机。

下面我们将以版面型式的分类方式简单介绍非接触式印刷设备。

16.2.1.1　网版印刷机

网版印刷机属于孔版印刷机中较为代表的印刷设备，它的印版是一张由真丝等材料编织而成的纵横交错、泾渭分明的丝网。我国是网版印刷机设备的制造强国之一，网版印刷机也是最早用于电子功能材料印刷的设备[54]。

网版印刷机结构简单，易于操作，印刷的图案由网版决定。网版是由网状织物或薄板制成，需要印制图案部分的网版孔为通孔，非图案区则不开孔，印刷时通过刮板的挤压，使油墨通过图案区的通孔转移到承印物上，得到所需图案。网版印刷所用油墨黏度较大，固含量较高，印制膜层的厚度较厚（10~100μm），印刷的分辨力一般≥50μm，印刷速度最高可达 30 m/min。

由图 16.16 可以看到，网版是由网框和丝网两部分构成，网版图形用光刻的方法或打印的方法制作在丝网上。网框一方面用来固定和张紧丝网，使其在刮板刮涂过程中保持一定的弹性；另一方面用来将网版固定在网版印刷机上，避免设备在往复印刷过程中网版发生滑移影响印刷精度。

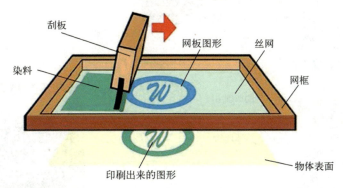

▼ 图 16.16　网版结构与印刷基本原理图[55]

由网版印刷的原理可知，影响网版印刷精度的关键在于网版的结构设计与参数。这些参数包括丝网选用材质、丝网的目数、丝径和开孔大小等。丝网材质主要包括蚕丝、尼龙、涤纶、不锈钢等，选择时除需对油墨和溶剂有耐腐蚀性的要求外，还需具备一定的耐磨性和强度。丝网的目数是指一定尺寸内网孔的个数，一般以 1cm 或 1in 为单位计算。如 300 目就是指 1in 内 300 个网孔，我国国家标准表示方法 DPP100，就是指 1cm 内 100 个网孔。目数越高孔数越多，相应孔径越小，印刷精度也越高，但油墨越难挤出。丝径是指原料丝的直径，以 μm 为单位。如 300/120-34，就是指每英寸 300 目，对应每厘米 120 目的丝网，丝径为 34μm。网孔大小由目数和丝径共同决定，网孔直径加上两倍丝径可以大体认为就是网版印刷可以达到的分辨率。相同目数下，减少丝径可以增加开孔尺寸，油墨也更容易挤出。

网版印刷机根据施力方式也可以分为平压平、平压圆和圆压圆等类型，各自对应的印刷原理示意图如图 16.17 所示[1]。其中平压平网版印刷机设备和配套工艺成熟度最高，在 PCB 和触控屏等生产领域应用较广。

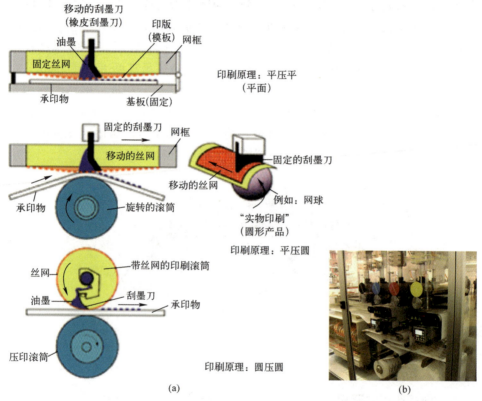

图 16.17 三类网版印刷的原理示意图（a）与卷对卷网版印刷机实物（b）[1]

16.2.1.2 凸版印刷机

凸版印刷机是历史最久的印刷机，它的印版表面的图文部分凸起，空白部分凹下。机器工作时，表面涂有油墨的胶辊滚过印版表面，凸起的图文部分便沾上一层均匀的油墨层，而凹下的空白部分则不沾油墨。压力机构把油墨转移到印刷物表面，从而获得清晰的印迹，复制出所需的印刷品。由于凸版印刷所印的图案与印版图案高度吻合，可以获得很高的分辨率，采用 PDMS

硅橡胶超高分辨率印版的微接触式印刷分辨力可以高达 100nm[56]。柔板和微接触印刷都属于凸版印刷，二者均采用带有弹性的高分子树脂印版作为图案载体，从而降低了传统凸版印刷过程中压印力过大对基材的损伤，使其可用于进行电子器件的印制[57]。柔性版印刷设备的主体结构包括柔性印版、网纹辊以及供墨系统，其工作原理也比较简单：油墨通过供墨系统填充到网纹辊上，再通过网纹辊上的着墨孔转移到柔性印版的图文部分上，随后对承印材料进行印刷。

柔性版大致包含橡皮凸版和感光性树脂版两大类。橡皮凸版的耐溶剂性通常强于树脂版，传统的制作方法是直接通过金属凸版模对橡皮的模压，或者直接利用激光在计算机的控制下对橡皮模进行数字化刻蚀。感光性树脂版是对感光性树脂直接采用曝光成型的方法制作柔性凸版，可分为液体固化型和固体型两种。液体固化型成本低、速度快、制版设备简单，但分辨率较低。固体版在分辨率、原稿再现性及彩色套印等方面有较多的长处。

微接触印刷也是一种使用柔性凸版的印刷方法，是通过弹性印章结合自组装单分子层技术在基片上印刷图形的微加工技术[58]。进行微接触印刷时，先通过浇筑或光刻得到模板，模板材质常为聚二甲基硅氧烷（PDMS）等弹性聚合物材料。以硫醇（-SH）等具有分子自组装功能的材料作为墨水，配以可以影响分子自组装材料排列的金等膜材作为承印物，当印章凸起部分蘸取的墨水与承印物在轻微压力下发生接触时，受承印物材料的影响（如硫醇与金之间形成 Au-S 键），分子自组装材料在承印物表面形成有序结构的单分子层自组装膜（Self-Assembled Monolayers，SAM），然后可以通过刻蚀的方法去除无 SAM 的区域，从而获得所需图案。

微接触印刷工艺相对简单，速度较快，如硫醇墨水在金表面的转移仅需几毫秒。由于选用 PDMS 等高弹性材料做印版，有利于模板与衬底表面形成共形接触，可以在不平整的表面或曲面上实现印刷。在印刷过程中受力较小，图案形变相对也较小，从而可以获得精细图案的完整复制。正是由于上述特点，微接触印刷已经引起微纳制造与印刷电子相关领域研究人员的广泛专注。但要使微接触印刷技术走向应用，印章材料稳定性、印章的弹性控制、印章抗溶剂性、印章图案高宽比设计和压制工艺参数的优化等都需做进一步的研究（图 16.18）。

16.2.1.3 平版印刷机

平版印刷机印版表面的图文部分与空白部分几乎处在同一平面上。它利用水、油相斥的原理，使图文部分抗水亲油，空白部分抗油亲水而不沾油墨，

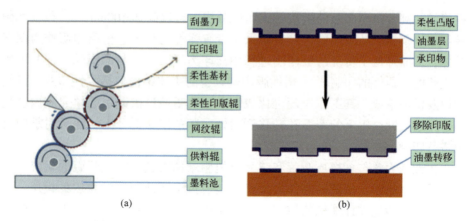

图 16.18 柔版印刷（a）及微接触印刷（b）原理示意图

在压力作用下使着墨部分的油墨转移到印刷物表面，从而完成印刷过程。由于平版印刷经常采用橡皮等柔性材料作为中间载体，因此中文经常翻译成"胶印"。平版印刷属于间接式印刷，即图像先印到中间载体，再转印到承印材料上的印刷方式，其主要印刷核心一般由印版滚筒、着色辊和着水辊组成，印版滚筒上的印版图案由亲油和亲水区域进行区分。亲油部为图案区域，能够吸附油墨，亲水部为空白区域，不吸附油墨。设备工作时，少量的水通过着水辊对印版滚筒的空白部分进行润湿，形成不能吸附油墨的水膜。当油墨通过着墨辊与印版滚筒挤压接触时，油墨只能留在没有水膜的亲油区形成完成图案着色。最后，着色后的印版滚筒图案转移到承印物表面完成印刷过程。由此可见，印版滚筒图文区域和空白区域的亲油/亲水平衡是保证平板印刷质量的关键（图 16.19）。

相较其他的印刷方式，尽管平版印刷过程比较复杂，但在印刷图形分辨率、图样边缘清晰度、印刷速度、印刷工艺窗口范围和印刷成本等方面具有一定优势，有望在将来用于进行柔性电子器件的生产。

16.2.1.4 凹版印刷机

凹版印刷是一种直接印刷方法，它将凹版凹坑中所含的油墨直接压印到承印物上，凹坑较深，则含的油墨较多，压印后承印物上留下的墨层就较厚；相反如果凹坑较浅，则含的油墨量就较少，压印后承印物上留下的墨层就较薄。凹版印刷的印版由一个个与原稿图文相对应的凹坑与印版的表面组成，印版上的图文部分凹下，空白部分凸起，与凸版印刷机的版面结构恰好相反。凹版印刷具有高速、高清晰的特点，水性和溶剂型油墨均可适用。

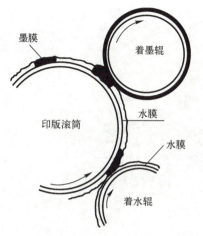

图 16.19　平版印刷原理示意图[59]

凹版印刷机工作原理如图 16.20（a）所示。印刷时，先把印版滚筒浸在油墨槽中滚动，整个印版表面涂满油墨层。然后，用刮刀将印版表面属于空白部分的油墨层刮掉，凸起部分形成空白，而凹进部分则填满油墨，凹进越深的地方油墨层也越厚。再通过压印滚筒的作用把凹进部分的油墨转移到承印物表面获得图案。因此，凹版滚筒上凹槽形状、深浅和结构设计与加工精度是凹版印刷机的技术关键。

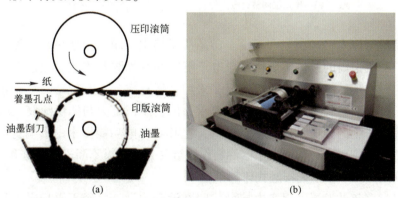

图 16.20　凹版印刷原理示意图（a）[60]与瑞士 Labratester 凹版印刷机（b）

瑞士 Labratester 凹版印刷机是一款可在柔性衬底进行凹版印刷的研究型设备，具有操作简便、参数调节范围广、大面积印刷速度快等优点。由于其接触式原理，该设备可用于含大于 $1\mu m$ 的超大颗粒液相分散体系的印刷。通过设计优化印刷模版，印刷分辨力可以达到 $20\mu m$（图 16.21）。

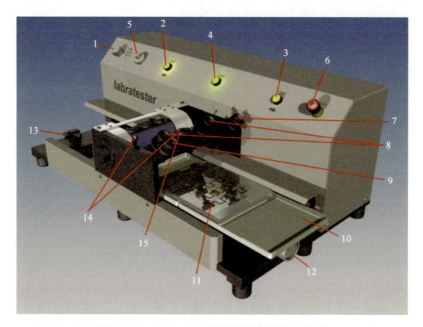

图 16.21　Labratester 凹版印刷机结构示意图

1—模式选择开关；2—左进按钮；3—右进按钮；4—压辊锁定按钮；5—速度调节旋钮；
6—紧急停止按钮；7—刮刀压力调节旋钮；8—刮刀水平调节旋钮；9—刮刀角度调节旋钮；
10—废液收集托盘；11—凹印版；12—停止位调整旋钮（高）；
13—停止位调整旋钮（低）；14—锁紧杆；15—刮刀装置。

印制品墨层厚实、印版耐印率高、印品质量稳定、印刷速度快是凹版印刷的优势，凹版滚筒的制作质量在采取电子雕刻和激光雕刻工艺后也已有大幅提高，但价格不菲。此外，凹版滚筒多采用金属材质，具有较高的寿命和耐印程度，可以满足长时间连续生产的要求，但金属刮墨刀与凹版滚筒之间的连续摩擦所产生的金属颗粒会污染油墨，尤其对光电功能墨水的影响更甚。因此，凹版印刷要成为印刷电子器件制作的重要方式还需不断进行改进和完善。

16.2.1.5　多功能接触式印刷平台

经过多年的发展，现实中接触式印刷设备的设计已经不再局限于我们所介绍的基本形式和构造，针对新的产品设计也有相对应的新型印刷方式不断涌现。研究人员也会根据实际需要进行新功能设备的开发设计，多功能接触式印刷平台就是笔者亲自参与设计的一款针对印刷电子器件制造，集圆对平凹版印刷、圆对平胶辊转印和平对平胶辊移印功能于一体的实验研发用设备。

多功能接触式印刷平台具有圆对平凹版印刷、圆对平胶辊转印和平对平胶辊移印3种印刷模式，通过控制系统可以实现以上3种印刷模式的自动切换。

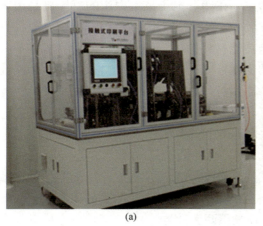 

图 16.22　具有圆对平凹版印刷、圆对平胶辊转印和平对平胶辊移印功能的接触式印刷平台（a）及印刷部局部实物图（b）

16.2.2　非接触式印刷设备、工艺特点及案例

非接触式印刷就是以打印技术为代表的，印刷部与承印物在无接触的情况下进行墨水转移的印刷技术。现在的非接触印刷设备多采用数字化的图案设计和程序控制，即印刷机在计算机的控制下按照设定好的图案轨迹将少量墨水/浆料精确沉积到承印物上，原材料利用率接近100%[61]。此外，非接触式印刷方式在大幅提高了印刷精度的同时，还免去了印版的制作，简化了生产工艺流程。这种数字化的"按需印刷"方式，无疑从材料节约、缩短生产周期和环境保护等方面都是对印刷技术的一次提升。

喷墨打印、气溶胶打印和电流体打印是非接触印刷技术的代表，并且已经在柔性电子制造领域得到广泛的应用。其中，喷墨打印机已经在显示器面板企业产线上被用于进行OLED显示器件的印刷量产。从1885年全球第一台打印机的出现，到后来各种各样的针式打印机、喷墨打印机和激光打印机，都是为了将计算机的运算结果或中间结果以人所能识别的数字、字母、符号和图形等呈现在纸张上，是以办公和商用为主。印刷电子器件用打印机传承于传统的打印技术，也是将存储在储墨机构内的墨水通过管路输运到喷头处，在计算机的控制下断续地将墨水定量挤出喷嘴，在机台移动的配合下喷射出的墨滴落在承印物指定的区域完成图案打印。但二者最大的不同在于所使用墨水的差异，办公用打印机所用材料以粉体的颜料和染料为主，用于满足人眼对图案和色彩的分辨目标为主。在印刷电子技术中用的打印机是用来制作电子器件的，结构微观尺寸甚至在数微米，所用的墨水由光电功能材料构成，墨水在配置过程中为增加光电功能材料的溶解性会大量使用有机溶剂，印刷成形后除了需要满足高分辨的形貌要求，还要保持材料原有的电子功能，尤其是在具有多层结构特点电子器件打印过程中，还需控制每一层材料的打印成膜性。因此，相较传统的打印机，印刷电子用打印机除了需要更高的精度外，对内部构件的抗溶剂特性也提出了更高要求。

16.2.2.1 喷墨打印机

喷墨打印是一种无接触式的点阵印刷工艺，是在计算机控制下将墨水从喷嘴小孔逐滴喷射到承印物指定位置，构成点阵式图案的印刷工艺。喷墨打印工艺可以分为连续喷墨和按需喷墨两大种类。

连续喷墨是在驱动装置作用下，墨滴连续从喷嘴中喷出，需要印刷的墨滴直接抵达承印基材表面，不需要的墨滴在偏转电极控制下形成偏转墨滴进入回收系统。按需喷墨是指供应系统中的墨水在电脉冲信号的控制下，仅在印刷需要的时候才喷射墨滴。因此，相较连续喷墨技术，采用按需喷墨工作原理的喷头结构大幅简化，喷头稳定性和墨水利用率也显著提高。目前按需喷墨的墨滴生成原理主要包括压电喷墨、热泡喷墨、静电喷墨和声频喷墨四类，其中印刷电子制造中所使用的喷墨打印设备基本上都属于压电喷墨的范畴（图16.23）。

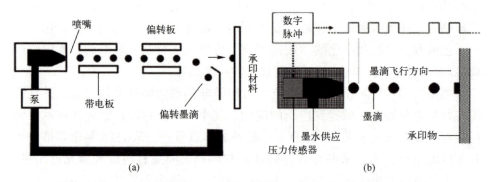

图16.23 连续喷墨（a）和按需喷墨（b）打印工作原理示意图

压电式喷墨打印技术属于常温常压打印技术，它是将许多微小的压电元件（压电陶瓷）放置到打印头喷嘴附近，压电陶瓷在两端驱动电压变化作用下具有弯曲形变的特性,当图像信息电压加到压电陶瓷上时,压电陶瓷的伸缩振动形变将随着图像信息电压的变化而变化,并使喷头中的墨水在常温常压的稳定状态下,均匀准确地喷出墨水。陶瓷压电式喷墨打印系统几乎可以打印任何种类的墨水,包括水系和溶剂型等,适用于压电式喷墨打印墨水的黏度范围为 2~35mPa·s,表面张力为 28~40mN/m。目前,压电式喷墨打印设备最高的打印分辨力在 20μm 左右,基本可以满足实验研究需求。随着印刷电子技术的发展,利用喷墨打印可以制备电子元器件的结构也越来越复杂,从打印基本的电阻[62]、电容[63]、电感[64]等单元器件到打印场效应晶体管[65]、存储器[66]、传感器[67]等组件,一直拓展到打印太阳能电池[68]和显示器件[69]等产品(图 16.24)。

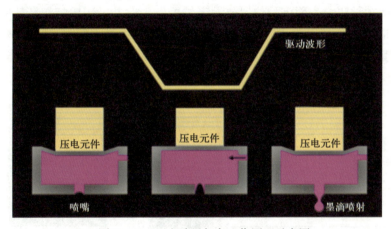

图 16.24 压电喷墨打印工作原理示意图

压电式喷墨打印机具有较高的打印分辨率,打印图案设计简单且支持在线修改,加之较小的墨水需求量和封闭的墨盒设计,及其灵活性和安全性,使其十分适合用于柔性电子器件的加工。在打印电子器件某一具体功能层过程中,功能墨水需经历墨滴喷射飞行、墨滴在承印物表面铺展成膜和干燥固化 3 个基本过程。要获得高的分辨率和具有理想形貌的膜层,除了需要配置的墨水在黏度和表面张力等方面满足设备适用范围外,还需要优化的打印和干燥工艺进行配合。

由压电式喷墨打印机工作原理可知,墨滴的喷射是由驱动波形控制喷嘴处压电陶瓷的形变而实现的。压电式喷墨打印机的常见驱动电压波形一般由 5 个阶段构成,操作人员可以通过调控驱动电压幅值、时间和电压变化速度来控制墨滴喷射和飞行的状态。

在开始阶段，驱动电压为 0（或为微小负偏压），压电陶瓷处于平衡状态。在驱动电压开始的第一阶段，压电陶瓷在反向电压作用下离开平衡位置向外侧发生形变，墨水被吸入储墨腔；然后电压正向增加，压电陶瓷向内侧开始挤压，储墨腔里的墨水在喷嘴处被挤出并形成墨滴；第三阶段略低的驱动电压帮助压电陶瓷保持继续挤压，稳定墨滴喷射的稳定性；在第四阶段降低电压，使墨滴与储墨腔体内的液桥发生断裂完成喷射，压电陶瓷回复到平衡位置关断墨滴。正常情况下，喷射的墨滴都应该是形状均匀的单个小液球，液球之间与喷嘴在同一直线上。"拖尾"是指在墨滴喷射离开喷嘴后尾部未完全与液桥断裂，导致墨滴后面出现类似拉丝的现象。"卫星点"则是在墨滴离开喷嘴时发生分裂，形成一大一小两个墨滴的现象。拖尾和卫星点现象都会造成墨滴在承印物表面沉积位置与设定位置发生偏差，造成打印精度的下降。产生"拖尾"和"卫星点"现象的原因比较复杂，墨水配方、驱动波形、打印机喷嘴状态以及环境温度等都是影响因素，因此在实验中需要具体问题具体分析（图 16.25）。

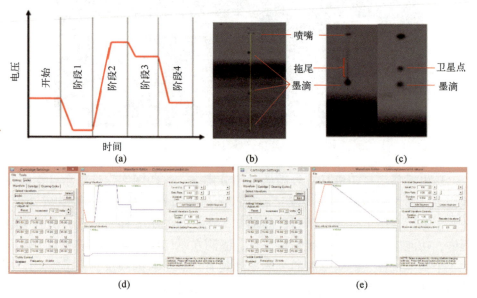

图 16.25　压电式喷墨打印机的常见驱动波形示意图（a）、正常墨滴（b）与"拖尾"和"卫星点"现象（c），以及 DMP-2831 打印机打印 PEDOT∶PSS 和 TAPC 墨水驱动波形（d）及电压设置（e）

稳定的墨滴喷射和飞行状态保证了墨滴可以打印到所设定的位置上，而功能膜层则是由一滴滴墨滴融合在一起共同形成的，因此，打印图案的设计就是让墨滴之间保持适当的间距以利于墨滴在融合铺展的过程中还能保持规则的形状。打印图案在设计时，除了要考虑打印膜层总体的外形尺寸外，还需对墨滴间距进行设定，具体原理如图16.26（a）所示。一般的喷墨打印机在实现图案打印时，喷头相对基台进行X轴和Y轴的平面运动，因此墨滴间距也需要对X和Y方向（类似行和列）分别进行设定。墨滴点间距对打印线外形的影响，在2007年Soltman等就做了详细研究，他们将墨滴点间距从100μm逐渐降至5μm，发现喷墨打印出的PEDOT:PSS导线的线型随之会从孤立点到圆齿线、均一线、膨胀线一直演变到叠层线（图16.26（b）中由左至右）[70]，说明打印图案的设计对墨滴融合铺展过程影响显著。

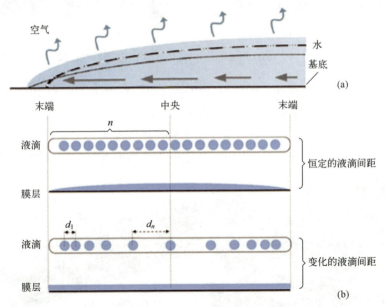

图16.26 墨滴点间距设定示意图（a）与墨滴点间距对打印线性的影响（b）[70]

喷射的墨滴在承印物表面按照设定图案融合铺展后形成液态薄膜，通过干燥固化过程将液膜中的溶剂去除后才能获得构成电子器件的功能膜层。在干燥固化过程中，由于液滴中央与周边区域挥发速度的差异，往往会出现大部分溶质被"钉扎"在液滴最外沿而产生的"咖啡环"现象[71]。"咖啡环"效应会导致干燥固化后的功能膜层出现明显的边缘厚中间薄，对所制造电子器件的性能产生严重影响，需要尽量避免。为此，科研工作者提出了很多的方法来消除"咖啡环"现象，在墨水配方方面选用不同沸点和表面张力的溶剂配制混合溶剂，增加墨滴与承印表面的接触角减少油墨的流动性等[72]，选用不同形状的溶质[73]，优化打印图案[74]以及优化干燥固化温度[75]等（图 16.27）。

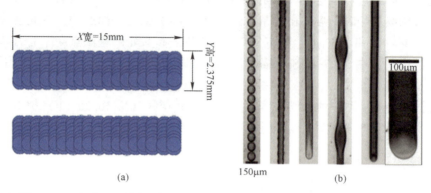

图 16.27 "咖啡环"形成示意图（a）与优化打印图案控制"咖啡环"现象（b）[74]

针对印刷电子器件开发的压电式喷墨打印机有很多，如 FUJIFILM 公司的 DMP 系列、Meyer Burger 公司的 PIXDRO 系列、昆山海斯公司的 IJDAS 系列和 MicroFab 公司的 Jetlab 系列等都是使用率较高的实验型台式机，其中前 3 种都是单通道多喷嘴机型的代表，Jetlab 则是多通道单喷嘴的机型（图 16.28）。

图 16.28 应用较为广泛的部分喷墨打印机外观图片[76-79]

FUJIFILM 公司的 DMP-2831 是一款典型的单通道多喷嘴机型，也是在国内外诸多研究机构应用最为广泛的数字喷墨打印机。该打印机的喷印范围为 200mm×300mm，点间距调整范围为 5~524μm（对应分辨力为 100~5080dpi），可重复精度为±25μm，基材厚度最大 25mm，打印图形设计灵活，位图（BMP）文件输入。对于具体从事打印制造电子器件的开发研究人员来说，除了设备本身的机械性能之外，对墨水兼容性和最小灌装量也是十分关心的指标。设备可以使用墨水的范围越广，意味着墨水开发的工艺窗口也就越大。打印过程对墨水需求量越小，开发成本也就越低。DMP-2831 打印机中的核心部件喷头和墨盒采用一体式封闭设计，可以有效防止溶剂挥发和污染。喷嘴为硅 MEMS 工艺制作，有两种规格的口径，墨滴喷射量分别为 1pL 和 10pL。墨盒墨水最小灌装量仅为 100μL，最大为 1.5mL，昂贵墨水的利用率获得大大提高（简单估算，填充 1mL 的墨水，选用 10pL 喷头可以打印出 1 亿个点）。针对特殊墨水，还配有专门的 DMCLCP 系列耐酸碱墨盒，这些特点也是它在研究领域收到广泛欢迎的原因（图 16.29）。

DMP-2831 打印机有 3 种常用型号的墨盒，分别是 DMC-11601、DMC-11610 和 DMCLCP-11610，3 种墨盒的喷头都是由间距为 254μm 排成一行的 16 个喷嘴组成。DMC-11601 和 DMC-11610 对应出墨量为 1pL 和 10pL 的墨盒，DMCLCP-11610 对应出墨量为 10pL 耐酸碱的墨盒。在实验室应用中，一般对打印速度的要求比较低，为了提高打印的稳定性，操作者经常仅选用出墨状态最优的 1 个喷嘴，因此，这 3 种型号的墨盒基本都可以满足研发需求。但对于产业应用来说，打印速度则是影响生产成本的直接因素。为了提高 DMP 系列喷墨打印的速度，人们相继开发出来有 128 个喷嘴的 S 系列、256 个喷嘴的 Galaxy 和 Nova 系列、512 个喷嘴的 Polaris 系列、1024 个喷嘴的 Star-Fire 系列和 2048 个喷嘴的 Samba 喷头[80]，如图 16.30 所示。

PIXDRO 系列与 IJDAS 喷墨打印机基本功能和 DMP 系列比较类似，虽然都可以通过提高喷嘴数目来改善打印速度慢的不足，但每次仅能打印一种材料，无法满足多种材料同时打印的特殊需求。而 MicroFab 公司开发的 Jetlab Ⅱ 喷墨打印机具有 4 条独立的墨水通道，从而可以实现 4 种不同墨水的同时打印（图 16.31 和图 16.32）。

除了具有多通道打印的功能外，Jetlab Ⅱ 喷墨打印机还具有较高的对位精度，这就使其在一些需要精确对位打印的特殊场合下得到应用。图 16.33 就是我们在单细胞阵列上打印标记物的实验样品图，其中样品基底为 PDMS，以 Ag 同位素溶液为标记溶液。其中图 16.33（a）为精确定位打印

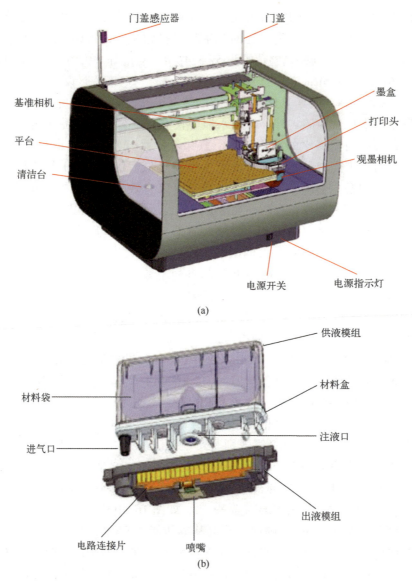

▼ 图 16.29　DMP-2831 设备基本结构（a）与喷头结构（b）示意图

结果，图 16.33（b）中细胞为 110×16 的阵列，点与点上下左右的间距为 132μm，选用喷头的口径为 30μm。由实验结果可以看出，打印的标记液液滴直径均为 70~75μm，无论是定位打印还是阵列点打印都体现了 Jetlab II 喷墨打印机所宣称的精度优势。

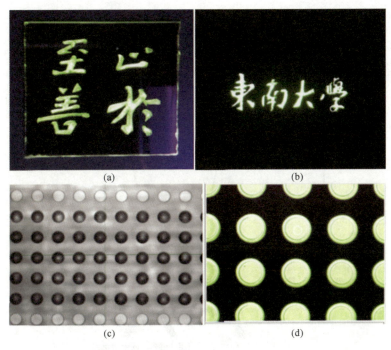

图 16.30 用 DMP-2831 打印机制作的东南大学校训"止于至善"光致发光（a）、校名"东南大学"电致发光（b）、像素点打印（c）及像素点电致发光（d）

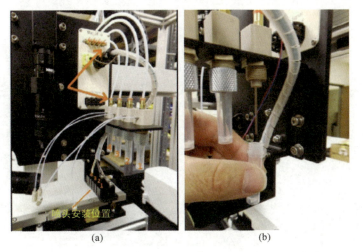

图 16.31 Jetlab Ⅱ 喷墨打印机喷墨通道结构（a）与墨盒（b）

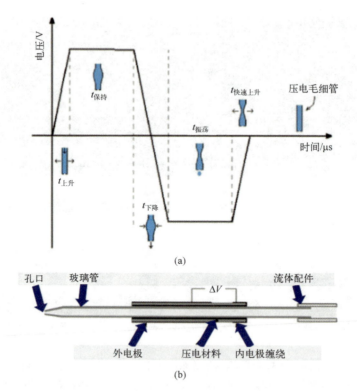

图 16.32　Jetlab II 喷墨打印机控制波形（a）与喷头构成示意图（b）

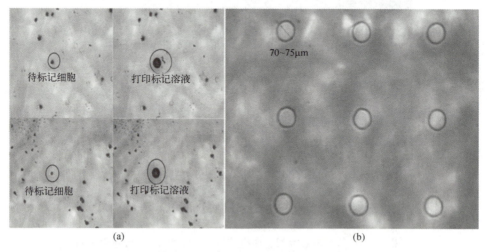

图 16.33　Jetlab II 喷墨打印机精确定位打印（a）与阵列点精确打印（b）

16.2.2.2 气溶胶打印机

气溶胶是由固体或液体小质点分散并悬浮在气体介质中形成的胶体分散体系，又称气体分散体系。其分散相为固体或液体小质点，其大小为 0.001~100μm。气溶胶打印与压电式喷墨打印都属于喷墨印刷，但它是将墨水雾化处理成由液相质点与工作气体混合而成的气溶胶再喷出，喷出的墨水实际是含有大量微型液滴的连续气流，因此属于连续喷墨打印技术。气溶胶打印技术是由美国 Optomec 公司开发的，目前，商业化的气溶胶打印机也只有该公司的 Aerosol Jet 系列产品。下面我们以单喷头的 Aerosol Jet 300P 为例对气溶胶打印机的工作原理和基本操作进行说明。气溶胶打印的工作原理如图 16.34 所示。

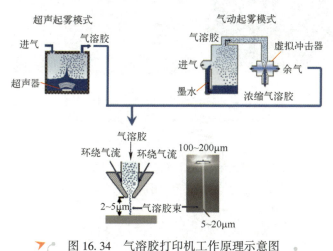

图 16.34　气溶胶打印机工作原理示意图

Aerosol Jet 气溶胶打印机有两种工作模式，分别是超声起雾和气动起雾。超声起雾模式下，墨水在超声器的作用下被雾化为气溶胶，再被载气输送到喷嘴处喷出。气动起雾模式则是利用载气直接将墨水挥发产生的气溶胶输送至喷嘴进行喷射。打印机的喷头部分设计成夹层结构并通入环绕气流，从喷嘴处喷出的气溶胶受此环绕气流的约束，从而形成气溶胶细束，细束的直径仅为喷嘴直径的 1/10 左右，从而使得气溶胶打印机可以实现宽度为 2~5μm 的打印分辨率。

另外，由于喷出的油墨在距离喷嘴 2~5mm 处的粗细保持均匀，气溶胶打印可以在具有较大高低落差的承印物表面上进行精确打印。气溶胶打印出的是由大量微型液滴构成的连续气流，墨水的通断由程序控制喷口外的开关来实现。因此，气流喷印所打印的并不是由大量墨点组成的点阵式图案，而是通过一系列连续或者断开的线条来组成所需的图案。在整个打印过程中，喷头固定不动，油墨从喷嘴中连续喷射，而载有承印物的托盘则在计算机控制下按照预先规划好的运动轨迹移动，形成精确的油墨线条，最终组成理想的图案（图 16.35）。

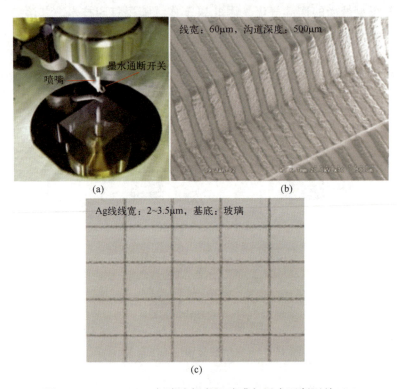

图 16.35　Aerosol Jet 气溶胶打印机喷嘴与墨水通断开关（a）和打印样品图案（b）、（c）

气溶胶打印机独特的工作原理决定了气流喷印可以印刷出小于喷嘴直径 1/10 的线条宽度。这也从另一方面告诉我们，在保证相同打印分辨率的前提下，相较喷墨打印机，气流喷印的喷嘴直径可以适当放大到 200μm 甚至 300μm，这样就极大地降低了喷嘴堵塞的可能性，这也是该设备能够实现黏度在 0.7~1000mPa·s 范围内墨水/浆料打印的原因。同样的原因，气流喷印对墨水/浆料中固体颗粒尺寸的耐受范围也很高。实践证明，含固体颗粒直径在 3μm 以下的液相分散体系在经过适当处理后均有可能用气流喷印来打印。

此外，由于气溶胶中的液滴颗粒的直径小、比表面积大，其干燥速度也远高于喷墨打印设备，到达承印材料后墨水的流动性显著降低，有利于实现高分辨率打印的效果。因此在喷嘴直径和使用墨水均比较理想的情况下，气流喷印所能达到的线条宽度可达 6~8μm，原厂所展示的打印样品线条最细可以达到 5μm 以下[81]，高于喷墨打印所能获得的最高分辨率。

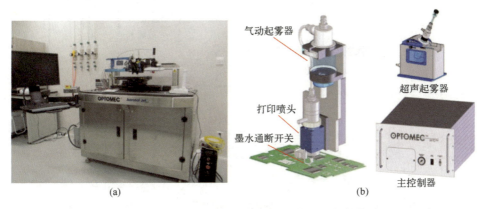

图 16.36　Aerosol Jet 气溶胶打印机外观（a）与核心部件构成（b）示意图

Optomec 公司为了进一步拓展 Aerosol Jet 气溶胶打印机的应用范围，改善单喷头打印在速度和加工效率方面的不足，还开发出单次可以打印 3mm 的宽幅打印头和具有 40 个喷嘴阵列式的打印头。据该公司介绍，单次可以打印 5cm 的宽幅打印头也在开发中。

16.2.2.3　电流体打印机

电流体打印是不同于喷墨和气溶胶打印的另一种精密打印技术，利用的是电流体动力学原理[82]，即在外加电场作用诱导墨滴在喷嘴处发生变形，从而实现墨滴喷射。其基本工作原理如图 16.37（a）所示，通过输墨系统将墨水/浆料溶液供给到喷嘴末端形成初始的悬滴，喷嘴与基板之间施加高压电场，此时，悬滴受到各方面力的共同作用形成泰勒锥。当电场力持续增大后，液滴从泰勒锥尖端射出，形成射流。射流的形状受到溶液参数、工艺参数和结构参数的影响可以变成不同的形状，从而实现电喷印、电纺丝和电喷雾 3 种工作模式。由于该技术是在液体泰勒锥上喷射，墨滴尺寸不再受喷嘴口径的限制，从而可以打印出比喷墨打印更精细的特征尺寸，最细线宽甚至能够达到数十纳米。加之该技术对绝大多数功能材料都可兼容，适用墨水的黏度范围扩展至 1~10000cP，因此也受到广大科研工作者的关注[83-85]。

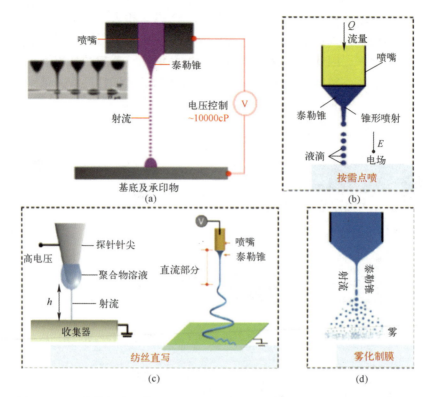

图 16.37　电流体打印工作原理（a），包括按需点喷（b）、纺丝直写（c）和电喷雾工作模式（d）示意图[83-85]

下面我们就以华威科的 HEIJ-H 型电流体动力学喷印设备为例进行具体介绍。HEIJ-H 型电流体动力学喷印设备主要由气压控制单元、电压控制单元和运动控制单元三部分组成。其中气压控制单元的作用是为供墨系统提供一个稳定的气压环境和一个恒定的推动力，恒定的气压环境可以避免因外界气压变化而对出墨状态产生干扰。电压驱动单元是在喷嘴和基板之间施加一定强度的电场，在电场力的"拉动"下，使墨滴逐渐形成泰勒锥最终沉积在基板上，这是电流体打印区别于其他传统压电式喷印最明显的特征。运动控制单元是通过多个精密电机来分别控制直角坐标系下"X-Y-Z"3 个方向上的运动。在实际工作中，首先将打印基板吸附在平台上，然后通过电机和电压信号的配合，控制平台程序化运动，最终实现自动化打印（图 16.38 和图 16.39）。

EHDJet 系列电流体喷印设备采用 1cc 或 3cc 注射器作为墨盒，适配带鲁

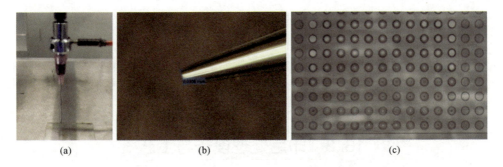

图 16.38　HEIJ-H 型电流体动力学喷印设备
(a) 打印过程中的喷头；(b) 30μm 口径玻璃喷头局部放大图；(c) 打印实物图。

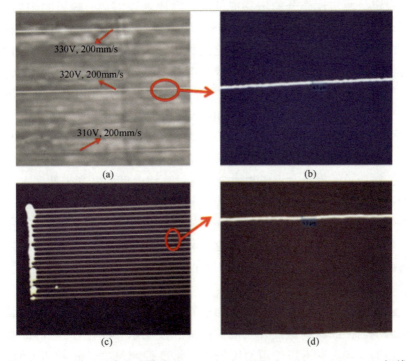

图 16.39　HEIJ-H 设备打印线宽 4.5μm (a)、(b) 和 5.3μm (c)、(d) 银线实物图（玻璃喷头口径 5μm，喷头距基板 40μm，偏置电压为 320V，打印速度为 200mm/s）

尔接头的各类金属和玻璃喷头，与墨盒直接通过鲁尔接头安装在一起，也可以根据具体需求定制化开发可持续供墨系统。玻璃喷头可以定制不同外径尺寸，如 1μm、2μm、5μm、10μm、20μm、30μm 等。

电流体打印技术是通过高电场的作用将大液滴拉成细小的液滴形成喷射，墨滴尺寸摆脱了喷嘴口径的限制，从而可以获得比喷墨打印更高的分辨率和墨水兼容性。但由于承印物在打印过程中会一直处于高电场的作用下，如果承印物上已经存在其他光电功能层或电路元器件，这种高电场有可能会对它们的电学性能造成影响[14]，需要引起使用者的注意。

16.3 印后处理设备与工艺

印刷属于湿法加工工艺，墨水/浆料在印制到承印物表面的过程中，为了能够在设定区域实现充分的转移或铺展，需要辅以溶剂。这里的印后处理主要指对印刷后的涂层进行溶剂去除和薄膜干燥，使之获得理想的光电特性。在传统的印刷工艺中，溶剂的干燥工艺直接影响油墨的成膜性和印制图案最终的分辨率，一般采用添加固化剂或溶剂挥发的方法进行油墨的干燥。对于印刷电子器件而言，印制后的墨水/浆料在干燥时，除了要保证印刷的精度外，更重要的是要保持材料的光电功能从而实现电子元器件的功能。

在光电功能墨水/浆料内添加固化剂势必会对材料特性带来不利影响，因此，对于印刷电子器件一般只能采取溶剂挥发的方法来进行干燥。溶剂挥发的原理比较简单，就是对承印物加热，通过环境温度的升高来使墨水/浆料中的溶剂进行挥发干燥。加热设备多为烘箱、真空烘箱和光子烧结设备等，其中真空烘箱通过形成负压来降低溶剂的沸点加快干燥过程，而光子烧结设备通过光照射，利用溶剂对光子的吸收将光能转化为热能来进行干燥，二者都可以有效降低烘烤温度，尤其适于对以PET和PEN等塑料为基底的柔性电子器件进行干燥处理。

烘箱内部加热一般通过电能使加热管加热，并通过风道送风使烘箱内部温度达到均匀，或者利用红外光的热效应，使墨水/浆料中的溶剂快速挥发。红外加热的方式具有干燥处理速度较快，温度控制精度较高和加工面积比较大等优势，但随着墨水/浆料的逐渐干燥，尤其像印制的金属导电功能膜表面的发射率会逐步增强，红外光的吸收效率会急剧下降，容易对柔性薄膜基底产生损伤，需要在使用中引起注意。在工业生产中，为提高生产效率一般多采用隧道式烘箱对产品进行连续干燥烧结处理，隧道式烘箱内则采用将热风和红外结合在一起的加热模式。

为了应对有些功能材料或承印物对温度耐受度比较低的情况，人们可以选择真空烘箱或光子烧结的方式进行印后处理。真空烘箱与普通烘箱类似，不同之处在于将烘箱中的送风风机改为真空泵，用真空泵将烘箱腔体内的空气排除形成负压，从而降低墨水/浆料中溶剂的沸点，实现较低温度下功能薄膜的干燥。但在真空条件下热传导效率的下降会导致腔体内热场分布的不均，容易带来烘箱温度控制响应速度变慢和不同位置样品干燥程度不一致等问题。

光子烧结也是一种低温干燥固化技术，它一般采用氙灯为光源，利用宽光谱、高能量的脉冲光对墨水/浆料进行干燥固化。墨水/浆料将吸收的光能转化为热能，使得溶剂得以挥发，而如 PET 和 PEN 等常用柔性塑料衬底在可见光区吸收较弱，因此，在整个干燥过程衬底的温度基本不发生变化。

尽管光子烧结系统可以在很大程度上拓展电子器件适用衬底的范围，有望将需要经过高温处理的电子材料在不耐高温的塑料衬底上完成高性能电子器件的制备，但同红外烧结一样，当墨水/浆料逐渐固化导致功能薄膜的反射率发生明显变化时，光子烧结的深度和效率变化规律还需做进一步的研究。此外，光子烧结采用的是高功率的光源，在烧结过程中会有强光产生，操作者一定要带护目镜做好眼部防护。

16.4　印刷成膜性表征

不同于物理气相和化学气相沉积法制备功能薄膜，由于在配制墨水/浆料过程中存在分散均匀性问题，在印制过程存在墨水铺展性问题，以及在干燥固化过程存在"咖啡环"现象等，导致相较气相法印刷法制备功能薄膜的形貌往往不如人意。对电子器件来说，各功能层之间的界面和接触情况又对器件最终性能和稳定性带来直接影响，因此，开展印刷法制备功能薄膜表界面研究有重大的科学和工程价值。对于印刷柔性电子器件而言，印制的功能薄膜在微观上要具有低的表面粗糙度，在宏观上具有高的覆盖率和膜厚一致性。因此，薄膜表面粗糙度和膜厚一致性也是研究和表征印刷成膜性的主要手段。

同气相沉积法一样，印刷法制备薄膜的表面粗糙度也可以用 AFM 进行测试。原子力显微镜是利用针尖与样品充分接近时相互之间存在短程相互斥力的现象，通过检测该斥力的变化来获得样品表面原子级的分辨图像，目前商业 AFM 设备在 XY 方向和 Z 方向的分辨力基本都可以达到 0.1nm 和 0.01nm，可以实现对原子层别的检测。AFM 作为一种研究表面结构的仪器，在材料生长、器件制备和生物应用方面获得广泛应用,也被广大科研工作者熟知,其相关介绍在其他篇幅里面已有详细介绍,这里就不再赘述。但通常 AFM 的最大扫描范围为 $100\mu m \times 100\mu m$,景深也仅为数微米,仅能对局部区域实现精确测试,因此,对于大面积柔性功能薄膜整体均匀度的测试应用就略显不足了。

台阶轮廓仪是另一款可以对印制薄膜的粗糙度和厚度进行分析的仪器,属于接触式表面形貌测量仪器。当触针沿被测表面轻轻滑过时,样品表面微小的起伏变化会使触针在滑行的同时也跟随形貌发生上下运动,与触针相连位置传感器输出的电信号经测量电桥后,输出与触针偏离平衡位置的位移成正比的调幅信号,再经电路的整流放大得到与触针位移成正比的缓慢变化信号,由此反映表面轮廓的情况。虽然台阶轮廓仪的测试精度不如 AFM,但在测试速度和扫描范围方面具有明显优势。以 Dektak XT 台阶轮廓仪为例,它能方便快捷地设置和运行自动多点测试程序来检验薄膜的精确厚度和表面粗糙度,达到纳米级别。最大扫描长度为 55mm,最大垂直测量范围为 1mm,Z 轴最大分辨力为 1Å,比较适合用于对结构分辨率要求不高、面积较大的印刷柔性电子功能薄膜进行测试。相较而言,尽管台阶轮廓仪在测试范围和测试速度上有较大提高,但它和 AFM 一样均是采用逐行扫描的模式对样品进行测试,还无法对大面积薄膜的整体形貌特征进行直接表征。

激光共聚焦显微镜是一款非接触式的高分辨率的显微成像仪器,采用激光束作光源,激光束经照明针孔,经由分光镜反射至物镜,并聚焦于样品上,对标本焦平面上逐点、逐行和逐面进行扫描。样品受到激发后发出的荧光经原来入射光路直接反向回到分光镜,通过探测针孔时先聚焦,聚焦后的光被光电倍增管探测收集,并将信号输送到计算机,再通过计算机处理形成样品的二维或者三维图像。

激光共聚焦显微镜目前除了在生物细胞分子生物学方面有广泛应用外,还可以被用来对印刷薄膜的结构形貌进行检测。KEYENCE 的 VK-9700 是实验室常用的一款激光共聚焦显微镜,光源波长为 408nm,标准载物台尺寸为 $75mm \times 75mm$,最大 6 倍的光学变倍,物镜最大 150 倍,高度和宽度极限分辨率为 1nm。选择不同的放大倍数可以实现从数百微米到毫米尺度样品区域的检测,搭配电动载物台还可以对多幅图样进行拼接获得薄膜整体形貌数据。由于激光共聚焦显微镜是通过光激发来对样品进行逐层扫描分析,在对印刷柔性电子功能薄膜测试时应注意上下材料层之间应具有较大的光吸收差异,这样测出的信息才会比较准确。

智能 3D 显微镜是近些年出现的一款新型非接触式显微成像仪器,在传统二维显微镜的基础上增加了旋转三维观测功能，同时，针对测量实际配备了大量智能化组件、智能化操作界面和输出管理，降低了对操作者的专业要求，在材料金相分析、电子器件和各种零部件检测等领域获得广泛应用。

目前，所有知名的光学显微镜厂商都有相应的 3D 显微镜产品在市场上出售，ZEISS 公司的 Smartzoom 5 是其中比较有代表性的一款产品。Smartzoom 5 可以实现的最大放大倍率为 1000 倍，最大分辨力约为 1μm，最大视野范围可以达到 40mm，电动载物台最大行程为 130mm×100mm，配备同轴反射光和环形光两种光源，主机架倾角范围为±45°。在智能化处理方面，对于大面积的样品 Smartzoom 5 可以进行 2D 和 3D 图像的自动拼接，并可对指定区域的距离、轮廓和体积等进行测量。智能 3D 显微镜的出现一定程度上弥补了光学显微镜与电子显微镜各自在测试精度和测试量程方面的不足，为如印刷柔性电子器件等结构精度是微米而加工面积却是厘米、具有跨尺度加工特征产品的快速检测带来极大便利。

上述 AFM、台阶轮廓仪、激光共聚焦显微镜和智能 3D 显微镜作为通用性的表面形貌测量仪器，在实验室中已被广泛使用，基本操作比较简单也被大家广泛熟知，这里也就不再做进一步介绍。

16.5 柔性混合印刷电子技术

自 1958 年世界上第一块集成电路诞生以来，由硅基材料和微电子技术带来的工业革命与社会生活变化已持续了 60 多年。在近 10 年中，人们出于对自身健康状况监控的需求，柔性电子受到广泛关注并已经成为研究热点[14]。虽然利用印刷技术加工柔性电子器件在简化工艺流程、大面积快速制造、提高原材料利用率和降低生产成本方面具有潜在优势，其生产可行性在实验室也已得到了验证，但印刷技术所能实现加工精度相对现在成熟的硅基半导体工艺还有较大差距，因此，目前仅依靠印刷技术还无法满足市场对柔性电子在功能性和外观性上的整体需求。为解决功能性和穿戴舒适性的矛盾，人们也在不断寻求将微电子集成电路柔性化的新方法，这也促使了柔性混合电子技术的诞生。

所谓柔性混合电子是将高性能硅基半导体芯片和印刷的柔性大面积导电线路进行结合，通过优势互补同时满足柔性电子对性能和舒适性方面的要求。结合集成电路芯片的柔性电子加工目前有两种技术路径，减小硅基芯片尺寸或减薄芯片厚度后贴装在柔性互连电路上（图 16.40）。

图 16.40　通过减小芯片尺寸（a）和减薄芯片厚度（b）制作柔性混合电子样品图

　　硅基半导体器件本身虽然是刚性的，但当芯片尺寸足够小，柔性衬底在发生形变时的弯曲半径又远大于芯片尺寸时，整个电路就会对外体现出一定的可绕折性。当硅晶圆减薄到几十微米以下时，其也可以呈现一定的柔性。如果将硅晶圆上的集成电路芯片切割成更小的尺寸，又薄又小的硅芯片就可以贴敷在柔性基底上，则实现硅集成电路的柔性化[86]。柔性混合电子技术实际上就是直接选用尺寸具有小或薄特点的集成电路芯片，在柔性基底上通过印刷电子技术制备互连电路，然后将集成电路芯片贴装在印刷的互连电路系统中。由于互连电路本身已具有柔性，集成后的电路系统则具有整体柔性，甚至可拉伸性，但系统功能与传统集成电路的功能无异。这一技术路线采纳了集成电路的最优性能，同时撷取了印刷电子制造的低成本和大面积优势，主要工艺只是制作柔性互连电路，避免了需要集成电路工艺实现互连的复杂性。

16.6　本章小结

　　本章主要介绍了印刷电子器件加工制造技术，主要围绕柔性电子器件的制造技术展开叙述。首先，介绍了包括导电墨水、半导体墨水和介电墨水在内的功能墨水的调配开发，并介绍了功能墨水制备的常用设备以及测试所用仪器。其次，介绍了接触式和非接触式两类印刷设备，并结合具体案例分析比较了两种印刷工艺的特点，以及设备的基本操作方法。接着，介绍了 3 种用于印后处理的加热设备，分别是烘箱、真空烘箱和光子烧结设备，并在介绍具体原理的基础上进行了比较，并给出了设备的适用范围和使用注意事项。

然后，介绍了几种分析印制薄膜表征的方法和仪器，在介绍具体原理的同时进行比较分析，给出了各种方法的适用范围。最后，介绍了柔性混合印刷电子技术目前主要的技术路径，并对这两种技术路径进行了具体分析。总之，柔性电子器件能够在一定范围内适应不同的工作环境，满足设备的形变要求，极有可能对电子应用领域带来革命性的影响。

参 考 文 献

[1] 崔铮. 印刷电子学: 材料、技术及其应用 [M]. 北京: 高等教育出版社, 2012.

[2] 邹竞. 国外印刷电子产业发展概述 [J]. 影像科学与光化学, 2014, 32 (4): 342-381.

[3] LEE H H, CHOU K S, HUANG K C. Inkjet printing of nanosized silver colloids [J]. Nanotechnology, 2005, 16 (10): 2436.

[4] TAO A, KIM F, HESS C, et al. Langmuir-Blodgett silver nanowire monolayers for molecular sensing using surface-enhanced Raman spectroscopy [J]. Nano Letters, 2003, 3 (9): 1229-1233.

[5] COMPTON O C, NGUYEN S B T. Graphene oxide, highly reduced graphene oxide, and graphene: versatile building blocks for carbon-based materials [J]. Small, 2010, 6 (6): 711-723.

[6] LI D, LAI W Y, ZHANG Y Z, et al. Printable transparent conductive films for flexible electronics [J]. Advanced Materials, 2018, 30 (10): 1704738.

[7] BUFFAT P, BOREL J P. Size effect on the melting temperature of gold particles [J]. Physical Review A, 1976, 13 (6): 2287.

[8] RAO C N R, KULKARNI G U, THOMAS P J, et al. Metal nanoparticles and their assemblies [J]. Chemical Society Reviews, 2000, 29 (1): 27-35.

[9] VITULLI G, BERNINI M, BERTOZZI S, et al. Nanoscale copper particles derived from solvated Cu atoms in the activation of molecular oxygen [J]. Chemistry of Materials, 2002, 14 (3): 1183-1186.

[10] WALKER S B, LEWIS J A. Reactive silver inks for patterning high-conductivity features at mild temperatures [J]. Journal of the American Chemical Society, 2012, 134 (3): 1419-1421.

[11] MOU Y, ZHANG Y, CHENG H, et al. Fabrication of highly conductive and flexible printed electronics by low temperature sintering reactive silver ink [J]. Applied Surface Science, 2018, 459: 249-256.

[12] ZHUO L, LIU W, ZHAO Z, et al. Cost-effective silver nano-ink for inkjet printing in application of flexible electronic devices [J]. Chemical Physics Letters, 2020, 757: 137904.

[13] NIE X, WANG H, ZOU J. Inkjet printing of silver citrate conductive ink on PET substrate

[J]. Applied Surface Science, 2012, 261: 554-560.

[14] CHU T, XING X, LIU L, et al. Investigation on electrohydrodynamic printing of conductors in display backplane circuits [J]. Flexible and Printed Electronics, 2020, 5 (3): 035008.

[15] XIA X, XIE C, CAI S, et al. Corrosion characteristics of copper microparticles and copper nanoparticles in distilled water [J]. Corrosion Science, 2006, 48 (12): 3924-3932.

[16] YIM C, SANDWELL A, PARK S S. Hybrid copper – silver conductive tracks for enhanced oxidation resistance under flash light sintering [J]. ACS Applied Materials & Interfaces, 2016, 8 (34): 22369-22373.

[17] HASSANI M, JEONG R, SANDWELL A, et al. Enhanced hybrid copper conductive ink for low power selective laser sintering [J]. Procedia Manufacturing, 2020, 48: 743-748.

[18] JOO M, LEE B, JEONG S, et al. Comparative studies on thermal and laser sintering for highly conductive Cu films printable on plastic substrate [J]. Thin Solid Films, 2012, 520 (7): 2878-2883.

[19] ANKIREDDY K, DRUFFEL T, VUNNAM S, et al. Seed mediated copper nanoparticle synthesis for fabricating oxidation free interdigitated electrodes using intense pulse light sintering for flexible printed chemical sensors [J]. Journal of Materials Chemistry C, 2017, 5 (42): 11128-11137.

[20] SUN Y, YIN Y, MAYERS B T, et al. Uniform silver nanowires synthesis by reducing $AgNO_3$ with ethylene glycol in the presence of seeds and poly (vinyl pyrrolidone) [J]. Chemistry of Materials, 2002, 14 (11): 4736-4745.

[21] ZHU S, GAO Y, HU B, et al. Transferable self-welding silver nanowire network as high performance transparent flexible electrode [J]. Nanotechnology, 2013, 24 (33): 335202.

[22] LU H, ZHANG D, REN X, et al. Selective growth and integration of silver nanoparticles on silver nanowires at room conditions for transparent nano-network electrode [J]. ACS Nano, 2014, 8 (10): 10980-10987.

[23] SUN X, ZHA W, LIN T, et al. Water – assisted formation of highly conductive silver nanowire electrode for all solution-processed semi-transparent perovskite and organic solar cells [J]. Journal of Materials Science, 2020, 55: 14893-14906.

[24] BADE S G R, SHAN X, HOANG P T, et al. Stretchable light-emitting diodes with organometal-halide-perovskite – polymer composite emitters [J]. Advanced Materials, 2017, 29 (23): 1607053.

[25] LIN T, SUN X, HU Y, et al. Blended host ink for solution processing high performance phosphorescent OLEDs [J]. Scientific Reports, 2019, 9 (1): 6845.

[26] SHIMODA T, MATSUKI Y, FURUSAWA M, et al. Solution-processed silicon films and transistors [J]. Nature, 2006, 440 (7085): 783-786.

[27] COLEMAN J N, LOTYA M, O'NEILL A, et al. Two-dimensional nanosheets produced by

liquid exfoliation of layered materials [J]. Science, 2011, 331 (6017): 568-571.

[28] CHEN H, RIM Y S, JIANG C, et al. Low-impurity high-performance solution-processed metal oxide semiconductors via a facile redox reaction [J]. Chemistry of Materials, 2015, 27 (13): 4713-4718.

[29] THOMAS S R, PATTANASATTAYAVONG P, ANTHOPOULOS T D. Solution-processable metal oxide semiconductors for thin-film transistor applications [J]. Chemical Society Reviews, 2013, 42 (16): 6910-6923.

[30] LUO M, XIE H, WEI M, et al. High-performance partially printed hybrid CMOS inverters based on indium–zinc–oxide and chirality enriched carbon nanotube thin-film transistors [J]. Advanced Electronic Materials, 2019, 5 (5): 1900034.

[31] SHAO S, LIANG K, LI X, et al. Large-area (64×64 array) inkjet-printed high-performance metal oxide bilayer heterojunction thin film transistors and N-Metal-Oxide-Semiconductor (NMOS) inverters [J]. Journal of Materials Science & Technology, 2021, 81: 26-35.

[32] DÜRKOP T, GETTY S A, COBAS E, et al. Extraordinary mobility in semiconducting carbon nanotubes [J]. Nano Letters, 2004, 4 (1): 35-39.

[33] OKIMOTO H, TAKENOBU T, YANAGI K, et al. Tunable carbon nanotube thin-film transistors produced exclusively via inkjet printing [J]. Advanced Materials, 2010, 22 (36): 3981-3986.

[34] NOH J, JUNG M, JUNG K, et al. Fully gravure-printed D flip-flop on plastic foils using single-walled carbon-nanotube-based TFTs [J]. IEEE Electron Device Letters, 2011, 32 (5): 638-640.

[35] XU W, DOU J, ZHAO J, et al. Printed thin film transistors and CMOS inverters based on semiconducting carbon nanotube ink purified by a nonlinear conjugated copolymer [J]. Nanoscale, 2016, 8 (8): 4588-4598.

[36] LIU T, ZHAO J, XU W, et al. Flexible integrated diode-transistor logic (DTL) driving circuits based on printed carbon nanotube thin film transistors with low operation voltage [J]. Nanoscale, 2018, 10 (2): 614-622.

[37] WANG X, WEI M, LI X, et al. Large-area flexible printed thin-film transistors with semiconducting single-walled carbon nanotubes for NO_2 sensors [J]. ACS Applied Materials & Interfaces, 2020, 12 (46): 51797-51807.

[38] ZHU M, XIAO H, YAN G, et al. Radiation-hardened and repairable integrated circuits based on carbon nanotube transistors with ion gel gates [J]. Nature Electronics, 2020, 3 (10): 622-629.

[39] BURROUGHES J H, BRADLEY D D C, BROWN A R, et al. Light-emitting diodes based on conjugated polymers [J]. Nature, 1990, 347 (6293): 539-541.

[40] HEBNER T R, WU C C, MARCY D, et al. Ink-jet printing of doped polymers for organic light emitting devices [J]. Applied Physics Letters, 1998, 72 (5): 519-521.

[41] PARDO D A, JABBOUR G E, PEYGHAMBARIAN N. Application of screen printing in the fabrication of organic light-emitting devices [J]. Advanced Materials, 2000, 12 (17): 1249-1252.

[42] ZHOU L, YANG L, YU M, et al. Inkjet-printed small-molecule organic light-emitting diodes: halogen-free inks, printing optimization, and large-area patterning [J]. ACS Applied Materials & Interfaces, 2017, 9 (46): 40533-40540.

[43] KANG Y J, BAIL R, LEE C W, et al. Inkjet printing of mixed-host emitting layer for electrophosphorescent organic light-emitting diodes [J]. ACS Applied Materials & Interfaces, 2019, 11 (24): 21784-21794.

[44] LIU Y, DU Z, XING X, et al. Double-layer printed white organic light-emitting diodes based on multicomponent high-performance illuminants [J]. Flexible and Printed Electronics, 2020, 5 (1): 015008.

[45] DU Z, LIU Y, XING X, et al. Inkjet printing multilayer OLEDs with high efficiency based on the blurred interface [J]. Journal of Physics D: Applied Physics, 2020, 53 (35): 355105.

[46] ALLARA D L, PARIKH A N, RONDELEZ F. Evidence for a unique chain organization in long chain silane monolayers deposited on two widely different solid substrates [J]. Langmuir, 1995, 11 (7): 2357-2360.

[47] HALIK M, KLAUK H, ZSCHIESCHANG U, et al. Low-voltage organic transistors with an amorphous molecular gate dielectric [J]. Nature, 2004, 431 (7011): 963-966.

[48] XIAO H, XIE H, ROBIN M, et al. Polarity tuning of carbon nanotube transistors by chemical doping for printed flexible complementary metal-oxide semiconductor (CMOS) -like inverters [J]. Carbon, 2019, 147: 566-573.

[49] ROBIN M, PORTILLA L, WEI M, et al. Overcoming electrochemical instabilities of printed silver electrodes in all-printed ion gel gated carbon nanotube thin-film transistors [J]. ACS Applied Materials & Interfaces, 2019, 11 (44): 41531-41543.

[50] 南大仪器. 球磨机 [EB/OL]. https://www.nju-instrument.com/products/2.html.

[51] THAMBILIYAGODAGE C, WIJESEKERA R. Ball milling-a green and sustainable technique for the preparation of titanium based materials from ilmenite [J]. Current Research in Green and Sustainable Chemistry, 2022, 5: 100236.

[52] 简述高压均质腔的结构分类和性能比较 [J/OL]. https://www.willnano.com/index.php?s=/newpage/id/315.html.2021.

[53] Kibron. Product detailsof dynamic surface tensiometer [EB/OL]. https://www.xianjichina.com/qiye14243/product_4952.html.

[54] BOGENSCH A F, KRAHL P H. Metal-containing screen printing mixtures for electronic circuits [J]. Metall, 1968, 22 (6): 595-599.

[55] WAD H. Screenprinting [EB/OL]. https://en.wikipedia.org/wiki/File.Silketrykk.svg.

[56] RENAULT J P, BERNARD A, BIETSCH A, et al. Fabricating arrays of single protein molecules on glass using microcontact printing [J]. The Journal of Physical Chemistry B, 2003, 107 (3): 703-711.

[57] SCHMIDT G C, BELLMANN M, MEIER B, et al. Modified mass printing technique for the realization of source/drain electrodes with high resolution [J]. Organic Electronics, 2010, 11 (10): 1683-1687.

[58] ZHAO X M, XIA Y, WHITESIDES G M. Soft lithographic methods for nano-fabrication [J]. Journal of Materials Chemistry, 1997, 7 (7): 1069-1074.

[59] 平板印刷原理示意图 [EB/OL]. https://postimg.cc/K1TCxH4x.

[60] 双笠. 塑料薄膜凹版印刷套印不良分析 [J/OL]. [2022-01-01]. https://www.shuangyitech.com/news_436.html.

[61] 李路海, 辛智青, 李修, 等. 导电油墨印刷转移率及其影响因素研究进展 [J]. 科技导报, 2017, 35 (17): 46-52.

[62] CHEN B, CUI T, LIU Y, et al. All-polymer RC filter circuits fabricated with inkjet printing technology [J]. Solid-State Electronics, 2003, 47 (5): 841-847.

[63] KAYDANOVA T, MIEDANER A, CURTIS C, et al. Direct inkjet printing of composite thin barium strontium titanate films [J]. Journal of Materials Research, 2003, 18 (12): 2820-2825.

[64] BIDOKI S M, NOURI J, HEIDARI A A. Inkjet deposited circuit components [J]. Journal of Micromechanics and Microengineering, 2010, 20 (5): 055023.

[65] SIRRINGHAUS H. Device physics of solution-processed organic field-effect transistors [J]. Advanced Materials, 2005, 17 (20): 2411-2425.

[66] NG T N, RUSSO B, ARIAS A C. Degradation mechanisms of organic ferroelectric field-effect transistors used as nonvolatile memory [J]. Journal of Applied Physics, 2009, 106 (9): 094504.

[67] BIETSCH A, ZHANG J, HEGNER M, et al. Rapid functionalization of cantilever array sensors by inkjet printing [J]. Nanotechnology, 2004, 15 (8): 873.

[68] HOTH C N, SCHILINSKY P, CHOULIS S A, et al. Printing highly efficient organic solar cells [J]. Nano Letters, 2008, 8 (9): 2806-2813.

[69] SHIMODA T, MORII K, SEKI S, et al. Inkjet printing of light-emitting polymer displays [J]. MRS Bulletin, 2003, 28 (11): 821-827.

[70] SOLTMAN D, SUBRAMANIAN V. Inkjet-printed line morphologies and temperature control of the coffee ring effect [J]. Langmuir, 2008, 24 (5): 2224-2231.

[71] DEEGAN R D, BAKAJIN O, DUPONT T F, et al. Capillary flow as the cause of ring stains from dried liquid drops [J]. Nature, 1997, 389 (6653): 827-829.

[72] TEKIN E, SMITH P J, SCHUBERT U S. Inkjet printing as a deposition and patterning tool for polymers and inorganic particles [J]. Soft Matter, 2008, 4 (4): 703-713.

[73] YUNKER P J, STILL T, LOHR M A, et al. Suppression of the coffee-ring effect by shape-dependent capillary interactions [J]. Nature, 2011, 476 (7360): 308-311.

[74] MU L, HU Z, ZHONG Z, et al. Inkjet-printing line film with varied droplet-spacing [J]. Organic Electronics, 2017, 51: 308-313.

[75] SOLTMAN D, SUBRAMANIAN V. Inkjet-printed line morphologies and temperature control of the coffee ring effect [J]. Langmuir, 2008, 24 (5): 2224-2231.

[76] FUJIFILM. Product introduction of Dimatix Materials Printer [EB/OL]. https://www.fujifilm.com/us/en/business/inkjet-solutions/inkjet-technology-integration/dmp-2850.

[77] SUSS. Product introduction of SUSS LP50 inkjet printer [EB/OL]. https://www.suss.com/en/products-solutions/inkjet-printing/lp50.

[78] Inkjet Printer. Product introduction of IJDAS-300 [EB/OL]. https://blog.naver.com/bluelch/221203411018.

[79] MicroFab. Product introduction of Jetlab Ⅱ [EB/OL]. https://www.microfab.com/assets/cms/uploads/files/jetlab2_mf6.pdf.

[80] FUJIFILM Dimatix. Provider of inkjet printheads [EB/OL]. https://www.fujifilm.com/us/en/about/region/affiliates/dimatix.

[81] GUPTA A A, BOLDUC A, CLOUTIER S G, et al. Aerosol jet printing for printed electronics rapid prototyping [C]. 2016 IEEE International Symposium on Circuits and systems (ISCAS). Montréal, QC, Canada: IEEE, 2016: 866-869.

[82] HAYATI I, BAILEY A I, TADROS T F. Mechanism of stable jet formation in electrohydrodynamic atomization [J]. Nature, 1986, 319 (6048): 41-43.

[83] PARK J U, HARDY M, KANG S J, et al. High-resolution electrohydrodynamic jet printing [J]. Nature Materials, 2007, 6 (10): 782-789.

[84] MISHRA S, BARTON K L, ALLEYNE A G, et al. High-speed and drop-on-demand printing with a pulsed electrohydrodynamic jet [J]. Journal of Micromechanics and Microengineering, 2010, 20 (9): 095026.

[85] BARTON K, MISHRA S, ALLEYNE A, et al. Control of high-resolution electrohydrodynamic jet printing [J]. Control Engineering Practice, 2011, 19 (11): 1266-1273.

[86] 崔铮. 柔性混合电子——基于印刷加工实现柔性电子制造 [J]. 材料导报, 2020, 34 (1): 1009-1013.

作者简介

朱真,东南大学教授,博士生导师,东南大学无锡校区管理委员会副主任(主持工作),MEMS 教育部重点实验室副主任。中国微米纳米技术学会微纳流控技术分会理事、中国电子学会生命电子学分会委员、江苏省集成电路学会理事、无锡市集成电路学会副会长、国际会议 MicroTAS 技术程序委员会委员。合作出版英文专著 2 部、中文译著 1 部,编修国家规划教材《电子工程物理基础(第 4 版)》,在权威期刊及会议发表论文 60 余篇。主持国家自然科学基金、国家重点研发计划等国家级项目/课题 9 项。2019 年荣获国家科学技术进步二等奖(高性能 MEMS 器件设计与制造关键技术及应用)。

周再发,江苏省特聘教授,东南大学特聘教授,教育部新世纪人才,东南大学 MEMS 教育部重点实验室常务副主任。中国微米纳米技术学会理事会副秘书长、全国微机电技术标准化技术委员会委员、中国微米纳米技术学会青年工作委员会委员、中国仪器仪表学会微纳器件与系统技术分会理事、中国机械工程学会微纳米制造技术分会理事、中国仿真学会集成微系统建模与仿真专委会委员。出版 MEMS 专著、译著 3 部,英文专著 4 章,在权威期刊及会议发表论文 130 余篇。"*Nanotechnology and Precision Engineering*"《传感技术学报》《中国测试》等学术期刊编委。

洪华，东南大学集成电路学院助理教授，华为"紫金青年学者"。入选美国能源部 CEFRC 前沿研究中心 Fellow、江苏省"双创计划"等。主持国家和省部级重点研发计划课题、自然科学基金项目 5 项。出版中、英文专著两部，发表国际期刊论文 20 余篇，授权美国、中国专利多项，其中《第三代半导体技术与应用》专著填补了该领域国内空白，入选"中国芯片制造"系列丛书。曾荣获国家国资委"熠星创新大赛"一等奖。现任"*P. Combust. Inst.*"期刊资深审稿人。

叶一舟，重庆大学光电工程学院副教授，仪器科学与技术系副主任。以第一/通讯作者在 *Journal of Microelectromechanical Systems*、*IEEE Sensors Journal*、*Sensors and Actuators A：Physical*、*IEEE MEMS Conference* 等 MEMS 行业主流期刊和会议上发表论文 20 余篇，授权国内外专利 20 余项。主持国家自然科学基金、重庆市自然科学基金等项目 10 余项。

国洪轩，东南大学集成电路学院副教授，博士生导师。江苏省真空协会精密测量中心主任。主持承担国家自然科学基金面上项目两项，及其他产学研合作项目多项。发表相关论文 70 余篇，培养硕博士研究生 20 余人。2022 年获得美国国家标准技术研究院物理测量实验室杰出合作奖。

万树，重庆大学讲师，硕士生导师。发表第一/通讯作者论文 20 余篇，编写学术专著《石墨烯基传感器件》。主持国家自然科学基金、省部级科研项目 3 项。曾获江苏省科学技术奖一等奖、中国发明协会发明创业奖创新奖一等奖。

杨卓青，上海交通大学研究员、博士生导师。IEEE 高级会员、中国仪器仪表学会微纳器件与系统技术分会常务委员、中国微米纳米技术学会微纳机器人分会理事、中科院深圳先进技术研究院客座研究员、中国微米纳米技术学会高级会员。在 MEMS 领域著名期刊和国际会议发表论文 120 余篇，授权中国专利 20 余项。多次担任 *IEEE INEC*、*IEEE NANO*、*IEEE NEMS*、*APCOT*、*CSMNT* 等国际会议分会场主席及 TPC 成员，担任"*Micro and Nanosystems*""*Nonmanufacturing*"《功能材料与器件学报》《半导体光电》等学术期刊编委。

张东煜，东南大学微纳系统国际创新中心高级工程师、硕士生导师。长期从事柔性电子加工工艺技术研究，具备近 20 年印刷和真空蒸镀等工艺与设备研发经验。*Advanced Functional Materials*、*ACS Applied Materials & Interfaces*、*Journal of Materials Chemistry C*、*Flexible and Printed Electronics* 等期刊审稿人，《液晶与显示》杂志编委。主持国家重大专项、科技部重点研发计划、国家自然科学基金、中科院、地方科研项目等 8 项。以第一/通讯作者发表 SCI 论文 35 篇，申请专利 18 项，其中"图形化的柔性透明导电薄膜及其制法"专利获得 2014 年度国家发明金奖。